土木工程施工基本原理

Basic Principles of Civil Engineering Construction

（第 2 版）

徐　伟　吴水根　主编

内容提要

土木工程施工基本原理以分部工程为章节，叙述了土方工程、桩基础工程、钢筋混凝土结构工程、预应力混凝土工程、砌筑工程、钢结构工程、脚手架工程、结构吊装工程、防水工程、装饰装修工程、流水施工原理、网络计划技术、施工组织总设计、单位工程施工组织设计及工程项目管理和技术经济分析等施工技术和组织管理的基本原理。为继续学习建筑工程施工、地下与隧道工程施工、桥梁工程施工及道路铁路工程施工准备必要的专业知识基础。

本书为土木工程专业本科教学用书，也可作为相关专业本、专科学生的教学参考书和土木工程领域技术人员的参考图书。

图书在版编目(CIP)数据

土木工程施工基本原理/徐伟，吴水根主编. —2版. —上海：同济大学出版社，2014.8(2020.8重印)
ISBN 978-7-5608-5563-9

Ⅰ.①土… Ⅱ.①徐…②吴… Ⅲ.①土木工程—工程施工—高等学校—教材 Ⅳ.①TU7

中国版本图书馆CIP数据核字(2014)第152960号

土木工程施工基本原理(第2版)

主编 徐 伟 吴水根

责任编辑 杨宁霞 季 慧 责任校对 徐春莲 封面设计 陈益平

出版发行 同济大学出版社 www.tongjipress.com.cn
(地址：上海市四平路1239号 邮编：200092 电话：021－65985622)

经 销 全国各地新华书店
印 刷 江苏句容排印厂
开 本 787mm×1092mm 1/16
印 张 25.5
字 数 636 000
版 次 2014年8月第2版 2020年8月第4次印刷
书 号 ISBN 978-7-5608-5563-9

定 价 49.80元

前 言

《土木工程施工基本原理》出版后，被很多高等院校用作土木类专业教材，也被一些施工单位作为技术资料参考使用。他们在使用过程中，提出了许多宝贵的意见。2013 年，教材所对应的课程“土木工程施工”被录制成国家级精品共享课程，根据制作过程的实践对教学内容作了进一步细化，同时根据住建部相关文件的陈述，对本书施工组织管理部分内容进行了调整。因此，我们在本书第 1 版的基础上进行了修订，形成了第 2 版内容。

在再版过程中，各章节作者作了认真的修订，孙坚、徐蓉两位同志对文字的定稿做了大量具体的工作。本书的内容肯定仍有不足和滞后之处，欢迎读者批评指正。

编　者

2014.6

第 1 版前言

"土木工程施工"是土木工程专业的主要专业课之一，它主要研究土木工程施工中各主要工种的施工技术、工艺原理及组织管理的一般规律，在培养学生独立分析和解决土木工程施工中相关施工技术与组织管理问题的基本能力方面起着重要作用。

本书是在土木工程专业课程体系改革的基础上，根据面向21世纪土木类人才培养目标和"卓越工程师"的培养要求组织编写的。在编写中，本书注重对基本原理和基本方法的阐述，并结合当前土木工程领域新的施工技术和施工方法，强调技术发展及其实用性，力求做到理论联系实际，较全面地反映当前土木工程施工的先进水平和科技成果。同时，综合现行设计施工规范、规程和标准，以培养学生在土木工程领域的技术工作能力和专业水平为目的。

本书在编写中，努力做到图文并茂、深入浅出、通俗易懂。每章的开始均写了本章摘要和常用专业词汇，便于读者掌握主要内容；每章的结尾均附有思考题和习题，便于组织教学和自学。本书可作为全日制院校土木工程专业的教材，也可作为高等院校相关专业师生和土木工程技术人员的参考书。

本书继承了同济大学《建筑施工》教材的传统与风格，同时，又根据近年来土木工程施工领域的新成果进行了相关内容的扩充和删减，以适应新的教学和工程技术要求。

本书第 1 章由席永慧编写；第 2 章由李辉编写；第 3 章由朱大宇编写；第 4 章和第 9 章由韩兵康、徐伟编写；第 5 章和第 8 章由吴水根编写；第 6 章由刘匀编写；第 7 章由金瑞珺、徐伟编写；第 10 章由俞国凤编写；第 11 章和第 15 章由徐蓉、徐伟编写；第 12 章由马锦明编写；第 13 章和第 14 章由徐伟编写。李晓婷、王旭升、薛峰、徐鹏飞、李洋洋、黄丁、罗实瀚、代鑫和孙坚为本书绘制了部分插图。胡晓依、席永慧和梁穑稼为各章编写了中英文的摘要和关键词。全书由徐伟进行了审校和统一加工。

由于土木工程施工技术和管理的发展日新月异，限于编者的水平，书中可能存在不足之处，诚挚地希望读者提出宝贵意见，不吝赐教。

编　者

2012.12

目 录

1 土方工程

摘要:本章主要介绍了土方工程的特点及其施工设计的基本内容,包括最佳设计平面、土方调配、土壁支撑、降水及土方机械选择等,并介绍了土方填筑、压实施工的一般方法和质量要求以及土的一些工程性质。

专业词汇:土方工程;场地平整;场地设计标高;表上作业法;基坑开挖;可松性系数;土方调配;最佳设计平面;铲运机;挖土机;推土机;支护;板桩式支护;重力式支护;搅拌桩;钢板桩;相当梁法;重力降水;强制降水;集水井;轻型井点;管井井点;流沙;承压水;涌水量;无压非完整井;正铲;反铲;抓铲;拉铲;压实功;含水量;压实系数;土方填筑

1 Earthwork

Abstract: This chapter mainly introduces characteristics of earthwork and fundamental contents for construction design, including optimum design plane, earthwork adjustment, foundation pit supporting, water level lowering and equipment selection. It presents the general methods and quality standards for filling and compacting earthwork. It also reviews key engineering features of soils.

Specialized vocabulary: earthwork; site preparation; site design elevation; tabular method; foundation pit excavation; loose coefficient; earthwork adjustment; optimum design plane; carry-scraper; excavator; bulldozer; shoring; sheet-pile support; gravity-type support; mixed pile; steel sheet pile; considerable beam method; water level lowered by gravity; water level lowed by force; sump; light well point; tube well point; quicksand; pressure water; well point inflow; partially penetrating well without pressure; forward shovel; backacting shovel; clamshell shovel; pull shovel; compaction; moisture content; compaction coefficient; filling earthwork

1.1 概述

土方工程包括一切土的挖掘、填筑和运输等过程以及排水、降水、土壁支撑等准备工作和相关的辅助工程。在土木工程中,最常见的土方工程有:场地平整、基坑(槽)开挖、地坪填土、路基填筑及基坑回填土等。

土方工程施工往往具有工程量大、劳动繁重和施工条件复杂等特点;土方工程施工又受气候、水文、地质、地下障碍等因素的影响较大,不可确定的因素也较多;因此,在组织土方工程施工前,应详细分析与核对各项技术资料(如地形图、工程地质和水文地质勘察资料、地下管道、电缆和地下构筑物资料及土方工程施工图等),进行现场调查,根据现有施工条件制订出技术可行、经济合理的施工设计方案。

土方工程的顺利施工,不但能提高土方施工的劳动生产率,而且能为其他工程的施工创造有利条件,对加快工程建设速度有很大意义。

1.1.1 土的工程分类

土的分类繁多,其分类方法也很多,如按土的沉积年代、颗粒级配、密实度、液性指数分类等。在土木工程施工中，按土的开挖难易程度分类，可将土分为八类(表 1-1)，这也是确定土木工程劳动定额的依据。

表 1-1　　土的工程分类

类　别	土　的　名　称	开挖方法	可松性系数	
			K_s	K'_s
第一类(松软土)	砂，粉土，冲积沙土层，种植土，泥炭(淤泥)	用锹、锄头挖掘	1.08～1.17	1.01～1.04
第二类(普通土)	粉质黏土，潮湿的黄土，夹有碎石、卵石的砂，种植土，填筑土和粉土	用锹、锄头挖掘，少许用镐翻松	1.14～1.28	1.02～1.05
第三类(坚土)	软及中等密实黏土，重粉质黏土，粗砾石，干黄土及含碎石、卵石的黄土、粉质黏土、压实的填筑土	主要用镐，少许用锹、锄头，部分用撬棍	1.24～1.30	1.04～1.07
第四类(砾砂坚土)	重黏土及含碎石、卵石的黏土，粗卵石，密实的黄土，天然级配砂石，软泥灰岩及蛋白石	先用镐、撬棍，然后用锹挖掘，部分用锲子及大锤	1.26～1.37	1.06～1.09
第五类(软石)	硬石炭纪黏土，中等密实的页岩、泥灰岩、白垩土，胶结不紧的砾岩，软的石灰岩	用镐或撬棍、大锤，部分用爆破方法	1.30～1.45	1.10～1.20
第六类(次坚石)	泥岩，砂岩，砾岩，坚实的页岩、泥灰岩，密实的石灰岩，风化花岗岩、片麻岩	用爆破方法，部分用风镐	1.30～1.45	1.10～1.20
第七类(坚石)	大理岩，辉绿岩，玢岩，粗、中粒花岗岩，坚实的白云岩、砾岩、砂岩、片麻岩、石灰岩，风化痕迹的安山岩、玄武岩	用爆破方法	1.30～1.45	1.10～1.20
第八类(特坚石)	安山岩，玄武岩，花岗片麻岩，坚实的细粒花岗岩、闪长岩、石英岩、辉长岩、辉绿岩，玢岩	用爆破方法	1.45～1.50	1.20～1.30

1.1.2　土的工程性质

土的工程性质对土方工程施工有直接影响，也是进行土方施工设计必须掌握的基本资料。

1.1.2.1　土的可松性

土具有可松性，即自然状态下的土，经过开挖后，其体积因松散而增大，以后虽经回填压实，仍不能恢复。由于土方工程量是以自然状态的体积来计算的，所以，在土方调配、计算土方机械生产率及运输工具数量等的时候，必须考虑土的可松性。土的可松性程度用可松性系数表示，即

$$K_s = \frac{V_2}{V_1}; \quad K'_s = \frac{V_3}{V_1} \tag{1-1}$$

式中　K_s——土的最初可松性系数；

K'_s——土的最后可松性系数；

V_1——土在天然状态下的体积(m^3)；

V_2——土经开挖后的松散体积(m^3)；

V_3——土经回填压实后的体积(m^3)。

在土方工程中，K_s 是计算土方施工机械及运土车辆等的重要参数，K'_s 是计算场地平整标

高及填方时所需挖土量等的重要参数。

1.1.2.2　原状土经机械压实后的沉降量

原状土经机械往返压实或经其他压实措施后，会产生一定的沉陷，不同土质其沉陷量不同，一般在3～30cm之间。可按下述经验公式计算：

$$S=\frac{P}{C} \tag{1-2}$$

式中　S——原状土经机械压实后的沉降量(cm)；

P——机械压实的有效作用应力(MPa)；

C——原状土的抗陷系数(MPa/cm)，可按表1-2取值。

表1-2　不同土的 C 值参考表

原状土质名称	$C/(\mathrm{MPa\cdot cm^{-1}})$	原状土质名称	$C/(\mathrm{MPa\cdot cm^{-1}})$
沼泽土	0.010～0.015	大块胶结的砂、潮湿黏土	0.035～0.06
凝滞的土、细粒砂	0.018～0.025	坚实的黏土	0.100～0.125
松砂、松湿黏土、耕土	0.025～0.035	泥灰石	0.13～0.18

此外，土的工程性质还包括土的渗透性、密实度、抗剪强度、土压力等，这些内容在土力学中有详细分析，在此不再赘述。

1.1.2.3　超孔隙水应力

饱和土是由固体颗粒构成的骨架及由水充满的孔隙所组成。当受外力作用时，饱和土将由孔隙水应力和土的有效应力所平衡。由外荷载引起的孔隙水应力，称为“超孔隙水应力”。超孔隙水应力将会随着时间而逐渐消散，根据有效应力原理，相应土的有效应力会慢慢增加，同时，土的体积发生压缩变形。这个过程又称为固结。

孔隙水应力是导致许多工程事故的直接原因。例如，在挤土桩基施工中，孔隙水应力就有较大的危害，可在桩基施工前插入塑料排水板来减小孔隙水应力。

1.2　场地设计标高的确定

大型土木工程项目通常都要确定场地设计平面，进行场地平整。场地平整就是将自然地面改造成人们所要求的平面。场地设计标高应满足规划、生产工艺、运输、排水及最高洪水水位等要求，并力求使场地内土方挖填平衡且土方量最小。

1.2.1　场地设计标高确定的一般方法

对于地形比较平缓且对设计标高无特殊要求的场地，可按下述方法确定。

将场地划分成边长为 a 的若干方格，并将方格网角点的原地形标高标在图上(图1-1)。原地形标高可利用等高线用插入法求得或在实地测量得到。

按照挖填土方量相等的原则(图1-1(b))，场地设计标高可按下式计算：

$$na^2z_0=\sum_{i=1}^{n}\left(a^2\frac{z_{i1}+z_{i2}+z_{i3}+z_{i4}}{4}\right)$$

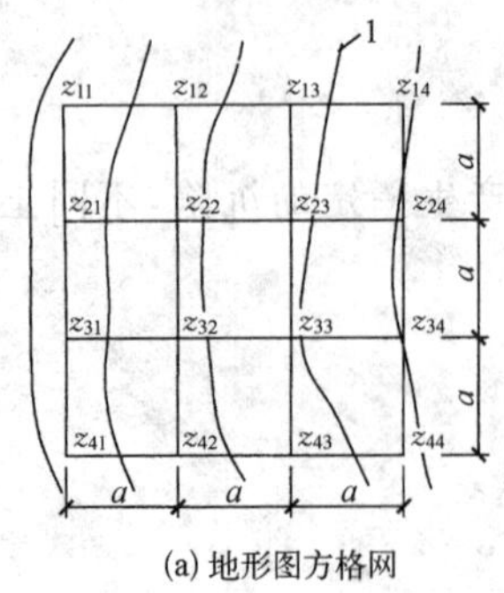

(a) 地形图方格网

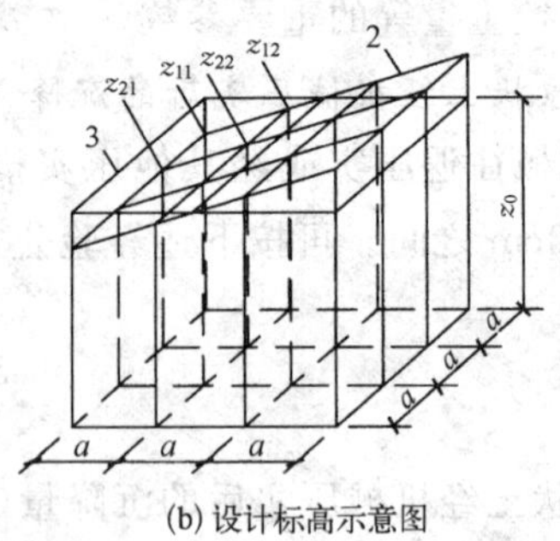

(b) 设计标高示意图

1—等高线；2—自然地面；3—设计平面

图 1-1　场地设计标高计算示意图

即

$$z_0=\frac{1}{4n}\sum_{i=1}^{n}(z_{i1}+z_{i2}+z_{i3}+z_{i4}) \tag{1-3}$$

式中　z_0——所计算场地的设计标高(m)；

n——方格数；

$z_{i1},z_{i2},z_{i3},z_{i4}$——第 i 个方格四个角点的原地形标高(m)。

由图 1-1 可见，11 号角点为一个方格独有，而 12，13，21，24 号角点为两个方格共有，22，23，32，33 号角点则为四个方格所共有，在用式(1-3)计算的过程中，类似 11 号角点的标高仅加一次，类似 12 号角点的标高加两次，类似 22 号角点的标高则加四次，这种在计算过程中被应用的次数 P_i，反映了各角点标高对计算结果的影响程度，测量上的术语称为“权”。考虑各角点标高的“权”，式(1-3)可改写成如下更便于计算的形式：

$$z_0=\frac{1}{4n}\left(\sum z_1+2\sum z_2+3\sum z_3+4\sum z_4\right) \tag{1-4}$$

式中　z_1——一个方格独有的角点标高；

z_2,z_3,z_4——分别为两、三、四个方格所共有的角点标高。

按式(1-4)得到的设计平面为一水平的挖填方相等的场地，实际场地均应有一定的泄水坡度。因此，应根据泄水要求计算出实际施工时所采用的设计标高。

以 z_0 作为场地中心的标高(图 1-2)，则场地任意点的设计标高为

$$z_i'=z_0\pm l_x i_x\pm l_y i_y \tag{1-5}$$

求得 z' 后，即可按式(1-6)计算各角点的施工高度，即

$$H_i=z_i'-z_i \tag{1-6}$$

式中，z_i 是 i 角点的原地形标高。

若 H_i 为正值，则该点为填方，H_i 为负值则为挖方。

1.2.2　用最小二乘法原理求最佳设计平面

按上述方法得到的设计平面，能使挖方量与填方量平衡，但不能保证总的土方量最小。应用最小二乘法的原理，可求得满足上述两个条件的最佳设计平面。最佳设计平面就是在满足建筑规划、生产工艺和运输要求以及场地排水等前提下，使场内挖方量和填方量平衡，并使总

的土方工程量最小的场地内设计平面。

当地形比较复杂时，一般需设计成多平面场地，此时，可根据工艺要求和地形特点，预先把场地划分成几个平面，分别计算出最佳设计单平面的各个参数。然后适当修正各设计单平面交界处的标高，使场地各单平面之间的变化缓和且连续。因此，确定单平面的最佳设计平面是竖向规划设计的基础。

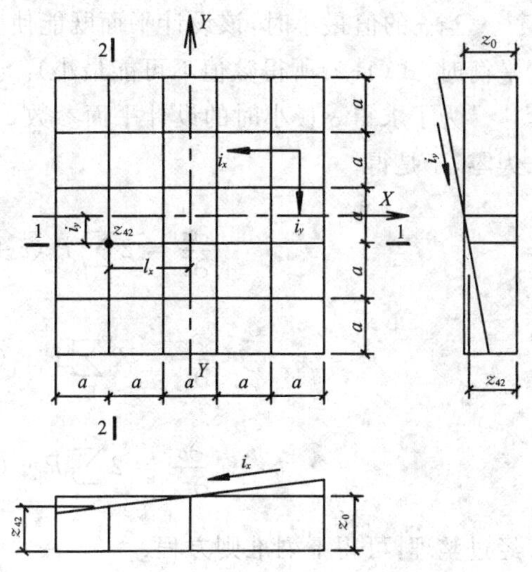

图 1-2　场地泄水坡度

我们知道，任何一个平面在直角坐标体系中都可以用三个参数 c, i_x, i_y 来确定(图 1-3)。在这个平面上任何一点 i 的标高 z'_i 可以根据下式求出：

$$z'_i = c + x i_x + y i_y \tag{1-7}$$

式中　x_i——i 点在 x 方向的坐标；

y_i——i 点在 y 方向的坐标。

与前述方法类似，将场地划分成方格网，并将原地形标高标于图上，设最佳设计平面的方程为式(1-7)形式，则该场地方格网角点的施工高度为

$$H_i = z'_i - z_i = c + x_i i_x + y_i i_y - z_i \quad (i = 1, \cdots, n) \tag{1-8}$$

式中　H_i——方格网各角点的施工高度；

z'_i——方格网各角点的设计平面标高；

z_i——方格网各角点的原地形标高；

n——方格角点总数。

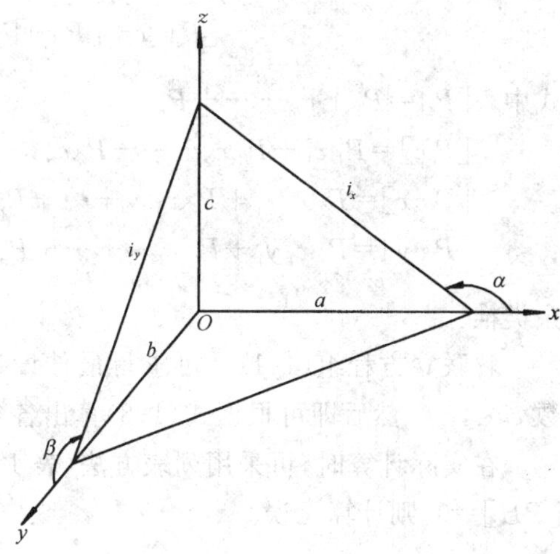

c 为原点标高；$i_x = \tan\alpha = -\dfrac{c}{a}$，为 x 方向的坡度；

$i_y = \tan\beta = -\dfrac{c}{b}$，为 y 方向的坡度

图 1-3　一个平面的空间位置

由土方量计算公式(式(1-14)到式(1-19))可知，施工高度之和与土方工程量成正比。由于施工高度有正、负，当施工高度之和为零时，则表明该场地土方的填挖平衡，但它不能反映出填方和挖方的绝对值之和为多少。为了不使施工高度正负相互抵消，若把施工高度平方之后再相加，则其总和能反映土方工程填挖方绝对值之和的大小。但要注意，在计算施工高度总和时，应考虑方格网各点施工高度在计算土方量时被应用的次数 P_i，令 σ 为土方施工高度之平方和，则

$$\sigma = \sum_{i=1}^{n} P_i H_i^2 = P_1 H_1^2 + P_2 H_2^2 + \cdots + P_n H_n^2 \tag{1-9}$$

将式(1-8)代入式(1-9)，得

$$\sigma = P_1(c + x_1 i_x + y_1 i_y - z_1)^2 + P_2(c + x_2 i_x + y_2 i_y - z_2)^2 + \cdots + P_n(c + x_n i_x + y_n i_y - z_n)^2$$

当 σ 的值最小时，该设计平面既能使土方工程量最小，又能保证填挖方量相等（填挖方不平衡时，式(1-9)所得数值不可能最小）。这就是用最小二乘法求设计平面的方法。

为了求得 σ 最小时的设计平面参数 c, i_x, i_y，可以对上式的 c, i_x, i_y 分别求偏导数，并令其为零，于是得

$$\left.\begin{aligned}\frac{\partial\sigma}{\partial c} &= 2\sum_{i=1}^{n} P_i(c + x_i i_x + y_i i_y - z_i) = 0\\ \frac{\partial\sigma}{\partial i_x} &= 2\sum_{i=1}^{n} P_i x_i(c + x_i i_x + y_i i_y - z_i) = 0\\ \frac{\partial\sigma}{\partial i_y} &= 2\sum_{i=1}^{n} P_i y_i(c + x_i i_x + y_i i_y - z_i) = 0\end{aligned}\right\} \tag{1-10}$$

经过整理，可得下列准则方程：

$$\left.\begin{aligned}&[P]c+[Px]i_x+[Py]i_y-[Pz]=0\\ &[Px]c+[Pxx]i_x+[Pxy]i_y-[Pxz]=0\\ &[Py]c+[Pxy]i_x+[Pyy]i_y-[Pyz]=0\end{aligned}\right\} \tag{1-11}$$

式中 $[P]=P_1+P_2+\cdots+P_n$；

$[Px]=P_1x_1+P_2x_2+\cdots+P_nx_n$；

$[Pxx]=P_1x_1x_1+P_2x_2x_2+\cdots+P_nx_nx_n$；

$[Pxy]=P_1x_1y_1+P_2x_2y_2+\cdots+P_nx_ny_n$

余类推。

解联立方程组(1-11)，可求得最佳设计平面（此时尚未考虑工艺、运输等要求）的三个参数 c, i_x, i_y。然后即可根据式(1-8)算出各角点的施工高度。

在实际计算时，可采用列表方法（表 1-3）。最后一列的和 $[PH]$ 可用于检验计算结果，当 $[PH]=0$，则计算无误。

表 1-3　　最佳设计平面计算表

1	2	3	4	5	6	7	8	9	10	11	12	13	14	15
点号	y	x	z	P	P_X	P_Y	P_Z	P_{XX}	P_{XY}	P_{YY}	P_{XZ}	P_{YZ}	H	PH
0	…	…	…	…	…	…	…	…	…	…	…	…	…	…
1	…	…	…	…	…	…	…	…	…	…	…	…	…	…
2	…	…	…	…	…	…	…	…	…	…	…	…	…	…
3	…	…	…	…	…	…	…	…	…	…	…	…	…	…
⋮	…	…	…	…	…	…	…	…	…	…	…	…	…	…
				$[P]$	$[P_X]$	$[P_Y]$	$[P_Z]$	$[P_{XX}]$	$[P_{XY}]$	$[P_{YY}]$	$[P_{XZ}]$	$[P_{YZ}]$	$[H]$	$[PH]$

应用上述准则方程时，若已知 c，或 i_x 或 i_y 时，只要把这些已知值作为常数代入，即可求得该条件下的最佳设计平面，但它与无任何限制条件下求得的最佳设计平面相比，其总土方量一般要比后者大。

例如，要求场地为水平面（即 $i_x=i_y=0$），则由式(1-11)中的第一式可得

$$c=\frac{[P_Z]}{[p]} \tag{1-12}$$

c 就是场地为水平面时的设计标高，比较式(1-4)，它与 z_0 完全相同，说明按式(1-4)方法所得的场地设计平面，仅是在场地为水平面条件下的最佳设计平面，显然，它不能保证在一般情况下总的土方量最小。

1.2.3 设计标高的调整

实际工程中，对计算所得的设计标高，还应考虑下述因素进行调整，这项工作在完成土方量计算后进行。

(1) 考虑到土的最终可松性，需相应提高设计标高，以达到土方量的实际平衡。

(2) 考虑到工程余土或工程用土，需相应提高或降低设计标高。

(3) 根据经济比较结果，如采用场外取土或弃土的施工方案，则应考虑由此引起的土方量的变化，需对设计标高进行调整。

场地设计平面的调整工作也是繁重的，例如，修改设计标高，则须重新计算土方工程量。

1.3 土方工程量的计算与调配

1.3.1 土方工程量计算

在土方工程施工之前，通常要计算土方的工程量。但土方工程的外形往往不规则，要得到精确的计算结果很困难。一般情况下，都将其假设或划分成为一定的几何形状，采用具有一定精度并和实际情况近似的方法进行计算。

1.3.1.1 基坑(槽)和路堤的土方量计算

基坑(槽)和路堤的土方量可按拟柱体积的公式计算(图 1-4)，即

$$V=\frac{H}{6}(F_1+4F_0+F_2) \tag{1-13}$$

式中 V——土方工程量(m^3)；

H,F_1,F_2——如图 1-4 所示。对于基坑而言，H 为基坑的深度(m)，F_1 和 F_2 分别为基坑的上下底面积(m^2)；对基槽或路堤，H 为基槽或路堤的长度(m)，F_1 和 F_2 分别为基槽或路堤两端的面积(m^2)；

F_0——F_1 与 F_2 之间的中截面面积(m^2)。

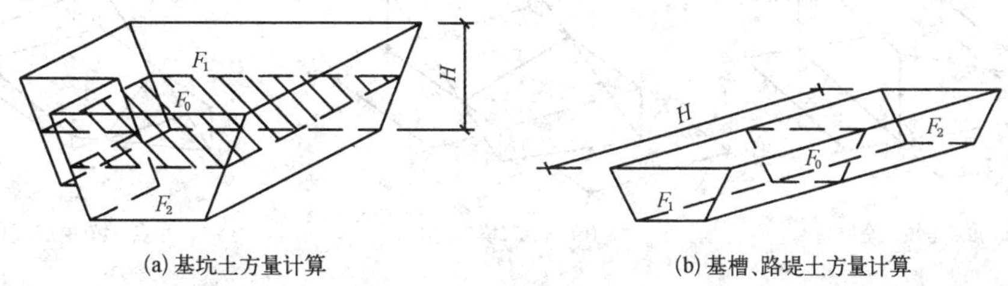

(a) 基坑土方量计算

(b) 基槽、路堤土方量计算

图 1-4 土方量计算

基槽与路堤通常根据其形状(曲线、折线、变截面等)划分成若干计算段，分段计算土方量，

然后再累加求得总的土方工程量。如基槽、路堤为等截面，则 $F_1=F_2=F_0$，由式(1-13)计算$V=HF_1$。

1.3.1.2 场地平整土方量的计算

场地设计标高确定后，需平整的场地各角点的施工高度可计算求得，然后按每个方格角点的施工高度算出填、挖土方量，并计算场地边坡的土方量，这样即得到整个场地的填、挖土方总量。计算前先确定“零线”的位置，有助于了解整个场地的挖、填区域分布状态。零线即挖方区与填方区的交线，在该线上，施工高度为零。零线的确定方法是：在相邻角点施工高度为一挖一填的方格边线上，用插入法求出零点(0)的位置(图 1-5)，将各相邻的零点连接起来即为零线。

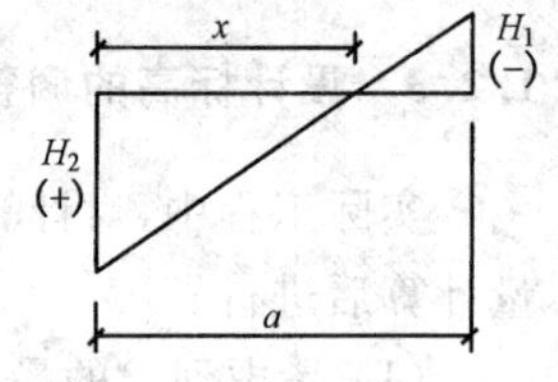

图 1-5 零点计算示意图

如不需计算零线的确切位置，则绘出零线的大致走向即可。零线确定后，便可进行土方量的计算。方格中土方量的计算有两种方法：“四方棱柱体法”和“三角棱柱体法”。

1. 四方棱柱体的体积计算方法

方格四个角点全部为填或全部为挖(图 1-6(a))时：

$$V=\frac{a^2}{4}(H_1+H_2+H_3+H_4) \tag{1-14}$$

式中 V——挖方或填方体积(m^3)；

a——方格边长(m)；

H_1,H_2,H_3,H_4——方格四个角点的填挖高度，均取绝对值(m)。

方格四个角点，部分是挖方，部分是填方(图 1-6(b)和图 1-6(c))时：

$$V_{填}=\frac{a^2}{4}\frac{(\sum H_{填})^2}{\sum H} \tag{1-15}$$

$$V_{挖}=\frac{a^2}{4}\frac{(\sum H_{挖})^2}{\sum H} \tag{1-16}$$

式中 $\sum H_{填(挖)}$——方格角点中填(挖)方施工高度的总和，取绝对值(m)；

$\sum H$——方格四角点施工高度之总和，取绝对值(m)。

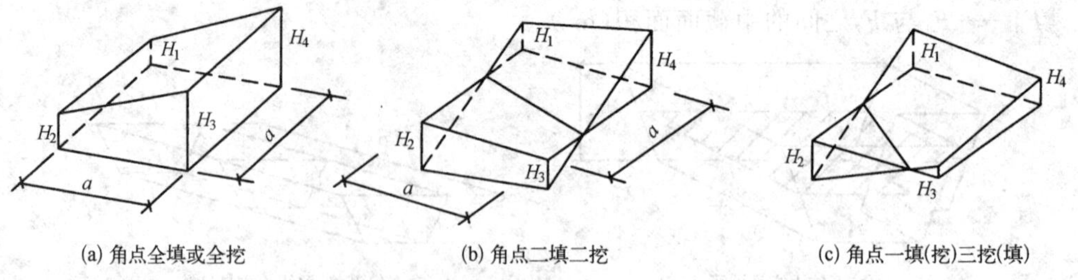

图 1-6 四方棱柱体的体积计算

2. 三角棱柱体的体积计算方法

计算时，先把方格网顺地形等高线将各个方格划分成三角形(图 1-7)。

每个三角形的三角点的填挖施工高度用 H_1，H_2，H_3表示。当三角形三个角点全部为挖或全部为填时(图 1-8(a))：

$$V=\frac{a^2}{6}(H_1+H_2+H_3) \qquad (1\text{-}17)$$

式中 H_1，H_2，H_3——三角形各角点的施工高度(m)，用绝对值代入。

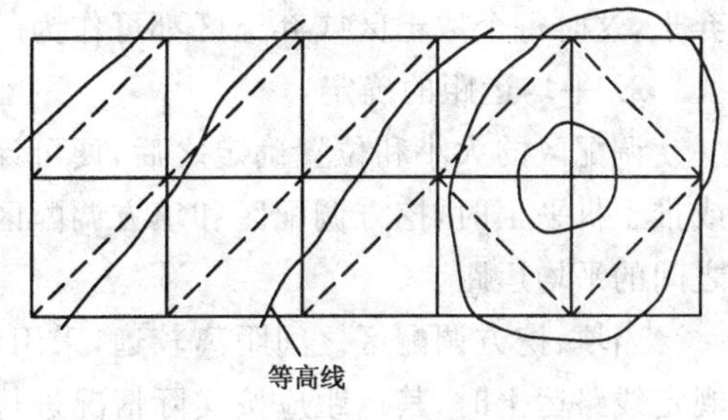

图 1-7 按地形将方格划分成三角形

三角形三个角点有填有挖时，零线将三角形分成两部分，一个是底面为三角形的锥体，一个是底面为四边形的楔体(图 1-8)。

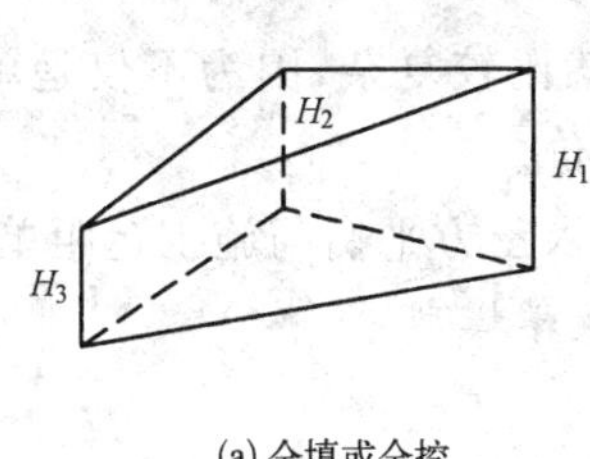

(a) 全填或全挖

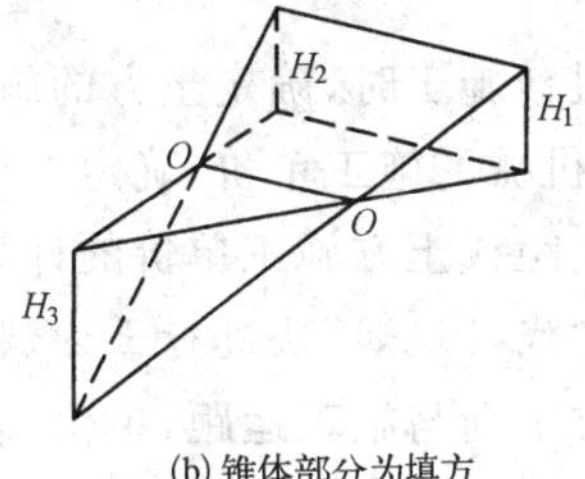

(b) 锥体部分为填方

图 1-8 三角棱柱体的体积计算

其中，锥体部分的体积为

$$V_{锥}=\frac{a^2}{6}\frac{H_3^3}{(H_1+H_3)(H_2+H_3)} \qquad (1\text{-}18)$$

楔体部分的体积为

$$V_{楔}=\frac{a^2}{6}\left[\frac{H_3^3}{(H_1+H_3)(H_2+H_3)}-H_3+H_2+H_1\right] \qquad (1\text{-}19)$$

式中，H_1，H_2，H_3 分别为三角形各角点的施工高度(m)，取绝对值，其中 H_3 指的是锥体顶点的施工高度。

1.3.2 土方调配

土方调配是大型土方施工设计的一个重要内容。土方调配的目的是在使土方总运输量($m^3 \cdot m$)最小或土方运输成本(元)最低的条件下，确定填挖方区土方的调配方向和数量，从而达到缩短工期和降低成本的目的。

1.3.2.1 土方调配区的划分，平均运距和土方施工单价的确定

1. 调配区的划分原则

进行土方调配时，首先要划分调配区。划分调配区应注意下列几点：

(1) 调配区的划分应该与工程建(构)筑物的平面位置相协调，并考虑它们的开工顺序、工程的分期施工顺序；

(2) 调配区的大小应该满足土方施工主导机械(铲运机、挖土机等)的技术要求；

(3) 调配区的范围应该和土方工程量计算用的方格网协调，通常可由若干个方格组成一个调配区；

(4) 当土方运距较大或场地范围内土方不平衡时，可根据附近地形，考虑就近取土或就近

弃土，这时每个取土区或弃土区都可作为一个独立的调配区。

2. 平均运距的确定

调配区的大小和位置确定之后，便可计算各填、挖方调配区之间的平均运距。当用铲运机或推土机平土时，挖方调配区和填方调配区土方重心之间的距离，通常就是该填、挖方调配区之间的平均运距。

当填、挖方调配区之间距离较远，采用汽车、自行式铲运机或其他运土工具沿工地道路或规定线路运土时，其运距应按实际情况进行计算。

3. 土方施工单价的确定

如果采用汽车或其他专用运土工具运土时，调配区之间的运土单价，可根据预算定额确定。

当采用多种机械施工时，确定土方的施工单价就比较复杂，因为不仅是单机核算问题，还要考虑运、填配套机械的施工单价，确定一个综合单价。

将上述平均运距或土方施工单价的计算结果填入土方平衡与施工运距单价表（表1-4）内。

1.3.2.2 用“线性规划”法进行土方调配时的数学模型

表 1-4 为土方平衡与施工运距（单价）表。

表 1-4　　土方平衡与施工运距（单价）表

挖方区	填方区												
	T_1		T_2		…		T_j		…		T_n		挖方量
W_1	x_{11}	c_{11} c'_{11}	x_{12}	c_{12} c'_{12}	…		x_{1j}	c_{1j} c'_{1j}	…		x_{1n}	c_{1n} c'_{1n}	a_1
W_2	x_{21}	c_{21} c'_{21}	x_{22}	c_{22} c'_{22}	…		x_{2j}	c_{2j} c'_{2j}	…		x_{2n}	c_{2n} c'_{2n}	a_2
⋮	⋮		⋮		x_{ef}	c_{ef} c'_{ef}	⋮		x_{eq}	c_{eq} c'_{eq}	⋮		⋮
W_i	x_{i1}	c_{i1} c'_{i1}	x_{i2}	c_{i2} c'_{i2}	…		x_{ij}	c_{ij} c'_{ij}	…		x_{in}	c_{in} c'_{in}	a_i
⋮	⋮		⋮		x_{pf}	c_{pf} c'_{pf}	⋮		x_{pq}	c_{pq} c'_{pq}	⋮		⋮
W_m	x_{m1}	c_{m1} c'_{m1}	x_{m2}	c_{m2} c'_{m2}	…		x_{mj}	c_{mj} c'_{mj}	…		x_{mn}	c_{mn} c'_{mn}	a_m
填方量	b_1		b_2		…		b_j		…		b_n		$\sum_{i=1}^{m} a_i = \sum_{j=1}^{n} b_j$

表 1-4 中，整个场地划分为 m 个挖方区 $W_1, W_2, \cdots, W_m$，其相应的挖方量分别为 $a_1, a_2, \cdots, a_m$；有 n 个填方区 $T_1, T_2, \cdots, T_n$，其相应的填方量分别为 $b_1, b_2, \cdots, b_n$；x_{ij} 表示由挖方区 i 到填方区 j 的土方调配数，由填挖方平衡，即

$$\sum_{i=1}^{m} a_i = \sum_{j=1}^{n} b_j \tag{1-20}$$

从 W_1 到 T_1 的价格系数（平均运距，或单位土方运价，或单位土方施工费用）为 c_{11}，一般

地，从 W_i 到 T_j 的价格系数为 c_{ij}，于是，土方调配问题可以用数学模型表达，求一组 x_{ij} 的值，设目标函数为

$$Z=\sum_{i=1}^{m}\sum_{j=1}^{n}c_{ij}x_{ij} \tag{1-21}$$

为最小值，并满足下列约束条件：

$$\left.\begin{aligned}&\sum_{j=1}^{n}x_{ij}=a_i \quad (i=1,2,\cdots,m)\\&\sum_{i=1}^{m}x_{ij}=b_j \quad (i=1,2,\cdots,n)\\&x_{ij}\geqslant 0\end{aligned}\right\} \tag{1-22}$$

根据约束条件知道，未知量有 $m\times n$ 个，而方程数为 $(m+n)$ 个。由于填挖平衡，前面 m 个方程相加减去后面 $(n-1)$ 个方程之和可以得到第 n 个方程，因此，独立方程的数量实际上只有 $(m+n-1)$ 个。

由于未知量个数多于独立方程数，因此，方程组有无穷多的解，而我们的目的是求出一组最优解，使目标函数为最小。这属于“线性规划”中的“运输问题”，可以用“单纯形法”或“表上作业法”求解。运输问题用“表上作业法”求解较方便，用“单纯形法”则较繁琐。

下面介绍用“表上作业法”进行土方调配，这个方法是通过“假想价格系数”求检验数。

表 1-4 中 c'_{ij} 表示假想系数，其值待定。

1.3.2.3　用“表上作业法”进行土方调配

下面结合一个例子，说明用表上作业法求调配最优解的步骤与方法。

图 1-9 为一矩形广场，图中小方格的数字为各调配区的土方量，箭杆上的数字则为各调配区之间的平均运距。试求土方调配最优方案。

1. 编制初始调配方案

初始方案的编制采用“最小元素法”，即对应于价格系数 c_{ij} 最小的土方量 x_{ij} 取最大值，由此逐个确定调配方格的土方数及不进行调配的方格，并满足式(1-22)。

首先，将图 1-9 中的土方数及价格系数（本例即平均运距）填入计算表格中（表 1-5）。

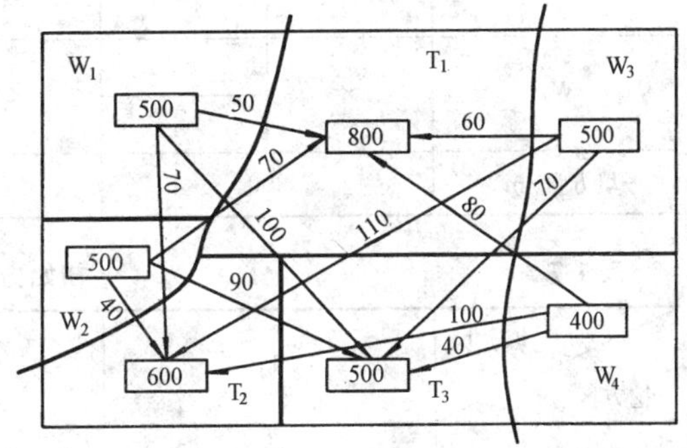

图 1-9　各调配区的土方量和平均运距

在表 1-5 中找价格系数最小的方格（$c_{22}=c_{43}=40$），任取其中之一，确定它所对应的调配土方数。如取 c_{43}，则先确定 x_{43} 的值，使 x_{43} 尽可能大，考虑挖方区 W_4 最大挖方量为 400，填方区 T_3 最大填方量为 500，则 x_{43} 最大为 400 。由于 W_4 挖方区的土方全部调到 T_3 填方区，所以，x_{41} 和 x_{42} 都等于零。将 400 填入表 1-6 中的 x_{43} 格内，同时，在 x_{41} 和 x_{42} 格内画上一个“×”号。然后，在没有填上数字和”×”号的方格内，再选一个 c_{ij} 最小的方格，即 $c_{22}=40$，使 x_{22} 尽量大，$x_{22}=\min(500,600)=500$，同时，使 $x_{21}=x_{23}=0$。将 500 填入表 1-6 的 x_{22} 格内，并在 x_{21} 和 x_{23} 格内画上“×”号（表 1-6）。

重复上面步骤，依次确定其余数值，最后，可以得出表 1-7。

表 1-5　　各调配区土方量及平均运距

填方区 挖方区	T_1		T_2		T_3		挖方量/m³
W_1	x_{11}	50 c'_{11}	x_{12}	70 c'_{12}	x_{13}	100 c'_{13}	500
W_2	x_{21}	70 c'_{21}	x_{22}	40 c'_{22}	x_{23}	90 c'_{23}	500
W_3	x_{31}	60 c'_{31}	x_{32}	110 c'_{32}	x_{33}	70 c'_{33}	500
W_4	x_{41}	80 c'_{41}	x_{42}	100 c'_{42}	x_{43}	40 c'_{43}	400
填方量/m³	800		600		500		1 900

表 1-6　　初始方案确定过程

填方区 挖方区	T_1		T_2		T_3		挖方量/m³
W_1		50 c'_{11}		70 c'_{12}		100 c'_{13}	500
W_2	×	70 c'_{21}	500	40 c'_{22}	×	90 c'_{23}	500
W_3		60 c'_{31}		110 c'_{32}		70 c'_{33}	500
W_4	×	80 c'_{41}	×	100 c'_{42}	400	40 c'_{43}	400
填方量/m³	800		600		500		1 900

表 1-7　　初始方案计算结果

填方区 挖方区	T_1		T_2		T_3		挖方量/m³
W_1	500	50	×	70	×	100	500
W_2	×	70	500	40	×	90	500
W_3	300	60	100	110	100	70	500
W_4	×	80	×	100	400	40	400
填方量/m³	800		600		500		1 900

表 1-7 中所求得的一组 x_{ij} 的数值，便是本例的初始调配方案。由于利用“最小元素法”确定的初始方案首先是让 c_{ij} 最小的那些格内的值取尽可能大的值，也就是优先考虑“就近调配”，所以，求得之总运输量是较小的。但是，这并不能保证其总运输量是最小的，因此，还需要进行判别，看它是否是最优方案。

2. 最优方案判别

在“表上作业法”中，判别是否是最优方案的方法有许多。采用“假想价格系数法”求检验数较清晰直观。该方法是设法求得无调配土方的方格（如本例中的 W_1-T_3，W_4-T_2 等方格）的检验数 λ_{ij}，判别 λ_{ij} 是否非负，如所有检验数 $\lambda_{ij} \geqslant 0$，则方案为最优方案，否则该方案不是最优方案，需要进行调整。

首先求出表中各个方格的假想价格系数 c'_{ij}；，有调配土方的假想价格系数 $c'_{ij}=c_{ij}$；无调配土方方格的假想系数用下式计算：

$$c'_{ef}+c'_{pq}=c'_{eq}+c'_{pf} \tag{1-23}$$

式(1-23)的意义即构成任一矩形的四个方格内对角线上的假想价格系数之和相等(表 1-4)。

利用已知的假想价格系数，逐个求解未知的 c'_{ij}。寻找适当的方格构成一个矩形，最终能求得所有的 c'_{ij}。这些计算，均在表上作业。

在表 1-7 的基础上先将有调配土方的方格的假想价格系数填入方格的右下角。$c'_{11}=50$，$c'_{22}=40$，$c'_{31}=60$，$c'_{32}=110$，$c'_{33}=70$，$c'_{43}=40$，寻找适当的方格，由式(1-23)即可计算得全部假想价格系数。例如，由 $c'_{21}+c'_{32}=c'_{22}+c'_{31}$，可得 $c'_{21}=-10$(表 1-8)。

假想价格系数求出后，按下式求出表中无调配土方方格的检验数：

$$\lambda_{ij}=c_{ij}-c'_{ij} \tag{1-24}$$

把表 1-8 中无调配土方的方格右边两小格的数字上下相减即可。如 $\lambda_{21}=70-(-10)=+80$，$\lambda_{12}=70-100=-30$。将计算结果填入表 1-9。表 1-9 中可以只写出各检验数的正负号，因为我们只对检验数的符号感兴趣，而检验数的值对求解结果无关，因而可不必填入具体的值。

表 1-8　　计算假想价格系数

<table>
<tr><th>填方区
挖方区</th><th colspan="2">T_1</th><th colspan="2">T_2</th><th colspan="2">T_3</th><th>挖方量/m³</th></tr>
<tr><td rowspan="2">W_1</td><td rowspan="2">500</td><td>50</td><td rowspan="2">×</td><td>70</td><td rowspan="2">×</td><td>100</td><td rowspan="2">500</td></tr>
<tr><td>50</td><td>100</td><td>60</td></tr>
<tr><td rowspan="2">W_2</td><td rowspan="2">×</td><td>70</td><td rowspan="2">500</td><td>40</td><td rowspan="2">×</td><td>90</td><td rowspan="2">500</td></tr>
<tr><td>−10</td><td>40</td><td>0</td></tr>
<tr><td rowspan="2">W_3</td><td rowspan="2">300</td><td>60</td><td rowspan="2">100</td><td>110</td><td rowspan="2">100</td><td>70</td><td rowspan="2">500</td></tr>
<tr><td>60</td><td>110</td><td>70</td></tr>
<tr><td rowspan="2">W_4</td><td rowspan="2">×</td><td>80</td><td rowspan="2">×</td><td>100</td><td rowspan="2">400</td><td>40</td><td rowspan="2">400</td></tr>
<tr><td>30</td><td>80</td><td>40</td></tr>
<tr><td>填方量/m³</td><td colspan="2">800</td><td colspan="2">600</td><td colspan="2">500</td><td></td></tr>
</table>

表 1-9 中出现了负检验数，说明初始方案不是最优方案，需进一步调整。

表 1-9　　计算检验数

填方区 挖方区	T_1		T_2		T_3	
W_1		50 50	−	70 100	+	100 60
W_2	+	70 −10		40 40	+	90 0
W_3		60 60		110 110		70 70
W_4	+	80 30	+	100 80		40 40

3. 方案的调整

第一步，在所有负检验数中选一个(一般可选最小的一个)，本例中便是λ_{12}，把它所对应的变量x_{12}作为调整对象。

第二步，找出x_{12}的闭回路。其作法是：从x_{12}方格出发，沿水平与竖直方向前进，遇到适当的有数字的方格作90°转弯(也不一定转弯)，然后继续前进，如果路线确当，有限步后便能回到出发点，形成一条以有数字的方格为转角点的、用水平和竖直线连起来的闭回路，见表1-10。

表 1-10　　求解闭回路

填方区 挖方区	T_1	T_2	T_3
W_1	500	← x_{12}	
W_2	↓	↑ 500	
W_3	300	→ ↑ 100	100
W_4			400

第三步，从空格x_{12}出发，沿着闭回路(方向任意)一直前进，在各奇数次转角点(以x_{12}出发点为零)的数字中，挑出一个最小的(本例中便是在x_{11}(500)及x_{32}(100)中选出"100")，将它由x_{32}调到x_{12}方格中(即空格中)。

第四步，将"100"填入x_{12}方格中，被调出的x_{32}为零(该格变为空格)；同时将闭回路上其他的奇数次转角上的数字都减去"100"，偶数次转角上数字都增加"100"，使得填挖方区的土方量仍然保持平衡，这样调整后，便可得到表1-11的新调配方案。

表 1-11　　调整后的新调配方案

填方区 挖方区	T_1		T_2		T_3		挖方量/m^3
W_1	400	50 50	100	70 70	+	100 60	500
W_2	+	70 20	500	40 40	+	90 30	500
W_3	400	60 60	+	110 80	100	70 70	500
W_4	+	80 30	+	100 50	400	40 40	400
填方量/m^3	800		600		500		1 900

对新调配方案，再进行检验，看其是否已是最优方案。如果检验中仍有负数出现，那就仍按上述步骤继续调整，直到找出最优方案为止。

表 1-11 中所有检验均为正号，故该方案即为最优方案。

该最优土方调配方案的土方总运输量为

$$Z = 400\times50+100\times70+500\times40+400\times60+100\times70+400\times40 = 94\,000(m^3\cdot m)$$

将表 1-11 中的土方调配数值绘成土方调配图(图 1-10)。图中箭杆上数字为土方调配数。

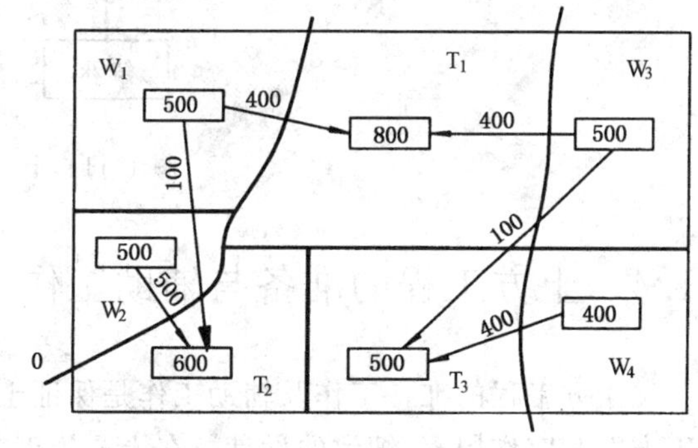

图 1-10　土方调配图

最后，我们来比较一下最佳方案与初始方案的运输量。

初始方案的土方总运输量为

$$Z_0 = 500\times50+500\times40+300\times60+100\times110+100\times70+400\times40 = 97\,000(m^3\cdot m)$$

$$Z - Z_0 = 94\,000-97\,000 = -3\,000(m^3\cdot m)$$

即调整后总运输量减少了 3 000($m^3\cdot m$)。

土方调配的最优方案可以不只是一个，这些方案调配区或调配土方量可以不同，但它们的目标函数 Z 都是相同的。有若干最优方案，为人们提供了更多的选择余地。

当土方调配区数量较多时，用上述表上作业法计算最优方案仍较费工。如采用手工计算，要找出所有最优方案需经过多次轮番计算，工作量很大。现已有较完善的电算程序，能准确、迅速地求得最优方案，而且还能得到所有可能的最优方案。图 1-11 是土方调配最优方案计算的电算程序框图。

“线性规划”求最优解的方法，不仅可应用在土方调配中，而且可应用在钢筋下料、运输调度及土方机械选择等优化设计中(关于线性规划的理论及计算方法可以详见有关的文献)。

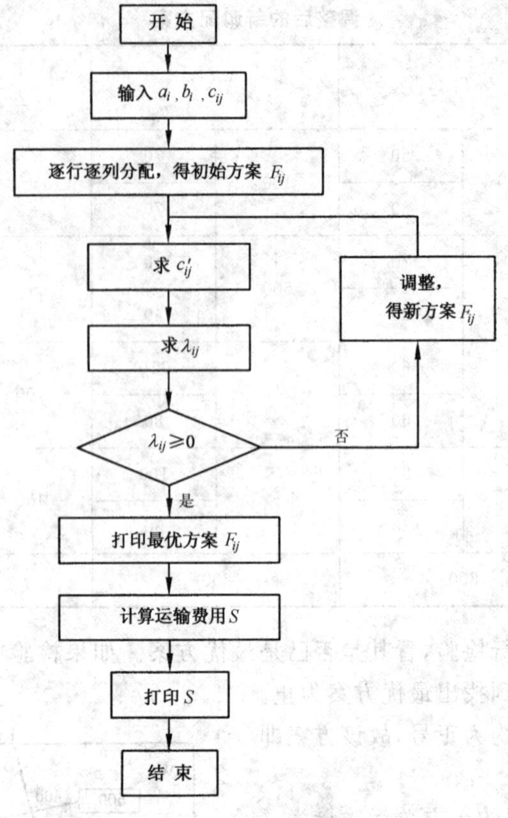

图 1-11　土方调配程序框图

1.4　土方工程的准备与辅助工作

土方工程的准备工作及辅助工作是保证土方工程顺利进行所必需的，在编制土方工程施工方案时应作周密、细致的设计。在土方施工前、施工过程中乃至完工后，都要认真执行所制定的有关措施，进行必要的监测，并根据施工中实际情况的变化及时调整实施方案。

1.4.1　土方工程施工前的准备工作

土方工程施工前应做好下述准备工作：

① 场地清理，包括清理地面及地下各种障碍物。在施工前应拆除旧房和古墓，拆除或改建通讯、电力设备、地下管线及建筑物，迁移树木，去除耕植土及河塘淤泥等。

② 排除地面水，场地内低洼地区的积水必须排除，同时应注意雨水的排除，使场地保持干燥，以利土方施工。地面水的排除一般采用排水沟、截水沟、挡水土坝等措施。

③ 修筑好临时道路及供水、供电等临时设施。

④ 做好材料、机具及土方机械的进场工作。

⑤ 做好土方工程测量、放线工作。

⑥ 根据土方施工设计做好土方工程的辅助工作，如边坡稳定、基坑（槽）支护、降低地下水等。

1.4.2 土方边坡及其稳定

土方边坡坡度以其高度 H 与其底宽 B 之比表示。边坡可做成直线形、折线形或踏步形(图 1-12)。

$$土方边坡坡度=\frac{H}{B}=\frac{1}{B/H}=\frac{1}{m} \tag{1-25}$$

式中,$m=B/H$,称为坡度系数。

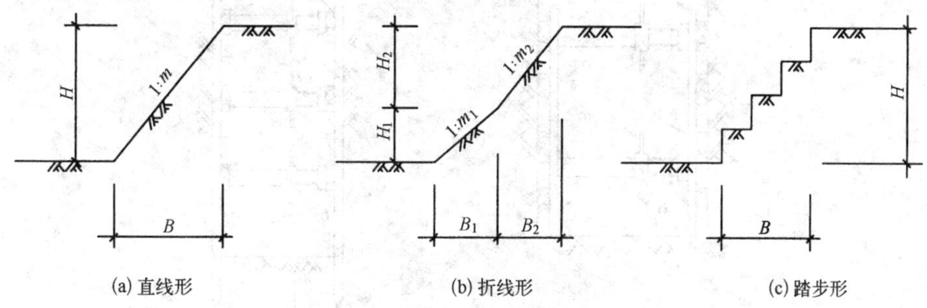

(a) 直线形　(b) 折线形　(c) 踏步形

图 1-12　土方放坡

施工中,土方放坡坡度的留设应考虑土质、开挖深度、施工工期、地下水水位、坡顶荷载及气候条件因素。当地下水水位低于基底,在湿度正常的土层中开挖基坑或管沟,如敞露时间不长,在一定限度内可挖成直壁不加支撑。

边坡稳定的分析方法很多,如摩擦圆法、条分法等。有关这方面的计算,可参考有关文献。

施工中,除应正确确定边坡,还要进行护坡,以防边坡发生滑动。土坡的滑动一般是指土方边坡在一定范围内整体地沿某一滑动面向下和向外移动而丧失其稳定性。边坡失稳往往是在外界不利因素影响下触动和加剧的。这些外界不利因素导致土体下滑力的增加或抗剪强度的降低。

土体的下滑使土体中产生剪应力。引起下滑力增加的因素主要有:坡顶上堆物、行车等荷载;雨水或地面水渗入土中使土的含水量提高而使土的自重增加;地下水渗流产生一定的动水压力;土体竖向裂缝中的积水产生侧向静水压力等。引起土体抗剪强度降低的因素主要是:气候的影响使土质松软;土体内含水量增加而产生润滑作用;饱和的细沙、粉沙受振动而液化等。

因此,在土方施工中,要预估各种可能出现的情况,采取必要的措施护坡防坍,特别要注意及时排除雨水、地面水,防止坡顶集中堆载及振动。必要时,可采用钢丝网细石混凝土(或砂浆)护坡面层加固。如是永久性土方边坡,则应做好永久性加固措施。

1.4.3 土壁支护

开挖基坑(槽)时,如地质条件及周围环境许可,采用放坡开挖是较经济的。但在建筑稠密地区施工,或有地下水渗入基坑(槽)时,往往不可能按要求的坡度放坡开挖,这就需要进行基坑(槽)支护,以保证施工的顺利和安全,并减少对相邻建筑、管线等的不利影响。

基坑(槽)支护结构的主要作用是支撑土壁,此外,钢板桩、混凝土板桩及水泥土搅拌桩等围护结构还兼有不同程度的隔水作用。

基坑(槽)支护结构的形式有多种,根据受力状态可分为横撑式支撑、板桩式支护结构、重力式支护结构,其中,板桩式支护结构又分为悬臂式和支护式。

1.4.3.1 基槽支护

地下管线工程施工时，常需开挖沟槽。开挖较窄的沟槽，多用横撑式土壁支撑。横撑式土壁支撑根据挡土板的不同，分为水平挡土板式(图 1-13(a))以及垂直挡土板式(图 1-13(b))两类。前者挡土板的布置又分为间断式和连续式两种。湿度小的黏性土挖土深度小于 3m 时，可用间断式水平挡土板支撑；松散、湿度大的土可用连续式水平挡土板支撑，挖土深度可达 5m。对松散和湿度很高的土可用垂直挡土板支撑，其挖土深度不限。

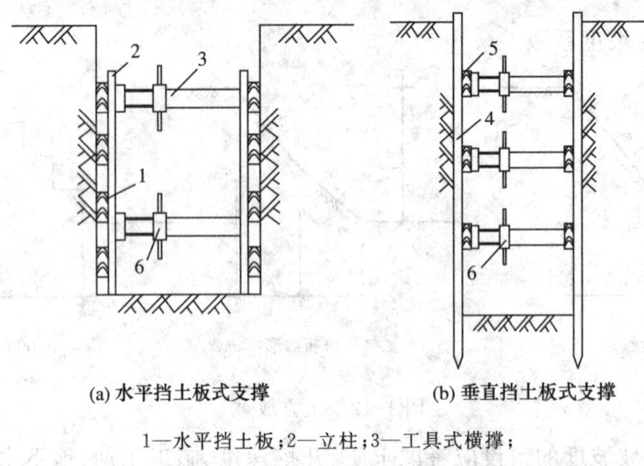

1—水平挡土板；2—立柱；3—工具式横撑；
4—垂直挡土板；5—横楞木；6—调节螺栓

图 1-13 横撑式支撑

支撑所承受的荷载为土压力。土压力的分布不仅与土的性质、土坡高度有关，还与支撑的形式及变形有关。由于沟槽的支护多为随挖、随铺、随撑，支撑构件的刚度不同，撑紧的程度又难以一致，故作用在支撑上的土压力不能按库伦或朗肯土压力理论计算。实测资料表明，作用在横撑式支撑上的土压力的分布很复杂，也很不规则。工程中，通常按图 1-14 所示几种简化图形进行计算。

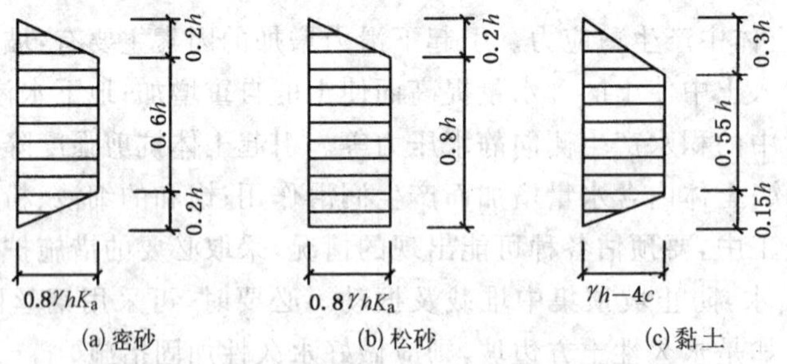

注：图中 γ 是土的天然重度；K_a 是主动土压力系数。

图 1-14 支撑计算土压力

挡土板、立柱及横撑的强度、变形及稳定等可根据实际布置情况进行结构计算。对较宽的沟槽，不宜采用横撑式支撑，此时的土壁支护可采用类似于基坑的支护方法。

1.4.3.2 基坑支护

在地下室或其他地下结构、深基础等施工时，常需要开挖基坑，为保证基坑侧壁的稳定，保护周边环境，满足地下工程施工要求，往往需要设置基坑支护结构。基坑支护结构一般根据地质条件、基坑开挖深度以及对周边环境保护要求采取土钉墙、重力式水泥土墙、板式支护结构等形式。

1. 土钉墙施工及复合土钉墙

土钉墙是近几年发展起来的一种边坡稳定式的支护结构。它是在土体内设置一定长度的钢筋或钢管(称为土钉)并与坡面的钢筋网喷射混凝土面板相结合,从而起主动嵌固作用,增加边坡的稳定性,使基坑开挖后,坡面保持稳定。

由许多土钉组成的土钉群与土体共同工作,形成了能大大提高原土体强度和刚度的复合土体,土钉在复合土体中具有制约土体变形并使复合土体构成一个整体的作用。而土钉之间土的变形则通过钢筋网喷射混凝土面板进行约束。土钉与土的相互作用还能改变土坡的变形与破坏形态,显著提高土坡整体稳定性。

复合土钉墙是将土钉墙与一种或几种单项支护技术或截水技术有机组合成的复合支护体系(图 1-15)。

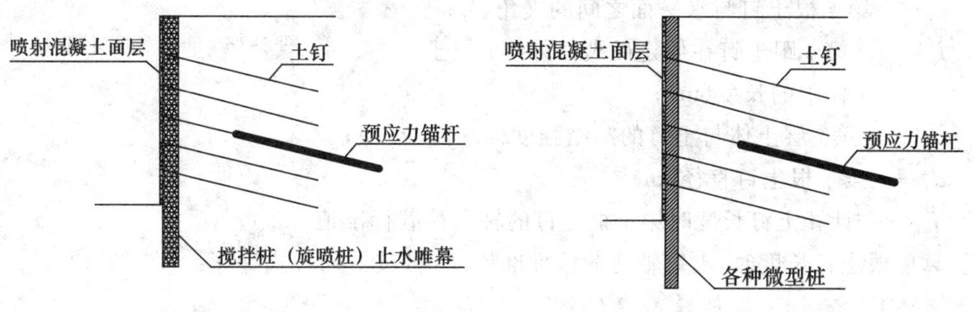

(a) 土钉墙+止水帷幕+预应力锚杆

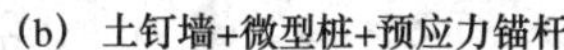

(b) 土钉墙+微型桩+预应力锚杆

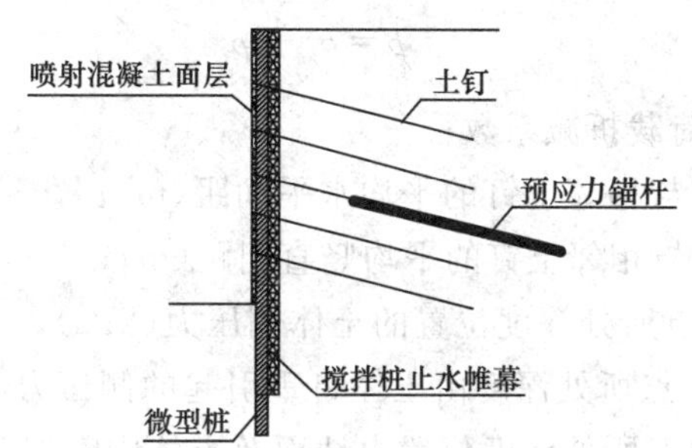

(c) 土钉墙+止水帷幕+微型桩+预应力锚杆

图 1-15 复合土钉墙常用类型

1) 土钉墙计算

土钉墙计算可参照建筑基坑支护技术规程(JGJ 120—1999),包括单根土钉承载力验算及整体稳定性验算。复合土钉墙则按复合土钉墙基坑支护技术规范(GB 50739—2011)计算。

(1) 单根土钉长度 l_j 及土钉面积 A_j 的计算

$$l_j = l_{zj} + l_{mj} \tag{1-26}$$

$$l_{zj} = \frac{h_j \sin\frac{\beta - \varphi_{ak}}{2}}{\sin\beta \sin\left(\alpha_j + \frac{\beta + \varphi_{ak}}{2}\right)}$$

$$l_{mj} = \sum l_{mi,j}$$

$$\pi d_j \sum q_{sik} l_{mi,j} \geqslant 1.4 T_{jk} \tag{1-27}$$

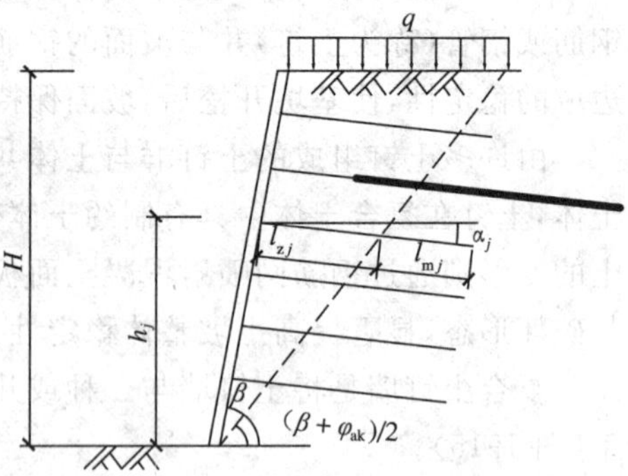

式中 l_j——第 j 根土钉长度(m)；

l_{zj}——第 j 根土钉在假定破裂面内长度(m)；

l_{mj}——第 j 根土钉在假定破裂面外长度(m)；

h_j——第 j 根土钉与某坑底面的距离(m)；

β——土钉墙坡面与水平面的夹角(°)；

φ_{ak}——基坑地面以上各层土的内摩擦角标准值,可按不同土层厚度取加权平均值(°)；

α_j——第 j 根土钉与水平面之间的夹角(°)；

$l_{mi,j}$——第 j 跟土钉在假定破裂面外第 i 层土体中的长度(m)；

q_{sik}——第 i 层土体与土钉的黏结强度标准值(kPa)；

d_j——第 j 根土钉直径(m)；

T_{jk}——计算土钉长度时第 j 根土钉的轴向荷载标准值(kN)。

图 1-16 土钉长度计算

计算单根土钉长度时,土钉轴向荷载标准值 T_{jk} 可按下列公式计算:

$$T_{jk} = \frac{1}{\cos\alpha_j} \zeta p s_{xj} s_{zj} \tag{1-28}$$

$$p = p_m + p_q \tag{1-29}$$

ζ——坡面倾斜时荷载折减系数；

s_{xj}——第 j 根土钉与相邻土钉的平均水平间距(m)；

s_{zj}——第 j 根土钉与相邻土钉的平均竖直间距(m)；

p——土钉长度中点所处深度位置的土体侧压力(kPa)；

p_m——土钉长度中点所处深度由土体自重引起的侧压力(kPa)；

p_q——土钉长度中点所处深度位置由地面及土体中附加荷载引起的侧压力(kPa)。

坡面倾斜时的荷载折减系数可按下列公式计算:

$$\zeta = \tan\frac{\beta - \varphi_{ak}}{2} \frac{\left(\dfrac{1}{\tan\dfrac{\beta+\varphi_k}{2}} - \dfrac{1}{\tan\beta}\right)}{\tan^2\left(45° - \dfrac{\varphi_{ak}}{2}\right)} \tag{1-30}$$

土钉杆体截面面积 A_j 可按下列公式计算:

$$A_j \geqslant 1.15 T_{yi} / f_{yi} \tag{1-31}$$

$$T_{yj} = \varphi \pi d_j \sum q_{sik} l_{i,j} \tag{1-32}$$

式中 A_j——第 j 根土钉杆体(钢筋、钢管)截面面积(mm^2)；

f_{yi}——第 j 根土钉杆体材料抗拉强度设计值(N/mm^2)；

T_{yj}——第 j 根土钉验收抗拔力(N)；

φ——土钉的工作系数，取 0.8～1.0；

$l_{i,j}$——第 j 根土钉在第 i 层土体中的长度(m)。

(2) 基坑整体稳定性验算

基坑整体稳定性分析可采用简化圆弧滑移面条分法

$$K_{s0}+\eta_1 K_{s1}+\eta_2 K_{s2}+\eta_3 K_{s3}+\eta_4 K_{s4}\geqslant K_s \tag{1-33}$$

$$K_{s0}=\frac{\sum c_i L_i+\sum W_i\cos\theta_i\tan\varphi_i}{\sum W_i\sin\theta_i}$$

$$K_{s1}=\frac{\sum N_{uj}\cos(\theta_j+\alpha_j)+\sum N_{uj}\sin(\theta_j+\alpha_j)\tan\varphi_j}{s_{xj}\sum W_i\sin\theta_i}$$

$$K_{s2}=\frac{\sum P_{uj}\cos(\theta_j+\alpha_{mj})+\sum P_{uj}\sin(\theta_j+\alpha_{mj})\tan\varphi_j}{s_{2xj}\sum W_i\sin\theta_i}$$

$$K_{s3}=\frac{\tau_q A_3}{\sum W_i\sin\theta_i}$$

$$K_{s4}=\frac{\tau_y A_4}{s_{4xj}\sum W_i\sin\theta_i}$$

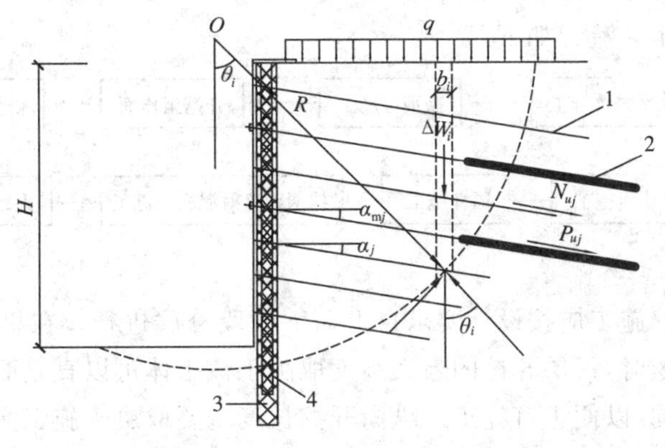

图 1-17　复合土钉墙稳定性计算分析

式中　K_s——整体稳定性安全系数，对应于基坑安全等级一、二、三级分别取 1.4、1.3、1.2；开挖过程中最不利工况下可乘以 0.9 的系数；

K_{s0}，K_{s1}，K_{s2}，K_{s3}，K_{s4}——整体稳定性分项抗力系数，分别为土、土钉、预应力锚杆、截水帷幕及微型桩产生的抗滑力矩与土体下滑力矩比；

c_i，φ_i——第 i 个土条在滑弧面上的黏聚力(kPa)及内摩擦角(°)；

L_i——第 i 个土条在滑弧面上的弧长(m)；

W_i——第 i 个土条重量，包括作用在该土条上的各种附加荷载(kN/m)；

θ_i——第 i 个土条在滑弧面中点处的法线与垂直面的夹角(°)；

η_1，η_2，η_3，η_4——土钉、预应力锚杆、截水帷幕及微型桩组合作用折减系数

s_{xj}——第 j 根土钉与相邻土钉的平均水平间距(m)；

s_{2xj}，s_{4xj}——第 j 根预应力锚杆或微型桩的平均水平间距(m)；

N_{uj}——第 j 根土钉在稳定区(即滑移面外)所提供的摩阻力(kN)；

P_{uj}——第 j 根预应力锚杆在稳定区(即滑移面外)的极限抗拔力(kN)；

α_j——第 j 根土钉与水平面之间的夹角(°)；

α_{mj}——第 j 根预应力锚杆与水平面之间的夹角(°)；

θ_j——第 j 根土钉或预应力锚杆与滑弧面相交处，滑弧切线与水平面的夹角(°)；

φ_j——第 j 根土钉或预应力锚杆与滑弧面交点处土的内摩擦角(°)；

τ_q——假定滑移面处相应龄期截水帷幕的抗剪强度标准值，根据试验结果确定(kPa)；

τ_y——假定滑移面处微型桩的抗剪强度标准值，可取桩材料的抗剪强度标准值(kPa)；

A_3，A_4——单位计算长度内截水帷幕或单根微型桩的截面积(m^2)。

另外，还应验算坑底抗隆起稳定性，有截水帷幕的复合土钉墙，基坑开挖面以下有沙土或粉土等透水性较强土层且截水帷幕没有穿透该土层时，应进行抗渗流稳定性验算。基坑底面以下存在承压水时，还应进行抗突涌稳定性计算。

2) 土钉墙施工

土钉墙施工工艺流程如下：

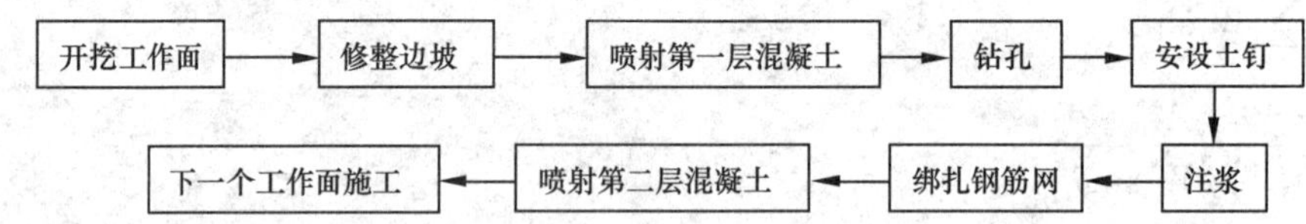

复合土钉墙施工工艺流程如下：

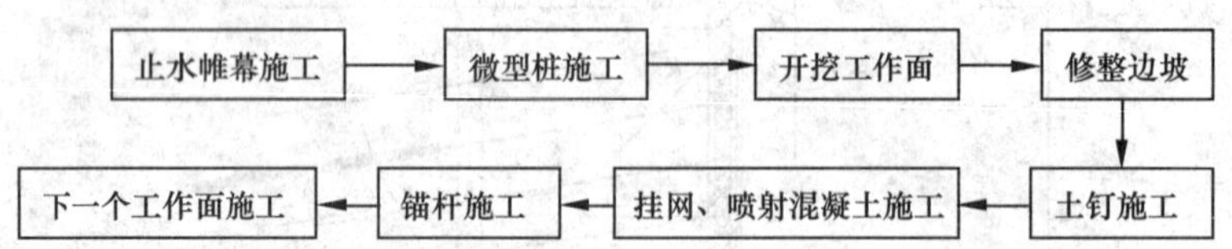

基坑开挖和土钉墙施工应按设计要求自上而下分段分层进行。在机械开挖后，应辅以人工修正坡面。基坑开挖时，每层开挖的最大高度取决于该土体可以直立而不坍塌的能力，一般取与土钉竖向间距相同，以便土钉施工。纵向开挖长度主要取决于施工流程的相互衔接，一般为 10m 左右。

土钉墙施工是随着工作面开挖而分层施工的。上层土钉注浆体及喷射混凝土面层达到设计强度的 70%后，方可开挖下层土方，进行下层土钉施工。

土钉的安设方法可采取钻孔插入法(称为注浆土钉)或直接打入法(称为不注浆土钉)，注浆土钉注浆时，需全长注浆，根据需要可用一次注浆或二次注浆。

在坡面上喷射第一层混凝土支护前，土坡面必须干燥，坡面虚土应予以清除，以保证面层质量。

钢筋网应在喷射第一层混凝土后铺设，钢筋与第一层喷射混凝土的间隙不小于 20mm。

同层土钉支护喷射混凝土作业应分段进行，同一分段内喷射顺序应自下而上，一次喷射厚度不小于 40mm。施工时，喷头与受喷面应保持垂直，距离为 0.6～1m。混凝土终凝 2h 后，应喷水养护。

土钉墙施工完毕后应按下列要求进行质量检测：

① 土钉应采用抗拉试验检测承载力，同一条件下，试验数量不宜小于土钉总数的1%，且不小于3根；

② 墙面喷射混凝土厚度采用钻孔检测，其允许偏差为±10mm，钻孔数宜每$100m^2$墙面取一组，每组不少于3个点。

土钉墙支护结构适用于地下水位以上或降水后的人工填土、黏性土和弱胶结沙土的基坑支护或边坡加固，基坑深度不大于5m。不宜用于含水量丰富的细沙、淤泥质土和砂砾卵石层。不得用于没有自稳能力的淤泥和饱和软弱土层。

2. 重力式支护结构

水泥土搅拌桩（或称深层搅拌桩）支护结构是近十几年来发展起来的一种重力式支护结构。它是通过搅拌桩机将水泥与土进行搅拌，形成柱状的水泥加固土（搅拌桩）。用于支护结构的水泥土其水泥掺量通常为12%～15%（单位土体的水泥掺量与土的重力密度之比），水泥土的抗压强度可达0.8～1.2MPa，其渗透系数很小，一般不大于10^{-6}cm/s。由水泥土搅拌桩搭接而形成水泥土墙，既具有挡土作用，又兼有隔水作用。它适用于4～6m深的基坑，最大可达7～8m。

水泥土墙通常布置成格栅式，格栅的置换率（加固土的面积：水泥土墙的总面积）为0.6～0.8。墙体的宽度b、插入深度h_d根据基坑开挖深度h估算，一般$b=(0.6\sim0.8)h$，$h_d=(0.8\sim1.2)h$（图1-18）。

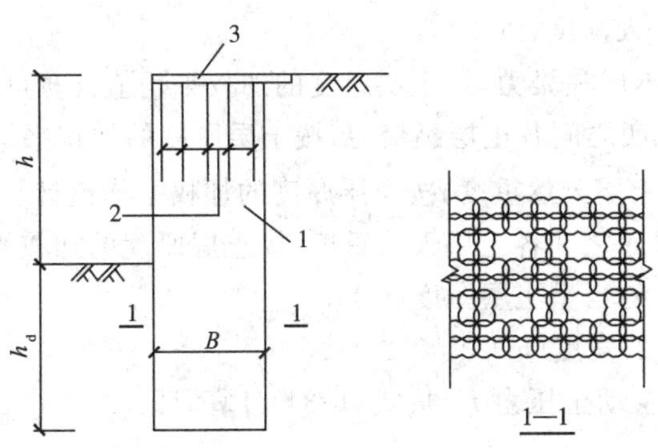

1—搅拌桩；2—插筋；3—面板

图1-18 水泥土墙

1) 水泥土墙的设计

水泥土重力式支护结构的设计主要包括整体稳定、抗倾覆稳定、抗滑移稳定、位移等，有时还应验算抗渗、墙体应力、地基强度等。

图1-19为水泥土支护结构的计算图示。

由图1-19知：$p_1=2c\sqrt{K_a}$；$p_2=2c_1\sqrt{K_p}$；$e_a=\gamma HK_a$；$e_p=\gamma_1 h_d K_p$；$e_q=\gamma_1 h_q K_a$；$z_0=\dfrac{2c}{\gamma\sqrt{K_a}}$。

其中 K_a——主动土压力系数，$K_a=\tan^2(45°-\dfrac{\varphi}{2})$，其中$\varphi$为墙底以上各土层内摩擦角，按土层厚度的加权平均值计算（°）；

K_p——被动土压力系数，$K_p=\tan^2(45°+\dfrac{\varphi}{2})$，其中$\varphi$为墙底至基坑底之间各土层内摩

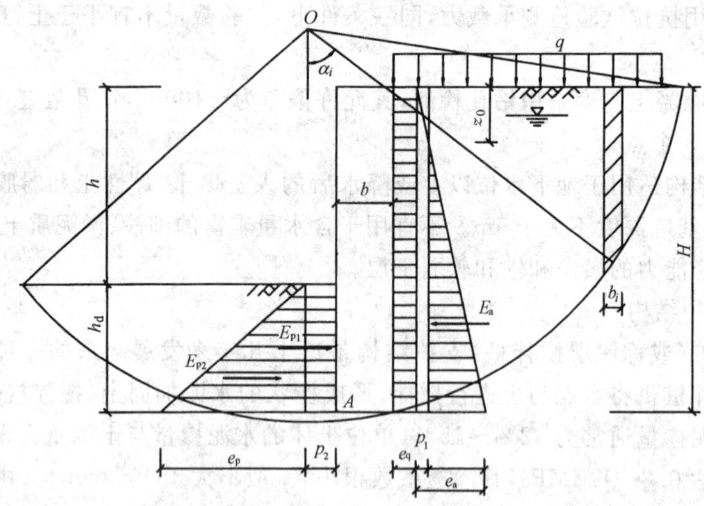

图 1-19　水泥土墙的计算图式

擦角，按土层厚度的加权平均值计算(°)；

H——水泥土墙的墙高(m)；

h_d——水泥墙的插入深度(m)；

c——墙底以上各土层黏聚力，按土层厚度的加权平均值计算(kPa)；

c_1——墙底至基坑底之间各土层黏聚力，按土层厚度的加权平均值计算(kPa)；

γ——墙底以上各土层天然重度，按土层厚度的加权平均值计算(kN/m^3)；

γ_1——墙底至基坑底之间各土层天然重度，按土层厚度的加权平均值计算(kN/m^3)；

h_q——地面荷载 q 的当量土层厚度(m)；

b——水泥土挡墙的宽度(m)。

按照计算图式，墙后主动土压力 E_a 按式(1-34)计算，即

$$E_a=\left(\frac{\gamma H^2}{2}+qH\right)K_a-2cH\sqrt{K_a}+\frac{2c^2}{\gamma} \tag{1-34}$$

式中，q 为地面荷载(kPa)，其他符号意义同前。

墙前被动土压力 E_p 按式(1-35)计算，即

$$E_p=\frac{\gamma_1 h_d^2}{2}K_p+2c_1 h_d\sqrt{K_p} \tag{1-35}$$

式中符号意义同前。

(1) 整体稳定

水泥土墙的插入深度应满足整体稳定性，整体稳定验算按式(1-36)简单条分法计算：

$$K_z=\frac{\sum c_i l_i+\sum(q_i b_i+W_i)\cos\alpha_i\tan\varphi_i}{\sum(q_i b_i+W_i)\sin\alpha_i} \tag{1-36}$$

式中　l_i——第 i 条沿滑弧面的弧长(m)，$l_i=b_i/\cos\alpha_i$；

q_i——第 i 条土条处的地面荷载(kN/m)；

b_i——第 i 条土条宽度(m)；

W_i——第 i 条土条重量(kN)。不计渗透力时，坑底地下水位以上取天然重度，坑底地下水位以下取浮重度；当计入渗透力作用时，坑底地下水位至墙后地下水位范围内的土体重度在计算滑动力矩(分母)时取饱和重度，在计算抗滑力矩(分子)时取浮重度；

α_i——第 i 条滑弧中点的切线和水平线的夹角(°)；

c_i，φ_i——分别表示第 i 条土条滑动面上土的黏聚力(kPa)和内摩擦角(°)；

K_z——整体稳定安全系数，一般取 1.2～1.5。

(2) 抗倾覆稳定

根据整体稳定得出的水泥土墙的 h_d 以及选取的 b 按重力式挡土墙验算墙体绕前趾 A 的抗倾覆稳定安全系数：

$$K_q=\frac{E_{p1}h_d/2+E_{p2}h_d/3+Wb/2}{(E_a-K_aqH)(H-z_0)/3+K_aqH^2/2} \tag{1-37}$$

式中 W——水泥土挡墙的自重(kN)，$W=\gamma_c bH$，γ_c 为水泥土墙体的自重(kN/m^3)，根据自然土重度与水泥掺量确定，可取 18～19kN/m^3；

K_q——抗倾覆安全系数，一般取 1.3～1.5；

其他符号意义同前。

(3) 抗滑移稳定

水泥土墙如满足整体稳定性及抗倾覆稳定性，一般可不必进行抗滑移稳定的验算，在特殊情况下，可按式(1-38)验算沿墙底面滑移的安全系数：

$$K_h=\frac{W\tan\varphi_0+c_0b+E_p}{E_a} \tag{1-38}$$

式中 φ_0，c_0——分别表示墙底土层的内摩擦角(°)与黏聚力(kPa)；

K_h——抗滑移稳定安全系数，取 1.2～1.3。

(4) 位移计算

重力式支护结构的位移在设计中应引起足够重视，由于重力式支护结构的抗倾覆稳定有赖于被动土压力的作用，而被动土压力的发挥是建立在挡土墙一定数量位移的基础上的，因此，重力式支护结构发生一定的位移是必然的，设计的目的是将该位移量控制在工程许可的范围内。

水泥土墙的位移可用"m"法计算，但其计算较复杂，目前，工程中常用下述经验公式(该计算法来自数十个工程实测资料)，突出影响水泥土墙水平位移的几个主要因素，计算简便、适用性强。

$$\Delta_0=\frac{0.18\zeta K_aLh^2}{h_db} \tag{1-39}$$

式中 Δ_0——墙顶估计水平位移(cm)；

ζ——施工质量影响系数，取 0.8～1.5；

L——开挖基坑的最大边长(m)；

h——基坑开挖深度；

其他符号意义同前。

施工质量对水泥土墙位移的影响不可忽略。一般按正常工序施工时，取 $\zeta=1.0$；达不到正常施工工序控制要求，但平均水泥用量达到要求时，取 $\zeta=1.5$；对施工质量控制严格、经验丰富的施工单位，可取 $\zeta=0.8$。

此外，水泥土墙还应验算水泥土墙的正截面承载力，包括压应力及拉应力。水泥土正截面压应力应小于水泥土龄期抗压强度 f_{cs}，而拉应力则应小于其抗拉强度（一般取 $0.06f_{cs}$）。当水泥土墙底部位于软弱土层，基底应力还应满足地基承载力的要求。

2）水泥土搅拌桩的施工

(1) 施工机械

目前，国内常用的深层搅拌桩机分动力头式和转盘式两大类。动力头式深层搅拌桩机可采用液压马达或机械式电动机——减速器。这类搅拌桩机主电机悬吊在架子上，重心高，必须配有足够重量的底盘，另外，由于主电机与搅拌钻具连成一体，重量较大，因此，可以不必配置加压装置。转盘式深层搅拌桩机多采用大口径转盘，配置步履式底盘，主机安装在底盘上，配有链轮、链条加压装置。其主要优点是：重心低、比较稳定，钻进及提升速度易于控制。

国内已经开发出动力头式单头和双头深层搅拌桩机，主要用于施工复合地基中的水泥土桩。DJB-14D 型深层搅拌机配套机械见图 1-20。

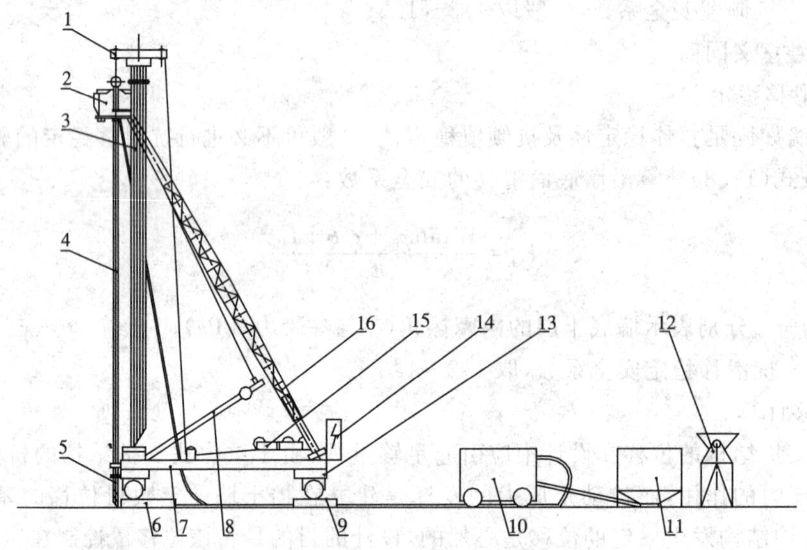

1—顶部滑轮组；2—动力头；3—钻塔；4—搅拌轴；5—搅拌钻头；6—枕木；7—底盘；8—起落挑杆；9—轨道；10—挤压泵；11—集料斗；12—灰浆搅拌机；13—操作台；14—配电箱；15—卷扬机；16—副腿

图 1-20　DJB-14D 型深层搅拌桩机配套机械示意图

双头深层搅拌桩机是在动力头式单头深层搅拌桩机基础上改进而成的，其搅拌装置比单头搅拌桩机多了一个搅拌轴，可以一次施工两根桩，其他组成和作用同动力头式单头深层搅拌桩机。

另外，国内已经开发出转盘式单头和多头（三头、四头、五头和六头）深层搅拌桩机。单头深层搅拌桩机主要用于施工复合地基中的水泥土桩，多头深层搅拌桩机主要用于施工水泥土防渗墙。常用的型号有转盘式 BJS 型多头深层搅拌桩机、转盘式 ZCJ 型多头深层搅拌桩机。

BJS 型多头深层搅拌桩机为三钻头小直径深层搅拌桩机，钻头直径为 200～450mm，主要用于江河堤坝截渗工程和其他水利水电防渗工程。ZCJ 型多头深层搅拌桩机一机有 3～6 头，一个工艺流程可形成一个单元防渗墙。钻杆间中心距为 30cm，钻杆之间带有连锁装置，解决了 BJS 型桩机在较大施工深度时可能产生的搭接错位问题。

近年来，我国又从日本引进了 SMW 工法(Soil Mixing Wall)。该工法是利用装有三轴搅拌钻头的 SMW 钻机，在地层中连续建造水泥土墙，并在墙内插入芯材(通常为 H 型钢)，形成抗弯能力强、刚性大、防渗性能好的挡土墙的工法。SMW 工法的设备配有较先进的质量检测系统，其钻头直径为 550～850mm，最大施工深度可达 65m。

(2) 施工工艺

搅拌桩成桩工艺可采用“一次喷浆、二次搅拌”或“二次喷浆、三次搅拌”工艺，主要依据水泥掺入比及土质情况而定。水泥掺量较小，土质较松时，可用前者，反之可用后者。

“一次喷浆、二次搅拌”的施工工艺流程如图 1-21 所示。当采用“二次喷浆、三次搅拌”工艺时，可在图示步骤(e)作业时也进行注浆，以后再重复(d)与(e)的过程。

水泥土搅拌桩施工中应注意水泥浆配合比及搅拌制度、水泥浆喷射速率与提升速度的关系及每根桩的水泥浆喷注量，以保证注浆的均匀性与桩身强度。施工中，还应注意控制桩的垂直度以及桩的搭接等，以保证水泥土墙的整体性与抗渗性。

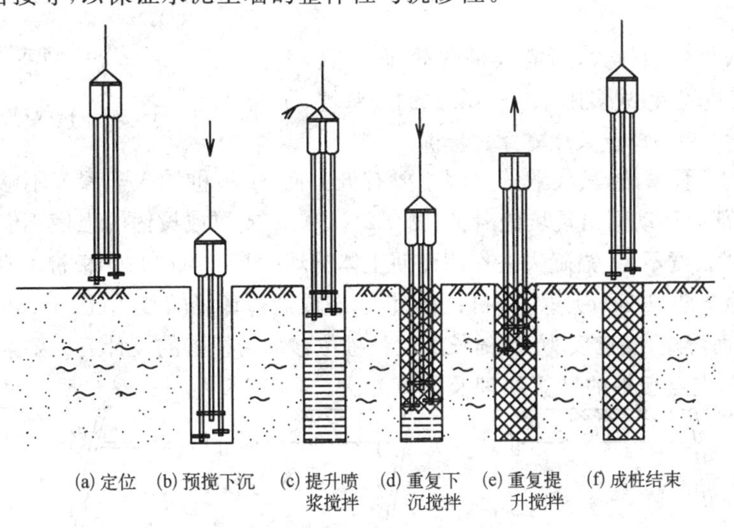

图 1-21 “一次喷浆、二次搅拌”施工流程

3. 板式支护结构

板式支护结构由两大系统组成：挡墙系统和支撑(或拉锚)系统(图 1-22)，悬臂式板桩支护结构则不设支撑(或拉锚)。

挡墙系统常用的类型有槽钢、钢板桩、钢筋混凝土板桩、灌注桩、地下连续墙及 SMW 工法等。

钢板桩有平板式和波浪式两种(图 1-23)。钢板桩之间通过锁口互相连接，形成一道连续的挡墙。由于锁口的连接，使钢板桩连接牢固，形成整体，同时也具有较好的隔水能力。钢板桩截面积小，易于打入。U 形、Z 形等波浪式钢板桩截面抗弯能力较好。钢板桩在基础施工完毕后还可拔出重复使用。

支撑系统一般采用大型钢管、H 型钢或格构式钢支撑，也可采用现浇钢筋混凝土支撑。

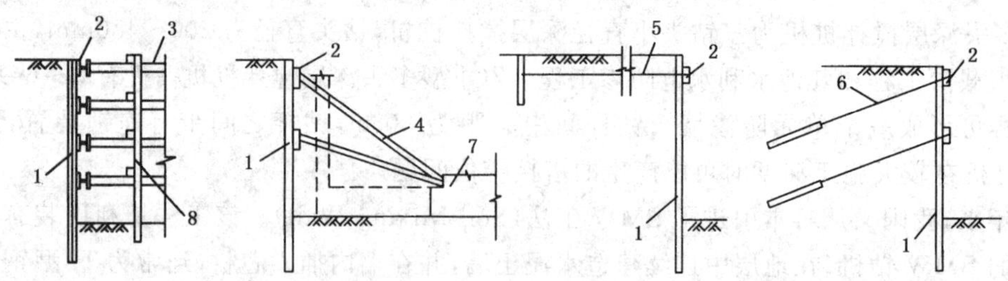

1—板桩墙；2—围檩；3—钢支撑；4—斜撑；5—拉锚；6—土锚杆；7—先行施工的基础；8—竖撑

图 1-22　板式支护结构

拉锚系统的材料一般用钢筋、钢索、型钢或土锚杆。根据基坑开挖的深度及挡墙系统的截面性能可设置一道或多道支点。当基坑较浅、挡墙具有一定刚度时，可采用悬臂式挡墙而不设支点。支撑或拉锚与挡墙系统通过围檩、冠梁等连接成整体。

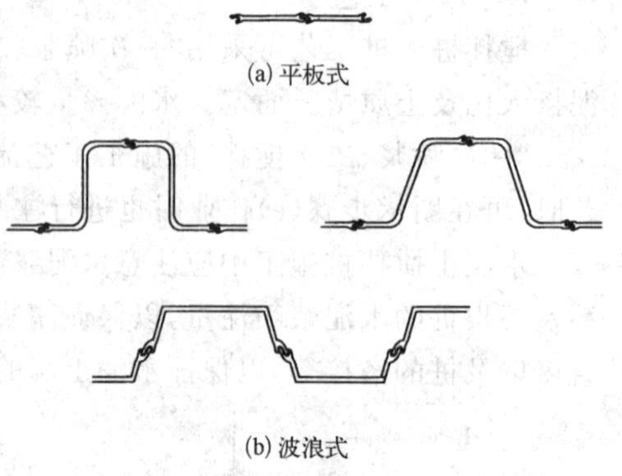

图 1-23　钢板桩形式

以下介绍有关板桩的计算方法，其他形式的板式支护结构计算也与其类似。

1）板桩计算

由于悬臂板桩弯矩较大，所需板桩的截面大，且悬臂板桩的位移也较大，故多用于 3～4m 深的浅基坑工程。一般基坑工程中广泛采用支撑式板桩。

总结板桩的工程事故，其失败的原因主要有五方面：①板桩的入土深度不够，在土压力作用下，板桩的入土部分移动而出现坑壁滑坡(图 1-24(a))；②支撑或拉锚的强度不够(图 1-24(b)，图 1-24(c))；③拉锚长度不足，锚碇失去作用而使土体滑动(图 1-24(d))；④板桩本身刚度不够，在土压力作用下失稳弯曲(1-24(e))；⑤板桩位移过大，造成周边环境的破坏(图 1-24(f))。因此，板桩的入土深度、截面弯矩、支点反力、拉锚长度及板桩位移称为板桩的设计五大要素。

下面分析单支点板桩的计算原理及计算方法。

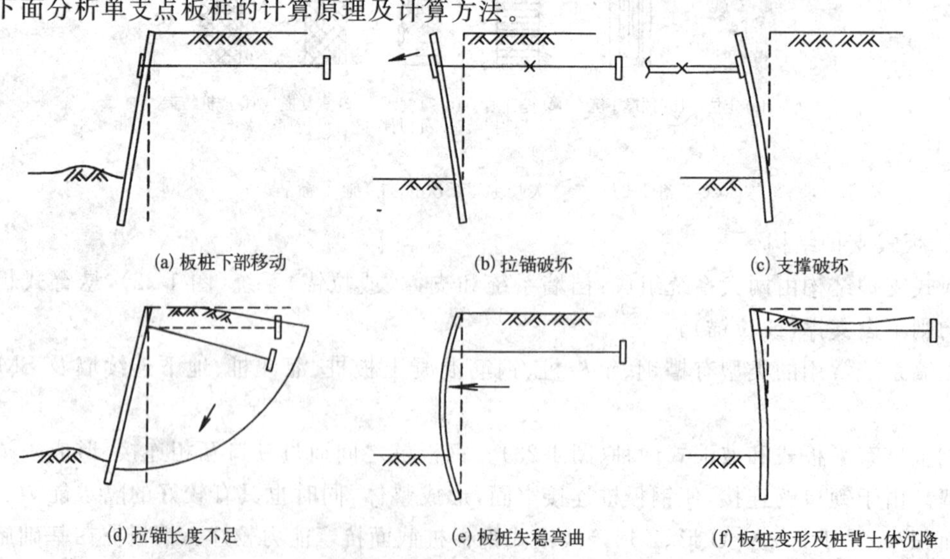

图 1-24　板桩的工程事故

根据板桩入土深度与基坑深度比值的大小，单支点板桩变形也不同，特别是入土部分。由此，将单支点板桩分成自由支承单支点板桩和嵌固支承单支点板桩(图 1-25)。

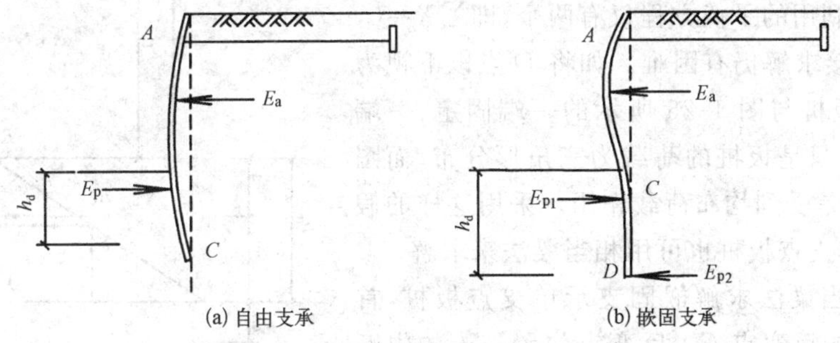

图 1-25 单支点板桩的两种计算类型

两种类型单支点板桩的土压力分布、弯矩和变形也不尽相同。板桩入土深度较浅，整个板桩都向坑内变形，板桩底端发生转动并有微小的位移，坑底的被动土压力得以全部发挥。如板桩的入土深度增加，由于作用在桩前被动土压力也随之增加，当达到某一平衡状态时，桩底 C 仅在原位置发生转动而无位移。上述两种板桩底端的支承相当于简支，称为自由支承。

如果入土深度继续增加，则桩前被动土压力随深度的增加继续增加，当达到一定深度 D 点时，板桩底部有一段既无位移也无转角，这时，板桩在土中处于嵌固状态。这种板桩为单支点嵌固板桩，其在一定深度 D 点以下的弯矩为零。

板桩的精确计算较为困难，主要是插入地下部分属超静定问题，其土压力分布状态难以精确确定，目前的计算方法也有多种，如“弹性曲线法”、“竖向弹性地基梁法”、“相当梁法”等，下面介绍单支点嵌固板桩的简化计算方法——相当梁法。

(1) 板墙部分计算

板桩前后的被动、主动土压力是由板桩位移引起的，而桩的位移又随土压力的大小而变化，要考虑它们的共同变形是较复杂的。一般都将土压力简化为线性分布来进行计算。

分析图 1-26 所示的一端固定、一端简支的梁。它受到均布荷载作用，该梁的弯矩图及挠度曲线分别如图 1-26(b)和(c)所示。将梁 AD 在反弯点 C 处截断，并设简单支承于截断处(图 1-26(d))，则梁 $A'C'$ 的弯矩与原梁 AC 段的弯矩相同，我们称 $A'C'$ 为 AC 的相当梁。通过求解相当梁 $A'C'$ 的支座反力 $R_{C'}$，即梁 $C'D'$ 的支座反力 $R'_{C'}$，由此可求得 $C'D'$ 梁的其他未知量。

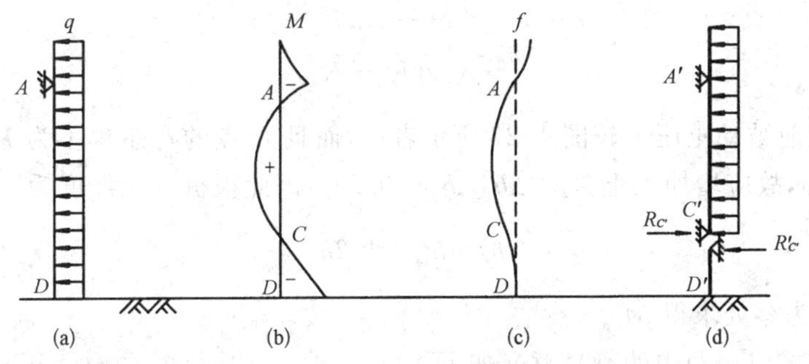

图 1-26 相当梁示意图

图 1-27 是嵌固支承单支点板桩土压力分布图，该板桩在 D 点以下板桩的性状及土压力

状况难以精确计算。如将 D 点以下的土压力用一个力 E_{p2} 代之，此时该板桩求解未知量有三个，即 T_{c1}，E_{p2} 及 h_d，而可利用的平衡方程仅有两个，即 $\sum X=0$，$\sum M=0$，要直接求解仍有困难。如将 D 点以下视为固定端，则该板桩与图 1-26 所示的一端固定、一端简支的梁类似，只是板桩的荷载为三角形分布，而图 1-26 所示的梁是受到均布荷载作用。采用这样的假设，嵌固支承单支点板桩也可用相当梁法来求解。

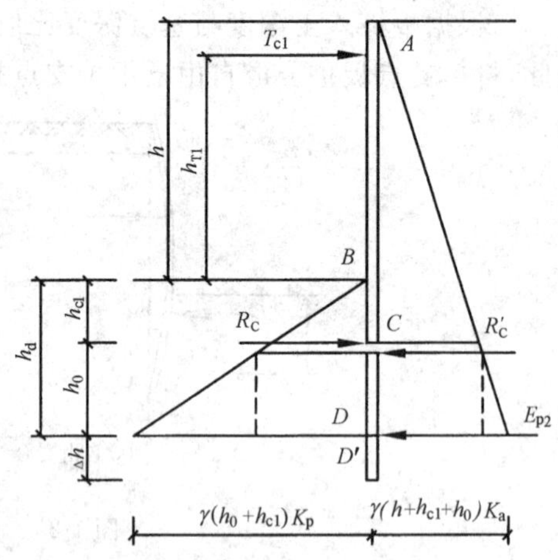

图 1-27　嵌固支承板桩

用上述相当梁法求解嵌固支承单支点板桩，首先要找出板桩的反弯点 C。反弯点位置与土的内摩擦角、黏聚力有关，并受板桩后的地下水位及地面荷载等因素影响。通过对不同长度和不同入土深度的板桩弯矩与挠曲线的研究，发现板桩的反弯点 C 与土压力强度等于零的位置较接近，计算中可取该点作为反弯点，由此引起的误差不大，但使计算大大简化。

用相当梁法计算嵌固支承单支点板桩的步骤如下(图 1-27)：

(a) 计算作用于板桩上的主动土压力和被动土压力。

(b) 计算板桩上土压力强度为零的点 C 至坑底的距离 h_{c1}，利用下式：

$$\gamma K_p h_{c1}=\gamma K_a(h+h_{c1})$$

即

$$h_{c1}=\frac{K_a h}{K_p-K_a} \tag{1-40}$$

(c) 将板桩在 C 点截断，利用 $\sum X=0$，$\sum M=0$ 计算相当梁 AC 的支座反力 R_c 和支撑或锚杆反力 T_{c1}；

(d) 计算板桩入土深度 h_d。

根据嵌固支承单支点板桩的特点，在桩底某一位置以下的弯矩为零，如我们近似地认为该点位于 D 点，则由下段板桩 CD 可求得 h_0。因为 CD 段桩上矩形部分的主被动土压力相等，由 $\sum M_D=0$ 得 $R_C h_0=\frac{\gamma}{2}h_0^2K_p\frac{1}{3}h_0-\frac{\gamma}{2}h_0^2K_a\frac{1}{3}h_0$，所以有

$$h_0=\sqrt{\frac{6R'_c}{\gamma(K_p-K_a)}} \tag{1-41}$$

由于实际桩前被动土压力较图 1-27 所示者小，而且 D 点的弯矩也不为零，按式(1-41)计算得到的 h_0 偏小，故应增加入土深度 Δh，Δh 取 $0.2h_0$，因此板桩入土深度为

$$h_d=h_{c1}+1.2h_0 \tag{1-42}$$

(e) 在剪力为零处求得 M_{max}。

式(1-40)至式(1-42)中的符号意义如下：

γ——土的重度；

K_a——主动土压力系数，$K_a=\tan^2\left(45°-\frac{\varphi}{2}\right)$；

K_p——被动土压力系数，$K_p=\tan^2\left(45°+\frac{\varphi}{2}\right)$。

其他符号意义见图 1-27。

(2) 支撑(拉锚)系统计算

支撑或拉锚一端固定在板桩上部的围檩上，另一端则支撑到基坑对面的板桩上或固定到锚碇、锚座板上。

板墙单位长度的支撑(或拉锚)反力 T_{c1}，通过板墙部分的计算已可求得，那么，根据支撑或拉锚布置的间距，即可求得每一支撑或拉锚的轴力。

如果支撑长度过大，则应在支撑中央设置竖撑(图 1-22)，以防止支撑在自重作用下挠度过大引起附加内力。拉锚则应计算其长度。

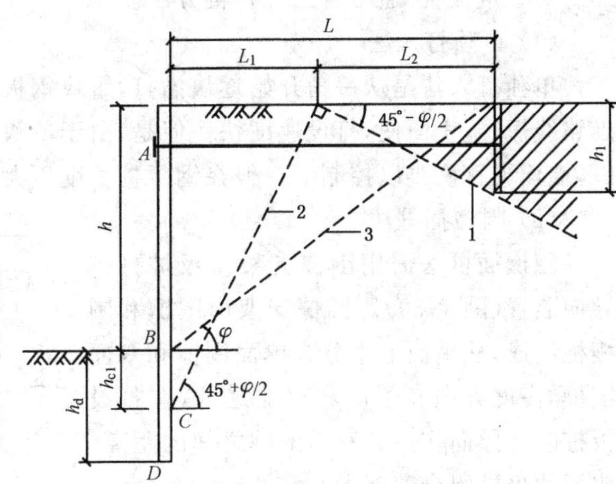

1—锚碇被动土楔滑移线；2—板桩主动土楔滑移线；3—静止土楔滑移线

图 1-28 拉锚长度计算

拉锚长度应保证锚碇或锚座板位于它本身引起的被动土楔滑移线、板桩位移引起的主动土楔滑移线和静止土楔滑移线之外，如图 1-28 所示的阴影区内。

拉锚的最小长度按下列两式计算，取其中大值。

$$L=L_1+L_2=(h+h_{c1})\tan\left(45°-\frac{\varphi}{2}\right)+h_1\tan\left(45°+\frac{\varphi}{2}\right) \tag{1-43}$$

$$L=h\tan(90°-\varphi)$$

式中 L——拉锚最小长度(m)；

h——基坑深度(m)；

h_{c1}——对自由支承板桩，取板桩入土深度；对嵌固支承板桩，取基坑底至反弯点的距离(m)；

h_1——锚碇底端至地面的距离(m)；

φ——土的内摩擦角(°)。

(3) 围檩计算

围檩可采用型钢，如大型槽钢、H 型钢等，也可采用现浇混凝土结构。钢筋混凝土围檩可按连续梁计算；钢围檩则按简支梁计算，作用其上的荷载即 T_{c1}，其支座反力为每一支撑(或拉锚)的轴力，如支撑与围檩正交，并均匀布置，当其间距为 a，则每一支撑轴力为 $T_{c1}a$(图 1-29)。

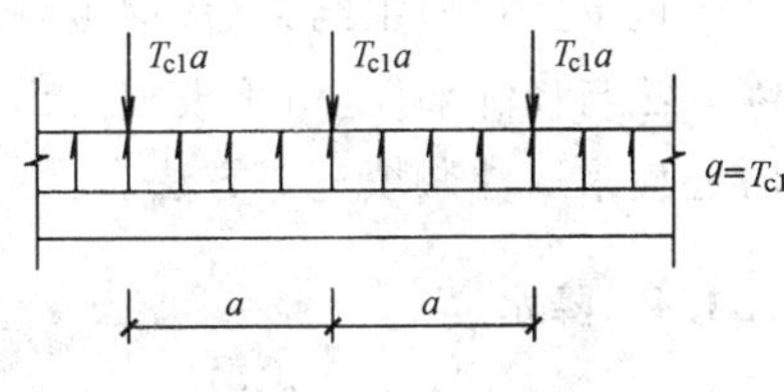

图 1-29 围檩计算简图

2) 板桩墙的施工

板桩墙的施工根据挡墙系统的形式选取相应的方法。一般钢板桩、混凝土板桩采用打入法，而灌注桩及地下连续墙则采用就地成孔(槽)现浇的方法。灌注桩的施工方法见本书第 2 章有关内容。下面介绍钢板桩的施工方法。

板桩施工要正确选择打桩方法、打桩机械和流水段划分，以便使打设后的板桩墙有足够的刚度和良好的防水性，且板桩墙面要平直，以满足基础施工的要求，对封闭式板桩墙，还要求板桩封闭合拢。

对于钢板桩，通常有三种打桩方法。

(1) 单独打入法

单独打入法是从一角开始逐块插打，每块钢板桩自起打到结束中途不停顿。因此，桩机行走路线短，施工简便，打设速度快。但是，由于单块打入易向一边倾斜，累计误差不易纠正，所以，墙面平直度难以控制。一般在钢板桩长度不大(小于 10m)、工程要求不高时可采用此法。

(2) 围檩插桩法

围檩插桩法需用围檩支架作板桩打设导向装置(图 1-30)。围檩支架由围檩和围檩桩组成，从平面上来分有单面围檩和双面围檩，高度方向有单层和双层之分，在打设板桩时起导向作用。双面围檩之间的距离，比两块板桩组合宽度大 8～15mm。

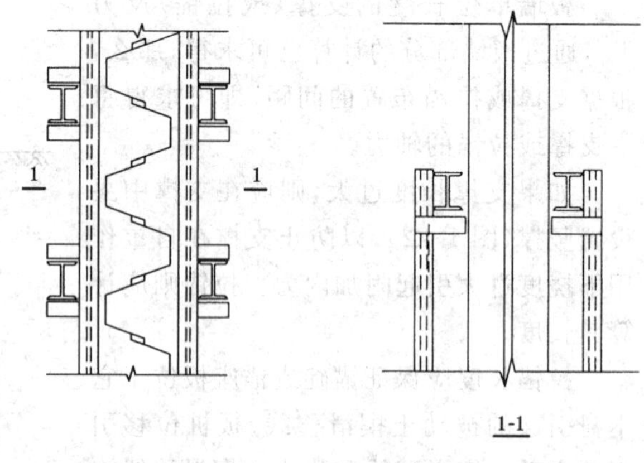

图 1-30　围檩插桩法

双层围檩插桩法是在地面上，离板桩墙轴线一定距离先筑起双层围檩支架，而后将钢板桩依次在双层围檩中全部插好，成为一个高大的钢板桩墙，待四角实现封闭合拢后，再按阶梯形逐渐将板桩一块块打入至设计标高。此法的优点是可以保证平面尺寸准确和钢板桩垂直度，但施工速度慢，不经济。

(3) 分段复打桩

分段复打桩又称屏风法，将 10～20 块钢板桩组成的施工段沿单层围檩插入土中一定深度，形成较短的屏风墙。具体做法是先将其两端的两块打入，严格控制其垂直度，打好后用电焊固定在围檩上，然后将其他的板桩按顺序以 1/2 或 1/3 板桩高度打入。此法可以防止板桩过大的倾斜和扭转，防止误差累积，有利于实现封闭合拢，且分段打设，不会影响邻近板桩施工。

打桩锤根据板桩打入阻力确定，该阻力包括板桩端部阻力、侧面摩阻力和锁口阻力。桩锤不宜过重，以防因过大锤击而产生板桩顶部纵向弯曲，一般情况下，桩锤重量约为钢板桩重量的 2 倍。此外，选择桩锤时还应考虑锤体外形尺寸，其宽度不能大于组合打入板桩块数的宽度之和。

地下工程施工结束后，钢板桩一般都要拔出，以便重复使用。钢板桩的拔除要正确选择拔除方法与拔除顺序，由于板桩拔出时带土，往往会引起土体变形，对周围环境造成危害。必要时还应采取注浆填充等方法。

1.4.4　降水

在开挖基坑或沟槽时，土壤的含水层常被切断，地下水将会不断地渗入坑内。雨季施工时，地面水也会流入坑内。为了保证施工的正常进行，防止边坡塌方和地基承载能力的下降，必须做好基坑降水工作。降水方法可分为重力降水(如积水井、明渠等)和强制降水(如轻型井点、深井泵、电渗井点等)。土方工程中采用较多的是集水井降水和轻型井点降水。

1.4.4.1　集水井降水

这种方法是在基坑或沟槽开挖时，在坑底设置集水井，并沿坑底的周围或中央开挖排水沟，使水在重力作用下流入集水井内，然后用水泵抽出坑外(图 1-31)。

四周的排水沟及集水井一般应设置在基础范围以外，地下水流的上游，基坑面积较大时，可在基础范围内设置盲沟排水。根据地下水量、基坑平面形状及水泵能力，集水井每隔 20～40m 设置一个。

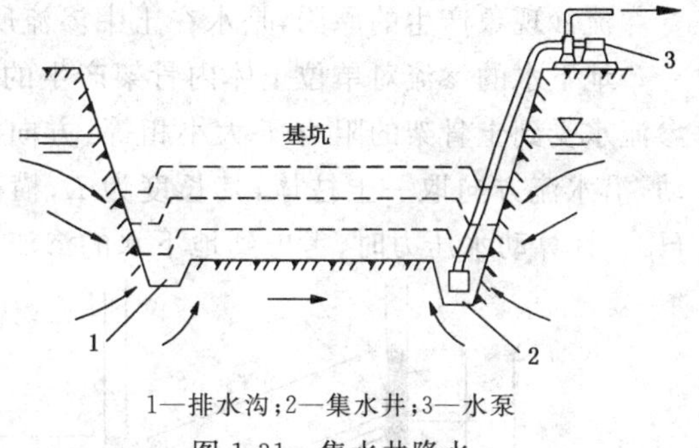

1—排水沟；2—集水井；3—水泵

图 1-31　集水井降水

集水井的直径或宽度，一般为 0.6～0.8m。其深度随着挖土的加深而加深，通常要低于挖土面 0.7～1.0m，井壁可用竹、木等简易加固；当基坑挖至设计标高后，井底应低于坑底 1～2m，并铺设碎石滤水层，以免在抽水时将沙抽出。为防止井底的土被搅动，应做好较坚固的井壁。

集水井降水方法比较简单、经济，对周围影响小，因而应用较广。但当涌水量较大，水位差较大或土质为细沙或粉沙，易产生流沙、边坡塌方及管涌等时，往往采用强制降水的方法，人工控制地下水流的方向，降低水位。

1.4.4.2　轻型井点降水

1. 轻型井点降水的作用

井点降水就是在基坑开挖前，预先在基坑四周埋设一定数量的滤水管(井)，在基坑开挖前和开挖中，利用真空原理，不断抽出地下水，使地下水位降到坑底以下。井点降水有下述作用：防止地下水涌入坑内(图 1-32(a))，防止边坡由于地下水的渗流引起塌方(图 1-32(b))，使坑底的土层消除地下水位差引起的压力，因此，防止了坑底的管涌(图 1-32(c))。降水后，使板桩减少了横向荷载(图 1-32(d))，消除了地下水的渗流，也就防止了出现流沙现象(图 1-32(e))。降低地下水位后，还能使土壤固结，增加地基的承载能力。

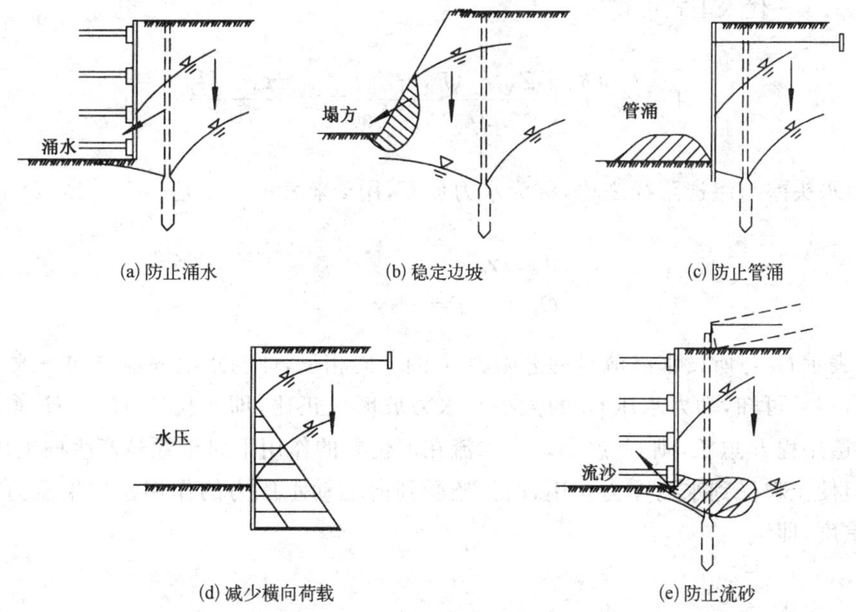

图 1-32　井点降水的作用

2. 流沙的成因与防治

流沙现象产生的原因，是水在土中渗流所产生的动水压力对土体作用的结果。

地下水的渗流对单位土体内骨架产生的压力称为动水压力，用 G_D 表示，它与单位土体内渗流水受到土骨架的阻力 T 大小相等、方向相反。如图 1-33 所示，水在土体内从 A 向 B 流动，沿水流方向取一土柱体，其长度为 L，横截面积为 F，两端点 A，B 之间的水头差为 H_A-H_B。计算动水压力时，考虑到地下水的渗流加速度很小($\alpha\approx0$)，因而忽略惯性力。

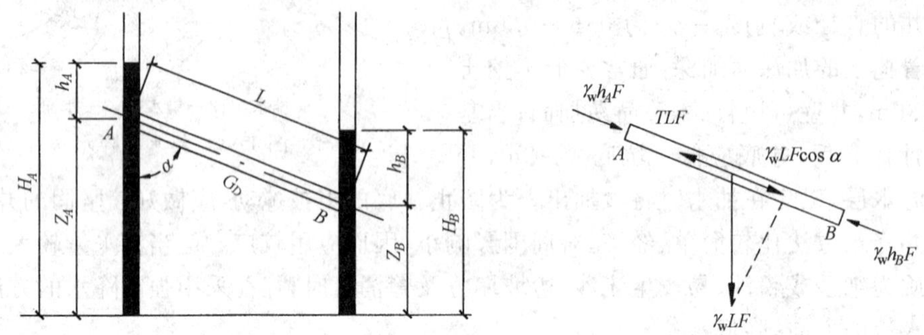

图 1-33　饱和土体中动水压力的计算

土柱体内饱和土柱中孔隙的重量与土骨架所受浮力的反力之和为 $\gamma_w LF$，土柱体骨架对渗流水的总的阻力为 TLF。

由 $\sum X=0$ 得

$$\gamma_w h_A F-\gamma_w h_B F-TLF+\gamma_w LF\cos\alpha=0$$

将 $\cos\alpha=\dfrac{Z_A-Z_B}{L}$ 代入上式可得

$$T=\gamma_w\ \frac{(h_A+Z_A)-(h_B+Z_B)}{L}=\gamma_w\ \frac{H_A-H_B}{L}$$

$\dfrac{H_A-H_B}{L}$ 为水头差与渗透路径之比，称为水力坡度，用 i 来表示。于是

$$T=i\gamma_w$$

$$G_D=-T=-i\gamma_w \tag{1-44}$$

式中，负号表示 G_D 与所设水渗流时的总阻力 T 的方向相反，即与水的渗流方向一致。

由式(1-44)可知，动力水压 G_D 的大小与水力坡度成正比，即水位差 H_A-H_B 愈大，则 G_D 愈大；而渗透路程 L 愈长，则 G_D 愈小。当水流在水位差的作用下对土颗粒产生向上压力时，动水压力不但使土粒受到水的浮力作用，而且还受到向上动水压力的作用。如果压力等于或大于土的浮重度，即

$$G_D\geqslant\gamma' \tag{1-45}$$

则土粒失去自重，处于悬浮状态，土的抗剪强度等于零，土粒能随着渗流的水一起流动，这种现象就叫“流沙现象”。$G=\gamma'$ 时的水力坡度称为产生流沙的临界水力坡度，即

$$i_c=\gamma'/\gamma_w \tag{1-46}$$

细颗粒、均匀颗粒、松散及饱和的土容易产生流沙现象，因此，流沙现象经常在细沙、粉沙及粉土中出现，但是否出现流沙的重要条件是动水压力的大小，防治流沙应着眼于减小或消除动水压力。

防治流沙的方法主要有：水下挖土法、冻结法、枯水期施工、抢挖法、加设支护结构及井点降水法等，其中井点降水法是根除流沙的有效方法之一。

3. 井点降水法的种类

井点有两大类：轻型井点和管井类。一般根据土的渗透系数、降水深度、设备条件及经济比较等因素确定，可参照表 1-12 选择。

表 1-12　　各种井点的适用范围

井点类别		土的渗透系数/(m·d^{-1})	降水深度/m
轻型井点	一级轻型井点	$3\times10^{-4}\sim2\times10^{-1}$	3～6
	多级轻型井点	$3\times10^{-4}\sim2\times10^{-1}$	视井点级数而定
	喷射井点	$3\times10^{-4}\sim2\times10^{-1}$	8～20
	电渗井点	$<3\times10^{-4}$	视选用的井点而定
管井点	管井井点	$7\times10^{-2}\sim7\times10^{-1}$	3～5
	深井井点	$3\times10^{-2}\sim9\times10^{-1}$	>15

实际工程中，一般轻型井点应用最为广泛，下面介绍这类井点。

4. 一般轻型井点

1）一般轻型井点设备

轻型井点设备由管路系统和抽水设备组成(图 1-34)。

管路系统包括：滤管、井点管、弯联管及总管等。

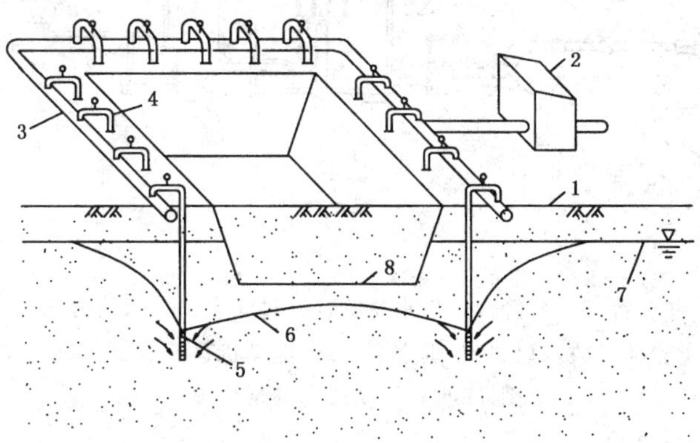

1—自然地面；2—水泵；3—总管；4—井点管；5—滤管；6—降水后水位；7—原地下水水位；8—基坑底面

图 1-34　轻型井点法降低地下水位全貌图

滤管(图 1-35)为进水设备，通常采用长 1.0～1.5m、直径 38～51mm 的无缝钢管，管壁钻有直径为 12～19mm 的滤孔。骨架管外面包以两层孔径不同的生丝布或塑料布滤网。为使流水畅通，在骨架与滤网之间用塑料管或梯形铅丝隔开，塑料管沿骨架绕成螺旋形。滤网外面再绕一层粗铁丝保护网，滤管下端为一铸铁塞头，滤管上端与井点管连接。

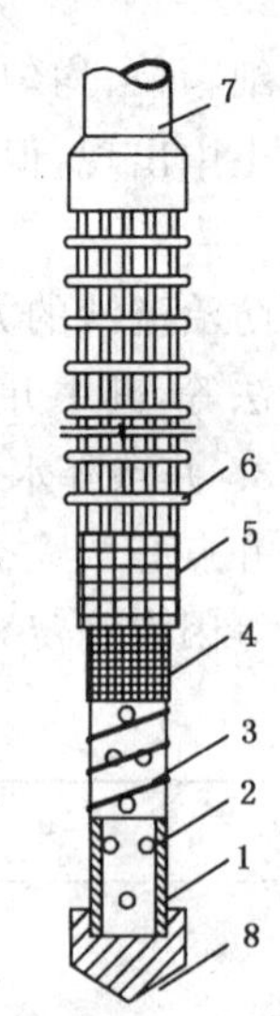

1—钢管;2—管壁;
3—缠绕的塑料管;
4—细滤网;5—粗滤网;
6—粗铁丝保护网;
7—井点管;8—铸铁头

图 1-35 滤管构造

井点管为直径 38~51mm、长 5~7m 的钢管。井点管上端用弯联管与总管相连。集水总管为直径 100~127mm 的无缝钢管,每段长 4m,其上装有与井点管连接的短接头,间距 0.8m 或 1.2m。

抽水设备是由真空泵、离心泵和水气分离器(又叫集水箱)等组成,其工作原理如图 1-36 所示。抽水时先开动真空泵,水气分离器内部形成一定程度的真空,使土中的水分和空气受真空吸力作用而吸出,进入水气分离器。当进入水气分离器内的水达到一定高度,即可开动离心泵。在水气分离器内的水和空气向两个方向流去:水经离心泵排出,空气集中在上部由真空泵排出,少量从空气中带来的水从放水口放出。一套抽水设备的负荷长度(即集水总管长度)为 100~120m。常用的 W5,W6 型干式真空泵,其最大负荷长度分别为 100m 和 120m。

2) 轻型井点布置和计算

井点系统布置应根据水文地质资料、工程要求和设备条件等确定。一般要求掌握的水文地质资料有:地下水含水层厚度、承压或非承压水及地下水变化情况、土质、土的渗透系数、不透水层位置等。要求了解的工程性质主要是:基坑(槽)形状、大小及深度,此外,尚应了解设备条件,如井管长度、泵的抽吸能力等。

轻型井点布置包括高程布置与平面布置。平面布置即确定井点布置形式、总管长度、井点管数量、水泵数量及位置等。高程布置则确定井点管的埋设深度。

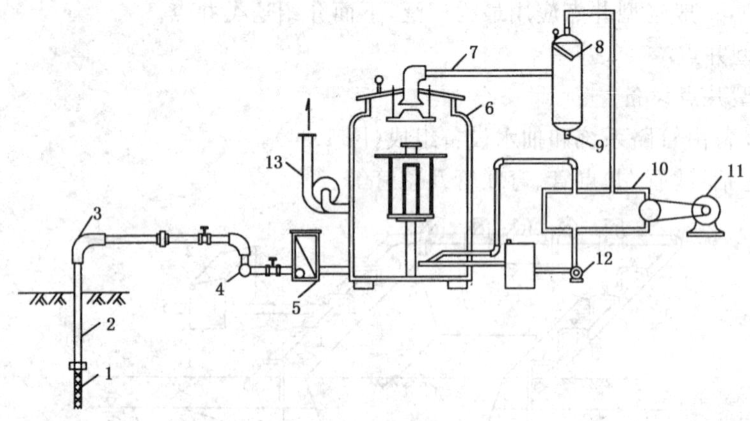

1—滤管;2—井点管;3—弯管;4—集水总管;5—过滤室;6—水气分离器;7—进水管
8—副水气分离器;9—放水口;10—真空泵;11—电动机;12—循环水泵;13—离心水泵

图 1-36 往复式真空泵简图

布置和计算的步骤是:确定平面布置→高程布置→计算井点管数量等→调整设计。下面讨论每一步的设计计算方法。

(1) 确定平面布置

根据基坑(槽)形状,轻型井点可采用单排布置(图 1-37(a))、双排布置(图 1-37(b))以及环形布置(图 1-37(c)),当土方施工机械需进出基坑时,也可采用 U 形布置(图 1-37(d))。

单排布置适用于基坑(槽)宽度小于 6m 且降水深度不超过 5m 的情况。井点管应布置在地下水的上游一侧,两端延伸长度不宜小于坑(槽)的宽度(图 1-37(a))。

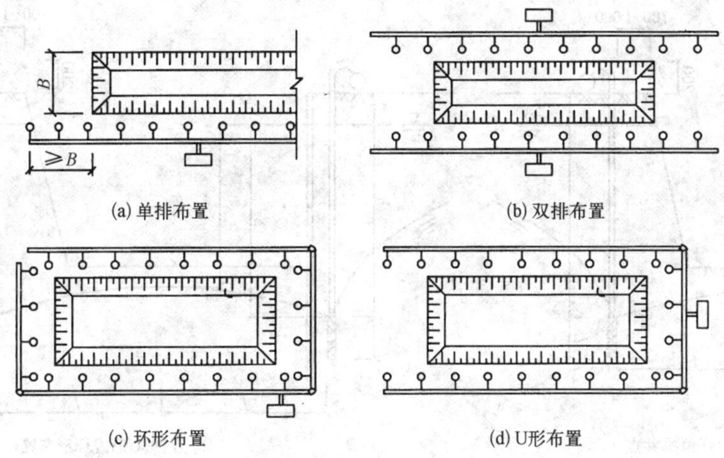

图 1-37 轻型井点的平面布置

双排布置适用于基坑宽度大于 6m 或土质不良的情况。

环形布置适用于大面积基坑。如采用 U 形布置，则井点管不封闭的一段应设在地下水的下游方向。

(2) 高程布置

高程布置(图 1-38)系确定井点管埋深，即滤管上口至总管埋设面的距离，可按式(1-47)计算：

$$h \geqslant h_1 + \Delta h + iL \tag{1-47}$$

式中 h——井点管埋深(m)；

h_1——总管埋设面至基底的距离(m)；

Δh——基底至降低后的地下水位线的距离(m)；

i——水力坡度；

L——井点管至水井中心的水平距离，当井点管为单排布置时，L 为井点管至对边坡脚的水平距离(m)。

计算结果尚应满足下式：

$$h \leqslant h_{pmax} \tag{1-48}$$

式中，h_{pmax} 为抽水设备的最大抽吸高度，一般轻型井点为 6～7m。

当式(1-48)不能满足时，可采用降低总管埋设面或多级井点的方法。当计算得到的井点管埋深 h 略大于水泵抽吸高度且地下水位离地面较深时，可采用降低总管埋设面的方法，以充分利用水泵的抽水能力，此时总管埋设面可置于地下水位线以上。如略低于地下水位线也可，但在开挖第一层土方埋设总管时，应设集水井降水。当按式(1-47)计算的 h 值与 h_{pmax} 相差很多且地下水位离地表距离较近时，则可用多级井点。

任何情况下，滤管必须埋设在含水层内。

在上述公式中有关数据按下述取值。

① Δh 一般取 0.5～1m，根据工程性质和水文地质状况确定。

② i 的取值：单排布置时，$i=1/4$～$1/5$；

双排布置时，$i=1/7$；

环形布置时，$i=1/10$。

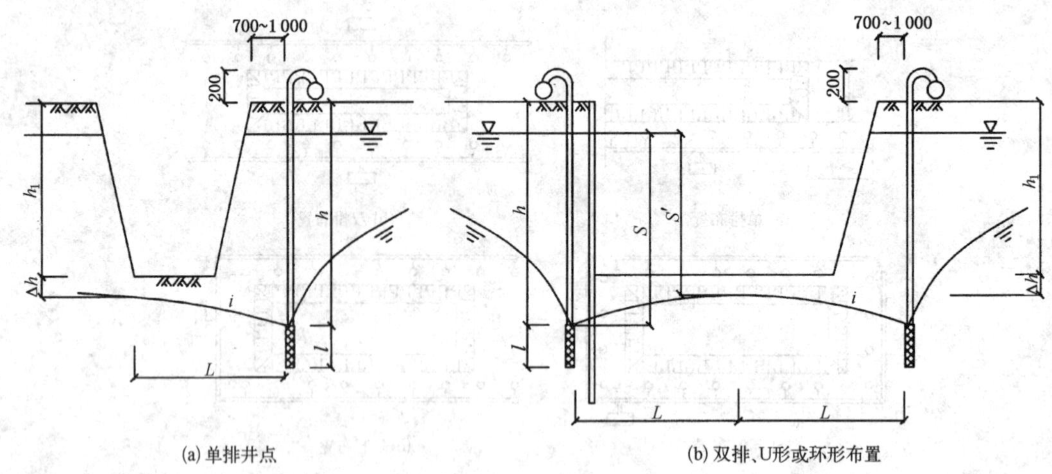

图 1-38　高程布置计算

③ L 为井点管至水井中心的水平距离，当基坑井点管为环形布置时，L 取短边方向的长度，这是由于沿长边布置的井点管的降水效应比沿短边方向布置的井点管强的缘故。当基坑(槽)两侧对称时，则 L 就是井点管至基坑中心的水平距离；如坑(槽)两侧不对称时，如图 1-38(b)所示一边打板桩、一边放坡，则取井点管之间 1/2 距离计算。

④ 井点管布置应离坑边一定距离(0.7～1m)，以防止边坡塌土而引起局部漏气。

⑤ 实际工程中，井点管均为定型的，有一定标准长度。通常根据给定井点管长度验算 Δh，如 $\Delta h \geqslant 0.5 \sim 1$m，则满足，$\Delta h$ 可按下式计算：

$$\Delta h = h' - 0.2 - h_1 - iL \tag{1-49}$$

式中　h'——井点管长度(m)；

0.2——井点管露出地面的长度(m)；

其他符号同前。

(3) 总管及井点管数量的计算

总管长度根据基坑上口尺寸或基槽长度即可确定，进而可根据选用的水泵负荷长度确定水泵数量。

(a) 井点系统的涌水量

确定井点管数量时，需要知道井点系统的涌水量。井点系统的涌水量按水井理论进行计算。根据地下水有无压力，水井分为无压井和承压井。当水井布置在具有潜水自由面的含水层中时(即地下水面为自由水面)，称为无压井；当水井布置在承压含水层中时(含水层中的地下水充满在两层不透水层间，含水层中的地下水水面具有一定水压)，称为承压井。当水井底部达到不透水层时称完整井，否则，称为非完整井(图 1-39)。各类井的涌水量计算方法都不同。

目前采用的计算方法，都是以法国水力学家裘布依(Dupuit)的水井理论为基础的。以下是裘布依无压完整井计算公式推导过程。

裘布依理论的基本假定是：抽水影响半径内，从含水层的顶面到底部任意点的水力坡度是一个恒值，并等于该点水面的斜率；抽水前地下水是静止的，即天然水力坡度为零；对于承压水，顶、底板是隔水的；对于潜水，适用于水力坡度不大于 1/4，底板是隔水的，含水层是均质水平的；地下水为稳定流(不随时间变化)。

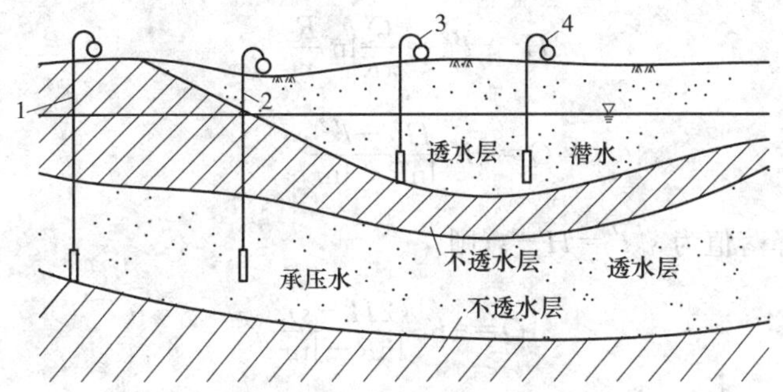

1—承压完整井；2—承压非完整井；3—无压完整井；4—无压非完整井

图 1-39 水井的分类

当均匀地在井内抽水时，井内水位开始下降。经过一定时间的抽水，井周围的水面就由水平的变成降低后的弯曲线渐趋稳定，成为向井边倾斜的水位降落漏斗。图 1-40 所示为无压完整井抽水时水位的变化情况。在纵剖面上流线是一系列曲线，在横剖面上水流的过水断面与流线垂直。

由此可导出单井涌水量的裘布依微分方程，设不透水层基底为 x 轴，取井中心轴为 y 轴，将距井轴 x 处水流断面近似地看作为一垂直的圆柱面，其面积为

$$\omega=2\pi xy \tag{1-50}$$

式中 x——井中心至计算过水断面处的距离；

y——距井中心 x 处水位降落曲线的高度（即此处过水断面的高）。

根据裘布依理论的基本假定，这一过水面处水流的水力坡度是一个恒值，并等于该水面处的斜率，则该过水断面的水力坡度 $i=\mathrm{d}y/\mathrm{d}x$。

由达西定律得知水在土中的渗流速度为

$$\nu=Ki \tag{1-51}$$

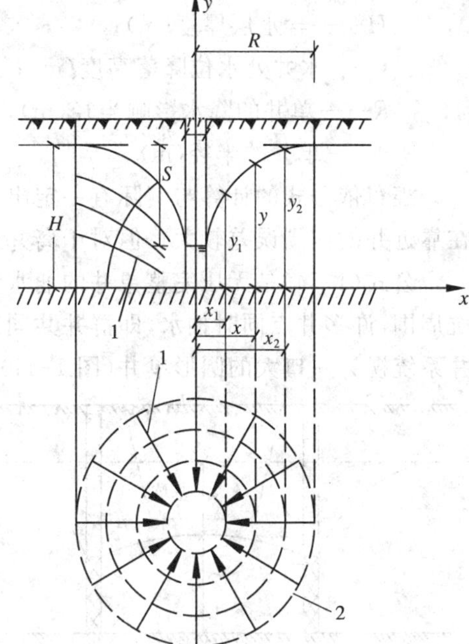

1—流线；2—过水断面

图 1-40 无压完整井水位降落曲线和流线网

由式(1-50)和式(1-51)及裘布依假定 $i=\mathrm{d}y/\mathrm{d}x$，可得到单井的涌水量 $Q(\mathrm{m}^3/\mathrm{d})$：

$$Q=\omega\nu=\omega Ki=\omega k\,\frac{\mathrm{d}\nu}{\mathrm{d}x}=2\pi xyK\,\frac{\mathrm{d}y}{\mathrm{d}x} \tag{1-52}$$

将式(1-52)分离变量：

$$2y\mathrm{d}y=\frac{Q}{\pi K}\cdot\frac{\mathrm{d}x}{x} \tag{1-53}$$

水位降落曲线在 $x=r$ 处，$y=l'$；在 $x=R$ 处，$y=H$，l' 与 H 分别表示水井中的水深及含水层的深度。对式(1-53)两边积分：

$$\int_{l'}^{H}2y\mathrm{d}y=\frac{Q}{\pi K}\int_{r}^{R}\frac{\mathrm{d}x}{x}$$

$$H^2-l'^2=\frac{Q}{\pi K}\ln\frac{R}{r}$$

于是
$$Q=\pi K\frac{H^2-l'^2}{\ln R-\ln r}$$

设水井中水位降落值为 s，$l'=H-s$，则

$$Q=\pi K\frac{(2H-s)s}{\ln R-\ln r}$$

或
$$Q=1.364K\frac{(2H-s)s}{\lg R-\lg r} \tag{1-54}$$

式中 K——土的渗透系数(m/d)；

H——含水层厚度(m)；

s——水井处水位降落高度(m)；

R——单井的降水影响半径(m)，

r——单井的半径(m)。

裘布依公式的计算与实际有一定出入，这是由于在过水断面处水流的水力坡度并非恒值，在靠近井的四周误差较大。但对于离井外有相当距离处其误差是很小的(图 1-40)。

公式(1-54)是无压完整单井的涌水量计算公式。但在井点系统中，各井点管是布置在基坑周围，许多井点同时抽水，即群井共同工作。群井涌水量的计算，可把由各井点管组成的群井系统视为一口大的圆形单井(图 1-41)。

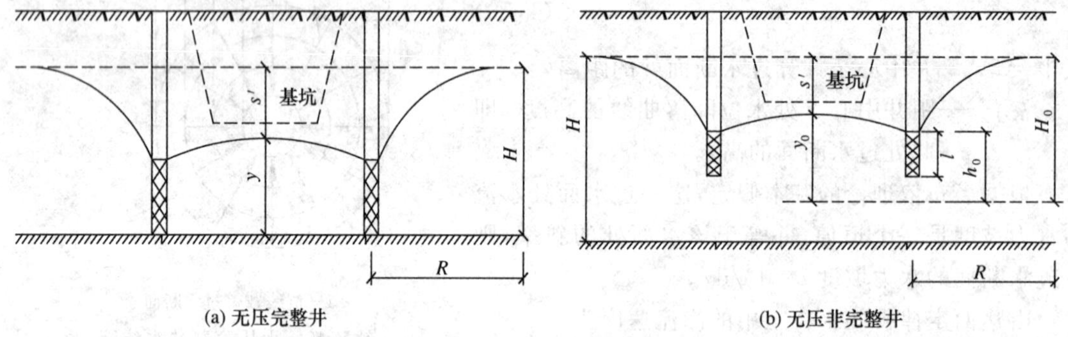

图 1-41　环状井点系统涌水量计算简图

涌水量计算公式为

$$Q=1.364K\frac{(2H-s)s}{\lg(R+x_0)-\lg x_0} \tag{1-55}$$

式中，s 为井点管内水位降落值(m)(图 1-38)；x_0 为由井点管围成的水井的假想半径(m)。其他符号含义同前。

在实际工程中往往会遇到无压非完整井的井点系统(图 1-39(d))，这时，地下水不仅从井的侧面流入，还从井底渗入。因此涌水量要比完整井大。为了简化计算，仍可采用式(1-54)及式(1-55)。此时式中 H 换成有效含水深度 H_0。对于群井，有：

$$Q=1.364K\frac{(2H_0-s)s}{\lg(R+x_0)-\lg x_0} \tag{1-56}$$

H_0可查表1-13。当算得的H_0大于实际含水层的厚度H时，取$H_0=H$。

表1-13 有效深度H_0值

$S/(S+l)$	0.2	0.3	0.5	0.8
H_0	$1.3(s+l)$	$1.5(s+l)$	$1.7(s+l)$	$1.84(s+l)$

注：s为井点管处水位降落值；$s/(s+l)$的中间值可采用插入法求H_0。

表1-13中，l为滤管长度(m)。有效含水深度H_0的意义是：抽水时，假设在H_0范围内受到抽水影响；在H_0以下的水不受抽水影响。因而也可将H_0视为抽水影响深度。

应用上述公式时，先要确定x_0，R和K。

由于基坑大多不是圆形，因而不能直接得到x_0。当矩形基坑长宽比不大于5时，环形布置的井点可近似作为圆形井来处理，并用面积相等原则确定，此时将近似圆的半径作为矩形水井的假想半径，即

$$x_0=\sqrt{\frac{F}{\pi}} \tag{1-57}$$

式中 x_0——环形井点系统的假想半径(m)；

F——环形井点所包围的面积(m^2)。

抽水影响半径与土的渗透系数、含水层厚度、水位降低值及抽水时间等因素有关。在抽水2～5d后，水位降落漏斗基本稳定，此时抽水影响半径可近似地按式(1-58)计算：

$$R=1.95s\sqrt{HK} \tag{1-58}$$

式中，R，s和H的单位为m；K的单位为m/d。

渗透系数K值对计算结果影响较大。K值的确定可用现场抽水试验或通过实验室测定。对重大工程，宜采用现场抽水试验以获得较准确的值。

(b) 单根井管的最大出水量

单根井管的最大出水量，由下式确定：

$$q=65\pi dl\sqrt[3]{K} \tag{1-59}$$

式中，d为滤管直径(m)，其他符号含义同前。

(c) 井点管数量

井点管最少数量由下式确定：

$$n'=\frac{Q}{q} \tag{1-60}$$

可求得井点管最大间距：

$$D'=\frac{L}{n'} \tag{1-61}$$

式中 L——总管长度(m)；

n'——井点管最少根数(根)。

实际采用的井点管D应当与总管上接头尺寸相适应。即尽可能采用0.8m，1.2m，1.6m或2.0m，且$D<D'$，这样，实际采用的井点数$n>n'$，一般n应当超过$1.1n'$，以防井点管堵塞等影响抽水效果。

3）轻型井点的施工

轻型井点的施工，大致包括以下几个过程：准备工作、井点系统的埋设、使用及拆除。

准备工作包括井点设备、动力、水源及必要材料的准备，排水沟的开挖，附近建筑物的标高观测以及防止附近建筑物沉降措施的实施。

埋设井点的程序是：先设置总管，再设井点管，用弯联管将井点与总管接通，然后安装抽水设备。

井点管的埋设一般用水冲法进行，并分为冲孔与埋管（图 1-42）两个过程。

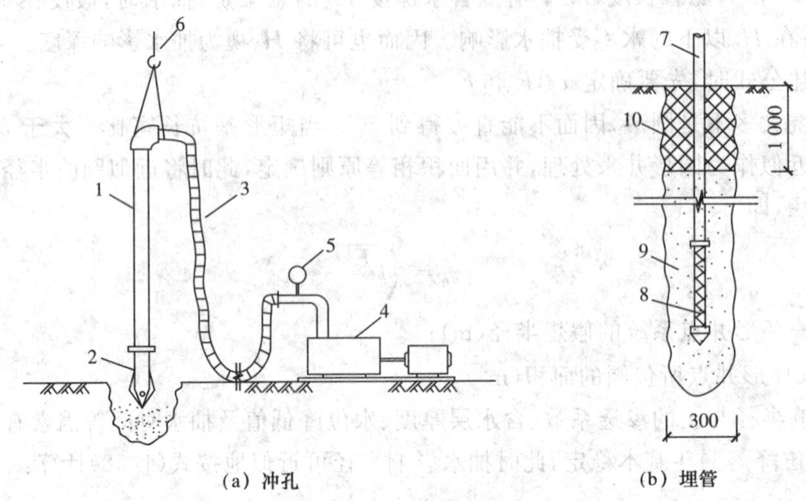

1—冲管；2—冲嘴；3—胶管；4—高压水泵；5—压力表；
6—起重机吊钩；7—井点管；8—滤管；9—填砂；10—黏土封口

图 1-42　井点管的埋设

冲孔时，先用起重机设备将冲管吊起并插在井点的位置上，然后开动高压水泵，将土冲松，冲管则边冲边沉。冲孔直径一般为 300mm，以保证井管四周有一定厚度的砂滤层，冲孔深度宜比滤管底深 0.5m 左右，以防冲管拔出时，部分土颗粒沉于底部而触及滤管底部。

井孔冲成后，立即拔出冲管，插入井点管，并在井点管与孔壁之间迅速填灌砂滤层，以防孔壁塌土。砂滤层的填灌质量是保证轻型井点顺利抽水的关键。一般宜选用干净粗砂，填灌均匀，并填至滤管顶上 1～1.5m，以保证水流畅通。

井点填砂后，须用黏土封口，以防漏气。

井点系统全部安装完毕后，需进行试抽，以检查有无漏气现象。开始抽水后一般不应停抽。时抽时停，滤网易堵塞，也容易抽出土粒，使水混浊，并引起附近建筑物由于土粒流失而沉降开裂。正常的排水应是细水长流，出水澄清。

抽水时，需要经常检查井点系统工作是否正常，以及检查观测井中水位下降情况，如果有较多井点管发生堵塞，影响降水效果时，应逐根用高压水反向冲洗或拔出重埋。

轻型井点降水有许多优点，在地下工程施工中广泛应用，但其抽水影响范围较大，影响半径可达百米至数百米，且会导致周围土壤固结而引起地面沉陷，要消除地面沉陷可采用回灌井点方法。即在井点设置线外 4～5m 处，以间距 3～5m 插入注水管，将井点中抽取的水经过沉淀后用压力注入管内，形成一道水墙，以防止土体过量脱水，而基坑内仍可保持干燥。这种情况下，抽水管的抽水量约增加 10%，可适当增加抽水井点的数量。回灌井点布置如图 1-43 所示。

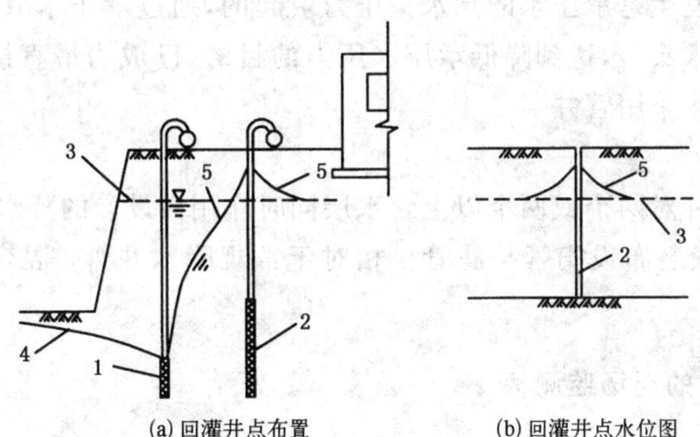

1—降水井点；2—回灌井点；3—原水位线；
4—基坑内降低后的水位线；5—回灌后水位线

图 1-43　回灌井点布置

1.4.4.3　其他类型管井井点降水

管井井点的类型一般有三种：疏干井，降压井及混合井，见图 1-44。

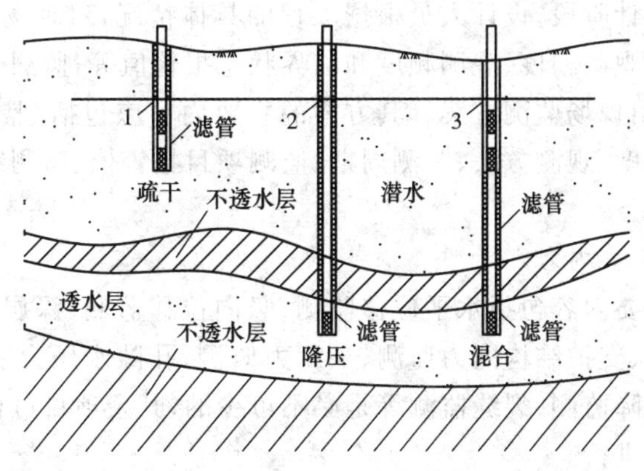

1—疏干井；2—降压井；3—混合井

图 1-44　水井的类型

1. 疏干降水

疏干降水除应有效降低开挖深度范围内的地下水位标高之外，还必须有效降低被开挖土体的含水量，以达到提高边坡稳定性、增加坑内土体的固结强度、便于机械挖土以及提供坑内干作业施工条件等诸多目的。疏干降水的对象一般包括基坑开挖深度范围内被围护隔断的上层滞水、潜水。当开挖深度较大时，疏干降水涉及微承压与承压含水层上段的局部疏干降水。疏干降水宜采用管井。

2. 承压水降水

在大多数自然条件下，软土地区的承压水压力与其上覆土层的自重应力相互平衡或小于上覆土层的自重应力。当基坑开挖到一定深度后，导致基坑底面下的土层自重应力小于下伏承压水压力，承压水将会冲破上覆土层涌向坑内，坑内发生突水、涌沙或涌土，即形成所谓的基坑突涌。基坑突涌往往具有突发性，导致基坑围护结构严重损坏或倒塌、坑外大面积地面下沉或塌陷，危及周边建(构)筑物及地下管线的安全、造成施工人员伤亡等危害。

由于基坑突涌的发生是承压水的高水头压力引起的，通过承压水减压降水降低承压水位（通常亦称之为“承压水头”），达到降低承压水压力的目的，已成为最直接、最有效的承压水控制措施之一。承压降水采用管井。

3. 混合管井

混合管井一般是针对两个或两个以上含水层同时作用而设计的降水井。根据各个含水层的厚度，从地面向下交替布设实管与滤管。相对于常规降水井管，混合井具有一井多能、起效快的特点。

1.4.5 基坑支护工程的现场监测

现场监测是指在基坑开挖及地下工程施工过程中，对基坑岩土性状、支护结构变位和周围环境条件的变化，进行各种观测及分析工作，并将观测结果及时反馈，以指导设计与施工。基坑支护工程施工前，尽管对基坑支护结构方案进行了设计，但在地下工程中，由于地质条件、荷载条件与施工条件等影响因素比较复杂，设计计算值与支护结构的实际工作状况往往不很一致，因此，在基坑开挖与支护期间，为了保证基坑工程施工及邻近建筑物与地下管网设施的安全，做到信息化施工，对基坑支护工程现场监测是十分必要的。

在基坑支护工程设计阶段，设计人员根据工程的具体情况，对现场检测提出具体要求，包括观测项目、测点布置、观测精度、观测频度和临界状态报警值等，监测人员根据设计提出的要求，在基坑开挖前制定出现场监测方案。其方案的主要内容应包括：监测目的与内容、测点布置、使用的仪器、监测精度、观测方法、观测周期、监测项目报警值、监测结果处理要求和监测结果反馈制度等。

1.4.5.1 监测的主要内容

支护结构监测的主要内容包括水平位移监测、竖向位移监测、深层水平位移监测、沉降监测、倾斜监测、裂缝监测、支护结构内力监测、土压力监测、孔隙水压力监测、地下水位监测等。其中，水平位移监测、沉降监测、裂缝监测等是必不可少的，其余项目可根据基坑工程的安全等级和工程特点有选择地进行。

1.4.5.2 监测方法与仪器

基坑工程的监测方法的选择应根据基坑类别、设计要求、场地条件、当地经验和方法适用性等因素综合确定，应采用以仪器观测为主，仪器观测和巡视检查相结合的方法。监测仪器要根据具体基坑工程的监测项目进行选择，主要有水准仪、全站仪、测斜仪、回弹仪、轴力计、土压力计和水压力计等，监测仪器、设备和元件需满足观测精度和量程的要求，且应具有良好的稳定性和可靠性。

1.4.5.3 监测的基本要求

(1) 现场监测工作必须严格按照监测方案执行。

(2) 观测必须及时，因为基坑开挖是一个动态的施工过程，只有保证及时观测才能有利于发现隐患，并及时采取措施。

(3) 监测数据必须可靠，监测仪器的精度必须符合要求。

(4) 对观测的项目，当发现超过预警值的异常情况时，要及时发出险情预报，立即采取应急补救措施，以确保工程安全。

(5) 每个基坑支护工程的监测，必须有完整的观测记录，形象的图表、曲线和观测报告。

(6) 基坑变形的监控值，若设计有指标规定，以设计要求为依据；如无设计指标，可按表

1-14的规定执行。

表 1-14　　基坑变形的监控值　　单位:cm

基坑类别	围护结构墙顶位移监控值	围护结构墙体最大位移监控值	地面最大沉降监控值
一级基坑	3	5	3
二级基坑	6	8	6
三级基坑	8	10	10

注:根据《建筑地基基础工程施工质量验收规范》(GB 50202—2002)的划分方法

1. 符合下列情况之一者,为一级基坑。
   ① 重要工程或支护结构做主体结构的一部分。
   ② 开挖深度大于 10m。
   ③ 与临近建筑物、重要设施的距离在开挖深度以内的基坑。
   ④ 基坑范围内有历史文物、近代优秀建筑、重要管线等需严加保护的基坑。
2. 三级基坑为开挖深度小于 7m,且周围环境无特别要求的基坑。
3. 除一级和三级外的基坑属二级基坑。
4. 当周围已有的设施有特殊要求时,尚应符合这些要求。

1.5　土方工程的机械化施工

土方工程的施工过程包括:土方开挖、运输、填筑与压实。土方工程应尽量采用机械化施工,以减轻繁重的体力劳动和提高施工速度。

1.5.1　主要挖土机械的性能

1.5.1.1　推土机

推土机是土方工程施工的主要机械之一,它是在履带式拖拉机上安装推土板等工作装置而成的机械。常用推土机的发动机功率有 55kW,75kW,90kW,120kW,160kW,235kW 等数种。推土板多用油压操纵。图 1-45 所示是液压操纵的 T180 型推土机外形图,液压操纵推土板的推土机除了可以升降推土板外,还可调整推土板的角度,因此,具有更大的灵活性。

图 1-45　T180 型推土机外形图

推土机操纵灵活,运转方便,所需工作面较小,行驶速度快,易于转移,能爬 30°左右的缓坡,因此,应用范围较广。

推土机适于开挖一至三类土,多用于平整场地,开挖深度不大的基坑,移挖作填,回填土方，堆筑堤坝以及配合挖土机集中土方、修路开道等。

推土机作业以切土和推运土方为主，切土时应根据土质情况，尽量采用最大切土深度在最短距离(6～10m)内完成，以便缩短低速行进的时间，然后直接推运到预定地点。上下坡坡度不得超过 35°，横坡不得超过 10°。几台推土机同时作业时，前后距离应大于 8m。

推土机经济运距在 100m 以内，效率最高的运距为 60m。为提高生产率，可采用槽型推土、下坡推土以及并列推土等方法。

1.5.1.2 铲运机

铲运机是一种能综合完成全部土方施工工序(挖土、装土、运土、卸土和平土)的机械。按行走方式分为自行式铲运机(图 1-46)和拖式铲运机(图 1-47)两种。常用的铲运机斗容量为 $9m^3$，$12m^3$，$15m^3$ 等数种，按铲斗的操纵系统又可分为机械操纵和液压操纵两种。

图 1-46 自行式铲运机外形图

图 1-47 拖式铲运机外形图

铲运机操纵简单，不受地形限制，能独立工作，行驶速度快，生产效率高。

铲运机适于开挖一至三类土，常用于坡度为 20°以内的大面积土方挖、填、平整、压实，大型基坑开挖和堤坝填筑等。

铲运机运行路线和施工方法视工程大小、运距长短、土的性质和地形条件等而定。其运行线路可采用环形路线或 8 字路线。适用运距为 600～1 500m，当运距为 200～350m 时效率最高。采用下坡铲土、跨铲法、推土机助铲法等，可缩短装土时间，提高土斗装土量，以充分发挥其效率。

1.5.1.3 挖掘机

挖掘机按行走方式分为履带式和轮胎式两种。按传动方式分为机械传动和液压传动两种。斗容量有 $0.2m^3$，$0.4m^3$，$1.0m^3$，$1.5m^3$，$2.0m^3$，$2.5m^3$，$3.5m^3$，$4.5m^3$ 多种，工作装置有正铲、反铲、抓铲，机械传动挖掘机还有拉铲。使用较多的是正铲与反铲。挖掘机利用土斗直接挖土，因此，也称为单斗挖土机。

1. 正铲挖掘机及装载机

正铲挖掘机外形如图 1-48 所示。它适用于开挖停机面以上的土方，且需与汽车配合完成整个挖运工作。正铲挖掘机挖掘力大，适用于开挖含水量较小的一至四类土和经爆破的岩石及冻土，挖土时前进向上，强制切土。

图 1-48 正铲挖掘机外形图

正铲的生产率主要决定于每斗作业的循环延续时间。为了提高其生产率,除了工作面高度必须满足装满土斗的要求之外,还要考虑开挖方式和与运土机械配合。尽量减少回转角度,缩短每个循环的延续时间。

装载机主要用于铲装土壤、砂石、石灰、煤炭等散状物料,也可对矿石、硬土等作轻度铲挖作业。装载机具有作业速度快、效率高、机动性好、操作轻便等优点。常用的装载机(图 1-49)按功率可分为四类:功率小于 74kW 为小型装载机;功率在 74～147kW 为中型装载机;功率在 147～515kW 为大型装载机;功率大于 515kW 为特大型装载机。

图 1-49 装载机示意图

2. 反铲挖掘机

反铲挖掘机适用于开挖一至三类的沙土或黏土。主要用于开挖停机面以下的土方,挖土时后退向下,强制切土,一般反铲的最大挖土深度为 4～6m,经济合理的挖土深度为 3～5m。反铲挖掘机也需要配备运土汽车进行运输。反铲挖掘机的外形如图 1-50 所示。反铲挖掘机的开挖方式可以采用沟端开挖法,也可采用沟侧开挖法。

3. 抓铲挖掘机

机械传动抓铲挖掘机外形如图 1-51 所示,它适用于开挖较松软的土。挖土时直上直下,自重切土。对施工面狭窄而深的基坑、深槽、深井,采用抓铲挖掘机可取得理想效果。抓铲挖掘机还可用于挖取水中淤泥,装卸碎石、矿渣等松散材料。新型的抓铲挖掘机也有采用液压传动操纵抓斗作业。抓铲挖掘机挖土时,通常立于基坑一侧进行,对较宽的基坑则在两侧或四侧

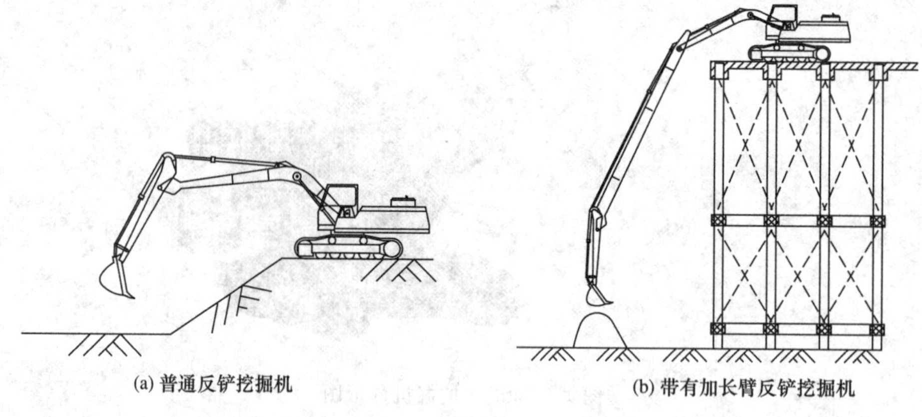
(a) 普通反铲挖掘机　　(b) 带有加长臂反铲挖掘机

图 1-50　液压反铲挖掘机外形图

抓土。抓挖淤泥时,抓斗易被淤泥“吸住”,应避免起吊用力过猛,以防翻车。

(a) 抓斗　　(b) 抓铲挖掘机

图 1-51　抓斗及抓铲挖掘机示意图

4. 拉铲挖掘机

拉铲挖掘机适用于一至三类的土,可开挖停机面以下的土方,如较大基坑(槽)和沟渠,挖取水下泥土,也可用于填筑路基、堤坝等,挖土时后退向下,自重切土。其外形及工作状况如图 1-52 所示。

图 1-52　拉铲挖掘机外形

拉铲挖土时,依靠土斗自重及拉索拉力切土,卸土时斗齿朝下,利用惯性,较湿的黏土也能卸净。但其开挖的边坡及坑底平整度较差,需更多的人工修坡(底)。它的开挖方式也有沟端开挖和沟侧开挖两种。

1.5.2 土方机械的选择

前面已经叙述了主要挖土机械的性能和使用范围,现将选择土方施工机械的要点综合如下。

1.5.2.1 选择土方机械的依据

1. 土方工程的类型及规模

不同类型的土方工程,如场地平整、基坑(槽)开挖、大型地下室土方开挖、构筑物填土等施工各有其特点,应依据开挖或填筑的断面(深度及宽度)、工程范围的大小、工程量多少来选择土方机械。

2. 地质、水文及气候条件

指土的类型、土的含水量、地下水等条件。

3. 机械设备条件

指现有土方机械的种类、数量及性能。

4. 工期要求

如果有多种机械可供选择时,应当进行技术经济比较,选择效率高、费用低的机械进行施工。一般可选用土方施工单价最小的机械进行施工,但在大型建设项目中,土方工程量很大,而现有土方机械的类型及数量常受限制,此时,必须将所有机械进行最优分配,使施工总费用最少,可应用线性规划的方法来确定土方机械的最优分配方案。

1.5.2.2 土方机械与运土车辆的配合

当挖土机挖出的土方需要运土车辆运走时,挖土机的生产率不仅取决于本身的技术性能,而且还决定于所选的运输工具是否与之协调。

由挖土机的技术性能,按下式可算出挖土机的生产率 P:

$$P=\frac{8\times 3\,600}{t}q\frac{K_c}{K_s}K_B \quad (\text{m}^3/\text{班}) \tag{1-62}$$

式中 t——挖土机每次作业循环延续时间(s);

q——挖土机斗容量(m^3);

K_s——土的最初可松性系数,见表 1-1;

K_c——土斗的充盈系数,可取 0.8～1.1;

K_B——工作时间利用系数,一般为 0.6～0.8;

P——挖土机的生产率(m^3/班)。

为了使挖土机充分发挥生产能力,应使运土车辆的载重量 Q 与挖土机的每斗土重保持一定的倍率关系,并有足够数量车辆以保证挖土机连续工作。从挖土机方面考虑,汽车的载重量越大越好,可以减少等待车辆调头的时间。从车辆方面考虑,载重量小,台班费便宜但使用数量多;载重量大,则台班费高但数量可减少。最适合的车辆载重量应当是使土方施工单价为最低,可以通过核算确定。一般情况下,汽车的载重量以每斗土重的 3～5 倍为宜。运土车辆的数量 N,可按下式计算:

$$N=\frac{T}{t_1+t_2} \tag{1-63}$$

式中 T——运输车辆每一工作循环延续时间(s),由装车、重车运输、卸车、空车开回及等待时间组成;

t_1——运输车辆调头而使挖土机等待的时间(s);

t_2——运输车辆装满一车土的时间(s):

$$t_2 = nt$$

$$n = \frac{10Q}{q\dfrac{K_c}{K_s}\gamma} \tag{1-64}$$

式中 n——运土车辆每车装土次数;

Q——运土车辆的载重量(t);

q——挖土机斗容量(m^3);

γ——实土重度(kN/m^3)。

为了减少车辆的调头、等待和装土时间,装土场地必须考虑调头方法及停车位置。如在坑边设置两个通道,使汽车不用调头,可以缩短调头、等待时间。

1.6 土方的填筑与压实

1.6.1 土料的选用与处理

填方土料应符合设计要求,保证填方的强度与稳定性,选择的填料应为强度高、压缩性小、水稳定性好、便于施工的土、石料。如设计无要求时,应符合下列规定:

① 碎石类土、沙土和爆破石渣(粒径不大于每层铺厚的 2/3)可用于表层下的填料。

② 含水量符合压实要求的黏性土,可为填土。在道路工程中,黏性土不是理想的路基填料,在使用其作为路基填料时,必须充分压实并设有良好的排水设施。

③ 碎块草皮和有机质含量大于 8%的土,仅用于无压实要求的填方。

④ 淤泥和淤泥质土,一般不能用作填料,但在软土或沼泽地区,经过处理,含水量符合压实要求,可用于填方中的次要部位。

填土应严格控制含水量,施工前应进行检验。当土的含水量过大,应采用翻松、晾晒、风干等方法降低含水量,或采用换土回填、均匀掺入干土或其他吸水材料、打石灰桩等措施;如含水量偏低,则可预先洒水湿润,否则难以压实。

1.6.2 填土的方法

填土可采用人工填土和机械填土。

人工填土一般用手推车运土,人工用锹、耙、锄等工具进行填筑,从最低部分开始由一端向另一端自下而上分层铺填。

机械填土可用推土机、铲运机或自卸汽车进行。用自卸汽车填土,需用推土机推开推平,采用机械填土时,可利用行驶的机械进行部分压实工作。

填土应从低处开始,沿整个平面分层进行,并逐层压实。特别是机械填土,不得居高临下,不分层次,一次倾倒填筑。

1.6.3 压实方法

填土的压实方法有碾压、夯实和振动压实等几种。

碾压适用于大面积填土工程。碾压机械有平碾(压路机)、羊足碾和汽胎碾。羊足碾需要较大的牵引力而且只能用于压实黏性土,因在沙土中碾压时,土的颗粒受到"羊足"较大的单位压力后会向四面移动,从而使土的结构破坏。汽胎碾在工作时是弹性体,给土的压力较均匀,填土质量较好。应用最普遍的是刚性平碾。利用运土工具碾压土壤也可取得较大的密实度,但必须很好地组织土方施工,利用运土过程进行碾压。如果单独使用运土工具进行土壤压实工作,在经济上是不合理的,它的压实费用要比用平碾压实高一倍左右。

夯实主要用于小面积填土,可以夯实黏性土或非黏性土。夯实的优点是可以压实较厚的土层。夯实机械有夯锤、内燃夯土机和蛙式打夯机等。夯锤借助起重机提起并落下,其重量大于 1.5 t,落距 2.5～4.5m,夯土影响深度可超过 1m,常用于夯实湿陷性黄土、杂填土以及含有石块的填土。内燃夯土机作用深度为 0.4～0.7m,它和蛙式打夯机都是应用较广的夯实机械。人力夯土(木夯、石硪)方法则已很少使用。

振动压实主要用于压实非黏性土,采用的机械主要是振动压路机、平板振动器等。

1.6.4 影响填土压实的因素

填土压实质量与许多因素有关,其中主要影响因素为:压实功、土的含水量以及每层铺土厚度。

1. 压实功的影响

填土压实后的重度与压实机械在其上所施加的功有一定的关系。土的重度与所耗的功的关系见图 1-53。当土的含水量一定,在开始压实时,土的重度急剧增加,待到接近土的最大重度时,压实功虽然增加许多,而土的重度则没有变化。实际施工中,对不同的土,应根据选择的压实机械和密实度要求选择合理的压实遍数。此外,松土不宜用重型碾压机械直接滚压,否则,土层有强烈起伏现象,效率不高。如果先用轻碾,再用重碾压实,就会取得较好效果。

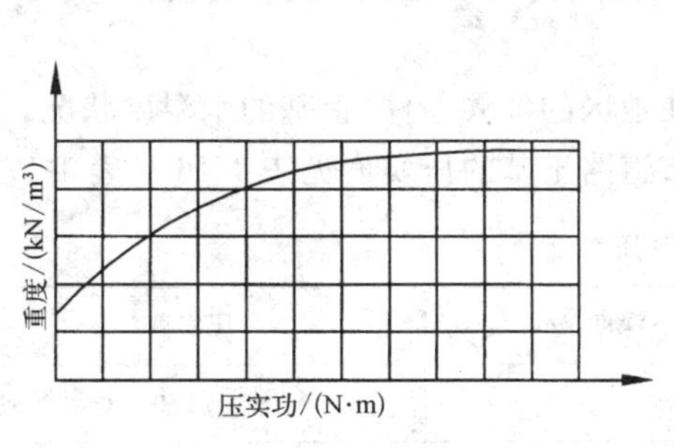

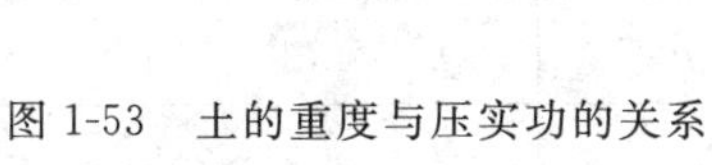

图 1-53 土的重度与压实功的关系

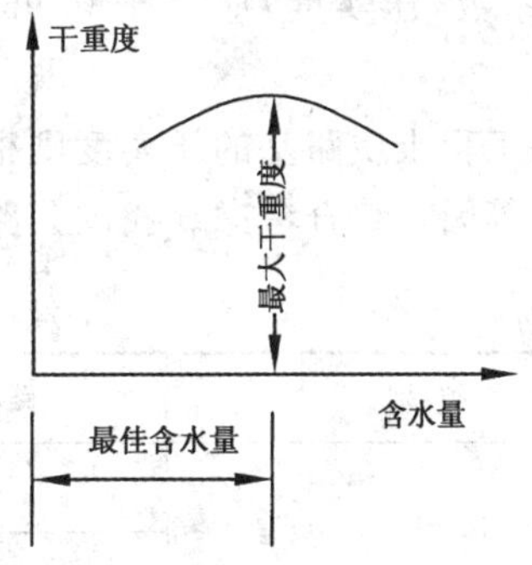

图 1-54 土的含水量对其压实质量的影响

2. 含水量的影响

在同一压实功条件下,填土的含水量对压实质量有直接影响。较为干燥的土,由于土颗粒之间的摩阻力较大而不易压实。当土具有适当含水量时,水起了润滑作用,土颗粒之间的摩阻力减小,从而易压实。但当含水量过大,土的孔隙被水占据,由于液体的不可压缩性,如土中的水无法排除,则难以将土压实。这在黏性土中尤为突出,含水量较高的黏性土压实时很容易形成“橡皮土”而无法压实。每种土壤都有其最佳含水量。土在这种含水量的条件下，使用同样的压实功进行压实，所得到的重度最大(图 1-54)。各种土的最佳含水量和所能获得的最大干重度，可由击实试验取得。施工中，土的含水量与最佳含水量之差可控制在－4%～＋2%范围内。

3. 铺土厚度的影响

土在压实功的作用下，压应力随深度增加而逐渐减小(图 1-55)，其影响深度与压实机械、土的性质和含水量等有关。铺土厚度应小于压实机械压土时的有效作用深度，而且还应考虑最优土层厚度。铺得过厚，要压很多遍才能达到规定的密实度；铺得过薄，则要增加机械的总压实遍数。最优的铺土厚度应能使土方压实而机械的功耗费最少。填土的铺土厚度及压实遍数可参考表 1-15 选择。

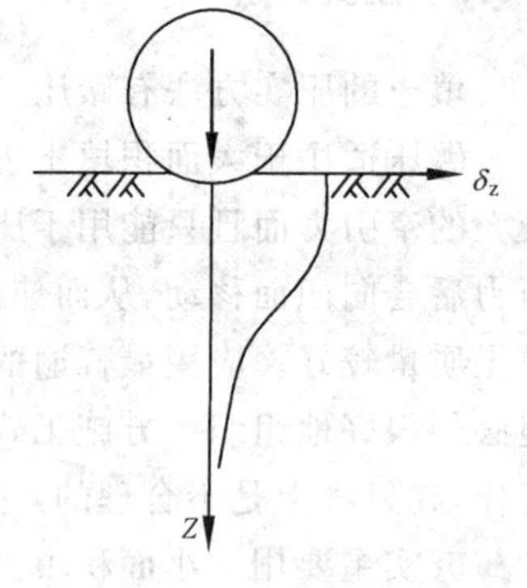

图 1-55　压实作用沿深度的变化

表 1-15　填方每层的铺土厚度和压实遍数

压实机具	每层铺土厚度/mm	每层压实遍数
平　碾	200～300	6～8
羊足碾	200～350	8～16
蛙式打夯机	200～250	3～4
人工打夯	<200	3～4

1.6.5　填土压实的质量检查

填土压实后应达到一定的密实度及含水量要求。密实度要求一般根据工程结构性质、使用要求以及土的性质确定，例如，建筑工程中的砌体承重结构和框架结构，在地基主要持力层范围内，压实系数(压实度)应大于 0.96，在地基主要持力层范围以下，则应在 0.93～0.96 之间。

又如道路工程土质路基的压实度则根据所在地区的气候条件、土基的水温度状况、道路等级及路面类型等因素综合考虑。我国公路和城市道路土基的压实度见表 1-16 及表 1-17。

表 1-16　公路土质路基压实度

填 挖 类 别	路槽底面以下深度/cm	压实度/%
路　堤	0～80	>93
	80 以下	>90
零填及路堑	0～30	>93

注：① 表列压实度系按交通部《公路土工试验规程》(JTJ 051—1985)重型击实试验求得最大干密度的压实度。对于铺筑中级或低级路面的三、四级公路路基，允许采用轻型击实试验求得最大干密度的压实度。

② 高速公路，一级公路路堤槽底面以下 0～80 cm 和零填及路堑 0～30 cm 范围内的压实度应大于 95%。

③ 特殊干旱或特殊潮湿地区(系指年降雨量不足 100 mm 或 2 500 mm)，表内压实度数值可减少 2%～3%。

表 1-17　　城市道路土质路基压实度

填挖深度	深度范围/cm（路槽底算起）	压实度/%		
		快速路及主干路	次干路	支　路
填　方	0～80	95/98	93/95	90/92
	80 以下	93/95	90/92	87/89
挖　方	0～30	95/98	93/95	90/92

注：① 表中数字，分子为重型击实标准的压实度，分母为轻型击实标准的压实度，两者均以相应击实试验求得的最大干密度为压实度的 100%。

② 填方高度小于 80 cm 及不填不挖路段，原地面以下 0～30 cm 范围土的压实度应不低于表列挖方的要求。

压实系数(压实度)为土的控制干重度与土的最大干重度之比，即

$$\lambda_c = \frac{\rho_d}{\rho_{dmax}}$$

ρ_d 可用“环刀法”或灌砂(或灌水)法测定，ρ_{dmax} 则用击实试验确定。标准击实试验方法分轻型标准和重型标准两种，两者的落锤质量、击实次数不同，即试件承受的单位压实功不同。压实度相同时，采用重型标准的压实要求比轻型标准的高，道路工程中，一般要求土基压实采用重型标准，确有困难时，可采用轻型标准。

思 考 题

【1-1】 土的可松性在工程中有哪些应用？

【1-2】 场地设计标高的确定方法有哪两种？它们有何区别？

【1-3】 何谓“最佳设计平面”？最佳设计平面如何设计？

【1-4】 试述土方调配“表上作业法”的计算步骤。

【1-5】 影响边坡稳定的主要因素有哪些？

【1-6】 土壁支护有哪些形式？

【1-7】 试述水泥土重力式支护结构的设计要点。

【1-8】 试述“相当梁法”的计算原理。

【1-9】 降水方法有哪些？其适用范围如何？

【1-10】 试述流沙形成的原因及其防治措施。

【1-11】 轻型井点的设备包括哪些？

【1-12】 轻型井点的设计包括哪些内容？其设计步骤如何？

【1-13】 试述主要土方机械的性能及其适用性。

【1-14】 填土的密实度如何评价？

【1-15】 影响填土质量的因素有哪些？

习 题

【1-1】 某工程场地的方格网如图 1-56 所示，方格网的边长为 20m，双向泄水坡度 $i_x = i_y =$ 0.3%，试按挖填平衡的原则确定其设计标高。

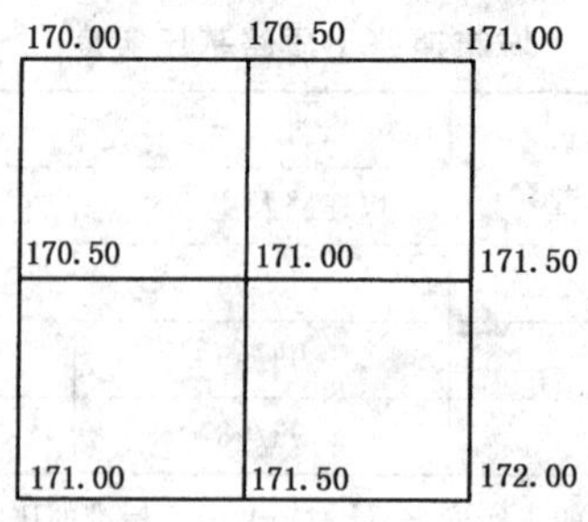

图 1-56

【1-2】 求图 1-57 所示场地的最佳设计平面。

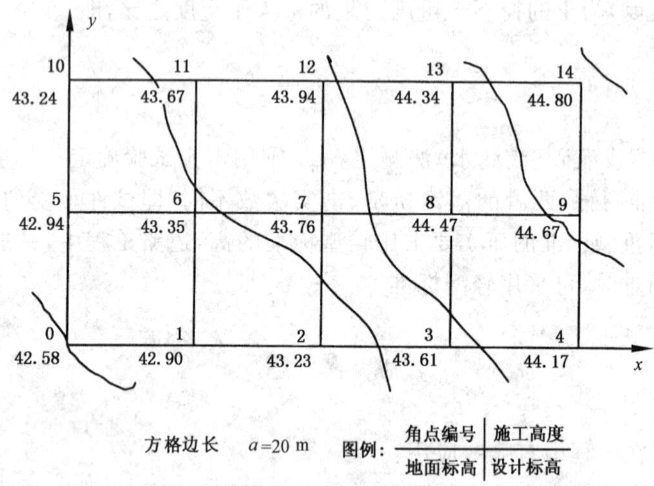

图 1-57

【1-3】 用表上作业法求图 1-58 所示的土方调配的最佳方案，并计算运输工程量、绘制土方调配图。

【1-4】 计算图 1-59 所示的水泥土重力式支护结构的抗倾覆稳定性及其位移，基坑面积为 30m×50m。开挖深度为 5.5m，地面荷载 $q=20\text{kPa}$，土的内摩擦角 $\varphi=15°$，黏聚力 $c=8\text{kN/m}^2$，土的重度 $\gamma=18\text{kN/m}^3$。

填土区 挖土区	T_1	T_2	T_3	T_4	挖方量
W_1	300	300	700	800	
W_2	500	600	1 200	700	
W_3	200	800	300	400	
填方量					

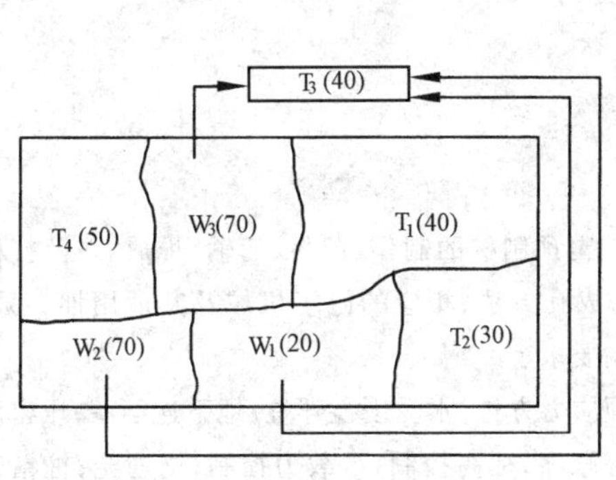

注：T_3为场外弃土区 单位：运距 m；土方量 km^3。

图 1-58

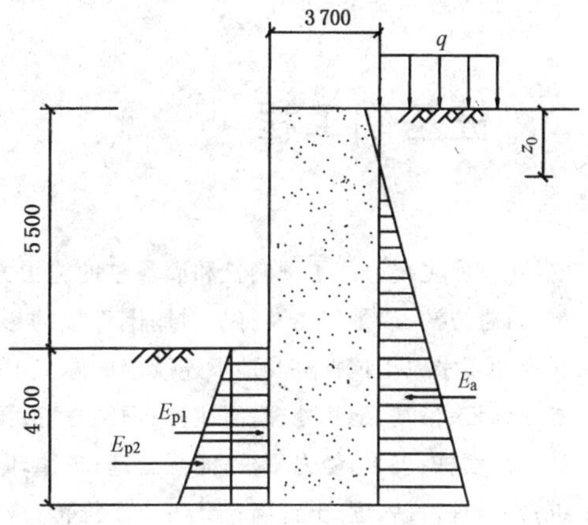

图 1-59

【1-5】 计算图 1-60 所示单嵌固板桩的入土深度及拉锚长度。已知土的内摩擦角 $\varphi=30°$，土的重度 $\gamma=18kN/m^3$。（注意：采用水土合算方法）

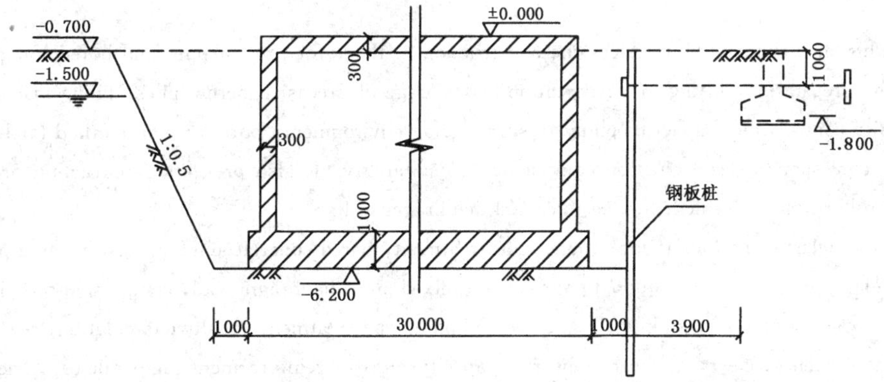

图 1-60

【1-6】 某基础底板尺寸为 30m×50m，埋深为－5.500m，基坑底部比基础底板每边放宽 1m，地面标高设为±0.000，地下水位为－1.500m。距离长边一侧 3.9m 处有一排邻近工程的独立基础，其埋深为－1.800m（图 1-60）。已知土层状况为－1.000m 以上为粉质黏土；－1.000m 至－10.000m 为粉土，其渗透系数为 5.8×10^{-3} cm/s，－10.000m 至－16.000m 为透水性很小的黏土。该基坑靠近邻近基础一边采用钢板桩，另三边放坡开挖，坡度系数为 0.5，并设轻型井点降水。试设计该轻型井点系统，并绘制平面布置与高程布置图。

（提示：建议平面布置采用环形布置，井点管离坑边取 0.7m，滤管取 1m。不考虑钢板桩止水。）

2 桩基础工程

摘要：本章主要介绍了预制桩和灌注桩的施工方法，包括混凝土预制桩的制作、起吊、运输、堆放，以及打桩机械、打桩方法、质量控制及打桩对周围环境的影响；灌注桩的成孔方法、相应的施工机械及其适用性。另外，还介绍了水泥土搅拌桩及地下连续墙的施工工艺及质量控制要求。

专业词汇：桩基；地基处理；灌注桩；预制方桩；预应力管桩；预应力方桩；水泥土搅拌桩；地下连续墙；压密注浆高压旋喷桩；沉桩；静力压桩；泥浆处理；正循环；反循环；打桩顺序；标高控制；承载力控制；钢筋笼；桩帽摩擦桩；端承桩；贯入度；土钉墙；导墙；止水帷幕；接桩；排桩；SMW 工法

2 Pile Foundation Engineering

Abstract: This chapter mainly introduces the construction methods for precast piles and bored concrete piles, including the preparation, lifting, transportation and storage of precast concrete piles; piling machines, methods, quality control, and impact of piling to surrounding environment; pore-forming method for bored concrete piles, corresponding construction equipment and suitability. It also presents construction process and quality control criteria for cement mixing piles and diaphragm walls.

Specialized vocabulary: pile foundation; foundation treatment; bored concrete pile; precast squared pile; prestressed tubular pile; prestressed squared pile; cement mixed pile; diaphragm wall; compaction grouting; high-pressure jet grouting pile; pile sinking; static pressed pile; mud treatment; positive circulation; reverse circulation; piling sequence; elevation control; bearing capacity control; reinforcement cage; pile cap; friction pile; end-bearing pile; penetration; soil nailing wall; guide wall; waterproof curtain; pile splicing; row pile; soil mixing wall construction method

桩基是土木工程中常用的深基础形式，它由桩和承台组成。桩按承载性质可分为摩擦型桩和端承型桩，前者又分为摩擦桩、端承摩擦桩；后者又分为端承桩、摩擦端承桩。桩按成桩时挤土状况可分为非挤土桩、部分挤土桩和挤土桩。按桩的施工方法，桩可分为预制桩和灌注桩两类。与此同时，桩也在基坑围护结构中有着广泛的应用。

2.1 概述

桩因其承载力高，变形小，稳定性好等诸多特点，在当今的工程设计中有着广泛应用。桩种类繁多，可根据传力性质、制作方法、成桩工艺、断面形式、制作材料等进行分类。而根据桩的作用则可将其分为建筑物(构筑物)的基础和深基坑的围护结构两大类。

2.1.1 建筑物(构筑物)的基础

对于一般的建筑物(构筑物)，当地基土层较好且上部结构荷载不大时多采用天然浅基础，其造价低、施工简便。如天然浅土层较弱或存在软弱下卧层，也可采用搅拌、旋喷、压密注浆等方法进行浅层地基处理，形成复合地基。如地基土层较软弱，或者建筑物(构筑物)上部荷载较大，而且对沉降有严格要求时，天然浅基础往往无法满足要求，则需要采用深基础。

深基础常见形式有桩基础、沉井基础、墩基础等，其中桩基础应用最为广泛。桩基础一般由桩和承台或地下室底板组成，桩身全部或者部分埋入土中，顶部和承台或地下室底板连成一体，在此上修筑上部结构。

桩基础按施工方法不同可以分为预制桩和灌注桩。

2.1.1.1　预制桩

预制桩是在工厂或施工现场制成的各种材料、各种形式的桩(如木桩、混凝土方桩、预应力混凝土管桩或空心方桩、钢管桩、H 型钢桩等)，用沉桩设备将桩打入、压入、冲入或者振入土中。

预制桩的施工工艺成熟、质量稳定、造价适中，被广泛使用在建筑工程中。

2.1.1.2　灌注桩

灌注桩是在施工现场通过钻孔、冲孔、挖孔、沉管等方法在桩位上成孔，然后在孔内灌注混凝土而形成桩。

灌注桩的承载力较大，尤其钻孔灌注桩的施工对周边环境影响较小，是在城市建设中被选用的主要桩基础形式。

2.1.1.3　复合地基

复合地基是指天然地基在地基处理过程中部分土体得到增强，或被置换，或在天然地基中设置加筋材料。加固区是由基体(天然地基土体或被改良的天然地基土体)和增强体两部分组成的人工地基。如今，工程设计中较为常见的复合地基形式有砂石桩法、水泥粉煤灰碎石桩(CFG)法、夯实水泥土桩法、高压喷射注浆法、石灰桩法等。复合地基可有效提高基础承载力，降低造价，而且工期短、工艺简单，沉降小。地基承载力具有可补性，上部结构的设计、施工条件可得到大大改善，所以适用于多种土层。

2.1.2　深基坑围护结构的桩基

基坑围护，是指在软弱土质、高地下水位的地区，为保证地下结构施工及基坑周边环境的安全，对基坑侧壁及周边环境采用的支挡、加固与保护措施。近年来，随着城市建设的发展，建筑高度越来越高，从而基坑深度越来越深，并且很多建筑工程基坑边坡紧邻建筑物，使得深基坑支护的安全性变得尤为重要。

基坑围护结构的主要作用是支撑土壁，此外部分围护结构还兼起隔水帷幕的作用。基坑围护结构根据其受力状态可分为重力式围护结构和非重力式围护结构，在各种围护结构中，桩基的应用也极为广泛。

2.1.2.1　重力式围护结构的桩基

重力式围护结构通常以挡墙的自重和刚度保护基坑侧壁，既挡土又挡水，常见形式有水泥土搅拌桩和土钉墙等。

1. 水泥土搅拌桩

水泥土搅拌桩(或称深层搅拌桩)是通过搅拌桩机将水泥与土进行搅拌，形成柱状的水泥加固土(搅拌桩)。用于围护结构的水泥土其水泥掺量通常为 12%～15%(单位土体的水泥掺量与土的重力密度之比)，水泥土的强度可达 0.8～1.2MPa，其渗透系数很小，一般不大于

10^{-6}cm/s。由水泥土搅拌桩搭接而形成水泥土墙，它既有挡土作用又有隔水作用，适用于4～6m 深的基坑。当基坑深度超过 6m 时，水泥土墙宽度较大，经济性不佳，应采用桩锚体系挡土结构。

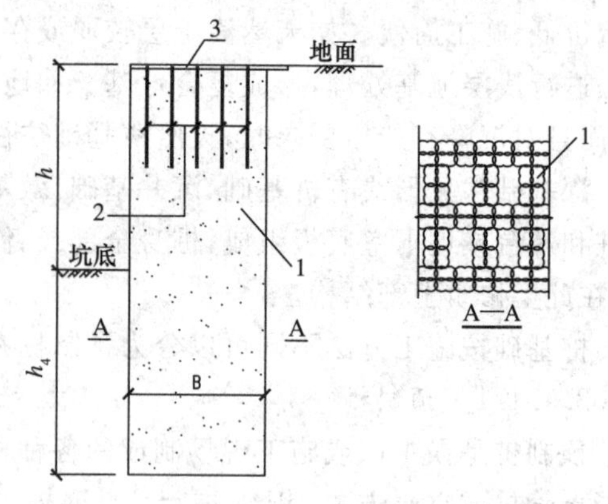

1—搅拌桩；2—插筋；3—面板

图 2-1　水泥土墙

水泥土墙(图 2-1)通常布置成格栅式，格栅置换率(加固土的面积∶水泥土墙的总面积)为 0.6～0.8。墙体的宽度 B 和插入深度 h_d 根据基坑开挖深度 h 估算，一般 $B=(0.6\sim0.8)h$，$h_d=(0.8\sim1.2)h$。

2. 土钉墙

土钉墙是一种原位土体加筋技术，通过在基坑边坡土体内放置一定长度和分布密度的土钉体，并在边坡表面铺设一道钢筋网片后喷射一层细石混凝土面层，从而使得混凝土面板、土钉和土体相结合形成挡墙(图 2-2)。土钉是通过钻孔、插筋、注浆来设置的，一般称砂浆锚杆，也可以直接打入角钢、粗钢筋形成土钉。土钉长度宜为开挖深度的 0.5～1.2 倍，间距为 1～2m，与水平面夹角宜为 5°～20°。土体内的土钉与土共同作用，借助土钉与周围土体的黏聚力和摩擦力，弥补了土体抗拉、抗剪强度低的弱点，提高了土体的整体刚度，从而避免了整体性塌滑的发生。土钉墙墙面坡度不宜大于 1∶0.1，土钉必须和面层有效连接，应设置通长压筋、承压板或加强钢筋等构造措施，承压板或井字形钢筋应与土钉螺栓连接或与钢筋焊接连接。土钉墙基坑的基坑深度不宜大于 12m。当地下水位高于基坑底面时，应采取降水或截水措施，并可在坡面设置泄水孔。

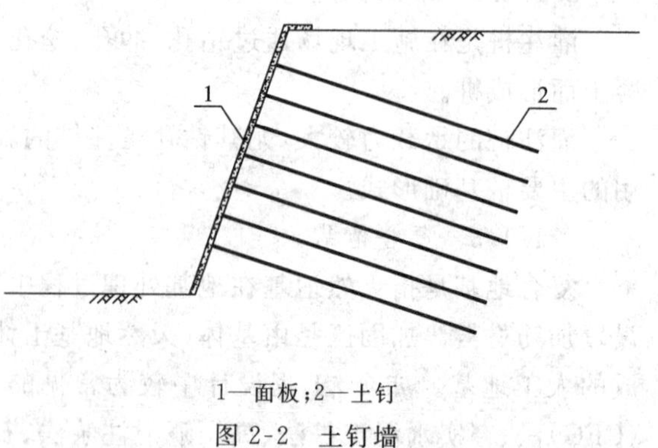

1—面板；2—土钉

图 2-2　土钉墙

2.1.2.2　排桩与板墙式围护结构的桩基

排桩与板墙式围护结构是指由排桩(有时加隔水帷幕)或地下连续墙等作为基坑围护挡墙，有时另设内支撑或加外拉的土层锚杆。其常见的桩基形式有(钻孔)灌注桩、(钢)板桩、SMW 工法、地下连续墙等。

① 钻孔灌注桩是指在工程现场通过机械钻孔在地基土中形成桩孔，并在其内放置钢筋笼、灌注混凝土而做成的桩。在围护结构中常用直径为 600～1 200mm 的钻孔灌注桩，做成排桩挡墙，顶部浇筑钢筋混凝土圈梁，设置内支撑系统。灌注桩挡墙刚度大，抗弯强度高，变形小，适应性好，振动小，噪音低，不需要很大的工作场地，但是排桩不能止水且其永久驻留土层内，可能对将来的地下工程施工造成障碍。钻孔灌注桩密排桩见图 2-3。

② 钢板桩围护是指在基坑边坡中直接打入钢板桩形成连续钢板桩墙，既起到挡土作用又起到止水帷幕的作用。钢板桩由带锁口或钳口的热轧型钢制成，通常形式有平板式和波浪式两种。钢板桩之间由于锁口或钳口的连接，使桩连接牢固，形成整体，同时也具有良好的隔水效果。钢板桩截面面积小，易于打入，施工快速，波浪形截面抗弯能力强，且钢板桩可以在施工

完毕后拔出重复使用，但是缺点在于一次性投入较大。常见钢板桩形式如图 2-4 所示。

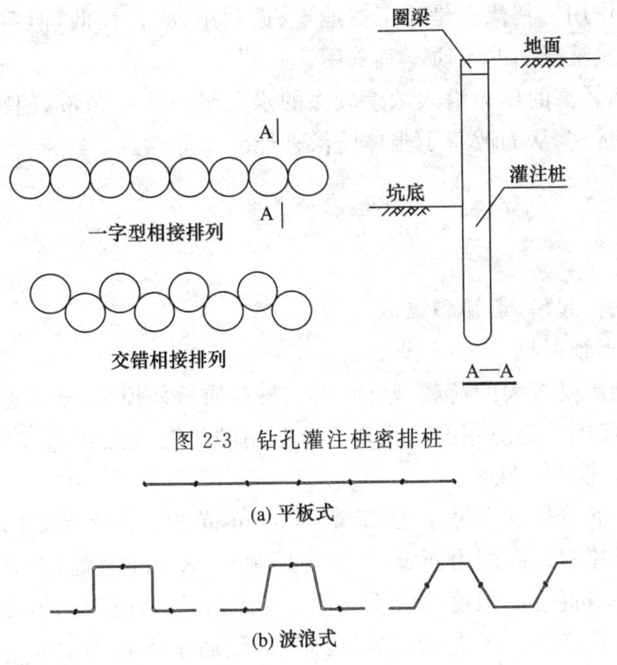

图 2-3 钻孔灌注桩密排桩

图 2-4 常见钢板桩形式

③ SMW 工法是一种劲性复合围护结构，通过专门的多轴搅拌机就地钻进切削土体，同时，在钻头端部将水泥浆液注入土体，经充分搅拌混合后，将 H 型钢或其他型材(此劲性材料可在施工完毕后拔出重复使用)插入搅拌桩体内，形成地下连续墙体，利用该墙体直接作为挡土和止水结构。其优点是构造简单，止水性能好，工期短，造价低，环境污染小。

④ 地下连续墙是利用各种挖槽机械，借助于泥浆的护壁作用，在地下挖出窄而深的沟槽，并在其内放置钢筋笼，浇注混凝土而形成一道具有防渗(水)、挡土和承重功能的连续的地下墙体。其优点是刚度大，既挡土又挡水，施工无振动，噪音低，可用于各种土质，缺点是造价高，施工工艺复杂，施工中的泥浆对环境有污染。

2.1.2.3 截水帷幕的桩基

截水帷幕是指在基坑围护中设置于挡土墙外侧用于阻截或减少基坑侧壁及基坑底地下水流入基坑而采用的连续止水体。其常见的桩基形式有水泥土搅拌桩、高压旋喷桩和压密注浆等。

三轴水泥搅拌桩施工利用水泥作为加固剂，使用特制的深层搅拌机械，在地基深部将软土、水和水泥进行强制搅拌，使软土硬结形成桩体，并通过三排桩依次施工，使得桩与桩之间连成整体，从而提高地基的承载能力、形成截水帷幕并阻挡基坑周边的水进入基坑的作用的一种施工方法。搅拌桩连接施工工序见图 2-5。

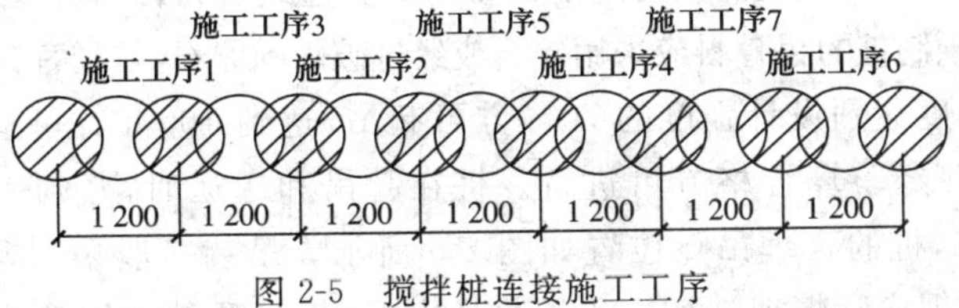

图 2-5 搅拌桩连接施工工序

高压旋喷桩是以高压旋转的喷嘴将水泥浆喷入土层与土体混合，形成连续搭接的水泥加固体，从而起到截水作用。其优点是施工占地少、振动小、噪音较低，但容易污染环境，成本较高，对于不能使喷出浆液凝固的土质不宜采用。

压密注浆是利用较高的压力灌入浓度较大的水泥浆或化学浆液，使得土体内形成新的网状骨架结构，将土体挤密，从而改善了土体防渗性能。

2.2 预制桩施工

2.2.1 预制桩的准备、起吊、运输和堆放

2.2.1.1 混凝土预制桩

混凝土预制桩能承受较大的荷载、坚固耐久、桩身质量易控制、施工速度快，但施工中对周围环境影响较大，是我国广泛应用的桩型之一。常用的为混凝土实心方桩和预应力混凝土空心管桩。

混凝土方桩的截面边长 d 尺寸多为 250～500mm，单根桩或多节桩的单节长度，应根据桩架高度、制作场地、运输和装卸能力而定；如在工厂制作，长度不宜超过 12m；如在现场预制，长度不宜超过 30m。桩身混凝土强度等级不宜低于 C30，其配筋应根据吊运、打桩及桩在使用过程中的受力等条件计算确定。锤击沉桩的纵向钢筋配筋率不宜小于 0.8%，静压沉桩不宜小于 0.6%，当桩身细长时亦不宜小于 0.8%。桩的纵向钢筋直径不宜小于 14mm，锤击桩桩顶以下 4～5d 范围内应加密箍筋，并设置钢筋网片。桩截面不大于 350mm 时宜采用整根桩，必须分段时应采用焊接接头。

预应力混凝土管桩直径多为 400～600mm，壁厚 70～130mm，每节长度 8～10m，下节桩底端可设桩尖，亦可以是开口的。预应力管桩混凝土强度等级不应低于 C40，钢筋应采用抗拉强度不小于 1 420MPa，35 级延性的低松弛预应力混凝土用螺旋槽钢棒，螺旋筋宜采用低碳钢热轧圆盘条、混凝土制品用冷拔低碳钢丝，桩身两端各 2 000mm 范围内螺旋箍筋加密，端板应采用 Q235B 钢。

混凝土预制方桩多是在施工现场或者附近就地预制，较短的桩也可在预制厂生产，预应力管桩则均为工厂生产，管桩桩身强度等级达到设计强度的 100%后方能出厂。预制桩在现场制作时，为节省场地，多用叠浇法制作，重叠层数取决于地面允许荷载和施工条件，一般不宜超过 4 层。场地应平整、坚实，不得产生不均匀沉降。桩与桩间应做好隔离层，桩与邻桩、底模间的接触面不得发生粘结。上层桩或邻桩的浇筑，必须在下层桩或邻桩的混凝土达到设计强度的 30%以后方可进行。钢筋骨架的主筋连接宜采用对焊和电弧焊，当钢筋直径不小于 20mm 时，宜采用机械接头连接。

如果是多节桩，上节桩和下节桩尽量在同一纵轴线上制作，使上下钢筋和桩身减少偏差。钢筋骨架及桩身尺寸如超出规范允许的偏差，则桩容易被打坏。桩的预制先后次序应与打桩次序对应，进行流水施工，缩短工期。混凝土浇筑时应由桩顶向桩尖连续进行，严禁中断，对桩头和桩尖部分应加强振捣。锤击的预制桩的粗骨料应采用碎石或经过破碎的卵石，粒径宜为 5～40mm。

当桩的混凝土强度达到设计强度的 70%方可起吊，达到 100%方可运输和打桩。如提前起吊，必须采取措施并经验算合格方可进行。桩在起吊和搬运时，必须平稳，保护桩身质量。吊点应符合设计要求，桩的合理吊点位置如图 2-6 所示。吊装一般采用预埋吊环及预留孔两种方案，制作时，可根据实际情况选用。采用吊环方案时，吊环的位置应埋设在中间主筋的两

侧，吊环锚脚埋入混凝土内不得小于 30 倍吊环钢筋直径，并与桩的主筋扎牢，吊环应采用 HPB300 级钢筋制作，严禁采用冷加工钢筋；采用留孔方案时，可在混凝土初凝后拔出钢管成孔，但不得损坏桩身，孔两侧应另加构造钢筋。

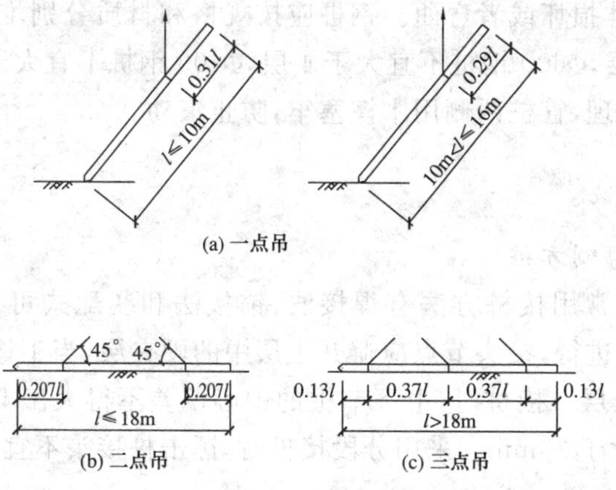

图 2-6 桩的合理吊点位置

打桩前，桩从制作处运到现场或桩架前以备打桩，并应根据打桩顺序随打随运以避免二次搬运。桩的运输方式，在运距不大时，可用起重机吊运或在桩下垫以滚筒，用卷扬机拖拉；当运距较大时，可采用轻便轨道小平台车运输。

堆放桩的地面必须平整、坚实，各层垫木应位于同一垂直线上，底层最外缘的桩应在垫木处用木楔塞紧，堆放层数不宜超过 4 层。不同规格的桩，应分别堆放。

2.2.1.2 钢桩

钢桩可采用管型、H 型或者其他异形钢材制作。钢桩的优点在于：①重量轻、刚性好，装卸、运输、堆放方便，不易损坏。②承载力高，由于钢材强度高，能够有效地打入坚硬土层，从而获得极大的单桩承载力。③桩长易于调节，实际施工中可根据需要采用接长或切割的办法调节桩长。④排土量小，对邻近建筑物及周围地基的扰动也较小，可避免土体隆起。⑤接头连接简单，采用电焊焊接，操作简便，强度高，安全性好。⑥工程质量可靠，施工速度快。钢桩的缺点是钢材用量大，工程造价较高；打桩机具设备复杂，振动和噪声大；桩材易腐蚀。钢桩年腐蚀速率见表 2-1。

表 2-1　钢桩年腐蚀速率

钢桩所处环境		单面腐蚀率/(mm·a^{-1})
地面以上	无腐蚀性气体或腐蚀性挥发介质	0.05～0.1
地面以下	水位以上	0.05
	水位以下	0.03
	水位波动区	0.1～0.3

常用的钢管桩直径为 Φ400～Φ1 000，壁厚为 9～18mm；常用 H 型钢截面为 200mm×200mm～400mm×400mm，翼缘和腹板厚度为 12～25mm。单根桩或多节桩的单节长度一般为 12～15m。钢管桩可采用开口式和封闭式，H 型钢桩可分为带端板和不带端板，具体形式应根据穿越土层、桩端持力层性质、桩的尺寸等因素综合考虑。钢桩防腐处理可采用外表面涂防腐层、增加腐蚀余量及阴极保护；当钢管桩内壁与外界隔绝时，可不考虑内壁防腐。

钢桩在制作前应检查材料是否符合设计要求，是否具备出厂合格证和试验报告。现场制作的钢桩应有平整的场地及挡风遮雨的设施。钢桩制作须满足成品钢桩的质量检验标准。

钢桩在运输中应对桩体两端采取适当的保护措施，钢管桩应设保护圈；搬运时，应防止桩体撞击而造成桩端、桩体损坏或者弯曲。钢桩应按规格和材质分别堆放，堆放层数不宜太高，Φ900 钢桩不宜大于 3 层，Φ600 钢桩不宜大于 4 层，Φ400 钢桩不宜大于 5 层，H 型钢桩不宜大于 6 层。支点设置应合理，管桩两侧用木楔塞牢，防止滚动。

2.2.2 预制桩的连接

2.2.2.1 混凝土预制方桩

混凝土预制方桩的常用接桩方法有焊接法、锚接法和装配式可调平刚性接头（图 2-7）。接桩应在穿过硬土层后进行，接头节点应避开土层中的硬夹层，当工地在 7 度和 8 度区时尚应将接头设置于非液化土层。接桩时，上下节桩的中心偏差不得大于 5mm，节点弯曲矢高不得大于桩长的 1‰，且不大于 20mm。采用分段接桩时，锤击桩接头不宜超过 2 个，静压桩接头不宜超过 3 个。

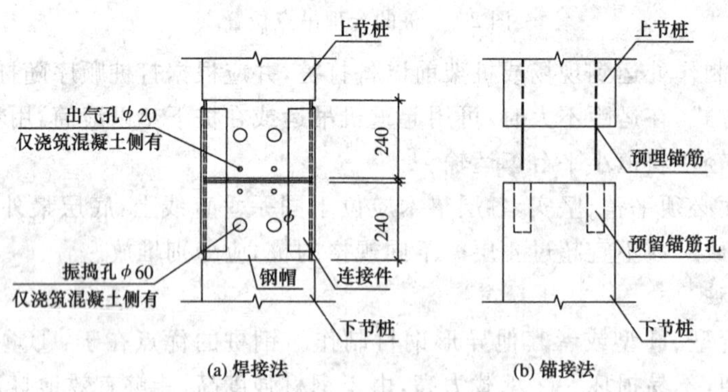

图 2-7 混凝土预制方桩的接桩

1. 焊接法

焊接接桩时，预埋件表面应保持清洁，坡口处应用铁刷子刷至露出金属光泽，上下节桩桩顶平整度必须小于 2mm，纵轴线必须重合一致，连接件满足设计要求，上下节桩之间间隙用厚薄合适、加工成楔形的铁片填实焊牢。接桩拼缝焊接允许偏差见表 2-2。钢板宜采用低碳钢，焊条宜采用 E43。焊接时应将四角点焊固定，然后对称同时焊接以减少变形。第一层焊条采用细焊条（Φ3.2mm）打底，确保根部焊透，第二层焊方可用粗焊条。焊缝不得有缺陷，需连续饱满，厚度必须满足设计要求，焊接接头质量检查宜采用探伤检测。接头焊接完毕后，焊缝应在自然条件下冷却 8min 以上方可继续沉桩。

表 2-2　　接桩拼缝焊接允许偏差

偏差名称	允许偏差值
桩身弯曲度	≤L/1 200
方桩两端板之间间隙	≤2mm
点焊高度	≤1mm
接缝错位	≤2mm

注：L 为桩身长度。

2. 锚接法

锚接接桩时，锚筋应事先清洗干净并调直，对锚筋孔进行清洗，达到无水、无杂质和无油污，然后检查锚筋长度、孔深、平面位置及锚筋孔内螺纹是否符合设计要求。接桩时，起吊上节桩并对准下节桩送下，使上节桩的外露锚固钢筋全部插入下节桩的预留孔内，确保其垂直和接触面水平，然后提起上节桩，箍上海绵夹箍，将熔化的硫磺胶泥浇入孔内，并满铺桩顶约20mm厚，再插入上节桩。胶泥的浇筑温度控制在140℃～145℃之间，浇筑时间不得超过2min。待硫磺胶泥冷却凝固后，拆除海绵夹箍。压桩时间间隔宜根据试验确定，也可根据相关规程要求确定。

3. 装配式可调平刚性接头

采用装配式可调平刚性接头，压桩前应将接头清理干净，压桩过程中应在两个互相垂直的方向同步校正桩垂直度，以保证顺利对接。接头施工时应先将上节桩插入下节桩，调整接头钢板之间的间隙，然后向下节桩桩帽中倒入适量的可调平材料，再重新将上节桩插入下节桩桩帽中，并沉桩10～20cm，之后将上下节桩头焊接牢固。

2.2.2.2 预应力混凝土管桩

预应力管桩的接桩宜在穿过硬土层后进行，应避免桩尖接近硬持力层或桩尖处于硬持力层中接桩，每根桩的接头数量不宜超过3个，有特殊要求时接头应根据现场情况采取有效的防腐措施。上下节桩拼接成整桩时，宜采用端板焊接连接或者机械接头连接，接头连接强度不应小于管桩桩身强度。接桩时入土部分管桩的桩头宜高出地面0.5～1m，桩头处宜设置导向箍，便于上下节桩就位，接桩时上下节桩的错位偏差不应大于2mm。采用焊接连接时，先确认管桩接头质量合格，上下端板表面应清理干净，坡口处应去除油和铁锈；焊接时，宜先在坡口圆周上对称点焊4～6点，待上下节桩固定后拆除导向箍再分层对接施焊，焊缝层数宜为3层，应连续饱满，根部必须焊透，且应满足设计及规范要求。接头焊接完毕后，焊缝宜在自然条件下冷却8min以上方可继续沉桩。

2.2.2.3 钢桩

钢桩焊接接头应采用等强连接。钢管桩接头采用桩身内衬套上下对接焊接，H型钢采用坡口对接或连接板贴角焊接。焊接前必须将下节桩管变形损坏部分修整，去除上部桩管端部的锈蚀及油污，打磨好焊接坡口，并将内衬箍放置在下节桩内侧的挡块上，紧贴桩管内壁并分段点焊，然后吊接上节桩，使其坡口搁在焊道上，使上下桩对口间隙为2～3mm，用经纬仪校正垂直合格后，再进行电焊焊接。焊接宜采用二氧化碳气体保护自动焊或半自动二氧化碳气体保护焊，也可以用手工电弧焊，焊接质量需满足规范及设计要求。焊接完毕后必须自热冷却大于5min再进行锤击打桩。当温度低于0℃或雨雪天及无可靠措施保障焊接质量时，不得焊接。钢桩接桩示意图见图2-8。

2.2.3 预制桩的施工质量控制

沉桩的质量控制包括沉桩前、沉桩过程中的控制以及施工后的质量检查。

施工前，应对成品桩做外观及强度检验，锤击预制桩，桩身混凝土龄期不得少于28d。静力压桩时，采用蒸汽养护的预制方桩，应在强度达到100%后，自然养护5d后方可压桩。接桩用焊条或半成品硫磺胶泥应有产品合格证书，或送有关部门检验。

沉桩开始前清除高空、地下和地上的障碍物，平整场地，在打桩机进场及移动范围内，场地平整坚实，地面承载力满足桩机运行和机架垂直度要求，施工场地及周围应保持排水通畅，然

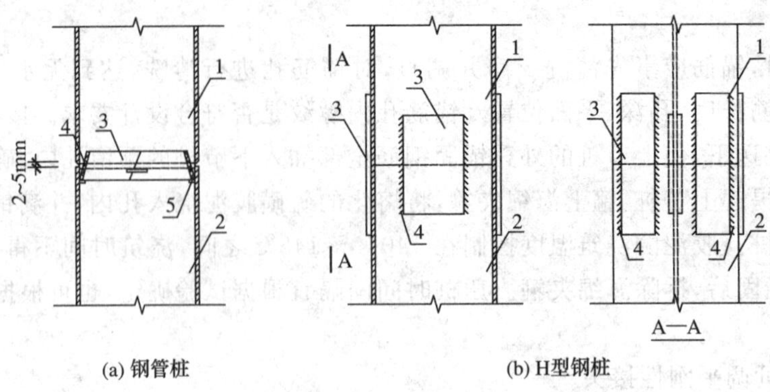

(a) 钢管桩　　(b) H型钢桩

1—上节桩；2—下节桩；3—连接板；4—焊缝；5—垫块

图 2-8　钢桩的接桩示意图

后对桩位进行放样，桩位放样允许偏差：对群桩为 20mm、对单排桩为 10mm。

桩基轴线的定位点，应设置在不受打桩影响的地点，打桩地区附近需设置不少于两个水准点。在施工过程中可据此检查桩位的偏差以及桩的入土深度。

沉桩之前应先进行沉桩试验，试验的目的是检验打桩设备及工艺是否符合要求，了解桩的贯入度、持力层强度及桩的承载力，以确定沉桩方案。

预制桩一般为挤土桩或者半挤土桩，沉桩时会引起桩区及附近地区的土体隆起和水平位移，所以，在进行沉桩时，沉桩顺序是否合理对施工速度和质量，尤其对周边环境的影响巨大。当桩的中心距小于 4 倍桩径时，沉桩顺序尤为重要。沉桩顺序决定了挤土方向，根据桩群的密集程度，可选用下列沉桩顺序：由一侧向单一方向进行、自中间向两个方向对称进行、自中间向四周对称进行、分段进行(图 2-9)。沉桩时应根据基础的设计标高，宜先深后浅；根据桩的规格，宜先大后小，先长后短。此外施工中还应采取适当措施，减小挤土效应。实际施工中常用的措施有：预钻孔沉桩法，设置隔离板桩、挖沟防振(应力释放沟)、砂井排水(或塑料排水板排水)，限制沉桩速率等。

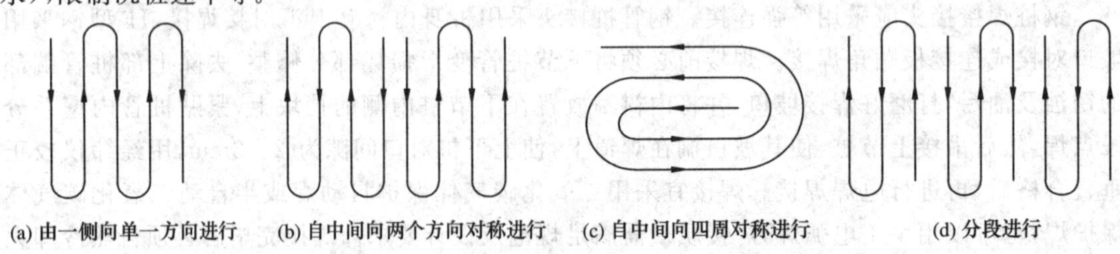

(a) 由一侧向单一方向进行　(b) 自中间向两个方向对称进行　(c) 自中间向四周对称进行　(d) 分段进行

图 2-9　沉桩顺序

采用锤击法时，桩锤的选用应根据地质条件、桩型、桩的密集程度、单桩竖向承载力及现有施工条件等因素确定，也可按相关规范选用。打桩机就位后，将桩锤和桩帽吊起来，然后吊桩并送至导杆内，垂直对准桩位缓缓送下插入土中，垂直度偏差不得超过 0.5%，然后固定桩锤和桩帽，使其和桩身在同一铅垂线上，确保桩能垂直下沉。锤与桩帽、桩帽与桩之间应加设硬木、麻袋、草垫等弹性衬垫，桩帽与桩周围应有 5～10mm 的间隙，以防损伤桩顶。

锤击打桩应遵循“重锤低击、低提重打”的原则进行，开始时锤的落距应较小，待桩入土一定深度且稳定后，再按要求的落距锤击，用落锤或单动汽锤打桩时，最大落距不宜大于 1m，用柴油锤时应使锤跳动正常。打桩过程中应检查桩的桩体垂直度、沉桩情况、贯入情况、桩顶完整状况、电焊接桩质量、电焊后的停歇时间等。对电焊接桩,重要工程应对电焊接头做 10%的焊缝探伤检查。打桩时,如遇贯入度剧变,桩身突然发生倾斜、位移或有严重回弹,桩顶破碎或桩身严重裂缝,应立即暂停,并分析原因,采取相应措施。打桩时,除了注意桩顶与桩身由于桩锤冲击破坏外,还应注意桩身受锤击拉应力而导致的水平裂缝,在软土中打桩,在桩顶以下1/3 桩长范围内常会因反射的张力波使桩身受拉而引起水平裂缝。开裂的地方往往出现在吊点和混凝土缺陷处,这些地方容易形成应力集中。采用重锤低速击桩和较软的桩垫可减少锤击拉应力。

锤击桩终止锤击的控制应符合下列规定:①当桩端位于一般土层时,应以控制桩端设计标高为主,贯入度为辅;②桩端达到坚硬、硬塑的黏性土、中密以上粉土、沙土、碎石类土及风化岩时,应以贯入度控制为主,桩端标高为辅;③贯入度已达到设计要求而桩端标高未达到时,应继续锤击 3 阵,并按每阵 10 击的贯入度不应大于设计规定的数值确认,必要时,施工控制贯入度应通过试验确定。

采用静压法时,应根据场地地质条件和当地施工经验,通过分析静力触探比贯入阻力平均值和标准贯入试验 N 值选用合适的压桩机械。

静压桩在沉桩过程中不得任意调整和校正垂直度,以避免对桩身产生较大次生弯矩。桩穿越硬土层或进入持力层的过程中不得停止沉桩施工。

静压桩的施工控制应符合下列规定:①桩端达到坚硬、硬塑的黏性土、中密以上粉土、沙土、碎石类土及风化岩时,应以静压桩的压桩力为主,桩端标高为辅;②桩端进入持力层达到综合确定的压桩力要求但未至设计标高时,宜保持稳压 1~2min,稳压下沉量可根据地区经验确定。如初压时桩身发生较大位移、倾斜,压入过程中桩身突然下沉或倾斜,桩顶混凝土破坏或压桩阻力剧变时,应暂停压桩,及时研究处理。

沉桩完成后应根据以下标准进行验收。按标高控制的桩,桩顶标高的允许偏差为−50~+100mm;预制桩沉桩的垂直度偏差应控制在 1%之内,桩位的允许偏差应符合表 2-3 的规定;斜桩倾斜度的偏差不得大于倾斜角正切值的 15%(倾斜角系桩的纵向中心线与铅垂线间夹角)。此外,还应监测打桩施工对周围环境有无造成影响。

表 2-3　　打入桩桩位的允许偏差

项　目		允许偏差值/mm
带有基础梁的桩	垂直基础梁的中心线	$100+0.01H$
	沿基础梁的中心线	$150+0.01H$
桩数为 1~3 根桩基中的桩		100
桩数为 4~16 根桩基中的桩		1/2 桩径或边长
桩数大于 16 根桩基中的桩	最外边的桩	1/3 桩径或边长
	中间桩	1/2 桩径或边

注:H 为施工现场地面标高与桩顶设计标高的距离。

打桩完成后应对桩基承载力和桩身质量进行检查。承载力检验方法有静载荷试验法、动测法和 Osterberg 测桩法,检测桩数不应小于总桩数的 1%,且不应少于 2 根。桩身质量检验常用方法有低应变反射波法、声波透射法和钻芯法,检测桩数不得少于总桩数的 10%,且不得少于 10 根,每个柱子承台下不得少于 1 根。

2.2.4 混凝土桩锤击沉桩施工工艺

锤击沉桩也称打入桩，是最常用的一种沉桩方法。该方法利用桩锤落下时产生的冲击能量，克服土对桩的阻力，将桩沉到预定深度或达到持力层。其特点是：施工速度快、适用范围广、场地干燥，易于管理；缺点是施工中振动、噪音大，对周边环境影响也较大。混凝土桩锤击沉桩施工工艺流程如图 2-10 所示

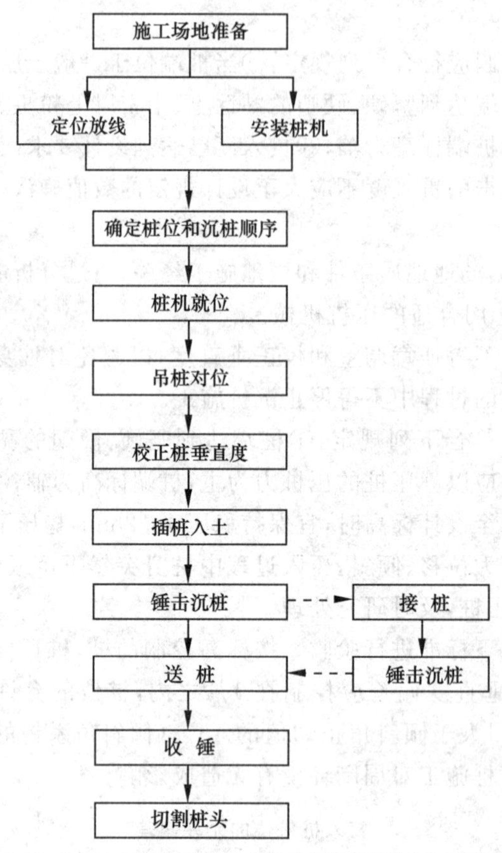

图 2-10 锤击沉桩施工工艺流程示意图

锤击法的打桩设备包括桩锤、桩架和动力装置。

2.2.4.1 桩锤

桩锤是对桩施加冲击，将桩打入土中的主要机具。桩锤主要有落锤、蒸汽锤、柴油锤和液压锤，目前应用最多的是柴油锤。桩锤的吨位以落下部分的质量表示。

1. 落锤

落锤构造简单，使用方便，能随意调整落锤高度。轻型落锤可用人力拉升，一般均用卷扬机拉升施打。落锤生产效率低，桩身的损坏也较大。落锤的吨位一般为 0.5～1.5t，重型锤可达数吨。

2. 柴油锤

柴油锤利用燃油爆炸，推动活塞往复运动进行锤击打桩，它的工作原理是靠活塞循环往复的运动产生冲击进行打桩，其能量来源是喷入的柴油。柴油锤结构简单使用方便，不需从外部供应能源。但在过软的土中由于贯入度（每打击一次桩的下沉量，一般用 mm 表示）过大，燃

油不能被引爆，桩锤反跳不起来，会使工作循环中断。另一个缺点是会造成噪音和空气污染等公害，故在城市中施工受到一定限制。柴油锤每分钟锤击次数约 40～80 次。可以用于打大型混凝土桩和钢管桩等。

3. 蒸汽锤

蒸汽锤利用蒸汽的动力进行锤击。根据其工作情况又可分为单动式汽锤与双动式汽锤。单动式汽锤的冲击体只在上升时耗用动力，下降靠自重；双动式汽锤的冲击体升降均由蒸汽推动。蒸汽锤需要配备一套锅炉设备。

单动式汽锤的冲击力较大，可以打各种桩，常用锤重为 3～10t。每分钟锤击次数为 25～30 次。

双动式汽锤的外壳（即汽缸）是固定在桩头上的，而锤是在外壳内上下运动。因冲击频率高（100～200 次/min），所以，工作效率高。它适宜打各种桩，也可在水下打桩并用于拔桩。锤重一般为 0.6～6t。

4. 液压锤

液压锤是一种新型打桩设备，它的冲击缸体通过液压油提升与降落。冲击缸体下部充满氮气，当冲击缸体下落时，首先是冲击头对桩施加压力，接着是通过可压缩的氮气对桩施加压力，使冲击缸体对桩施加压力的过程延长，因此，每一击能获得更大的贯入度。液压锤不排出任何废气，无噪音，冲击频率高，并适合水下打桩，是理想的冲击式打桩设备，但构造复杂，造价高。

用锤击沉桩时，为防止桩受冲击应力过大而损坏，力求选用重锤轻击。如选用轻锤重击，锤击功能很大部分被桩身吸收，桩不易打入，且桩头容易打碎。锤重可根据土质、桩的规格等参考表 2-4 进行选择，如能进行锤击应力计算则更为科学。

表 2-4　　桩锤选用表

<table>
<tr><th colspan="3">锤型</th><th>D25</th><th>D35</th><th>D45</th><th>D60</th><th>D72</th><th>D80</th><th>D100</th></tr>
<tr><td colspan="2" rowspan="4">锤的动力性能</td><td>冲击部分质量/t</td><td>2.5</td><td>3.5</td><td>4.5</td><td>6.0</td><td>7.2</td><td>8.0</td><td>10</td></tr>
<tr><td>总质量/t</td><td>6.5</td><td>7.2</td><td>9.6</td><td>15.0</td><td>18.0</td><td>17.0</td><td>20.0</td></tr>
<tr><td>冲击力/kN</td><td>2000～5000</td><td>2500～4000</td><td>4000～5000</td><td>5000～7000</td><td>7000～10000</td><td>>10000</td><td>>12000</td></tr>
<tr><td>常用冲程</td><td colspan="7">1.8～2.3</td></tr>
<tr><td colspan="2" rowspan="2"></td><td>预制方桩或预应力管桩的边长或直径/mm</td><td>350～400</td><td>400～450</td><td>450～500</td><td>500～550</td><td>550～600</td><td>600 以上</td><td>600 以上</td></tr>
<tr><td>钢管桩直径/mm</td><td colspan="2">400</td><td>600</td><td>900</td><td>900～1000</td><td>900 以上</td><td>900 以上</td></tr>
<tr><td rowspan="4">持力层</td><td rowspan="2">黏性土粉土</td><td>一般进入深度/m</td><td>1.5～2.5</td><td>2.0～3.0</td><td>2.5～3.5</td><td>3.0～4.0</td><td>3.0～5.0</td><td rowspan="2"></td><td rowspan="2"></td></tr>
<tr><td>静力触探比贯入阻力 P_s 平均值/MPa</td><td>4</td><td>5</td><td>>5</td><td>>5</td><td>>5</td></tr>
<tr><td rowspan="2">沙土</td><td>一般进入深度/m</td><td>0.5～1.5</td><td>1.0～2.0</td><td>1.5～2.5</td><td>2.0～3.0</td><td>2.5～3.5</td><td>4.0～5.0</td><td>5.0～6.0</td></tr>
<tr><td>标准贯入击数 $N_{63.5}$（未修正）</td><td>20～30</td><td>30～40</td><td>40～50</td><td>45～50</td><td>50</td><td>>50</td><td>>50</td></tr>
<tr><td colspan="3">锤的常用控制贯入度/(cm/10 击)</td><td colspan="2">2～3</td><td>3～5</td><td colspan="2">4～8</td><td>5～10</td><td>7～12</td></tr>
<tr><td colspan="3">设计单桩极限承载力(kN)</td><td>800～1600</td><td>2500～4000</td><td>3000～5000</td><td>5000～7000</td><td>7000～10000</td><td>>10000</td><td>>10000</td></tr>
</table>

2.2.4.2　桩架

桩架的作用是支撑桩身和悬吊桩锤，在打桩过程中引导桩的方向，并保证桩锤能沿着所要求的方向冲击。桩架的形式各种各样，常用的通用桩架（能适应多种桩锤）有两种基本形式：一种是沿轨道行驶的多能桩架（图 2-11）；另一种是装在履带底盘上的履带式桩架（图 2-12）。

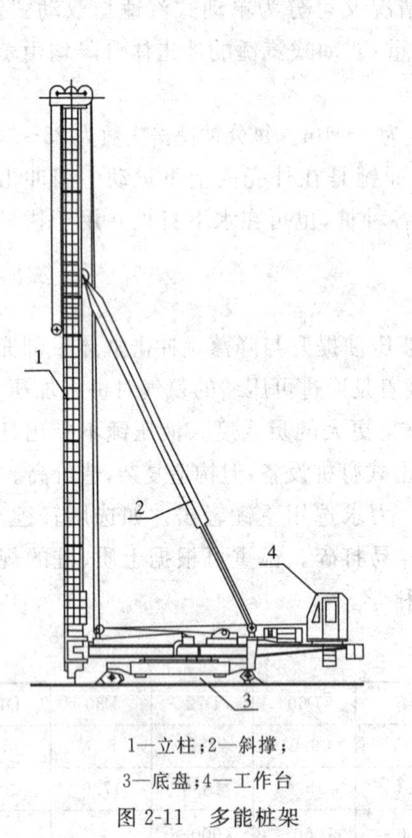

1—立柱；2—斜撑；
3—底盘；4—工作台

图 2-11　多能桩架

1—桩锤；2—桩帽；3—桩；
4—立柱；5—斜撑；6—车体

图 2-12　履带式桩架

多能桩架由立柱、斜撑、回转工作台、底盘及传动机构组成。它的机动性和适应性很强，在水平方向可作 360°回转，立柱可前后倾斜，底盘下装有铁轮，可在轨道上行走。这种桩架可适应各种预制桩及灌注桩施工，其缺点是机构较庞大，现场组装和拆迁比较麻烦。

履带式桩架以履带式起重机为底盘，增加立柱、斜撑和导杆等用以打桩。性能较多，桩架灵活，移动方便，适用范围广，可适应各种预制桩及灌注桩施工。目前应用最多。

2.2.4.3　动力装置

动力装置的配置取决于所选的桩锤。落锤以电源为动力，需配备电动卷扬机、变压器、电缆等；蒸汽锤以高压蒸汽为动力，需配备蒸锅炉和卷扬机；空气锤以压缩空气为动力，需配置空气压缩机、内燃机等。

2.2.5　混凝土桩静压沉桩施工工艺

静压沉桩是通过静力压桩机以压桩机自重及桩架上的配重作反力等将预制桩压入土中的一种沉桩工艺，其工艺流程如图 2-13 所示。它既能施压预制方桩，也可施压预应力管桩。静压预制桩通常适用于高压缩性黏土层或沙性较轻的软黏土层等软土地基，也适用于覆土层不厚的岩溶地区。在这些地区采用钻孔桩很难钻进，采用冲孔桩，容易卡锤，采用打入式桩，容易打碎，而采用静压桩可缓慢压入，并能显示压桩阻力，容易保证施工质量；但在溶洞、溶沟发育充分的岩溶地区以及在土层中有较多孤石、障碍物的地区，静压桩宜慎用。

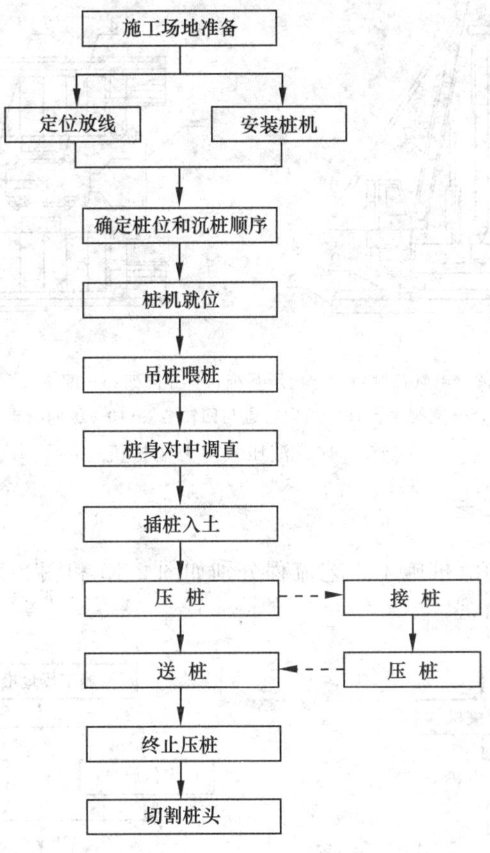

图 2-13　静压沉桩施工工艺流程

静压沉桩的主要优点是：(ⅰ)低噪声、无振动、无污染、场地整洁、施工文明程度高，适合城市施工；(ⅱ)施工速度很快，可以 24h 连续施工，缩短建设工期，创造时间效益，从而降低工程造价；(ⅲ)桩定位准确，不易产生偏心，可提高桩基施工质量；(ⅳ)采用静力压桩，桩身不受锤击应力，桩身混凝土强度可降低，配筋可减少，可降低工程造价。

静压沉桩的主要缺点是：(ⅰ)具有一定挤土效应，对周围建筑环境及地下管线有一定的影响，边桩中心到相邻建筑物的间距要求较大；(ⅱ)施工场地的地耐力要求较高，在新填土、淤泥土及积水浸泡过的场地施工易陷机，对表土层软弱的地方需事先进行处理；(ⅲ)过大的压桩力(夹持力)易将管桩桩身夹破夹碎，使管桩出现纵向裂缝；(ⅳ)在地下障碍物或孤石较多的场地施工，容易出现斜桩甚至断桩。

常用的静力压桩机有机械式和液压式两种。

机械式静力压桩机是利用桩架的自重和压重，通过卷扬机牵引滑轮组，将整个压桩机的压力通过压梁传至桩顶，以克服桩身下沉时与土的摩阻力，将桩压入土中。

液压式静力压桩机由压桩机构、行走机构和起吊机构组成(图 2-14)，最大压力已达 6 000kN以上。其移动方便迅速、送桩定位准确、压桩效率高，已逐步取代机械式静力压桩机。

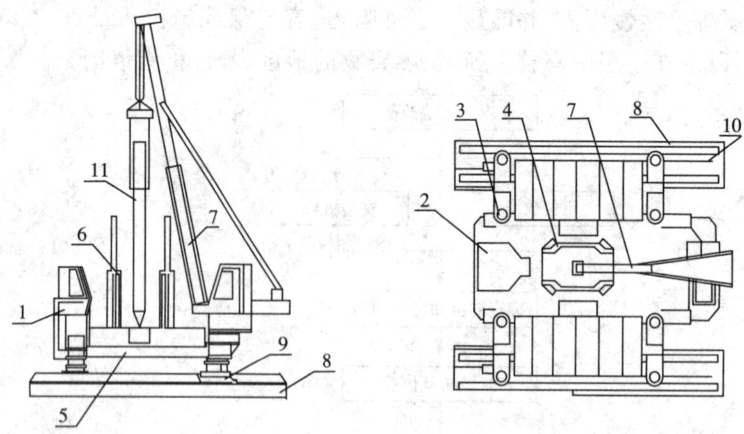

1—操作室;2—电气控制台;3—液压系统;4—导向架;5—配重;6—夹持装置;
7—吊桩把杆;8—支腿平台;9—横向行走与回转装置;10—纵向行走装置;11—桩

图 2-14　液压式静力压桩机

2.2.6　钢桩的沉桩施工工艺

钢管桩和 H 型钢桩的沉桩施工工艺流程分别如图 2-15 和图 2-16 所示。钢桩的沉桩施工

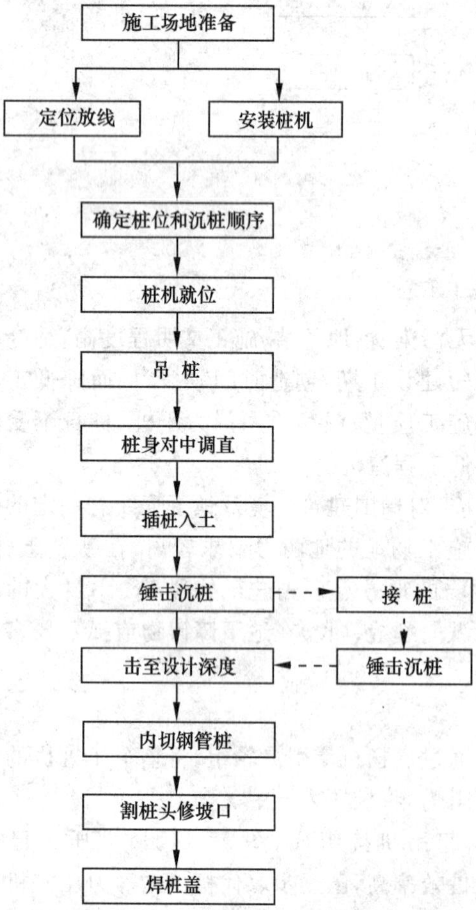

施工场地准备
定位放线　安装桩机
确定桩位和沉桩顺序
桩机就位
吊　桩
桩身对中调直
插桩入土
锤击沉桩　接　桩
击至设计深度　锤击沉桩
内切钢管桩
割桩头修坡口
焊桩盖

图 2-15　钢管桩沉桩施工工艺流程示意图

施工场地准备
定位放线　安装桩机
确定桩位和沉桩顺序
桩机就位
吊　桩
桩身对中调直
插桩入土
锤击沉桩　接　桩
击至设计深度　锤击沉桩
割桩头修坡口
焊桩盖

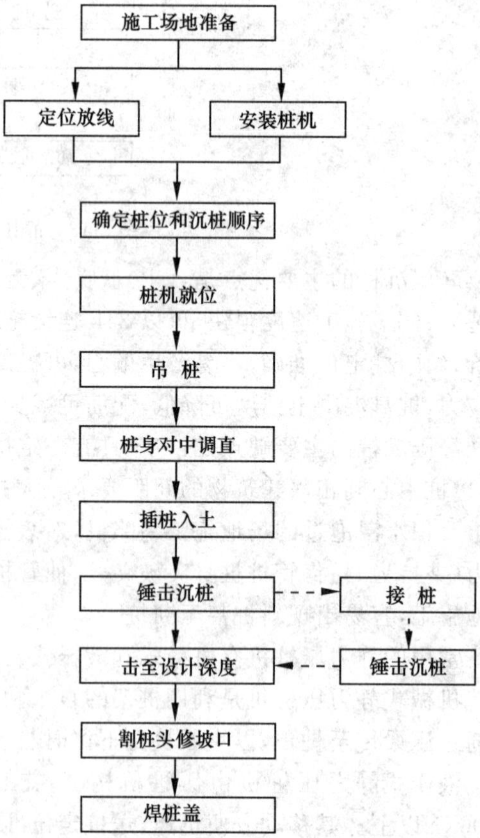

图 2-16　H 型钢桩沉桩施工工艺流程示意图

与混凝土桩类似。钢管桩如锤击沉桩有困难,可在管内取土以助沉桩施工;H 形钢桩断面刚度较小,采用柴油锤打桩时锤重不宜超过 D45 级。在插入钢桩前,应进行触探,清除桩位上地表层内的大块石、混凝土块等回填物,以确保沉桩质量。在锤击过程中桩架前应有横向约束装置,以防止钢桩失稳。当持力层较硬时 H 形钢桩不宜送桩,否则容易导致钢桩移位或因锤击过多而失稳。为减轻软土地基负摩阻力对桩的不利影响,一般在钢管桩的上部一定深度,涂设特殊沥青、聚乙烯等复合材料以形成滑动层,层厚 6～10mm。钢桩切割时,先将切桩机吊入钢桩设计切割深度,采用气压(液压)顶针装置固定在切割部位,割嘴按预先调整好的间隙进行回转切割,切割完的短桩头,用内胀式拔桩装置拔出,拔出的钢管焊接接长后可以再次使用。

2.2.7 其他沉桩方法

在施工中常用的沉桩方法还有振动法和水冲法(射水沉桩法)。

振动法是利用振动锤沉桩,将桩与振动锤连接在一起,振动锤产生的高频振动力通过桩身带动土体振动,使得土体的内摩擦角减小、强度降低从而将桩沉入土中。此方法施工速度快、使用维修方便,费用低,但耗电量大、振动大。其在沙土和粉土中施工效率较高,不适用于硬质土层。

水冲法常与锤击或振动沉桩法一同使用。它利用高压水流从桩侧面或从空心桩内部的射水管中冲击桩尖附近的土层,以减少沉桩阻力。在砂夹卵石层或坚硬土层中,一般以射水为主,锤击或振动为辅;在粉质黏土或黏土中,一般以锤击或振动为主,射水为辅,并需适当控制射水量和时间。施工时一般是边冲边打,在沉桩至最后 1～2m 时停止射水,用锤击沉桩至设计标高,以保证桩的承载力。

2.3 灌注桩施工

2.3.1 灌注桩施工与质量控制

灌注桩是先直接在桩位就地成孔,然后,在孔内吊放钢筋笼,最后,浇筑混凝土而成的桩。灌注桩能适用各种地质,无需接桩。灌注桩施工时无振动、无挤土、噪音小,宜于在城市建筑物密集地区使用,与预制桩相比节约钢材,桩径可根据工程需要制作;但其操作要求严格,施工成孔中有大量土渣和泥浆排出,施工后需较长养护时间方可承受荷载。根据成孔工艺的不同,灌注桩可以分为钻孔灌注桩、冲孔灌注桩、套管成孔灌注桩、爆扩成孔灌注桩、现夯扩沉管灌注桩和钻孔压浆灌注桩等。灌注桩成孔施工允许偏差见表 2-5。

灌注桩的定位放线与预制桩基本相同,正式施工前宜进行试成孔。灌注桩大多为非挤土桩或半挤土桩,成桩顺序与预制桩不同,可遵循以下原则:

① 钻孔灌注桩为非挤土桩,一般以现场条件和桩机行走最方便的原则确定成孔顺序。

② 冲孔灌注桩,套管成孔灌注桩,爆扩成孔灌注桩成孔时对土有挤密作用,一般可以结合现场条件,采用间隔成孔、在相邻孔混凝土初凝前或终凝后成孔。五桩以上群桩成孔先中间后四周,邻近的爆扩桩可根据不同桩距采用单爆或联爆法成孔。

灌注桩成孔深度应符合下列要求:

① 摩擦型桩:摩擦桩应以设计桩长控制成孔深度;端承摩擦桩必须保证设计桩长及桩端进入持力层深度。当采用锤击沉管法成孔时,桩管入土深度控制应以标高为主,贯入度控制为辅。

② 端承型桩:当采用钻(冲)、挖成孔时,必须保证桩端进入持力层的设计深度;当采用锤击沉管法成孔时,桩管入土深度控制应以贯入度为主,控制标高为辅。

表 2-5　　灌注桩成孔施工允许偏差

成孔方法		桩径允许偏差/mm	垂直度允许偏差/%	桩位允许偏差/mm	
				1～3 根桩。条形桩基沿垂直轴线方向和群桩基础中边桩	条形桩基沿轴线方向和群桩基础的中间桩
泥浆护壁钻、挖、冲孔桩	$d\leqslant 1\,000$mm	±50	1	$d/6$ 且不大于 100	$d/4$ 且不大于 150
	$d>1\,000$mm			$100+0.01H$	$150+0.01H$
锤击(振动)沉管振动冲击沉管成孔	$d\leqslant 500$mm	−20	1	70	150
	$d>500$mm			100	150
螺旋钻、机动洛阳铲干作业成孔		−20	1	70	150
人工挖孔桩	现场浇筑混凝土护壁	±50	0.5	50	150
	长钢套管护壁	±20	1	100	200

注：① 桩径允许偏差的负值是指个别断面。

② H 为施工现场地面标高与桩顶设计标高的距离；d 为设计桩径。

灌注桩的桩身正截面配筋率一般为 0.2%～0.65%，抗拔及抗压桩的主筋不应少于 6Φ10，对于承受水平荷载的桩，主筋不应少于 6Φ12，；纵向主筋应沿桩身周边均匀布置，其净距不得小于 60mm。箍筋应采用螺旋式，直径不应小于 6mm，间距为 200～300mm，当钢筋笼长度超过 4m 时，应每隔 2m 设一道直径不小于 12mm 的焊接加劲箍筋。制作钢筋笼时应对钢筋规格、焊条规格、品种、焊口规格、焊缝长度、焊缝外观和质量、主筋和箍筋的制作偏差等进行检查。主筋箍筋等除需符合设计及规范相关规定外，还应符合以下规定：

① 分段制作的钢筋笼，其接头宜采用焊接或机械式连接(钢筋直径大于 20mm)。

② 加劲箍宜设置在主筋外侧，当施工工艺有特殊要求时，可置于内侧。

③ 套管成孔的桩，应比套管内径小 60～80mm；用导管法灌注水下混凝土桩时，钢筋笼内径应比导管连接处的外径大 100mm 以上。

④ 钢筋笼制作、运输，放置入孔过程中，应采取措施防止变形，并应有保护层垫块。

⑤ 钢筋笼吊放入孔时不得碰撞孔壁，浇筑混凝土时应采取措施固定钢筋笼位置，防止上浮或偏移。

⑥ 钢筋笼主筋保护层允许偏差对水下浇注混凝土桩为±20mm；对非水下浇注混凝土桩为±10mm。

灌注桩桩身混凝土强度不应小于 C25，混凝土预制桩尖强度不应小于 C30。粗骨料可选用卵石或碎石，其粒径不得大于钢筋间最小净距的 1/3，且不宜大于 50mm。水下混凝土必须具备良好的和易性，坍落度应控制在 180～220mm；水泥用量不少于 360kg/m^3；水下混凝土的含砂率宜为 40%～45%；，并宜选用中粗砂；粗骨料的最大粒径应不大于 40mm；为改善和易性并使之缓凝，水下混凝土宜掺外加剂。

钻孔灌注桩浇注混凝土前，对已成孔的中心位置、孔深、孔径、垂直度、孔底沉渣厚度等进行认真检查。其中，孔底沉渣厚度直接影响桩的承载力及其沉降量，因此沉渣厚度应予以控制，其允许厚度按表 2-6 的规定执行。

灌注桩施工后也应进行桩的承载力检测与桩身质量检查，一般要求与预制桩相同。但对于一级建筑桩基和地质条件复杂或成桩质量可靠性较低的桩基工程,还应进行成桩质量检测。桩身检测还可采用大应变动测法等方法,对于大直径桩还可采取钻取岩芯、预埋管超声检测法等。

表 2-6 孔底沉渣允许厚度

桩的类型	孔底沉渣允许厚度/mm
端承桩	≤50
摩擦桩	≤100
抗拔桩和抗水平力桩	≤200

2.3.2 钻孔灌注桩成桩

根据工地现场的地下水位、土质情况等,钻孔灌注桩施工分为干作业成孔灌注桩和湿作业成孔灌注桩,后者又称泥浆护壁钻孔灌注桩。

2.3.2.1 干作业成孔灌注桩

干作业成孔灌注桩适用于地下水位较低、在成孔深度内无地下水的土质,无需护壁可直接取土成孔。干作业灌注桩成孔方法有螺旋钻孔、洛阳铲成孔、人工挖孔等。干作业成孔灌注桩施工工艺流程:场地整平→测定桩位→钻孔→清孔→下钢筋笼→浇筑混凝土。

1. 螺旋钻孔

螺旋钻孔是利用动力旋转钻杆,使钻头的螺旋叶片旋转削土,土块沿螺旋叶片上升排出孔外,从而成孔(图 2-17)。在软塑土层,含水量大时,可用疏纹叶片钻杆,以便较快钻进;在可塑或硬塑黏土中,或含水量较小的沙土中应用密纹叶片钻杆,缓慢地均匀钻进。操作时要求钻杆垂直,钻杆过程中如发现钻杆摇晃或难以钻进时,可能是遇到石块等异物,应立即停机检查。全叶片螺旋钻机成孔直径一般为 300～600mm,钻孔深度为 8～20m。钻进速度应根据电流值变化及时调整。在钻进过程中,应随时清理孔口积土,遇到塌孔情况,宜在钻至塌孔处以下 1～2m 时,用低强度等级混凝土填至塌孔以上 1m 左右,待混凝土初凝后继续下钻,钻至设计深度,也可以用质量比为3∶7 的灰土填筑。

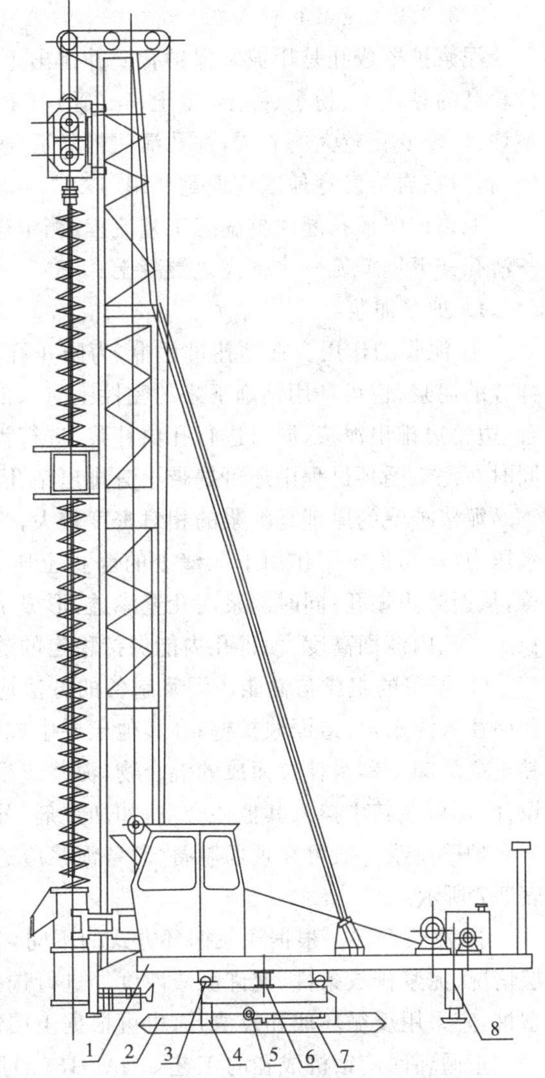

1—上底盘;2—下底盘;3—回转滚轮;4—行车滚轮;5—钢丝滑轮;6—回转轴;7—行车油缸;8—支架

图 2-17 步履式螺旋钻机

钻孔达到要求深度后,应用夯锤夯击孔底虚土或用压力在孔底灌入水泥浆,以减少桩的沉降和提高其承载力。灌注混凝土前,应在孔口放置护孔漏斗，然后放置钢筋笼，并应再次测量孔内虚土厚度。扩底桩灌注混凝土时，第一次应灌注到扩底部位顶面，随即振捣密实；浇筑桩顶以下 5m 混凝土时，应随浇随振捣，每次浇筑高度不得大于 1.5m。

2. 人工挖孔

人工挖孔指桩孔采用人工挖掘的方法进行成孔，一般用于大直径桩的成桩。其桩径一般为 1～2m，且不得小于 0.8m，桩深为 20～30m，单桩承载力可达 10 000～40 000kN。当桩净距小于 2.5m 时，应采用间隔开挖，相邻排桩的跳挖最小施工净距不得小于 4.5m。

人工挖孔的优点是设备简单、施工现场干净、无振动、无挤土、噪音小。对周围环境影响小，并可按施工进度要求进行多孔同时开挖作业。开挖时土层情况明确，沉渣清除干净，施工质量可靠。由于是人工作业，为了确保施工过程中的安全，施工时必须考虑孔壁坍塌、流沙和管涌冒沙等现象。应根据当地的水文地质资料，制定合理的衬圈护壁、施工排水、降水方案。工程中常用的护壁方法有混凝土护壁、砖砌体护壁、沉井护壁、钢套管护壁等。

2.3.2.2 *泥浆护壁成孔*

泥浆护壁成孔是用泥浆保护孔壁并排出土渣而成孔。泥浆护壁钻孔灌注桩适用于地下水位较高的黏性土、粉土、沙土、填土、碎(砾)石土及风化岩层，以及地质情况复杂、夹层多、风化不均、软硬变化较大的岩层，冲孔灌注桩除适应上述地质情况外，还能穿透旧基础、大孤石等障碍物，但在岩溶发育地区应慎重使用。

泥浆护壁成孔灌注桩施工工艺流程：测定桩位→埋设护筒→桩机就位→制备泥浆→成孔→清孔→下钢筋笼→水下浇筑混凝土。

1. 护壁泥浆

① 泥浆的作用。在钻孔过程中，为防止孔壁坍塌，在孔内注入高塑性黏土或膨润土和水拌合的泥浆，也可利用钻削下来的黏性土与水混合自造泥浆。这种护壁泥浆与钻孔的土屑混合，边钻边排出泥浆，同时进行孔内补浆，进行泥浆循环。泥浆具保护孔壁、防止坍孔的作用，同时在泥浆循环过程中还可携带土渣排出钻孔，并对钻头具有冷却与润滑作用。

泥浆护壁的原理是泥浆的相对密度较大，当孔内液面高于地下水位时，泥浆对孔壁产生静水压力，从而抵抗了作用于孔壁上的静止土压力和水压力，相当于提供了水平方向的液体支撑，从而防止塌孔；同时泥浆向孔壁渗透，形成了一层低透水性的泥皮，避免孔内的水分流失，稳定了孔内液面高度，使得孔内能保持稳定的静水压力，以达到护壁的目的 。

② 泥浆的组成与性能。泥浆制备的方法应根据土质情况确定，在黏土中钻孔，可采用在孔中注入清水，自造泥浆护壁；在其他土层中成孔时，应注入制备泥浆。护壁泥浆是由高塑性黏土或膨润土和水拌合而成的混合物，泥浆应根据施工机械、工艺及穿越土层情况进行配合比设计，还可在其中掺入其他掺合剂，如加重剂、分散剂、增黏剂及堵漏剂等。

护壁泥浆一般可在现场制备，制备泥浆应达到一定的性能指标，膨润土泥浆的性能指标如表 2-7 所示。

③ 泥浆循环。根据泥浆循环方式的不同，分为正循环和反循环。根据桩型、钻孔深度、土层情况、泥浆排放条件、允许沉渣厚度等进行选择。对孔深较大的端承型桩和粗粒土层中摩擦型桩，宜采用反循环成孔及清孔，也可根据土层情况采用正循环钻进，反循环清孔。

正循环回旋钻机成孔的工艺如图 2-18(a)所示。泥浆由钻杆内部注入，并从钻杆底部喷出，携带钻下的土渣沿孔壁向上流动，由孔口将土渣带出流入沉淀池，经沉淀的泥浆流入泥浆池再注入钻杆，由此进行循环。土渣沉淀后用泥浆车运出排放。

表 2-7　　　　　　　　　　　　　**制备泥浆的性能指标**

项　次	项目	性能指标	检验方法
1	相对密度	1.1～1.15	泥浆密度计
2	黏　度	10～25s	500/700mL 漏斗法
3	含砂率	<6%	含砂量计
4	胶体率	>95%	量杯法
5	失水量	<30mL/30min	失水量仪
6	泥皮厚度	1～3mm/30min	失水量仪
7	静切力	1min　2～3 Pa 10min　5～10Pa	静切力计
8	稳定性	<0.03g/cm^2	
9	pH 值	7～9	pH 试纸

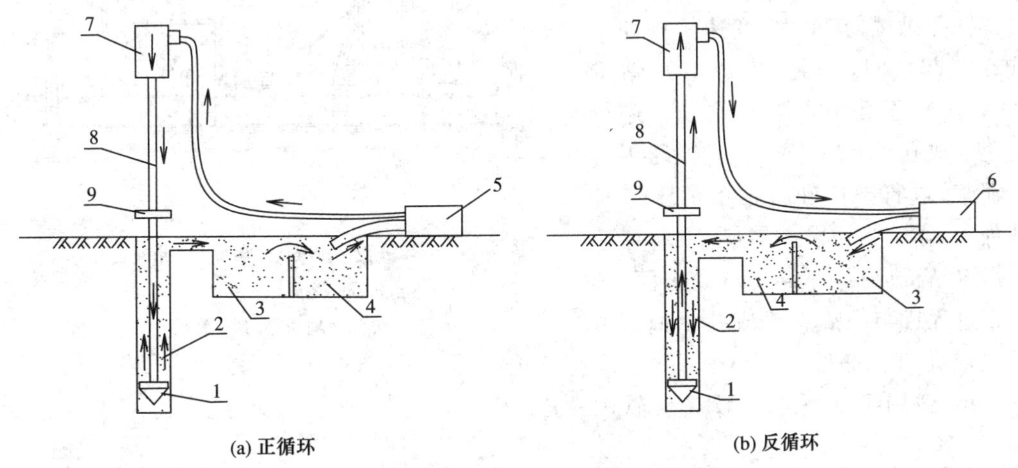

(a) 正循环　　　　　　　　(b) 反循环

1—钻头；2—泥浆循环方向；3—沉淀池；4—泥浆池；
5—泥浆泵；6—砂石泵；7—水阀；8—钻杆；9—钻机回旋装置

图 2-18　泥浆循环成孔工艺

反循环回旋钻机成孔的工艺如图 2-18(b)所示。泥浆由钻杆与孔壁间的环状间隙流入钻孔，然后，由砂石泵在钻杆内形成真空，使钻下的土渣由钻杆内腔吸出至地面而流向沉淀池，沉淀后再流入泥浆池。反循环工艺的泥浆上流的速度较高，排放渣土的能力强大。

施工期间护筒内的泥浆面应高出地下水位 1.0m 以上，在受水位涨落影响时，泥浆面应高出最高水位 1.5m 以上。注入的泥浆比重控制在 1.1 左右，排出泥浆的比重宜为 1.2～1.3。

2. 成孔机械

成孔机械有回旋钻机、潜水钻机、冲击钻等，其中以回旋钻机应用最多。

① 回旋钻机成孔　回旋钻机(图 2-19)是由动力装置带动钻机的回旋装置转动，并带动带有钻头的钻杆转动，由钻头切削土壤。切削形成的土渣，通过泥浆循环排出桩孔。

在陆地上杂填土或松软土层中钻孔时，应在桩位孔口处设护筒，以起定位、保护孔口、维持水头等作用。护筒用 4～8mm 钢板制作，内径应比钻头直径大 100mm，埋入土中深度，通常黏性土不宜小于 1.0m，沙土不宜小于 1.5m，特殊情况下埋深需要更大。护筒埋设应准确、稳定，护筒中心与桩位中心的偏差不得大于50mm。护筒下端外侧应采用黏土填实。在护筒顶部宜开设1～2个溢浆口。

在水中施工，在水深小于3m的浅水处，亦可适当提高护筒顶面标高(图2-20)，以减少筑岛填土量。如岛底河床为淤泥或软土，宜挖除换以沙土；若排淤换土工作量大，则可用长护筒，使其沉入河底土层中。在水深超过3m的深水区，宜搭设工作平台(可为支架平台、浮船、钢板桩围堰、木排、浮运薄壳沉井等)，下沉护筒的定位导向架与下沉护筒(图2-21)。

② 潜水钻机成孔　潜水钻机是一种旋转式钻孔机械，其动力、变速机构和钻头连在一起，加以密封，构成潜水钻主机，直接下放至孔中地下水位以下进行切削土壤成孔(图2-22)。用正循环工艺输入泥浆，进行护壁和将钻下的土渣排出孔外。

潜水钻机成孔，亦需先埋设护筒，其他施工过程皆与回旋钻机成孔相似。潜水钻机成孔直径一般为0.5～1.5m，深20～30m，适用于地下水位较高的软硬土层。

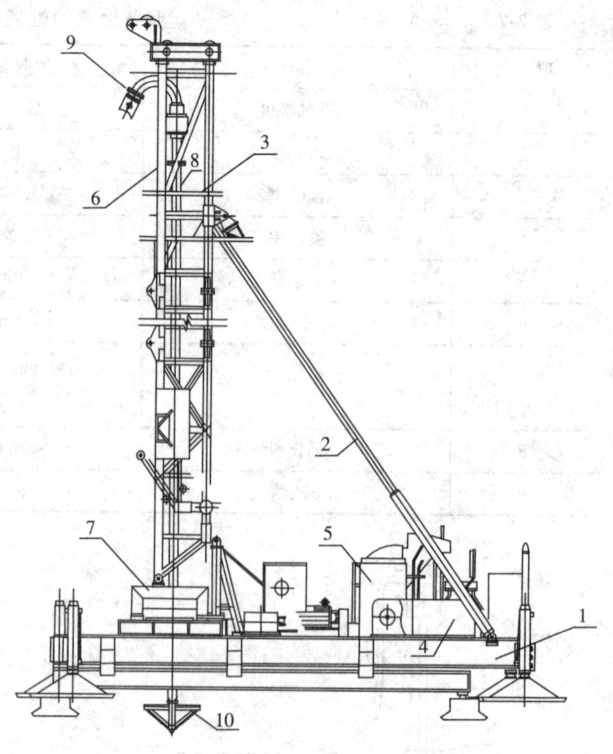

1—座盘；2—斜撑；3—塔架；4—电机；
5—卷扬机；6—塔架；7—转盘；8—钻杆；
9—泥浆输送管；10—钻头

图2-19　回旋钻机

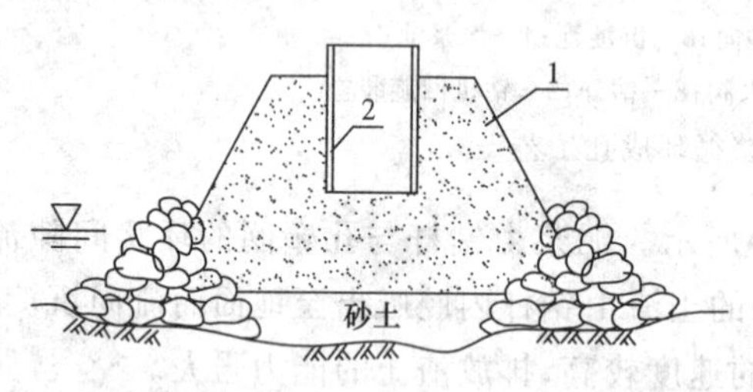

1—夯填黏土；2—护筒

图2-20　围堰筑岛埋设护筒

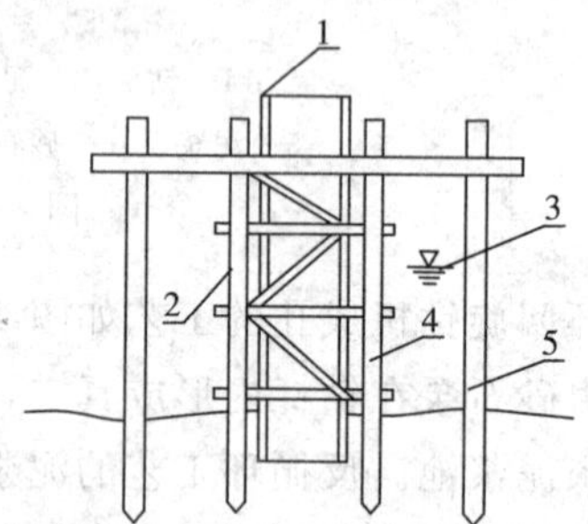

1—护筒；2—工作平台；3—施工水位；
4—导向架；5—支架

图2-21　搭设平台固定护筒

③ 冲击钻成孔　冲击钻主要用于在岩土层中成孔，成孔时将冲锥式钻头提升一定高度后以自由下落的冲击力来破碎岩层，然后用掏渣筒来掏取孔内的渣浆(图2-23)。

3. 清孔

钻孔达到要求的深度后，应进行清孔，清除孔底沉渣淤泥，从而减少桩基的沉降量和承载力损失。在清孔过程中，应不断置换泥浆，保持孔内浆面高于地下水位1m以上，直至浇注水

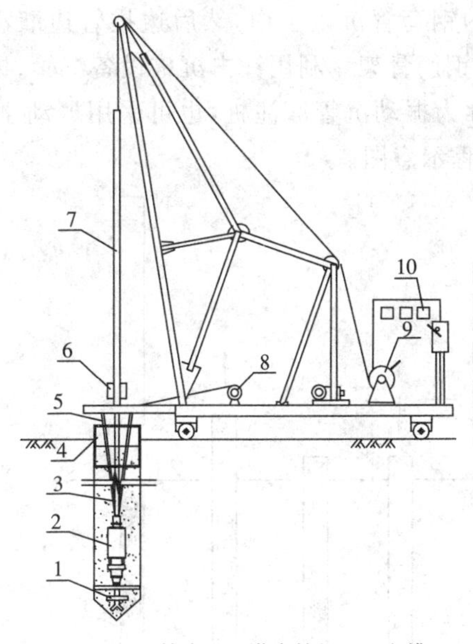

1—钻头;2—潜水钻机;3—电缆;
4—护筒;5—水管;6—滚轮支点;
7—钻杆;8—电缆盘;9—卷扬机;10—控制箱

图 2-22 潜水钻机

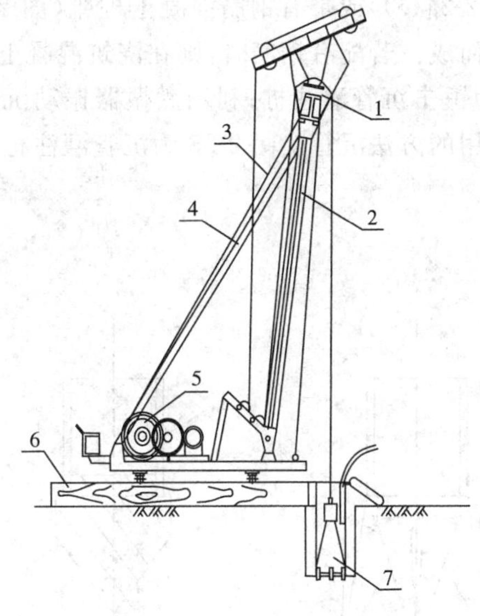

1—滑轮;2—主杆;3—拉索;
4—斜撑;5—卷扬机;6—垫木;
7—钻头

图 2-23 冲击钻机

下混凝土。以原土造浆的钻孔,清孔可用射水法,此时钻具只转不进,待排出泥浆比重降到1.1左右即认为清孔合格;注入制备泥浆的钻孔,可采用换浆法清孔,至换出泥浆的比重小于1.15时方为合格,在特殊情况下泥浆比重可以适当放宽。对于不易塌孔的桩孔,可采用空气机清孔。浇注混凝土前,孔底500mm以内的泥浆比重应小于1.25,含砂率≤8%;黏度≤28s。测量沉渣厚度后可进行混凝土浇筑。在容易产生泥浆渗漏的土层中应采取维持孔壁稳定的措施。施工中产生的废弃浆、渣应及时进行处理,避免污染环境。

4. 导管与混凝土浇筑

钻孔灌注桩的桩孔钻成并清孔后,应尽快吊放钢筋骨架并灌注混凝土。混凝土的浇筑是在泥浆下进行的,常用垂直导管灌注法进行水下施工。导管法施工时将密封连接的钢管作为混凝土水下(泥下)浇筑的通道,混凝土沿竖向导管下落至孔底,置换泥浆而成桩。

导管法浇筑时,将导管装置安置在起重设备上,使可升降,顶部有贮料漏斗。开始浇筑时导管底部宜距孔底0.3～0.5m,下口有以铅丝吊住的隔水塞,先在导管内灌满混凝土,然后剪断铅丝使混凝土在自重作用下迅速排出隔水塞进入泥中。浇筑过程中,导管内应经常充满混凝土,并保持导管底口始终埋在已浇的混凝土内。一面均衡地浇筑混凝土,一面缓缓提升导管,导管下口必须始终保持在混凝土表面之下不小于2m,导管顶部高于泥浆面不小于3m。在整个浇筑过程中,一般应避免在水平方向移动导管,直到混凝土顶面接近设计标高时,才可将导管提起,换插到另一浇筑点。一旦发生堵管,如半小时内不能排除,应立即换插备用导管。混凝土浇筑至桩顶时,应适当超过桩顶设计标高,以保证在凿除含有泥浆的桩段后,桩顶标高和质量能符合设计要求。施工后的灌注桩的平面位置及垂直度都需满足规范的规定。

2.3.3 沉管灌注桩成桩

沉管灌注桩采用套管成孔,套管是利用锤击打桩法或振动打桩法,将带有活瓣式桩靴(桩尖)(图 2-24(a))或带有钢筋混凝土桩靴(图 2-24(b))的钢套管沉入土中,然后边拔管边灌注混凝土而成。若配有钢筋时,则在浇筑混凝土前先吊放钢筋骨架。利用锤击沉桩设备沉管、拔管,称为锤击沉管灌注桩;利用激振器振动沉管、拔管称为振动沉管灌注桩,也可采用振动-冲击双作用的方法沉管。图 2-25 为沉管灌注桩的施工过程示意图。

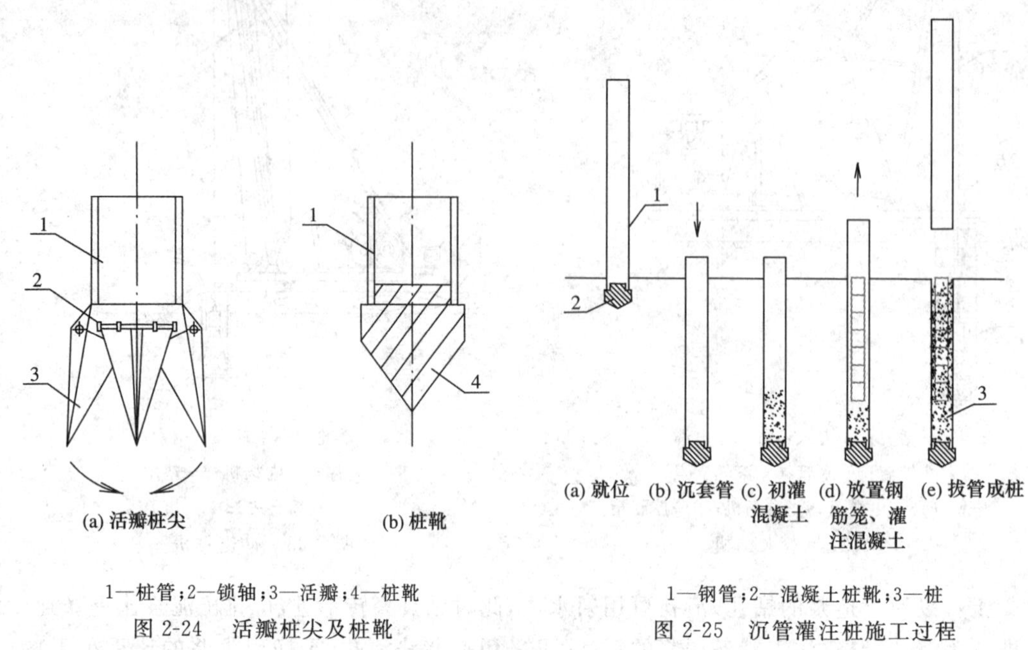

1—桩管;2—锁轴;3—活瓣;4—桩靴

图 2-24　活瓣桩尖及桩靴

1—钢管;2—混凝土桩靴;3—桩

图 2-25　沉管灌注桩施工过程

2.3.3.1　锤击沉管灌注桩

沉管灌注桩适用于黏性土、粉土、淤泥质土、沙土及填土;在厚度较大、灵敏度较高的淤泥和流塑状态的黏性土等软弱土层中采用时,应制定质量保证措施,并经工艺试验成功后方可实施。

锤击沉管灌注桩施工时,用桩架吊起钢套管,对准预先设在桩位处的预制钢筋混凝土桩靴。套管与桩靴连接处要垫以麻、草绳,以防止地下水渗入管内。然后缓缓放下套管,套入桩靴压进土中。套管上端扣上桩帽,检查套管与桩锤是否在一垂直线上,套管偏斜≤0.5%时,即可起锤沉套管。先用低锤轻击,观察后如无偏移,才正常施打,直至符合设计要求的贯入度或沉入标高。沉管至没计标高后,应立即检查管内有无泥浆或水进入,有无吞桩尖等情况,并立即灌注混凝土,尽量减少间隔时间。当桩身配置局部长度的钢筋笼时,第一次灌注混凝土应先灌注至笼底标高,然后放置钢筋笼,再浇筑至桩顶标高。套管内混凝土应尽量灌满,然后开始拔管。拔管要均匀,第一次拔管高度控制在能容纳第二次所需的混凝土灌量为限,不宜拔管过高。拔管时应保持连续密锤低击不停,拔管速度要均匀,对一般土层以 1m/min 为宜,在软弱土层和软硬土层交界处宜控制在 0.3～0.8m/min。桩锤冲击频率,视锤的类型而定,单动汽锤采用倒打拔管,频率不低于 50 次/min;自由落锤轻击不得少于 40 次/min。在管底未拔到桩顶设计标高之前,倒打或轻击不得中断。拔管时还要经常探测混凝土落下的扩散情况,注意使管内的混凝土保持略高于地面,这样一直到全管拔出为止。桩的中心距在 5 倍桩管外径以内或小于 2m 时,均应跳打。中间空出的桩须待邻桩混凝土达到设计强度的 50%以后,方可施打。

为了提高桩的质量和承载能力,常采用复打扩大灌注桩。其施工顺序如下:在第一次灌注桩施工完毕,拔出套管后,清除管外壁上的污泥和桩孔周围地面的浮土,立即在原桩位再埋预制桩靴或合好活瓣的桩尖,第二次复打沉套管,使未凝固的混凝土向四周挤压扩大桩径,然后第二次灌注混凝土。拔管方法与初打时相同。施工时要注意:前后两次沉管的轴线应复合;复打施工必须在第一次灌注的混凝土初凝之前进行。复打法第一次灌注混凝土前不能放置钢筋笼,如配有钢筋,应在第二次灌注混凝土前放置。

锤击灌注桩宜用于一般黏性土、淤泥质土、沙土和人工填土地基,不宜在密实的中粗砂、砂砾石、漂石层中使用。

2.3.3.2　*振动沉管灌注桩*

振动沉管灌注桩采用振动锤或振动-冲击锤沉管,其设备如图2-26所示。施工时,先安装桩机,将桩管下端活瓣合起来或套入桩靴,对准桩位,徐徐放下套管,压入土中,勿使其偏斜,即可开动激振器沉管。激振器又称振动锤,由电动机带动装有偏心块的轴旋转而产生振动。桩管受振后与土体之间摩阻力减小,当振动频率与土体自振频率相同时,土体结构因共振而破坏,同时在振动锤自重在套管上加压,套管即能沉入土中。加压方法常利用桩架自重,通过收紧加压滑轮组的钢丝绳把压力传到套管上。

振动、振动-冲击沉管灌注桩的施工应根据土质情况和荷载要求,分别选用单打法、反插法、复打法等。单打法适用于含水量较小的土层,并宜采用预制桩尖;反插法及复打法适用于饱和土层。

单打法施工中必须严格控制最后30s的电流、电压值,其值按设计要求或根据试桩和当地经验确定。桩管内灌满混凝土后,先振动5～10s,再开始拔管,应边振边拔,使桩身混凝土被振实,每拔0.5～1.0m后,停拔并振动5～10s;如此反复,直至桩管全部拔出;在一般土层内,拔管速度宜为1.2～1.5m/min,用活瓣桩尖时宜慢,用预制桩尖时可适当加快;在软弱土层中.宜控制在0.6～0.8m/min。

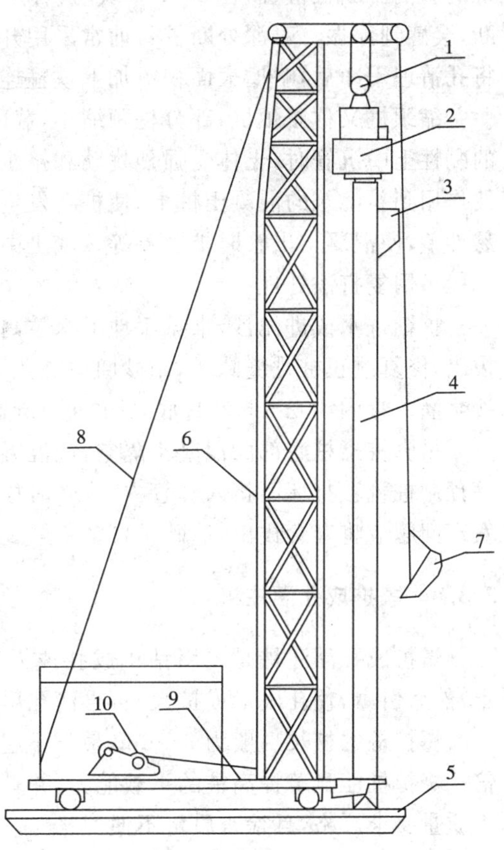

1—滑轮组;2—振动器;3—漏斗;
4—桩管;5—枕木;6—机架;7—吊斗;
8—拉索;9—架底;10—卷扬机

图2-26　振动沉管灌注桩设备

反插法施工时,在套管内灌满混凝土后,先振动再开始拔管,每次拔管高度0.5～1.0m,向下反插深度0.3～0.5m。如此反复进行并始终保持振动,直至套管全部拔出地面。在拔管过程中,应分段添加混凝土,保持管内混凝土面不低于地表面或高于地下水位1.0～1.5m以上,拔管速度应小于0.5m/min。在距桩尖处1.5m范围内,宜多次反插。反插法能使桩的截面增大,从而提高桩的承载能力,宜在较差的软土地基上应用,在流动性淤泥中不宜采用。

复打法要求与锤击灌注桩相同。

2.3.3.3　*沉管灌注桩施工中常遇问题及处理方法*

沉管灌注桩施工时常易发生断桩、缩颈、桩靴进水或进泥及吊脚桩等问题,施工中应加强检查并及时处理。

断桩的裂缝是水平的或略带倾斜，一般都贯通整个截面，常出现于地面以下1～3m的不同软硬土层交接处。断桩的原因主要有：桩距过小，邻桩施工时土的挤压所产生的水平横向推力和隆起上拔力影响；软硬土层间传递水平力大小不同，对桩产生剪应力；桩身混凝土终凝不久，强度弱，承受不了外力的影响。避免断桩的措施有：桩的中心距宜大于3.5倍桩径；考虑打桩顺序及桩架行走路线时，应注意减少对新打桩的影响；采用跳打法或控制时间法以减少对邻桩的影响。断桩检查，在2～3m以内，可用木锤敲击桩头侧面，同时用脚踏在桩头上，如桩已断，会感到浮振。对深处断桩目前常采用开挖的办法检查。断桩一经发现，应将断桩段拔去，将孔清理干净后，略增大面积或加上铁箍连接，再重新灌注混凝土补做桩身。

缩颈桩又称瓶颈桩，部分桩颈缩小，截面积不符合要求。产生缩颈的原因是：在含水量大的黏性土中沉管时，土体受强烈扰动和挤压，产生很高的孔隙水压力，桩管拔出后，这种水压力便作用到新浇筑的混凝土桩上，使桩身发生不同程度的缩颈现象；拔管过快，混凝土量少，或和易性差，使混凝土出管时扩散差等。施工中应经常测定混凝土落下情况，发现问题及时纠正，一般可用复打法处理。

桩靴进水或进泥沙，常见于地下水位高，含水量大的淤泥和粉沙土层。处理方法可将桩管拔出，修复改正桩靴缝隙后，用砂回填桩孔重打。地下水量大时，桩管沉到地下水位时，用水泥沙浆灌入管内约0.5m作封底，并再灌1m高混凝土，然后就可以沉管施工了。

吊脚桩指桩底部的混凝土隔空，或混凝土中混进了泥沙而形成松软层的桩。造成的原因是预制桩靴被打坏而挤入套管内，拔管时拔靴未及时被混凝土压出或桩靴活瓣未及时张开，如发现问题应将套管拔出，填砂重打。

2.3.4 爆扩成孔灌注桩

爆扩成孔灌注桩是先用钻机成孔或人工挖孔，然后在孔底放入炸药，再灌入适量的混凝土，然后引爆，使孔底形成扩大头，再清孔后放入钢筋笼，浇注混凝土成桩。

爆扩桩的桩长一般为3～6m，最长不超过10m；扩大头直径D为桩身直径d的2.5～3.5倍。爆扩桩能显著提高桩的承载能力，并具有成孔简单、节省劳力和成本低廉等优点；但其施工质量要求严格，且检查质量不便。

爆扩桩在黏性土层中应用效果较好，但在软土及沙土中不易成型。图2-27为爆扩成孔示意图。

2.4 水泥搅拌桩

2.4.1 施工与质量控制

水泥搅拌桩是利用水泥作为固化剂的主剂，利用搅拌桩机将水泥喷入土体并充分搅拌，使水泥与土发生一系列物理化学反应，使软土硬结成具有整体性、水稳定性、一定强度的地基，是软土地基处理的一种有效形式，也可用此法构建重力式支护结构。软土基础经处理后，加固效果显著，可很快投入使用。此法适用于处理正常固结的淤泥、淤泥质土、饱和黄土、泥炭土和粉土土质。当地基土的天然含水量小于30%（黄土含水量小于25%）、大于70%或地下水的pH值小于4时不宜采用干法。

水泥搅拌桩按材料喷射状态可分为湿法和干法两种。湿法（深层搅拌法）以水泥浆为主，搅拌均匀，易于复搅，水泥土硬化时间较长；干法（粉体喷搅法）以水泥干粉为主，水泥土硬化时

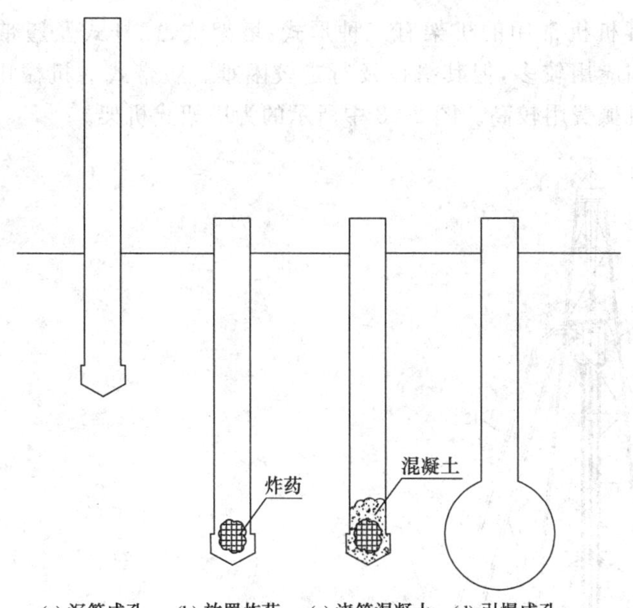

图 2-27　爆扩成孔示意图

间较短，能提高桩间的强度。但搅拌均匀性欠佳，很难全程复搅。湿法加固深度不宜大于20m，干法不宜大于15m，水泥土搅拌桩的直径不应小于500mm。

根据目前的搅拌法施工工艺，搅拌桩可布置成桩状、壁状和块状三种形式，用于堤防上地基加固，主要采用桩式；用于防渗加固，应采用壁状式，壁状式是将相邻搅拌桩部分重叠搭接即成为壁状加固形式，组成水泥土挡墙，这种挡墙具有较高的抗渗性能，可以形成良好的隔水帷幕。

固化剂宜选用强度等级为32.5级及以上的普通硅酸盐水泥。水泥掺量除块状加固时可用被加固湿土质量的7%～12%，其余宜为12%～20%。湿法的水泥浆水灰比值可选用0.45～0.55。外加剂可根据工程需要和土质情况选用具有早强、缓凝、碱水以及节省水泥等作用的材料，但应避免环境污染。

水泥搅拌桩施工前应对场地进行平整，去除地上和地下的障碍物。遇明浜、池塘及洼地时应及时抽水和清淤，回填黏性土料并予以压实。施工前应根据设计进行试桩，数量不得少于2根。桩位放线偏差不得大于20mm。

搅拌桩施工中应保持搅拌桩机底盘和水平位置的竖直，搅拌桩的垂直偏差不得超过1%，桩位的偏差不得大于50mm，成桩的直径和桩长不得小于设计值。施工时，停浆(灰)面应高于桩顶设计标高300～500mm，待基坑开挖时，将桩顶施工质量较差部分人工凿除。

桩身的均匀性检查可采用轻型动力触探法，检查数量为总桩数的1%，且不得少于3根。也可采用人工检查，检查数量为总桩数的5%。荷载试验必须在桩身强度满足载荷条件时进行，且不宜早于成桩后28d。检查数量为总桩数的0.5%～1%，且每单体工程不应少于3个点。对相邻桩搭接有严格要求的工程，如用作止水的壁状水泥桩体等，应在成桩15d后，选取数根桩进行开挖，检查搭接情况。

2.4.2　深层搅拌法

2.4.2.1　施工机械

深层搅拌桩机的组成由深层搅拌机(主机)、机架及灰浆搅拌机、灰浆泵等配套机械组成

(图 2-28)。深层搅拌桩机常用的机架有三种形式:塔架式、桅杆式及履带式,前两种构造简便、易于加工,在我国应用较多,但其搭设及行走较困难。履带式的机械化程度高,塔架高度大,钻进深度大,但机械费用较高。图 2-28 中所示的为塔架式机架。

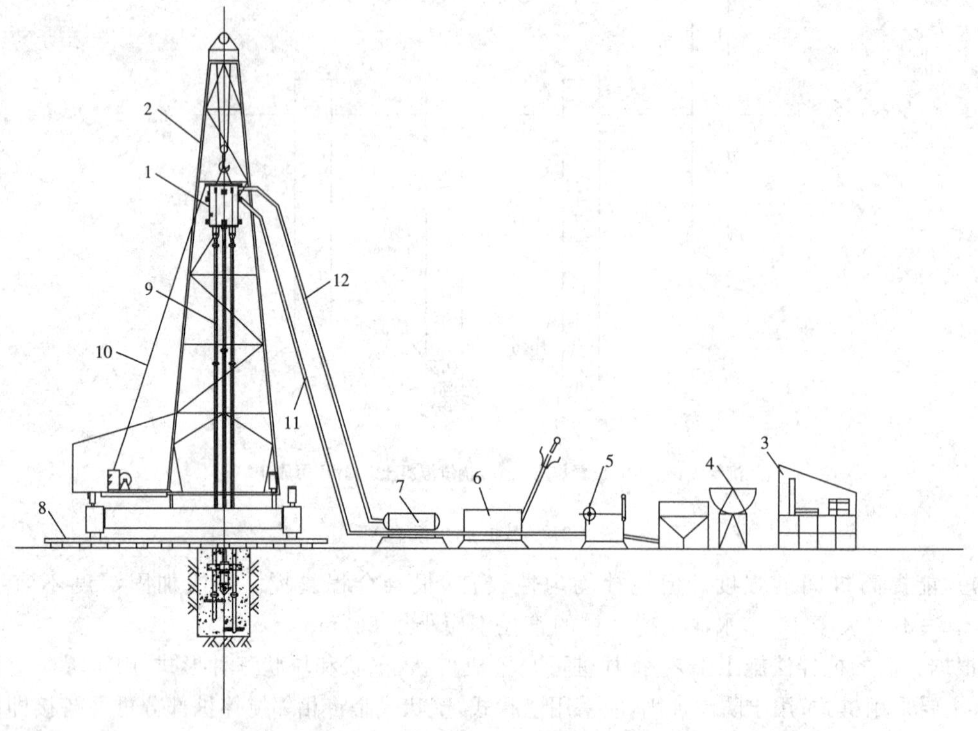

1—主机;2—机架;3—灰浆拌制机;4—集料斗;5—灰浆泵;6—贮水池;
7—冷却水泵;8—道轨;9—导向管;10—电缆;11—输浆管;12—水管

图 2-28　深层搅拌桩机机组

2.4.2.2　施工工艺

深层搅拌法成桩工艺可采用“一次喷浆、二次搅拌”或“二次喷浆、三次搅拌”工艺,主要依据水泥掺入比及土质情况而定。水泥掺量较小,土质较松时,可用前者,反之可用后者。“一次喷浆、二次搅拌”的施工工艺流程如图 2-29 所示。当采用“二次喷浆、三次搅拌”工艺时,就是在图 2-29 所示的步骤(e)作业时再次进行注浆,以后再重复(d)与(e)的过程。

水泥搅拌桩施工前应确定灰浆泵输浆量、起吊设备提升速度等各项施工参数,并根据设计要求通过工艺性成桩试验确定施工工艺。施工中应注意水泥浆配合比及搅拌制度、水泥浆喷射速率与提升速度的关系及每根桩的水泥浆喷注量,以保证注浆的均匀性与桩身强度。

水泥搅拌桩开钻之前,应用水清洗整个管道并检验管道中有无堵塞现象,待水排尽后方可下钻。为保证水泥搅拌桩桩体垂直度满足规范要求,在主机上悬挂一吊锤,通过控制吊锤与钻杆上、下、左、右距离相等来进行控制。

为保证水泥搅拌桩桩端、桩顶及桩身质量,水泥浆液达到出浆口后,应喷浆搅拌 30s,在水泥浆与桩端土充分搅拌后,再开始提升搅拌头。搅拌机预搅拌下沉时不宜冲水,当遇到硬土层下沉太慢时方可适量冲水,但应考虑冲水对桩身强度的影响。

施工中如因故停浆,应将搅拌头下沉至停浆点以下 0.5m 处,待恢复供浆后再喷浆搅拌提升。若停机超过 3h,宜先拆除输浆管路,并加以清洗,以避免水泥浆凝固导致管路堵塞。

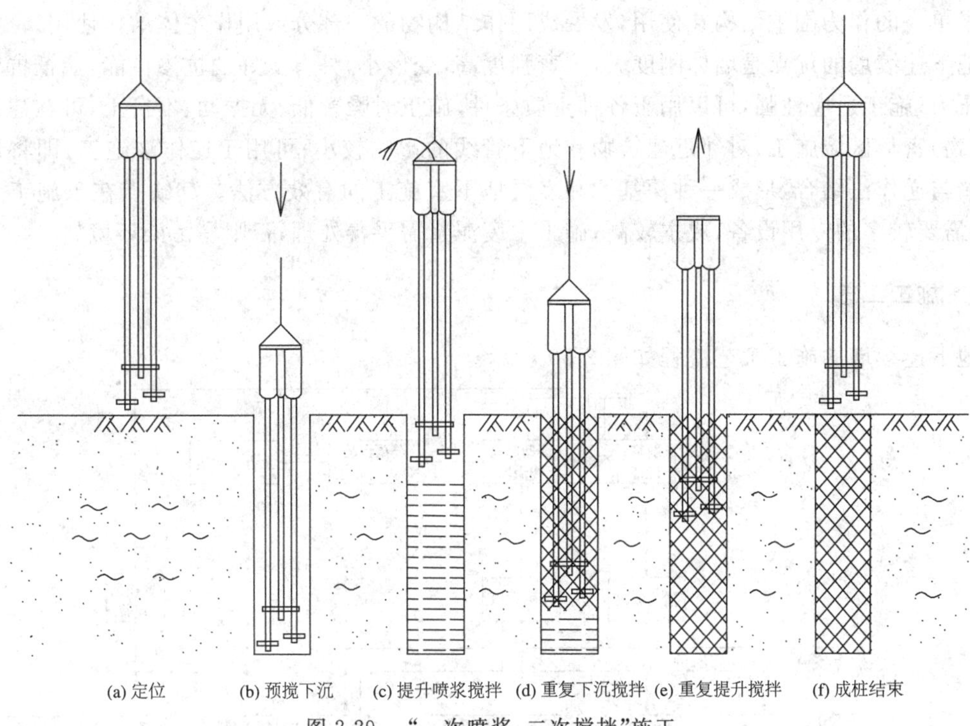

图 2-29　“一次喷浆，二次搅拌”施工

2.4.3　粉体喷搅法

粉体喷搅法的施工工艺与深层搅拌法主要步骤大致相同，施工时用钻头在桩位搅拌后将水泥干粉用压缩空气输入到软土中，强行拌合，使其充分吸收地下水并与地基土发生理化反应，从而形成柱状体。粉体喷搅法的桩径一般为 500mm、600mm 和 700mm。

粉体喷搅法施工前应仔细检查搅拌机械、供粉泵、送气(粉)管路、接头和阀门的密封性、可靠性。送气(粉)管路的长度不宜大于 60m。施工机械必须配有经国家计量部门确认的具有能瞬时检测并记录出粉量的粉体计量装置及搅拌深度自动记录仪。

施工时，搅拌头每旋转一周，其提升高度不得超过 16mm。当搅拌头达到设计桩底以上 1.5m时，应立即开启喷粉机提前进行喷粉作业。钻头正转下钻复搅，反转提钻复喷，反复多次，钻头提升速度不宜过快，以保证灰土搅拌均匀。当搅拌头提升至地面以下 0.5m 时，喷粉机应停止喷粉，充分利用管内余粉进行喷搅。原位旋转钻机 2min，然后将钻头提离地面 0.2m，完成施工。施工中应经常测量电压，检查钻具，流量计等机械的工作情况。成桩过程中如因故停止喷粉，应将搅拌头下沉至停灰面以下 1m 处，待恢复喷粉时再喷粉搅拌提升。

2.5　地下连续墙

在我国，地下连续墙经过了几十年的发展，其技术已经相当成熟。近年来，随着基础埋置深度的不断加大，再加上周围环境及施工场地的限制，很多传统施工方法已不再适用，地下连续墙已成为深基坑施工的有效手段。目前，地下连续墙已广泛应用于民用建筑、工业厂房和市政工程，包括建筑物的地下室、地下铁道车站、盾构工作井、引水或排水隧道防渗墙、地下停车场、大型污水泵站等工程中。而且通过开发使用许多新技术、新设备和新材料，地下连续墙已由原来单一的作为围护结构在使用，发展成用作结构物的一部分或用作主体结构使用。

地下连续墙的优点是墙体刚度大，抗弯强度高，变形小，具有良好的抗渗性能，能抵抗较高的水压力；施工适应性强，可以用于各种土质条件，施工时噪音低、无振动、不挤土，可在建筑物(构筑物)密集区域施工，对邻近建筑物和地下管线的影响较小；可用于逆作法施工，即将地下连续墙与逆作法结合，形成一种深基坑和多层地下室施工的有效方法。其缺点在于施工工艺复杂，需要较多的专用设备，成本较高；施工中废泥浆需妥善处理，否则易污染环境。

2.5.1 施工工艺

地下连续墙的施工工艺流程如图 2-30 所示。

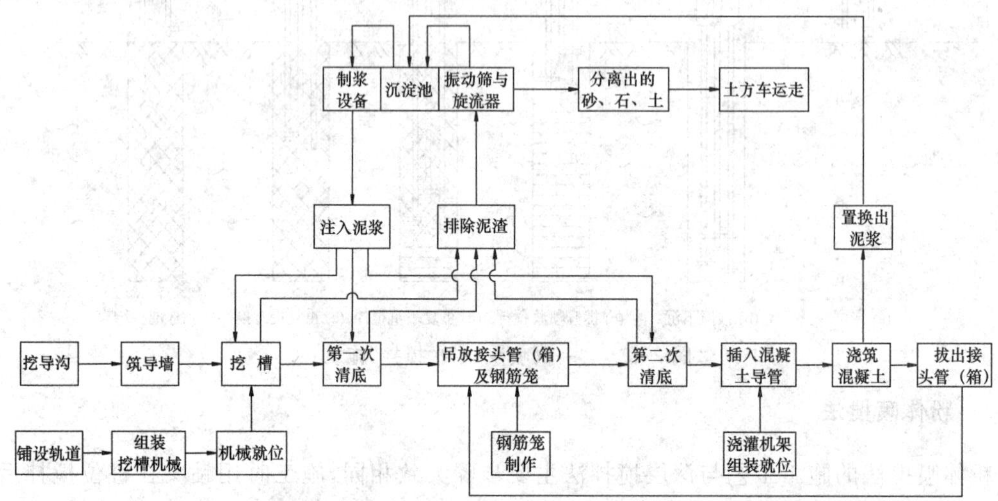

图 2-30 地下连续墙施工工艺流程示意图

2.5.2 施工方法

地下连续墙在挖槽之前，先要沿设计轴线施工导墙(图 2-31)。导墙属临时结构，其主要作用是挖槽导向、承受挖槽机械的荷载、防止槽段上口塌方、存蓄泥浆、保证地下连续墙设计的几何尺寸和形状、并作为安装钢筋骨架的基准。导墙多呈"┐ ┌"形或"][" 形，厚度一般为0.15～0.2m，深度一般为 1～2m，顶面高出施工地面，防止地面水流入槽段，内墙面应竖直，内外两墙墙面间距为地下墙设计厚度加施工余量(40～60mm)，导墙顶面应水平，每个槽段内的导墙应设一个以上溢浆孔。导墙通常为就地灌注的钢筋混凝土结构，宜筑于密实的黏性土地基上，墙背侧用黏性土回填并夯实，防止漏浆，不能设在松散的土层或地下水位波动的部位。导墙水平钢筋必须通长连接，以保证导墙成为一个整体。导墙拆模后，应立即在墙间加设支撑，其水平间距一般为 2.0～2.5m。混凝土养护期间，起重机等不应在导墙附近作业或停置，以防导墙开裂和产生位移。

挖槽是地下连续墙施工中的主要工序，它的施工工期约占整个地下连续墙施工工期的一半。槽宽取决于设计墙厚，一般为 600～1 500mm。挖槽是在泥浆中进行，目前我国常用的挖槽设备为导板抓斗、导杆抓斗(图 2-32)、冲击钻挖槽机和多头钻挖槽机(图 2-33)铣槽机等。施工时应视地质条件和筑墙深度选用。一般土质较软，深度在 15m 左右时，可选用普通导板抓斗；对密实的沙层或含砾土层可选用多头钻或加重型液压导板抓斗；在含有大颗粒卵砾石或岩基中成槽，以选用冲击钻挖槽机和铣槽机为宜。

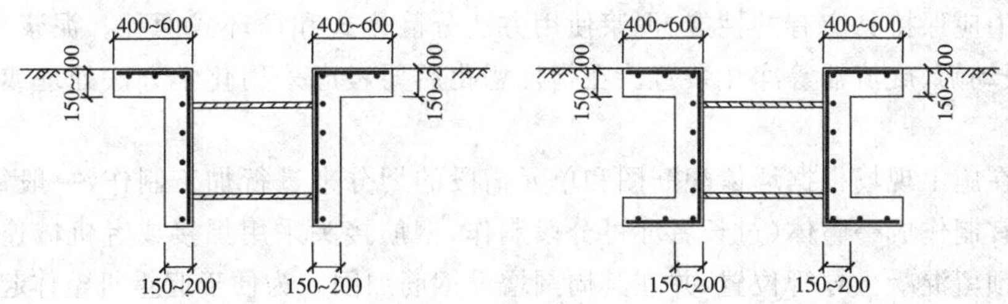

图 2-31 常见导墙形式

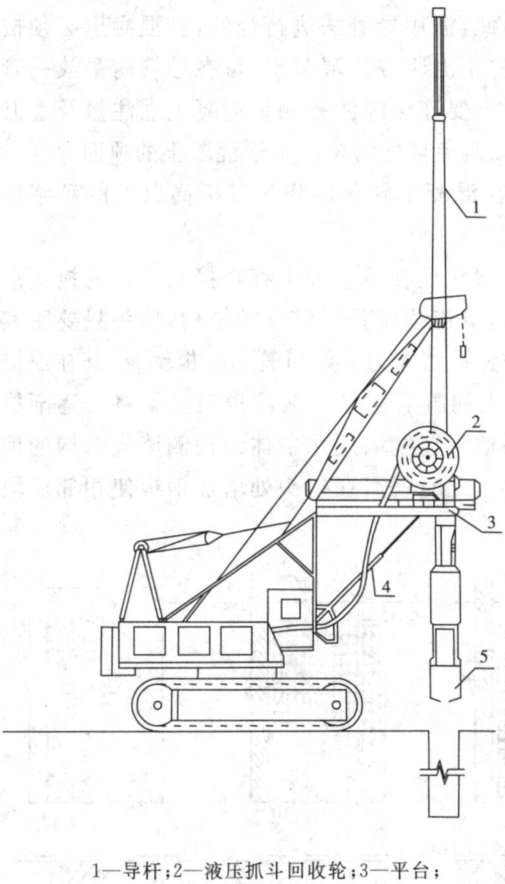

1—导杆；2—液压抓斗回收轮；3—平台；
4—调整倾斜度用的千斤顶；5—抓斗

图 2-32 导杆液压抓斗

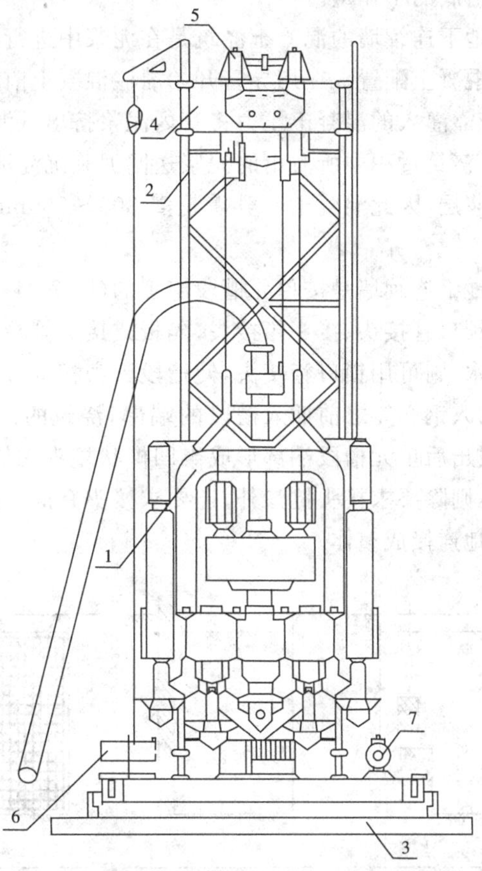

1—多头钻；2—机架；3—底盘；4—顶部圈梁
5—顶梁；6—电缆收线盘；7—空气压缩机

图 2-33 SF 型多头钻成槽机

挖槽按单元槽段进行，在施工前需预先沿墙体长度方向划分好施工的单元槽段，槽段的单元长度一般为 6m 左右，通常结合土质情况、机械能力、泥浆池的容积、钢筋骨架重量、结构尺寸、划分段落等决定。挖至设计标高后先要进行清底(清除沉于槽底的沉渣)，然后尽快地下放接头管和钢筋笼，并立即浇筑混凝土，以防槽段塌方。有时在下放钢筋笼后，要第二次进行清底。清底方法一般有沉淀法和置换法两种。沉淀法是在土渣沉淀到槽底之后再进行清底，其常用的有砂石吸力泵排泥法，压缩空气升液排泥法，带搅动翼的潜水泥浆泵排泥法等。置换法是在挖槽结束，土渣还未沉淀之前就用新的泥浆把原有的泥渣置换出来。

泥浆护壁是通过泥浆对槽壁施加压力以保护挖成的深槽形状不变，防止槽段塌方，灌注混凝土把泥浆置换出来，在用多头钻成槽时还利用泥浆的循环将钻下的土屑携带出槽段。泥浆在成槽过程中应保持其应有的性能,泥浆使用方法分静止式和循环式两种。泥浆在循环式使用时,应用振动筛、旋流器等净化装置。在指标恶化后要考虑采用化学方法处理或废弃旧浆,换用新浆。

钢筋笼在施工现场根据墙体配筋图和单元槽段的划分来进行加工制作,一般每个单元槽段的钢筋笼宜制作成一整体(过长者亦可分段制作,钢筋接头采用焊接或者机械连接)。钢筋笼制作时应预留混凝土导管位置,并在其周围增设钢筋加固。为便于起重机整体起吊,钢筋笼需加强刚度。插入槽段时务必使吊点中心对准槽段中心,徐徐下放,防止碰撞槽壁造成塌方而加大清底的工作量。

地下连续墙的混凝土浇筑是在泥浆中进行,为此,需用导管法进行浇筑,且混凝土必须按水下混凝土配置。在用导管开始灌注混凝土前为防止泥浆混入混凝土,可在导管内吊放一管塞,依靠灌入的混凝土压力将管内泥浆挤出。混凝土要连续灌注并测量混凝土灌注量及上升高度,浇筑过程中所溢出的泥浆送回泥浆沉淀池,以避免环境污染。由于混凝土的顶面存在一层浮浆层,因此混凝土一般需超灌 300～500mm,在混凝土硬化后将设计标高以上的浮浆层凿除。

地下连续墙是按单元槽段施工的(图 2-34),槽段之间在垂直面上存在接头。常见接头形式有锁口管接头、接头箱接头、隔板式接头等。如地下连续墙只用作支护结构,接头只要密实不漏水,则可用锁口管接头,使槽段紧密相接,以增强抗渗能力。锁口管为一根钢管,其在成槽后、吊入钢筋笼之前插入槽段的端部,浇筑的混凝土初凝后用吊车或液压顶升架将其逐渐拔出,拔出后单元槽段端部形成半凹榫状接头。如果地下连续墙用作主体结构侧墙或结构的地下墙,则除要求接头抗渗外,还要求接头有抗剪能力,此时就需在接头处增加钢板使相邻墙段有力地连接成整体。

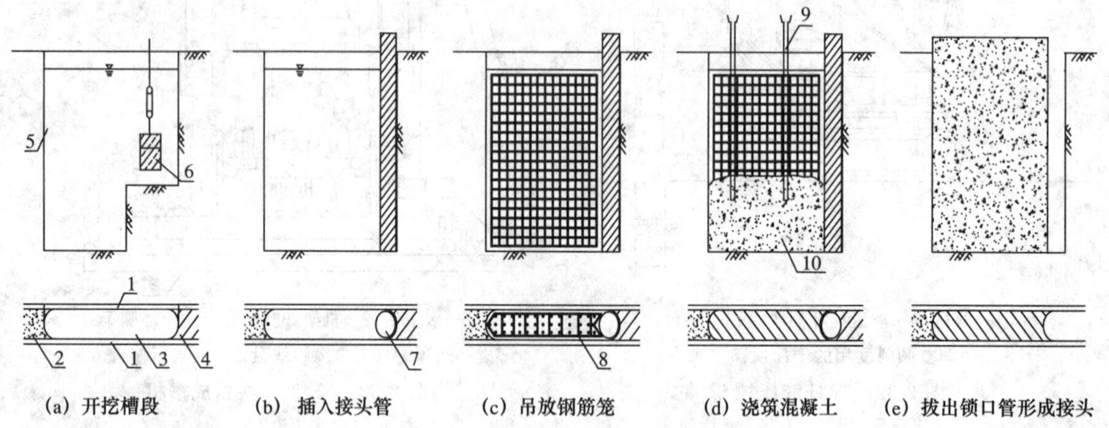

1—导墙;2—已完成槽段;3—开挖槽段;4—未开挖槽段;5—泥浆;
6—成槽机;7—锁口管;8—钢筋笼;9—导管;10—混凝土

图 2-34　地下连续墙施工过程示意图

思 考 题

【2-1】 试述混凝土预制桩在制作、起吊、运输、堆放等过程中的工艺要求。

【2-2】 桩锤有哪些类型?工程中如何选择锤重?

【2-3】 打桩顺序如何确定？当打桩施工地区周围有需要保护的地下管线或建筑时，应采取哪些措施？

【2-4】 预制桩的沉桩方法有哪些？

【2-5】 摩擦桩与端承桩在质量控制上有何区别？

【2-6】 泥浆护壁钻孔灌注桩的泥浆有何作用？泥浆循环有哪两种方式？其工艺及效果有何区别？

【2-7】 套管成孔灌注桩的施工流程如何？复打法应注意哪些问题？

【2-8】 深层搅拌桩采用“二次喷浆”工艺，水泥加固土体被钻头搅拌了几次？

【2-9】 地下连续墙的锁口管有何作用？

3 钢筋混凝土结构工程

摘要:本章主要介绍了钢筋混凝土的施工工艺,包括钢筋的连接方式、钢筋代换的原则及成型钢筋的工厂化生产;模板的设计流程及各类常用模板的施工特点;混凝土的制备、运输、浇筑、振捣及养护等工艺。

专业词汇:现浇混凝土;成型钢筋;闪光对焊;电弧焊;电渣压力焊;电阻点焊;气压焊;机械连接;挤压连接;螺纹套筒;木模板;组合模板;大模板;滑升模板;爬升模板;台模;隧道模;永久式模板;对拉螺栓;外加剂;坍落度;施工配合比;初凝;终凝;搅拌制度;搅拌机;投料顺序;进料容量;预拌(商品)混凝土;离析;混凝土布料机;泵送混凝土;施工缝;后浇带;大体积混凝土;温度应力;分层浇筑法;水下浇筑法;导管法;内部振动器;表面振动器;外部振动器;水化作用;自然养护;蓄热法;蒸汽加热法;电热法;浇筑强度;冬期施工;等强度代换;等面积代换;减水剂;引气剂;缓凝剂

3 Reinforced Concrete Structure Engineering

Abstract: This chapter mainly introduces the construction processes for reinforced concrete, including the reinforcement connection styles, principles of steel bars substitution and commercial mass production of shaped reinforcement; processes for formwork design and construction characteristics for commonly used formwork; preparation, transportation, pouring, vibration and curing technology of concrete.

Specialized vocabulary: cast-in-place concrete; shaped reinforcement; flash butt welding; arc welding; electroslag pressure welding; resistance spot welding; gas pressure welding; mechanical connection; extrusion connection; thread sleeve; timber formwork; composite formwork; large panel formwork; slip formwork; climb formwork; bench formwork; tunnel formwork; permanent formwork; opposite-pull bolt; admixture; slump; construction mix proportion; initial set; final set; mix system; mixer; feeding sequence; charging capacity; premixed concrete (commercial concrete); segregation; concrete spreader; pumping concrete; construction joint; post-cast strip; mass concrete; temperature stress; laminated pouring method; underwater pouring method; duct method; internal vibrator; surface vibrator; external vibrator; hydration; natural curing; thermal storage method; steam heating method; electrothermal method; pouring strength; winter construction; equal strength substitution; equal area substitution; water reducer; air entraining agent; retarder

钢筋混凝土结构工程在土木工程施工中占主导地位,它对工程的人力、物力消耗和工期均有很大的影响。钢筋混凝土结构工程包括现浇混凝土结构工程和装配式预制混凝土结构工程两个方面。在建筑工程方面,原先是以现浇混凝土结构施工为主,限于当时的技术条件,现场施工的模板材料消耗多,劳动强度高,工期亦相对较长,因而逐渐向工厂化施工方面发展。但现浇混凝土结构的整体性好,抗震能力强,钢材消耗少,特别是近几年来一些新型工具式模板、大型起重设备及混凝土泵的出现,使钢筋混凝土结构工程现浇施工亦能达到较好的技术经济指标,因而它得到迅速的发展。目前,我国的高层建筑大多数为现浇混凝土,地下工程和桥墩、路面等亦多为现浇混凝土,它们的发展促进了钢筋混凝土结构施工技术的提高。根据现有条件,钢筋混凝土结构的现浇施工与预制装配各有所长,皆各有其发展前途。本章着重介绍现浇混凝土结构的施工。

钢筋混凝土结构工程由钢筋、模板、混凝土等多个工种组成，由于施工过程多，因而要加强施工管理，统筹安排，合理组织，以达到保证质量、加速施工和降低造价的目的。

3.1 钢筋工程

土木工程结构中常用的钢材有钢筋、钢丝和钢绞线三类。

钢筋按其强度分类为 HPB300，HRB335，HRBF335，HRB400，HRBF400，RRB400，HRB500，HRBF500 8 种等级。钢筋的强度和硬度逐级提高，但塑性则逐级降低。HPB300 为光圆钢筋，HRB335，HRB400，HRB500 为热轧带肋钢筋，RRB400 为余热处理钢筋，HRBF335，HRBF400，HRBF500 为细晶粒热轧钢筋。

常用的钢丝按外形分为光圆钢丝、螺旋肋钢丝和刻痕钢丝三种。

钢绞线主要用于预应力混凝土结构中，钢绞线一般由 2 根、3 根或 7 根冷拉光圆钢丝或刻痕钢丝捻制而成。

钢筋出厂应有出厂质量证明书或试验报告单。每捆(盘)钢筋均有标牌。运至工地后应分别堆存，并按规定抽取试样对钢筋进行力学性能检验。对热轧钢筋的级别有怀疑时，除做力学性能试验外，尚需进行钢筋的化学成分分析。使用中如发生脆断、焊接性能不良和机械性能异常时，应进行化学成分检验或其他专项检验。对国外进口钢筋，应按国家的有关规定进行力学性能和化学成分的检验。

目前，我国的钢筋加工主要以现场加工为主，依靠人力和传统方式进行钢筋加工，这种方式机械化程度低，生产效率低下，随着生产技术的飞速发展，出现了采用合理的工艺流程和专业化成套设备加工的钢筋加工厂。钢筋的加工过程取决于成品种类，一般的加工过程有调直、剪切、镦头、弯曲、连接、质量检查等。同时，在钢筋的施工过程中还会涉及钢筋的下料与代换的问题。本节着重介绍钢筋连接、下料和代换，并简单介绍成型钢筋的工厂化生产。

3.1.1 钢筋连接

钢筋连接有 3 种常用的连接方法：焊接连接、机械连接(挤压连接和螺纹套筒连接)和绑扎连接。

3.1.1.1 钢筋焊接

钢筋焊接分为压焊和熔焊两种形式。压焊包括闪光对焊、电阻点焊和气压焊；熔焊包括电弧焊和电渣压力焊。此外，钢筋与预埋件 T 形接头的焊接应采用埋弧压力焊，也可用电弧焊或穿孔塞焊，但焊接电流不宜大，以防烧伤钢筋。

1. 闪光对焊

闪光对焊广泛用于钢筋连接及预应力钢筋与螺丝端杆的焊接。热轧钢筋的焊接宜优先采用闪光对焊。

钢筋闪光对焊(图 3-1)是利用对焊机使两段钢筋接触，通过低电压的强电流，待钢筋被加热到一定温度变软后，进行轴向加压顶锻，形成对焊接头。

钢筋闪光对焊工艺常用的有连续闪光焊、预热闪光焊和闪光-预热-闪光焊(图 3-2)。

(1) 闪光对焊工艺

① 连续闪光对焊　连续闪光焊接的工艺过程是待钢筋夹紧在电极钳口上后，闭合电源，

使两钢筋端面轻微接触。由于钢筋端部不平，开始只有一点或数点接触，接触面小而电流密度和接触电阻很大，接触点很快熔化并产生金属蒸气飞溅，形成闪光现象。闪光一开始就徐徐移动钢筋，使形成连续闪光过程，同时接头也被加热。待接头烧平、闪去杂质和氧化膜、白热熔化时，随即施加轴向压力迅速进行顶锻，使两根钢筋焊牢。

② 预热闪光焊　钢筋直径较大，端面比较平整时宜用预热闪光焊。与连续闪光焊不同之处在于前面增加一个预热时间，先使大直径钢筋预热后再连续闪光烧化进行加压顶锻。

③ 闪光-预热-闪光焊　端面不平整的大直径钢筋连接采用半自动或自动对焊机，焊接大直径钢筋宜采用闪光-预热-闪光焊。这种焊接的工艺过程是

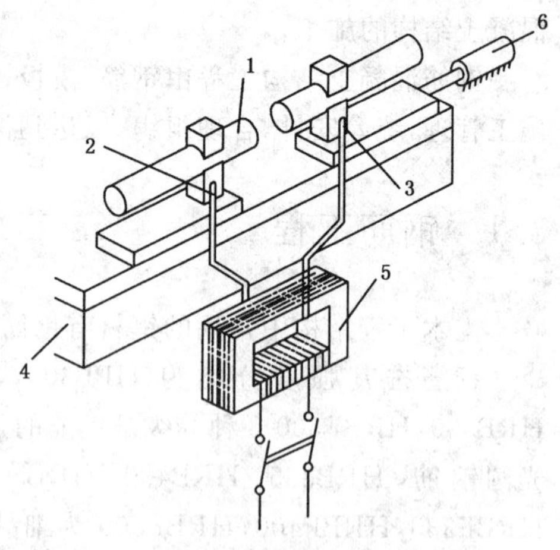

1—焊接的钢筋；2—固定电极；3—可动电极；4—机座；5—变压器；6—手动顶压机构

图 3-1　钢筋闪光对焊

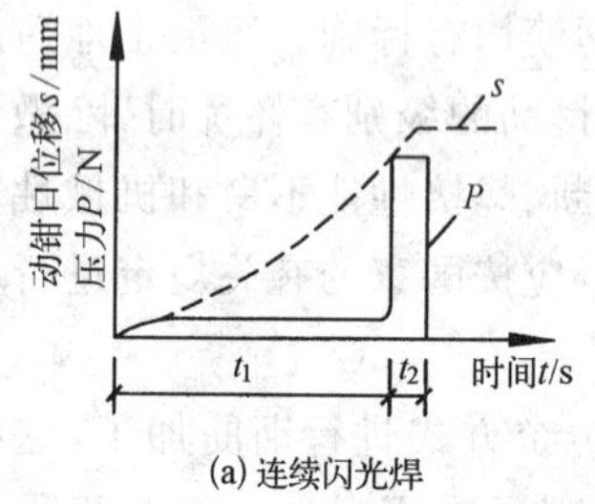

(a) 连续闪光焊

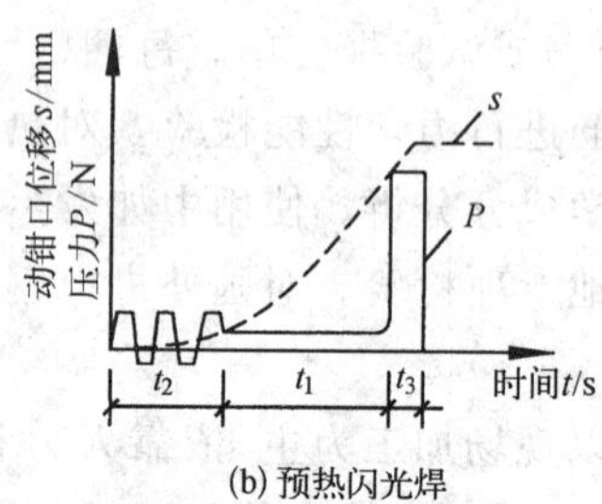

(b) 预热闪光焊

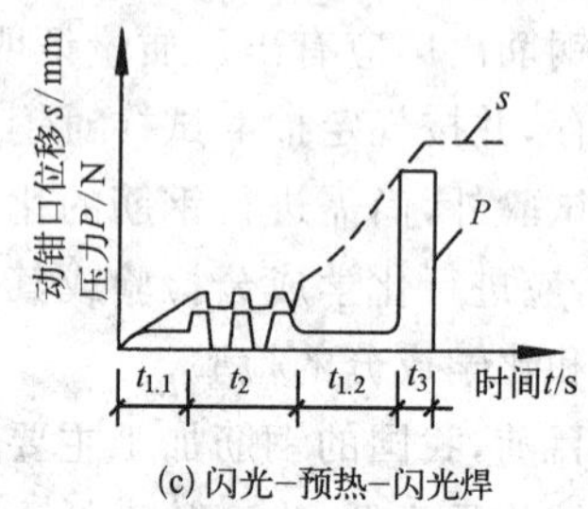

(c) 闪光-预热-闪光焊

图 3-2　钢筋闪光对焊工艺过程

进行连续闪光，使钢筋端部烧化平整；再使接头处作周期性闭合和断开，形成断续闪光使钢筋加热，接着连续闪光，最后进行加压顶锻。

(2) 闪光焊工艺参数(图 3-3)

① 调伸长度　调伸长度是指焊接前钢筋从电极钳口伸出的长度。其数值取决于钢筋的品种和直径，应能使接头加热均匀，且顶锻时钢筋不致弯曲。

② 烧化留量与预热留量　烧化留量与预热留量是指在闪光和预热过程中烧化的钢筋长度。

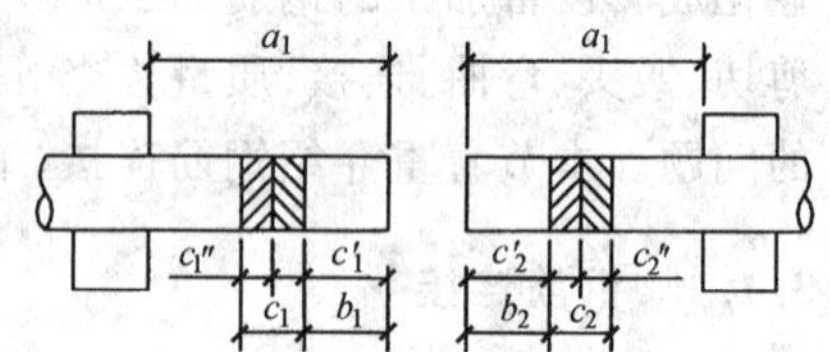

a_1，a_2—左右钢筋的调伸长度；b_1，b_2—烧化留量；c_1，c_2—顶锻留量；c_1'，c_2'—有电顶锻留量；c_1'，c_2'—无电顶锻留量

图 3-3　调伸长度及留量

③ 顶锻留量　顶锻留量是指接头顶压挤出而消耗的钢筋长度。顶锻时，先在有电流作用下顶锻，使接头加热均匀、紧密结合，然后在断电情况下顶锻而后结束，所以分为有电顶锻留量与无电顶锻留量两部分。

④ 变压器级数　变压器级数是用来调节焊接电流的大小，根据钢筋直径确定。

2. 电弧焊

电弧焊是利用电弧焊机使焊条与焊件之间产生高温，电弧使焊条和电弧燃烧范围内的焊件熔化，待其凝固便形成焊缝或接头，电弧焊广泛用于钢筋接头、钢筋骨架焊接、装配式结构节点的焊接、钢筋与钢板的焊接及各种钢结构焊接。

钢筋电弧焊的接头形式有：搭接焊接头(单面焊缝或双面焊缝)、帮条焊接头(单面焊缝或

双面焊缝)、剖口焊接头(平焊或立焊)和熔槽帮条焊接头(图 3-4)。

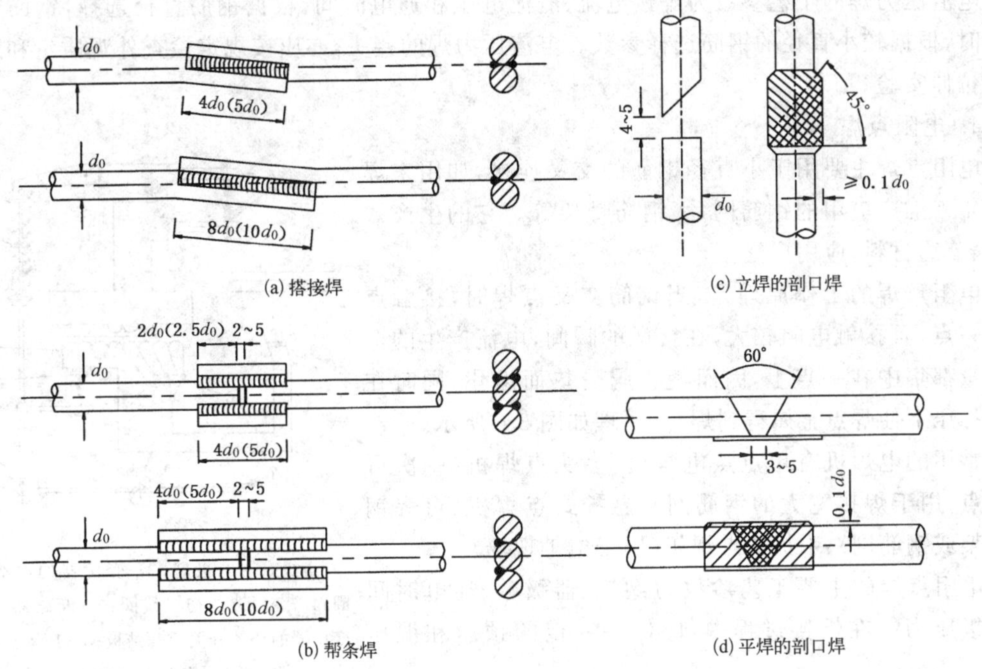

图 3-4 钢筋电弧焊的接头形式

电弧焊机有直流与交流之分,常用的为交流电弧焊机。

焊条的种类很多,如 E4303,E5003,E5503 等,钢筋焊接根据钢材等级和焊接接头形式选择焊条。焊接电流和焊条直径根据钢筋级别、直径、接头形式和焊接位置进行选择。

焊接接头质量检查除外观,亦需抽样进行拉伸试验。如对焊接质量有怀疑或发现异常情况,还可进行非破损检验(X 射线、γ 射线、超声波探伤等)。

3. 电渣压力焊

电渣压力焊在施工中多用于现浇混凝土结构构件内竖向或斜向(倾斜度在 4∶1 的范围内)钢筋的焊接接长。电渣压力焊有自动和手工两类。与电弧焊比较,它工效高、成本低,可进行竖向连接,故在工程中应用较普遍。

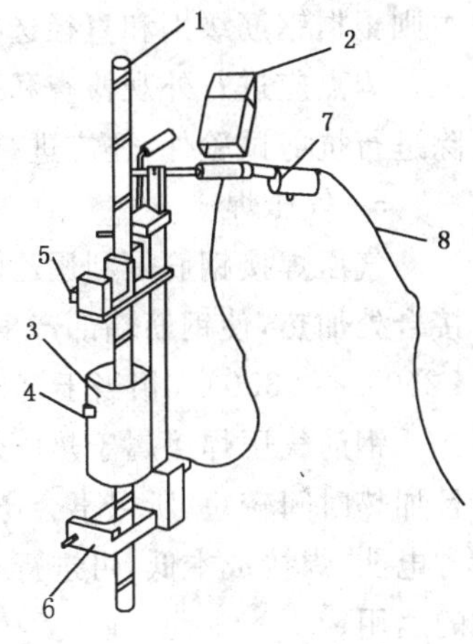

1—钢筋;2—监控仪表;3—焊剂盒;
4—焊剂盒扣环;5—活动夹具;
6—固定夹具;7—操作手柄;
8—控制电缆

图 3-5 电渣压力焊构造原理图

进行电渣压力焊应选用合适的焊接变压器。夹具(图 3-5)需灵巧,上下钳口同心,保证上、下钢筋的轴线最大偏移不得大于 0.1d,同时也不得大于 2mm。

焊接时,先将钢筋端部约 120mm 范围内的铁锈除尽,将夹具夹牢在下部钢筋上,并将上部钢筋扶直夹牢于活动电极中。当采用自动电渣压力焊时,还在上、下钢筋间放置引弧用的钢丝圈等。再装上药盒,装满焊药,接通电路,用手柄使电弧引燃(引弧)。然后稳定一定时间,使之形成渣池并使钢筋熔化(稳弧),随着钢筋的熔化,用手柄使上部钢筋缓缓下送。当稳弧达到规定时间后,在断电同时用手柄进行加压顶锻(顶锻),以排除夹渣和气泡,形成接头。待冷却一定时间后,即拆除药盒、回收焊药、拆除夹具和清除焊渣。引弧、稳弧、顶锻三个过程应连续进行。

电渣压力焊的工艺参数为焊接电流、渣池电压和通电时间，根据钢筋直径选择，钢筋直径不同时，根据较小直径的钢筋选择参数。电渣压力焊的接头，亦应按规定检查外观质量和进行试件拉伸实验。

4. 电阻点焊

电阻点焊主要用于小直径钢筋的交叉连接，如用来焊接近年来推广应用的钢筋网片、钢筋骨架等。它的生产效率高、节约材料，应用广泛。

电阻点焊的工作原理是，当钢筋交叉点焊时，接触点只有一点，且接触电阻较大，在接触的瞬间，电流产生的全部热量都集中在一点上，因而使金属受热而熔化，同时在电极加压下使焊点金属得到焊合，原理如图 3-6 所示。

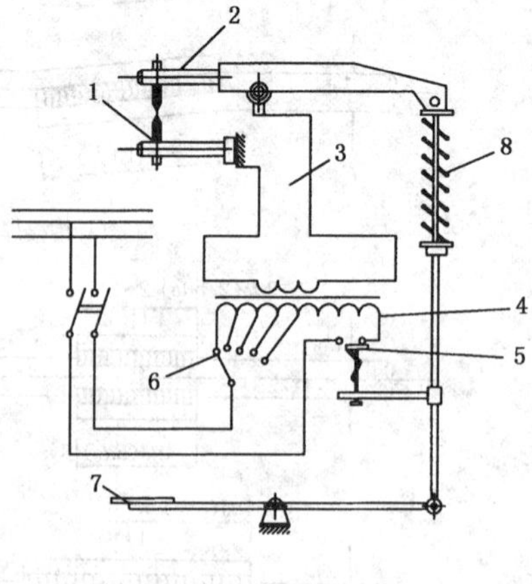

常用的电焊机有单点点电焊机、多头点焊机（一次可焊数点，用于焊接宽大的钢筋网）、悬挂式点焊机（可焊钢筋骨架或钢筋网）、手提式点焊机（用于施工现场）。

1—电极；2—电极臂；3—变压器的次级线圈；4—变压器的初级线圈；5—断路器；6—变压器的调节开关；7—踏板；8—压紧机构

图 3-6　点焊机工作原理

电阻点焊的主要工艺参数为：变压器级数、通电时间和电极压力。在焊接过程中，应保持一定的预压和锻压时间。

通电时间根据钢筋直径和变压器级数而定。电极压力则根据钢筋级别和直径选择。

焊点应进行外观检查和强度试验。热轧钢筋的焊点应进行抗剪试验。冷加工钢筋的焊点除进行抗剪试验外，还应进行拉伸试验。

5. 气压焊

气压焊接钢筋是利用乙炔-氧混合气体燃烧的高温火焰对已有初始压力的两根钢筋端面接合处加热，使钢筋端部产生塑性变形，并促使钢筋端面的金属原子互相扩散，当钢筋加热到 1 250℃～1 350℃（相当于钢材熔点的 80%～90%）时进行加压顶锻，使钢筋焊接在一起。

钢筋气压焊接属于热压焊。在焊接加热过程中，加热温度只为钢材熔点的 80%～90%，且加热时间较短，所以不会产生钢筋材质劣化倾向。另外，它设备轻巧、使用灵活、效率高、节省电能、焊接成本低，可进行全方位（竖向、水平和斜向）焊接。所以，此方法在我国已得到普遍的运用。

气压焊接设备（图 3-7）主要包括加热系统与加压系统两部分。

加热系统中加热能源是氧和乙炔。用流量计来控制氧和乙炔的输入量，焊接不同直径的钢筋要求不同的流量。加热器用来将氧和乙炔混合后，从喷火嘴喷出火焰加热钢筋，要求火焰能均匀加热钢筋，有足够的温度和功率并安全可靠。

加压系统中的压力源为电动油泵，使加压顶锻的压力平稳。压接器是气压焊的主要设备之一，要求它能准确、方便地将两根钢筋固定在同一轴线上，并将油泵产生的压力均匀地传递给钢筋，以达到焊接目的。

气压焊接的钢筋要用砂轮切割机断料，要求端面与钢筋轴线垂直。焊接前应打磨钢筋端面，清除氧化层和污物，使之现出金属光泽，并即喷涂一薄层焊接活化剂保护端面不再氧化。

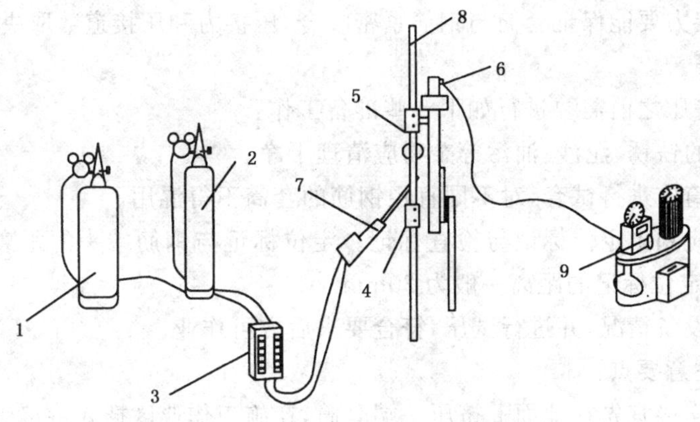

1—乙炔；2—氧气；3—流量计；4—固定卡具；5—活动卡具；
6—压接器；7—加热器与焊炬；8—被焊接的钢筋；9—加压油泵

图 3-7　气压焊接设备示意图

3.1.1.2　钢筋机械连接

钢筋机械连接包括挤压连接和螺纹套筒连接，是近年来大直径钢筋现场连接的主要方法。

1. 钢筋机械连接接头等级

钢筋机械连接接头应根据抗拉强度、残余变形以及高应力和大变形条件下反复拉压性能的差异，分为下列三个性能等级：

Ⅰ级：接头抗拉强度等于被连接钢筋的实际拉断强度或不小于 1.10 倍钢筋抗拉强度标准值，残余变形小并具有高延性及反复拉压性能。

Ⅱ级：接头抗拉强度不小于被连接钢筋抗拉强度标准值，残余变形较小并具有高延性及反复拉压性能。

Ⅲ级：接头抗拉强度不小于被连接钢筋屈服强度标准值的 1.25 倍，残余变形较小并具有一定的延性及反复拉压性能。

2. 钢筋挤压连接

钢筋挤压连接亦称钢筋套筒冷压连接。它适用于竖向、横向及其他方向的较大直径变形钢筋的连接。与焊接相比，它具有节省电能、不受钢筋可焊性好坏影响、不受气候影响、无明火、施工简便和接头可靠度高等特点。连接时将钢筋插入特制钢套筒内，利用液压驱动的挤压机进行径向或轴向挤压，使钢套筒产生塑性变形，紧紧咬住钢筋实现连接(图 3-8)。

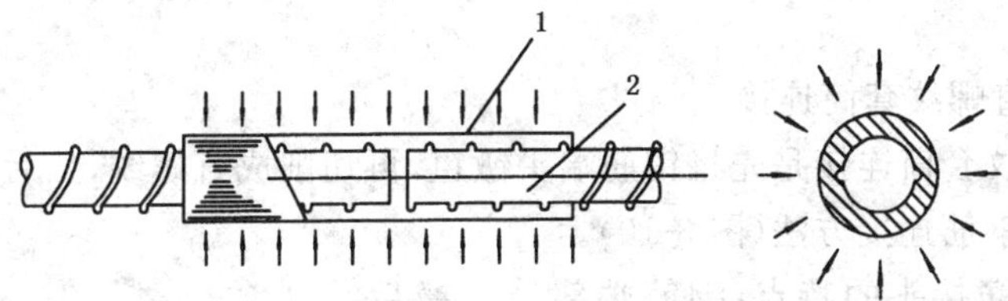

1—钢套筒；2—被连接的钢筋

图 3-8　钢筋径向挤压连接

钢筋挤压连接的工艺参数，主要是压接顺序、压接力和压接道数。压接顺序应从中间逐道向两端压接。压接力要能保证套筒与钢筋紧密咬合，压接力和压接道数取决于钢筋直径、套筒型号和挤压机型号。

在进行钢筋挤压之前需要进行如下一些准备工作：

① 钢筋端头的铁锈、泥沙、油污等杂物应清理干净。

② 钢筋与套筒应进行试套，对不同直径钢筋的套筒不得混用。

③ 钢筋端部应划出定位标记与检查标记。定位标记与钢筋端头的距离为钢套筒长度的一半，检查标记与定位标记的距离一般为 20mm。

④ 检查挤压设备情况，并进行试压，符合要求后方可作业。

挤压作业的注意要点：

① 钢筋挤压连接宜先在地面上挤压一端套筒，在施工作业区插入待接钢筋后再挤压另端套筒。

② 压接钳就位时，应对正钢套筒压痕位置的标记，并使压模运动方向与钢筋两纵肋所在的平面相垂直，即保证最大压接面能在钢筋的横肋上。

③ 压接钳施压顺序由钢套筒中部顺次向端部进行。每次施压时，主要控制压痕深度。

3. 钢筋螺纹套筒连接

用于直螺纹连接的钢套筒内壁，用专用机床加工成直螺纹，钢筋的对接端头亦在套丝机上加工有与套筒匹配的螺纹。连接时，经过螺纹检查无油污和损伤后，先用手旋入钢筋，然后用扭矩扳手紧固至规定的扭矩即完成连接(图 3-9)。该连接方法施工速度快，不受气候影响，质量稳定，易对中，已在我国被广泛应用。

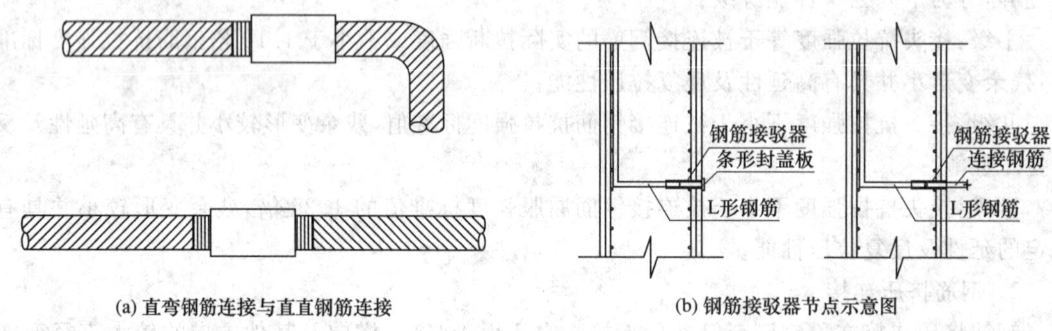

(a) 直弯钢筋连接与直直钢筋连接　　(b) 钢筋接驳器节点示意图

图 3-9　钢螺蚊套筒连接

由于钢筋的端头在套丝机上加工有螺纹，截面有些削弱，为达到连接接头与钢筋等强，目前对于直螺纹套筒来说有两种加工方法：钢筋镦粗直螺纹套筒连接与钢筋滚压直螺纹套筒连接。

(1) 钢筋镦粗直螺纹套筒连接

钢筋镦粗直螺纹套筒连接是先将钢筋端头镦粗，再切削成直螺纹，然后用带直螺纹的套筒将钢筋两端拧紧的钢筋连接方法(图 3-10)。

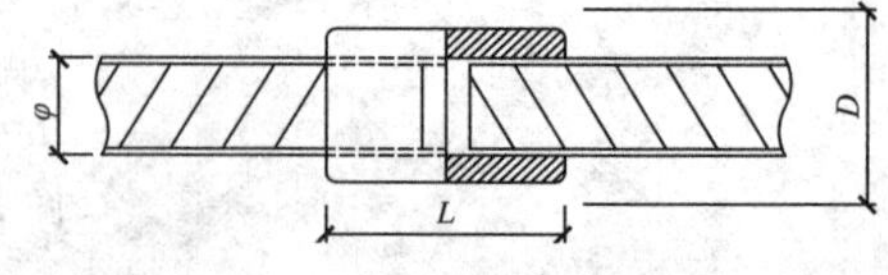

图 3-10　直纹套管连接

镦粗直螺纹钢筋接头的特点：钢筋端部经冷镦后不仅直径增大，使套丝后丝扣底部横截面积不小于钢筋原截面积，而且由于冷镦后钢材强度的提高，致使接头部位有很高的强度，断裂均发生在母材。这种接头的螺纹精度高，接头质量稳定性好，操作简便，连接速度快，价格适中。

(2) 钢筋滚压直螺纹套筒连接

钢筋滚压直螺纹套筒连接是利用金属材料塑性变形后冷作硬化增强金属材料强度的特性，使接头与母材等强的连接方法。根据滚压直螺纹成型方式，又可分为直接滚压螺纹、挤压肋滚压螺纹、剥肋滚压螺纹三种类型。

① 直接滚压螺纹加工　此法采用钢筋滚丝机直接滚压螺纹，螺纹加工简单，设备投入少；但螺纹精度差，由于钢筋粗细不均导致螺纹直径差异，施工受影响。

② 挤肋滚压螺纹加工　此法采用专用挤压设备滚轮先将钢筋的横肋和纵肋进行预压平处理，然后再滚压螺纹。其目的是减轻钢筋肋对成型螺纹的影响。该方法对螺纹精度有一定提高，但仍不能从根本上解决钢筋直径差异对螺纹精度的影响，螺纹加工需要二套设备。

③ 剥肋滚压螺纹加工　此法采用钢筋剥肋滚丝机，先将钢筋的横肋和纵肋进行剥切处理后，使钢筋滚丝前的柱体直径达到同一尺寸，然后再进行螺纹滚压成型。此法螺纹精度高，接头质量稳定，施工速度快，价格适中，具有较大的发展前景。

3.1.1.3　钢筋绑扎

目前绑扎仍为钢筋连接的主要手段之一。钢筋绑扎时，钢筋交叉点用铁丝扎牢；板和墙的钢筋网，除外围两行钢筋的相交点全部扎牢外，中间部分交叉点可相隔交错扎牢，保证受力钢筋位置不产生偏移；梁和柱的箍筋应与受力钢筋垂直设置，弯钩叠合处应沿受力钢筋方向错开设置。受拉钢筋和受压钢筋接头的搭接长度及接头位置符合施工及验收规范的规定。

3.1.2　钢筋代换

在施工中，由于某些原因常常需要对设计图要求的钢筋品种和规格进行变更，这时要进行钢筋代换。

1. 代换原则

当施工中遇有钢筋的品种或规格与设计要求不符时，可参照以下原则进行钢筋代换：

① 等强度代换：当构件受强度控制时，钢筋可按强度相等原则进行代换。

② 等面积代换：当构件按最小配筋率配筋时，钢筋可按面积相等原则进行代换。

③ 当构件受裂缝宽度或挠度控制时，代换后应进行裂缝宽度或挠度验算。

2. 代换方法

(1) 等强度代换

构件配筋受强度控制时，按代换前后强度相等的原则进行代换，其代换钢筋根数可按下式计算：

$$n_2 \geqslant \frac{n_1 d_1^2 f_{y1}}{d_2^2 f_{y2}} \tag{3-1}$$

式中　n_2——代换钢筋根数；

n_1——原设计钢筋根数；

d_2——代换钢筋直径(mm)；

d_1——原设计钢筋直径(mm)；

f_{y2}——代换钢筋抗拉强度设计值；

f_{y1}——原设计钢筋抗拉强度设计值。

(2) 等面积代换

构件按最小配筋率配筋时，或同钢号钢筋之间的代换，按代换前后面积相等的原则进行代换钢筋，计算公式如下：

$$n_2 \geqslant n_1 \frac{d_1^2}{d_2^2} \tag{3-2}$$

3. 代换注意事项

钢筋代换时，必须充分了解设计意图和代换材料性能，并严格遵守现行钢筋混凝土结构设计规范的各项规定；凡重要结构中的钢筋代换，应征得设计单位同意。代换注意事项：

① 对某些重要构件，如吊车梁、薄腹梁、桁架下弦等，不宜轻易用代换原则变换构件内的钢筋设计布置，如确需代换应考虑钢筋强度与混凝土强度的匹配以及构件中钢筋的变形性能。

② 钢筋代换后，应满足配筋构造规定，如钢筋的最小直径、间距、根数、锚固长度等。

③ 同一截面内，可同时配有不同种类和直径的代换钢筋，但每根钢筋的拉力差不应过大(如同品种钢筋的直径差值一般不大于 5mm)，以免构件受力不匀。

④ 梁的纵向受力钢筋与弯起钢筋应分别代换，以分别保证正截面与斜截面强度。

⑤ 偏心受压构件(如框架柱、有吊车厂房柱、桁架上弦等)或偏心受拉构件作钢筋代换时，不取整个截面配筋量计算，应按受力面(受压或受拉)分别代换。

⑥ 当构件受裂缝宽度控制时，如以小直径钢筋代换大直径钢筋，强度等级低的钢筋代替强度等级高的钢筋，则可不作裂缝宽度验算。

3.1.3 成型钢筋的工厂化生产

我国工业、民用等建筑中，钢筋混凝土结构占主导地位，钢筋混凝土结构工程施工主要由三部分组成，分别是钢筋工程、模板脚手架工程和混凝土工程。目前在国内，模板脚手架工程已有专业公司按结构要求进行设计、生产、供应；混凝土也有专业混凝土公司商品化供应；唯有钢筋还主要停留在落后的现场加工方式。而在国外一些欧美发达国家及地区，成型钢筋的专业化加工配送已经相当普及，并取得良好的效益。提高建筑用钢筋的专业化加工程度，是建筑业的一个必然发展方向。

成型钢筋亦被称为商品钢筋，是由工厂制作加工，运至现场进行施工。商品钢筋的优点：(ⅰ)节约工地用地；(ⅱ)减少工地设备安装；(ⅲ)提高钢筋质量。

工厂在制作的时候，一般要经过原材选择、加工、出厂前试验、质量检查、包装、贮存等过程。简单介绍成型钢筋的工厂化生产过程中原材选择与加工过程。

1. 原材选择

钢筋原材料要选择国家规范明文规定的钢筋种类，并对选取的材料按照规定要求进行抽样做力学性能检查，如原材出现脆断、焊接性能不良或力学性能不正常现象时，应对该批钢筋原材进行化学成分实验或其他专项检验。采用的钢筋原材应无损伤，表面不得有裂纹、结疤、油污、颗粒状或片状铁锈。

2. 加工

成型钢筋的加工过程一般包括以下几个部分：

① 钢筋加工前应对钢筋的规格、牌号、下料长度、数量等进行核对。

② 钢筋加工前，需要编制钢筋配料单，其内容有：(ⅰ) 成型钢筋应用工程名称及混凝土

结构部位;(ⅱ)成型钢筋品种、级别、规格、下料长度;(ⅲ)成型钢筋的形状代码、形状简图及尺寸;(ⅳ)成型钢筋单件根数、单件总根数、该工程使用总根数、总长度、总重量。

③ 成型钢筋的调直。成型钢筋调直一般采用机械方法。当采用冷拉方法调直钢筋时,应严格按照钢筋的级别、品种控制冷拉率。

④ 成型钢筋的切断。成型钢筋的切断应选用机械方式。用于机械连接的钢筋端面应平直并与钢筋轴线垂直,端头不应有弯曲、马蹄、椭圆等任何变形。

⑤ 成型钢筋的连接。钢筋连接一般采用机械连接、焊接或绑扎搭接。机械连接接头和焊接接头的类型及质量要符合有关规范要求。

3.2 模板工程

模板是新浇筑混凝土成形用的模型,在设计与施工中要求能保证结构和构件的形状、位置、尺寸的准确;具有足够的强度、刚度和稳定性;装拆方便,能多次周转使用;接缝严密不漏浆。模板系统包括模板、支撑和紧固件。模板工程量大,材料和劳动力消耗多,正确选择其材料、形式和合理组织施工,对加速混凝土工程施工和降低造价有显著效果。

3.2.1 模板形式

3.2.1.1 木模板

木模板、胶合板模板在一些工程上仍有广泛应用。这类模板一般为散装散拆式模板,也有的加工成基本元件(拼板),在现场进行拼装,拆除后亦可周转使用。

拼板由一些板条用拼条钉拼而成,板条厚度一般为 25～50mm,板条宽度不宜超过200mm,以保证干缩时缝隙均匀,浇水后易于密缝。但梁底板的板条宽度不限制,以减少漏浆。拼板的拼条(小肋)的间距取决于新浇混凝土的侧压力和板条的厚度,多为 400～500mm。

胶合板是现在施工现场用的最多的一种木模板材料,它与其他模板比较,有其自身的特点:

① 板幅大,自重轻,板面平整。既可减少安装工作量,节省现场人工费用,又可减少混凝土外露表面的装饰及磨去接缝的费用。

② 承载能力大,特别是经表面处理后耐磨性好,能多次重复使用。

③ 材质轻,厚 18mm 的木胶合板,单位面积重量为 5kg,模板的运输、堆放、使用和管理等都较为方便。

④ 保温性能好,能防止温度变化过快,冬期施工有助于混凝土的保温。

⑤ 锯截方便,易加工成各种形状。

⑥ 便于按工程的需要弯曲成形。

⑦ 用于清水混凝土模板,最为理想。

模板用的木胶合板通常由 5、7、9、11 层等奇数层单板经热压固化而胶合成型。相邻层的纹理方向相互垂直,通常最外层表板的纹理方向和胶合板板面的长向平行,因此,整张胶合板的长向为强方向,短向为弱方向,使用时必须加以注意。

胶合板模板之间的拼缝要错开,且一般用塑料胶带纸进行密封,以防止漏浆。

建筑物施工用的木模板,其构造如下:

1) 基础模板

基础模板安装时,要保证上、下模板不发生相对位移(图 3-11)。如有杯口,还要在其中放入杯口模板。

2）柱子模板

柱模的拼板用拼条连接，两两相对组成矩形。为承受混凝土侧压力，拼板外要设柱箍，其间距与混凝土侧压力、拼板厚度有关，因而柱模板下部的柱箍较密。

柱模板底部开有清理孔，沿高度每隔约 2m 开有浇筑孔。柱底的混凝土上一般设有木框，用以固定柱模板的位置。柱模板顶部根据需要可开有与梁模板连接的缺口(图 3-12)。

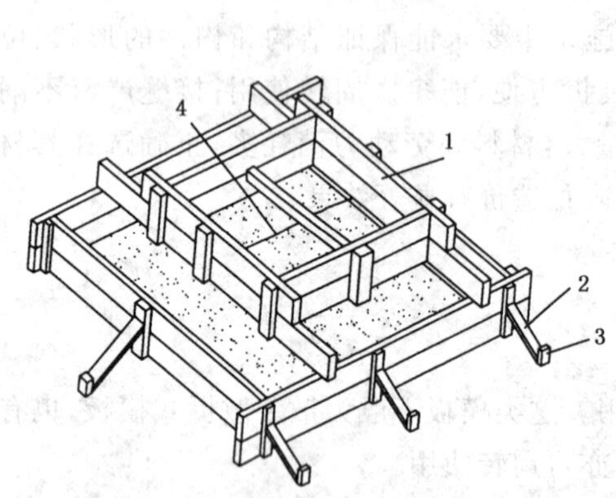

1—拼板；2—斜撑；3—木桩；4—铁丝

图 3-11　阶梯形基础模板

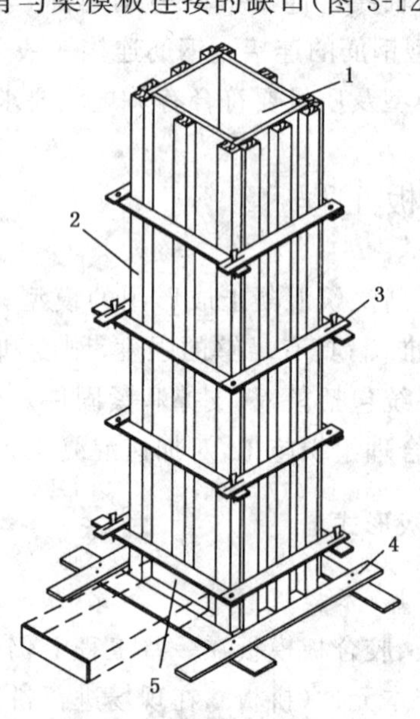

1—内拼版；2—外拼板；3—柱箍；
4—定位木框；5—清理孔

图 3-12　柱子模板

3）梁、楼板模板

梁模板由底模板和侧模板组成。底模板承受垂直荷载，一般较厚，下面有支撑(或桁架)承托。支撑多为伸缩式，可调整高度，底部应支承在坚实地面或露面上，下垫木楔。如地面松软，则底部应垫以木板。在多层建筑施工中，应使上、下层的支撑在同一条竖向直线上，否则，要采取措施保证上层支撑的荷载能传到下层支撑上。支撑间应用水平和斜向拉杆拉牢，以增强整体稳定性。当层间高度大于 5m 时，宜用桁架支撑或多层支架支模。

梁跨度在 4m 或 4m 以上时，底模板应起拱，如设计无具体规定，一般可取结构跨度的 1/1 000～3/1 000，木模板可取偏大值，钢模板可取偏小值。

梁侧模板承受混凝土侧压力，底部用钉在支撑顶部的夹条上夹住，顶部可由支撑楼板模板的搁栅顶住，或用斜撑顶住。

楼板模板多用定型模板或胶合板，它放置在搁栅上，搁栅支承在梁侧模板外的横楞上(图 3-13)。

桥梁墩台木模板如图 3-14 所示。墩台一般向上收小，其模板为斜面或斜圆锥面，由面板、楞木、立柱、支撑、拉杆等组成。立柱安放在基础枕梁上，两端用钢拉杆拉紧，以保证模板刚度和不产生位移，楞木(直线形和拱形)固定在立柱上，木面板则竖向布置在楞木上。如桥墩较高，要加设斜撑、横撑木和拉索(图 3-15)。

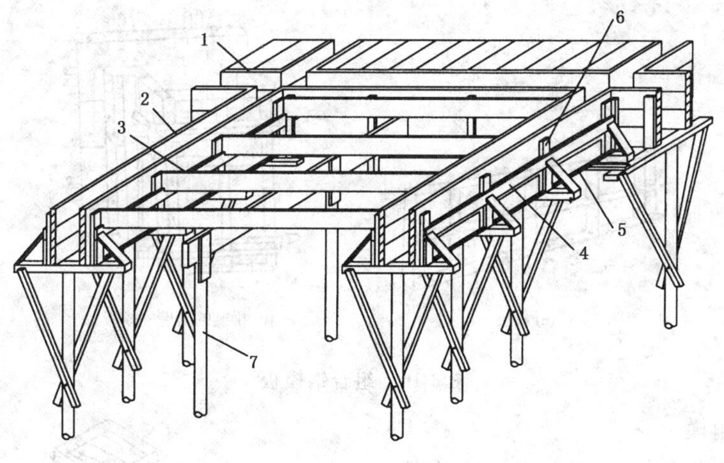

1—楼板模板；2—梁侧模板；3—搁栅；4—横楞；5—夹条；6—小肋；7—支撑

图 3-13　梁及楼板模板

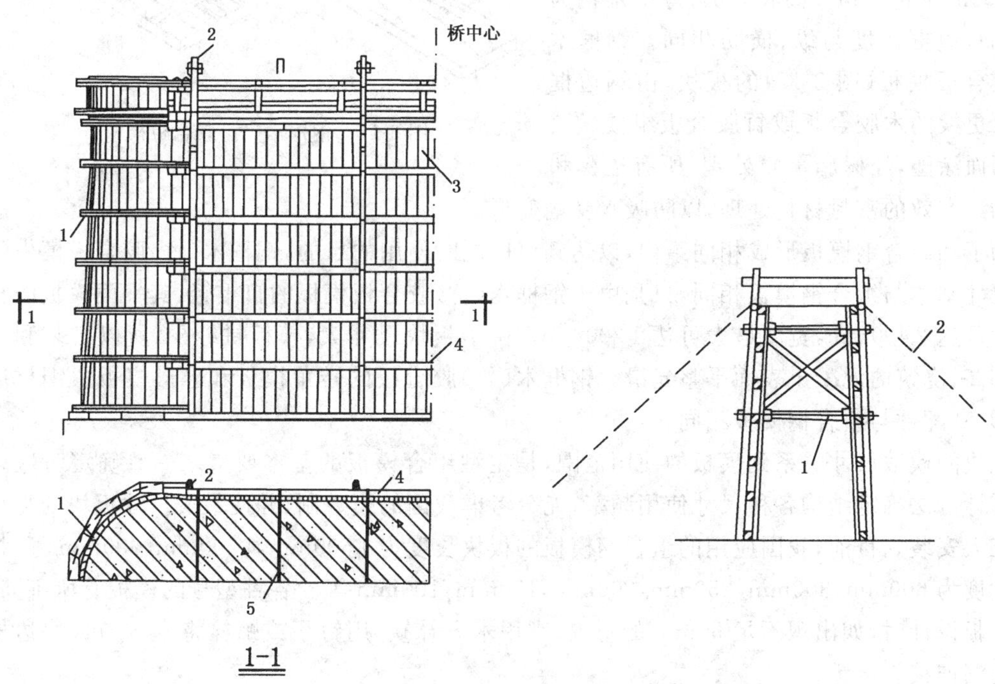

1—拱形肋木；2—立柱；3—面板；4—水平楞木；5—立杆

图 3-14　桥梁墩台模板

1—临时撑木；2—拉索

图 3-15　稳定桥墩模板的措施

3.2.1.2　组合模板

组合模板是一种基本的工具式模板，也是工程施工用得最多的一种模板。它由一定模数的若干类型的板块、角模、支撑和连接件组成(图 3-16)，用它可以拼出多种尺寸和几何形状，以适应多种类型建筑物的梁、柱、板、墙、基础和设备基础等施工需要，也可用它拼成大模板、隧道模和台模等。施工时，可以在现场直接组装，亦可以预拼装成大块模板或构件模板用起重机吊运安装。组合模板的板块有钢的，亦有钢框木(竹)胶合板的。组合模板不但用于建筑工程，在桥梁工程、地下工程和市政工程中亦被广泛应用。

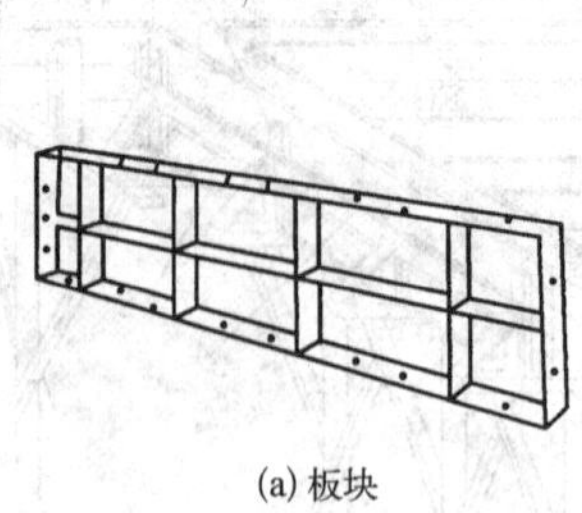

(a) 板块

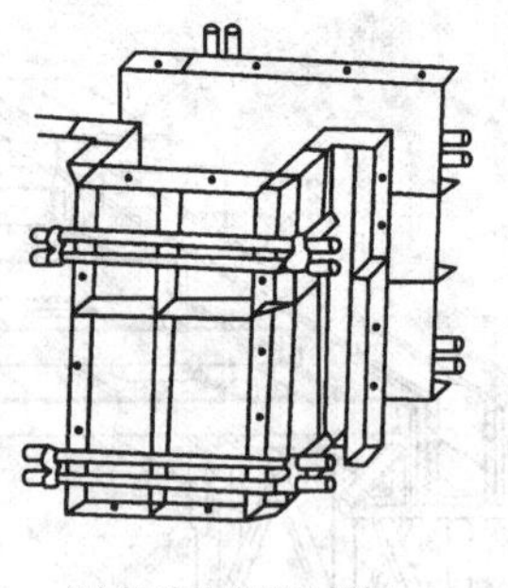

(b) 拼装的附壁柱模板

图 3-16　组合钢模板

1. 板块与角模

板块是定型组合模板的主要组成构件，它由边框、面板和纵横肋组成。我国所用的钢模板多以 2.75～3.00mm 厚的钢板为面板，以 55mm 或 70mm 高和 3mm 厚的扁钢为纵、横肋，边框高度与纵、横肋相同。钢框木(竹)胶合板模板(图 3-17)的板块，由钢边框内镶可更换的木胶合板或竹胶合板组成。胶合板两面涂塑，经树脂覆膜处理，所有边缘和孔洞均经有效的密封材料处理，以防吸水受潮变形。

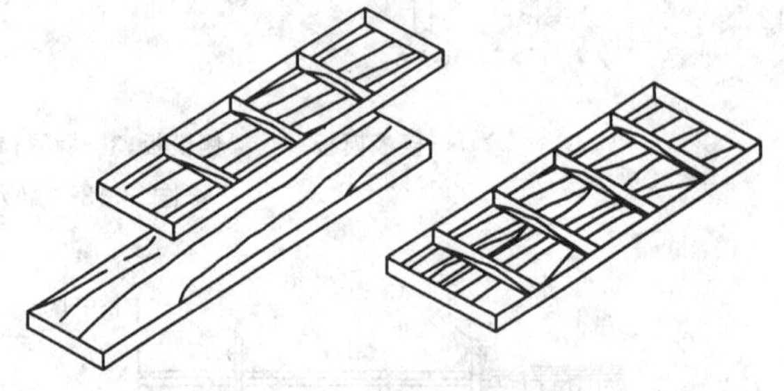

图 3-17　钢框木(竹)胶合板模板

为了和组合钢模板形成相同系列，以达到可以同时使用的目的，钢框木(竹)胶合板模板的型号尺寸基本与组合钢模板相同，只是由于钢框木(竹)胶合板模板的自重轻，其平面模板的长度最大可达 2 400mm，宽度最大可达 1 200mm。由于板块尺寸大，模板拼缝少，所以拼装和拆除效率高，浇筑的混凝土表面平整光滑。钢框木(竹)胶合板的转角模板和异形模板由钢材压制成形，其配件与组合钢模板相同。

板块的模数尺寸关系到模板的使用范围，是定型组合模板的基本要素之一。确定时应以数理统计方法确定结构各种尺寸使用频率，充分考虑我国的模数制，并使最大尺寸板块的重量便于工人安装。目前，我国应用的组合钢模板的板块长度为 1 500mm，1 200mm，900mm 等，板块的宽度为 600mm，300mm，250mm，200mm，150mm，100mm 等。各种型号的模板有所不同。进行配板设计时，如出现不足 50mm 的空缺，则用木方补缺，用钉子或螺栓将木方与板块边框上的孔洞连接。

由于组合钢模板的面板和肋是焊接的，面板一般按四面支承形式计算，纵、横肋视其与面板的焊接情况，确定是否考虑其与面板共同工作，如果边框与面板一次轧成，则边框可按与面板共同工作进行计算。

为便于板块之间的连接，边框上有连接孔，边框不论长向和短向其孔距都是 150mm，以便横竖都能拼接。孔形取决于连接件。板块的连接件有钩头螺栓、U 形卡、L 形插销、紧固螺栓(拉杆)、对拉螺栓、扣件等(图 3-18)。

角模有阴、阳角模和连接角模之分，用来成型混凝土结构的阴、阳角，也是两个板块拼装成 90°角的连接件。

定型组合模板虽然具有较大灵活性，但并不能适应一切情况。为此，对特殊部位仍需在现场配制少量木模填补。

2. 支承件

支承件包括支承墙模板的支承梁(多用钢管和冷弯薄壁型钢)和斜撑;支承梁、板模板的支撑桁架和顶撑等。

对整体式多层房屋,分层支模时,上层支撑应对准下层支撑,并铺设垫板。

梁、板的支撑有梁托架、支撑桁架和顶撑(图 3-19),还可用多功能门架式脚手架来支撑。桥梁工程中由于高度大,多用工具式支撑架支撑。梁托架可用钢管或角钢制作。支撑桁架的种类很多,一般用由角钢、扁铁和钢管焊成的整榀式桁架或由两个半榀桁架组成的拼装式桁架,还有可调节跨度的伸缩式桁架,使用更加方便。

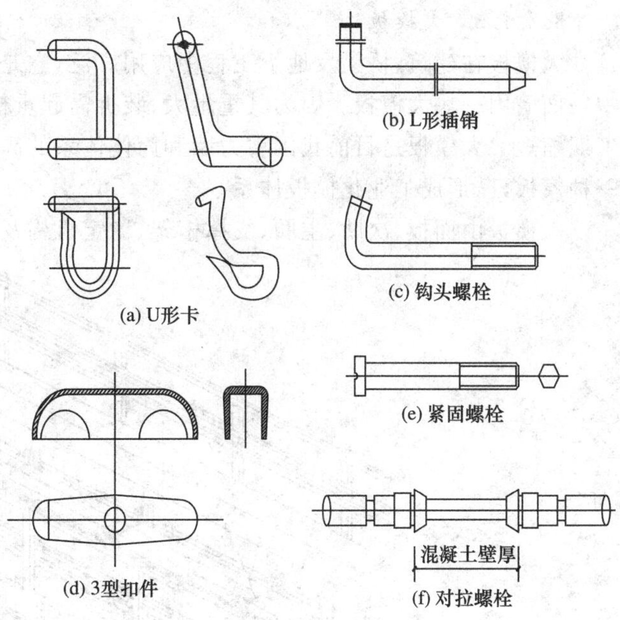

图 3-18 钢模板连接件

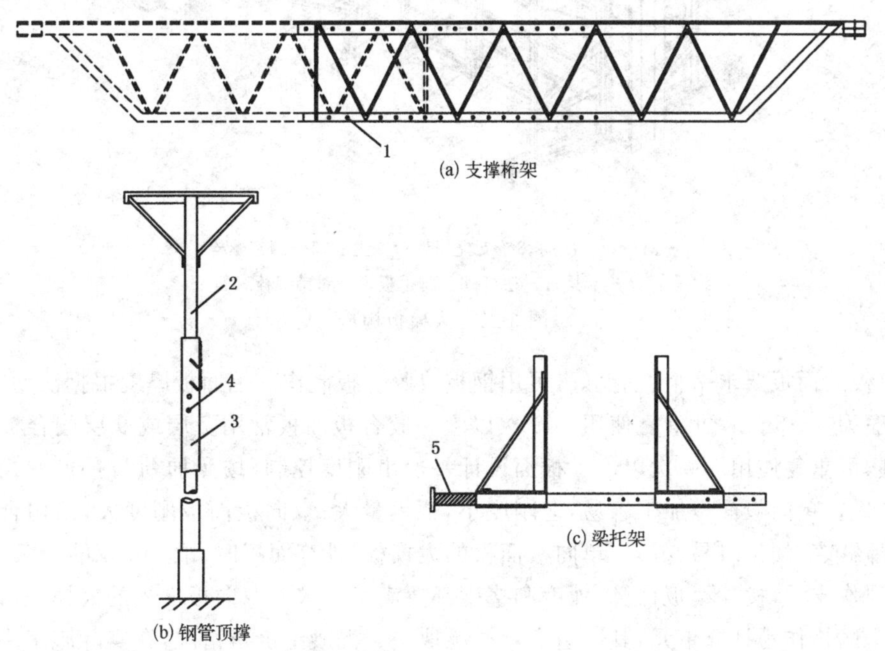

1—桁架伸缩销孔;2—内套钢管;3—外套钢管;4—插销孔;5—调节螺栓

图 3-19 定型组合模板的支撑

采用定型组合模板时需进行配板设计。由于同一面积的模板可以用不同规格的板块和角模组成各种配板方案,配板设计就是从中找出最佳组配方案。进行配板设计之前,先绘制结构构件的展开图,据此作构件的配板图。在配板图上要表明所配板块和角模的规格、位置和数量。

3.2.1.3　大模板

大模板在建筑、桥梁及地下工程中应用广泛，它是一种大尺寸的工具式模板，如建筑工程中一面墙用一块大模板。因为其重量大，装拆需起重机械吊装，故机械化程度高，用工量减少，工期缩短。大模板是目前我国剪力墙和筒体体系的高层建筑、桥墩、筒仓等施工中用得较多的一种模板，已形成工业化模板体系。

大模板由面板、次肋、主肋、支撑桁架、稳定机构及附件组成(图 3-20)。

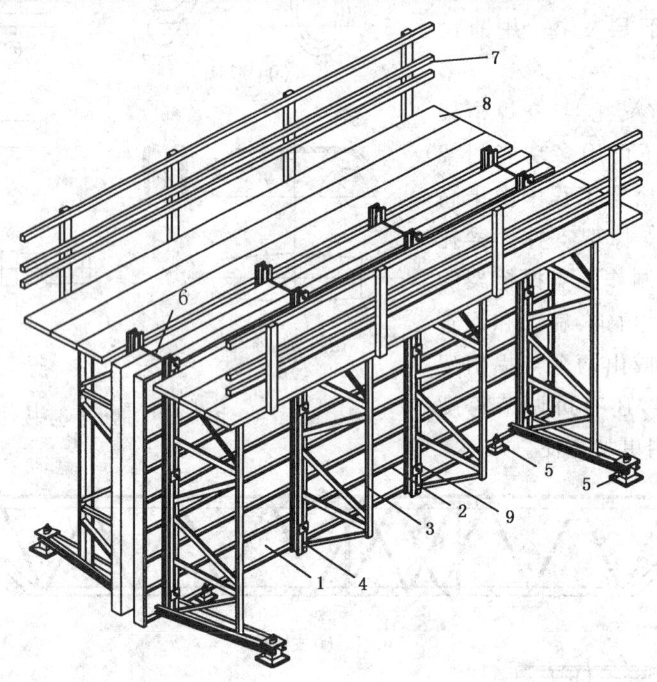

1—面板；2—次肋；3—支撑桁架；4—主肋；5—调整螺栓；
6—卡具；7—栏杆；8—脚手板；9—对销螺栓

图 3-20　大模板构造

大模板的面板要求平整、刚度好，可用钢板或胶合板制作。钢面板厚度根据次肋的布置而不同，一般为 3～5mm，可重复使用 200 次以上。胶合板面板常用 7 层或 9 层胶合板，板面用树脂处理，可重复使用 500 次以上。板面设计一般由刚度控制，按照加劲肋布置方式，分单向板和双向板。单向板面板加工容易，但刚度小，耗钢量大；双向板面板刚度大，结构合理，但加工复杂、焊缝多、加工时易变形。单向板面板的大模板，计算面板时，取 1m 宽的板条为计算单元，次肋视作支承，按连续板计算，强度和挠度都要满足要求。双向板面板的大模板，计算面板时，取一个区格作为计算单元，其四边支承情况取决于混凝土浇筑情况，在实际施工中，可取三边固定、一边简支的情况进行计算。

次肋的作用是固定面板，把混凝土侧压力传递给主肋。面板若按双向板计算，则不分主、次肋。次肋受面板传来的荷载，主肋为其支承，按连续梁计算。为降低耗钢量，设计时应考虑使之与面板共同作用，按组合截面计算截面抵抗矩，验算强度和挠度。

主肋承受的荷载由次肋传来，由于次肋布置一般较密，可视为均布荷载以简化计算，主肋的支撑为对销螺栓。主肋也按连续梁计算，一般用相对的两根槽钢，间距约为 1～1.2m。

组合模板亦可拼装成大模板，用后拆卸仍可用于其他构件，虽然重量较大但机动灵活，目前应用较多。

大模板的转角处多用小角模方案(图 3-21)。

大模板之间的固定,相对的两块平模是用对销螺栓连接,顶部的对销螺栓亦可用卡具代替(图 3-20)。建筑物外墙及桥墩等单侧大模板通常是将大模板支承在附壁式支承架上(图 3-22)。

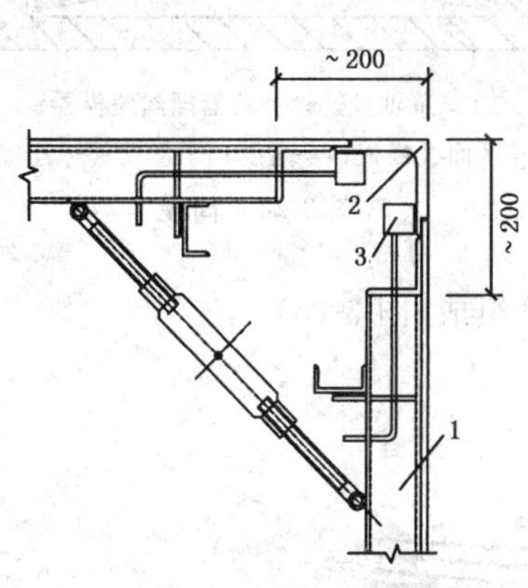

1—大模板;2—小角模;3—偏心压杆

图 3-21　小角模的连接

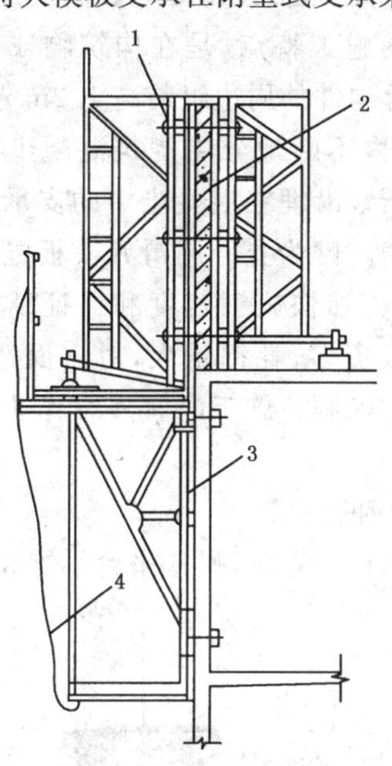

1—外墙的外模;2—外墙的内模;
3—附墙支撑架;4—安全网

图 3-22　外大模板安装

大模板堆放时要防止在风力作用下倾倒伤人,应将板面倾斜一定角度,这主要取决于大模板的自稳角 α:即大模板在风力作用下,依靠自重保持其稳定的板面与垂直面的最大夹角,如图 3-23 所示。

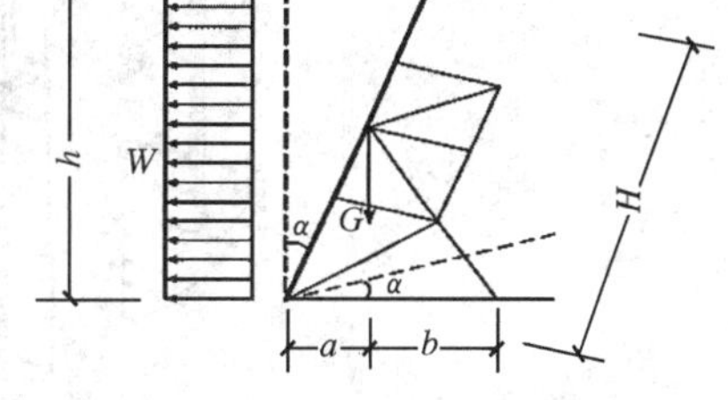

图 3-23　大模板自稳角计算简图

可根据大模板所在楼层和风力的大小及大模板的自重计算自稳角 α,按下列公式验算:

$$\alpha=\arcsin\frac{\sqrt{4W^2+g^2}-g}{2W} \tag{3-3}$$

式中　g——大模板单位面积平均自重,$g=G/H$(kN/m^2);

W——风荷载(kN/m^2);

H——大模板高度(m);

h——倾斜后的垂直高度(m);

a——模板重心至左端模板根部的水平距离;

b——模板重心至右端支架 底脚的水平距离,$b>a$。

此外,对于电梯井、小直径的筒体结构等的浇筑,有时利用由大模板组成的筒模(图3-24),即四面模板用铰链连接,可整体安装和脱模,脱模时旋转花篮螺丝脱模器,拉动相对两片大模板向内移动,使单轴铰链折叠收缩,模板脱离墙体。支模时,反转花篮螺丝脱模器,使相对两片大模板向外推移,单轴铰链伸张,达到支模的目的。

3.2.1.4 滑升模板

滑升模板也是一种工业化模板，用于现场浇筑高耸构筑物和建筑物等的竖向结构，如烟囱、筒仓、高桥墩、电视塔、竖井、沉井、双曲线冷却塔和高层建筑等。

滑升模板的施工特点，是在构筑物或建筑物底部，沿其墙、柱、梁等构件的周边组装高1.2m左右的滑升模板，随着向模板内不断地分层浇筑混凝土，用液压提升设备使模板不断地沿埋在混凝土中的支承杆向上滑升，直到需要浇筑的高度为止。用滑升模板施工，可以节约模板和支撑材料，加快施工速度和保证结构的整体性。但模板一次性投资多、耗钢量大，对立面造型和构件断面变化有一定的限制。施工时宜连续作业，施工组织要求较严。

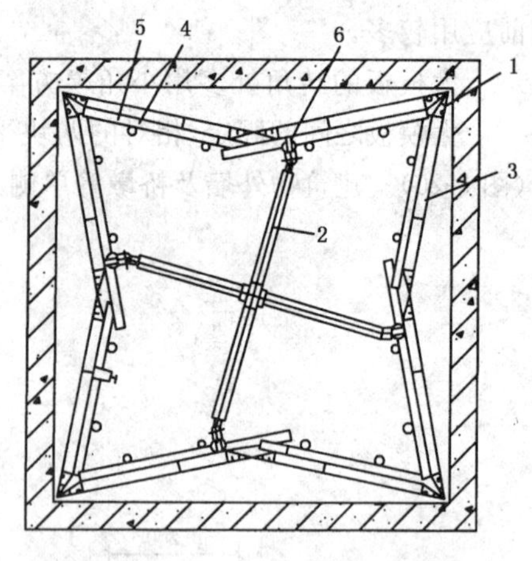

1—单轴铰链；2—花篮螺丝脱模器；3—平面大模板；4—主肋；5—次肋；6—连接板

图 3-24 筒模

1. 滑升模板的组成

滑升模板由模板系统、操作平台系统和液压系统三部分组成(图 3-25)。

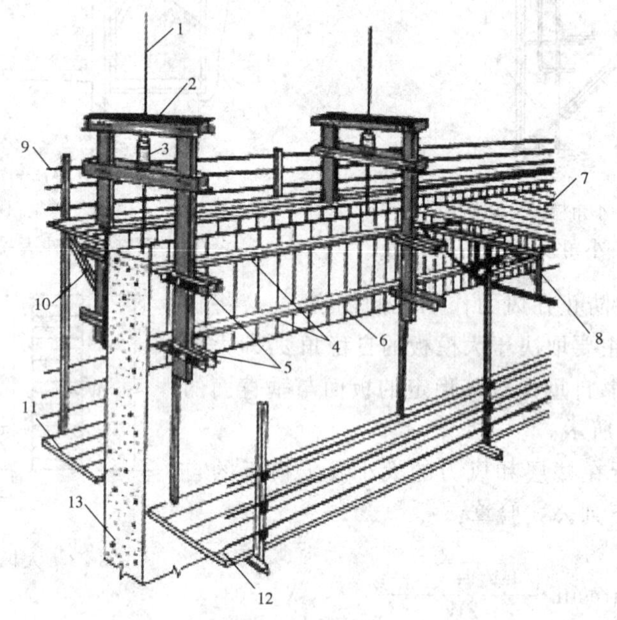

1—支承杆；2—提升架；3—液压千斤顶；4—围圈；5—围圈托架；6—模板；7—内操作平台；8—操作平台行桁架；9—护栏；10—外挑脚手架；11—外吊脚手架；12—内吊脚手架；13—混凝土墙体

图 3-25 滑升模板

模板系统包括模板、围圈和提升架等。模板用于成型混凝土，承受新浇混凝土的侧压力，多用钢模或钢木组合模板。模板的高度取决于滑升速度和混凝土达到出模强度(0.2～0.4N/mm^2)所需的时间，一般高1.0～1.2m。模板呈上口小、下口大的锥形，单面锥度约0.2%～0.5%，以下2/3模板高度处的净间距为结构断面的厚度。围圈用于支承和固定模板，一般情况下，模板上、下各布置一道，它承受模板传来的水平侧压力(混凝土的侧压力和浇筑混凝土时的水平冲击力)和由摩阻力、模板与围圈自重(如操作平台支承在围圈上，还包括平台自重和施工荷载)等产生的竖向力。围圈可视为以提升架为支承的双向弯曲的多跨连续梁，材料多用角钢或槽钢，以其最不利受力情况计算确定其截面。提升架的作用是固定围圈，把模板系统和操作平台系统连成整体，承受整个模板系统和操作平台系统的全部荷载并将其传递给液压千斤顶。提升架分单横梁式与双横梁式两种，多用型钢制作，其截面按框架计算确定。

操作平台系统包括操作平台、内外吊脚手架和外挑脚手架，它是施工操作的场所。其承重构件（平台桁架、钢梁、铺板、吊杆等）根据其受力情况按一般的钢结构进行计算。

液压系统包括支承杆、液压千斤顶和操纵装置等，它是使滑升模板向上滑升的动力装置。支承杆既是液压千斤顶向上爬升的轨道，又是滑升模板的承重支柱，它承受施工过程中的全部荷载，其规格要与选用的千斤顶相适应。用钢珠作卡头的千斤顶，支承杆需用 HPB300 圆钢筋；用楔块作卡头的千斤顶，各类钢筋皆可作为支承杆，如用体外滑模（支撑杆在浇筑墙体的外面，不埋在混凝土内）支承杆多用钢管。

2. 滑升原理

滑模的滑升是通过液压千斤顶在支承杆上的爬升。由于千斤顶是与提升架连接在一起的，千斤顶的爬升带动提升架向上，并使模板沿墙体滑升。目前，滑升模板液压千斤顶有以钢珠作卡头的 GYD-35 型（图 3-26）和以楔块作卡头的 QYD-35 型等起重力为 35kN 的小型液压千斤顶，还有起重力为 60kN 及 100kN 的中型液压千斤顶 YL50-10 型等。其中，GYD-35 型目前应用相对较多。施工时，将液压千斤顶安装在提升架横梁上与之联成一体，支承杆穿入千斤顶的中心孔内。液压千斤顶的工作原理如图 3-27 所示。当高压油压入活塞与缸盖之间，在高压油作用下，由于上卡头（与活塞相联）内的小钢珠与支承杆产生自锁作用，使上卡头与支承杆锁紧，因而，活塞不能下行。于是在油压作用下，迫使缸体连带底座和下卡头一起向上升起，由此带动提升架等整个滑升模板上升。当上升到下卡头紧碰着上卡头时，即完成一个工作进程。此时排油弹簧处于压缩状态，上卡头承受滑升模板的全部荷载。当回油时，油压力消失，在排油弹簧的弹力作用下，把活塞与上卡头一起推向上，油即从进油口排出。在排油开始的瞬间，下卡头又由于其小钢珠与支承杆间的自锁作用，与支承杆锁紧，使缸筒和底座不能下降，接替上卡头所承受的荷载。当活塞上升到极限后，排油工作完毕，千斤顶便完成一个上升的工作循环。一次上升的行程为 20～30mm。排油时，千斤顶保持不动。如此不断循环，千斤顶就沿着支承杆不断上升，模板也就被带着不断向上滑升。

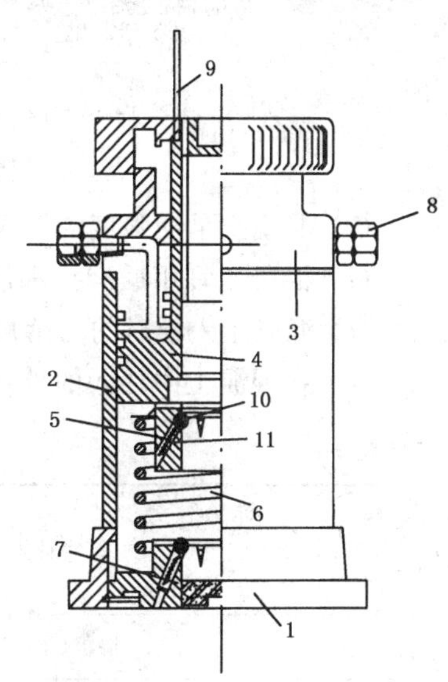

1—底座；2—缸体；3—缸盖；4—活塞；5—上卡头；6—排油弹簧；7—下卡头；8—油嘴；9—行程指示杆；10—钢珠；11—卡头小弹簧

图 3-26 液压千斤顶

采用钢珠式的上、下卡头，其优点是体积小，结构紧凑，动作灵活，但钢珠对支承杆的压痕较深，这样不仅不利于支承杆拔出重复使用，而且会出现千斤顶上升后的“回缩”下降现象，此外，钢珠还有可能被杂质卡死在斜孔内，导致卡头失效。楔块式卡头则利用四瓣楔块锁固支承杆，具有加工简单、起重量大、卡头下滑量小、锁紧能力强、压痕小等优点，它不仅适用于光圆钢筋支承杆，亦可用于螺纹钢筋支承杆。

3. 混凝土工程在滑升模板施工过程中注意事项

① 用于滑模施工的混凝土，应事先做好混凝土配比的试配工作，其性能除应满足设计所规定的强度、抗渗性、耐久性以及季节性施工等要求外，尚应满足下列规定：

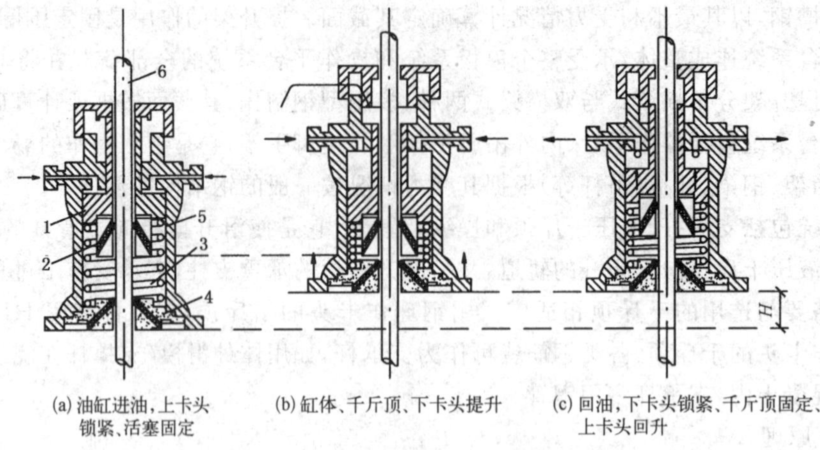

1—活塞；2—上卡头；3—排油弹簧；4—下卡头；5—缸体；6—支撑杆

图 3-27　液压千斤顶工作原理

(a) 混凝土早期强度的增长速度，必须满足模板滑升速度的要求。

(b) 混凝土宜用硅酸盐水泥或普通硅酸盐水泥配制。

(c) 混凝土入模时的坍落度，应符合表 3-1 的规定。

(d) 在混凝土中掺入的外加剂或掺合料，其品种和掺量应通过试验确定。

表 3-1　　混凝土入模的坍落度

结构种类	坍落度/mm	
	非泵送混凝土	泵送混凝土
墙板、梁、柱	50～70	100～160
配筋密集的结构(筒体结构及细长柱)	60～90	120～180
配筋特密结构	90～120	140～200

注：采用人工振捣时，非泵送混凝土的坍落度可适当增大。

② 正常滑升时，混凝土的浇灌应满足下列规定：

(a) 必须均匀对称交圈浇灌；每一浇灌层的混凝土表面应在一个水平面上，并应有计划、均匀地变换浇灌方向。

(b) 每次浇灌的厚度不宜大于 200mm。

(c) 上层混凝土覆盖下层混凝土的时间间隔不得大于混凝土的凝结时间(相当于混凝土贯入阻力值为 0.35kN/cm^2 时的时间)，当间隔时间超过规定时，接茬处应按施工缝的要求处理。

(d) 在气温高的季节，宜先浇灌内墙，后浇灌阳光直射的外墙；先浇灌墙角、墙垛及门窗洞口等的两侧，后浇灌直墙；先浇灌较厚的墙，后浇灌较薄的墙。

(e) 预留孔洞、门窗口、烟道口、变形缝及通风管道等两侧的混凝土应对称均衡浇灌。

③ 当采用布料机布送混凝土时应进行专项设计，并符合下列规定：

(a) 布料机的活动半径宜能覆盖全部待浇混凝土的部位。

(b) 布料机的活动高度应能满足模板系统和钢筋的高度。

(c) 布料机不宜直接支承在滑模平台上,当必须支承在平台上时,支承系统必须专门设计,并安全储备必大于2.0。

(d) 布料机和泵送系统之间应有可靠的通讯联系,混凝土宜先布料在操作平台上,再送入模板,并应严格控制每一区域的布料数量。

(e) 平台上的混凝土残渣应及时清出,严禁铲入模板内或掺入新混凝土中使用。

(f) 夜间作业时应有足够的照明。

④ 混凝土的振捣应满足下列要求:

(a) 振捣混凝土时,振捣器不得直接触及支承杆、钢筋或模板。

(b) 振捣器应插入前一层混凝土内,但深度不应超过50mm。

⑤ 混凝土的养护应符合下列规定:

(a) 混凝土出模后应及时进行检查修整,且应及时进行养护。

(b) 养护期间,应保持混凝土表面湿润,除冬施外,养护时间不少于7d。

(c) 养护方法宜选用连续均匀喷雾养护或喷涂养护液。

3.2.1.5 爬升模板

爬升模板简称爬模,它是施工剪力墙和筒体结构的混凝土结构高层建筑和桥墩、桥塔等的一种有效的模板体系,我国已推广应用。由于模板能自爬,不需起重运输机械吊运,减少了施工中的起重运输机械的工作量,能避免大模板受大风的影响。由于自爬的模板上还可悬挂脚手架,所以可省去结构施工阶段的外脚手架,因此其经济效益较好。

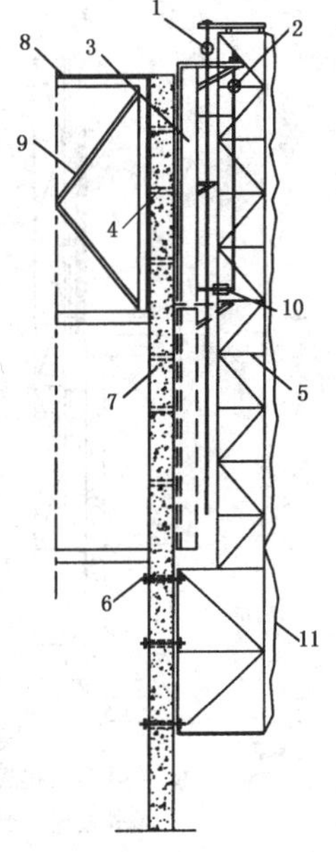

1—提升外模板的动力机构;
2—提升外爬架的动力机构;
3—外爬升模板;4—预留孔;
5—外爬架(包括支撑架和附墙);
6—螺栓;7—外墙;
8—楼板模板;
9—楼板模板支撑;
10—模板矫正器;
11—安全网

图3-28 爬升模板

爬模分有爬架爬模和无爬架爬模两类。有爬架爬模由爬升模板、爬架和爬升设备三部分组成(图3-28)。

爬架是一格构式钢架,用来提升外爬模,由下部附墙架和上部支承架两部分组成,总高度应大于每次爬升高度的3倍。附墙架用螺栓固定在下层墙壁上;上部支承架高度大于两层模板的高度,坐落在附墙架上,与之成为整体。支承架上端有挑横梁,用以悬吊提升爬升模板用的提升动力机构(如手拉葫芦、千斤顶等),通过提升动力机构提升模板。

模板顶端也装有提升外爬架用的提升动力。在模板固定后,通过它提升爬架。由此,爬架与模板相互提升,向上施工。爬升模板的背后还可悬挂有外脚手架。有爬架爬模的施工流程如图3-29所示。

提升动力可为手拉葫芦、电动葫芦或液压千斤顶和电动千斤顶。手拉葫芦简单易行,由人力操纵。如用液压千斤顶、则爬架、爬升模板各用一台油泵供油。爬杆用圆钢,用螺帽和垫板固定在模板或爬架的挑横梁上。

桥墩和桥塔混凝土浇筑用的模板,也可用有爬架的爬模,如桥墩和桥塔为斜向的,则爬架与爬升模板也应斜向布置,进行斜向爬升以适应桥墩和桥塔的倾斜及截面变化的需要。

无爬架爬模取消了爬架,模板由甲、乙两类模板组成,爬升时两类模板间隔布置、互为支承,通过提升设备使两类相邻模板交替爬升。

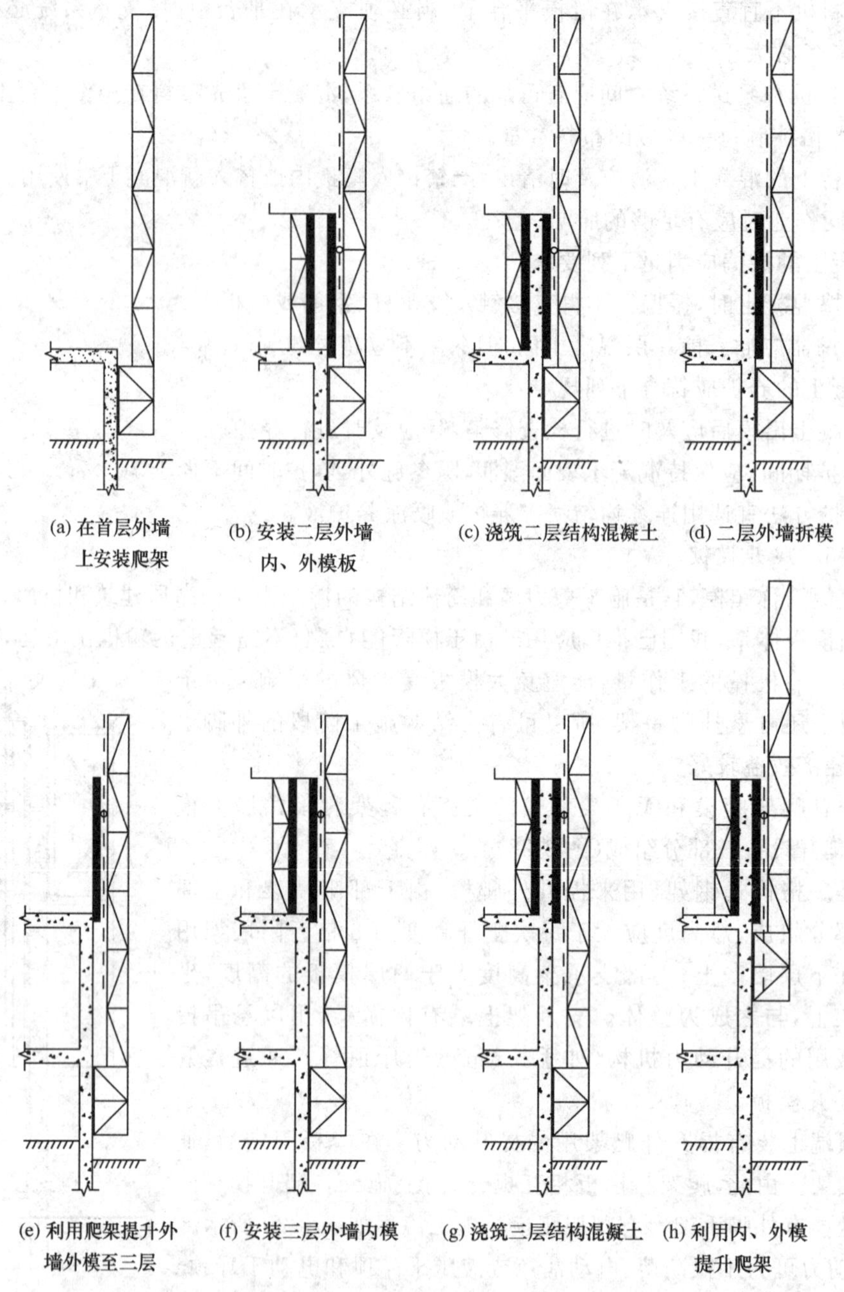

图 3-29 有爬架爬模的施工流程

甲、乙两类模板中甲型模板为窄板，高度大于两个提升高度；乙型模板按混凝土浇筑高度配置，与下层墙体应有搭接，以免漏浆。两类模板交替布置，甲型模板布置在转角处，或较长的墙中部。内、外模板用对拉螺栓拉结固定。

爬升装置由三角爬架、爬杆和液压千斤顶组成。三角爬架插在模板上口两端的套筒内，套筒与背楞连接，三角爬架可自由回转，用以支承爬杆。爬杆为圆钢，上端固定在三角爬架上。每块模板上装有两台液压千斤顶，乙型模板装在模板上口两端，甲型模板安装在模板中间偏上处。

爬升时，先放松穿墙螺栓，并使墙外侧的甲型模板与混凝土脱离。调整乙型模板上三角爬架的角度，装上爬杆，爬杆下端穿入甲型模板中间的液压千斤顶中，然后拆除甲型模板的穿墙螺栓，起动千斤顶将甲型模板爬升至预定高度，待甲型模板爬升结束并固定后，再用甲型模板爬升乙型模板(图 3-30)。

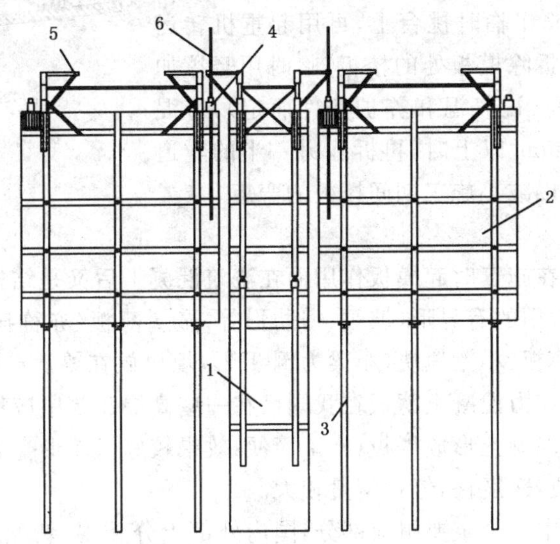

1—甲型模板；2—乙型模板；3—背楞；4—液压千斤顶；5—三角爬架；6—爬杆

图 3-30 无爬架爬模的构造

3.2.1.6 其他模板

近年来，随着各种土木工程和施工机械化的发展，新型模板不断出现，除上述模板外，国内外目前常用的还有下列几种：

1. 台模(飞模、桌模)

台模是一种大型工具式模板，主要用于浇筑平板式或带边梁的水平结构，如用于建筑施工的楼面模板，它是一个房间用一块台模，有时甚至更大。按台模的支承形式分为支腿式(图 3-31)和无支腿式两类。前者又有伸缩式支腿和折叠式支腿之分；后者是悬架于墙上或柱顶，故也称悬架式。支腿式台模由面板(胶合板或钢板)、支撑框架、檩条等组成。支撑框架的支腿底部一般带有轮子，以便移动。浇筑后待混凝土达到规定强度，落下台面，将台模推出墙面放在临时挑台上，再用起重机整体吊运至上层或其他施工段。亦可不用挑台，推出墙面后直接吊运。

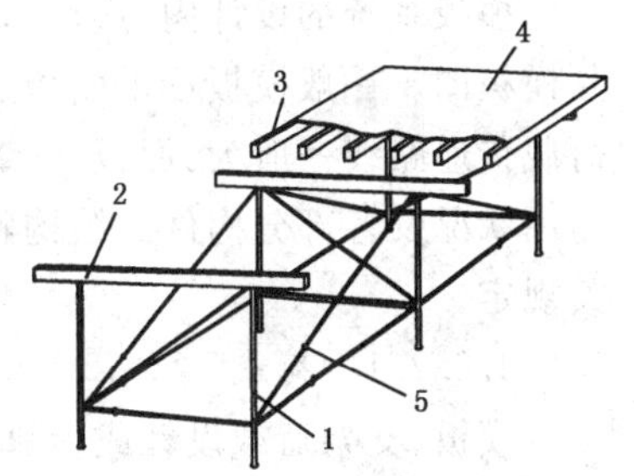

1—支腿；2—可伸缩的横梁；
3—檩条；4—面板；5—斜撑

图 3-31 台模

2. 隧道模

隧道模是用于同时整体浇筑竖向和水平结构的大型工具式模板，用于建筑物墙与楼板的同步施工，它能将各开间沿水平方向逐段整体浇筑，故施工的结构整体性好、抗震性能好、施工速度快，但模板的一次性投资大，模板起吊和转运需较大的起重机。

隧道模有全隧道模(整体式隧道模)和双拼式隧道模(图 3-32)两种。全隧道模自重大，推

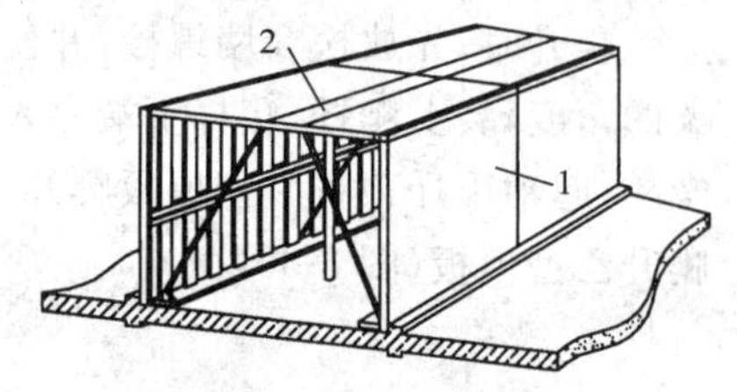

1—半隧道模；2—插板

图 3-32 双拼式隧道楼

移时多需铺设轨道，目前使用逐渐减少。双拼式隧道模由两个半隧道模对拼而成，两个半隧道模的宽度可以不同，再增加一块插板，即可以组合成各种开间需要的宽度。

混凝土浇筑后强度达到 7N/mm² 左右，即可先拆除半边的隧道模，推出墙面放在临时挑台上，再用起重机转运至上层或其他施工段。拆除模板处的楼板，临时用竖撑加以支撑，再养护一段时间（视气温和养护条件而定），待混凝土强度约达到 20 N/mm² 以上时，再拆除另一半的隧道模，但保留中间的竖撑，以减小施工期间楼板的弯矩。

3. 永久式模板

永久式模板是一些在施工时起模板作用而在浇筑混凝土后又是结构本身组成部分之一的预制模板，目前国内外常用的有异形（波纹、密肋形等）金属薄板（亦称压形钢板）、预应力混凝土薄板、玻璃纤维水泥模板、小梁填块（小梁为倒 T 形，填块放在梁底凸缘上，再浇混凝土）、钢桁架型混凝土板等。预应力混凝土薄板在我国已在一些高层建筑中应用，铺设后稍加支撑，然后在其上铺放钢筋浇筑混凝土形成楼板，施工简便，效果较好。压形金属薄板我国土木工程施工中亦有应用，施工简便，速度快，但耗钢量较大。

模板是混凝土工程中一个重要组成部分，国内外都十分重视，新型模板亦不断出现，除上述各种类型模板外，还有各种玻璃钢模板、塑料模板、提模、艺术模板和专门用途的模板等。

3.2.2 模板设计

定型模板和常用的模板拼板，在其适用范围内一般不需进行设计或验算，但其支撑系统应进行设计计算。重要结构的模板，特殊形式的模板或超出适用范围的定型模板及支撑系统，应该进行设计或验算以确保安全，保证质量，防止浪费。

模板系统的设计内容包括选型、选材、荷载计算、结构计算、拟定制作安装和拆除方案、绘制模板图。一般模板都由面板、次肋、主肋、对拉螺栓、支撑系统等几部分组成，作用于模板的荷载传递路线一般为：面板 → 次肋 → 主肋 → 对拉螺栓（或支撑系统）。设计时可根据荷载作用状况及各部分构件的结构特点进行计算。以下介绍模板设计的荷载、模板支架设计及有关规定。

3.2.2.1 荷载

模板、支架荷载设计或验算。

1. 模板及支架自重

模板及支架的自重，可按图纸或实物计算确定，或参考表 3-2。

表 3-2 楼板模板自重标准值

模板构件	木模板/(kN/m²)	定型组合钢模板/(kN/m²)
平板模板及小楞自重	0.3	0.5
楼板模板自重（包括梁模板）	0.5	0.75
楼板模板及支架自重（楼层高度 4m 以下）	0.75	1.10

2. 新浇筑混凝土的自重标准值

普通混凝土用 $24kN/m^3$，其他混凝土根据实际重力密度确定。

3. 钢筋自重标准值

根据设计图纸确定。一般梁板结构每立方米混凝土结构的钢筋自重标准值：楼板1.1kN；梁1.5kN。

4. 施工人员及设备荷载标准值

① 计算模板及直接支承模板的小肋时，均布活荷载 $2.5kN/m^2$，另以跨中的集中荷载2.5kN进行验算，取两者中较大的弯矩值。

② 计算支承小肋的构件时：均布活荷载 $1.5kN/m^2$。

③ 计算支架立柱及其他支承结构构件时：均布活荷载 $1.0kN/m^2$。

对大型浇筑设备(上料平台等)、混凝土泵等按实际情况计算。木模板板条宽度小于150mm时，集中荷载可以考虑由相邻两块板共同承受。如混凝土堆积料的高度超过100mm时，则按实际情况计算。

5. 振捣混凝土时产生的荷载标准值

水平面模板 $2.0kN/m^2$；垂直面模板 $4.0kN/m^2$(作用范围在有效压头高度之内)。

6. 新浇筑混凝土对模板侧面的压力标准值

影响混凝土侧压力的因素很多，如与混凝土组成有关的骨料种类、配筋数量、水泥用量、外加剂、坍落度等都有影响。此外还有外界影响，如混凝土的浇筑速度、混凝土的温度、振捣方式、模板情况、构件厚度等。

混凝土的浇筑速度是一个重要影响因素，最大侧压力一般与其成正比。但当其达到一定速度后，再提高浇筑速度，则对最大侧压力的影响就不明显。混凝土的温度影响混凝土的凝结速度，温度低、凝结慢，混凝土侧压力的有效压头高，最大侧压力就大；反之，最大侧压力就小。模板情况和构件厚度影响拱作用的发挥，因之对侧压力也有影响。

由于影响混凝土侧压力的因素很多，想用一个计算公式全面加以反映是有一定困难的。国内外研究混凝土侧压力，都是抓住几个主要影响因素，通过典型试验或现场实测取得数据，再用数学方法分析归纳后提出公式。

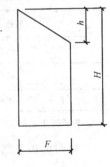

我国目前采用的计算公式，当采用内部振动器时，新浇筑的混凝土作用于模板的最大侧压力，按下列两式计算，并取两式中的较小值(图 3-33)：

$$F=0.22\gamma_c t_0 \beta_1 \beta_2 v^{\frac{1}{2}} \tag{3-4}$$

$$F=\gamma_c H \tag{3-5}$$

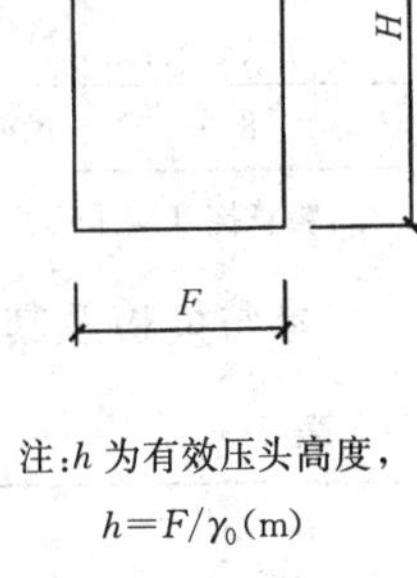

注：h 为有效压头高度，$h=F/\gamma_0$(m)

图 3-33 混凝土侧压力计算分布图

式中 F——新浇混凝土对模板的最大侧压力(kN/m^2)；

γ_c—— 混凝土的重力密度(kN/m^3)；

t_0——新浇混凝土的初凝时间(h)，可按实测确定。当缺乏试验资料时，可采用 $t_0=\frac{200}{t+15}$ 计算(t 为混凝土的温度，℃)；

v—— 混凝土的浇筑速度(m/h)；

H—— 混凝土的侧压力计算位置处至新浇混凝土顶面的总高度(m)；

β_1—— 外加剂影响修正系数，不掺外加剂时取 1.0，掺具有缓凝作用的外加剂时取 1.2；

β_2——混凝土坍落度影响修正系数，当坍落度小于 30 mm 时，取 0.85；当坍落度为

50～90mm时,取1.0;当坍落度为110～150mm时,取1.15。

7. 倾倒混凝土时产生的荷载标准值

倾倒混凝土时对垂直面模板产生的水平荷载标准值,按表3-3采用。

表3-3　向模板中倾倒混凝土时产生的水平荷载标准值

项　次	向模板中供料方法	水平荷载标准/(kN/m^2)
1	用溜槽、串筒或由导管输出	2
2	用容量为<0.2m^3的运输器具倾倒	2
3	用容量为0.2～0.8m^3的运输器具倾倒	4
4	用容量为>0.8m^3的运输器具倾倒	6

注:作用范围在有效压头高度以内。

8. 风荷载

风荷载标准值应按现行国家标注《建筑结构荷载规范》(GB 50009)中的规定计算,其中基本风压值按该规范附表D.4中$n=10$年的规定采用,并取风振系数$\beta_z=1$。

计算模板及其支架时的荷载设计值,应采用荷载标准值乘以相应的荷载分项系数求得,荷载分项系数按表3-4采用。

表3-4　荷载分项系数γ_i

项　次	荷　载　类　别	γ_i
1	模板及支架自重	永久荷载的分项系数: ① 当其效应对结构不利时:对由可变荷载效应控制的组合,应取1.2;对由永久荷载效应控制的组合,应取1.35; ② 当其效应对结构有利时:一般情况应取1;对结构的倾覆、滑移验算,应取0.9
2	新浇筑混凝土自重	
3	钢筋自重	
6	新浇筑混凝土对模板侧面的压力	
4	施工人员及施工设备荷载	可变荷载的分项系数: ① 一般情况下取1.4; ② 对标准值大于4kN/m^2的活荷载应取1.3
5	振捣混凝土时产生的荷载	
7	倾倒混凝土时产生的荷载	
8	风荷载	1.4

注:验算挠度应采用荷载标准值,计算承载能力应采用荷载设计值。

参与模板及其支架荷载效应组合的各项荷载,应符合表3-5的规定。

表3-5　参与模板及其支架荷载效应组合的各项荷载

模　板　类　别	参与组合的荷载项	
	计算承载能力	验算刚度
平板和薄壳的模板及支架	1,2,3,4	1,2,3
梁和拱模板的底板及支架	1,2,3,5	1,2,3
梁、拱、柱(边长≤300mm)、墙(厚≤100mm)的侧面模板	5,6	6
大体积结构、柱(边长>100mm)、墙(厚>100mm)的侧面模板	6,7	6

3.2.2.2 模板支架的设计

模板支架是用于支撑水平混凝土结构模板的临时结构(图 3-34)。

作用在模板支架上的荷载可分为永久荷载(恒荷载)与可变荷载(活荷载)。其中永久荷载包括:模板及支架自重、新浇混凝土自重、钢筋自重;可变荷载包括:施工荷载(施工人员及施工设备荷载、振捣混凝土时产生的荷载)、风荷载。这些荷载取值与荷载的组合应与3.2.2.1 中的内容相符。

模板支架的设计内容包括:纵向、横向水平杆件等抗弯承载力的计算;立杆的稳定性计算;连接扣件的抗滑承载力计算;立杆地基承载力计算。

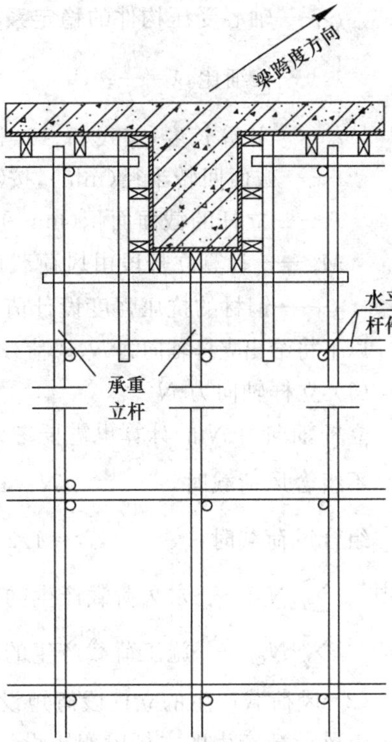

图 3-34 模板支架简图

1. 纵向、横向水平杆件等抗弯承载力的计算

纵向、横向水平杆件按受弯构件计算抗弯承载力,计算公式如下:

$$\sigma=\frac{M}{W}\leqslant f \tag{3-6}$$

式中 σ——弯曲正应力;

M——弯矩设计值(N·mm),$M=1.2M_{Gk}+1.4\sum M_{Qk}$,其中 M_{Gk} 是永久荷载产生的弯矩标准值,M_{Qk} 是施工荷载产生的弯矩标准值;

W——截面模量(mm^3),按《建筑施工扣件式钢管脚手架安全技术规范(JGJ 130—2011)》(以下简称《脚手架规范》)附录 B 表 B.0.1 取用;

f——钢材的抗弯强度设计值(N/mm^2),按表 3-6 取用。

表 3-6 **f 的取值**

Q235 钢抗拉、抗压和抗弯强度设计值 $f/(N/mm^2)$	205
弹性模量 $E/(N/mm^2)$	2.06×10^5

纵向、横向水平杆件的挠度应符合下式规定:

$$\nu\leqslant[\nu] \tag{3-7}$$

式中 ν——挠度(mm);

$[\nu]$——容许挠度,不应大于受弯构件计算跨度 1/150 或 10mm。

2. 立杆的稳定性计算

立杆的稳定计算需考虑不组合风荷载和组合风荷载两种情况:

不组合风荷载时,
$$\frac{N}{\varphi A}\leqslant f \tag{3-8}$$

组合风荷载时,
$$\frac{N}{\varphi A}+\frac{M_w}{W}\leqslant f \tag{3-9}$$

式中 N——计算立杆段的轴向力设计值(N),按式(3-10)和式(3-11)计算;

φ——轴心受压构件的稳定系数,应根据长细比 λ 由《脚手架规范》附录 A.0.6 取值;

λ——长细比,$\lambda=\frac{l_0}{i}$;

l_0——计算长度,按式(3-13)和式(3-14)计算;

i——截面回转半径(mm),按《脚手架规范》附录 B 表 B.0.1 取用;

A——立杆的截面面积(mm^2),按《脚手架规范》附录 B 表 B.0.1 取用;

M_w——计算立杆段由风荷载设计值产生的弯矩(N·mm),按式 3-12 计算;

f——钢材的抗压强度设计值(N/mm^2),按表 3-6 取用。

以下将给出立杆轴向力 N、风荷载产生的立杆段弯矩设计值 M_w、立杆计算长度 l_0 的确定方法。

(1) 立杆轴向力 N

立杆轴向力 N 的计算也需要考虑不组合风荷载和组合风荷载两种情况:

不组合风荷载时,
$$N=1.2\sum N_{Gk}+1.4\sum N_{Qk} \tag{3-10}$$

组合风荷载时,
$$N=1.2\sum N_{Gk}+0.9\times1.4\sum N_{Qk} \tag{3-11}$$

式中 $\sum N_{Gk}$——永久荷载产生的轴向力总和(N);

$\sum N_{Qk}$——施工荷载产生的轴向力总和(N)。

(2) 风荷载产生的立杆段弯矩设计值 M_w

由风荷载产生的立杆段弯矩设计值,按下式计算:

$$M_w=0.9\times1.4M_{wk}=\frac{0.9\times1.4\omega_k l_0 h^2}{10} \tag{3-12}$$

式中 M_{wk}——风荷载产生的弯矩标准值(kN·m);

ω_k——风荷载标准值(kN/m^2),按《脚手架规范》4.2.5 计算;

l_0——立杆纵距。

(3) 立杆计算长度 l_0

立杆计算长度 l_0 的取值计算应按下式:

顶部立杆段:
$$l_0=k\mu_1(h+2a) \tag{3-13}$$

非顶部立杆段:
$$l_0=k\mu_2 h \tag{3-14}$$

式中 k——满堂支撑架立杆计算长度附加系数,按表 3-7 取用;

h——步距(m);

a——立杆伸出顶层水平杆中心线至支撑点的长度;应不大于 0.5m,当 $0.2\text{m}<a<0.5\text{m}$时,承载力可按线性插入值;

μ_1,μ_2——考虑满堂脚手架整体稳定因素的单杆计算长度系数,普通型构造应按《脚手架规范》附录 C 表 C-2、表 C-4 采用;加强型构造应按《脚手架规范》附录 C 表 C-3、表 C-5 采用。

表 3-7 **k 的取值**

高度 H/m	$H\leqslant8$	$8<H\leqslant10$	$10<H\leqslant20$	$20<H\leqslant30$
k	1.155	1.185	1.217	1.291

3. 连接扣件的抗滑承载力计算

纵向或横向水平杆与立杆连接时，其扣件的抗滑承载力应符合下式的规定：

$$R \leqslant R_c \tag{3-15}$$

式中　R——纵向或横向水平杆传给立杆的竖向作用力设计值(kN)；

R_c——扣件抗滑承载力设计值，按表 3-8 取值。

表 3-8　　R_c 的取值

项　目	承载力设计值/kN
对接扣件(抗滑)	3.20
直角扣件、旋转扣件(抗滑)	8.00
底座(受压)、可调托撑(受压)	40.00

4. 立杆地基承载力计算

立杆基础底面的平均压力应满足以下要求：

$$p_k = \frac{N_k}{A} \leqslant f_a \tag{3-16}$$

式中　p_k——立杆基础底面处的平均压力标准值(kPa)；

N_k——上部结构传至立杆基础顶面的轴向力标准值(kN)；

A——基础底面面积(m^2)；

f_a——地基承载力特征值(kPa)，当为天然地基时，应按地质勘察报告选用；当为回填土地基时，应对地质勘察报告提供的回填土地基承载力特征值乘以折减系数 0.4。

对于搭设在楼面和地下室顶板上的模板支架，应对楼面承载力进行验算。

3.2.2.3　设计计算规定

① 验算模板及其支架的刚度时，其最大变形值不得超过下列允许值：

(a) 对结构表面外露的模板，为模板构件计算跨度的 1/400。

(b) 对结构表面隐蔽的模板，为模板构件计算跨度的 1/250。

(c) 对支架的压缩变形值或弹性挠度，为相应的结构计算跨度的 1/1 000。

② 组合钢模板结构或其构配件的最大变形值不得超过表 3-9 规定。

表 3-9　　组合钢模板及构件的容许变形值

部件名称	容许变形值/mm
钢模板的面板	≤1.5
单块钢模板	≤1.5
钢楞	L/500 或≤3.0
柱箍	B/500 或≤3.0
桁架、钢模板体系	L/1 000
支撑系统累计	≤4.0

注：L 为计算跨度，B 为柱宽。

③ 液压滑模装置的部件，其最大变形值不得超过下列容许值：

(a) 在使用荷载下，两个提升架之间围圈的垂直方向和水平方向的变形值均不得大于其计算跨度的1/150。

(b) 在使用荷载下,提升架立柱的侧向水平变形值不得大于2mm。

(c) 支撑杆的弯曲度不得大于$L/150$。

④ 爬模应采用大模板,爬模及其部件的最大变形值不得超过下列容许值:

(a) 爬模立柱的安装变形值不得大于爬架立柱高度的1/1000。

(b) 爬模结构的主梁,根据重要程度的不同,其最大变形值不得超过计算跨度的1/500~1/800。

()以支点间轨道变形值不得大于2mm。

支架的立柱或桁架应保持稳定,并用撑拉杆件固定。验算模板及其支架在自重和风荷载作用下的抗倾倒稳定性时,应符合有关的专门规定。

3.2.3 模板安装与拆除

3.2.3.1 模板安装

模板支撑应按模板设计施工图进行安装。在浇筑混凝土之前,需对模板工程进行验收。

安装现浇结构的上层模板及其支架时,下层楼板应具有承受上层荷载的承载能力,或加设支架;上、下层支架的立柱应对准,并铺设垫板。

模板安装应满足下列要求:

① 模板的接缝不应漏浆;在浇筑混凝土前,木模板应浇水湿润,但模板内不应有积水。

② 模板与混凝土的接触面应清理干净并涂刷隔离剂,但不得采用影响结构性能或妨碍装饰工程施工的隔离剂。

③ 浇筑混凝土前,模板内的杂物应清理干净。

④ 对清水混凝土工程及装饰混凝土工程,应使用能达到设计效果的模板。

用作模板的地坪、胎模等应平整光洁,不得产生影响构件质量的下沉、裂缝、起砂或起鼓。对跨度不小于4m的现浇钢筋混凝土梁、板,其模板应按设计要求起拱;当设计无具体要求时,起拱高度宜为跨度的1/1000~3/1000。

固定在模板上的预埋件、预留孔和预留洞均不得遗漏,且应安装牢固。模板安装位置偏差要符合规范要求。

3.2.3.2 模板拆除

现场拆除模板时,应遵守下列原则:

① 拆模前应制定拆模程序、拆模方法及安全措施。

② 先拆除侧面模板,再拆除承重模板。

③ 大型模板板块宜整体拆除,并应采用机械化施工。

④ 支承件和连接件应逐件拆卸,模板应逐块拆卸传递,侧模拆除时的混凝土强度应能保证其表面及棱角不受损伤。

⑤ 模板拆除时,不应对楼层形成冲击荷载。

⑥ 拆下的模板、支架和配件均应分类、分散堆放整齐,并及时清运。

现浇结构的模板及其支架拆除时的混凝土强度,应符合设计要求;当设计无具体要求时,侧模可在混凝土强度能保证其表面及棱角不因拆除模板而受损坏后拆除;底模拆除时所需的混凝土强度如表3-10所列。

表 3-10 底模拆除时所需的混凝土强度

构件类型	构件跨度/m	达到设计的混凝土立方体抗压强度标注值的百分率/%
板	≤2	≥50
	>2 且≤8	≥75
	>8	≥100
梁、拱、壳	≤8	≥75
	>8	≥100
悬臂构件	—	≥100

3.2.3.3 早拆模板体系

早拆模板施工技术是将跨度较大的现浇钢筋混凝土梁板等水平构件通过竖向支撑变为短跨受力状态，以达到早拆模板的目的。基其本原理就是在施工阶段把结构构件跨度人为划小且只计自重荷载作用，降低其内力。由表 3-10 可知，对于跨度≤2m 的现浇梁板，在混凝土强度达到设计强度的 50%时可拆模。

该体系主要由早拆柱头、立杆、横杆、可调底座、主楞、次楞、模板等组成(图 3-35)。

早拆模板安装时，先安装支撑系统，形成满堂脚手支架，再逐个按区间将模板块安装上去，当混凝土实际强度达到设计强度 50%时，只要将早拆柱头上的支承销用锤子敲向另一侧(同主楞的两端支撑销同时敲)，早拆柱上的外套用连同主楞、模板等同时下落，此时可将主楞、模板等拆卸，而原来的柱头仍保留支撑状态，柱头可按混凝土的发展强度分批拆除。早拆柱头有很多种形式，如图 3-36 所示。

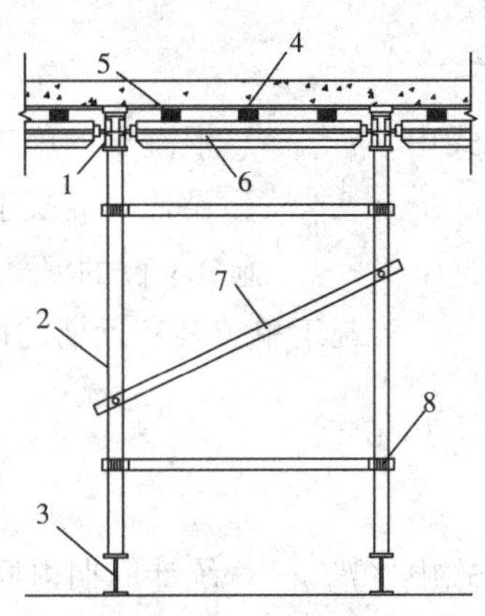

1—早拆柱头；2—立柱；
3—可调底座；4—久夹板；5—次楞；
6—主楞；7—斜撑；8—梅花接头
图 3-35 早拆模板体系

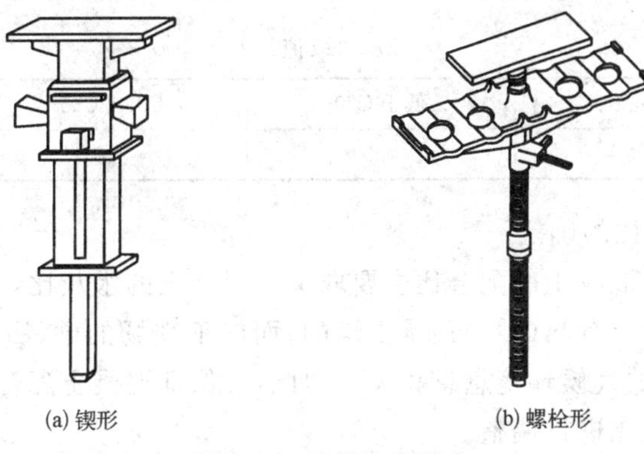
(a) 锲形
(b) 螺栓形
图 3-36 早拆柱头形式

3.3 混凝土工程

混凝土工程包括混凝土制备、运输、浇筑捣实和养护等施工过程，各个施工过程相互联系和影响，任一施工过程处理不当都会影响混凝土工程的最终质量。近年来，混凝土外加剂发展很快，它们的应用影响了混凝土的性能和施工工艺。此外，自动化、机械化的发展和新的施工机械和施工工艺的应用，也大大改变了混凝土工程的施工面貌。

3.3.1 混凝土的制备

3.3.1.1 混凝土施工配制强度与配合比确定

混凝土的施工配合比，应保证结构设计对混凝土强度等级及施工对混凝土和易性的要求，并应符合合理使用材料、节约水泥的原则。必要时，还应符合抗冻性、抗渗性等要求。混凝土的实际施工强度主要受混凝土现场施工配制强度和配合比的影响。

1. 混凝土施工配制强度确定

混凝土制备之前按下式确定混凝土的施工配制强度，以达到95%的保证率：

$$f_{cu,0}=f_{cu,k}+1.645\sigma \tag{3-17}$$

式中 $f_{cu,0}$——混凝土的施工配制强度(N/mm²)；

$f_{cu,k}$——设计的混凝土强度标准值(N/mm²)；

σ——施工单位的混凝土强度标准差(N/mm²)。

当施工单位具有近期的同一品种混凝土强度的统计资料时，σ 可按下式计算：

$$\sigma=\sqrt{\frac{\sum f_{cu,i}^2-N\mu_{f_{cu}}^2}{N-1}} \tag{3-18}$$

式中 $f_{cu,i}$——统计周期内同一品种混凝土第 i 组试件强度(N/mm²)；

$\mu_{f_{cu}}$——统计周期内同一品种混凝土 N 组强度的平均值(N/mm²)；

N——统计周期内相同混凝土强度等级的试件组数，$N\geqslant25$。

当混凝土强度等级为C20或C25时，如计算得到的 $\sigma<2.5\text{N/mm}^2$，取 $\sigma=2.5\text{N/mm}^2$；当混凝土强度等级高于C25时，如计算得到的 $\sigma<3.0\text{N/mm}^2$，取 $\sigma=3.0\text{N/mm}^2$。

施工单位如无近期同一商品混凝土强度统计资料时，σ 可按表3-11取值。

表 3-11 **σ 的取值**

混凝土强度等级/(N/mm²)	低于 C20	C25～C35	高于 C35
σ	4.0	5.0	6.0

2. 混凝土施工配合比的确定

在混凝土施工现场，混凝土的配合比主要取决于混凝土的水灰比，而水灰比主要取决于用水量。在实验室中，混凝土骨料(砂、石)是干燥的，而施工现场的砂、石都有一定的含水率，并且含水量的高低与当地的气候环境息息相关。因此，要保证混凝土配合比的准确性，需按现场砂、石实际含水率对水灰比进行调整。

假设实验室的配合比为水泥∶砂∶石子＝1∶X∶Y，水灰比为 W/C；现场测得的砂、石含水率分别为：W_x，W_y。

则施工现场配合比为：水泥∶砂∶石子＝1∶$X(1+W_x)$∶$Y(1+W_y)$，水灰比保持不变，则实际用水量为：$W_{现}=W(原用水量)-XW_x-YW_y$。

3.3.1.2 混凝土的搅拌

混凝土制备是指将各种组成材料拌制成质地均匀、颜色一致、具备一定流动性的混凝土拌合物。由于混凝土配合比是按照细骨料恰好填满粗骨料的间隙，而水泥浆又均匀地分布在粗骨料表面的原理设计的。如混凝土搅拌得不均匀就不能获得密实的混凝土，影响混凝土的质量，所以制备是混凝土施工工艺过程中非常重要的一道工序。

1. 混凝土搅拌机的原理和搅拌机的选择

混凝土制备的方法，除工程量很小且分散的场合用人工拌制外，皆应采用机械搅拌。混凝土搅拌机按其原理分为自落式搅拌机(图 3-37(a))和强制式搅拌机(图 3-37(b))两类。

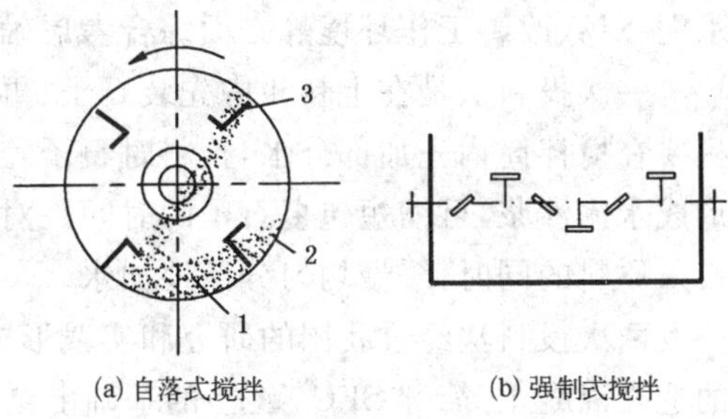

(a) 自落式搅拌　　(b) 强制式搅拌

1—混凝土拌合物；2—搅拌筒；3—叶片

图 3-37　混凝土搅拌原理

① 自落式搅拌机的搅拌筒内壁焊有弧形叶片，当搅拌筒绕水平轴旋转时，弧形叶片不断将物料提高一定高度，然后让其自由落下并互相混合。因此，自落式搅拌机主要是以重力机理设计的。

② 强制式搅拌机主要是根据剪切机理设计的。在这种搅拌机中有转动的叶片，这些不同角度和位置的叶片转动时通过物料，克服物料的惯性、摩擦力和黏滞力，强制其产生环向、径向、竖向运动。这种由叶片强制物料产生剪切位移而达到均匀混合的机理，称为剪切搅拌机理。

选择搅拌机时，要根据工程量大小、混凝土的坍落度、骨料尺寸等而定。既要满足技术上的要求，亦要考虑经济效益和节约能源。

我国规定混凝土搅拌机以其出料容量(m^3)×1 000 为标定规格，我国常用的混凝土搅拌机有：250，350，500，750，1 000 等系列。

2. 搅拌制度确定

为了获得质量优良的混凝土拌合物，除正确选择搅拌机外，还必须正确确定搅拌制度，即搅拌时间、投料顺序和进料容量等。

(1) 混凝土搅拌时间

搅拌时间是指从原料全部投入搅拌筒时起，到开始卸料时为止所经历的时间。它与搅拌质量密切相关。它随搅拌机类型和混凝土的和易性的不同而变化。在一定范围内，随着搅拌时间的延长，混凝土的强度有所提高，但过长时间的搅拌既不经济也不合理。因为搅拌时间过长，不坚硬的粗骨料在大容量搅拌机中会因脱角、破碎等而影响混凝土的质量。加气混凝土也会因搅拌时间过长而使含气量下降。为了保证混凝土的质量，应控制混凝土搅拌的最短时间(表 3-12)。该最短时间是按一般常用搅拌机的回转速度确定的，不允许用超过混凝土搅拌机规定的回转速度进行搅拌以缩短搅拌延续时间。

表 3-12　　混凝土搅拌的最短时间　　单位：s

混凝土坍落度/mm	搅拌机机型	搅拌机出料量/L		
		<250	250～500	>500
≤30	强制式	60	90	120
	自落式	90	120	150
>30	强制式	60	60	90
	自落式	90	90	120

注：①当掺有外加剂时，搅拌时间应适当延长；

② 全轻混凝土砂轻混凝土搅拌时间应延长 60～90s。

2. 投料顺序

投料顺序应从提高搅拌质量、减少叶片和衬板的磨损、减少拌合物与搅拌筒的粘结、减少水泥飞扬、改善工作环境等方面综合考虑确定。常用的有一次投料法和两次投料法。

一次投料法是在上料斗中先装石子、再加水泥和砂,然后一次投入搅拌机。对自落式搅拌机要在搅拌筒内先加部分水,投料时石子盖住水泥,水泥不致飞扬,且水泥和砂先进入搅拌筒形成水泥沙浆,可缩短包裹石子的时间。对强制式搅拌机,因出料口在下部,不能先加水,应在投入原料的同时,缓慢均匀分散地加水。

两次投料法经过我国的研究和实践形成了"裹砂石法混凝土搅拌工艺",它是在日本研究的造壳混凝土(简称 SEC 凝土)的基础上结合我国的国情研究成功的,它分两次加水,两次搅拌。用这种工艺搅拌时,先将全部的石子、砂和 70%的拌合水倒入搅拌机,拌合 15s 使骨料湿润,再倒入全部水泥进行造壳搅拌 30s 左右,然后加入 30%的拌合水再进行糊化搅拌 60s 左右即完成。与普通搅拌工艺相比,用裹砂石法搅拌工艺可使混凝土强度提高 10%~20%,或节约水泥 5%~10%。在我国推广这种新工艺,有巨大的经济效益。此外,我国还对净浆法、净浆裹石法、裹砂法、先拌砂浆法等各种两次投料法进行了试验和研究。

(3) 进料容量

进料容量是将搅拌前各种材料的体积累计起来的容量,又称干料容量。进料容量与搅拌机搅拌筒的几何容量有一定的比例关系。一般情况下,如任意超载(进料容量超过 10%以上),就会使材料在搅拌筒内无充分的空间进行掺合,影响混凝土搅拌物的均匀性。反之,如装料过少,则又不能充分发挥搅拌机的效能。

3.3.1.3 混凝土的外加剂

掺于混凝土中,掺量不大于水泥质量 5%(特殊情况下除外)以改善混凝土性能的物质称为混凝土外加剂,它已成为混凝土中除水泥、水、砂和石以外的第五种组分。

混凝土外加剂按其功能分为四类;

① 改善混凝土拌合物流变性能的外加剂:包括各种减水剂、泵送剂、保水剂等。

② 调节混凝土凝结硬化性能的外加剂,包括缓凝剂、早强剂和速凝剂等。

③ 改善混凝土耐久性的外加剂:包括引气剂、防水剂和阻锈剂等。

④ 提供混凝土其他性能的外加剂;包括加气剂、膨胀剂、防冻剂、隔离剂等。

下面就一些常用外加剂的组成与特性进行简单的阐述。

1. 减水剂

减水剂是指在混凝土拌合物坍落度相同的条件下,能减少拌合物用水量的外加剂。根据减水量大小及功能,减水剂可分为普通减水剂和高效减水剂两大类。此外,还有复合型减水剂即引气减水剂,它既具有减水作用,又能提高早期强度。

减水剂的主要种类有以下三种:

(1) 木质素系减水剂

木质素系减水剂的主要品种是木质素磺酸钙(M 型减水剂),它是由生产纸浆或纤维浆的木质废液,经发酵处理、脱糖、浓缩、干燥、喷雾而制成的粉状物质。

M 型减水剂的掺量一般为水泥质量的 0.2%~0.3%,在保持配合比不变的条件下可提高混凝土坍落度一倍以上;若维持混凝土的抗压强度和坍落度不变,一般可节省水泥 8%~10%。

M 型减水剂还可减小混凝土拌合物的泌水性,改善混凝土的抗渗性及抗冻性,故适用于大模板、大体积浇筑、滑模施工、泵送混凝土及夏季施工等。M 型减水剂对混凝土有缓凝作用，但掺量过多，除造成缓凝外，还可能使强度下降。M 型减水剂不利于冬季施工，也不宜蒸汽养护。

(2) 多环芳香族磺酸盐系减水剂

这类减水剂又称萘系减水剂，萘系减水剂的减水、增强、改善耐久性等效果均优于木质素系，属于高效减水剂。一般减水率在 15%以上，主要用于配制早强、高强的混凝土。

(3) 水溶性树脂系减水剂

树脂系减水剂属于早强、非引气型高效减水剂，其减水及增强效果比萘系减水剂更好。减水率为 10%～24%。它适用于高强混凝土、早强混凝土、蒸养混凝土及流态混凝土等。

2. 引气剂

引气剂是指在混凝土搅拌过程中能引入大量均匀分布、稳定而封闭的微小气泡的外加剂。引气剂引入的封闭气孔(直径为 20～500μm)能有效隔断毛细孔通道，并能减少泌水造成的空隙，从而增强抗渗性。同时，封闭气孔的引入对水结冻时的膨胀能起到有效的缓冲作用，从而提高抗冻性。加入引气剂，会使混凝土的强度和弹性模量有所降低。

引气剂主要有如下几种类型：松香树脂类；烷基苯磺酸盐类；脂肪醇类；非离子型表面活性剂；木质素磺酸盐类。

3. 早强剂

早强剂是加速混凝土早期强度发展的外加剂。早强剂可改变水泥的水化过程或速度，加快混凝土强度的发展。常用早强剂有以下几个种类：

(1) 无机类

主要是一些无机盐类，又可分为氯化系物(氯化钠、氯化钙、氯化铁、氯化铝)和硫酸盐类(硫酸钠、硫代硫酸钠、硫酸钙、硫酸铝钾)，此外还有铬酸盐等。

(2) 有机类

常用的有三乙醇胺、三异丙醇胺、乙酸钠、甲酸钙等。

(3) 复合类

由有机-无机早强剂复合或早强剂与其他外加剂复合而成的。

4. 缓凝剂

缓凝剂是能延长混凝土凝结时间，而不影响混凝土后期强度的外加剂。

缓凝剂的主要种类有：羟基羧酸盐(酒石酸、酒石酸钾钠、柠檬酸、水杨酸等)，多羟基碳水化合物(如糖蜜、淀粉)，无机化合物(磷酸盐)，木质磺酸盐(如木质磺酸钙)。

我国最常用的缓凝剂为木质磺酸钙及糖蜜。其中，糖蜜的缓凝效果最好，它是一种经石灰处理过的制糖下脚料。

缓凝剂对水泥品种适应性十分明显，不同水泥品种，其缓凝效果不相同，甚至会出现相反效果，使用前必须进行试拌以检测其效果。

5. 速凝剂

速凝剂主要有无机盐类(硅酸钠、铝酸钠、磺酸钠)和有机物类(聚丙烯酸、聚甲基丙烯酸、羟基胺)。

温度升高对速凝作用有增强效果；水灰比增大，速凝效果降低。速凝剂使混凝土的后期强度下降，掺加速凝剂的混凝土 28d 强度为不掺时的 80%～90%。

3.3.1.4 混凝土的掺合料

在混凝土拌合物制备时，为了节约水泥、改善混凝土性能、调节混凝土强度等级而加入的天然的或者人造的矿物材料，统称为混凝土掺合料。

用于混凝土中的掺合料可分为活性矿物掺合料和非活性矿物掺合料两大类。非活性矿物掺合料一般与水泥组分不起化学作用，或化学作用很小，如磨细石英砂、石灰石、硬矿渣之类材料。活性矿物掺合料虽然本身不硬化或硬化速度很慢，但能与水泥水化生成的$Ca(OH)_2$发生化学反应，生成具有水硬性的胶凝材料。如粒化高炉矿渣、火山灰质材料、粉煤灰、硅灰等。下面简单介绍粉煤灰、粒化高炉矿渣、硅灰这三种掺合料。

1. 粉煤灰

粉煤灰是由燃烧煤粉的锅炉烟气中收集到的细粉末，其颗粒多呈球形，表面光滑。

粉煤灰有高钙粉煤灰和低钙粉煤灰之分，其中氧化钙含量大于10%的称为高钙粉煤灰，小于10%的称为低钙粉煤灰。低钙粉煤灰来源比较广泛，是当前国内外用量最大、使用范围最广的混凝土掺合料，其有两方面的效果：

① 节约水泥：一般可以节约10%～15%，有显著的经济效益。

② 改善和提高混凝土的下述性能：

(a) 改善混凝土拌合物的和易性、可泵性和抹面性；

(b) 降低混凝土水化热，是大体积混凝土的主要掺合料；

(c) 提高混凝土抗硫酸性能；

(d) 提高混凝土抗渗性；

(e) 抑制碱骨料反应。

2. 硅灰

硅灰又称硅粉，是电弧炉冶炼硅铁合金的副产品。硅灰中SiO_2含量达80%以上，主要是非晶态的SiO_2。硅灰颗粒极细，呈玻璃球状，比表面积为20 000～25 000m^2/kg，因而具有极高的活性。硅灰取代水泥的效果远远高于其他掺合料，它可以大幅度提高混凝土的强度、抗渗性、抗腐蚀性，降低水化热，减小温升。

硅灰的掺量一般为水泥的5%～15%，在配制超高强度混凝土时，掺量可达20%～30%。由于比表面积大，需水量大，必须与减水剂配合使用。由于硅灰的价格较高，一般只用于高强或超高强混凝土、泵送混凝土、高耐久性混凝土，以及其他高性能混凝土。

3. 粒化高炉矿渣粉

粒化高炉矿渣粉是由高炉矿渣经干燥、磨细到一定细度而成的磨细粒化高炉矿渣，含有活性SiO_2和Al_2O_3，因而具有较高的活性，其掺量与效果均高于粉煤灰。粒化高炉矿渣粉的掺量为10%～70%，可显著降低混凝土的温升，提高抗渗性和耐蚀性等，可用于钢筋混凝土和预应力钢筋混凝土工程。

3.3.1.5 预拌(商品)混凝土的制备

预拌混凝土是指水泥、骨料、水以及根据需要掺入的外加剂、矿物掺合料等组分按一定比例，在预拌混凝土企业经计量、拌制后出售的，并采用运输车在规定时间内运至使用地点的混凝土拌合物。

工艺先进的工厂应用电子技术自动控制物料的称量和进料，选择合适的配合比，测试砂的含水量并调整材料用量，显示贮仓料位，生产系统联动互锁和故障报警等。混凝土集中搅拌有利于采用先进的工艺技术，实行专业化生产管理。设备利用率高，计量准确，将配合好的干料装入混凝土搅拌输送车，因而产品质量好、材料消耗少、工效高、成本较低，又能改善劳动条件，减少环境污染。

预拌混凝土厂分固定式、半移动式和移动式三种。

固定式预拌混凝土工厂规模较大，每小时产量一般为 100～120m³。

半移动式预拌混凝土工厂，一般采用简易厂房，生产设备可以拆卸，转移后再组装。每小时产量一般为 60～80m³。

移动式预拌混凝土工厂，厂内不设搅拌系统，把砂、石和水泥的贮仓、称量和传送系统均组装在一个钢结构装置内。将配合好的干料装入混凝土搅拌输送车，注入拌和用水，边走边拌，运到施工现场。

3.3.2 混凝土的运输

3.3.2.1 基本要求

对混凝土拌合物运输的基本要求是：不产生离析现象、保证浇筑时规定的坍落度和在混凝土初凝之前能有充分时间进行浇筑和捣实。混凝土从搅拌机中卸出到浇筑完毕的延续时间不能超过规定(表 3-13)。

表 3-13　　混凝土从搅拌机中卸出到浇筑完毕的延续时间　　单位：min

混凝土强度等级	气温	
	≤25℃	＞25℃
≤C30	120	90
＞C30	90	60

为了避免混凝土在运输过程中发生离析，混凝土运输道路要平坦，运输工具要选择恰当，运输距离要有限制。如已产生离析，在浇筑前要进行二次搅拌。

3.3.2.2 运输分类及工具

1. 混凝土运输分类

混凝土运输分为地面水平运输、垂直运输和高空水平运输三种情况。

(1) 混凝土地面水平运输

如采用预拌(商品)混凝土且运输距离较远时，多用混凝土搅拌运输车。混凝土如来自工地搅拌站，则多用小型翻斗车，有时还用皮带运输机和窄轨翻斗车，近距离亦可用双轮手推车。

(2) 混凝土垂直运输

多采用混凝土泵、塔式起重机、快速提升斗和井架。用塔式起重机时，混凝土多放在吊斗中，这样可直接进行浇筑。

(3) 混凝土高空水平运输

如垂直运输采用塔式起重机，一般可将料斗中混凝土直接卸在浇筑点；如用混凝土泵，则用布料机布料；如用井架等，则以双轮车推车为主。

2. 混凝土主要运输工具

(1) 混凝土搅拌运输车

混凝土搅拌运输车(图 3-38)为长距离运输混凝土的有效工具，它是将一双锥式搅拌筒斜放在汽车底盘上，在混凝土搅拌站装入混凝

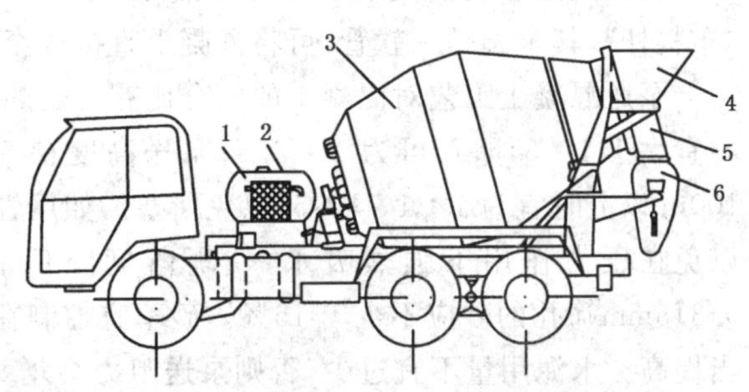

1—水箱；2—外加剂箱；3—搅拌筒；4—进料斗；5—固定卸料溜槽；6—活动卸料溜槽

图 3-38 混凝土搅拌运输车

土后，由于搅拌筒内有两条螺旋状叶片，在运输过程中，搅拌筒可通过慢速转动进行拌合，以防止混凝土离析，运至浇筑地点，搅拌筒反转即可迅速卸出混凝土。搅拌筒的容量一般为 2～10m³。

(2) 混凝土泵与泵车

混凝土泵是一种有效的混凝土运输和浇筑工具，它以泵为动力，沿管道输送混凝土，可以一次完成水平运输及垂直运输，将混凝土直接输送到浇筑地点，是一种高效的混凝土运输方法。道路工程、桥梁工程、地下工程、工业与民用建筑施工皆可应用，在我国城市建设中已普遍使用，并取得较好的效果。

目前我国主要采用活塞泵，活塞泵多用液压驱动，它主要由料斗、液压缸和活塞、混凝土缸、分配阀、Y 形输送管、冲洗设备、液压系统和动力系统等组成。如图 3-39 所示。活塞泵工作时，搅拌机卸出的或由混凝土搅拌运输车卸出的混凝土倒入进料斗 4，分配阀 5 开启，分配阀 6 关闭，在液压作用下通过活塞杆带动活塞 2 后移，料斗内的混凝土在重力和吸力作用下进入混凝土缸 1。然后，液压系统中压力油的进出反向，活塞 2 向前推压，同时分配阀 5 关闭，而分配阀 6 开启，混凝土缸中的混凝土拌合物就通过"Y"形输送管压入输送管。由于有两个缸体交替进料和出料，因而能连续稳定的排料。不同型号的混凝土泵，其排量不同，水平运距和垂直运距亦不同，通常，混凝土排量为 30～90m³/h，水平运距为 200～900m，垂直运距为 50～300m。

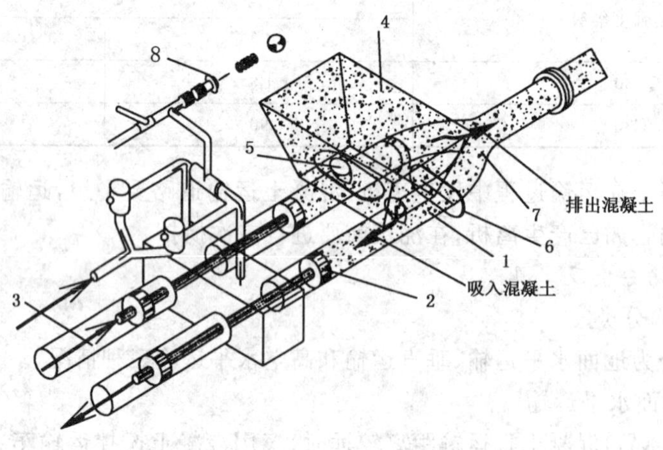

1—混凝土缸；2—活塞；3—液压缸；4—进料斗；5—控制吸入的水平分配阀；
6—控制排出的竖向分配阀；7—Y 型输送管；8—冲洗系统

图 3-39　液压活塞式混凝土泵工作原理图

将混凝土泵装在汽车上便成为混凝土泵车(图 3-40)，同时车上还装有可以伸缩或曲折的"布料杆"，其末端是一软管，可将混凝土直接送至浇筑地点，使用十分方便。

泵送混凝土工艺对混凝土的配合比有一定的要求：碎石最大粒径与输送管内径之比一般不宜大于 1∶3，卵石可为 1∶2.5；泵送高度在 50～100m 时宜为 1∶3～1∶4，泵送高度在 100m 以上时宜为 1∶4～1∶5，以免堵塞。如用轻骨料，则以吸水率小者为宜，并宜用水预湿，以免在压力作用下强烈吸水，使坍落度降低而在管道中形成阻塞。砂宜用中砂，通过 0.315mm筛孔的砂应不少于 15%。砂率宜控制在 38%～45%，如粗骨料为轻骨料时，还可适当提高。水泥用量不宜过少，否则泵送阻力会增大，最小水泥用量为 300kg/m³。水灰比宜为 0.4～0.6。泵送混凝土的坍落度根据不同泵送高度可参考表 3-14 选用。

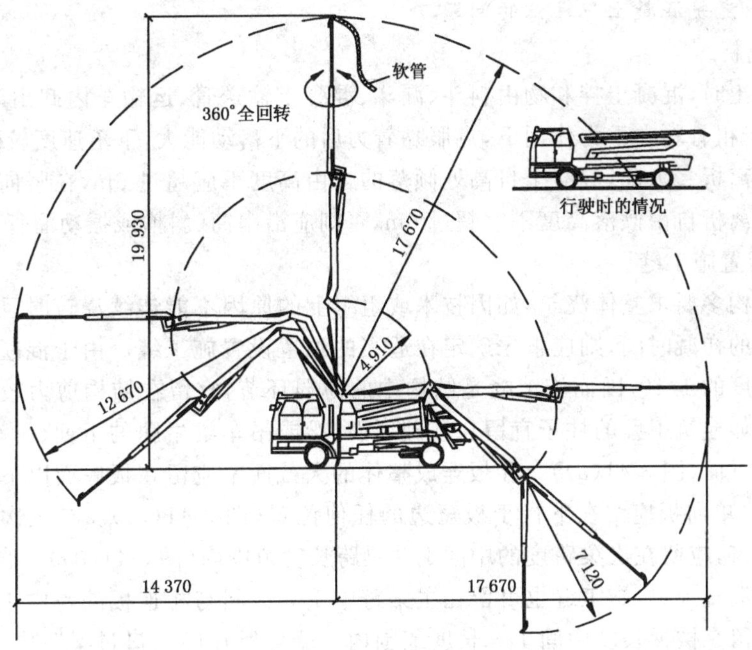

图 3-40 带布料杆的混凝土泵车

表 3-14 泵送混凝土的坍落度

泵送高度/m	30 以下	30～60	60～100	100 以上
坍落度/mm	100～140	140～160	160～180	180～200

混凝土泵宜与混凝土搅拌站运输车配套使用,且应使混凝土搅拌站的供应能力和混凝土搅拌站运输车的运输能力大于混凝土泵的泵送能力,以保证混凝土泵能连续工作,保证泵送管道不堵塞。进行输送管线布置时,应尽可能直,转弯要缓,管段接头要严,少用锥形管,以减少压力损失。如输送管向下倾斜,要防止因自重流动使管内混凝土中断、混入空气而引起混凝土离析,产生阻塞。为减小泵送阻力,用前先泵送适量的水和水泥浆或水泥沙浆以润滑输送管内壁,然后进行正常的泵送。在泵送过程中,泵的受料斗内应充满混凝土,防止吸入空气形成阻塞。混凝土泵排量大,在浇筑大面积混凝土时,最好用布料机进行布料,泵送结束要及时清洗泵体和管道。

(3) 混凝土布料机

除了混凝土泵车以外,楼面混凝土布料机也是高层建筑混凝土浇筑的常用设备之一。楼面混凝土布料机是将布料机固定在事先做好预留孔的楼板上进行作业,使用方便,安全可靠,经济实用。

3.3.3 混凝土的浇筑和养护

浇筑混凝土要保证混凝土的均匀性和密实性,要保证结构的整体性、尺寸准确和钢筋、预埋件的位置正确,拆模后混凝土表面要平整、光洁。

浇筑前,应检查模板、支架、钢筋和预埋件的正确性,并进行验收。由于混凝土工程属于隐蔽工程,因而对混凝土施工,均应随时填写施工记录。

3.3.3.1 浇筑混凝土应注意的问题

1. 防止离析

浇筑混凝土时，混凝土拌和物由料斗、漏斗、混凝土输送管、运输车内卸出时，如自由倾落高度过大，由于粗骨料在重力作用下，克服黏着力后的下落动能大，下落速度较砂浆快，因而可能形成混凝土离析。为此，混凝土自高处倾落的自由高度不应超过 3m，在竖向结构中当有可靠措施保证不离析自由倾落高度不宜超过 6m，否则应沿串筒、斜槽或振动溜管等下料。

2. 正确留置施工缝

混凝土结构多要求整体浇筑，如因技术或组织上的原因不能连续浇筑时且停顿时间有可能超过混凝土的初凝时间，则应事先确定在适当的位置设置施工缝。由于混凝土的抗拉强度约为其抗压强度的 1/10，因而施工缝是结构中的薄弱环节，宜留在结构剪力较小而且施工方便的部位。例如建筑工程的柱子宜留在基础顶面、梁或吊车梁牛腿的下面、吊车梁的上面、无梁楼盖柱帽的下面(图 3-41(a))。和板连成整体的大截面梁应留在板底面以下 20～30mm 处(图 3-41(b))。单向板应留在平行于板短边的任何位置(图 3-41(c))。有主次梁的楼盖宜顺着次梁方向浇筑，应留在次梁跨度的中间 1/3 梁跨长度范围内(图 3-41(d))。当现场必须沿着主梁方向浇筑混凝土时，施工缝也可留在主梁跨中 1/3 区间与相连板的跨中 1/3 的共同域范围内。楼梯应留在楼梯长度中间 1/3 长度范围内。墙可留在门洞口过梁跨中 1/3 范围内(图 3-41(e))，也可留在纵横墙的交接处。双向受力的楼板、大体积混凝土结构、拱、薄壳、多层框架等及其他结构复杂的结构，应按设计要求留置施工缝。

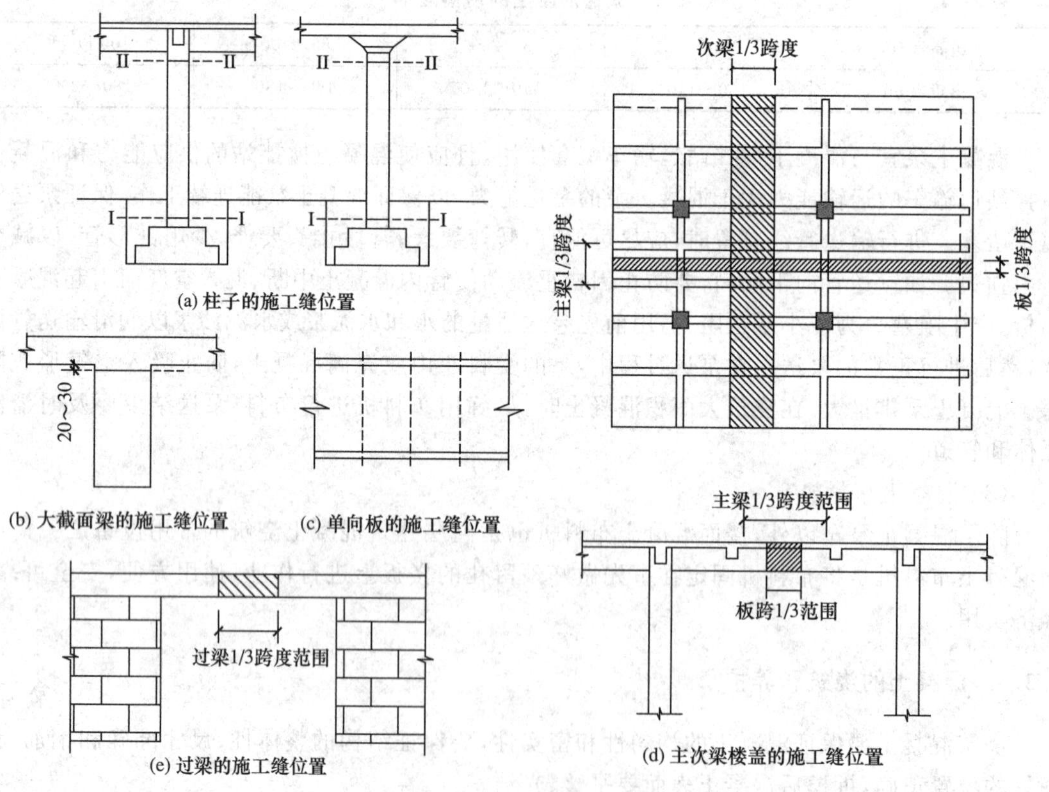

图 3-41 施工缝位置

在施工缝处继续浇筑混凝土时，应除掉水泥薄层和松动石子，表面加以湿润并冲洗干净，先铺水泥浆或与混凝土内砂浆成分相同的砂浆一层，并应待已浇筑的混凝土强度不低于 1.2N/mm^{2}后才允许继续浇筑。

3.3.3.2 混凝土浇筑方法

1. 基本要求

① 混凝土浇筑时的坍落度应符合表 3-15 的规定。

表 3-15 混凝土浇筑时的坍落度 单位:mm

结构种类	坍落度
基础或地面等垫层、无配筋和大体积结构(挡土墙、基础等)或配筋稀疏的结构	10～30
板、梁和大型及中型截面的柱子等	30～50
配筋密列的结构(薄壁、斗仓、筒仓、细柱等)	50～70
配筋特密的结构	70～90

注:① 本表采用机械振捣混凝土时的坍落度，当采用人工捣实混凝土时，其值可适当增大；

② 当需要配制大坍落度混凝土时，应掺用外加剂。

② 为了使混凝土振捣密实，混凝土必须分层浇筑，其浇筑层的厚度应符合表 3-16 的规定。

表 3-16 混凝土分层浇筑浇筑层的厚度 单位:mm

捣实混凝土的方法		浇筑层的厚度
插入式振捣		振捣器作用部分长度的 1.25 倍
表面振动		200
人工捣固	在基础、无筋混凝土或配筋稀疏的结构中	250
	在梁、墙板、柱结构中	200
	在配筋密列的结构中	150
轻骨料混凝土	插入式振捣	300
	表面振动(振动时需加荷)	200

③ 为了保证混凝土的整体性，浇筑工作应连续进行。当由于技术上或施工组织上原因必须间歇时，其间歇时间应尽可能缩短，并应在前层混凝土凝结之前，将次层混凝土浇筑完毕。间歇的最长时间应按所用水泥品种及混凝土条件确定，不能超过表 3-17 的规定，当超过时应留置施工缝。

表 3-17 混凝土浇筑间歇的最长时间 单位:min

混凝土强度等级	气温	
	25℃	>25℃
C30 及 C30 以下	210	180
C30 以上	180	150

注:① 本表数值包括混凝土的运输和浇筑时间。

② 当混凝土掺有促凝或缓凝型外加剂时，浇筑中的最大间歇时间应根据试验结果确定。

2. 现浇结构的浇筑

(1) 划分施工层和施工段的原则

建筑结构一般各层梁、板、柱、墙等构件的截面尺寸、形状基本相同，故可以按结构层次划分施工层，按层施工。如果平面尺寸较大，还应分段进行，以便模板、钢筋、混凝土等工程能相互配合，流水施工。

(2) 准备工作

① 对模板及支架进行检查，确保标高、位置尺寸正确，强度、刚度、稳定性及密实性满足要求；模板中的垃圾、泥土和钢筋上的油污应加以清除；木模板应浇水润湿，但不允许留有积水。

② 对钢筋及预埋件应请工程监理人员共同检查，并做好隐蔽工程记录。

③ 准备和检查材料、机具等；注意天气预报，不宜在雨雪天气浇筑混凝土。

④ 做好施工组织工作和技术、安全交底工作。

(3) 梁、板、柱、墙的浇筑

浇筑柱子时，同一施工段内的每排柱子应对称浇筑，不要由一端向另外一端推进，预防柱子模板逐渐受推倾斜。柱子在开始浇筑时，底部应先浇筑一层 50～100mm 与混凝土内成分相同的水泥沙浆或水泥浆。浇筑完毕，如柱顶处有较大厚度的砂浆层，则应加以处理。柱子浇筑后，应间隔 1～1.5h，待混凝土拌合物初步沉实，再浇筑上面的梁板结构。

柱基础浇筑时应先边角后中间，按台阶分层浇筑，确保混凝土充满模板各个角落，防止一侧倾倒混凝土而挤压钢筋，造成柱连接钢筋的位移。

剪力墙浇筑除按一般规定进行外，还应注意门窗洞口应两侧同时下料，浇筑高差不能太大，以免门窗洞口发生位移或变形。同时应先浇筑窗台下部，后浇筑窗间墙，以防窗台下部出现蜂窝孔洞。

与墙体同时整浇的柱子，两侧浇筑高差不能太大，以防柱子中心移动。楼梯宜自下而上一次浇筑完成。对于钢筋较密集处，可改用细石混凝土，并加强振捣以保证混凝土密实。应采取有效措施保证钢筋保护层厚度及钢筋位置和结构尺寸的准确，注意施工中不要由于踩踏而改变负弯矩部分的钢筋的位置。

梁和板一般同时浇筑，从一端开始向前推进。当不能同时浇筑时，结合面应按叠合面要求进行处理。

2. 大体积混凝土结构浇筑

大体积混凝土结构在土木工程中较常见，如工业建筑中的设备基础；在高层建筑中地下室底板、结构转换层；各类结构的厚大桩基承台或基础底板以及桥梁的墩台等。由于其承受的荷载巨大，对结构的整体性要求高，往往不允许留施工缝，要求一次连续浇筑完毕。另外，大体积混凝土结构浇筑后水泥的水化热量大，由于体积大，水化热聚积在内部不易散发，浇筑初期混凝土内部温度显著升高，而表面散热较快，这样易形成较大的内外温差，导致混凝土内部产生压应力，而表面产生拉应力，如温差过大则易于在混凝土表面产生裂纹。浇筑后期混凝土内部逐渐散热冷却产生收缩时，由于受到基底或已浇筑的混凝土的约束，接触处将产生很大的剪应力，在混凝土正截面形成拉应力。当拉应力超过混凝土当时龄期的极限抗拉强度时，便会产生裂缝，甚至会贯穿整个混凝土断面，由此带来严重的危害。大体积混凝土结构的浇筑，上述两种裂缝(尤其是后一种裂缝)都应设法防止。

为防止大体积混凝土结构浇筑后产生裂缝，需降低混凝土的温度应力，因此，必须减少浇筑后混凝土的内外温差。为此应优先选用水化热低的水泥，降低水泥用量，掺入适量的粉煤灰，降低浇筑速度和减小浇筑层厚度，浇筑后宜进行测温，并采取蓄水法或覆盖法进行表面保温或对内部进行人工降温措施，控制内外温差不超过 25℃。

为保证混凝土的整体性，则要求保证使每一浇筑层在初凝前要被上一层混凝土覆盖并捣实成为整体。为此，要求混凝土按不小于下述的浇筑强度(单位时间的浇筑量)进行浇筑：

$$Q=\frac{FH}{T} \tag{3-19}$$

式中 Q——混凝土单位时间最小浇筑量(m^3/h)；

F——混凝土浇筑区的面积(m^2)；

H——浇筑层厚度(m)，取决于混凝土捣实方法；

T——下层棍凝土从开始浇筑到初凝为止所容许的时间间隔(h)，一般等于混凝土初凝时间减去运输时间。

大体积混凝土结构的浇筑方案(图 3-42)，可分为全面分层、分段分层和斜面分层三种。全面分层法要求的混凝土浇筑强度较大，斜面分层法混凝土浇筑强度较小。工程中可根据结构物的具体尺寸、捣实方法和混凝土供应能力，通过计算选择浇筑方案。目前，建筑物基础底板等大面积的混凝土整体浇筑应用较多的是斜面分层法。

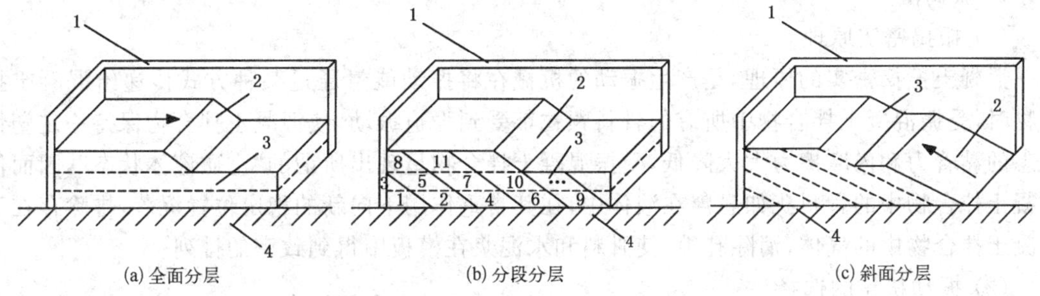

1—模板；2—新浇筑的混凝土；3—已浇筑的混凝土

图 3-42 大体积混凝土浇筑方案

此外，为了控制大体积混凝土裂缝的开展，在特殊情况下，可在施工期间设置相当于临时伸缩缝的"后浇带"，将结构分成若干段，以有效削减温差引起的收缩应力；待所浇筑的混凝土经一段时间的养护干缩后，再在后浇带中浇筑补偿收缩混凝土，使分块的混凝土连成一个整体。在正常施工条件下，后浇带的间距一般为 20～30m，带宽 1m 左右，混凝土浇筑 30～40d 后，用比原结构强度高 5～10MPa 的混凝土填筑，并保持不少于 15d 的潮湿养护。

3. 水下浇筑混凝土

深基础、沉井与沉箱的封底等，常需要进行水下浇筑混凝土，地下连续墙及钻孔灌注桩则是在泥浆中浇筑混凝土。水下或泥浆中浇筑混凝土，目前多用导管法(图 3-43)。

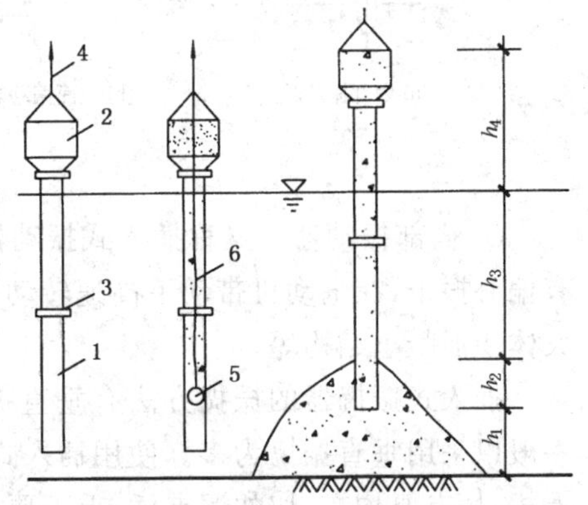

1—钢导管；2—料斗；3—接头；
4—吊索；5—隔水塞；6—铁丝

图 3-43 导管法水下浇筑混凝土

导管直径约 250～300m(不小于最大骨料粒径的 8 倍)，每节长 3m，用快速接头连接，顶部装有漏斗。导管用起重设备吊住，可以升降。浇筑前，导管或料斗下口先用隔水塞(混凝土、木或橡胶球胆等制成)堵塞，隔水塞用铁丝吊住。然后，在料斗和导管内浇筑一定量的混凝土,保证开管前料斗及管内的混凝土量要使混凝土冲出后足以封住并高出管口。将导管插入水下,使其下口距底面的距离约 300mm 时进行浇筑,距离太小易堵管,太大则要求料斗及管内混凝土量较多。当导管内混凝土的体积及高度满足上述要求后,剪断吊住隔水塞的铁丝进行开管,使混凝土在自重作用下迅速推出隔水塞进入水中。接着,一面均衡地浇筑混凝土,一面慢慢提起导管,导管下口必须始终保持在混凝土表面之下不小于 1～1.5m。下口埋得越深,则混凝土顶面越平、质量越好,但混凝土浇筑也越难。

在整个浇筑过程中,一般应避免在水平方向移动导管。直到混凝土顶面接近设计标高时,才可将导管提起,换插到另一浇筑点。一旦发生堵管,如半小时内不能排除,应立即换插备用导管。待混凝土浇筑完毕,应清除顶面与水或泥浆接触的一层松软部分。

3.3.3.3　混凝土密实成型

混凝土拌合物浇筑之后,需经密实成型才能赋予混凝土结构一定的外形和内部结构。强度、抗冻性、抗渗性、耐久性等皆与密实成型的好坏有关。混凝土密实成型的方法主要有以下几种。

1. 振捣法

(1) 振捣密实原理

混凝土振捣密实的原理,是产生振动的机械在将振动能量通过某种方式传递给混凝土拌合物时,受振混凝土拌合物中所有的骨料颗粒都受到强迫振动,使混凝土拌合物保持一定塑性状态的黏着力和内摩擦力大大降低,受振混凝土拌合物呈现出所谓的"重质液体状态",因而使混凝土拌合物中的骨料犹如悬浮在液体中,在其自重作用下向新的稳定位置沉落,排除存在于混凝土拌合物中的气体,消除孔隙,使骨料和水泥浆在模板中得到致密的排列。

(2) 振动机械的选择

混凝土的振动按其工作方式不同,分为内部振动器、表面振动器、外部振动器和振动台等(图 3-44)。

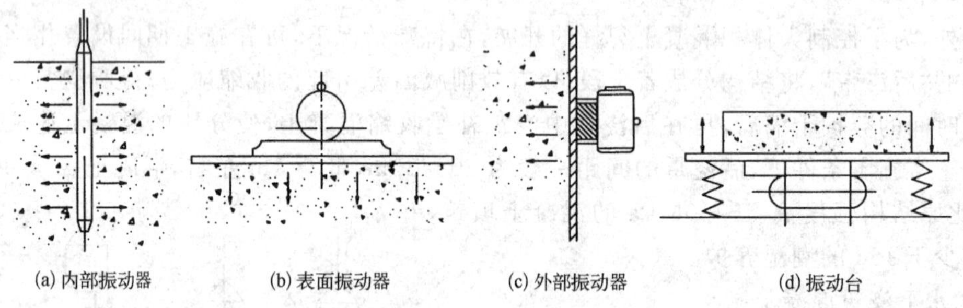

图 3-44　振动机械

① 内部振动器　又称插入式振动器(图 3-45),其工作部分是一棒状空心圆柱体,内部装有偏心振子,在电动机带动下高速转动而产生高频微幅的振动。多用于振实梁、柱、墙、厚板和大体积混凝土结构等。

插入式振捣器的振捣方法有垂直振捣和斜向振捣两种(图 3-46),可根据具体情况采用,一般以采用垂直振捣为多。使用插入式振动器垂直振捣的操作要点是:"直上和直下,快插与慢拔;插点要均布,切勿漏点插;上下要振动,层层要扣搭;时间掌握好,密实质量佳"。操作要点中"快插"是为了防止先将混凝土表面振实,与下面混凝土产生分层离析现象;"慢拔"是为了使混凝土填满振动棒抽出时形成的插孔。振动器插点要均匀排列,可采用"行列式"或"交错

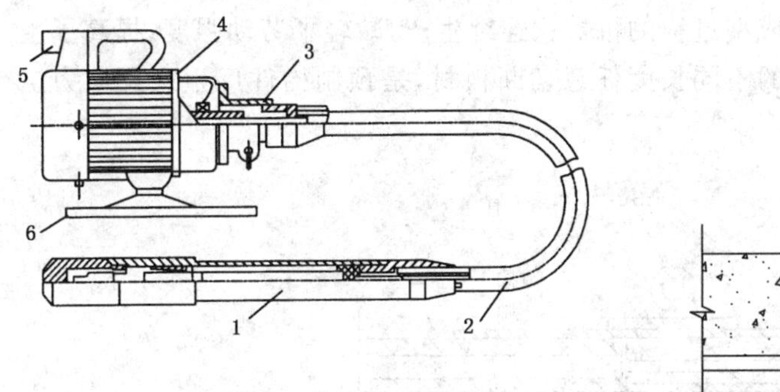

1—振动棒；2—软轴；3—防逆装置；
4—电动机；5—电器开关；6—支座

图 3-45 电动软管行星式内部振动器

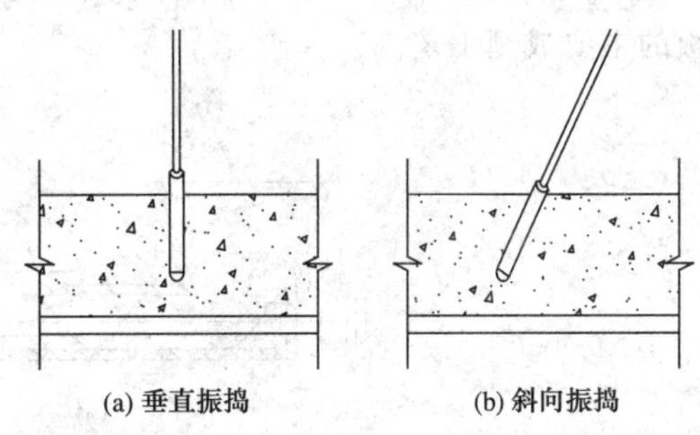

(a) 垂直振捣　(b) 斜向振捣

图 3-46 插入式振动器振捣方法

式”的次序移动(图 3-47)，防止漏振；每次移动两个插点的间距不应大于振动器作用半径的 1.4 倍(振动器的作用半径一般为 300～400mm)；振动棒与模板的距离，不应大于其作用半径的 0.5 倍，并应避免碰撞钢筋、模板、芯管、吊环、预埋件或空心胶囊等。为了保证每一层混凝土上下振捣均匀，应将振动棒上下来回抽动 50～100mm；同时还应将振动棒插入下一层未初凝的混凝土中，深度不应小于 50mm。混凝土振捣时间要掌握好，振动时间过短，不能使混凝土充分捣实；过长，则可能产生离析；一般每点振捣时间为 20～30s，使用高频振动器时亦应大于 10s，以混凝土不下沉、气泡不上升、表面泛浆为准。

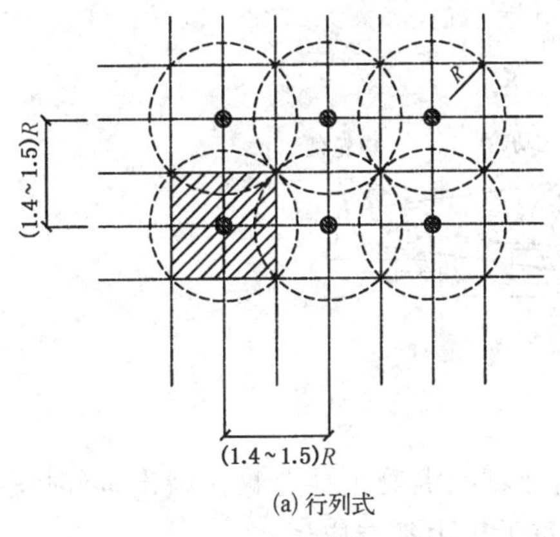

(a) 行列式

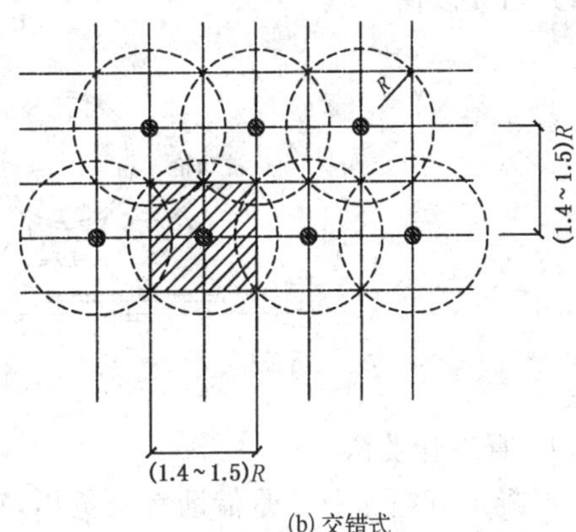

(b) 交错式

图 3-47 插点的分布

② 表面振动器　又称平板振动器，它由带偏心块的电动机和平板(木板或钢板)等组成。其作用深度较小，多用在混凝土表面进行振捣，适用于楼板、地面、道路、桥面等薄型水平构件。

③ 外部振动器　又称附着式振动器，它通过螺栓或夹钳等固定在模板外部，通过模板将振动传给混凝土拌合物，因而模板应有足够的刚度。它宜于振捣断面小且钢筋密的构件，如薄腹梁、箱型桥面梁等以及地下密封的结构，无法采用插入式振捣器的场合。其有效作用范围可通过实测确定。

④ 振动台　是混凝土制品厂中的固定生产设备，用于振实预制构件。

2. 挤压法

挤压成型工艺的工作原理如图 3-48 所示。混凝土搅合物通过料斗由螺旋绞刀向后挤送，在此挤送过程中，由于受到已成型空心板阻力(即反作用力)作用而被挤压密实，挤压机也在这一反作用力作用下，沿着与挤压相反的方向被推动前进，在挤压机后面即形成一条连续的混凝土多孔板带。挤压成型实现了混凝土成型过程的机械化连续生产，减轻了劳动强度，提高了生产率，节约了模板，并可根据设计要求的不同长度任意切断板材，是预制构件厂生产预应力空心板的主要成型工艺。

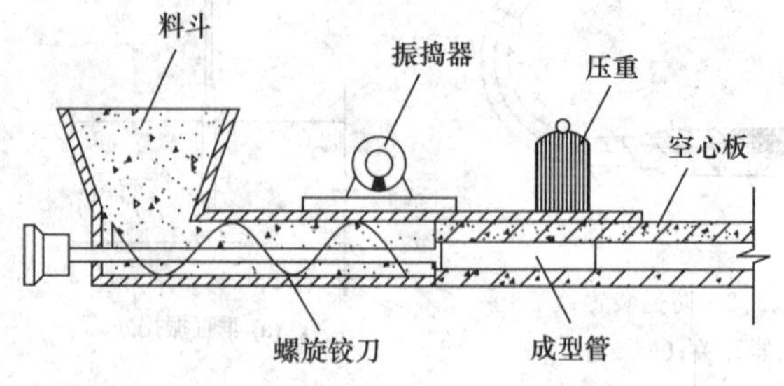

图 3-48　挤压法

3. 离心法

离心法成型如图 4-49 所示，将装有混凝土的钢制模板放在离心机上，当模板旋转时，由于摩擦力和离心力的作用，使混凝土分布于模板的内壁，并将混凝土中的部分水分挤出，使混凝土密实。适用于管柱、管桩、管式屋架、电杆及上下水管等构件生产。

采用离心法成型，石子最大粒径不应超过构件壁厚的 1/4～1/3，并不得大于 15～20mm；砂率应为 40%～50%；水泥用量不应低于 350kg/m³，且不宜使用火山灰水泥；坍落度控制在 30～70mm 以内。

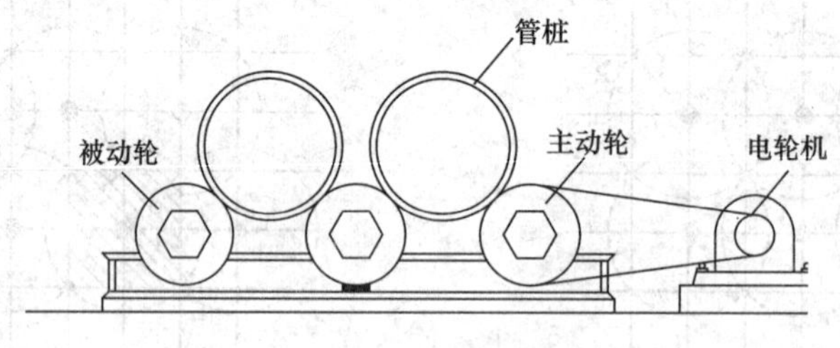

图 3-49　离心法

4. 真空作业法

混凝土真空作业法是借助真空负压，将水从刚浇筑成型的混凝土拌合物中吸出，同时使混凝土密实的一种成型方法(图 3-50)。在道路工程和建筑工程中都有应用。

按真空作业的方式，分为表面真空作业与内部真空作业。表面真空作业是在混凝土构件的上、下表面或侧面布置真空腔进行吸水。上表面真空作业利用最多，它适用于楼板、预制混凝土平板、道路、机场跑道等；下表面真空作业适用于薄壳、隧道顶板等；墙壁、水池、桥墩等则宜用侧表面真空作业。有时还将上述几种方法结合使用。

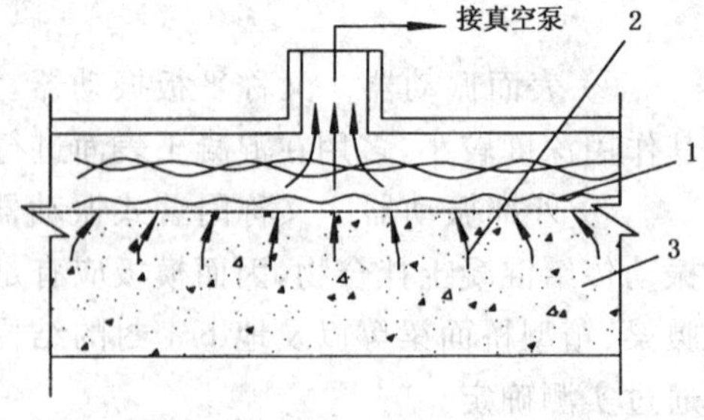

1—真空腔；2—吸出的水；3—混凝土拌合物

图 3-50　混凝土真空作业法原理图

内部真空作业是利用插入混凝土内部的真空腔进行，其构造比较复杂，实际工程中应用较少。

进行真空作业的主要设备有：真空吸水机组、真空腔和吸水软管。真空吸水机组由真空泵、真空室、排水管及滤网等组成。真空腔有刚性吸盘和柔性吸垫两种。

3.3.3.4 混凝土浇筑后的表面处理

大体积或大面积混凝土浇筑完毕，分两次收水，用木蟹将表面搓毛，防止表面的收缩裂纹。为了减小混凝土表面的毛细张力，防止混凝土龟裂，也可采用在混凝土浇筑二次收浆后，对混凝土表面用扫帚扫毛处理。

用混凝土抹平机对大面积混凝土浇筑后进行抹平，既能密实混凝土表面，也能防止混凝土表面开裂。抹平机分电动和汽油机两类，汽油抹平机的功率大，效率高。

3.3.3.5 混凝土养护

混凝土养护包括人工养护和自然养护，现场施工多采用自然养护。混凝土浇筑后之所以能逐渐硬化，主要是因为水泥水化作用的结果，而水化作用则需要适当的温度和湿度条件。所谓混凝土的自然养护，即在平均气温高于＋5℃的条件下在一定时间内使混凝土保持润湿状态。

混凝土浇筑后，如天气炎热、空气干燥、不及时进行养护，混凝土中的水分会蒸发过快，出现脱水现象，使已形成凝胶的水泥颗粒不能充分水化，不能转化成稳定的结晶，缺乏足够的黏结力，从而会在混凝土表面出现片状或粉状剥落，影响混凝土的强度。此外，在混凝土尚未具备足够的强度时，其中水分过早的蒸发还会产生较大的收缩变形，出现干缩裂纹，影响混凝土的整体性和耐久性。所以混凝土浇筑后初期阶段的养护非常重要。混凝土浇筑 12h 以后就应该开始养护，干硬性混凝土应于浇筑完毕后立即进行养护。

自然养护分为洒水养护和喷涂薄膜养生液养护两种。

洒水养护是根据外界气温一般应在混凝土浇筑完毕 3～12h 内用草帘、芦席、麻袋、锯末、湿土或湿砂等适当材料将混凝土予以覆盖，并经常浇水保持湿润。混凝土浇水养护日期，对硅酸盐水泥、普通水泥和矿渣水泥拌制的混凝土不得少于 7 昼夜；掺用缓凝型外加剂或有抗渗要求的混凝土，不得少于 14 昼夜；当用矾土水泥时，不得少于 3 昼夜。每日浇水次数以能保持混凝土具有足够的润湿状态为宜，一般气温在 15℃以上时，在混凝土浇筑后最初 3 昼夜中，白天至少每 3h 浇水一次，夜间也应浇水两次；在以后的养护中，每昼夜应浇水 3 次左右；在干燥气候条件下，浇水次数应适当增加。

喷涂薄膜养生液养护适用于不易洒水养护的高耸构筑物和大面积混凝土结构。它是将过氯乙烯树脂塑料溶液用喷枪喷涂在混凝土表面上，溶液挥发后在混凝土表面形成一层塑料薄膜，将混凝土与空气隔绝，阻止其中水分的蒸发以保证水化作用的正常进行。有的薄膜在养护完成后能自行老化脱落，否则，不宜喷洒在以后要做粉刷的混凝土表面上。在夏季，薄膜成型后要防晒，否则易产生裂纹。

地下建筑或基础，可在其表面涂刷沥青乳液以防止混凝土内水分蒸发。

混凝土必须养护至其强度达到 1.2N/mm^2 以上，才能准许在其上行人或安装模板和支架。

3.3.3.6 混凝土质量检查

混凝土质量检查包括拌制和浇筑过程中的质量检查和养护后的质量检查。

1. 拌制和浇筑过程中质量检查

在拌制和浇筑过程中，对组成材料的质量检查每一工作班至少两次；拌制和浇筑地点坍落度的检查每一工作班至少两次；每一工作班内，如混凝土配合比由于外界影响而有变动时，应及时检查；对混凝土搅拌时间应随时检查。

对预拌（商品）混凝土，应在商定的交货地点进行坍落度检查，混凝土的坍落度与要求坍落度之间的允许偏差应附合表 3-18 的规定。

表 3-18　　混凝土的坍落度与要求坍落度之间的允许偏差

混凝土要求坍落度/mm	<50	50～90	>90
允许偏差/mm	±10	±20	±30

2. 养护后的质量检查

(1) 混凝土外观检查

混凝土结构件拆模后，应从外观上检查其表面有无麻面、蜂窝、孔洞、露筋、缺棱掉角、缝隙夹层等缺陷，外形尺寸是否超过允许偏差值，如有应及时加以修正；对现浇混凝土结构其允许偏差应符合表 3-19 的规定，对其他结构有专门规定时，尚应符合相应规定的要求。

表 3-19　　现浇混凝土结构允许偏差

项目			允许偏差/mm	检查方法
轴线位置	基础		15	钢尺检查
	独立基础		10	
	墙、柱、梁		8	
	剪力墙		5	
垂直度	层间	≤5m	8	经纬仪或掉线、钢尺检查
		>5m	10	经纬仪或掉线、钢尺检查
	全高		$H/1\,000$ 且≤30	经纬仪、钢尺检查
标高	层高		±10	水准仪或拉线、钢尺检查
	全高		±30	
截面尺寸			+8 −5	钢尺检查
表面平整度			8	2m 靠尺和塞尺检查
预埋设施中心线位置	预埋件		10	钢尺检查
	预埋螺栓		5	
	预埋管		5	
预留洞中心线位置			15	钢尺检查
电梯井	井筒长、宽对定位中心线		+25 0	钢尺检查
	井筒全高垂直度		$H/1\,000$ 且≤30	经纬仪、钢尺检查

注：H 为结构全高，检查轴线、中心线位置时，应沿纵、横两个方向量测，并取其中的较大值。

(2) 混凝土强度检查

① 试块的留置和取样应满足以下要求：

(a) 每拌制 100 盘且不超过 $100m^3$ 的相同配合比的混凝土，取样不得少于 1 次；

(b) 每工作班拌制同一配合比的混凝土不足 100 盘时，取样不得少于 1 次；

(c) 每一次连续浇筑超过 $1\,000m^3$ 时，同一配合比的混凝土每 $200m^3$ 取样不得少于 1 次；

(d) 每一楼层、同一配合比的混凝土，取样不得少于 1 次；

(e) 每次取样应至少留置一组标准养护试件，同条件养护试件的留置组数应根据实际需要确定。

混凝土的标准养护条件：在温度为(20±3)℃下，湿度在90%以上的环境或水中，养护28d。

混凝土试块最小尺寸如表3-20所列。

表3-20　　混凝土试块最小尺寸

最大骨料粒径/mm	试件边长/mm	强度换算系数
≤31.5	100	0.95
≤40	150	1.00
≤63	200	1.05

② 每组3个试件应在浇筑地点制作，在同盘混凝土中取样，并按下列规定确定该组试件的混凝土强度代表值：

(a) 取3个试件强度的算术平均值；

(b) 当3个试件强度中的最大值和最小值之一与中间值之差超过中间值的15%时，取中间值；

(c) 当3个试件强度中的最大值和最小值与中间值的差均超过中间值的15%时，该组试件不应作为强度评定的依据。

③ 混凝土强度评定分为统计法和非统计法两种。

(a) 统计法　当混凝土的生产条件在较长时间内能保持一致，且同一品种混凝土的强度变异性能保持稳定时，应由连续的三组试件代表一个验收批，其强度应满足下列要求：

$$m_{f_{cu}} \geqslant f_{cu,k} + 0.7\sigma_0 \tag{3-20}$$

$$f_{cu,min} \geqslant f_{cu,k} - 0.7\sigma_0 \tag{3-21}$$

当混凝土强度等级不高于C20时，强度的最小值尚应满足下式要求：

$$f_{cu,min} \geqslant 0.85 f_{cu,k} \tag{3-22}$$

当混凝土强度等级高于C20时，强度的最小值尚应满足下式要求：

$$f_{cu,min} \geqslant 0.9 f_{cu,k} \tag{3-23}$$

式中　$m_{f_{cu}}$——同一验收批混凝土强度的平均值(MPa)；

$f_{cu,k}$——混凝土设计强度标准值(MPa)；

σ_0——验收批混凝土强度的标准值(MPa)；

$f_{cu,min}$——同一验收批混凝土强度的最小值(MPa)。

验收批混凝土强度的标准差，应根据前一个检验期内同一品种混凝土试件的强度数据，按下式计算：

$$\sigma_0 = \frac{0.59}{m} \sum \Delta f_{cu,i} \tag{3-24}$$

式中　$\Delta f_{cu,i}$——前一检验期内第i验收批混凝土试件中强度的最大值与最小值的差；

m——前一检验期内验收批总批数。

每个检验期不应超过3个月，且在短期间内验收总批数不得小于15组。

当混凝土的生产条件不能满足上述规定，或在前一检验期内的同一品种混凝土没有足够的数据来确定验收批混凝土强度标准差时，应由不小于10组的试件代表一个验收批，其强度同时符合下列要求：

$$m_{f_{cu}} - \lambda_1 S_{f_{cu}} \geqslant 0.9 f_{cu,k} \tag{3-25}$$

$$f_{cu,min} \geqslant \lambda_2 f_{cu,k} \tag{3-26}$$

式中 $S_{f_{cu}}$——验收批混凝土强度的标准差(N/mm^2)，按下式计算：

$$S_{f_{cu}} = \sqrt{\sum_{i=1}^{n} f_{cu,i}^2 - n m_{f_{cu}}^2} \tag{3-27}$$

当 $S_{f_{cu}}$ 的计算值小于 $0.06 f_{cu,k}$ 时，取 $S_{f_{cu}} = 0.06 f_{cu,k}$

$f_{cu,i}$——验收批内第 i 组混凝土试件的强度(MPa)；

n——验收批内混凝土试件的总组数；

λ_1、λ_2——合格判定系数，按表3-21取用。

表3-21 **λ_1、λ_2 的取值**

试件组数	10～14	15～24	≥25
λ_1	1.70	1.65	1.60
λ_2	0.90	0.85	

(b) 非统计法 对零星生产的预制构件的混凝土或现场搅拌批量不大的混凝土，可不采用上述统计方法评定，而采用非统计法评定。此时，验收批混凝土强度必须同时满足下列要求：

$$m_{f_{cu}} \geqslant 1.15 f_{cu,k} \tag{3-28}$$

$$f_{cu,min} \geqslant 0.95 f_{cu,k} \tag{3-29}$$

式中符号同前。

非统计法的检验效率差，存在将合格产品误判为不合格产品，或将不合格产品误判为合格产品的可能性。

如由于施工质量不良、管理不善、试件与结构中混凝土质量不一致，或对试件检验结果有怀疑时，可采用从结构或构件中钻取芯样的方法，或采用非破损检验方法，按有关规定对结构或构件混凝土的强度进行推定，作为处理混凝土质量问题的一个重要依据。

3.3.3.7 *混凝土冬期施工*

1. 混凝土冬期施工的原理

混凝土之所以能凝结、硬化并取得强度，是由于水泥和水进行水化作用的结果。水化作用的速度在一定湿度条件下主要取决于温度，温度愈高，强度增长也愈快，反之愈慢。当温度降至0℃以下时，水化作用基本停止，温度再继续降至－2℃～－4℃，混凝土内的水开始结冰，水结冰后体积增大8%～9%，在混凝土内部产生冰晶应力，使强度很低的水泥石结构内部产生微裂纹，同时，减弱了水泥与砂石和钢筋之间的黏结力，从而使混凝土后期强度降低。

受冻的混凝土在解冻后，其强度虽然能继续增长，但已不能达到原设计的强度等级。试验证明，混凝土遭受冻结带来的危害，与遭冻的时间早晚、水灰比等有关，遭冻时间愈早，水灰比愈大，则强度损失愈多，反之则损失少。

经过试验得知，混凝土经过预先养护达到一定强度后再遭冻结，其后期抗压强度损失就会减少。一般把遭冻结其后期强度损失在5%以内的预养强度值定义为“混凝土受冻临界强度”。

通过试验得知，混凝土受冻临界强度与水泥品种、混凝土强度等级有关。对普通硅酸盐水泥和硅酸盐水泥配制的混凝土，受冻临界强度定为设计的混凝土强度标准值的30%；对矿渣硅酸盐水泥配制的混凝土，受冻临界强度定为设计的混凝土强度标准值的40%，但对于不大于C10的混凝土，受冻临界强度不得低于$5N/mm^2$。

混凝土冬期施工除上述早期冻害以外，还需要注意拆模不当带来的冻害。混凝土构件拆模后表面急剧降温，由于内外温差较大会产生较大的温度应力，亦会使表面产生裂纹，在冬期施工中亦应力求避免这种冻害。

凡根据当地多年气温资料室外日平均气温连续5d稳定低于+5℃时，就应采取冬期施工的技术措施进行混凝土施工。因为从混凝土强度增长的情况看，新拌混凝土在+5℃的环境下养护，其强度增长很慢。而且日平均气温低于+5℃时，一般最低气温已低于0℃～-1℃，混凝土亦有可能受冻。

2. 混凝土冬期施工方法的选择

混凝土冬期施工方法分为三类：混凝土养护期间不加热的方法、混凝土养护期间加热的方法和综合方法。混凝土养护期间不加热的方法包括蓄热法、掺化学外加剂法；混凝土养护期间加热的方法包括电极加热法、电器加热法、感应加热法、蒸汽加热法和暖棚法；综合法即把上述两类方法综合应用，如目前最常用的综合蓄热法，以及在蓄热法的基础上掺加外加剂(早强剂或防冻剂)或进行段式加热等综合措施。

选择混凝土冬期施工方法，要考虑自然气温、结构类型和特点、原材料、工期限制、能源情况和经济指标。对工期不紧和无特殊限制的工程，从节约能源和降低冬期施工费用考虑，应优先选用养护期间不加热的施工方法或综合方法；在工期紧张、施工条件又允许时才考虑选用混凝土养护期间的加热方法，一般要经过技术经济比较确定。一个理想的冬期施工方案，应当是在杜绝混凝土早期受冻的前提下，用最低的冬期施工费用，在最短的施工期限内，获得优良的施工质量。

3. 混凝土冬期施工方法

(1) 蓄热法

① 蓄热法原理　蓄热法是利用加热原材料(水泥除外)或混凝土(热拌混凝土)所预加的热量及水泥水化热，再利用适当的保温材料覆盖，防止热量过快散失，延缓混凝土的冷却速度，使混凝土在正温条件下增长强度以达到预定值，使其不小于混凝土受冻临界强度。

室外最低气温不低于-15℃，地面以下的工程或表面系数不大于$15m^{-1}$的结构，应优先采用蓄热法。

② 原材料加热方法及热工计算　水的比热容比砂石大，且水的加热设备简单，故应首先考虑加热水。如水加热至极限温度而热量尚嫌不足时，再考虑加热砂石。水的加热极限温度视水泥标号和品种而定，当水泥等级小于52.5级时，不得超过80℃；当水泥等级等于或大于52.5级时，不得超过60℃，如加热温度超过此值，则搅拌时应先与砂石拌合，然后加入水泥以防止水泥假凝。骨料加热可用将蒸汽直接通到骨料中的直接加热法或在骨料堆、贮料斗中安设蒸汽盘管进行间接加热。工程量小也可以放在铁板上用火烘烤。砂石加热的极限温度亦与水泥标号和品种有关，对于水泥等级小于52.5级时，不得超过60℃；当水泥等级等于或大于

52.5 级时，不得超过 40℃。当骨料不需要加热时，也必须除去骨料中的冰棱后再进行搅拌。

水泥绝对不允许加热。

为保证混凝土在冬期施工中能达到混凝土受冻临界强度，应对原材料的加热、搅拌、运输、浇筑和养护进行热工计算。其计算步骤如下，此处不具体介绍计算方法。

混凝土拌合物的温度→拌合物的出机温度→混凝土在成型完成时的温度→混凝土蓄热养护过程中任一时刻的温度及从蓄热养护开始至任意时刻的平均温度→混凝土徐热养护至冷却至 0℃的时间。根据混凝土强度增长曲线求出混凝土再次养护过程能达到的强度，看其是否满足混凝土受冻临界强度的要求。如果满足，则制定施工方案可行，否则，可采取下列措施：

(a) 提高混凝土的热量，即提高水、砂、石的加热温度，但不能超过规定的最高值；

(b) 改善蓄热法用的保温措施，更换或加厚保温材料，使混凝土热量散发较慢，以提高混凝土的平均养护温度；

(c) 掺加外加剂，使混凝土早强、防冻；

(d) 混凝土浇筑后对其进行短期加热，提高混凝土热量和延长其冷却至 0℃的时间。

(2) 掺加外加剂法

这是一种只需要在混凝土中掺入外加剂，不需要采取加热措施就能使混凝土在负温条件下继续硬化的方法。在负温条件下，混凝土拌合物中的水要结冰，随着温度的降低，固相逐渐增加，一方面增加了冰晶应力，使水泥石内部结构产生微裂缝；另一方面由于液相减少，使水泥水化反应变得十分缓慢而处于休眠状态。

掺外加剂的作用，就是使之产生抗冻、早强、催化、减水等效果。降低混凝土的冰点，使之在负温下加速硬化以达到要求的强度。常用的抗冻、早强的外加剂有氯化钠、氯化钙、硫酸钠、亚硝酸钠、碳酸钾、三乙醇胺、硫代硫酸钠、重铬酸钾、氨水、尿素等。其中，氯化钠具有抗冻、早强作用，且价廉易得，早从 20 世纪 50 年代开始就得到应用，对其掺量应有限制，否则会引起钢筋锈蚀。氯盐除去掺量有限制外，在高湿度环境、预应力混凝土结构等情况下禁止使用。

外加剂种类的选择取决于施工要求和材料供应，而掺量应由试验确定，但混凝土的凝结速度不得超过其运输和浇筑时间，且混凝土的后期强度损失不得大于 5%，其他物理力学性能不得低于普通混凝土。随着新型外加剂的不断出现，其效果越来愈好。目前，掺加外加剂的形式已从单一型向复合型发展，外加剂也从无机化合物向有机化合物方向发展。

(3) 蒸汽加热法

此法即利用低压(不高于 0.07MPa)饱和蒸汽对新浇筑的混凝土构件进行加热养护，此法各类构件都可以应用，但因需锅炉等设备，消耗能源多，费用高，因而只有在采用蓄热法、外加剂法达不到要求时考虑采用。此法宜优先选用矿渣硅酸盐水泥，该水泥后期强度损失比普通硅酸盐水泥少。

蒸汽加热法除预制构件厂用的蒸汽养护室之外，还有汽套法、毛细管法和构件内部通气法等。用蒸汽加热法养护混凝土，当用普通硅酸盐水泥时温度不宜超过 80℃，用矿渣硅酸盐水泥时可提高到 85℃～95℃，升温、降温速度亦有限制，并应设法排除冷凝水。

汽套法，即在构建模板外再加密封套板，模板与套板间的空隙不宜超过 15cm，在套板内通入蒸汽加热养护混凝土。此法加热均匀，但设备复杂、费用大，只在特殊条件下用于养护水平结构的梁、板等。

毛细管法，即利用所谓“毛细管模板”将蒸汽通在模板内进行养护。此法用汽少、加热均匀，适用于垂直结构。此外，大模板施工，亦有在模板背后加装蒸汽管道，再用薄铁皮封闭并适当加以保温，用于大模板工程冬季施工。

构件内部通汽法，即在构件内部预埋外表面涂有隔离剂的钢管或胶皮管，浇筑混凝土后隔一定时间将管子抽出，形成孔洞，再于一端孔内插入短管即可通入蒸汽加热混凝土。加热混凝土时混凝土温度一般控制在 30℃～60℃，待混凝土达到要求强度后，用砂浆或细石混凝土灌入通汽孔加以封闭。

用蒸汽养护时，根据构件的表面系数，混凝土的升温速度有一定的限制。冷却速度和极限加热温度亦有限制。养护完毕，混凝土的强度至少要达到混凝土冬期施工临界强度。对整体式结构，当加热温度在 40℃以上时，有时会使结构物的敏感部位产生裂缝，因而应对整体式结构的温度应力进行验算，对一些结构要采取措施降低温度应力，或设置必要的施工缝。

(4) 电热法

电热法是利用电流通过不良导体混凝土(或通过电阻丝)所发出的热量来养护混凝土。它虽然设备简单，施工方法有效，但耗电量大，施工费用高，应慎重选用。

电热法养护混凝土，分电极法和电热器法两类。

电极法即在新浇筑混凝土中，按一定间距(200～400mm)插入电极(短钢筋)，接通电源，利用混凝土本身的电阻，变电能为热能进行加热。加热时要防止电极与构件内的钢筋接触而引起短路。对于较薄构件，亦可将薄钢板固定在模板内侧作为电极。

电热器法是利用电流通过电阻丝产生的热量进行加热养护。根据需要，电热器可制成多种形状，如板状电热器、针状电热器、电热模板(模板背面装电阻丝形成热夹层，其外用铁皮包矿渣棉封严)等进行加热。

电热养护属高温干养护，温度过高会出现热脱水现象。混凝土加热有极限温度的限制，升降、温速度亦有所限制。混凝土电阻随强度发展而增大，当混凝土达到 50%设计强度时电阻增大，养护效果不显著，而且电能消耗增加，为节省电能，用电热法养护混凝土只宜加热养护至设计强度的 50%。对整体式结构亦要防止加热养护时产生过大的温度应力。

思 考 题

【3-1】 钢筋的连接有哪些方法？在工程中应如何选择？

【3-2】 钢筋对焊的工艺参数有哪些？

【3-3】 模板设计与施工的基本要求有哪些？

【3-4】 大模板结构的基本组成包括哪几部分？

【3-5】 试述滑模的组成及其滑升原理。

【3-6】 爬升模板的爬升方法有哪些？其爬升原理是否相同？

【3-7】 试分析柱、梁、楼板、墙等的模板受力状况、荷载及传递路线。

【3-8】 影响混凝土侧压力的因素有哪些？

【3-9】 混凝土的配制强度如何确定？

【3-10】 混凝土搅拌制度包括哪些内容？

【3-11】 混凝土运输过程中如何控制质量？

【3-12】 泵送混凝土对混凝土质量有何特殊要求？

【3-13】 混凝土结构的施工缝留设原则是什么？对不同的结构构件应如何留设？

【3-14】 大体积混凝土的裂缝形成原因有哪些？为保证大体积混凝土的整体性，可采用哪些

浇筑方法？

【3-15】 混凝土的密实成型有哪些途径？采用插入式振动器振捣时应注意哪些问题？

【3-16】 何谓混凝土的自然养护？自然养护有何要求？

【3-17】 试述混凝土质量检查的要求。统计法与非统计法有何区别？

【3-18】 何谓“混凝土受冻临界强度”？蓄热法的热工作计算步骤如何？

习 题

【3-1】 某地下室混凝土墙厚 330mm，采用大模板施工，模板高为 4.6m。已知现场施工条件为：混凝土拌合物温度为 25℃，混凝土浇筑速度为 1.5m/h，混凝土坍落度 6cm，不掺外加剂，采用 0.5m^3 的料斗向模板中倾倒混凝土，振捣混凝土产生的水平荷载为 4.0kN/m^2。试确定该模板设计的荷载及荷载组合。

【3-2】 一块 1.2m×0.3m 的组合钢模板，惯性矩 $I_y=1.29\times10^5 m^4$，截面模量 $W_y=7.6\times10^3 mm^3$，拟用于浇筑 300mm 厚的楼板（图 3-51），验算其是否满足施工要求。已知模板自重 0.75kN/m^2，钢材强度设计值为 210N/mm^2，$E=2\times10^5 N/mm^2$。模板支撑形式为简支，楼板底表面外露（即不做抹灰）。

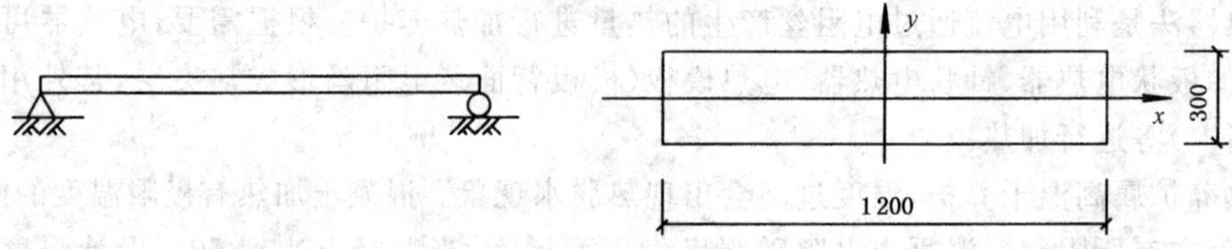

图 3-51 习题 3-2

【3-3】 某钢筋混凝土基础尺寸为 50m×30m，厚 1.5m，要求不留施工缝，采用插入式振动器捣实，振动棒长 300mm，混凝土初凝时间为 2h，运输时间为 0.2h，试比较三种浇筑方案的混凝土最小浇筑量。

4 预应力混凝土工程

摘要:本章主要介绍了先张法、后张法、无黏结预应力、体外预应力的施工方法,包括施工特点、张拉程序、张拉控制方法、防止预应力损失的措施等。另外,还介绍了预应力钢筋的种类、锚(夹)具和张拉机械等。

专业词汇:预应力钢筋;预应力混凝土;高强度钢材;碳素钢丝;钢绞线;热处理钢筋;精轧螺纹钢筋;先张法;后张法;自锚法;无黏结后张法;台座法;台模法;墩式台座;槽式台座;锚固夹具;锥销式夹具;穿心式千斤顶;拉杆式千斤顶;液压千斤顶;电动卷扬机;控制应力;摩阻损失;锥形螺杆锚具;多孔夹片锚具;钢丝束;下料长度;抽芯法;缠纸工艺;挤压涂层工艺;自锁;体外预应力

4 Prestressed Concrete Work

Abstract: This chapter mainly introduces construction processes using pre-tensioned method, post-tensioned method with and without bond, and external prestressed method, including construction characteristics, tensioning procedure, tensioning control method, and measures to prevent prestress loss. It also reviews types of prestressed reinforcement, anchorage clamps and tensioning machinery.

Specialized vocabulary: prestressed reinforcement; prestressed concrete; high strength steel; carbon steel wire; steel strand; heat treated reinforcement; twisted steel by precision rolling technology; pre-tensioned method; post-tensioned method; self-anchored method; post-tensioned method without bond; pedestal production method; bench formwork method; mound type pedestal; groove type pedestal; anchorage clamp; taper pin type clamp; centre hole jack; pull lever jack; hydraulic jack; electric hoist; control stress; frictional resistance loss; taper screw anchorage; porous clip anchorage; steel wire bundle; cutting length; core-pulling method; twining cloth craft; extrusion coating craft; self locking; external prestress

4.1 概 述

4.1.1 预应力混凝土的特点

普通钢筋混凝土构件的抗拉极限应变只有 0.000 1～0.000 15。构件混凝土受拉不开裂时,构件中受拉钢筋的应力只有 20～30 N/mm^2;即使是允许出现裂缝的构件,因受裂缝宽度限制,受拉钢筋的应力也仅达到 150～200 N/mm^2,钢筋的抗拉强度未能充分发挥。

预应力混凝土是解决这一问题的有效方法,即在构件承受外荷载前,预先在构件的受拉区对混凝土施加预压应力。构件在使用阶段的外荷载作用下产生的拉应力,首先要抵消预压应力,这就推迟了混凝土裂缝的出现并限制了裂缝的开展,从而提高了构件的抗裂度和刚度。

对混凝土构件受拉区施加预压应力的方法,是张拉受拉区中的预应力钢筋,通过预应力钢筋或锚具,将预应力钢筋的弹性收缩力传递到混凝土构件上,并产生预应力。

预应力筋之间的连接装置称为“连接器”。预应力筋与锚具等组合装配而成的受力单位称为“组装件”,如预应力筋-锚具组装件、预应力筋-夹具组装件、预应力筋-连接器组装件等。

4.1.2 预应力钢筋的种类

为了获得较大的预应力，预应力筋常用高强度钢材，目前较常见的有以下几种：

4.1.2.1 高强钢筋

高强钢筋可分为热处理钢筋和冷拉热轧钢筋两类，其中冷拉钢筋已经逐渐被淘汰，目前常用的高强钢筋为预应力混凝土用高强钢筋。预应力混凝土用螺纹钢筋又名精轧螺纹钢筋，主要用于制造高强度、大跨度的预应力混凝土结构，如桥梁、隧道、厂房、大坝等工程。在整根钢筋上轧有外螺纹，具有大直径、高精度的特点。在整根钢筋的任意截面都能旋上带有螺纹的连接器进行连结，或旋上螺纹帽进行锚固。预应力螺纹钢筋的强度设计值见表 4-1。

表 4-1　预应力螺纹钢筋强度设计值和弹性模量　单位：N/mm²

钢筋种类	钢筋直径/mm	符号	f_{ptk}	f_{py}	f'_{py}	E_s
预应力螺纹钢筋	18、25、32、40、50	Φ^T	980	659	410	2.0
			1 080	770		
			1 230	900		

高强钢筋中含碳量和合金含量对钢筋的焊接性能有一定的影响，尤其当钢筋中含碳量达到上限或直径较粗时，焊接质量不稳定。而预应力螺纹钢筋(图 4-1)很好地解决了这一问题，预应力螺纹钢筋在端部用螺纹套筒连接接长。目前，我国生产螺纹钢筋品种有直径为 25mm 及 32mm，其屈服点分别可达 750MPa 及 950MPa 以上。

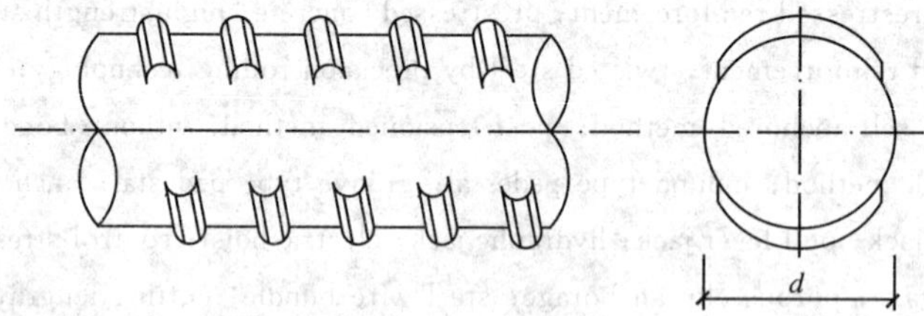

图 4-1　高强钢筋

碳素钢丝是由高碳钢盘条经淬火、酸洗、拉拔制成。为了消除钢丝拉拔中产生的内应力，还需经过矫直回火处理。钢丝直径一般为 4～9mm，按外形分为光面、刻痕和螺纹肋三种。钢丝强度高，冷拔后表面光滑，为了保证高强度钢丝与混凝土具有可靠的粘结，钢丝的表面常通过刻痕处理形成刻痕钢丝，或加工成螺旋肋，如图 4-2 所示。

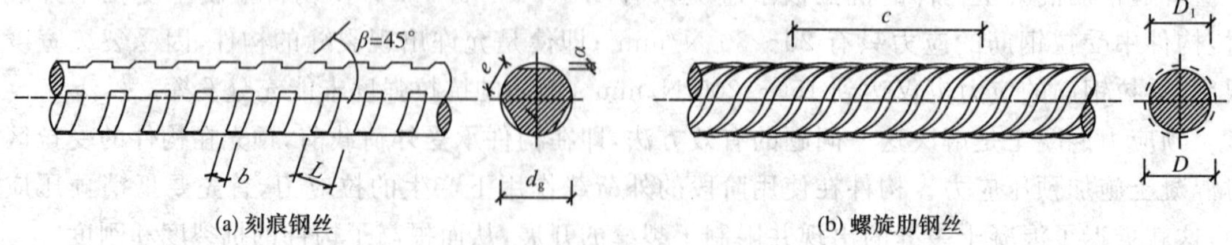

图 4-2　刻痕和螺旋肋钢丝的外形

预应力钢丝经矫直回火后，可消除钢丝冷拔过程中产生的残余应力，其比例极限、屈服强度和弹性模量等也会有提高，塑性也有所改善，同时也解决了钢丝的矫直问题。这种钢丝通常被称为消除应力钢丝。消除应力钢丝的松弛虽比消除应力前低一些,但仍然较高。于是人们又发展了一种叫做“稳定化”的特殊生产工艺,即在一定的温度(如350℃)和拉应力下进行应力消除回火处理,然后冷却至常温。经“稳定化”处理后,钢丝的松弛值仅为普通钢丝的25%~33%。这种钢丝被称为低松弛钢丝,目前已在国内外广泛应用。我国消除应力钢丝的品种及其强度设计值如表4-2所列。

表4-2　　消除应力钢丝强度设计值和弹性模量　　单位:N/mm²

	钢丝种类	符号	钢筋直径/mm	f_{ptk}	f_{py}	f'_{py}	E_s
消除应力钢丝	光面 螺旋肋	Φ^P Φ^H	5	1570	1110		
				1860	1320		
			7	1570	1110		
			9	1470	1040		
				1570	1110	410	2.05
中强度预应力钢丝	光面 螺旋肋	Φ^{PM} Φ^{HM}	5、7、9	800	510		
				970	650		
				1270	810		

4.1.2.2　钢绞线

钢绞线是由冷拔钢丝绞扭而成,其方法是在绞线机上以一种稍粗的直钢丝为中心,其余钢丝则围绕其进行螺旋状绞合(图4-3),再经低温回火处理即可。钢绞线根据深加工的要求不同又可分为普通松弛钢绞线(消除应力钢绞线)、低松弛钢绞线和镀锌钢绞线、环氧涂层钢绞线和模拔钢绞线等几种。

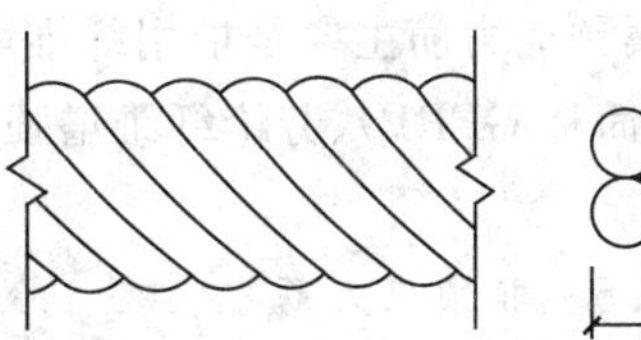

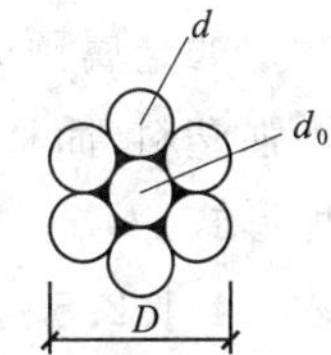

D—钢绞线直径;d_0—中心钢丝直径;
d—外层钢丝直径

图4-3　预应力钢绞线截面图

钢绞线规格有2股、3股、7股和19股等。7股钢绞线由于面积较大、柔软、施工定位方便,适用于先张法和后张法预应力结构与构件,是目前国内外应用最广的一种预应力筋。表4-3给出了我国常用的钢绞线的规格及其强度设计值。

表4-3　　钢绞线强度设计值和弹性模量　　单位:N/mm²

钢丝种类	符号	钢筋直径/mm	f_{ptk}	f_{py}	f'_{py}	E_s
1×3	Φ^s	8.6、10.8、12.9	1570	1110	390	1.95
			1860	1320		
			1960	1390		
		9.5、12.7、15.2、17.8	1720	1220		
			1860	1320		
1×7			1960	1390		
		21.6	1860	1320		

4.1.2.3　无粘结预应力筋

无粘结预应力筋是一种在施加预应力后沿全长与周围混凝土不粘结的预应力筋,它由预应力钢材、涂料层和包裹层组成(图4-4)。无粘结预应力筋的高强钢材和有粘结的要求完全一样，常用的钢材为用 7 根直径 5mm 的碳素钢丝束及由 7 根 5mm 或 4mm 的钢丝绞合而成的钢绞线。无粘结预应力筋的制作，通常采用挤压涂塑工艺，外包聚乙烯或聚丙烯套管，套管内涂防腐建筑油脂，经挤压成型，塑料包裹层裹覆在钢绞线或钢丝束上。

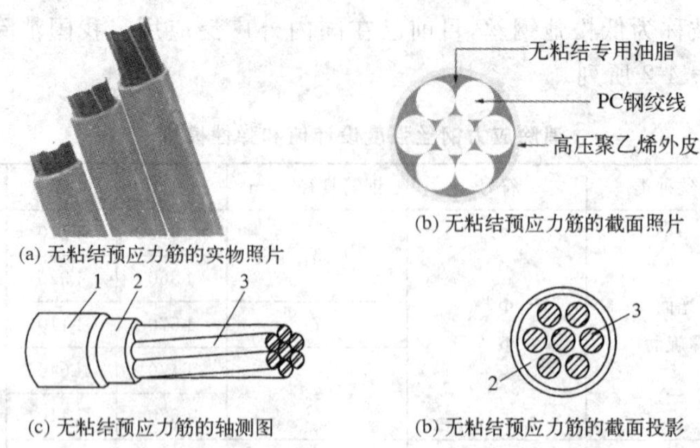

(a) 无粘结预应力筋的实物照片

(b) 无粘结预应力筋的截面照片

(c) 无粘结预应力筋的轴测图

(b) 无粘结预应力筋的截面投影

1—聚乙烯塑料套管；2—保护油脂；3—钢绞线或钢丝束

图 4-4　无粘结预应力筋的轴测图

4.1.2.4　非金属预应力筋

非金属预应力筋主要是指用纤维增强塑料（简称 FRP）制成的预应力筋，主要有玻璃纤维增强塑料（简称 GFRP）、芳纶纤维增强塑料（AFRP）及碳纤维增强塑料（CFRP）预应力筋等几种形式。

4.1.2.5　非预应力筋

预应力混凝土结构中一般也均配置有非预应力钢筋，非预应力钢筋可选用热扎钢筋 HRB335 以及 HRB400，也可采用 HPB300 或 RRB400，箍筋宜选用热扎钢筋 HPB300。

4.1.3　对混凝土的要求

在预应力混凝土结构中所采用的混凝土应具有高强、轻质和高耐久性的性质，一般要求混凝土强度等级不应低于 C30，当采用钢绞线、钢丝、高强钢筋时不宜低于 C40。目前，我国在一些重要的预应力混凝土结构中，已开始采用 C50—C60 的高强混凝土，最高混凝土等级已达到 C80，并逐步向更高强度等级的混凝土发展。国外混凝土的平均抗压强度每 10 年提高 5～10MPa，现已出现抗压强度高达 200MPa 的混凝土。

4.1.4　预应力的施加方法

预应力的施加方法，根据与构件制作相比较的先后顺序分为先张法、后张法两大类。按钢筋的张拉方法又分为机械张拉和电热张拉，后张法中因施工工艺的不同，又可分为一般后张法、后张自锚法、无粘结后张法、体外预应力张拉法等。

4.2　先张法

先张法是在浇筑混凝土构件之前，张拉预应力筋，将其临时锚固在台座或钢模上，然后浇筑混凝土构件，待混凝土达到一定强度（一般不低于混凝土强度标准值的 75%），并使预应力筋与混凝土间有足够粘结力时，放松预应力，预应力筋弹性回缩，借助于混凝土与预力筋间的粘结，对混凝土产生预压应力。

先张法多用于预制构件厂生产定型的中小型构件，也常用于生产预应力桥跨结构等。图 4-5 为采用先张法施工工艺生产预应力构件的示意图。先张法生产有台座法、台模法两种。用台座法生产时，预应力筋的张拉、锚固、构件浇筑、养护和预应力筋的放松等工序都在台座上进行，预应力筋的张拉力由台座承受。台模法为机组流水、传送带生产方法，此时预应力筋的张拉力由钢台模承受。

本节主要介绍台座法生产预应力混凝土构件的预应力施工方法。

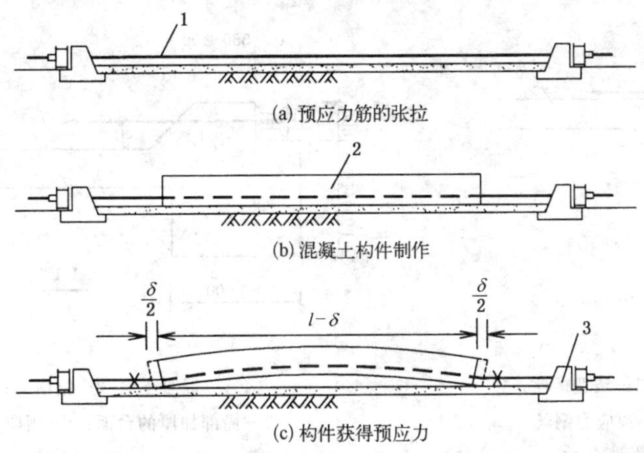

1—预应力筋；2—混凝土构件；3—台座

图 4-5　先张法生产示意图

4.2.1　先张法施工设备

4.2.1.1　台座

用台座法生产预应力混凝土构件时，预应力筋锚固在台座横梁上，台座承受全部预应力的拉力；故台座应有足够的强度、刚度和稳定性，以避免台座变形、倾覆和滑移而引起的预应力的损失。

台座由台面、横梁和承力结构等组成。根据承力结构的不同，台座分为墩式台座、槽式台座和桩式台座等。

1. 墩式台座

以混凝土墩作承力结构的台座称墩式台座，一般用以生产中小型构件。台座长度较长，张拉一次可生产多根构件，从而减少因钢筋滑动引起的预应力损失。

当生产空心板、平板等平面布筋的小型构件时，由于张拉力不大，可利用简易墩式台座，(图 4-6)，它将卧梁和台座浇筑成整体，充分利用台面受力。锚固钢丝的角钢用螺栓锚固在卧梁上。

生产中型构件或多层叠浇构件可用图 4-7 所示墩式台座。台面局部加厚，以承受部分张拉力。

设计墩式台时，应进行台座的稳定性和强度验算。稳定性是指台座抗倾覆能力。

进行强度验算时，支承横梁的牛腿，按柱子牛腿计算方法计算其配筋；墩式台座与台面接触的外伸部分，按偏心受压构件计算；台面按轴心受压杆件计算；横梁按承受均布荷载的简支梁计算，其挠度应控制在 2mm 以内，并不得产生翘曲。

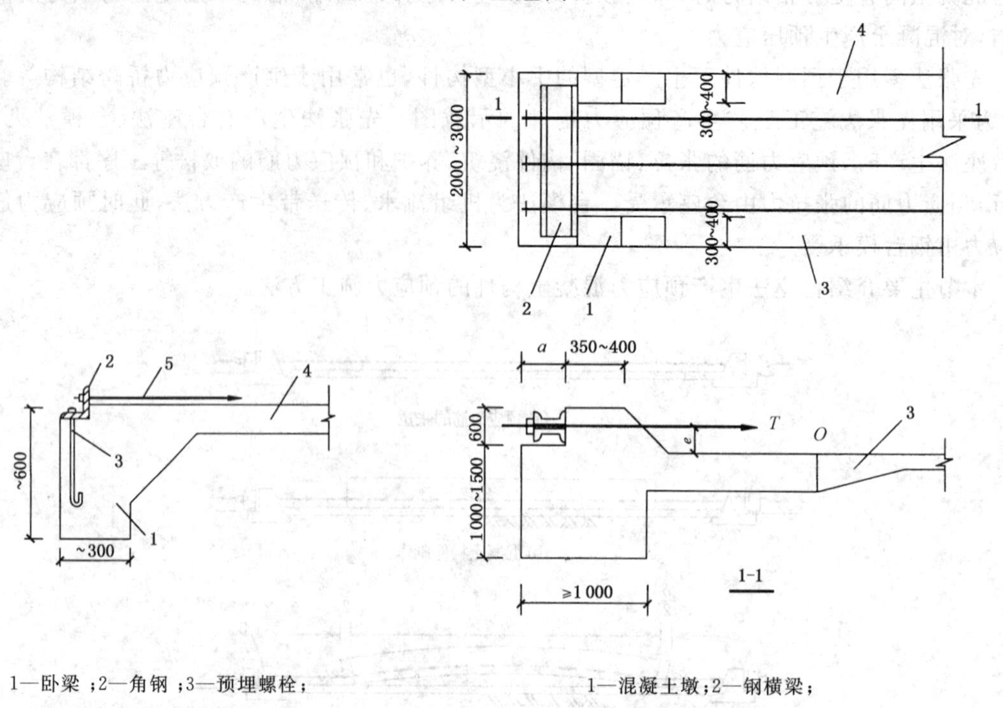

1—卧梁；2—角钢；3—预埋螺栓；
4—混凝土台面；5—预应力钢丝

图 4-6　简易墩式台座

1—混凝土墩；2—钢横梁；
3—局部加厚的台面；4—预应力筋

图 4-7　墩式台座

2. 槽式台座

生产吊车梁、屋架、箱梁等预应力混凝土构件时，由于张拉力和倾覆力矩都较大，大多采用槽式台座。由于它具有通长的钢筋混凝土压杆，可承受较大的张拉力和倾覆力矩，其上加砌砖墙，加盖后还可进行蒸汽养护(图 4-8)，为方便混凝土运输和蒸汽养护，槽式台座多低于地面。为便于拆迁，台座的压杆亦可分段浇制。

设计槽式台座时，也应进行抗倾覆稳定性和强度验算。

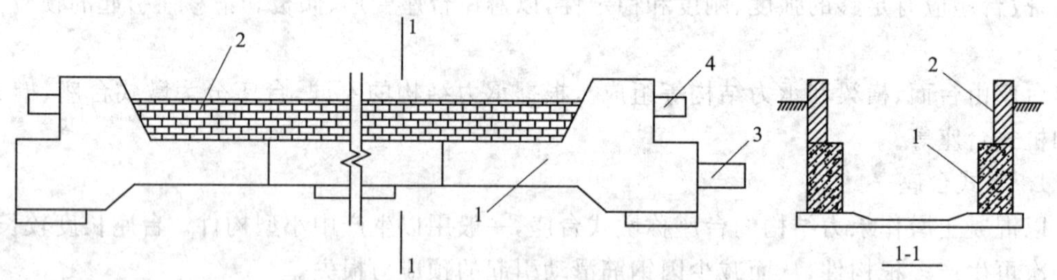

1—钢筋混凝土压杆；2—砖墙；3—上横梁；4—下横梁

图 4-8　槽式台座

4.2.1.2　夹具和张拉机具

1. 夹具

夹具是在先张法预应力混凝土构件施工时，为保持预应力筋的拉力并将其固定在生产台座(或设备)上的临时性锚固装置；或在后张法预应力混凝土结构或构件施工时，在张拉千斤顶或设备上夹持预应力筋的临时性锚固装置。夹具应与预应力筋相适应。张拉机具则是用于张拉钢筋的设备，它应根据不同的夹具和张拉方式选用。预应力钢丝与预应力钢筋张拉所用夹具和张拉机具有所不同。

夹具应具有良好的自锚性能、松弛性能和安全的重复使用性能。主要锚固零件宜采取镀膜防锈。它的静载性能由预应力筋-夹具组装件静载实验测定的夹具效率系数(η_g)确定。夹具效率系数应按下式计算：

$$\eta_g = F_{gpu}/F_{pm} \tag{4-1}$$

式中 F_{gpu}——预应力筋-夹具组装件的实测极限拉力；

F_{pm}——预应力筋的实际平均极限抗拉力。由预应力钢材试件实测破断荷载平均值计算得出。试验结果应满足夹具效率等于或大于 0.92 的要求。

钢丝张拉与钢筋张拉所用夹具和机具不同。

2. 钢丝的夹具和张拉机具

(1) 钢丝的夹具

先张法中钢丝的夹具分两类：一类是将预应力筋锚固在台座或钢模上的锚固夹具；另一类是张拉时夹持预应力筋用的夹具。锚固夹具与张拉夹具都是重复使用的工具。夹具的种类繁多，此处仅介绍常用的一些钢丝夹具。图 4-9 是钢丝的锚固夹具，图 4-10 是钢丝的张拉夹具。

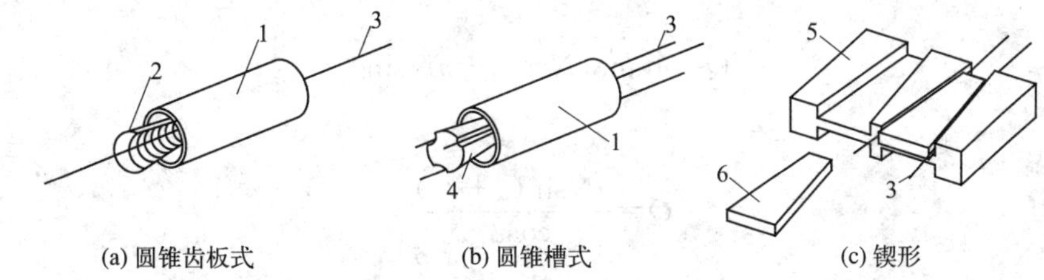

1—套筒；2—齿板；3—钢丝；4—锥塞；5—锚板；6—锲块

图 4-9 钢丝的锚固夹具

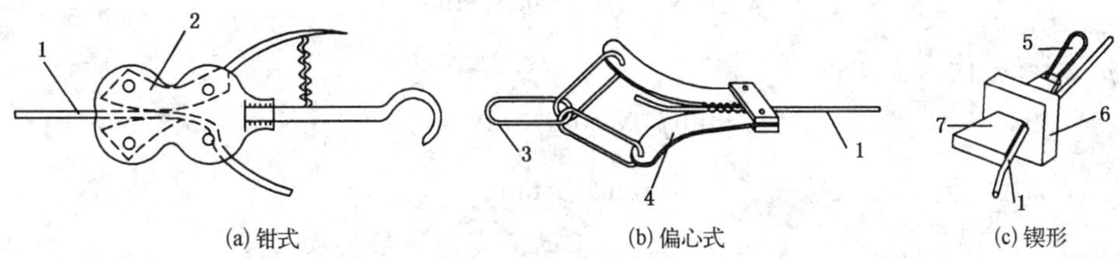

1—钢丝；2—钳齿；3—拉钩；4—偏心齿条；5—拉环；6—锚板；7—锲块

图 4-10 钢丝的张拉夹具

夹具本身须具备自锁和自锚能力。自锁即锥销、齿板或锲块打入后不会反弹而脱出的能力；自锚即预应力筋张拉中能可靠地锚固而不被从夹具中拉出的能力。

以锥销式夹具图 4-11 为例，锥销在顶压力 Q 作用下打入套筒，由于 Q 力作用，在锥销侧面产生正压力 N 及摩擦力 $N\mu_1$，根据平衡条件得

$$Q - nN\mu_1\cos\alpha - nN\sin\alpha = 0$$

式中 n——锚固的预应力筋根数；

μ_1——预应力筋与锥销间的摩擦系数。

因为 $\mu_1 = \tan\varphi_1$(φ_1 为预应力筋与锥销间的摩擦角)，代入上式得

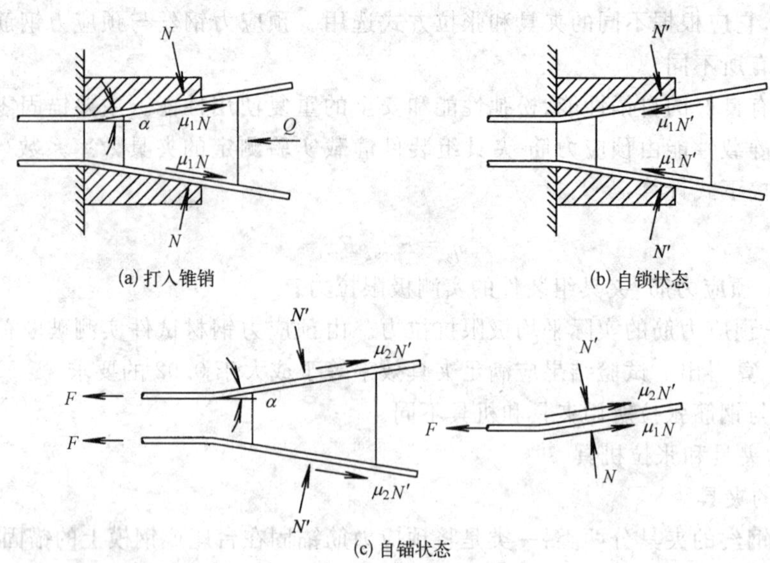

图 4-11 锥销式夹具自锁、自锚计算简图

$$Q=n\tan\phi_1 N\cos\alpha+nN\sin\theta$$

所以

$$Q=\frac{nN\sin(\alpha+\phi_1)}{\cos\phi_1}$$

锚固后，由于预应力筋内缩，正应力变为 N'，由于锥销有回弹趋势，故摩阻力 $N'\mu_1$ 反向以阻止回弹。为使锥销自锁，则需满足下式：

$$nN'\mu_1\cos\alpha\geqslant nN'\sin\alpha$$

以 $\mu_1=\tan\varphi_1$ 代入上式得：

$$n\tan\phi_1 N'\cos\alpha\geqslant nN'\sin\alpha$$

即

$$\tan\phi_1\geqslant\tan\alpha$$

故

$$\alpha\leqslant\varphi_1 \tag{4-2}$$

因此，要使锥销式夹具能够自锁，α 角必须等于或小于锥销与预应力筋间的摩擦角 φ_1。张拉中预应力筋在 F 力作用下有向孔道内滑动的趋势，由于套筒顶在台座或钢模上不动，又由于锥销的自锁，则预应力筋带着锥销向内滑动，直至平衡为止。根据平衡条件，可知

$$F=\mu_2 N\cos\alpha+N\sin\alpha$$

夹具如能自锚，即阻止预应力筋滑动的摩阻力应大于预应力筋的拉力 F，如图 4-12(c)所示。由于 $N\approx N'$ 即

$$\frac{(\mu_1 N+\mu_2 N)\cos\alpha}{F}=\frac{(\mu_1 N+\mu_2 N)\cos\alpha}{\mu_2 N\cos\alpha+N\sin\alpha}=\frac{\mu_1+\mu_2}{\mu_2+\tan\alpha}\geqslant1 \tag{4-3}$$

由此，可知 α，μ_2 愈小且 μ_1 愈大，则夹具的自锚性能愈好，μ_2 小而 μ_1 大则对预应力筋的挤压好，锥销向外滑动少。这就要求锥销的硬度(HRC40—45)大于预应力筋的硬度，而预应力筋

的硬度要大于套筒的硬度。α 角一般为 4°～6°，过大，自锁和自锚性能差，过小则套筒承受的环向张力过大。

(2) 钢丝的张拉机具

钢丝张拉分单根张拉和多根张拉。

用钢台模以机组流水法或传送带法生产构件，大多采用多根张拉，图 4-12 是表示用油压千斤顶进行张拉，要求钢丝的长度相等，事先调整初应力。

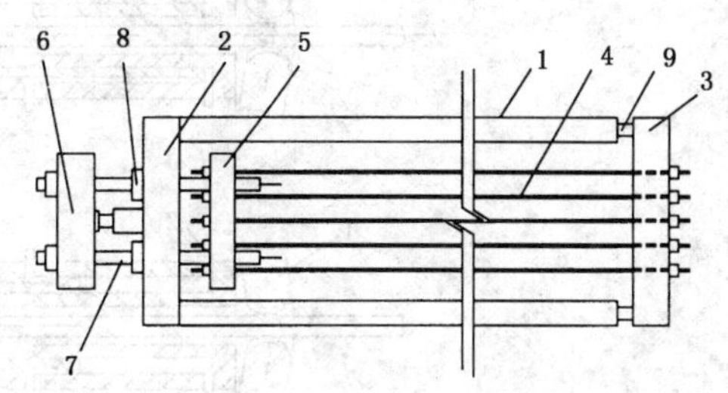

1—台模；2,3—前后横梁；4—钢筋；5,6—拉力架横梁；7—大螺丝杆；8—油压千斤顶；9—放松装置

图 4-12　油压千斤顶成组张拉

在台座上生产构件，大多采用单根张拉，由于张拉力较小，一般用小型电动卷扬机张拉，以弹簧、杠杆等简易设备测力。用弹簧测力时宜设置行程开关，以便张拉到规定的拉力时能自行停车。

选择张拉机具时，为了保证设备、人身安全和张拉力准确，张拉机具的张拉力应不小于预应力筋张拉力的 1.5 倍；张拉机具的张拉行程应不小于预应力筋张拉伸长值的 1.1～1.3 倍。

3. 钢筋的夹具和张拉机具

(1) 钢筋夹具

钢筋锚固多用螺丝端杆锚具、镦头锚和销片夹具等。张拉时可用连接器与螺丝端杆锚具连接，或用销片夹具等。

钢筋镦头，直径 22mm 以下的钢筋用对焊机热镦或冷镦，大直径钢筋可用压模加热锻打或成型。镦过的钢筋需经过冷拉，以检验镦头处的强度。

销片式夹具由圆套筒和圆锥型销片组成(图 4-13)，套筒内壁呈圆锥形，与销片锥度吻合，销片有两片式和三片式，钢筋就夹紧在销片的凹槽内。

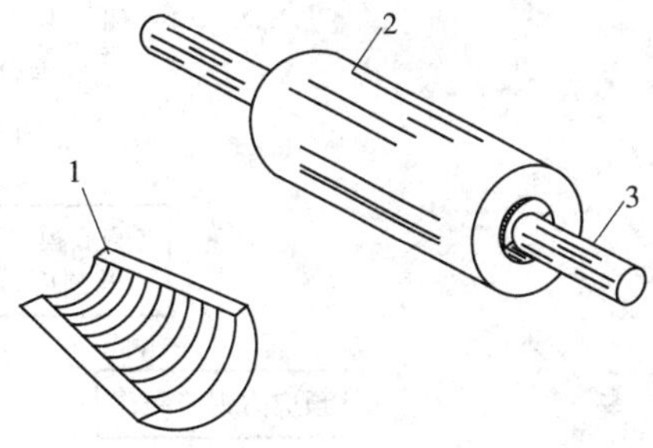

1—销片；2—套筒；3 —预应力筋

图 4-13　两片式销片夹具

先张法用夹具除应具备静载锚固性能外，还应具备下列性能：在预力夹具组装件达到实际破断拉力时，全部零件均不得出现裂缝和破坏；应有良好的自锚性能；应有良好的放松性能。

需大力敲击才能松开的夹具，必须证明其对预应力筋的锚固无影响，且对操作人员安全不造成危险。夹具进入施工现场时必须检查其出厂质量证明书，以及其中所列的各项性能指标，并进行必要的静载试验，符合质量要求后方可使用。

(2) 钢筋的张拉机具

先张法粗钢筋的张拉，分单根张拉和多根成组张拉。由于在长线台座上预应力筋的张拉伸长值较大，一般千斤顶行程大多不能满足，故张拉较小直径钢筋可用卷扬机。图 4-14 为 YC60 式穿心千斤顶的结构图及实物图。

4.2.2　先张法施工工艺

先张法预应力混凝土构件在台座上生产时，一般工艺流程如图 4-15 所示，施工中可按具体情况适当调整。如用先张法生产预应力桥梁时，则应按图 4-15 的顺序进行。

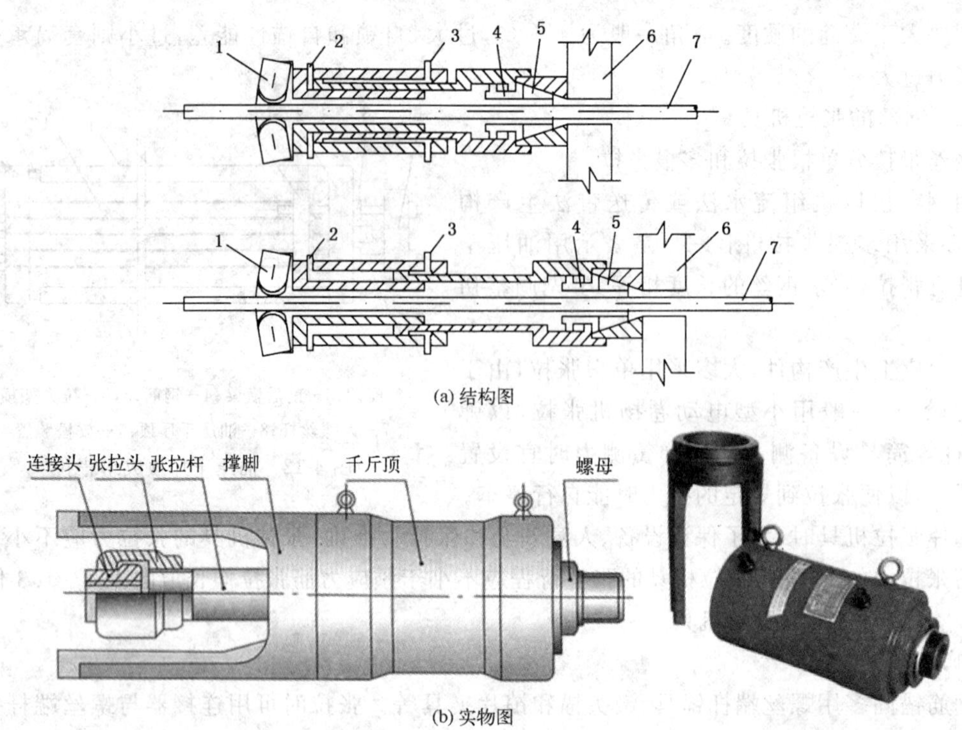

1—偏心夹具；2—后油嘴；3—前油嘴；4—弹性顶压头；

5—销片夹具；6—台座横梁；7—预应力筋

图 4-14　YC-60 式穿心千斤顶

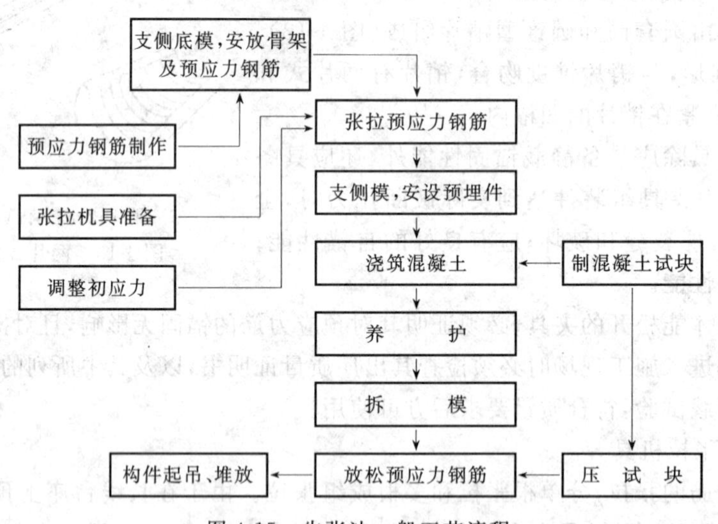

图 4-15　先张法一般工艺流程

4.2.2.1 预应力筋的张拉

预应力筋张拉应根据设计要求进行。当进行多根成组张拉时，应先调整各预应力筋的初应力，使其长度和松紧一致，以保证张拉后各预应力筋的应力一致。

先张法预应力筋之间的净间距不宜小于其公称直径的 2.5 倍和混凝土粗骨料最大粒径的 1.25 倍，且应符合下列规定：预应力钢丝，不应小于 15mm；三股钢绞线，不宜小于 20mm；七股钢绞线，不应小于 25mm。当混凝土振捣密实性具有可靠保证时，净间距可放宽为最大粗骨料粒径的1.0倍。

张拉时的控制应力按设计规定。控制应力的数值影响预应力的效果。控制应力高，建立的预应力值则大。但控制应力过高，预应力筋处于高应力状态，使构件出现裂缝的荷载与破坏荷载接近，破坏前无明显的预兆，这是不允许的。此外，施工中为减少由于松弛等原因造成的预应力损失，一般要进行超张拉，如果原定的控制应力过高，再加上超张拉就可能使钢筋的应力超过流限。为此，《混凝土结构设计规范》(GB 50050－2010)规定预应力钢筋的张拉控制应力值不宜超过表4-4规定的张拉控制应力限值，且消除应力钢丝、钢绞线、中强度预应力钢丝的张拉控制应力值不应小于$0.4f_{ptk}$；预应力螺纹钢筋的张拉应力控制值不宜小于$0.5f_{pyk}$。

表4-4　　张拉控制应力限值

钢筋种类	张拉方法	
	先张法	后张法
消除应力钢丝、刚绞线	$\sigma_{con} \leqslant 0.75f_{ptk}$	$\sigma_{con} \leqslant 0.75f_{ptk}$
中强度预应力钢丝	$\sigma_{con} \leqslant 0.70f_{ptk}$	$\sigma_{con} \leqslant 0.70f_{ptk}$
预应力螺纹钢筋	$\sigma_{con} \leqslant 0.85f_{pyk}$	$\sigma_{con} \leqslant 0.85f_{pyk}$

当符合下列情况之一时，上述张拉控制应力限值可相应提高$0.05f_{ptk}$或$0.05f_{pyk}$：

① 要求提高构件在施工阶段的抗裂性能，而在使用阶段受压区内设置预应力筋。

② 要求部分抵消由于应力松弛、摩擦、钢筋分批张拉以及预应力筋与张拉台座之间的温差等因素产生的预应力损失。

张拉程序一般可按下列程序之一进行：

$$0 \rightarrow 105\%\sigma_{con} \xrightarrow{\text{持荷 2min}} \sigma_{con} \tag{4-4}$$

或

$$0 \rightarrow 103\%\sigma_{con} \tag{4-5}$$

式中　σ_{con}——预应力筋的张拉控制应力。

交通部规范中对粗钢筋及钢绞线的张拉程序分别可取：

$$0 \rightarrow \text{初应力}(10\%\sigma_{con}) \rightarrow 105\%\sigma_{con} \xrightarrow{\text{持荷 2min}} 90\%\sigma_{con} \rightarrow \sigma_{con} \tag{4-6}$$

$$0 \rightarrow \text{初应力} \rightarrow 105\%\sigma_{con} \xrightarrow{\text{持荷 2min}} 0 \rightarrow \sigma_{con} \tag{4-7}$$

建立上述张拉程序的目的是为了减少预应力的松弛损失。所谓“松弛”，即钢材在常温、高应力状态下具有不断产生塑性变形的特性。松弛的数值与控制应力和延续时间有关，控制应力高则松弛亦大，所以钢丝、钢绞线的松弛损失比冷拉热轧钢筋大；松弛损失还随着时间的延续而增加，但在第1min内可完成损失总值的50%左右，24h内则可完成80%。上述张拉程序，如先超张拉5%再持荷几分钟，则可减少大部分松弛损失。超张拉3%亦是为了弥补这一预应力损失。

用应力控制张拉时，为了校核预应力值，在张拉过程中应测出预应力筋的实际伸长值。如实际伸长值大于计算伸长值10%或小于计算伸长值5%，应暂停张拉，查明原因并采取措施予以调整后，方可继续张拉。

台座法张拉中，为避免台座承受过大的偏心压力，应先张拉靠近台座截面重心处的预应力筋。

多根预应力筋同时张拉时，必须事先调整初应力，使相互间的应力一致。预应力筋张拉锚固后的实际预应力值与设计规定检验值的相对允许偏差为5%。

张拉完毕锚固时，张拉端的预应力筋回缩量不得大于设计规定值；锚固后，预应力筋对设计位置的偏差不得大于5mm，并不大于构件截面短边长度的4%。

另外，施工中必须注意安全，严禁正对钢筋张拉的两端站立人员，防止断筋回弹伤人。冬季张拉预应力筋，环境温度不宜低于-15℃。

构件端部尺寸应考虑锚具布置、张拉设备尺寸和局部承压的要求，必要时应适当加大，具体要求如下：

① 单根预应力钢筋，其端部宜设置螺旋筋。

② 分散布置的多根预应力钢筋，在构件端部 $10d$（d 为预应力筋的公称直径），且不小于100mm范围内宜设置3～5片与预应力筋垂直的钢筋网片。

③ 采用预应力钢丝配筋的薄板，在板端100mm范围内应适当加密横向钢筋。

④ 槽形板类构件，为防止板面端部产生纵向裂缝，应在构件端部100mm范围内，沿构件板面设置附加的横向钢筋，其数量不少于2根。

4.2.2.2 混凝土的浇筑与养护

确定预应力混凝土的配合比时，应尽量减少混凝土的收缩和徐变，以减少预应力损失。收缩和徐变都与水泥品种和用量、水灰比、骨料孔隙率、振动成型等有关。

预应力筋张拉完成后，钢筋绑扎、模板拼装和混凝土浇筑等工作应尽快跟上。混凝土应振捣密实。混凝土浇筑时，振动器不得碰撞预应力筋。混凝土未达到强度前，也不允许碰撞或踩动预应力筋。

混凝土可采用自然养护或湿热养护。但必须注意，当预应力混凝土构件在台座上进行湿热养护时，应采取正确的养护制度以减少由于温差引起的预应力损失。预应力筋张拉后锚固在台座上，温度升高预应力筋膨胀伸长，使预应力筋的应力减小。在这种情况下混凝土逐渐硬结，而预应力筋由于温度升高而引起的预应力损失不能恢复。因此，先张法在台座上生产预应力混凝土构件，其最高允许的养护温度应根据设计规定的允许温差（张拉钢筋时的温度与台座养护温度之差）计算确定。当混凝土强度达到7.5N/mm^2（粗钢筋配筋）或10N/mm^2（钢丝、钢绞线配筋）以上时，则可不受设计规定的温差限制。以机组流水法或传送带法用钢模制作预应力构件，湿热养护时钢模与预应力筋同步伸缩，故不引起温差预应力损失。

4.2.2.3 预应力筋放松

混凝土强度达到设计规定的数值（一般不小于混凝土标准强度的75%）后，才可放松预应力筋。放松过早会由于预应力筋回缩而引起较大的预应力损失。预应力筋放松应根据配筋情况和数量，选用正确的方法和顺序，否则易引起构件翘曲、开裂和断筋等现象。

预应力筋为钢筋时，配筋不多的中小型钢筋混凝土构件，钢筋可用砂轮锯或切断机切断等方法放松。配筋多的钢筋混凝土构件，钢筋应同时放松，如逐根放松，则最后几根钢筋将由于承受过大的拉力而突然断裂，易使构件端部开裂。长线台座上放松后预应力筋的切断顺序，一般由放松端开始，逐次切向另一端。

预应力筋为钢筋时，对热处理钢筋及冷拉Ⅳ级钢筋，不得用电弧切割，宜用砂轮锯或切断机切断；数量较多时，也应同时放松。多根钢丝或钢筋的同时放松，可用油压千斤顶、砂箱、楔块等。

采用湿热养护的预应力混凝土构件，宜热态放松预应力筋，而不宜降温后再放松。

4.3　后张法

构件或块体制作时，在放置预应力筋的部位预先留有孔道，待混凝土达到规定强度后，孔道内穿入预应力筋，并用张拉机具夹持预应力筋将其张拉至设计规定的控制应力，然后借助锚具将预应力筋锚固在构件端部，最后进行孔道灌浆（亦有不灌浆者），这种施工方法称为后张法。图 4-16 为预应力后张法构件生产的示意图。

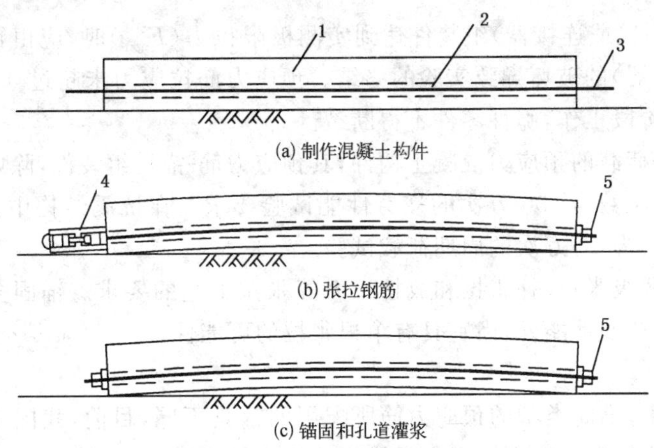

1—混凝土构件；2—预留孔道；3—预应力筋；4—千斤顶；5—锚具

图 4-16　预应力混凝土后张法生产示意图

后张法的特点是直接在构件上张拉预应力筋，构件在张拉过程中完成混凝土的弹性压缩，因此不直接影响预应力筋有效预应力值的建立。锚具是预应力构件的一个组成部分，永远留在构件上，不能重复使用。

后张法宜用于现场生产大型预应力构件、特种结构和构筑物，亦可作为一种预制构件的拼装手段。

4.3.1　锚具和预应力筋制作

4.3.1.1　锚具

在后张法预应力混凝土结构或构件中，为保持预应力筋的拉力并将其传递到混凝土上所用的永久性锚固装置称为锚具。

另一类用于后张法施工的夹具称为工具锚，它是在后张法预应力混凝土结构或构件施工时，在张拉千斤顶或设备上夹持预应力筋的临时性锚固装置。

1. 锚具的性能

在预应力筋强度等级已确定的条件下，预应力筋-锚具组装件的静载锚固性能试验结果，应同时满足锚具效率系数（η_a）等于或大于 0.95 和预应力总应变（ε_{apu}）等于或大于 2.0％两项要求。

锚具的静载锚固性能，应由预应力筋-锚具组装件静载试验测定的锚具效率系数（η_a）和达到实测极限拉力时组装件受力长度的总应变（ε_{apu}）确定。

锚具效率系数（η_a）应按下式计算：

$$\eta_a = F_{apu} / \eta_p F_{pm}$$

式中 F_{apu}——预应力筋-锚具组装件的实测极限拉力。

η_p——预应力筋的效率系数，它是指考虑预应力筋根数等因素影响的预应力筋应力不均匀系数。η_p应按下列规定取用：预应力筋-锚具组装件中预应力钢材为1～5根时，$\eta_p=1$；6～12根时，$\eta_p=0.99$；13～19根时，$\eta_p=0.98$；20根以上时，$\eta_p=0.97$。

F_{pm}——预应力筋的实际平均极限抗拉力。由预应力钢材试件实测破断荷载平均值计算得出。

当预应力筋-锚具（或连接器）组装件达到实测极限拉力（F_{apu}）时，应由预应力筋的断裂而不应由锚具（或连接器）的破坏导致实验的终结。预应力筋拉应力未超过$0.8f_{pty}$时，锚具主要受力零件应在弹性阶段工作，脆性零件不得断裂。

用于承受静、动荷载的预应力混凝土构件，其预应力筋-锚具组装件，除应满足静载锚固性能外，尚应满足循环次数为200万次的疲劳性能试验要求。在抗震结构中，预应力-锚固组装件还应满足循环次数为50万次的周期荷载试验。

锚具尚应满足分级张拉、补张拉和放松拉力等张拉工艺的要求。锚固多根预应力筋的锚具，除应具有整束张拉的性能外，尚宜具有单根张拉的可能性。

2. 锚具的种类

锚具的种类很多，不同类型的预应力筋所配用的锚具不同，目前，我国采用最多的锚具是夹片式锚具和支承式锚具。以下介绍有关锚具的构造与使用。

1）支承式锚具

（1）螺母锚具

螺母锚具属螺母锚具类，它由螺丝端杆、螺母和垫板三部分组成。型号有LMl8—LM36，适用于直径18～36mm的Ⅱ级和Ⅲ级预应力钢筋，如图4-17所示。锚具长度一般为320mm，当为一端张拉或预应力筋的长度较长时，螺杆的长度应增加30～50mm。

螺母锚具用拉杆式千斤顶张拉或穿心式千斤顶张拉。

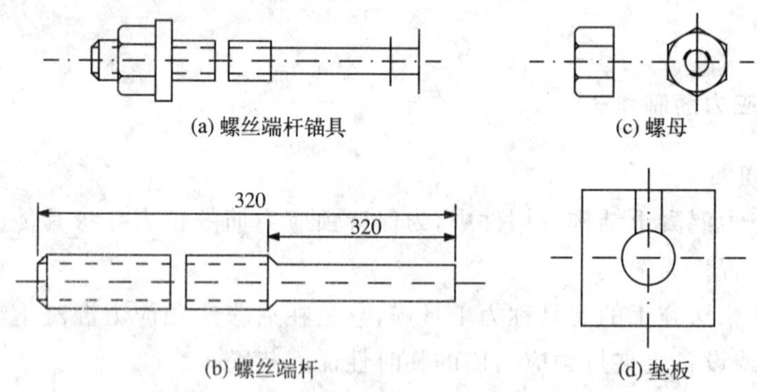

图4-17 螺丝端杆锚具

（2）镦头锚具

镦头锚具主要用于锚固多根数钢丝束。钢丝束镦头锚具分A型与B型。A型由锚环与螺母组成，可用于张拉端；B型为锚板，用于固定端，其构造如图4-18所示。

钢丝束镦头锚具的工作原理是将预应力筋穿过锚环的蜂窝眼后，用专门的镦头机将钢筋或钢丝的端头镦粗，将镦粗头的预应力束直接锚固在锚环上，待千斤顶拉杆旋入锚环内螺纹后即可进行张拉，当锚环带动钢筋或钢丝伸长到设计值时，将锚圈沿锚环外的螺纹旋紧顶在构件表面，于是锚圈通过支撑垫板将预应力传到混凝土上。

镦头锚具的优点是操作简便迅速，不会出现锥形锚易发生的“滑丝”现象，故不发生相应的预应力损失。这种锚具的缺点是下料长度要求很精确，否则，在张拉时会因各钢丝受力不均匀而发生断裂现象。

镦头锚具一般也采用拉杆式千斤顶或穿心式千斤顶张拉。

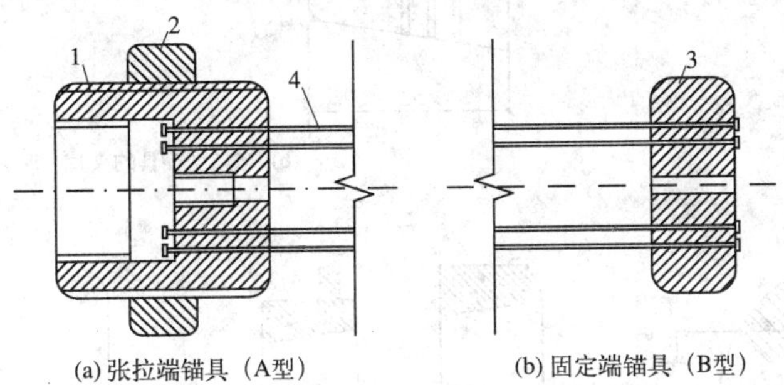

1—锚环；2—螺母；3—锚板 ；4—钢丝束

图 4-18　钢丝束镦头锚具

2）锥塞式锚具

（1）锥形锚具

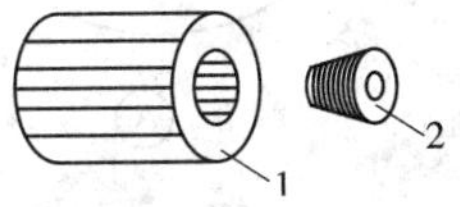

1—锚环；2—锚塞

图 4-19　钢质锥形锚具

锥形锚具由钢质锚环和锚塞（图 4-19）组成，用于锚固钢丝束。锚环内孔的锥度应与锚塞的锥度一致。锚塞上刻有细齿槽，夹紧钢丝防止滑动。

锥形锚具的尺寸较小，便于分散布置。缺点是易产生单根滑丝现象，钢丝回缩量较大，所引起的应力损失亦大，并在滑丝后无法重复张拉和接长，应力损失很难补救。此外，钢丝锚固时呈辐射状态，弯折处受力较大。

钢质锥形锚具一般用锥锚式三作用千斤顶进行张拉。

（2）锥形螺杆锚具

锥形螺杆锚具用于锚固 14～28 根直径 5mm 的钢丝束。它用锥形螺杆、套筒、螺母等组成（图 4-20），锥形螺杆锚具一般与拉杆式千斤顶配套使用，亦可采用穿心式千斤顶。

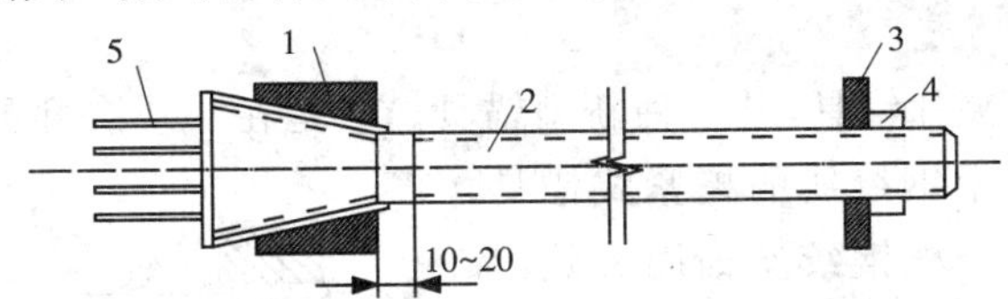

1—套筒；2—锥形螺杆；3—垫板；4—螺母；5—钢丝束

图 4-20　锥形螺杆锚具

3）夹片式锚具

（1）JM 型锚具

JM 型锚具为单孔夹片式锚具，由锚环和夹片组成。JM12 型锚具可用于锚固 4～6 根直径为 12mm 的钢筋或 4～6 根直径为 12mm 的钢绞线。JM15 型锚具则可锚固直径为 15mm 的钢筋或钢绞线。JM 型锚具的构造如图 4-21 所示。

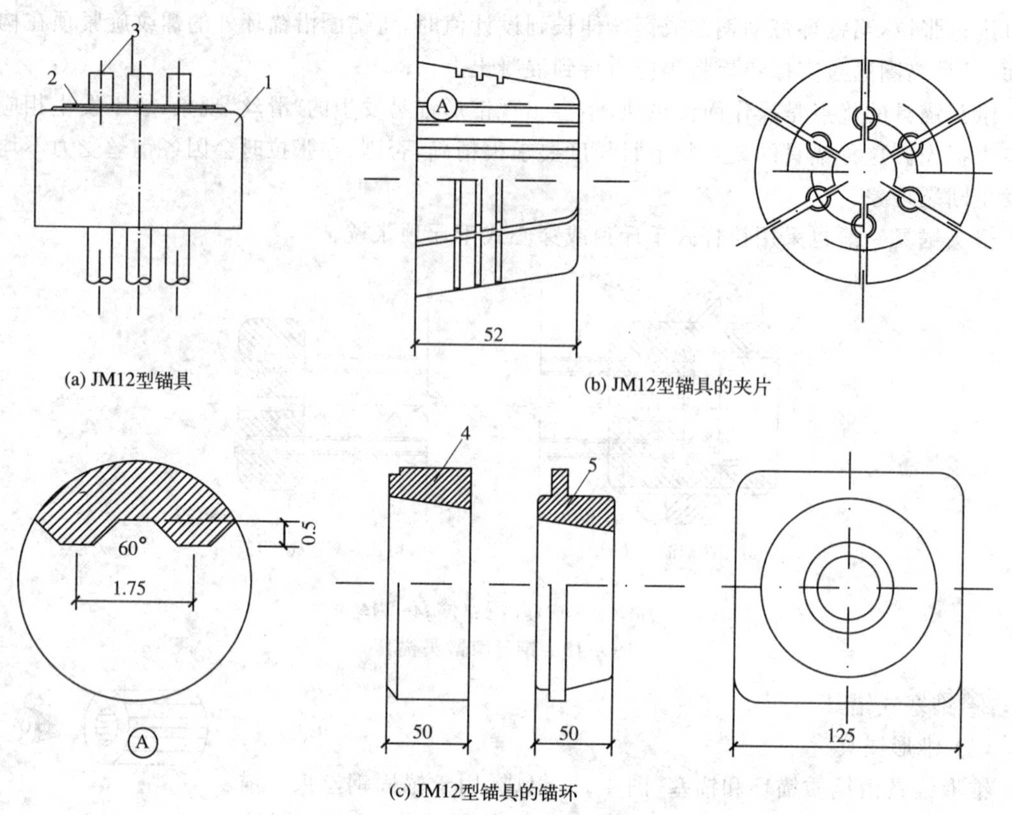

1—锚环;2—夹片;3—钢筋束和钢绞线束;4—圆钳环;5—方锚环

图 4-21 JM12 型锚具

JMl2 型锚具性能好,锚固时钢筋束或钢绞线束被单根夹紧,不受直径误差的影响,且预应力筋是在呈直线状态下被张拉和锚固,受力性能好。为适应小吨位高强钢丝束的锚固,近年来还发展了锚固 6～7 根 $\Phi5$ 碳素钢丝的 JM5-6 和 JM5-7 型锚具,其原理完全相同。

JMl2 型锚具是一种利用楔块原理锚固多根预应力筋的锚具,它既可作为张拉端的锚具,亦可作为固定端的锚具或作为重复使用的工具锚。

JM12 型锚具宜选用相应的穿心式千斤顶来张拉预应力筋。

(2) XM 型锚具

XM 型锚具属多孔夹片锚具,是一种新型锚具。它是在一块多孔的锚板上,利用每个锥形孔装一副夹片夹持一根钢绞线的楔紧式锚具。这种锚具的优点是任何一根钢绞丝锚固失效,都不会引起整束锚固失效,并且每束钢绞丝的根数不受限制。

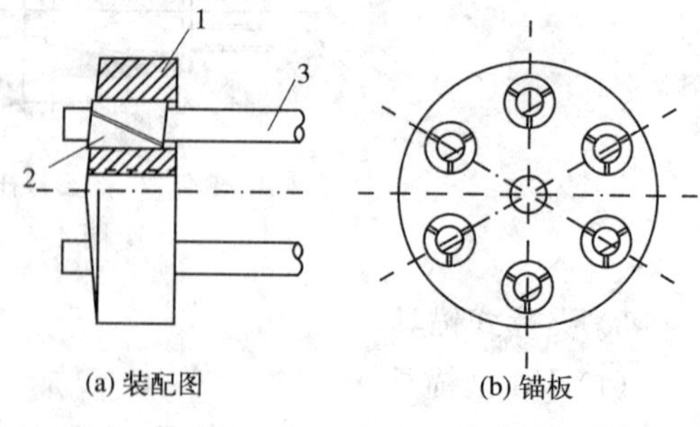

1—锚板;2—夹片(三片);3—钢绞线

图 4-22 XM 型锚具

XM 型锚具由锚板与三片夹片组成,如图4-22所示。它既适用于锚固钢绞线束,又适用于锚固钢丝束;既可锚固单根预应力筋,又可锚固多根预应力筋。当用于锚固多根预应力筋时,既可单根张拉、逐根锚固,又可成组张拉,成组锚固。另外,它还既可用作工作锚具,又可用作工具锚具。近年来,随着预应力混凝土结构和无粘结预应力结构的发展,XM 型锚具已得到广泛应用。实践证明,XM 型锚具具有通用性强、性能可靠、施工方便、便于高空作业的特点。

(3) QM 型及 OVM 型锚具

QM 型锚具也属于多孔夹片锚具,它适用于钢绞线束。该锚具由锚板与夹片组成,如图 4-23。QM 型锚固体系配有专门的工具锚,以保证每次张拉后退楔方便,并减少安装工具锚所花费的时间。

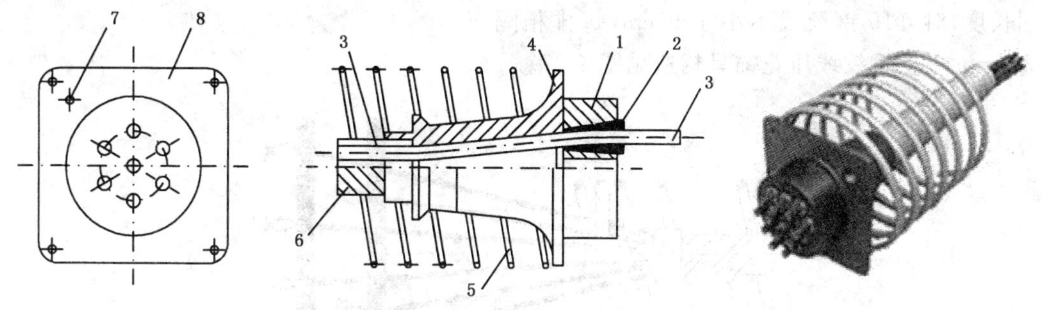

1—锚板;2—夹片;3—钢绞线;4—喇叭形铸铁垫板;
5—弹簧管;6—预留孔道用的螺旋管;7—灌浆孔;8—锚垫板

图 4-23 QM 型锚具及配件

OVM 型锚具是在 QM 型锚具的基础上,将夹片改为二片式,并在夹片背部上部锯有一条弹性槽,以提高锚固性能。

(4) BM 型锚具

BM 型锚具是一种新型的夹片式扁形群锚,简称扁锚。它是由扁锚头、扁形垫板、扁形喇叭管及扁形管道等组成,构件见图 4-24。

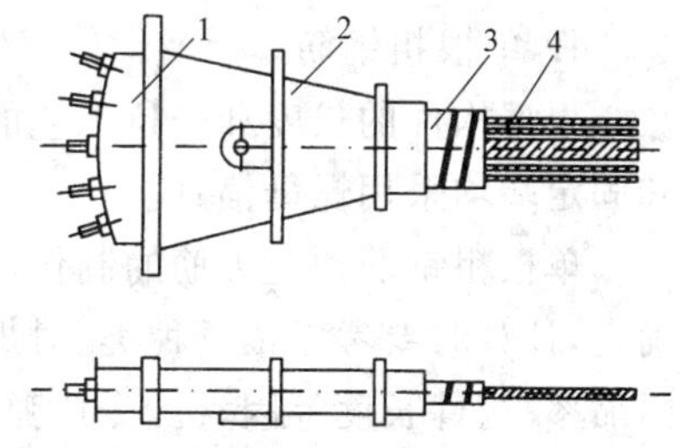

1—扁锚板;2—扁形垫板与喇叭管;
3—扁形波纹管;4—钢绞线

图 4-24 扁锚的构造

扁锚的优点是:张拉槽口扁小,可减少混凝土板厚,便于梁的预应力筋按实际需求切断后锚固,有利于节省钢材;钢绞线单根张拉,施工方便。这种锚具特别适用于空心板、低高度箱梁以及桥面横向预应力等张拉。

4) 握裹式锚具

钢绞线束的固定端的锚具除了可以采用与张拉端相同的锚具外,还可选用握裹式锚具。握裹式锚具有挤压锚具与压花锚具两类。

(1) 挤压锚具

挤压锚具是利用液压压头机将套管挤紧在钢绞线端头上的一种锚具。套筒内衬有硬钢丝螺纹圈,在挤压后硬钢丝全部脆断,一半嵌入外钢套,一半压入钢绞线,从而增加钢套筒与钢绞线之间的摩阻力。锚具下设有钢垫板与螺旋筋。这种锚具适用于构件端部的设计力大或端部尺寸受到限制的情况。挤压锚具构造见图 4-25 所示。

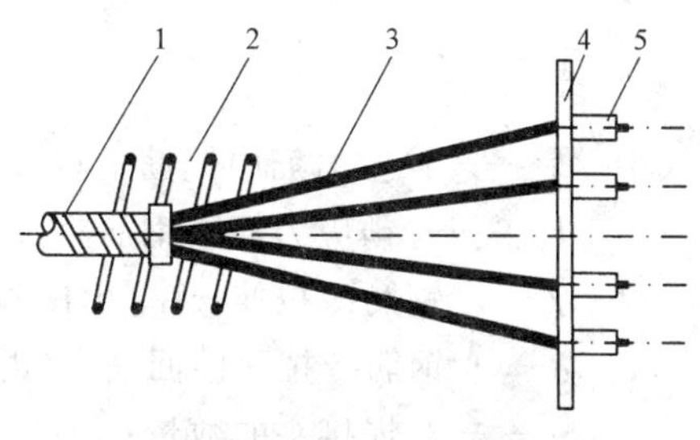

1—波纹管;2—螺旋筋;3—钢绞线;
4—钢垫板;5—挤压锚具

图 4-25 挤压锚具的构造

(2) 压花锚具

压花锚具是利用液压压花机将钢绞线端头压成梨

形散花状的一种锚具(图 4-26)。梨形头的尺寸对于 Φ15 的钢绞线不小于 95mm×150mm。多根钢绞线梨形头应分排埋置在混凝土内。为提高压花锚四周混凝土及压花头根部混凝土抗裂强度，在散花头的头部配置构造筋，在散花头的根部配置螺旋筋，压花锚距构件截面边缘不小于 30cm。第一排压花锚的锚固长度，对 Φ15 钢绞线不小于 95cm，每排相隔至少 30cm。多根钢绞线压花锚具构造见图 4-27。

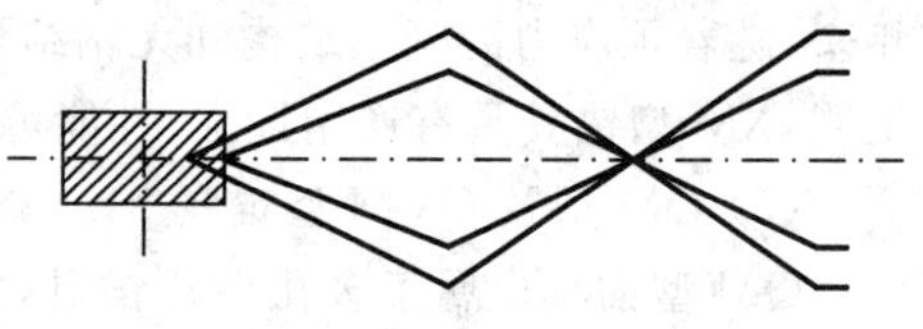

图 4-26　压花锚具

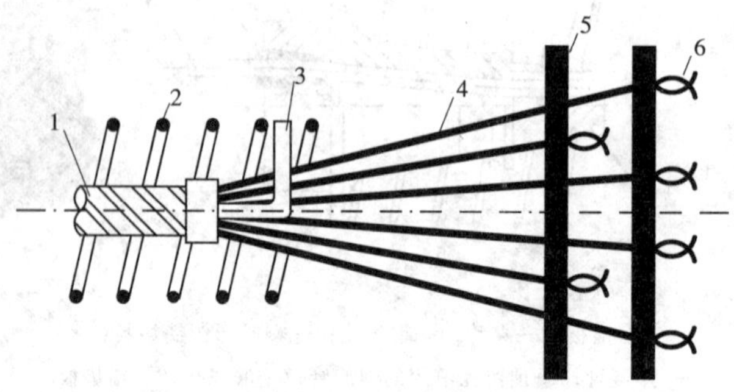

1—波纹管；2—螺旋筋；3—灌浆管；4—钢绞线；4—构造筋；6—压花锚具

图 4-27　多根钢绞线压花锚具

4.3.1.2　预应力筋的制作

1. 单根粗钢筋

根据构件的长度和张拉工艺的要求，单根预应力钢筋可在一端或两端张拉。一般张拉端和固定端均采用螺母锚具。

单根粗钢筋预应力筋的制作，包括配料、对焊、冷拉等工序。预应力筋的下料长度应计算确定，计算时要考虑锚具种类、对焊接头或镦粗头的压缩量、张拉伸长值、冷拉的冷拉率和弹性回缩率、构件长度等因素。冷拉弹性回缩率一般为 0.4%～0.6%。对焊接头的压缩量，包括钢筋与钢筋，钢筋与螺丝端杆的对焊压缩，接头的压缩量取决于对焊时的闪光留量和顶锻留量，每个接头的压缩量一般为 20～30mm。

螺丝端杆外露在构件孔道外的长度，根据垫板厚度、螺母高度和拉伸机与螺丝端杆连接所需长度确定，一般为 120～150mm。

预应力筋钢筋部分的成品长度为 L_0(图 4-28)，预应力筋钢筋部分的下料长度为

$$L=\frac{L_0}{1+\gamma-\delta}+nl_0 \tag{4-9}$$

式中　L—— 预应力筋中钢筋下料长度；

L_0—— 预应力筋中钢筋冷拉完成后的长度；

γ—— 钢筋冷拉伸长率(由试验确定)；

δ—— 钢筋冷拉弹性回缩率(由试验确定)；

n—— 对焊接头的数量；

l_0—— 每个对焊接头的压缩长度(约等于钢筋直径 d)。

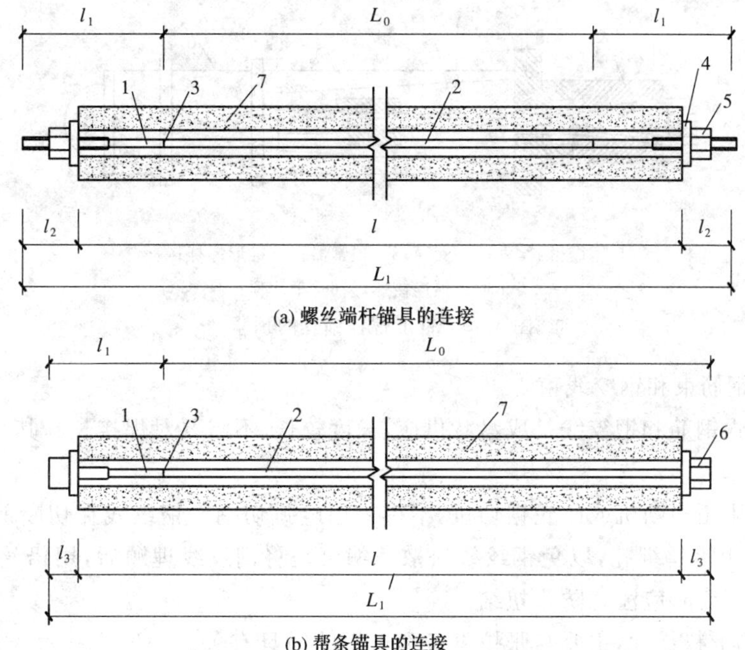

1—螺丝端杆；2—粗钢筋；3—对焊接头；4—垫板；5—螺母；6—帮条锚具；7—混凝土构件；

L_1— 包括锚具在内的预应力筋全长；l—构件的孔道长度；l_1—螺丝端杆长度；

l_2—螺丝端杆伸出构件外的长度；l_3—帮条锚具长度或镦头留量与垫板厚度之和

图 4-28 粗钢筋与锚具连接图及下料长度计算示意图

2. 钢丝束

钢丝束的制作，随锚具形式的不同制作方式也有差异，一般包括调直、下料、编束和安装锚具等工序。

用钢质锥形锚具锚固的钢丝束，其制作和下料长度计算基本上同钢筋束。

用镦头锚具锚固的钢丝束，其下料长度应力求精确，对直线或一般曲率的钢丝束，下料长度的相对误差要控制在 $L/5000$ 以内，并且不大于 5mm。为此，要求钢丝在应力状态下切断下料，下料的控制应力为 300N/mm^2。钢丝下料长度，取决于是 A 型或 B 型锚具以及一端张拉或两端张拉。

用锥形螺杆锚固的钢丝束，经过矫直的钢丝可以在非应力状态下料。

为防止钢丝扭结，必须进行编束。在平整场地上先把钢丝理顺平放，然后在其全长中每隔 1m 左右用 22 号铅丝编成帘子状(图 4-29)，再每隔 1m 放一个接端杆直径制成的螺丝衬圈，并将编好的钢丝帘绕衬圈围成圆束绑扎牢固。

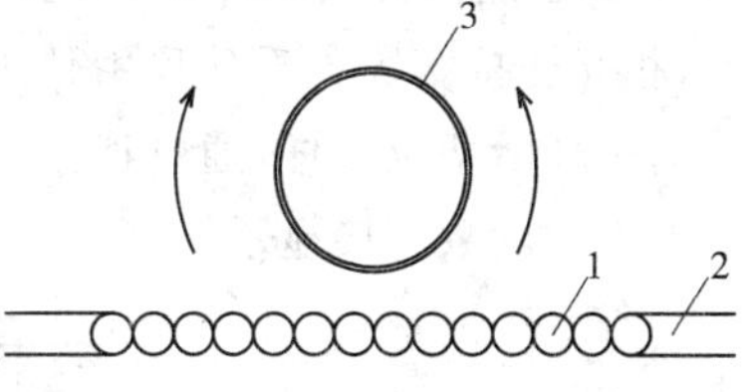

1—钢丝；2—铅丝；3—衬圈

图 4-29 钢丝束的编束

锥形螺杆锚具的安装需经过预紧，即先把钢丝均匀地分布在锥形螺杆的周围，套上套筒，通过工具式套筒将套筒打紧，再用千斤顶和工具式预紧器以 110%～130%的张拉控制应力预紧，将钢丝束牢固地锚固在锚具内(图 4-30)。

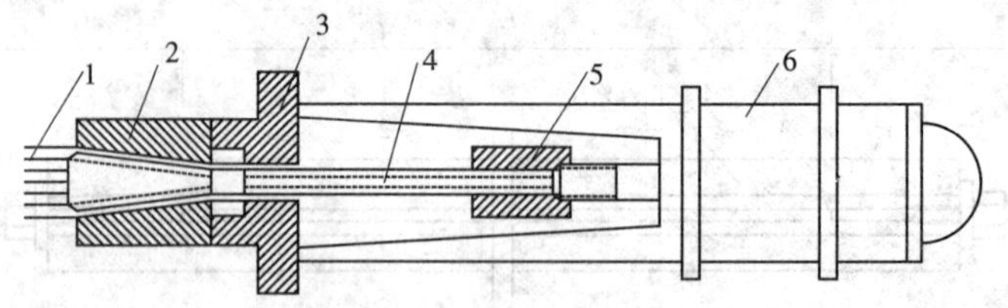

1—钢丝束;2—套筒;3—预紧器;4—锥形螺杆;

5—千斤顶连接螺母;6—千斤顶;

图 4-30　锥形螺杆锚具的预紧

3. 预应力钢筋束和钢绞线束

钢筋束、高强钢筋和钢绞线是成盘状供应,长度较长,不需要对焊接长。其制作工序是:开盘→下料→编束。

下料时,宜采用切断机或砂轮锯切机,不得采用电弧切割。钢绞线在切断前,在切口两侧各 50mm 处,应用铅丝绑扎,以免钢绞线松散。编束是将钢绞线理顺后,用铅丝每隔 1.0m 左右绑扎成束,在穿筋时应注意防止扭结。

预应力筋的下料长度,主要与张拉设备和选用的锚具有关。一般为孔道长度加上锚具与张拉设备的长度,并考虑 100mm 左右的预应力筋外露长度。

4.3.2　张拉机具设备

张拉设备由液压千斤顶、高压油泵和外接油管组成。

4.3.2.1　液压千斤顶

预应力用液压千斤顶是以高压油泵驱动,完成预应力筋的张拉、锚固和千斤顶的回程动作。按机型不同分为:拉杆式千斤顶、穿心式千斤顶、锥锚式千斤顶等;按使用功能不同可分为:单作用千斤顶和双作用、三作用千斤顶;张拉的吨位≤250kN 为小吨位,在 250～1 000kN 之间为中吨位,大于 1 000kN 为大吨位千斤顶。

1. 拉杆式千斤顶

拉杆式千斤顶由主油缸、主缸活塞、回油缸、回油活塞、连接器、传力架、活塞拉杆等组成。图 4-31 是用拉杆式千斤顶张拉时的工作示意图。张拉前,先将连接器旋在预应力的螺丝端杆上,相互连接牢固。千斤顶由传力架支承在构件端部的钢板上。张拉时,高压油进入主油缸、推动主缸活塞及拉杆,通过连接器和螺丝端杆,预应力筋被拉伸。千斤顶拉力的大小可由油泵压力表的读数直接显示。当张拉力达到规定值时,拧紧螺丝端杆上的螺母,此时张拉完成的预

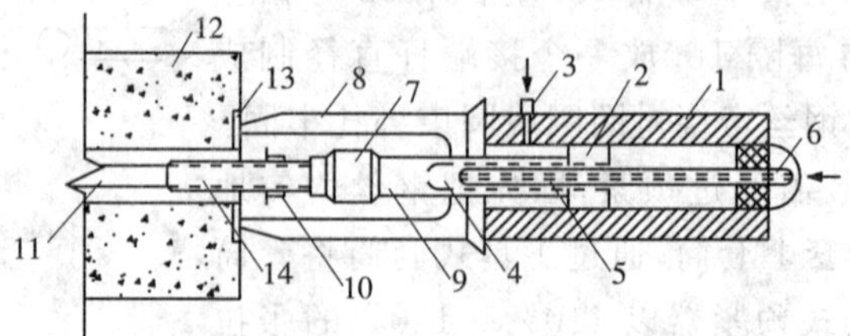

1—主油缸;2—主缸活塞;3—进油孔;4—回油缸;5—回油活塞;6—回油孔;7—连接器;8—传力架;

9—拉杆;10—螺母;11—预应力筋;12—混凝土构件;13—预埋铁板;14—螺丝端杆

图 4-31　用拉杆式千斤顶张拉单根粗钢筋的工作原理图

应力筋被锚固在构件的端部。锚固后回油缸进油，推动回油活塞工作，千斤顶脱离构件，主缸活塞、拉杆和连接器回到原始位置。最后将连接器从螺丝端杆上卸掉，卸下千斤顶，张拉结束。

目前，常用的一种千斤顶是 YL60 型拉杆式千斤顶。另外，还生产 YL400 型和 YL500 型千斤顶，其张拉力分别为 4 000kN 和 5 000kN，主要用于张拉力大的钢筋张拉。

2. 穿心式千斤顶

穿心式千斤顶，是利用双液压缸张拉预应力筋和顶压锚具的双作用千斤顶。穿心式千斤顶适用于张拉带 JM 型锚具的钢筋束或钢绞线束；配上撑脚与拉杆后，也可作为拉杆式千斤顶张拉带螺丝端杆锚具和镦头锚具的预应力筋。图 4-32 为 JM12 型锚具和 YC-60 型千斤顶的安装示意图。系列产品有 YC20D，YC60 与 YC120 型千斤顶。

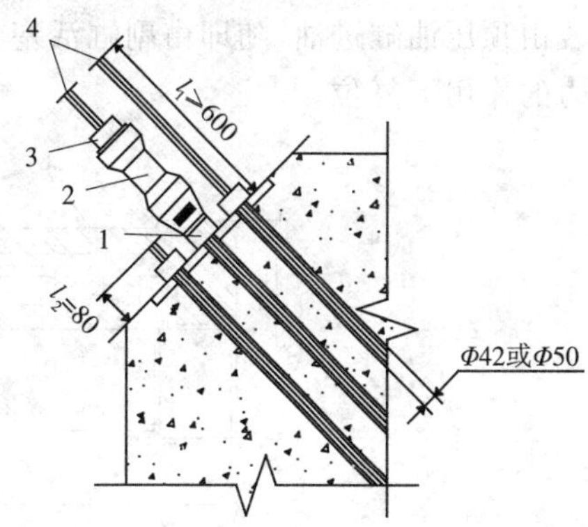

1—工作锚；2—YC-60 型千斤顶；3—工具锚；4—预应力筋束

图 4-32 JM12 型锚具和 YC-60 型千斤顶的安装示意图

如图 4-33 为 YC60 型千斤顶构造图，主要由张拉油缸、顶压油缸、顶压活塞、穿心套、保护套、端盖堵头、连接套、撑套、回弹弹簧和动、静密封圈等组成。其工作原理是：张拉预应力筋时，张拉缸油嘴进油、顶压缸油嘴回油，顶压油缸、连接套和撑套连成一体右移顶住锚环；张拉油缸、端盖螺母及堵头和穿心套连成一体带动工具锚左移张拉预应力筋；顶压锚固时，在保持张拉力稳定的条件下，顶压缸油嘴进油，顶压活塞、保护套和顶压头连成一体右移，将夹片强力顶入锚环内；此时张拉缸油嘴回油、顶压缸油嘴进油，张拉缸液压回程。最后，张拉缸、顶压缸油嘴同时回油，顶压活塞在弹簧力作用下回程复位。

大跨度结构、长钢丝束等引伸量大者，用穿心式千斤顶为宜。

3. 锥锚式千斤顶

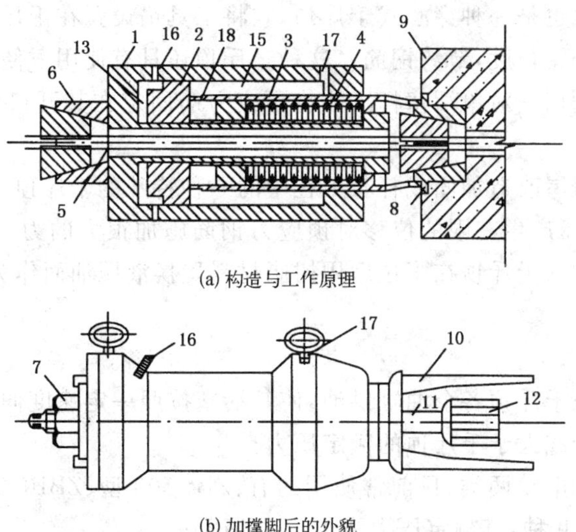

(a) 构造与工作原理

(b) 加撑脚后的外貌

1—张拉油缸；2—顶压油缸(即张拉活塞)；3—顶压活塞；4—弹簧；5—预应力筋；6—工具锚；7—螺帽；8—锚环；6—构件；10—撑脚；11—张拉杆；12—连接器；13—张拉工作油室；14—顶压工作油室；15—张拉回程油室；16—张拉缸油嘴；17—顶压缸油嘴；18—油孔

图 4-33 JYC60 型千斤顶

锥锚式千斤顶是具有张拉、顶锚和退楔功能的三作用千斤顶，仅用于张拉带钢质锥形锚具的钢丝束。系列产品有：YZ38，YZ60 和 YZ85 型千斤顶。

锥锚式千斤顶由张拉油缸、顶压油缸、退楔装置、楔形卡环、退楔翼片等组成(图 4-34)。其工作原理是当张拉油缸进油时，张拉缸被压移，使固定在其上的钢筋被张拉。钢筋张拉后，改由顶压油缸进油，随即由副缸活塞将锚塞顶入锚圈中。张拉缸、顶压缸同时回油，则在弹簧力的作用下复位。

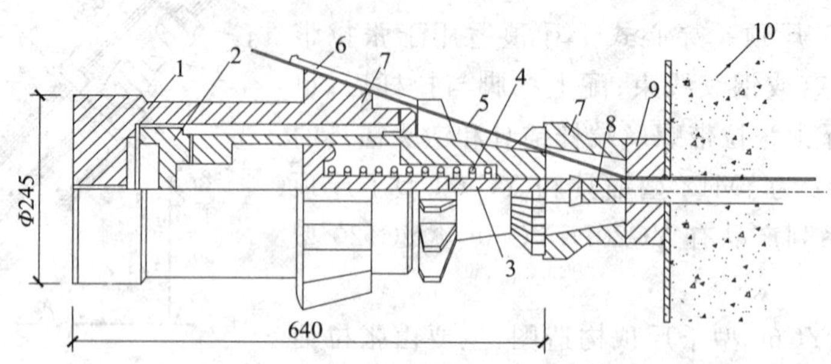

1—张拉油缸；2—顶压油缸(张拉活塞)；3—顶压活塞；4—弹簧；
5—预应力筋；6—楔块；7—对中套；8—锚塞；9—锚环；10—构件

图 4-34 锥锚式千斤顶

4. 其他类型的千斤顶

近年来，由于预应力技术的不断发展，大跨度、大吨位预应力工程越来越普遍，出现了许多新型张拉千斤顶，如大孔径穿心式千斤顶，前置内卡式千斤顶、开口式双千斤顶以及扁千斤顶等。

大孔径穿心式千斤顶又称群锚千斤顶，它是一种具有大口径穿心孔，利用单液缸进行张拉的单作用千斤顶。它适用于大吨位钢绞线束，增加拉杆和撑脚等还可具有张拉式千斤顶的功能。目前的型号有 YCD 型、YCQ 型、YCW 型等。

前置内卡式千斤顶也是一种穿心式千斤顶，它将工具锚设置在千斤顶内的前部，可大大减少预应力钢筋的预留外露长度，节约钢筋。这种千斤顶还具有使用方便、作业效率高的优点。

开口式双千斤顶利用一对单活塞杆缸体将预应力筋固定在其开口处，用于张拉单根超长钢绞线的分段张拉。

扁千斤顶是用于房屋改造加固或补救工程中的一种特殊的千斤顶。它是由特殊钢材做成的薄型压力囊，利用液压产生有限的位移对预应力钢筋施加很大的力。它分为临时式和永久式两种形式。永久式的扁千斤顶在张拉后用树脂材料置换液压油而作为结构的一部分永久保留在结构中。

4.3.2.2 高压油泵

高压油泵是向液压千斤顶各个油缸供油，使其活塞按照一定速度伸出或回缩的主要设备。油泵的额定压力应等于或大于千斤顶的额定压力。

高压油泵分手动和电动两类，目前常使用的有：ZB4-500 型、ZB10/320—4/800 型、ZB0.8-500 与 ZB0.6-630 型等几种，其额定压力为 40～80MPa。

用千斤顶张拉预应力筋时，张拉力的大小是通过油泵上的油压表的读数来控制的。油压表的读数表示千斤项张拉油缸活塞单位面积的油压力。在理论上如已知张拉力 N，活塞面积 A，则可求出张拉时油表的相应读数 P。但实际张拉力往往比理论计算值小。其原因是一部分张拉力被油缸与活塞之间的摩阻力所抵消。而摩阻力的大小受多种因素的影响又难以计算确定，为保证预应力筋张拉应力的准确性，应定期校验千斤顶与油表读数的关系，校验期一般不超过 6 个月。校正后的千斤顶与油压表必须配套使用。

4.3.2.3 预应力筋、锚具及张拉机械的配套选用

锚具的选用应根据钢筋种类及结构要求、产品技术性能和张拉施工方法等选择，张拉机械则应与锚具配套使用。在后张法施工中锚具及张拉机械的合理选择十分重要，工程中可参考表 4-5 进行选择。

表 4-5　　预应力筋、锚具及张拉机械的配套使用

<table>
<tr><th rowspan="3">预应力筋品种</th><th colspan="3">锚具形式</th><th rowspan="3">张拉机械</th></tr>
<tr><th colspan="2">固定端</th><th rowspan="2">张拉端</th></tr>
<tr><th>安装在结构外部</th><th>安装在结构内部</th></tr>
<tr><td>钢绞线及钢绞线束</td><td>夹片锚具
挤压锚具</td><td>压花锚具
挤压锚具</td><td>夹片锚具</td><td>穿心式</td></tr>
<tr><td rowspan="3">钢丝束</td><td rowspan="3">夹片锚具
镦头锚具
挤压锚具</td><td rowspan="3">挤压锚具
镦头锚具</td><td>夹片锚具</td><td>穿心式</td></tr>
<tr><td>镦头锚具</td><td>拉杆式</td></tr>
<tr><td>锥塞锚具</td><td>锥锚式、拉杆式</td></tr>
<tr><td>预应力螺纹钢筋</td><td>螺母锚具</td><td>螺母锚具</td><td>螺母锚具</td><td>拉杆式</td></tr>
</table>

4.3.3 后张法施工工艺

后张法施工步骤是先制作构件，预留孔道；待构件混凝土达到规定强度后，在孔道内穿放预应力筋，预应力张拉并锚固；最后孔道灌浆。图 4-35 是后张法制作的工艺流程图。下面主要介绍孔道的留设、预应力筋的张拉和孔道灌浆三部分内容。

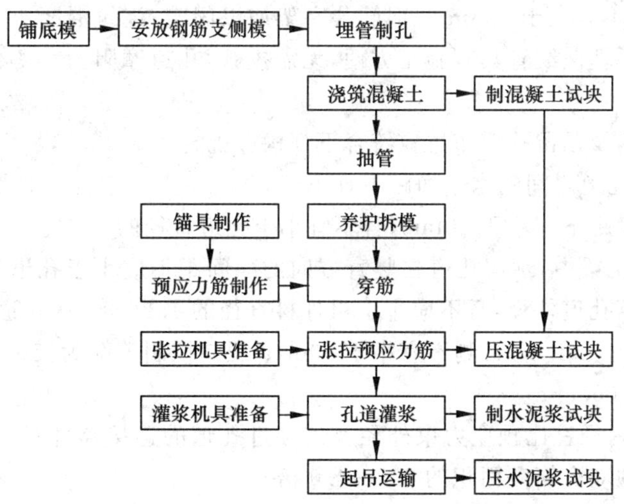

图 4-35　后张法生产工艺流程

4.3.3.1 孔道留设

孔道留设是后张法构件制作中的关键工作。孔道留设方法有钢管抽芯法、胶管抽芯法和预埋波纹管法。预埋波纹管法只用于曲线形孔道。在留设孔道的同时还要在设计规定位置留设灌浆孔。一般在构件两端和中间每隔 12m 留一个直径 20mm 的灌浆孔，并在构件两端各设

一个排气孔。

1. 钢管抽芯法

预先将钢管埋设在模板内孔道位置处，在混凝土浇筑过程中和浇筑之后，每间隔一定时间慢慢转动钢管，使之不与混凝土粘结，待混凝土初凝后、终凝前抽出钢管，即形成孔道。该法只可留设直线孔道。

钢管要平直，表面要光滑，安放位置要准确。一般用间距不大于1m的钢筋井字架固定钢管位置。每根钢管的长度最好不超过15m，以便于旋转和抽管，较长构件则用两根钢管，中间用套管连接。钢管的旋转方向两端要相反。

恰当掌握抽管时间很重要，过早会坍孔，太晚则抽管困难。一般在初凝后、终凝前，以手指按压混凝土不粘浆又无明显印痕时则可抽管。为保证顺利抽管、混凝土的浇筑顺序要密切配合。

抽管顺序宜先上后下，抽管可用人工或卷扬机，抽管要边抽边转，速度均匀，与孔道成一直线。

2. 胶管抽芯法

胶管有布胶管和钢丝网胶管两种。用间距不大于0.5m的钢筋井字架固定位置，浇筑混凝土前，胶管内充入压力为0.6～0.8N/mm^{2}的压缩空气或压力水，此时胶管直径增大3mm左右，待浇筑的混凝土初凝后，放出压缩空气或压力水，管径缩小而与混凝土脱离，便于抽出。后者质硬、具有一定弹性，留孔方法与钢管一样，只是浇筑混凝土后不需转动，由于其有一定弹性，抽管时在拉力作用下断面缩小易于拔出。胶管抽芯留孔，不仅可留直线孔道，而且可留曲线孔道。

3. 预埋波纹管法

波纹管为特制的带波纹的金属管或塑料管，与混凝土有良好的粘结力。波纹管预埋在构件中，预埋时用间距不宜大于0.8m的钢筋井字架加以固定，浇筑混凝土后不再抽出，在管中穿入钢筋后张拉。预埋波纹管具有施工方便，无需拔管，孔道摩阻力小等优点，目前在工程中的运用越来越普遍。

后张法预应力筋及预留孔道布置应符合下列构造规定：

① 对预制构件孔道之间的水平净距不宜小于50mm，且不宜小于粗骨料直径的1.25倍；孔道至构件边缘的净距不宜小于30mm，且不宜小于孔道直径的50％。

② 在现浇混凝土梁中，预留孔道在竖直方向的净间距不应小于孔道外径，水平方向的净间距不应小于1.5倍孔道外径，且不应小于粗骨料直径的1.25倍；从孔道外壁至构件边缘的净间距，梁底不宜小于50mm，梁侧不宜小于40mm；裂缝控制等级为三级的梁，上述净间距分别不宜小于60mm和50mm。

③ 预留孔道的内径宜比预应力束外径及需穿过孔道的连接器外径大6～15mm；且孔道的截面积宜为传入预应力筋截面积的3.0～4.0倍.

④ 当有可靠经验，并能保证混凝土浇筑质量时，预应力筋孔道可水平并列贴近布置，但并排的数量不应超过2束。

⑤ 在现浇楼板中采用扁形锚固体系时，穿过每个预留孔道的预应力筋数量宜为3～5根；在常用荷载情况下，孔道在水平方向的净间距取值不应超过8倍板厚和1.5m中的较大值。

⑥ 板中单根无粘结预应力筋的间距不宜大于板厚的6倍，且不宜大于1m；带状束的无粘结预应力筋根数不宜多于5根，带状束间距不宜大于板厚的12倍，且不宜大于2.4m

⑦ 梁中集束布置的无粘结预应力筋，集束的水平净间距不宜小于 50mm，束至构件边缘的净距不宜小于 40mm。

4.3.3.2 预应力筋张拉

张拉预应力筋时，构件混凝土的强度应按设计规定，如设计无规定则不宜低于混凝土标准强度的 75%。

后张法预应力筋的张拉应注意下列问题：

① 后张法预应力筋的张拉程序，与所采用的锚具种类有关。为减少松弛损失，张拉程序一般与先张法相同。

② 对配有多根预应力筋的构件，应分批、对称地进行张拉。对称张拉是为避免张拉时构件截面呈过大的偏心受压状态。分批张拉，要考虑后批预应力筋张拉时产生的混凝土弹性压缩，会对先批张拉的预应力筋的张拉应力产生影响。为此先批张拉的预应力筋的张拉应力应增加 $\alpha_E\sigma_{pc}$：

$$\sigma_E = \frac{E_s}{E_c}$$
$$\sigma_{pc} = \frac{(\sigma_{con} - \sigma_{l1})A_p}{A_n} \tag{4-10}$$

式中 E_s——预应力筋的弹性模量；

E_c——混凝土的弹性模量；

σ_{pc}——张拉后批预应力筋时，对已张拉的预应力筋重心处混凝土产生的法向应力；

σ_{con}——张拉控制应力；

σ_{l1}——预应力筋的第一批应力损失(包括锚具变形和摩擦损失)；

A_p——后批张拉的预应力筋的截面积；

A_n——构件混凝土的净截面面积(包括构件钢筋的折算面积)。

③ 对平卧叠浇的预应力混凝土构件，上层构件的重量产生的水平摩阻力，会阻止下层构件在预应力筋张拉时混凝土弹性压缩的自由变形，待上层构件起吊后，由于摩阻力影响消失会增加混凝土弹性压缩的变形，从而引起预应力损失。该损失值随构件形式、隔离层和张拉方式的不同而不同。为便于施工，可采取逐层加大超张拉的办法来弥补该预应力损失，但底层超张拉值不宜比顶层张拉力大 5%σ_{con}。根据有关研究和工程实践，对钢筋束，采用不同隔离层的构件逐层增加张拉力可按表 4-6 取值。

表 4-6　　平卧叠浇构件不同逐层增加张拉力的百分数

预应力筋	隔离剂种类	逐层增加张拉力的百分比			
		顶层	第二层	第三层	第四层
高强钢筋束	Ⅰ	0	1.0	2.0	3.0
	Ⅱ	0	1.5	3.0	4.0
	Ⅲ	0	2.0	3.5	5.0

注：Ⅰ类隔离剂：塑料薄膜、油纸；

Ⅱ类隔离剂：废机油滑石粉、纸筋灰、石灰水废机油、柴油石蜡；

Ⅲ类隔离剂：废机油、石灰水、石灰水滑石粉。

④ 为减少预应力筋与预留孔孔壁摩擦而引起的应力损失，对抽芯成形孔道的曲线形预应力筋和长度大于 24m 的直线预应力筋，应采用两端张拉；长度等于或小于 24m 的直线预应力

筋,可一端张拉,但张拉端宜分别设置在构件两端。对预埋波纹管孔道,曲线形预应力筋和长度大于 30m 的直线预应力筋宜在两端张拉;长度等于或小于 30m 直线预应力筋,可在一端张拉。用双作用千斤顶两端同时张拉钢筋束、钢绞线束或钢丝束时,为减少顶压时的应力损失,可先顶压一端的锚塞,而另一端在补足张拉力后再行顶压。

⑤ 在预应力筋张拉时,往往需采取超张拉的方法来弥补多种预应力的损失,此时,当预应力筋的张拉应力较大,而超过表 4-1 的规定值时,例如多层叠浇的最下一层构件中的先批张拉钢筋,既要考虑钢筋的松弛,又要考虑多层叠浇的摩阻力影响,还要考虑后批张拉钢筋的张拉影响,往往张拉应力会超过规定值,此时,可采取下述方法解决:

(a) 先采用同一张拉值,而后复位补足;

(b) 分两阶段建立预应力,即全部预应力张拉到一定数值(如 90%),再第二次张拉至控制值。

⑥ 当采用应力控制方法张拉时,应校核预应力筋的伸长值,如实际伸长值比计算伸长值大于 10%或小于 5%,应暂停张拉,在采取措施予以调整后,方可继续张拉。预应力筋的伸长值 Δl(mm),可按下式计算:

$$\Delta l=\frac{F_{\mathrm{p}}l}{A_{\mathrm{p}}E_{\mathrm{s}}} \tag{4-11}$$

式中 F_{p}——预应力筋的平均张拉力(kN),直线筋取张拉端的拉力;两端张拉的曲线筋,取张拉端的拉力与跨中扣除孔道摩阻损失后拉力的平均值;

A_{p}——预应力筋的截面面积(mm^2);

l——预应力筋的长度(mm);

E_{s}——预应力筋的弹性模量($\mathrm{kN/mm}^2$)。

预应力筋的实际伸长值,宜在初应力为张拉控制应力 10%左右时开始量测,但必须加上初应力以下的推算伸长值;对后张法,尚应扣除混凝土构件在张拉过程中的弹性压缩值。

电热法是利用钢筋热胀冷缩原理来张拉预应力筋。施工时,在预应力筋表面涂以热塑涂料(硫磺砂浆、沥青等)后直接浇筑于混凝土中,然后将低电压、强电流通过钢筋,由于钢筋有一定电阻,致使钢筋温度升高而产生纵向伸长,待伸长至规定长度时,切断电流立即加以锚固,钢筋冷却时回缩便建立预应力。用波纹管或其他金属管道作预留孔道的结构,不得用电热法张拉。

用电热法张拉预应力筋,设备简单、张拉速度快、可避免摩擦损失,张拉曲线形钢筋或高空进行张拉更有其优越性。电热法是以钢筋的伸长值来控制预应力值的,此值的控制不如千斤顶张拉对应力控制法精确,当材质掌握不准时会直接影响预应力值的准确性。故成批生产时应用千斤顶进行抽样校核,对理论电热伸长值加以修正后再进行施工。因此电热法不宜用于抗裂要求较高的构件。

电热法施工,钢筋伸长值是控制预应力的依据。钢筋伸长率等于控制应力和电热后钢筋弹性模量的比值。计算中还应考虑钢筋的长度。由于电热法施加预应力时,预应力值较难准确控制,且施工中电能消耗量较大,目前已很少采用。

4.3.3.3 孔道灌浆

预应力筋张拉后,应随即进行孔道灌浆,尤其是钢丝束,张拉后应尽快进行灌浆,以防锈蚀与增加结构的抗裂性和耐久性。

灌浆宜用强度等级不低于 32.5MPa 普通硅酸盐水泥调制的水泥浆,但水泥浆和水泥沙浆的强度不宜低于 30N/mm^2，且应有较大的流动性和较小的干缩性、泌水性(搅拌后 3h 的泌水率不宜大于，且不应大于 3%)。水灰比不应大于 0.45。

为使孔道灌浆密实改善水泥浆性能，可在水泥浆中掺入缓凝剂，此时，水灰比可减少至 0.35～0.38。

灌浆前，用压力水冲洗和润湿孔道。灌浆过程中，可用电动或手动灰浆泵进行灌浆，水泥浆应均匀缓慢地注入，不得中断。灌满孔道并封闭气孔后，宜再继续加注至 0.5～0.6MPa，并稳定一段时间(2min)，以确保孔道灌浆的密实性。对不掺外加剂的水泥浆；可采用二次灌浆法来提高灌浆的密实性，两次压浆的间歇时间宜为 30～45min。

灌浆顺序应先下后上。曲线孔道灌浆宜由最低点注入水泥浆，至最高点排气孔排尽空气并溢出浓浆为止。

4.4 无粘结预应力混凝土

无粘结预应力施工方法是后张法预应力混凝土的发展。它在国外发展较早，近年来在我国无粘结预应力技术也得到了较大的推广。

在普通后张法预应力混凝土中，预应力筋与混凝土是通过灌浆建立黏结力的，在使用荷载作用下，构件的预应力筋与混凝土不会产生纵向的相对滑动。无粘结预应力施工方法是：在预应力筋表面刷涂料并包塑料布(管)后，如同普通钢筋一样先铺设在安装好的模板内，然后浇筑混凝土，待混凝土达到设计要求强度后，进行预应力筋张拉锚固。这种预应力工艺的优点是不需要预留孔道和灌浆，施工简单，张拉时摩阻力较小，预应力筋易弯成曲线形状，适用于曲线配筋的结构。在双向连续平板和密肋板中应用无粘结预应力束比较经济合理，在多跨连续梁中也很有发展前途。

4.4.1 无粘结预应力束的制作

无粘结预应力束由预应力钢丝、防腐涂料和外包层以及锚具组成。

无粘结预应力混凝土结构的混凝土强度等级，对于板不应低于 C30，对于梁及其他构件不应低于 C40。

4.4.1.1 原材料的准备

1. 无粘结预应力筋

一般选用 7 根 ϕ^s4 或 7 根 ϕ^s5 的钢绞线。制作无粘结预应力筋宜选用高强度低松弛预应力钢绞线，其性能应符合现行国家标准《预应力混凝土用钢绞线》(GB/T 5224)的规定。常用钢绞线的主要力学性能应按表 4-7 采用。

2. 无粘结预应力筋表面涂料

无粘结预应力筋需长期保护，使之不受腐蚀，其表面涂料还应符合下列要求：①在－20℃～＋70℃温度范围内不流淌、不裂缝变脆，并有一定韧性；②使用期内化学稳定性高；③对周围材料无侵蚀作用；④不透水、不吸湿；⑤防腐性能好；⑥润滑性能好，摩擦阻力小。

根据上述要求，目前一般选用 1 号或 2 号建筑油脂作为无粘结预应力筋的表面涂料。

3. 无粘结预应力束外包层

外包层的包裹物必须具有一定的抗拉强度、防渗漏性能，同时还须符合：①在使用温度范围(－20～＋70)℃内低温不脆化，高温化学性能稳定；②具有足够的韧性、抗磨性；③对周围材料无侵蚀作用;④保证预应力束在运输、储存、铺设和浇筑混凝土过程中不发生不可修复的破坏。

一般常用的包裹物有塑料布、塑料薄膜或牛皮纸,其中塑料布或塑料薄膜防水性能、抗拉强度和延伸率较好。此外,还可选用聚氯乙烯、高压聚乙烯、低压聚乙烯和聚丙烯等挤压成型作为预应力束的涂层包裹层。

4. 无粘结预应力束的制作

一般有缠纸工艺和挤压涂层工艺两种制作方法。

无粘结预应力束制作的缠纸工艺是在缠纸机上连续作业,完成编束、涂油、镦头、缠塑料布和切断等工序。挤压涂层工艺主要是钢丝通过涂油装置涂油,涂油钢丝束通过塑料挤压机涂刷塑料薄膜,再经冷却筒槽成型塑料套管。这种无粘结束挤压涂层工艺与电线、电缆包裹塑料套管的工艺相似,并具有效率高、质量好、设备性能稳定的特点。常用钢绞线的主要力学性能见表 4-7。

表 4-7　无粘结预应力钢绞线的主要力学性能

公称直径/mm	抗拉强度标准值/MPa	抗拉强度设计值/MPa	最大力总伸长率($L\geqslant500$mm) Agt/%不小于	公称截面面积/mm^2	理论重量/($g\cdot m^{-1}$)	应力松弛性能	
						初始负荷相当于公称最大力的百分数/%	1000h后应力松弛率 r/%不大于
9.5	1720	1220	对所有规格	54.8	430	对所有规格	对所有规格
	1860	1320					
	1960	1390				60	1.0
12.7	1720	1220		98.7	775	70	
	1860	1320					
	1960	1390	3.5			2.5	
15.2	1570	1110		140	1101		
	1670	1180					
	1720	1220					
	1860	1320				80	4.5
	1960	1390					
15.7	1770	1250		150	1178		
	1860	1320					

注:经供需双方同意,也可采用本表所列规格及强度级别以外的预应力钢绞线制作无粘结预应力筋。

4.4.1.2　锚具

无粘结预应力构件中,锚具是把预应力束的张拉力传递给混凝土的工具,外荷载引起的预应力束内力的变化全部由锚具承担。因此,无粘结预应力束的锚具不仅受力比有粘结预应力筋的锚具大,而且承受的是重复荷载。因而,对无粘结预应力束的锚具应有更高的要求。一般要求无粘结预应力束的锚具至少应能承受预应力束最小规定极限强度的95%,而不超过预期的滑动值。

无粘结预应力筋锚具的选用,应根据无粘结预应力筋的品种、张拉力值及工程应用的环境类别选定。对常用的单根钢绞线无粘结预应力筋,其张拉端宜采用夹片锚具,即圆套筒式或垫板连体式夹片锚具;埋入式固定端宜采用挤压锚具或经预紧的垫板连体式夹片锚具。

我国主要采用高强钢丝和钢绞线作为无粘结预应力束。高强钢丝预应力束主要用镦头锚具。钢绞线预应力束则可采用XM型锚具。图4-36所示是无粘结预应力束的一种锚固方式,埋入端和张拉端均用镦头锚具。

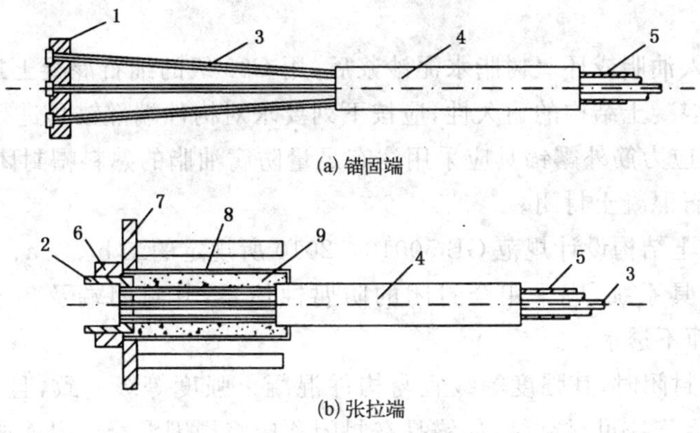

1—锚板;2—锚环;3—钢丝;4—塑料外包层;5—涂料层;

6—螺母;7—预埋件;8—塑料套筒;9—防腐油脂

图4-36 无粘结预应力钢丝束的锚固

4.4.2 无粘结预应力施工工艺

下面主要叙述无粘结预应力构件制作工艺中的几个主要问题,即无粘结预应力束的铺设、张拉和锚头端部处理。

4.4.2.1 无粘结预应力束的铺设

无粘结预应力束在平板结构中一般为双向曲线配置,因此其铺设顺序很重要。一般是根据双向钢丝束交点的标高差,绘制钢丝束的铺设顺序图,钢丝束波峰低的底层钢丝束先行铺设,然后依次铺设波峰高的上层钢丝束,这样可以避免钢丝束之间的相互穿插。钢丝束铺设波峰的形成是用钢筋制成的"马凳"来架设。一般施工顺序是依次放置钢筋马凳,然后按顺序铺设钢丝束,钢丝束就位后,进行调整波峰高度及其水平位置,经检查无误后,用铅丝将无粘结预应力束与非预应力钢筋绑扎牢固,防止钢丝束在浇筑混凝土施工过程中位移。

4.4.2.2 无粘结预应力束的张拉

无粘结预应力束的张拉与普通后张法带有螺丝端杆锚具的有粘结预应力钢丝束张拉方法相似。张拉程序一般采用$0 \rightarrow 103\%\sigma_{con}$进行锚固。由于无粘结预应力束一般为曲线配筋,故应采用两端同时张拉。无粘结预应力束的张拉顺序,应根据其铺设顺序,先铺设的先张拉,后铺设的后张拉。

无粘结预应力束一般长度大,有时又呈曲线形布置,如何减少其摩阻损失值是一个重要的问题。影响摩阻损失值的主要因素是润滑介质、包裹物和预应力束截面形式。摩阻损失值,可用标准测力计或传感器等测力装置进行测定。施工时,为降低摩阻损失值,宜采用多次重复张拉工艺。

4.4.2.3 锚头端部处理

无粘结预应力束由于一般采用镦头锚具,锚头部位的外径比较大,因此,钢丝束两端应在构件上预留有一定长度的孔道，其直径略大于锚具的外径。钢丝束张拉锚固以后，其端部便留下孔道，并且该部分钢丝没有涂层，为此应加以处理保护预应力钢丝。

无粘结预应力束锚头端部处理，目前常采用两种方法：第一种方法是在孔道中注入油脂并加以封闭，如图4-37(a)所示；第二种方法是在两端留设的孔道内注入环氧树脂水泥沙浆，其抗压强度不低于35MPa，灌浆时同时将锚头封闭，防止钢丝锈蚀，同时也起一定的锚固作用，如图4-37(b)所示。

预留孔道中注入油脂或环氧树脂水泥沙浆后，用C30级的细石混凝土封闭锚头部位。

为保护预应力混凝土结构的耐久性，应按下列要求对构件端部锚具进行封闭保护：

① 对无粘结预应力筋外露锚具应采用注有足量防腐油脂的熟料帽封闭锚具端头，并应采用无收缩砂浆或细石混凝土封闭。

② 对处于混凝土结构设计规范GB 50010—2010所规定的二b、三a、三b类环境条件下的无粘结预应力锚具系统，应采用全封闭的防腐蚀体系，其封闭端及各连接部位应能承受10kPa的静水压力而不透水。

③ 采用混凝土封闭时，其强度等级宜与构件混凝土强度等级一致，且不应低于C30。封锚混凝土与构件混凝土应可靠粘结，如锚具在封闭前应将周围混凝土界面凿毛并冲洗干净，且宜配置1～2片钢筋网，钢筋网应与构件混凝土拉结。

④ 采用无收缩砂浆或混凝土封闭保护时，其锚具及预应力筋端部的保护层厚度不应小于：一类环境时20mm，二a、二b类环境时50mm，三a、三b类环境时80mm。

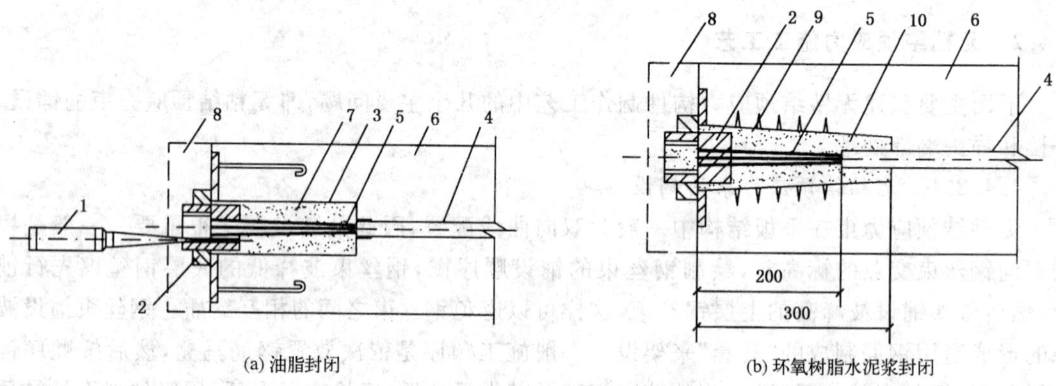

(a) 油脂封闭　　(b) 环氧树脂水泥浆封闭

1—油枪；2—锚具；3—端部孔道；4—有涂层的无粘结预应力束；5—无涂层的端部钢丝；6—构件；7—注入孔道的油脂；8—混凝土封闭；9—端部加固螺旋钢筋；10—环氧树脂水泥沙浆

图4-37　锚头端部处理方法

4.5 体外预应力混凝土

体外预应力施工方法是后张法预应力混凝土体系的一个重要分支。它通过对布置在结构外部的预应力筋施加预应力，形成预应力结构体系。预应力筋两端通过锚具锚固，并通过结构表面设置的转向块确定曲线形状。体外预应力技术常用于现有梁结构（如屋架、桥梁）的加固，也有部分桥梁直接采用体外预应力结构体系。

体外预应力结构的预应力索设置在结构的外部，用于加固时对原结构损伤小，用于修建预应力结构时，可以减小结构构件的体积。体外预应力结构施工方便，也便于日后的检查、维护和修理。由于体外预应力索不与混凝土粘结，由荷载产生的应力变化均匀地分布在结构的全长上，应力变化值小，对结构整体受力有益。但是，预应力索暴露在空气中，对防腐的要求较高。

4.5.1 体外预应力结构的组成

体外预应力结构通常由锚具、体外预应力索、锚固块和转向块构成。

4.5.1.1 锚具

体外预应力结构属于无粘结预应力体系，仅靠锚固端传力，因此体外预应力结构对锚具的可靠性和安全性要求较高。体外预应力结构一般使用专用的体外索锚具和夹片。体外预应力锚具的尺寸较普通锚具为大，而且增加了一些辅助配件，如锚头保护装置、防松装置、密封装置和减震装置等。部分体外预应力锚具还有可以随时换索的功能。在张拉施工时，锚具处还应预留一定长度的钢绞线，以便临时调索。

4.5.1.2 体外预应力索

体外预应力结构常用的体外预应力索包括光面钢绞线、无粘结钢绞线、平行钢丝、成品索等。不同的体外预应力结构体系采用的预应力索不同，相应的防腐措施及锚具也不同。如国外的 VSL、Freyssine 体系采用光面钢绞线或单根无粘结钢绞线，外套聚乙烯套管并灌注水泥浆作为保护层；日本体系则在聚乙烯套管内部缠绕钢丝，以增加结构的耐久性；CCM 体系采用单根无粘结钢绞线，并直接在钢绞线外包多层聚乙烯保护层；我国的 OVM 体系则采用环氧喷涂钢绞线作为预应力索，如图 4-38 所示。与需要套管的预应力索相比，单根钢绞线具有更好的适用性。

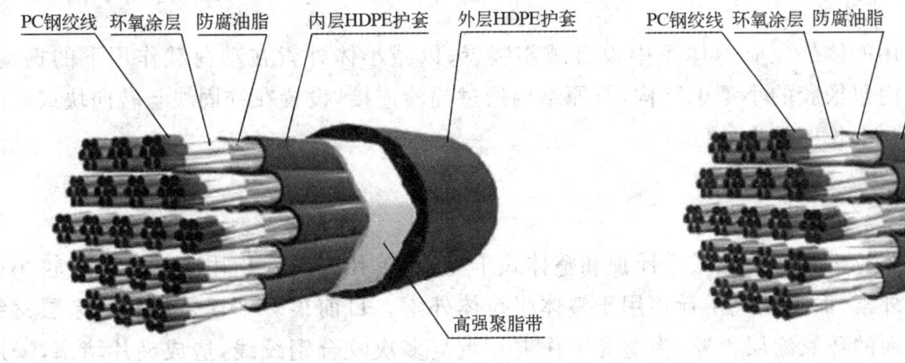

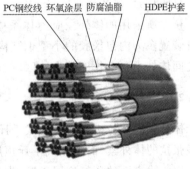

图 4-38 OVM 体系索体结构

4.5.1.3 锚固块和转向块

体外预应力体系的预应力索与混凝土结构无粘结，仅靠锚固块和转向块传力。锚固块与转向块必须与结构牢固连接，以有效传递应力。锚固块和转向块一般采用钢筋混凝土或钢结构。

钢筋混凝土锚固块的施工包括在原结构上钻孔、种植钢筋和浇筑混凝土成型三个过程。钢筋混凝土锚固块可以做得足够大，以确保与结构的有效连接，可以将应力均匀传递到结构上。钢筋混凝土锚固块可以承受较大的张力，适用性很强，但对混凝土浇筑的质量要求严格，施工也有一定的困难。

钢锚固块为预制结构，通过埋设锚栓和原结构连接，并采用结构胶与原结构进一步固定。这种锚固块可以工厂化加工，施工便捷，但是占用空间较大，而且锚固性能较差，因此只适用于空间开阔而且张力较小的结构。

转向块是预应力索在跨内唯一与结构有联系的部位，控制体外索的转向，是体外预应力混凝土结构中最重要的结构构造之一。转向块分为钢质转向块和钢筋混凝土转向块，或者两者的组合结构。

钢质转向块常用于结构加固，钢质转向块有立柱式和辊轴式两种，如图 4-39 所示，适用范围因结构类型和加固要求而异。

图 4-39　钢质转向块

钢筋混凝土转向块常用于新建桥梁中，包括横隔板式、块式和肋式三种。横隔板式和肋式转向块可以将压力直接传递到结构顶板或底板，受力合理，但结构体积偏大。块式转向块体积较小，但结构复杂，承载力小。

4.5.1.4　减震装置

桥梁所采用的体外预应力体系中设有减震装置，以减小体外索在动荷载作用下的振动。减震装置多为内包橡胶的小型钢结构，与原结构通过锚栓连接，设置在锚固块与转向块或转向块之间体外索自由长度较大的区域。

4.5.2　张拉机具

体外索的张拉机具为单孔式千斤顶和整体式千斤顶，单孔式千斤顶用于施工空间较小或单根张拉的体外索，而整体式千斤顶用于整体张拉体外索。目前很多工程采用环氧涂层钢绞线。钢绞线表面的环氧涂层很厚，为避免工作夹片重复多次咬合钢绞线，造成夹片堵塞，采用漂浮张拉体系，这种张拉体系在工作时，工作锚始终不受力，不咬合钢绞线，直到张拉完成后，工作锚和夹片才咬合钢绞线。漂浮张拉千斤顶结构如图 4-40 所示。

4.5.3　体外预应力混凝土施工

根据结构体系的不同，不同体外预应力混凝土结构施工的工艺流程之间有所不同。以新建混凝土桥梁为例，常见的采用聚乙烯管道(HDPE)的体外预应力施工流程如图 4-41 所示。

在体外预应力混凝土施工过程中，体外索的下料和穿索、体外索的张拉、管道压浆和材料防腐是最主要的几个环节。

4.5.3.1　体外索的下料和穿索

为减小体外索下料时的浪费，需对每束体外索的长度做仔细计算，确定出每股钢束的长度，划分盘数，再根据现场机械设备的吊装能力确定每盘的索长，下料时选择准确的盘号，不可

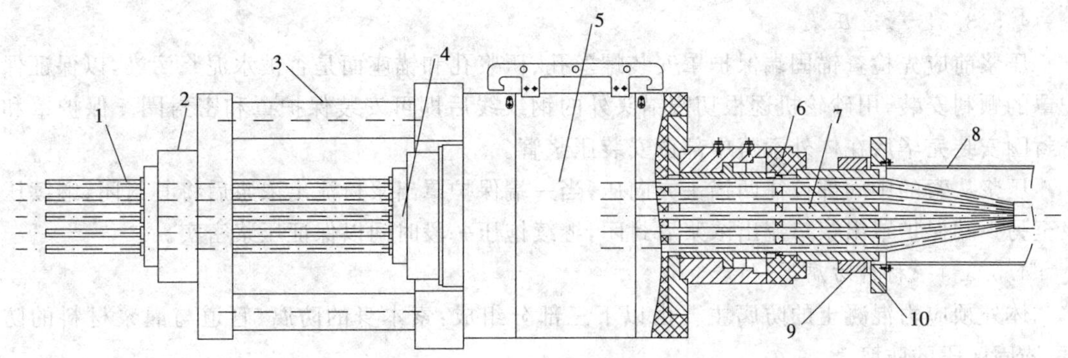

1—厚环氧钢绞线；2—工具锚；3—支撑架；4—工具锚；5—千斤顶；
6—整体顶压器；7—环氧专用锚具；8—预埋管；9—螺母；10—支撑筒

图 4-40　漂浮张拉千斤顶结构图

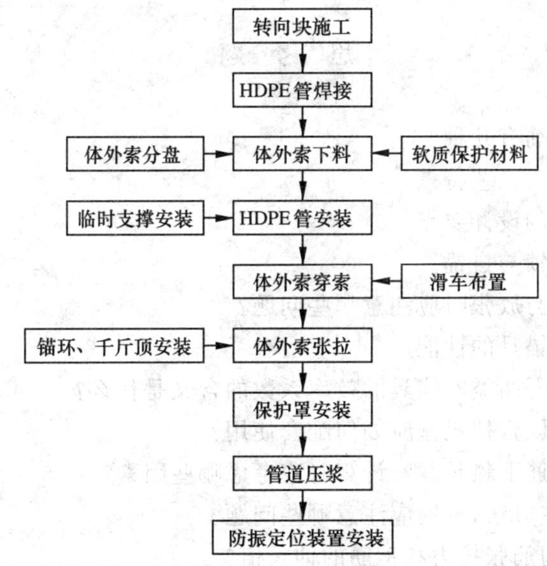

图 4-41　体外预应力混凝土施工流程

混用。

部分体外索外包的保护材料厚度较薄，下料时不宜在地面拖动，以减少保护层的磨损。未穿索时，如温度较高，还应做适当覆盖，以防止索表层软化。

穿索时，可使用滑车将体外索架空，以减小摩擦，既便于施工，又避免索表层的磨损。

4.5.3.2　体外索的张拉

安装锚具时，应保证锚具准确安装就位，避免锚具周围混凝土的局部损伤。安装千斤顶时应注意工具锚与工作锚对正，钢绞线在千斤顶内不得打结，工具夹片安装平齐，千斤顶安装应到位，直接顶住锚环。

根据工程实际情况，可选择单端张拉或两端同时张拉。为减小摩阻损失，常采用多次张拉的程序，张拉时每个行程都必须清楚记录千斤顶压力及活塞外露量，计算延伸量并与设计值做比较。

4.5.3.3 管道压浆

压浆前应先检查锚固端保护罩安装螺丝孔、压浆孔和锚座面是否被水泥浆污染，以保证保护罩的顺利安装，用砂轮机逐根切割锚头外的钢绞线后即可安装保护罩和密封圈。保护罩和密封圈安装完毕后在体外索跨中部位安装压浆管。

压浆从索的中间部位往两锚头方向压，当一端保护罩出浆口流出浓浆后将其封闭，继续压浆至另一端保护罩出浆口流出浓浆后封闭，继续饱压一段时间以保证压浆密实。

4.5.3.4 材料防腐

体外预应力混凝土的防腐主要由以下三部分组成：索本身的防腐、管道与灌浆材料的防腐、锚固区段的防腐。

单根钢绞线本身外包有油脂及聚乙烯保护层，或进行环氧喷涂，本身具有良好的防腐功能。体外索管道通过灌浆防腐，功效良好。锚具同样依靠水泥浆防腐，灌浆时必须保证保护罩饱满，且外露部分保护罩还涂刷环氧油漆防腐。

思 考 题

【4-1】 常见的预应力钢筋有几种？

【4-2】 试述先张法的施工工艺特点。

【4-3】 试述先张法台座的设计要点。

【4-4】 试分析锚具的自锁与自锚。

【4-5】 先张法钢筋张拉与放张时应注意哪些问题？

【4-6】 试述各种后张法锚具的性能。

【4-7】 预应力锚具分为哪两类？锚具的效率系数的含义是什么？

【4-8】 预应力钢筋、锚具、张拉机械应如何配套使用？

【4-9】 如何计算预应力筋下料长度？计算时应考虑哪些因素？

【4-10】 孔道留设有哪些方法，分别应注意哪些问题？

【4-11】 如何计算预应力筋张拉力和钢筋的伸长值？

【4-12】 后张法预应力钢筋张拉时有哪些预应力损失，分别应采取何种方法来弥补？

【4-13】 预应力筋张拉后，为什么必须及时进行孔道灌浆？孔道灌浆有何要求？

【4-14】 无粘结预应力的施工工艺如何？其锚头端部应如何处理？

【4-15】 体外预应力结构由哪些部件组成？预应力索的外形如何控制？

【4-16】 先张法与后张法的最大控制张拉应力如何确定？

【4-17】 先张法与后张法的张拉程序如何？为什么要采用该张拉程序？

【4-18】 预应力钢筋的张拉与钢筋的冷拉有何本质区别？

【4-19】 为什么施工时代换预应力筋不能仅按预应力筋的强度换算？

【4-20】 为什么对夹片型锚具的变形损失不能仅考虑施工现场量测的锚具滑移量？

【4-21】 为什么要特别重视锚具的质量及质量检验？

【4-22】 为什么后张法构件中的预埋抽拔钢管要在浇捣混凝土后按时转动？如何转动？

【4-23】 为什么后张法和先张法控制应力取值不同？

【4-24】 为什么对跨度大的后张法预应力混凝土构件起拱时，预应力筋孔道也要同时起拱？

【4-25】 为什么无粘结预应力筋在预应力结构破坏时不能充分发挥其抗拉强度？

【4-26】 体外预应力结构由哪些部件组成？预应力索的外形如何控制？

习 题

【4-1】 某预应力梁跨度 12m，采用后张法施工。其上预应力孔道长为 11.5m，采用 $3\phi^T 18$ 高强钢筋。一端为锚具，另一端采用螺母固定。钢筋两端分别伸出孔道外 350mm 和 400mm。单根钢筋的长度为 5m，设置两个对焊接头，压缩长度 10mm。钢筋的冷拉伸长率为 5%，冷拉弹性回缩率为 0.5%，求钢筋的下料长度。

【4-2】 某车间采用 10m 长预应力钢筋混凝土吊车梁，配置直线预应力钢绞线束 2 束 $7\phi^s 15.2$，采用 YC60 千斤顶一端张拉，XM 锚具锚固，XM 锚具厚 5cm，千斤顶长度 65cm，两端钢筋外露 5cm，试计算钢筋的下料长度。

【4-3】 采用后张法张拉 1 束 $7\phi^H 5$ 钢丝，$f_{ptk}=1\,570\text{N/mm}^2$，试确定张拉机具的最低性能指标。

【4-4】 某预应力梁采用后张法施工，3 束 $5\phi^P 7$ 高强钢丝，已知其抗拉强度标准值 $f_{ptk}=1\,570\text{N/mm}^2$，张拉程序 0→103%$\sigma_{con}$，3 束筋同时张拉，试求张拉控制力。

【4-5】 某 24m 跨预应力屋架下弦截面及配筋如图 4-42 所示。已知混凝土强度等级为 C50，弹性模量 $E_c=3.45\times10^4\text{N/m}^2$，预应力筋为 $16\phi^H 5$ 碳素钢丝，标准强度 $f_{ptk}=1\,570\ \text{N/m}^2$，$E_s=2.0\times10^5\text{N/mm}^2$，$\phi^H$ 单根预应力筋面积 19.6mm²。每束预应力筋张拉力 310kN，预应力筋第一批预应力损失（即锚具变形和孔道摩阻）设为 $\sigma_{\text{II}}=80\text{N/mm}^2$，四束预应力筋采用对角对称张拉的顺序，分两批进行，求第一批先张拉预应力束的张拉力。

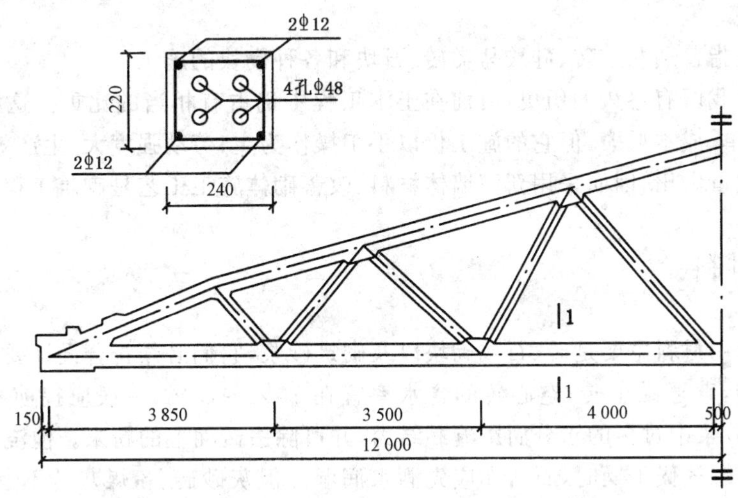

图 4-42 习题 4-5

【4-6】 对于题 4-5 中的屋架，试求其第二批张拉的钢筋的张拉伸长值。

5 砌筑工程

摘要:本章主要介绍了砖砌体、石砌体、中小型砌体的施工工艺及质量要求,中型砌块的吊装方案,以及砌体材料和砂浆的性能及要求。另外,还介绍了砌体冬期施工的注意事项。

专业词汇:砌筑工程;保水性;稠度;流动性;组砌方法;抄平;放线;清水墙;井架;挡土墙;毛石;料石;灰缝;饱满度;错缝;通缝;马牙槎;配筋砌体;构造柱;圈梁;冻结法;黏土砖;水泥沙浆;混合砂浆;石灰砂浆;皮数杆

5 Masonry Engineering

Abstract: This chapter mainly introduces the construction processes and quality standards for brick masonry, stone masonry, medium and/or small－scale masonry, lifting method for medium size masonry blocks, features and requirements for masonry materials and mortar. It also highlights the attention required during winter masonry construction.

Specialized vocabulary: masonry engineering; water retention; consistency; liquidity; laying method; leveling; paying off; dry wall; derrick; retaining wall; rubble; dressed stone; mortar joint; plumpness; staggered joint; sequential joint; horse tooth trough; reinforcement masonry; constructional column; ring beam; freezing method; clay brick; cement mortar; composite mortar; lime mortar; height pole

砌筑工程是指普通黏土砖、硅酸盐类砖、石块和各种砌块的施工。

砖石建筑在我国有悠久的历史,目前在土木工程中仍占有相当的比重。这种结构虽然取材方便、施工简单、成本低廉,但它的施工仍以手工操作为主,劳动强度大、生产效率低,而且烧制黏土砖占用大量农田,因而采用新型墙体材料、改善砌体施工工艺是砌筑工程改革的重点。

5.1 砌筑材料

砌筑工程所用材料主要是砖、石或砌块以及砌筑砂浆,它们必须符合设计要求。

常温下砌砖,普通黏土砖、空心砖的含水率宜在10%～15%,一般应提前1～2d浇水润湿,避免砖吸收砂浆中过多的水分而影响黏结力,并可除去砖面上的粉末。但浇水过多会产生砌体走样或滑动。气候干燥时,石料亦应先洒水润湿。但灰砂砖、粉煤灰砖不宜浇水过多,其含水率控制在5%～8%为宜。

砌筑砂浆有水泥沙浆、石灰砂浆和混合砂浆。砂浆种类选择及其等级的确定,应根据设计要求。

水泥沙浆和混合砂浆可用于砌筑潮湿环境和强度要求较高的砌体,但对于基础,一般只用水泥沙浆。

石灰砂浆宜用于砌筑干燥环境中以及强度要求不高的砌体,不宜用于潮湿环境的砌体及基础,因为石灰属气硬性胶凝材料,在潮湿环境中,石灰膏不但难以结硬,而且会出现溶解流散现象。

制备混合砂浆和石灰砂浆用的石灰膏,应经筛网过滤并在化灰池中熟化时间不少于 7d,严禁使用脱水硬化的石灰膏。

砂浆的拌制一般用砂浆搅拌机,要求拌和均匀。为改善砂浆的保水性,可掺入黏土、电石膏、粉煤灰等塑化剂。砂浆应随伴随用,常温下,水泥沙浆和混合砂浆必须分别在搅拌后 3h 和 4h 内使用完毕,如气温在 30℃以上,则必须分别在 2h 和 3h 内用完。

砂浆稠度的选择主要根据墙体材料、砌筑部位及气候条件而定。例如,关于砂浆的流动性(沉入度)应符合以下要求:一般烧结普通砖砌体,宜为 70~90mm;烧结多孔砖、空心砖砌体宜为 60~80mm,石砌体宜为 30~50mm;普通混凝土空心砌块及轻集料混凝土砌块宜在50~70mm。

5.2 砌筑施工工艺

5.2.1 砌砖施工

5.2.1.1 *砖墙砌筑工艺*

砌砖施工通常包括抄平、放线、摆砖样、立皮数杆、挂准线、铺灰、砌砖等工序。对于清水墙,则还要进行勾缝。下面以房屋建筑砖墙砌筑为例,说明以上各道工序的具体做法。

1. 抄平

砌砖墙前,先在基础面或楼面上按标准的水准点定出各层标高,并用水泥沙浆或细石混凝土找平。

2. 放线

建筑物顶层墙身可按龙门板上轴线定位钉为准拉麻线,沿麻线挂下线锤,将墙身中心轴线放到基础面上,并据此墙身中心轴线为准,弹出纵、横墙身边线,定出洞口位置。为保证各楼层墙身轴线的重合,并与基础定位轴线一致,可利用预先引测在外墙面上的墙身中心轴线,借助于经纬仪把墙身中心轴线引测到楼层上去;或用线锤挂线,对准外墙面上的墙身中心轴线,从而向上引测。轴线的引测是放线的关键,必须按图纸要求尺寸用钢、皮尺进行校核。然后,按楼层墙身中心线,弹出各墙边线,划出门窗洞口位置。

3. 摆砖样

按选定的组砌方法,在墙基顶面放线位置试摆砖样(生摆,即不铺灰),尽量使门窗垛符合砖的模数,偏差小时可通过竖缝调整,以减小斩砖数量,并保证砖及砖缝排列整齐、均匀,以提高砌砖效率。摆砖样在清水墙砌筑中尤为重要。

4. 立皮数杆

立皮数杆(图 5-1)可以控制每皮砖砌筑的竖向尺寸,并使铺灰、砌砖的厚度均匀,保证砖皮水平。皮数杆上划有每皮砖和灰缝的厚度,以及门窗洞、过梁、楼板等的标高。它立于墙的转角处,其基准标高用水准仪校正。如墙的长度很大,可每隔 10~20m 再立一根。

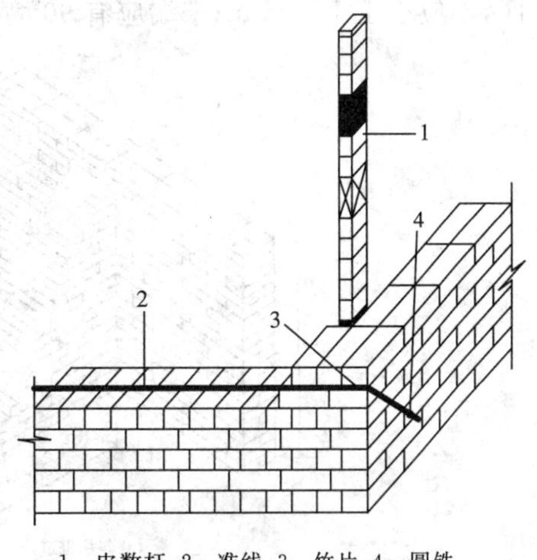

1—皮数杆;2—准线;3—竹片;4—圆铁

图 5-1 皮数杆示意图

5. 铺灰砌砖

铺灰砌砖的操作方法很多,与各地区的操作习惯、使用工具有关。常用的有满刀灰砌筑法(也称提刀灰),夹灰器、大铲铺灰及单手挤浆法、铺灰器、灰瓢铺灰及双手挤浆法。实心砖砌体大都采用一顺一顶、三顺一顶、梅花顶等组砌方法,砖柱不得采用包心砌法。每层承重墙的最上一皮砖或梁、梁垫下面,或砖砌体的台阶水平面上及挑出部分最上一皮砖均应采用丁砌层砌筑。

砖砌通常先在墙角以皮数杆进行盘角,然后将准线挂在墙侧,作为墙身砌筑的依据,每砌一皮或两皮,准线向上移动一次。

土木工程中其他砖砌体的施工工艺与房屋建筑砌筑工艺基本一致。

5.2.1.2 *砌筑质量要求*

砌体组砌的质量基本要求是:横平竖直、砂浆饱满、灰缝均匀、上下错缝、内外搭砌、接槎牢固。

对砌砖工程,要求每一皮砖的灰缝横平竖直、砂浆饱满。上面砌体的重量主要通过砌体之间的水平灰缝传递到下面,水平灰缝不饱满往往会使砖块折断。为此,规定实心砖砌体水平灰缝的砂浆饱满度不得低于80%。竖向灰缝的饱满程度影响砌体抗透风和渗水的性能。

水平缝厚度和竖缝宽度规定为(10±2)mm,过厚的水平灰缝容易使砖块浮滑,墙身侧倾;过薄的水平灰缝会影响砌体之间的粘结能力。

上下错缝是指砖砌体上下两皮砖的竖缝应当错开,以避免上下通风。在竖向荷载作用下,砌体会由于"通缝"丧失整体性而影响砌体强度。同时,内外搭砌使同皮的里外砌体通过相邻上、下皮的砖块搭砌而组砌得牢固。

"接槎"是指相邻砌体不能同时砌筑而设置的临时间断,应能保证先砌砌体与后砌砌体之间可靠接合。一般情况下砖墙的转角处和交接处应同时砌筑,严禁无可靠措施的内外墙分砌施工。对不能同时砌筑而又必须留置临时间断处应砌成斜槎,斜槎水平投影长度不应小于高度的2/3(图5-2(a))。非抗震设防及抗震设防烈度为6度、7度地区临时间断处,当不能留斜槎时,除转角处外,可留直槎,但直槎必须做成阳槎。留直槎处应加设拉结钢筋。拉结钢筋的数量为每120mm墙厚设置1ϕ6的钢筋(120mm厚墙放置2ϕ6拉结钢筋);间距沿墙高不应超过500mm;埋入长度从留槎处算起每边均不应小于500mm,对抗震设防烈度为6度、7度的地区,不应小于1 000mm;末端应有90°弯钩(图5-2(b))。

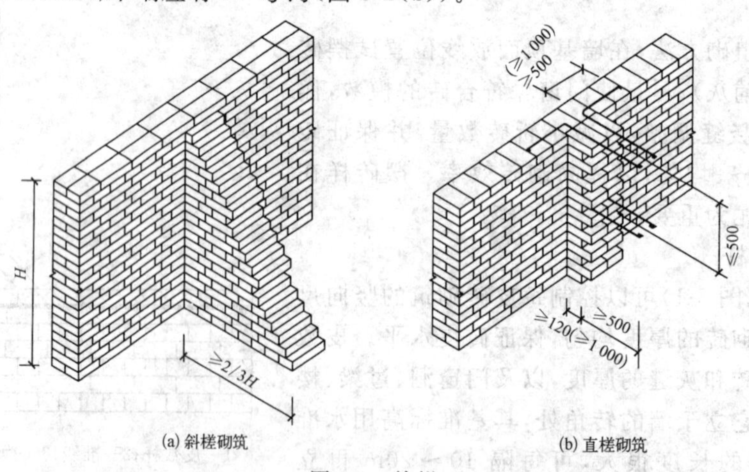

图5-2 接槎

砖墙或砖柱顶面尚未安装楼板或屋面板时，如有可能遇到大风，其允许自由高度不得超过表 5-1 的规定，否则应采取可靠的临时加固措施。

表 5-1　　墙和柱的允许自由高度/m

墙（柱）厚/mm	砌体密度＞1 600 kg/m³			砌体密度/1 300～1 600 kg/m³		
	风载/（kN/m²）			风载/（kN/m²）		
	0.3（约 7 级风）	0.4（约 8 级风）	0.5（约 9 级风）	0.3（约 7 级风）	0.4（约 8 级风）	0.5（约 9 级风）
190	—	—	—	1.4	1.1	0.7
240	2.8	2.1	1.4	2.2	1.7	1.1
370	5.2	3.9	2.6	4.2	3.2	2.1
490	8.6	6.5	4.3	7.0	5.2	3.5
620	14.0	10.5	7.0	11.4	8.6	5.7

注：① 本表适用于施工处标高（H）为 10m 范围内的情况，如 $10m<H<15m$，$15m<H\leqslant 20m$ 时，表内的允许自由高度值应分别乘以 0.9，0.8 的系数；如 $H>20m$ 时，应通过抗倾覆验算确定其允许自由高度；

② 当所砌筑的墙有横墙或其他结构与其连接，而且间距小于相应墙、柱的允许自由高度的 2 倍时，砌筑高度可不受本表限制；

③ 当砌体密度小于 1 300kg/m² 时，墙和柱的允许自由高度应另行验算。

砖砌体的位置及垂直度允许偏差应符合表 5-2 的规定。

表 5-2　　砖砌体的位置及垂直度允许偏差

项目			允许偏差/mm
轴线位置偏移			10
垂直度	每层		5
	全高	≤10 m	10
		＞10 m	20

构造柱与圈梁是为增强砌体结构的整体性和抗震性能而设置的构造措施。在构造柱施工时，应注意以下问题：应先砌墙体，后浇筑混凝土构造柱。构造柱与墙应沿高度方向每 500mm 设 2ϕ6 拉结钢筋（240mm 砖墙），每边伸入墙内不宜小于 600mm；构造柱应与圈梁连接；砖墙应砌成马牙槎，每一马牙槎沿高度方向的尺寸不大于 300mm，马牙槎从每层柱脚开始，应先退后进（图 5-3）。由此，可使构造柱与圈梁形成的“箍”加强砌体结构整体性。

5.2.2　砌石施工

石砌体包括毛石砌体和料石砌体两种。在建筑基础、挡土墙、桥梁墩台中应用较多。

5.2.2.1　*毛石砌体*

毛石砌体宜分皮卧砌，并应上下错缝、内外搭砌，不能采用外面侧立石块中间填心的砌筑方法。砌筑毛石基础的第一皮石块应座浆，并将大面向下，毛石砌体的第一皮及转角处、交接处、洞口处，应选用较大的平毛石砌筑。

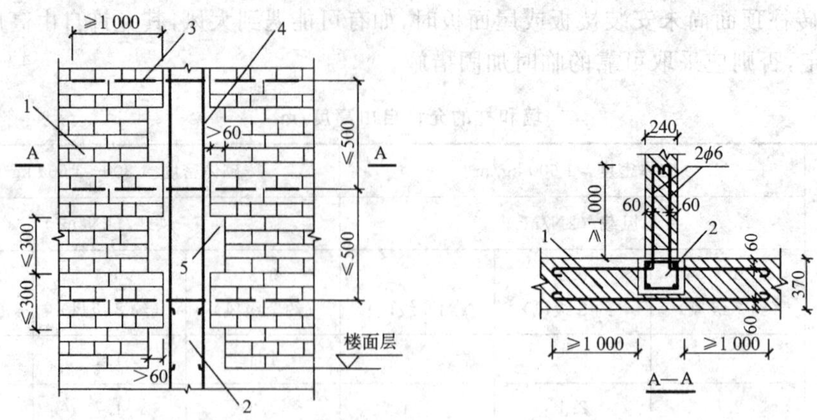

1—墙；2—构造柱；3—拉结钢筋；4—构造柱钢筋；5—马牙槎

图 5-3 构造柱

每层砌体(包括基础砌体)的最上一皮,宜选用较大的毛石砌筑。

毛石墙必须设置拉结石,拉结石应均匀分布,相互错开,一般每 0.7m^2 墙面至少应设置一块,且同皮内的中距不应大于 2m。

毛石砌体每日的砌筑高度不应超过 1.2m,毛石墙和砖墙相接的转角处和交接处应同时砌筑。

毛石挡土墙每砌 3～4 皮为一个分层高度,每个分层高度应找平一次。外露面的灰缝厚度不得大于 40mm,两个分层高度间分层处的错缝不得小于 80mm。

5.2.2.2 *料石砌体*

料石砌体砌筑时,应放置平稳。砂浆铺设厚度应略高于规定的灰缝厚度。

料石基础砌体的第一皮应用丁砌层座浆砌筑,料石砌体亦应上下错缝搭砌,砌体厚度大于或等于两块料石宽度时,如同皮内全部采用顺砌,每砌两皮后,应砌一皮丁砌层;如同皮内采用丁顺组砌,丁砌石应交错设置,其中距不应大于 2m。

料石挡土墙当中间部分使用毛石时,丁砌料石深入毛石部分的长度不应小于 200mm。

下面以桥梁石砌墩台为例,简述其施工方法。

在砌筑前应按设计图放出实样,挂线砌筑。砌筑基础的第一层砌块时,如基底为土质,不需座浆;如基底为石质,应先座浆再砌石。砌筑斜面墩台时,斜面应逐层放坡,并保证规定的坡度。砌块间用砂浆粘结并保持一定缝厚,所有砌缝要求砂浆饱满。形状比较复杂的工程,应先作出配料设计图(图 5-4),注明石料尺寸;形状比较简单的,也要根据砌体高度、尺寸、错缝等,先放样配好料石再砌。

砌筑方法:同一层石料及水平灰缝的厚度要均匀一致,每层按水平砌筑,丁顺相间,砌石灰缝相互垂直,灰缝宽度和错缝应符合有关规定。砌石顺序为先角石,再镶面,后填腹。填腹石的分层高度应与镶面相同;圆端、尖端及转角形砌体的砌石顺序,应自顶点开始,按丁顺排列接砌镶面石。

5.2.2.3 *砌筑质量要求*

石材组砌施工的基本要求是:内外搭砌,上下错缝,拉结石、丁砌石交错设置。

砌筑前应将石材表面的污泥、水锈等杂质清除干净,砌筑中,当砂浆初凝后,如需移动已砌筑的石块,应将原砂浆清理干净,重新铺浆砌筑。

石砌体的灰缝厚度，毛石料和粗石料不宜大于 20mm；细石料不宜大于 5mm。砂浆饱满度不应小于 80%。

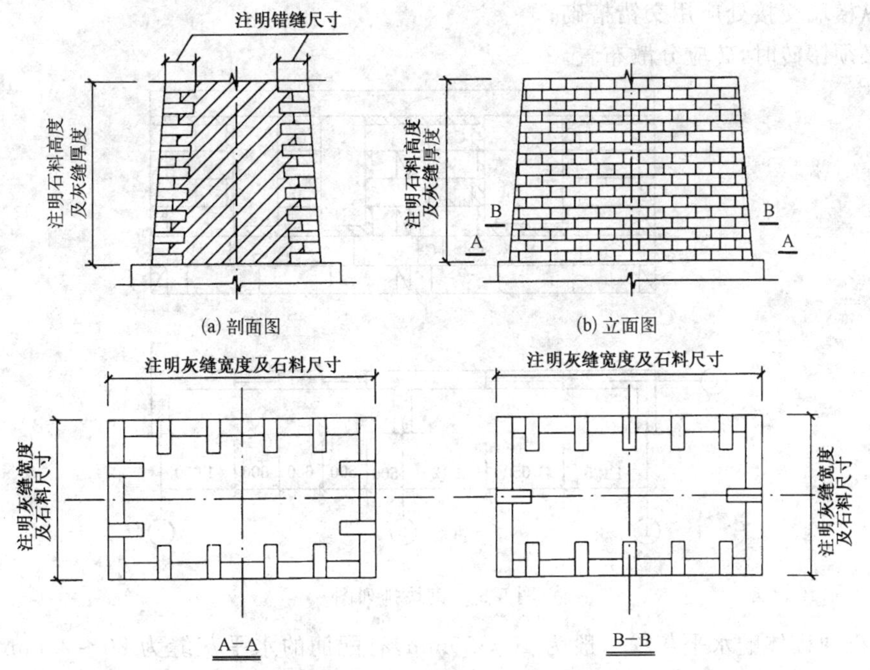

图 5-4　桥墩配料大样图

石砌体的轴线位置及垂直度允许偏差应符合表 5-3 的规定。

表 5-3　　石砌体的轴线位置及垂直度允许偏差

项　目		允许偏差/mm						
		毛石砌体		料　石　砌　体				
		基础	墙	毛石料		粗料石		细料石
				基础	墙	基础	墙	墙、柱
轴线位置		20	15	20	15	15	10	10
墙面垂直度	每层		20		20		10	7
	全高		30		30		25	10

5.2.3　中小型砌块的施工

中小型砌块在我国房屋工程中已得到广泛应用，砌块按材料分，有粉煤灰硅酸盐砌块、普通混凝土空心硅酸盐砌块、煤矸石硅酸盐空心砌砖等。砌块的规格不一，中型砌块一般高度为 380～940mm，长度为高度的 1.5～2.5 倍，厚度为 180～300mm，每块砌体重量 50～200kg。

5.2.3.1　中型砌块施工

由于中型砌块体积较大、较重，不如砖块可以随意搬动，因此在吊装前应绘制砌块排列图，以指导吊装砌筑施工。砌块排列图按每片纵、横墙分别绘制(图 5-5)，施工中按砌块排列图砌筑。当设计不规定时，砌块的排列应按照以下原则：

① 尽量采用主规格砌块；

② 砌块应错缝搭砌，搭接长度不得小于砌块高度的 1/3，并不小于 150mm；

③ 纵横墙交接处应用交错搭砌；

④ 必须镶砖时，砖应分散布置。

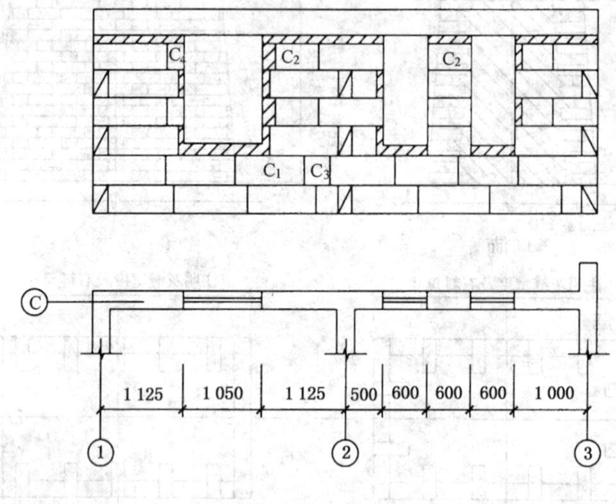

图 5-5　砌块排列图

中型砌块砌体的水平灰缝一般为 10～20mm，有配筋的水平灰缝为 20～25mm。竖缝宽度为 15～20mm，当竖缝宽度大于 30mm 时应用与砌块同强度的细石混凝土填实，当竖缝大于 100mm 时，应用黏土砖镶砌。

砌块的组砌施工应满足如下要求：横平竖直、砌体表面平整清洁、砂浆饱满、灌缝密实。

砌块墙的施工特点是砌块数量多，吊次也相应的多，但砌块的重量不很大，通常采用的吊装方案有两种：一是采用塔式起重机进行砌块、砂浆的运输以及楼板等构件的吊装，由台灵架吊装砌块，台灵架在楼层上的转移由塔吊来完成。二是以井架进行材料的垂直运输、杠杆车进行楼板吊装，所有预制构件及材料的水平运输则用砌块车和手推车，台灵架负责砌块的吊装（图 5-6）。

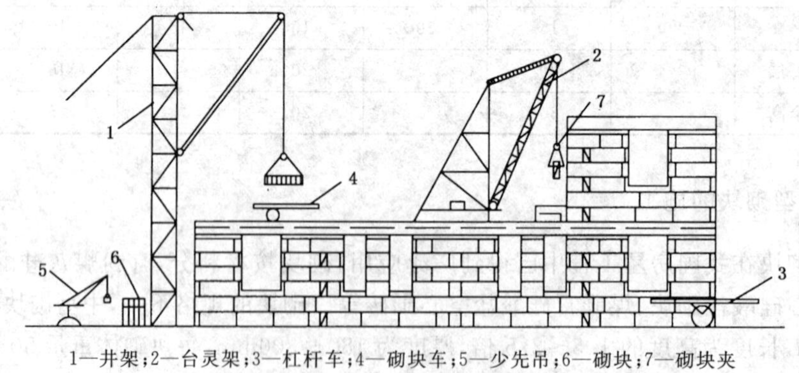

1—井架；2—台灵架；3—杠杆车；4—砌块车；5—少先吊；6—砌块；7—砌块夹

图 5-6　砌块吊装示意图

5.2.3.2　**小型砌块施工**

小型砌块的规格更多，常用的有 390mm×190mm×190mm 等种类，其形式有空心或实心的。

小型砌块施工时所用的小砌块的产品龄期不应小于 28d。当气候干燥炎热时，砌块可提前洒水湿润，但其表面有浮水时不得施工。

小砌块砌筑时应将底面朝上反砌于墙上，空心小砌块应对孔错缝搭砌，搭接长度不小于90mm，墙体个别位置不能满足要求时，应在灰缝中设置拉结钢筋或钢筋网片，但竖向通缝仍不得超过两皮小砌块。

小型砌块组砌时墙体转角处和纵横墙交接处应同时砌筑，间断处应砌成斜槎，斜槎水平投影长度不应小于高度的 2/3。小型砌块墙的水平灰缝厚度和竖向灰缝宽度规定为 10mm±2mm，空心小砌块的水平灰缝砂浆饱满度按净截面计算不得小于 90%，竖向灰缝饱满度不得小于 80%。

5.3 砌体的冬期施工

当室外日平均温度连续 5d 稳定低于 5℃，或当日最低温度低于 0℃时，砌体工程应采取冬期施工的措施。

砌体工程冬期施工应编制完整的冬期施工方案。冬期施工所用的材料应符合如下规定：

① 石灰膏、电石膏等应防止受冻，如遭冻应融化后使用；

② 拌制砂浆所用的砂，不得含有冰块和直径大于 10mm 的冰结块；

③ 砌体用砖或其他块材不得遭受侵冻。

砖基础的施工和回填土前，均应防止地基遭受冻结。

普通砖在正温度条件下砌筑应适当浇水湿润，在零度及零度以下条件时，可不浇水，但须适当加大砂浆的稠度。

拌和砂浆宜采用两步投料法，水的温度不得超过 80℃，砂的温度不得超过 40℃。砂浆使用温度应符合表 5-4 的规定。

表 5-4　冬期施工砂浆使用温度

冬期施工方法		砂浆使用温度
掺外加剂法		≥+5℃
氯盐砂浆法		
暖棚法		
冻结法	室外空气温度	
	0℃～10℃	≥+10℃
	−11℃～25℃	≥+15℃
	<−25℃	≥+20℃

当采用暖棚法施工时，块材在砌筑时的温度不应低于+5℃，距离砌筑的结构地面 0.5m 处的暖棚温度也不应低于+5℃。

当采用冻结法施工时，在冻结施工期间应经常对砌体进行观察和检查，如发现裂缝、沉降等情况，应立即采取加固措施。

当采用掺盐砂浆法施工时，宜将砂浆强度等级按照常温施工的强度提高一级。配筋砌体不得采用掺氯盐的砂浆施工。

思 考 题

【5-1】 砌筑砂浆有哪些要求？

【5-2】 砖砌体的质量要求有哪些？

【5-3】 简述砖墙及石砌墩台的施工工艺。

【5-4】 砖墙临时间断处的接槎方式有哪几种？有何要求？

【5-5】 中小型砌块施工前为什么要编排砌体排列图？编制砌块排列图应注意哪些问题？

【5-6】 砌体的冬期施工要注意哪些问题？

6 钢结构工程

摘要:本章主要介绍了钢结构的工厂加工过程及相应的工艺,钢结构的基本连接方式,焊条与母材的匹配、各种接头的适用性及焊接质量验收的相关要求,螺栓连接的施工方法、工具及质量控制要求。

专业词汇:钢结构工程;深化设计;放样;气割;火焰矫正;机械切割;等离子切割;边缘加工;折边;工厂预拼装;预弯压力机;仿形复制装配法;立装法;机械矫正;卧装法;三辊卷板机;工艺流程;手工矫正;涂装;高强螺栓;包装;运输;铆接;焊接接头;质量等级;超声波探伤

6 Steel Structure Work

Abstract: This chapter mainly introduces the factory manufacturing processes and technologies for steel structure, basic connection methods of steel structure, compatibility between welding rod and parent metal, applicability of various joints and quality standards for welding, construction methods, tools and quality control requirements for bolt connection.

Specialized vocabulary: steel structure engineering; detail design; lofting; gas cutting; flame rectification; mechanical incision; plasma cutting; edge preparation; edgefold; beforehand factory assembly; pre-bending press machine; copy fabrication method; upright fabrication method; mechanical correction; level fabrication method; three roller coiling machine; process flow; manual correction; coating; high-strength bolt; package; transportation; riveting; welded joint; quality grade; ultrasonic flaw detection

6.1 概述

6.1.1 钢结构加工流程

钢结构工程从广义上讲是指以钢铁为基材,经过机械加工组装而成的结构。一般意义上的钢结构主要用于工业厂房、高层建筑、大跨度结构、塔桅、桥梁等,即建筑钢结构。由于钢结构具有强度高、结构轻、施工周期短和精度高等特点,因而在建筑、桥梁等土木工程中被广泛采用。

钢结构的构件一般在工厂加工制作,然后运至工地进行结构安装。钢结构制作的工序较多,因此,对加工顺序要周密安排,避免工件倒流,以减少往返运输时间。图 6-1 为钢结构大流水作业生产的一般工艺流程。

对于有特殊加工要求的构件,应在制作前制定专门的加工工序,编制专项工艺流程和工序工艺方案。

6.1.2 钢结构加工前期准备

6.1.2.1 材料准备

不同结构对钢材的性能各有要求,选用时需根据要求对钢材的强度、塑性、韧性、耐疲劳性

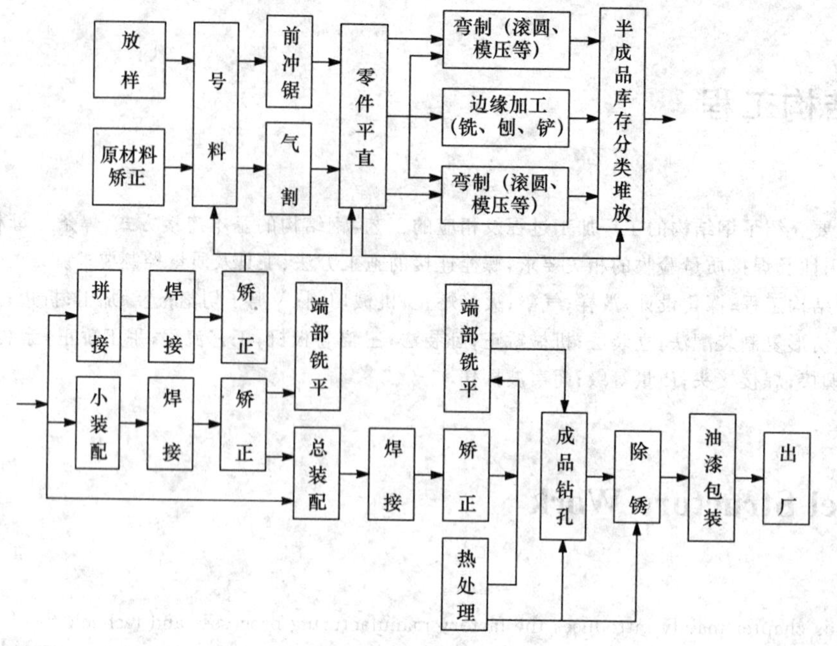

图 6-1　大流水作业生产工艺流程

能、焊接性能、耐锈蚀性能等进行全面考虑。对厚钢板结构、焊接结构、低温结构和采用高含碳量钢材制作的结构，还应防止脆性破坏。

根据施工详图中材料清单表算出各种材质、规格的材料净用量，加上一定数量的损耗，编制材料预算计划。在材料采购时，应根据使用尺寸合理订货，以减少不必要的拼接和损耗。使用前，应对每一批钢材核对质量保证书，必要时应对钢材的化学成分和力学性能进行复检，以保证符合钢材的合格率。

6.1.2.2　技术准备

1. 施工详图设计

钢结构设计图由设计单位完成，施工详图以设计图为依据，由钢结构制作厂编制完成，其内容包括构造设计和施工详图绘制。

构造设计包括焊缝连接设计、螺栓连接设计、节点板及加劲肋设计、支座设计、起拱设计等，施工详图绘制应按结构类型和形式绘制图纸目录、施工详图总说明、结构和构件布置图、构件(包括节点)加工详图、零件加工图、安装图和材料清单等。

2. 工艺规程设计

根据钢结构工程加工制作的要求，加工制作单位应在钢结构工程制造前，按施工图的要求编制出完整正确的制作工艺规程。制定工艺规程的原则是：在一定的生产条件下操作时，能以最快的速度、最省的劳动量和最低的费用，可靠地加工出符合设计图纸要求的产品。制定工艺流程时，要注意三方面的问题：①技术先进性；②经济合理性；③有良好的劳动条件和安全性。

工艺规程是钢结构制作中主要的和根本性的指导性技术文件，也是生产制作中最可靠的质量保证措施。因此，工艺规程设计一经制定就必须严格执行，不得随意更改。

6.2　钢结构加工工艺

6.2.1　放样、号料与下料

6.2.1.1　放样

放样是根据产品施工详图或零、部件图样要求的形状和尺寸，按照1∶1的比例把产品或零、部件的实形画在放样台或平板上，求取实长并制成样板的过程。对比较复杂的壳体零、部件，还需要作图展开。放样的步骤如下：

① 仔细阅读图纸，并对图纸进行核对。

② 准备放样需要的工具，包括钢尺、石笔、粉线、划针、圆规和铁皮剪刀等。

③ 准备好样板和样杆的材料，一般采用薄铁片和小扁钢，可先刷上防锈油漆。

④ 放样以1∶1的比例在样板台上弹出大样。当大样尺寸过大时，可分段弹出。尺寸划法应避免偏差累积。

⑤ 先以构件某一水平线和垂直线为基准，弹出十字线；然后据此逐一划出其他各个点和线，并标注尺寸。

⑥ 放样过程中，应及时与技术部门协调；放样结束，应对照图纸进行自查；最后应根据样板编号编写构件号料明细表。

6.2.1.2　号料

号料就是根据样板在钢材上画出构件的实样，并打上各种加工记号，为钢材的切割下料作准备。号料的步骤如下：

① 根据料单检查清点样板和样杆，点清号料数量。号料应使用经过检查合格的样板与样杆，不得直接使用钢尺。

② 检查号料的工具，包括石笔、样冲、圆规、划针和凿子等。

③ 检查号料的钢材规格和质量。

④ 不同规格、不同钢号的零件应分别号料，并依据先大后小的原则依次号料。对于需要拼接的同一构件，必须同时号料，以便拼接。

⑤ 号料时，同时划出检查线、中心线、弯曲线，并注明接头处的字母、焊接代号。

⑥ 号孔应使用与孔径相等的圆规规孔，并打上样冲，作出标记，便于钻孔后检查孔位是否正确。

⑦ 弯曲构件号料时，应标出检查线，用于检查构件在加工、装焊后的曲率是否正确。

⑧ 在号料过程中，应随时在样板、样杆上记录下已号料的数量，号料完毕，则应在样板、样杆上注明并记下实际数量。

6.2.1.3　切割下料

切割的目的就是将放样和号料的零件形状从原材料上进行下料分离。常用方法有：气割、机械切割、等离子切割等。切割方法的选择应综合考虑切割对象、切割设备能力、切割精度、切割质量要求以及经济性等因素。

气割是利用氧气与可燃性气体混合燃烧产生的预热火焰加热金属表面达到燃烧温度并使金属发生剧烈的氧化，放出大量的热促使下层金属也自行燃烧，同时通以高压氧气射流，将氧化物吹除而形成一条狭小而整齐的割缝。随着割缝的移动，使切割过程连续切割出所需的形状。除手工切割外常用的切割机械有半自动式切割机、特型气割机等。这种切割方法设备灵活、费用低廉、精度高,是目前使用最广泛的切割方法,能够切割各种厚度的钢材,特别是带曲线的零件或厚钢板。气割前,应将钢材切割区域表面的铁锈、污物等清除干净,气割后,应清除熔渣和飞溅物。

机械切割根据切割原理的不同可分为:剪切、锯切和冲压下料。剪切是利用上、下两剪刀的相对运动来切断钢材。机械剪切速度快、效率高,但切口比较粗糙。剪板机、联合冲剪机等机械属于此类。锯切是利用锯片的切削运动把钢材分离,或利用锯片与工件间的摩擦发热使金属熔化而被切断。锯割可以切割角钢、圆钢和各类型钢,切割速度和精度都较好。弓锯床、砂轮切割机等属于此类。冲压下料是利用冲模在压力机上把板料的一部分与另一部分分离的加工工艺。对成批生产的零件或定型产品,冲压下料可提高生产效率和产品质量。

等离子切割法是利用高温、高冲击力的等离子弧为热源,将被切割的钢材局部熔化,同时,利用压缩产生的高速气流的机械冲击力,将已熔化的材料吹走,从而形成狭窄切口的切割方法。其与气割在本质上的不同是不依靠氧化反应,而是靠熔化来切割材料。等离子切割法具有应用范围广,可切割高熔点金属,切割速度快,生产效率高,切口质量好,成本低等优点。

随着计算机技术和数字化技术的发展,钢结构的放样、号料都可以采用三维计算机辅助技术。使用计算机软件CAD设计施工详图,输入必要的数据,通过程序运行即可生成样板,并模拟排版、优化,通过数控编程软件将排版图转化为数控切割程序,再以合适的传输设备将数控程序加载到数控切割机,从而完成下料过程。图 6-2 为数控切割机。

(a) 数控切割机下料过程

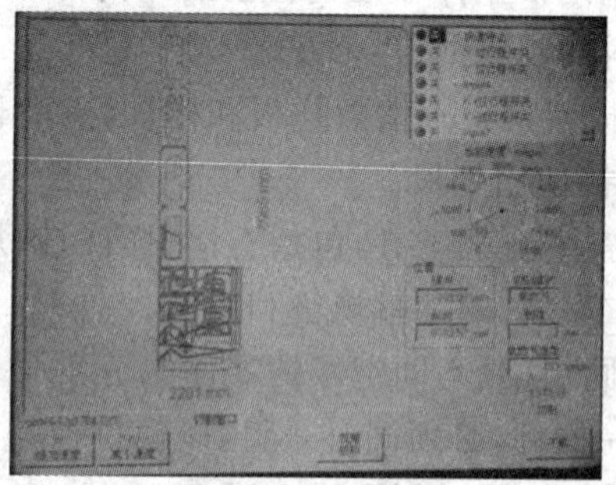
(b) 数控切割机控制界面

图 6-2 数控切割机

6.2.2 构件加工

6.2.2.1 成形加工

1. 板材卷曲

板材卷曲是通过旋转辊轴对板料进行连续三点弯曲所形成的。当制件曲率半径较大时,可在常温状态下卷曲;如制件曲率半径较小或板材较厚时,则需在板材加热后进行。板材卷曲按其卷曲类型可分为单曲率卷制和双曲率卷制。如图 6-3 所示,单曲率卷制包括圆柱面、圆锥面和任意柱面的卷制,操作简单,较常用。双曲率卷制可实现球面、双曲面的卷制。

板材卷曲工艺包括预弯、对中和卷曲三个过程。

(1) 预弯

板料在卷板机上卷曲时,两端边缘总有卷不到的部分,即剩余直边。剩余直边在矫圆时难

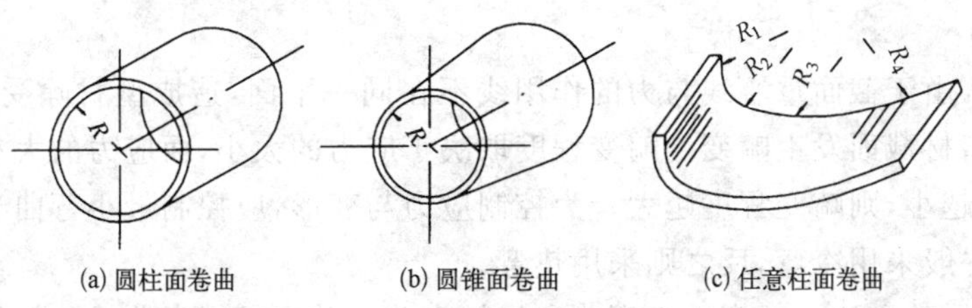

图 6-3 单曲率卷制钢板的卷曲

以完全消除，所以一般应对板料进行预弯，使剩余直边弯曲到所需的曲率半径后再弯曲。预弯可在三辊、四辊或预弯压力机上进行。

(2) 对中

将预弯的板料置于卷板机上弯曲时，为防止产生歪扭，应将板料对中，使板料的纵向中心线与辊轴轴线保持严格的平行。图 6-4 是部分四辊卷板机与三辊卷板机的对中方法。在四辊卷板机中，通过调节倒辊，使板边靠紧侧辊对准(图 6-4(a))；在三辊卷板机中，可利用挡板使板边靠近挡板对中(图 6-4(b))。

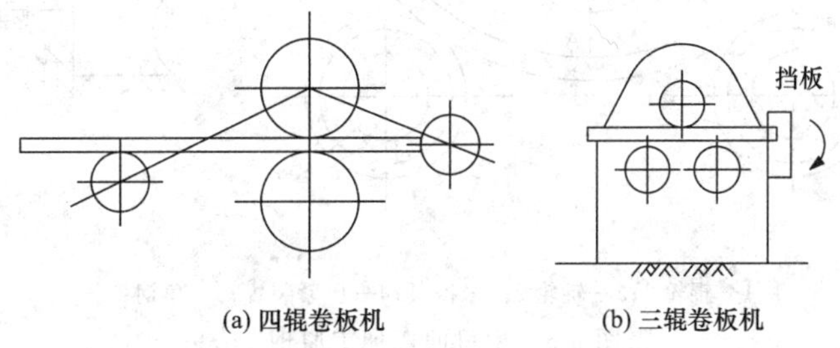

图 6-4 对中方法

(3) 卷曲

板料位置对中后，一般采用多次进给法卷曲。利用调节上辊轴(三辊机)或侧辊轴(四辊机)的位置使板料发生初步的弯曲，然后来回滚动而卷曲。当板料移至边缘时，根据板边和准线检查板料位置是否正确。逐步压下上辊并来回滚动，使板料的曲率半径逐渐减小，直至达到规定的要求。

2.管材弯曲

管材弯曲加工方法可根据被弯曲管材的界面尺寸和弯曲半径不同，分为形弯、压弯和中频弯三种。形弯成形加工是在形弯设备上，利用成形模具进行管材连续弯曲，通过调节模具间的距离实现管材不同曲率半径的弯曲加工。对于截面尺寸比较大的管材弯曲成形加工，一般需要采用压弯成形工艺，即在油压机上，结合成形模具，按被弯曲管材的设计曲率半径，进行逐步压弯成形。对于截面尺寸比较大，而弯曲曲率半径又比较小的钢管构件，一般需采用中频弯成形工艺，其采用中频电流使钢管待弯曲段急剧升温并达到较高温度后，在外力作用下使钢管待弯曲段按设计要求的曲率半径弯曲成形。

管材在外力的作用下弯曲时，其截面会发生变形，且外侧管壁会变薄，内侧管壁会增厚。在自然状态下弯曲时，截面会变成椭圆形。管材的弯曲半径一般应不小于管子外径的 3.5 倍(热弯)至 4 倍(冷弯)。在弯曲过程中，为了尽可能地减少管材在弯曲过程中的变形，弯制时通常采用下列方式：在管材中加进填充物(装砂或弹簧)后进行弯曲；用滚轮和滑槽压在管材外面进行弯曲；用芯棒穿入管材内部进行弯曲。

3. 型材弯曲

型材弯曲时，由于截面重心线与力的作用线不在同一平面，造成型材除受弯矩外，还要受扭矩的作用，使型材截面发生畸变。畸变程度取决于应力的大小，而应力的大小又取决于弯曲半径。弯曲半径越小，则畸变程度越大。为控制应力与变形，应控制最小弯曲半径。制件的曲率半径较大时，一般采用冷弯，反之则采用热弯。

型材弯曲成形的方法一般有手工弯曲和机械弯曲。其中机械弯曲又包括卷弯、回弯、压弯和拉弯等几种。实际生产中常用回弯和压弯。回弯成形是在型材弯曲机上进行，如图 6-5 所示，先将待弯曲型材固定在弯曲模具上，模具转动后型材沿模具旋转方向成形，通过调节型弯机辊轴间距来实现弯曲曲率半径。压弯是在压力机上，利用模具借助压力机的压力进行压弯，使型材产生弯曲变形。

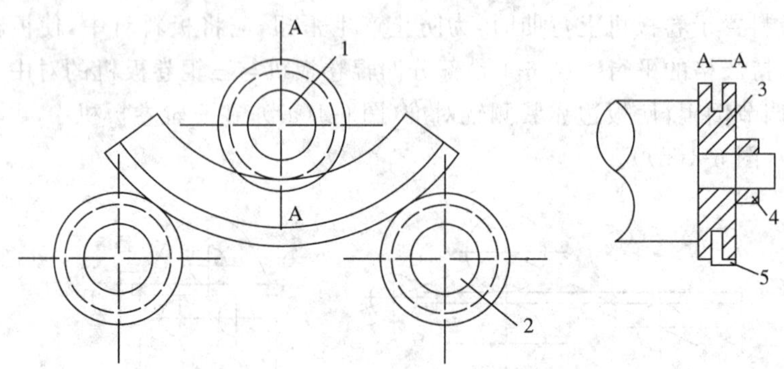

1—辊轮 1；2—辊轮 2；3—模具；4—压紧装置；5—角钢

图 6-5 型材回弯加工原理

6.2.2.2 边缘加工

在钢结构制造中，经过剪切或气割过的钢板边缘，其内部结构会发生硬化和变态。为了保证桥梁或重型吊车梁等重型构件的质量，需要对边缘进行加工，其刨切量不应小于 2.0mm。此外，为了保证焊缝质量，考虑到装配的准确性，要将钢板边缘刨成或铲成坡口，往往还要将边缘刨直或铣平。

一般需要作边缘加工的部位包括：吊车梁翼缘板、支座支撑面等具有工艺性要求的加工面；设计图纸中有技术要求的焊接坡口；尺寸精度要求严格的加劲板、隔板、腹板及有孔眼的节点板等。常用的边缘加工方法有铲边、刨边、铣边和碳弧电气刨边四种。

6.2.2.3 其他加工工艺

1. 折边

在钢结构制造过程中，常把构件的边缘压弯成倾角或一定形状的操作过程称为折边。折边广泛应用于薄板构件，它有较长的弯曲线和很小的弯曲半径。薄板经折边后可以大大提高结构的强度和刚度。这类工件的弯曲折边常利用折边机进行。

2. 模具压制

模具压制是在压力设备上利用模具使钢材成形的一种工艺方法。钢材及构件成形的质量与精度均取决于模具的形状尺寸与制造质量。当温度低于−20℃时，应停止施工，以避免钢板冷脆而产生裂缝。按加工工序分，模具可分为冲裁模、弯曲模、拉伸模和压延模等四种。

3. 制孔

在钢结构制孔中包括铆钉孔、普通螺栓连接孔、高强度螺栓孔、地脚螺栓孔等，制孔通常有钻孔和冲孔两种。

(1) 钻孔

钻孔是钢结构制造中普遍采用的方法,能用于几乎任何规格的钢板、型钢的孔加工。钻孔的原理是切削,故孔壁损伤较小,孔的精度较高。钻孔在钻床上进行,对于构件因场地狭小限制,加工部位特殊,不便于使用钻床加工时,则可用电钻、风钻等加工。

(2) 冲孔

冲孔是在冲孔机(冲床)上进行,一般只能在较薄的钢板和型钢上冲孔,且孔径一般不小于钢材的厚度,亦可用于不重要的节点板、垫板和角钢拉撑等小件加工。冲孔生产效率较高,但由于孔的周围产生冷作硬化,孔壁质量较差,有孔口下塌、孔的下方增大的倾向,所以,除孔的质量要求不高,或作为预制孔(非成品孔)外,在钢结构中较少直接采用。

当地脚螺栓孔与螺栓的间距较大时,即孔径大于 50mm 时,也可以采用火焰割孔。

6.2.3 组装

6.2.3.1 概述

组装,亦称为拼装、装配、组立,是把加工完成的半成品和零件按图纸规定的运输单元,装配成构件或者部件,是钢结构制作中最重要的工序之一。组装上靠加工质量,下靠焊接质量,加工不到位,强行拘束组装会导致构件产生较大的内应力,影响强度。组装时,必须考虑坡口角度、钝边高度、装配间隙。

6.2.3.2 组装方法

常用钢结构组装方法有地样法、仿形复制装配法、胎模装配法、立装法、卧装法等。

① 地样法　用 1∶1 的比例在装配平台上放出构件实样,然后根据零件在实样上的位置,分别组装后形成构件。此装配方法适用于桁架、构架等小批量结构的组装。

② 仿形复制装配法　先用地样法组装成单面(单片)部件,然后定位点焊牢固,将其翻身,作为复制胎模,在其上面装配另一单面的部件,往返两次组装。此装配方法适用于横断面对称的构件。

③ 胎模装配法　胎模装配法是将构件的零件用胎模定位在其装配位置上的组装方法。此装配法适用于制造构件批量大、精度高的产品。在布置拼装胎模时,必须注意预留各种结构余量。

④ 立装法　立装是根据构件的特点及其零件的稳定状态,选择自上而下或自下而上的装配。此法用于放置平稳、高度不大的构件(如大直径的圆筒)。

⑤ 卧装法　卧装是将构件放置卧地位置进行装配。此法适用于断面不大,但长度较长的细长构件。

6.2.4 矫正

6.2.4.1 概述

钢材使用前,由于材料内部的残余应力及存放、运输、吊运不当等原因,会引起钢材原材变形;在加工成形过程中,由于操作和工艺原因会引起成构件变形;构件连接过程中会存在焊接变形等。为了保证钢结构的制作及安装质量,必须对不符合技术标准的材料、构件进行矫正,以迫使钢材反变形,使材料或构件达到平直及一定几何形状的要求并符合技术标准的工艺方法。矫正的形式主要有矫直、矫平、矫形三种。矫正按外力来源分为火焰矫正、机械矫正和手工矫正等;按矫正时钢材温度分为热矫正和冷矫正。

6.2.4.2 火焰矫正

钢材的火焰矫正是利用火焰对钢材进行局部加热,被加热处理的金属由于膨胀受阻而产生压缩塑性变形,使较长的金属纤维冷却后缩短而完成的。

影响火焰矫正效果的因素有三个:火焰加热位置、加热的形式和加热的热量。火焰加热的位置应选择在金属纤维较长的部位。加热的形式有点状加热、线状加热和三角形加热三种。用不同的火焰热量加热,可获得不同的矫正变形的能力。当零件采用热加工成形时,加热温度应控制在900℃~1000℃;碳素结构钢和低合金结构钢在温度分别下降到700℃和800℃之前,应结束加工;低合金结构钢应自然冷却。

6.2.4.3 机械矫正

钢材的机械矫正是在专用矫正机上进行的。

机械矫正的实质是使弯曲的钢材在外力作用下产生过量的塑性变形,以达到平直的目的。它的优点是作用力大、劳动强度小、效率高。

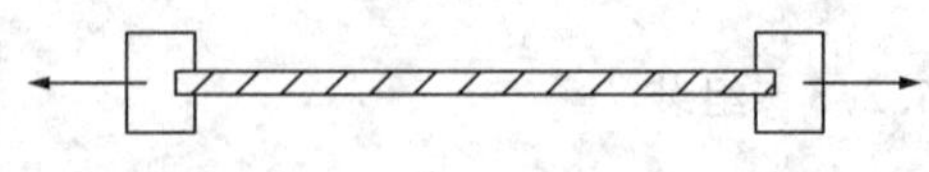

图 6-6 拉伸矫正机

钢材的机械矫正有拉伸机矫正、压力机矫正、多辊矫正机等。矫正拉伸机(图 6-6)适用于薄板扭曲、型钢扭曲、钢管、带钢和线材等的矫正。压力机矫正适用于板材、钢管和型钢的局部矫正。多辊矫正机可用于型材、板材等的矫正,如图 6-7 所示。

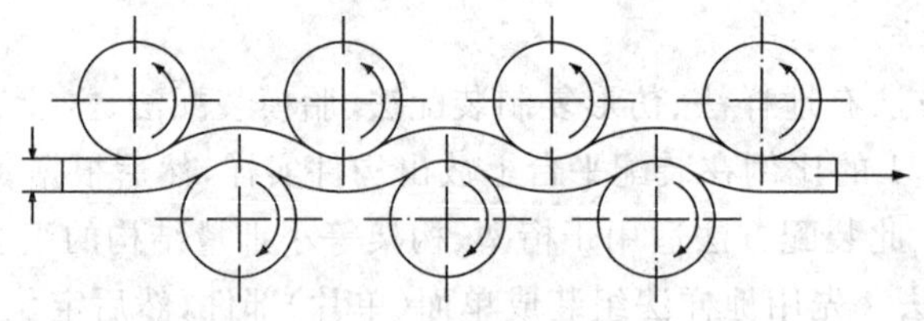

图 6-7 多辊矫正机

6.2.4.4 手工矫正

钢材的手工矫正采用锤击的方法进行,操作简单灵活。手工矫正由于矫正力小、劳动强度大、效率低而用于矫正尺寸较小的钢材,在缺乏或不便使用矫正设备时也可采用。

在钢材或构件的矫正过程中,应注意以下几点:

① 为了保证钢材在低温情况下受到外力不至于产生冷脆断裂,碳素结构钢在环境温度低于-16℃时,低合金结构钢在环境温度低于-12℃时,不得进行冷矫正和冷弯曲。

②由于考虑到钢材的特性、工艺的可行性以及成形后的外观质量的限制,规定冷矫正和冷弯曲的最小曲率半径和最大弯曲矢高应符合有关规定,例如:钢板冷矫正的最小弯曲半径为$50t$,最大弯曲矢高为$l^2/400t$;冷弯曲的最小弯曲半径为$25t$,最大弯曲矢高为$l^2/200t$(其中:l为弯曲弦长;t为钢板厚度)。

③ 矫正时,应尽量避免损伤钢材表面,其划痕深度不得大于0.5mm,且不得大于该钢材厚度负偏差的1/2。

6.2.4.5　矫正后允许偏差

表6-1给出了钢材矫正后的允许偏差。

表6-1　钢材矫正后的允许偏差

项目		允许偏差	图例
钢板的局部平衡度	$t\leqslant14$	1.5mm	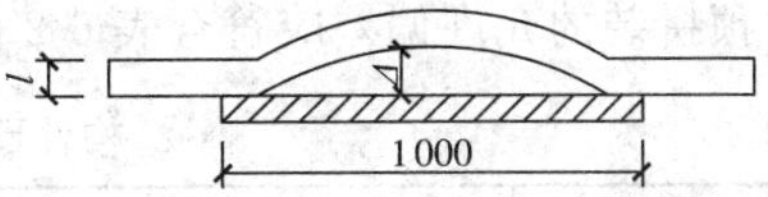
	$t>14$	1.0mm	
型钢弯曲矢高		l/1000且不应大于5.0mm	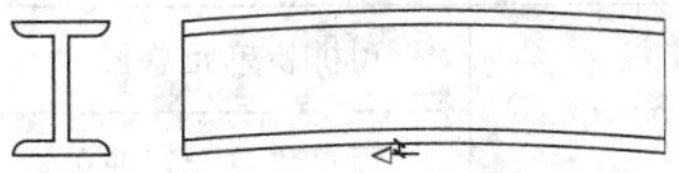
角钢肢的垂直度		b/100双肢栓接角钢的角度不得大于90°	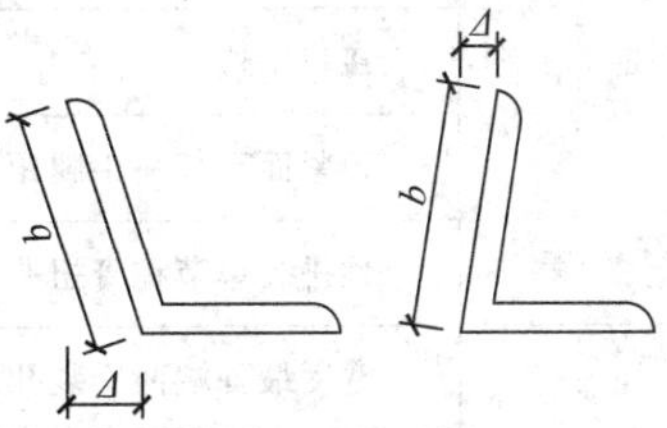
槽钢翼缘对腹板的垂直度		b/80	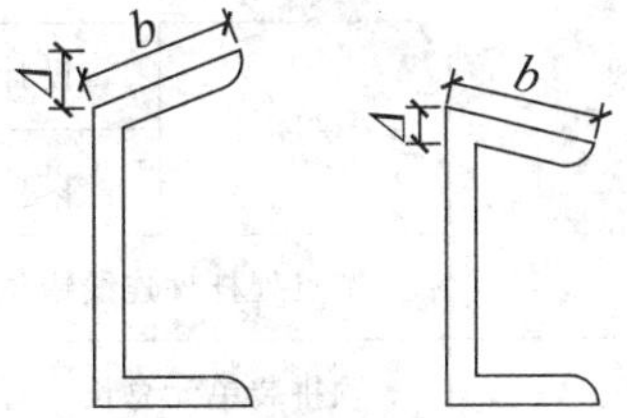
工字钢、H型钢翼缘对腹板的垂直度		b/100且不大于2.0mm	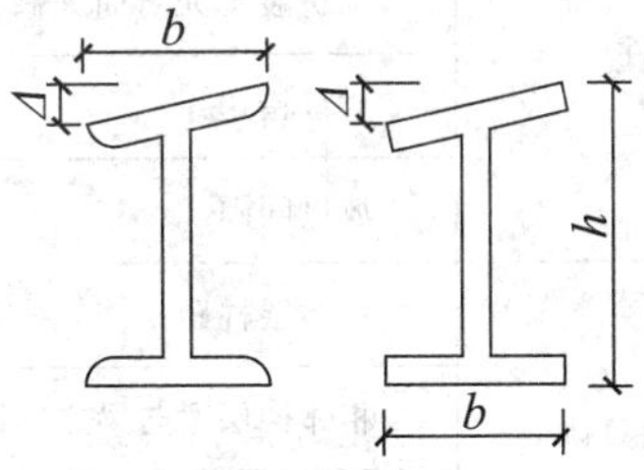

6.2.5　钢结构预拼装

6.2.5.1　概述

钢结构由很多构件(杆件和节点)通过螺栓或焊缝连接在一起,一些大型构件由于受到运输条件、起重能力等的限制不能整体出厂,必须分成若干段(块)进行加工,然后运至施工现场进行拼装。为保证施工现场顺利拼装,应在出厂前对各分段(分块)进行预拼装。另外,还应根据构件或结构的复杂程度、设计要求或合同协议规定,对结构在工厂内进行整体或部分预拼装。

预拼装时构件或结构应处于自由状态,不得强行固定。预拼装完成后进行拆卸时,不得损坏构件,对点焊的位置应进行打磨,保证各个接口光滑整洁。

6.2.5.2　预拼装分类及方法

根据构件、结构的不同类型和要求，预拼装可分为构件预拼装、桁架预拼装、部分结构构预拼装和整体结构预拼装。

预拼装方法一般分为平面预拼装(卧拼)和立体预拼装(立拼)。当为平面结构时，一般采用平面预拼装，当为空间结构时可采用平面预拼装或立体预拼装。

6.2.5.3　预拼装要求

构件预拼装的允许偏差应符合表6-2的规定。

表6-2　构件预拼装的允许偏差

<table>
<tr><th>构件类型</th><th colspan="2">项目</th><th>允许偏差</th></tr>
<tr><td rowspan="5">多节柱</td><td colspan="2">预拼装单元总长</td><td>±5.0 mm</td></tr>
<tr><td colspan="2">预拼装单元弯曲矢高</td><td>l/1 500且不大于10.0 mm</td></tr>
<tr><td colspan="2">接口错边</td><td>2.0 mm</td></tr>
<tr><td colspan="2">顶紧面至任一牛腿距离</td><td>±5.0 mm</td></tr>
<tr><td colspan="2">预拼装单节柱身扭曲</td><td>h/200，且不大于5.0 mm</td></tr>
<tr><td rowspan="5">梁、桁架</td><td colspan="2">宽度最外端两安装孔或两端支承面最外侧距离</td><td>+5.0 mm；−10.0 mm</td></tr>
<tr><td colspan="2">接口截面错位</td><td>2.0 mm</td></tr>
<tr><td rowspan="2">拱度</td><td>设计要求起拱</td><td>±l/5 000</td></tr>
<tr><td>设计未要求起拱</td><td>l/2 000；0 mm</td></tr>
<tr><td colspan="2">节点处杆件连线错位</td><td>4.0 mm</td></tr>
<tr><td rowspan="4">管构件</td><td colspan="2">预拼装单元总长</td><td>±5.0 mm</td></tr>
<tr><td colspan="2">预拼装单元弯曲矢高</td><td>l/1500，且不大于10.0 mm</td></tr>
<tr><td colspan="2">对口错边</td><td>t/10，且不大于3.0 mm</td></tr>
<tr><td colspan="2">坡口间隙</td><td>+2.0 mm；−1.0 mm</td></tr>
<tr><td rowspan="4">构件平面总体预拼装</td><td colspan="2">各楼层柱距</td><td>±4.0 mm</td></tr>
<tr><td colspan="2">相邻楼层梁与梁之间距离</td><td>±3.0 mm</td></tr>
<tr><td colspan="2">各层间框架两对角线之差</td><td>H/2 000且不大于5.0 mm</td></tr>
<tr><td colspan="2">任意两对角线之差</td><td>$\sum H$/2 000且不大于8.0 mm</td></tr>
</table>

注：l—单元长度；h—截面高度；H—柱高度。

在预拼装时，对螺栓连接的节点板除检查各部位尺寸外，还应用试孔器检查板叠孔的通过率。在施工过程中，修孔的现象时有发生，如错孔在3.0mm以内时，一般都用铰刀铣或锉刀锉孔，其孔径扩大不超过原孔径的1.2倍；如错孔超过3.0mm，一般用焊条焊补堵孔或更换零件，不得采用钢块填塞。

预拼装检查合格后，对上、下定位中心线、标高基准线、交线中心线等应标注清楚、准确；对管结构、工地焊接连接处，除应标注上述标记外，还应焊接一定数量的卡具、角钢或钢板定位器等,以便按预拼装结果进行安装。

6.2.6 钢结构涂装、包装与运输

6.2.6.1 概述

钢结构涂装包括防腐涂装和防火涂装两种。

钢结构涂装就是利用涂料的涂层将被涂构件与周围的环境相隔离,从而达到防腐的目的,延长被涂构件的使用寿命。涂层的质量是影响涂装防护效果的关键因素,而涂层的质量除了与涂料的质量有关外,还与涂装之前钢构件表面的除锈质量、漆膜厚度、涂装的工艺条件及其他因素有关。

6.2.6.2 钢结构涂装

1. 涂装前表面处理

涂装前钢构件表面的除锈质量是确保漆膜防腐蚀效果和保护寿命的关键因素。因此钢材表面处理的质量控制是防腐涂层的重要环节。涂装前的钢材表面处理,亦称除锈。除锈不仅要除去钢材表面的污垢、油脂、铁锈、氧化皮、残渣和已失效的旧漆膜,还包括除锈后在钢材表面所形成的合适的“粗糙度”。

钢材的表面处理应严格按设计规定的除锈方法进行,并达到规定的除锈等级。加工好的构件,经验收合格后才能进行表面处理。钢材表面的毛刺、电焊药皮、焊瘤、飞溅物、灰尘、油污、酸、碱、盐等污染物均应清除干净。对于钢材表面的保养漆,可根据具体情况进行处理,一般双组分固化保养漆如涂层完好,可用砂布、钢丝绒打磨,经清理后可直接漆底漆;但涂层损坏的,会影响下一道漆的附着力,则必须完全清除掉。

对于油污的清除,一般可采用有机溶剂、碱液、乳化碱液等清除;对于旧涂层,一般可采用机械、化学等方法清除;钢结构除锈方法一般有手工和动力工具除锈、喷射或抛射除锈、酸洗除锈、火焰除锈等。

2. 钢结构涂装

钢结构涂装施工应在除锈后 8h 内进行,严禁在表面无处理且有污染、脏物、浮锈的情况下进行涂装作业。涂装必须具备如下作业条件:

① 施工环境应通风良好、清洁和干燥,室内施工环境温度宜为 5℃～38℃。一般可按 0℃以上 40℃以下控制。相对湿度宜不大于 85%。但有些涂料对环境温度、湿度的适应性能不同,具体要求可根据涂料说明书规定执行。

② 控制钢材表面温度与露点温度。控制空气的相对湿度,并不能完全表示出钢材表面的干湿程度。一般规定钢材表面的温度必须高于空气露点温度 3℃以上,方能进行施工。

③ 雨天或钢材表面结露时,不宜作业。冬期应在采暖条件下进行,室温必须保持均衡。

④ 涂装作业人员应穿工作服,戴乳胶手套、防尘口罩、防护眼罩、防毒口罩等防护用品。

⑤ 涂装作业要注意与土建工程配合,特别是与装饰、涂料工程要编制交叉计划及措施。

钢结构常用的涂装方法有刷漆法、漆涂法、浸漆法、无气喷涂法和空气喷涂法等。施工时,应根据被涂构件的材质、形状、尺寸、表面状态、涂料品种、施工机具及施工环境等因素进行选择。

6.2.6.3 钢结构包装、运输

1. 包装原则

① 包装工作应在涂层干燥后进行,并应注意保护构件涂层不受损伤。包装方式应符合运输的有关规定,包装外形根据货运能力而定。

② 包装和捆扎均应牢固和紧凑,以减少运输途中松散、变形,而且还可以降低运输的费用。

③ 钢结构的加工面、轴、孔和螺纹,应该涂上润滑脂并且贴上油纸,或用塑料布包裹,螺孔应用木楔塞住。

④ 包装时要注意外伸的连接板等物要尽量置于内侧,以防钩、刮造成事故;不得不外露时要做好明显标记。

⑤ 经过油漆的构件,在包装时应用木材、塑料等材料作衬垫,加以隔离保护。

⑥ 包装时应填写包装清单,并核实数量。

2. 运输要求

① 构件运输时,应根据构件的类型、尺寸、重量、工期要求、运距、费用和效率以及现场具体条件,选择合适的运输工具和装卸机具。

② 构件在装车时,支承点应水平,放置在车辆弹簧上的荷载要均匀对称,构件应保持重心平衡。构件的中心须与车辆的装载中心重合,固定要牢靠,对刚度大的构件也可平卧放置。

③ 大型构件采用拖挂车运输时,在构件支承处应设有转向装置,使其能够自由转动,同时应根据吊装方案及运输方向确定装车方向。

④ 构件运输应配套,应按吊装顺序方式、流向装置装运,按平面布置卸车就位、堆放,先吊的先运,避免混乱和二次倒运。

⑤ 运输道路应平整坚实,保证有足够的路面宽度和转弯半径。根据路面情况掌握行驶速度,保证行车平稳。

⑥ 明确运输线路的限制。对于特殊情况,应向交通主管部门提前申请道路通行证。

6.3 钢结构连接

6.3.1 钢结构焊接施工

6.3.1.1 概述

焊接是钢结构制造的主要工艺方法之一,是建筑钢结构制作中十分重要的加工工艺,是通过加热、加压或两者并用,也可同时采用填充材料,使焊件达到原子层面结合的一种加工方法。焊接具有节省金属材料、接头密封性好、设计施工容易、生产效率高和劳动条件好等优点。建筑钢结构焊接时一般应考虑以下问题:

① 焊接方法的选择应考虑焊接构件的材质、厚度、接头的形式和焊接设备;

② 焊接的效率和经济性;

③ 焊接质量的稳定性。

6.3.1.2 常用焊接方法

建筑钢结构中常用的焊接方法有手工电弧焊、埋弧焊、熔化极气体保护焊、电渣焊、螺柱焊(栓钉焊)等。

1. 手工电弧焊

手工电弧焊是利用焊条与被焊工件之间产生的电弧热将工件接头熔化,冷却后获得牢固接头的焊接方法,如图 6-8 所示。

手工电弧焊是以外部涂有涂料的焊条作为电极和填充金属,电弧在焊条的端部和被焊工件表面之间燃烧,涂料在电弧热作用下产生气体保护电弧,另外还产生熔渣覆盖在熔池表面,防止熔敷金属与周围气体的相互作用。手工电弧焊具有设备简单、轻便,操作灵活,适应性强,应用范围广等优点，但其对焊工的操作技术要求高，生产效率低，现主要用于特殊部位、特殊焊接施工环境、定位焊和焊接缺陷修补等情况。

2. 埋弧焊

埋弧焊(图 6-9)是以连续送进的焊丝作为电极和填充金属。焊接时，在焊接区域的上面覆盖着一层颗粒状焊剂，电弧在焊剂下燃烧，将焊丝端部和局部母材熔化，形成焊缝。

埋弧焊由于电弧热量集中、熔深大、焊缝质量均匀、内部缺陷少、塑性和冲击韧性好，优于手工焊。常用于梁、柱、支撑等构件主体直焊缝、拼接焊缝、直线状、管状、环状焊缝等焊缝的焊接。

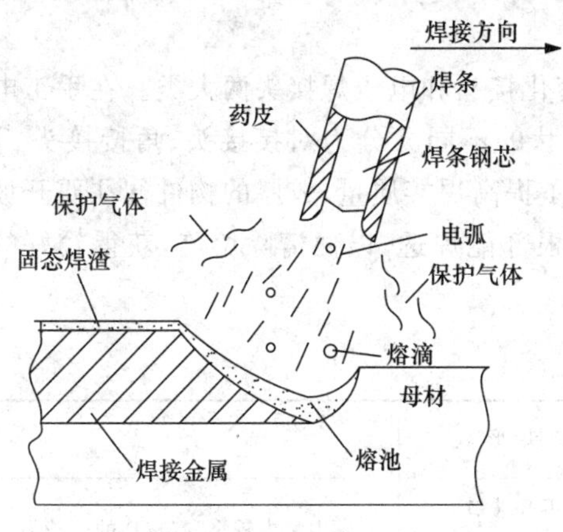

图 6-8 手工电弧焊原理示意图

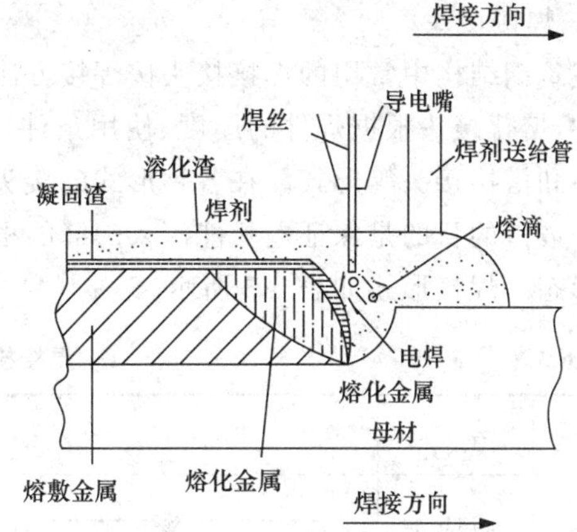

图 6-9 埋弧焊原理示意图

3. 熔化极气体保护焊

熔化极气体保护焊是以焊丝和焊件为两个极，他们之间产生电弧热来熔化焊丝和焊件母材，同时向焊接区域送入保护气体，使焊接区与周围空气隔开，对焊接缝进行保护；焊丝自动送进，在电弧作用下不断熔化，与熔化的母材一起熔化形成焊缝金属。按保护气体的不同可分为：CO_2气体保护焊、惰性气体保护焊和混合气体保护焊。

气体保护焊电弧加热集中、焊接速度快，故焊缝强度比手工焊高，且塑性和抗腐蚀性能好，适合厚钢板或特厚钢板的焊接。

4. 电渣焊

多高层建筑钢结构中较多采用箱形截面钢柱，在梁柱节点区的柱截面内需设置与梁翼缘等厚的加劲板(横隔板)，而加劲板应与箱形截面柱的柱身板采用坡口熔透焊；此时采用一般手工焊时，加劲板四周的最后一条边的焊缝无法焊接，因此需要采用电渣焊。电渣焊一般分熔嘴电渣焊(图 6-10)和非熔嘴电渣焊。

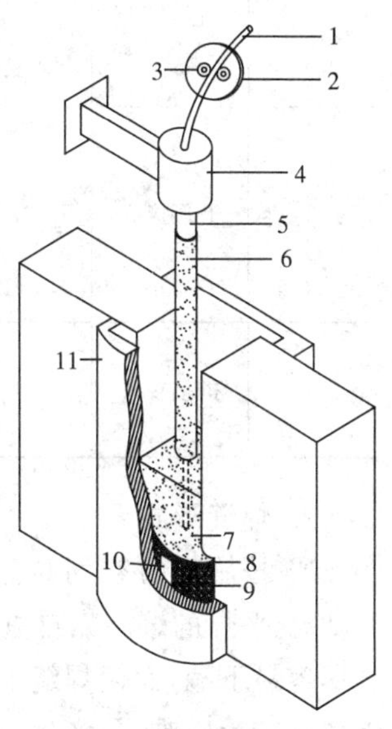

1—焊丝；2—丝盘；3—送丝轮；
4—熔嘴夹头；5—熔嘴；
6—熔嘴药皮；7—熔渣；
8—熔融金属；9—焊缝金属；
10—凝固渣；11—铜水冷成型块
图 6-10 管状熔嘴电渣焊原理示意图

熔嘴电渣焊是用细直径冷拔无缝钢管外涂药皮制成的管焊条作为熔嘴，焊丝在管内送进。焊接时，将管焊条插入被焊钢板与铜块形成的缝槽内，电弧将焊剂熔化成焊渣，电流使焊渣温度超过钢材的熔点，从而熔化焊丝和钢板边缘，构成一条堆积的焊缝，将被焊钢板连成整体。非熔嘴电渣焊原理同熔嘴电渣焊，区别在于焊丝导管外表不涂药皮，焊接时导管不断上升且不熔化、不消耗。

5. 螺柱焊(栓钉焊)

螺柱焊是将螺柱端头置于陶瓷保护罩内,与母材接触并通以直流电,通过短路提升温度,使螺柱端部与工件表面之间产生电弧,电弧作为热源在工件上形成熔池,同时螺柱端部被加热形成熔化层,维持一定的电弧燃烧时间后,在压力作用下将螺柱端部浸入熔池,并将液态金属挤出接头之外,螺柱整个截面与母材牢固结合而形成连接接头。

6.3.1.3 焊接施工

电弧焊是工程中应用最普遍的焊接形式,本节主要讨论其施工方法。

1. 焊接接头

建筑钢结构中常用的焊接接头按焊接方法分为熔化接头和电渣焊接头两大类。在手工电弧焊中,熔化接头根据焊件的厚度、使用条件、结构形状的不同又分为对接接头、角接接头、T形接头和搭接接头等形式。在各种形式的接头中,为了提高焊接质量,较厚的构件往往要开坡口。开坡口的目的是保证电弧能深入焊缝的根部,使根部能焊透,以便清除熔渣,获得较好的焊缝形态。焊接形式如表 6-3 所示。

表 6-3　　焊接接头形式

序号	名　称	图　　示	接头形式	特　　点
1	对焊接头		不开坡口 V,X,U 形坡口	应力集中较小,有较高的承载力
2	角焊接头		不开坡口	适用厚度在 8 mm 以下
			V,K 形坡口	适用厚度在 8 mm 以下
			卷边	适用厚度在 2 mm 以下
3	T 形接头		不开坡口	适用厚度在 30 mm 以下的不受力构件
			V,K 形坡口	适用厚度在 30 mm 以上的只承受较小剪应力构件
4	搭接接头		不开坡口	适用厚度在 12 mm 以下的钢板
			塞焊	适用双层钢板的焊接

2. 焊缝形式

① 按施焊的空间位置分,焊缝形式可分为平焊缝、横焊缝、立焊缝及仰焊缝四种(图 6-11)。平焊的熔滴靠自重过渡,操作简单,质量稳定(图 6-11(a));横焊时,由于重力作用熔化金属容易下淌,而使焊缝上侧产生咬边、下侧产生焊瘤或未焊透等缺陷(图 6-11(b));立焊焊缝成形较为困难,易产生咬边、焊瘤、夹渣、表面不平整等缺陷(图 6-11(c));仰焊则更困难,施工时必须保持最短的弧长,否则易出现未焊透、凹陷等质量问题(图 6-11(d))。

② 按结合形式分,焊缝可分为对接焊缝、角焊缝和塞焊缝三种,如图 6-12 所示。对接焊缝主要尺寸有:焊缝有效高度 s、焊缝宽度 c、余高 h。角焊缝主要以高度 k 表示,塞焊缝常以熔核直径 d 表示。

3. 焊接工艺参数选择

手工电弧焊的焊接工艺参数主要有焊条直径、焊接电流、电弧电压、焊接层数、电源种类及

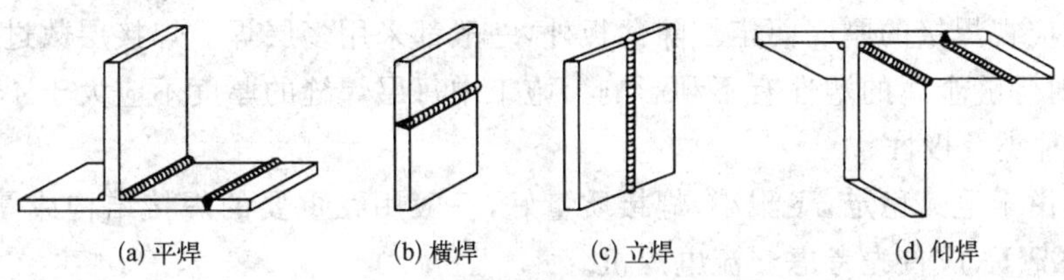

图 6-11 各种位置焊缝形式示意图

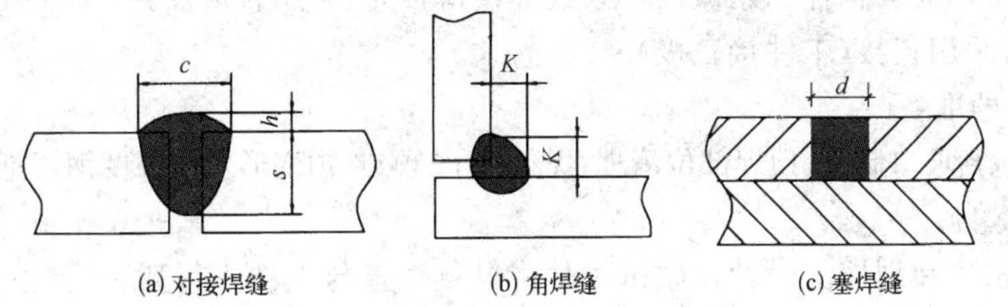

图 6-12 焊缝形式

极性等。

(1) 焊条直径

焊条直径的选择主要取决于焊件厚度、接头形式、焊缝位置和焊接层次等因素。在一般情况下,可根据表 6-4 按焊件厚度选择焊条直径,并倾向于选择较大直径的焊条。另外,在平焊时直径可大一些;立焊时,所用焊条直径不宜超过 5mm;横焊和仰焊时,所用直径不宜超过 4mm;开坡口多层焊接时,为了防止产生未焊透的缺陷,第一层焊缝宜采用直径为 3.2mm 的焊条。

表 6-4　　焊条直径与焊件厚度的关系

焊件厚度/mm	≤2	3～4	5～12	>12
焊条直径/mm	2	3.2	4～5	≥15

(2) 焊接电流

焊接电流的过大或过小都会影响焊接质量,所以其选择应根据焊条的类型、焊条的直径、焊件的厚度、接头形式、焊缝空间位置等因素来考虑,其中焊条直径和焊缝空间位置最为关键。在一般钢结构的焊接中,焊接电流大小与焊条直径关系可用以下经验公式进行试选:

$$I=10d^2 \tag{6-1}$$

式中 I——焊接电流(A);

d——焊条直径(mm)。

另外,立焊时,电流应比平焊时小 15%～20%;横焊和仰焊时,电流应比平焊电流小 10%～15%。

(3) 电弧电压

根据电源特性,由焊接电流决定相应的电弧电压。此外,电弧电压还与电弧长有关。电弧长则电弧电压高;电弧短则电弧电压低。一般要求电弧长小于或等于焊条直径,即短弧焊。在使用酸性焊条焊接时,为了预热部位或降低熔池温度,有时也将电弧稍微拉长进行焊接,即所谓的长弧焊。

(4) 焊接层数

焊接层数应视焊接的厚度而定。除薄板外，一般都采用多层焊。焊接层数过少，每层焊缝的厚度过大，对焊缝金属的塑性有不利影响。施工中每层焊缝的厚度不应大于 4～5mm。

(5) 电源种类及极性

直流电源由于电弧稳定，飞溅小，焊接质量好，一般用在重要的焊接结构或厚板大刚度结构上。其他情况下，应首先考虑交流电焊机。

根据焊条的形式和焊接特点的不同，利用电弧中的阳极温度比阴极高的特点，选用不同的极性来焊接各种不同的构件。用碱性焊条或焊接薄板时，采用直流反接(工件接负极)；而用酸性焊条时，通常采用正接(工件接正极)。

4. 焊接前的准备

焊接准备包括坡口制备、预焊部位清理、焊条烘干、预热、预变形及高强度钢切割表面探伤等。

5. 引弧与熄弧

引弧有碰击法和划擦法两种。碰击法是将焊条垂直与工件进行碰击，然后迅速保持一定距离；划擦法是将焊条端头轻轻划过工件，然后保持一定距离。施工中，严禁在焊缝区以外的母材上打火引弧。在坡口内引弧的局部面积应熔焊一次，不得留下弧坑。

6. 运条方法

电弧点燃之后，就进入正常的焊接过程，这时，焊条有三种方向的运动。

① 焊条被电弧熔化变短，为保持一定的弧长，就必须使焊条沿其中心线向下送进，否则会发生断弧。

② 为了形成线形焊缝，焊条要沿焊缝方向移动，移动速度的快慢要根据焊条直径、焊接电流、工件厚度和接缝装配情况及所在位置而定。移动速度太快、焊缝熔深太小，易造成未透焊；移动速度太慢，焊缝过高，工件过热，会引起变形增加或烧穿。

③ 为了获得一定宽度的焊缝，焊条必须横向摆动。在做横向摆动时，焊缝的宽度一般为焊条直径的 1.5 倍左右。

以上三个方向的动作密切配合，根据不同的接缝位置、接头形式、焊条直径和性能、焊接电流、工件厚度等情况，采用合适的运条方式(表 6-5)，就可以在各种焊接位置得到优质的焊缝。

表 6-5　　常用运条方式及适用范围

运条方法	图　例	适　用　范　围	运条方法	图　例	适　用　范　围
直线形		要求焊缝很小的薄小构件	下斜线形		一般用于横焊
带火形		要求焊缝很小的薄小构件	椭圆形		一般用于横焊
折线形		普通焊缝	三角形		常用于加强焊缝的中心加热
正半月形		普通焊缝	圆圈形		角焊或平焊的堆焊
反半月形		普通焊缝	一字形		角焊或平焊的堆焊
斜折线形		一般用于边缘堆焊			

7. 焊接完工后的处理

对于焊接结束后的焊缝及其两侧，应彻底清除飞溅物、焊渣和焊瘤等。无特殊要求时，应根据焊接接头的残余应力、组织状态、熔敷金属含氢量和力学性能以决定是否需要焊后热处理。

6.3.1.4　焊缝的质量验收

钢构件焊接工程质量验收的主要依据是《钢结构工程施工质量验收规范》(GB 50205)、《建筑钢结构焊接技术规程》(JGJ 81)等国家规范。

规范中将焊接工程质量的验收项目分为主控项目和一般项目。

1. 主控项目

① 焊条、焊丝、焊剂、电渣焊熔嘴等焊接材料与母材的匹配应符合设计要求及国家现行行业标准的规定。焊条、焊丝、焊剂、熔嘴等在使用前，应按其产品说明及焊接工艺文件的规定进行烘焙和存放。

② 焊工必须经考试合格并取得合格证书。持证焊工必须在其考试合格项目及其认可范围内施焊。

③ 施工单位对其首次采用的钢材、焊接材料、焊接方法、焊后热处理等，应进行焊接工艺评定，并应根据评定报告确定焊接工艺。

④ 设计要求全焊透的一级、二级焊缝应采用超声波探伤进行内部缺陷的检查，超声波探伤不能对缺陷作出判断时，应采用射线探伤，其内部缺陷分级及探伤方法应符合现行国家标准的规定。

一级、二级焊缝的质量等级及缺陷分级应符合表 6-6 的规定。

表 6-6　　一级、二级焊缝的质量等级及缺陷分级

焊缝质量等级		一级	二级
内部缺陷超声波探伤	评定等级	Ⅱ	Ⅲ
	检验等级	B 级	B 级
	探伤比例	100%	20%
内部缺陷射线探伤	评定等级	Ⅱ	Ⅲ
	检验等级	AB 级	AB 级
	探伤比例	100%	20%

注：探伤比例的计数方法应按以下原则确定：

① 对工厂制作焊缝，应按每条焊缝计算百分比，且探伤长度应不小于 200mm，当焊缝长度不足 200mm 时，应对整条焊缝进行探伤；

② 对现场安装焊缝，应按同一类型、同一施焊条件的焊缝条数计算百分比，探伤长度应不小于 200mm，并应不小于 1 条焊缝。

⑤ T 形接头、十字接头、交界接头等要求熔透的对接和角对接组合焊缝，其焊角尺寸不应小于 $t/4$(图 6-13(a)，(b)，(c))；设计有疲劳验算要求的吊车梁或类似构件的腹板与上翼缘连接焊缝的焊角尺寸为 $t/2$(图 6-13(d))；且不应大于 10mm。焊角尺寸的允许偏差为 0～4mm。

⑥ 焊缝表面不得有裂纹、焊瘤等缺陷。一级、二级焊缝不得有表面气孔、夹渣、弧坑裂纹、电弧擦伤等缺陷。且一级焊缝不得有咬边、未满、根部收缩等缺陷。

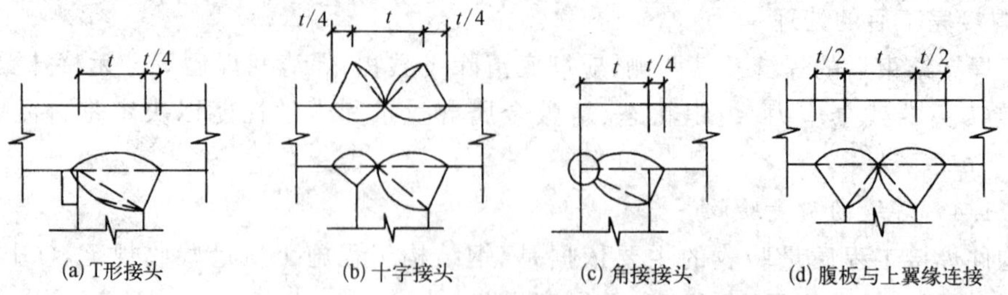

图 6-13　焊接接头形式

2. 一般项目

① 对于需要进行焊前预热或焊后热处理的焊缝，其预热温度或焊后温度应符合国家现行有关标准的规定或通过工艺试验确定。预热区在焊道两侧，每侧宽度均应大于焊件厚度的1.5倍以上，且不应小于100mm；后热处理应在焊后立即进行，保温时间应根据板厚按每25mm板厚1h确定。

② 二级、三级焊缝外观质量标准应符合表6-7的规定。三级对接焊缝应按二级焊缝标准进行外观质量检验。

表 6-7　　二级、三级焊缝外观质量标准　　单位：mm

项　目	允许偏差	
缺陷类型	二级	三级
未焊满（指不足设计要求）	$\leqslant 0.2+0.02t$，且$\leqslant 1.0$	$\leqslant 0.2+0.04t$，且$\leqslant 2.0$
	每100.0焊缝内缺陷总长$\leqslant 25.0$	
根部收缩	$\leqslant 0.2+0.02t$，且$\leqslant 1.0$	$\leqslant 0.2+0.04t$，且$\leqslant 2.0$
	长度不限	
咬边	$\leqslant 0.05t$，且$\leqslant 0.5$；连续长度$\leqslant 100.0$，且焊缝两侧咬边总长$\leqslant 10\%$焊缝全长	$\leqslant 0.1t$且$\leqslant 1.0$，长度不限
弧坑裂纹	—	允许存在个别长度$\leqslant 5.0$的弧坑裂纹
电弧擦伤	—	允许存在个别电弧擦伤
接头不良	缺口深度$0.05t$，且$\leqslant 0.5$	缺口深度$0.1t$，且$\leqslant 1.0$
	每1000.0焊缝不应超过1处	
表面夹渣	—	深$\leqslant 0.2t$长$\leqslant 0.5t$，且$\leqslant 20.0$
表面气孔	—	每50.0焊缝长度内允许直径$\leqslant 0.4t$，且$\leqslant 3.0$的气孔2个，孔距$\geqslant 6$倍孔径

注：表内t为连接处较薄的板厚。

③ 焊缝尺寸允许偏差也应符合相应的规定。

④ 焊成凹形的角焊缝，焊缝金属与母材间应平缓过渡；加工成凹形的角焊缝，不得在其表面留下切痕。

⑤ 焊缝观感应达到外形均匀、成型较好，焊道与焊道、焊道与基本金属间过渡较平滑，焊渣和飞溅物基本清除干净。

6.3.1.5　厚板焊接工艺

厚板是指厚度在25～100mm的钢板，厚度超过100mm的为特厚板。在建筑工程中，厚板、特厚板主要应用于重型结构中。在轧制过程中，由于板厚较大，钢材微观结构的晶格不能均匀细化，局部的气体和夹杂等缺陷较难消除，因此厚板的问题集中在防止钢板厚度方向的层状撕裂上。

1. 厚板焊接工艺要求

① 厚板焊接宜采用多层焊，对于重要结构处的多层焊必须采用多层多道焊，不允许摆宽道焊接。每一焊道焊接完成后应及时清理焊渣及表面飞溅物，发现影响焊接质量的缺陷时，应清除后方可再焊。

② 在连续焊接过程中应控制焊接区母材温度，使层间温度的上、下限符合工艺文件要求。

③ 遇有中断施焊的情况，应采取适当的后热、保温措施，再次焊接时重新预热温度应高于初始预热温度。

④ 坡口底层焊道采用焊条手工电弧焊时宜使用不大于$\phi 4$的焊条施焊，底层根部焊道的最小尺寸应适宜，但最大厚度不应超过6mm。

2. 防止厚板焊接时层状撕裂的措施

① 焊接方法的确定。为了保证焊缝层间温度保持在一个最不易产生裂纹的温度区域。焊接方法首先选焊速高、熔深大、焊接质量易得到保障的方法，如CO_2气体保护电弧焊。

② 焊接工艺的确定。通过工艺评定前的焊前试验、评估、再检验、再补充完善，通过工艺试验找出施工中的不稳定因素和确实可行的防治方法，从技术上做好防层状撕裂的准备。设计多种不同的焊接形式，模拟现场工况和环境条件，确定一组最佳的焊接工艺参数。

③ 焊接顺序、工艺流程的确定。根据焊前试验的结果，合理制订焊接顺序，从根本上减少撕裂源。在焊前采用电加热等方法对钢板预热，严格控制预热稳定，确保焊缝均匀受热，符合相关规范要求。

④ 对称施焊。厚板焊接宜对称施焊，可减少施焊过程的焊接应力，防止层状撕裂。作业时由两名作业习惯、焊速相近的焊工，同时对称匀速施焊，并尽量保持连续焊接，尽量减少碳弧气刨的使用。

⑤ 减小应力集中。每条焊缝焊前全部加装引弧板和熄弧板，将起弧、收弧的缺陷排除到有效焊缝以外，还有效地延缓了接头温度散失的时间。

⑥ 后热及保温处理。焊接完毕，确认外观检查合格后，沿焊缝中心两侧各150mm范围内均匀加热至250℃后，采用石棉布围裹并扎紧，待冷却至常温后撤去防护。

6.3.2　钢结构螺栓连接施工

6.3.2.1　概述

钢结构螺栓连接是钢结构中常用的构件连形式之一。由于螺栓连接的紧固工具和工艺较为简单、易于施工，进度和质量较容易保证，拆装维护方便，其在钢结构安装连接中得到广泛的应用。螺栓连接可分普通螺栓连接和高强度螺栓连接两大类。

6.3.2.2　普通螺栓

1. 普通螺栓的种类和用途

普通螺栓是钢结构常用的紧固件之一，用作钢结构中构件间的连接、固定，或将钢结构固定到基础上，使之成为一个整体。

常用的普通螺栓有六角螺栓、双头螺栓和地脚螺栓等，其用途和分类如下：

(1) 六角螺栓

六角螺栓按其头部支承面大小及安装位置尺寸分为大六角头与六角头两种；按制造质量和产品等级则分为 A，B，C 三种。

A 级螺栓通称精制螺栓，B 级螺栓为半精制螺栓。A，B 级适用于拆装式结构或连接部位需传递较大剪力的重要结构的安装中。C 类螺栓通称为粗制螺栓，由未加工的圆杆压制而成。C 级螺栓适用于钢结构安装中的临时固定，或只承受钢板间的摩擦阻力。对于重要的连接中，采用粗制螺栓连接时必须另加特殊支托(牛腿或剪力板)来承受剪力。

(2) 双头螺栓

双头螺栓一般又称螺柱。多用于连接厚板和不便使用六角螺栓连接的地方，如混凝土屋架、屋面梁悬挂单轨梁吊挂件等。

(3) 地脚螺栓

地脚螺栓分为一般地脚螺栓、直角地脚螺栓、锤头螺栓和锚固地脚螺栓。

一般地脚螺栓和直角地脚螺栓是浇筑混凝土基础时，预埋在基础之中用以固定钢柱的。锤头螺栓是基础螺栓的一种特殊形式，一般在混凝土基础浇筑时将特制模箱(锚固板)预埋在基础内，用以固定钢柱。锚固地脚螺栓是在已成形的混凝土基础上经钻机制孔后，再浇筑固定的一种地脚螺栓。

2. 普通螺栓的施工

(1) 连接要求

普通螺栓在连接时应符合下列要求：

① 永久螺栓的螺栓头和螺母的下面应放置平垫圈。垫置在螺母下面的垫圈不应多于 2 个，垫置在螺栓头部下面的垫圈不应多于 1 个。

② 螺栓头和螺母应与结构构件的表面及垫圈密贴。

③ 对于槽钢和工字钢翼缘之类倾斜面的螺栓连接，则应放置斜垫片垫平，以使螺母和螺栓的头部支承面垂直于螺杆，避免螺栓紧固时螺杆受到弯曲力。

④ 永久螺栓和锚固螺栓的螺母应根据施工图纸中的设计规定，采用有防松装置的螺母或弹簧垫圈。

⑤ 对于动荷载或重要部位的螺栓连接，应在螺母的下面按设计要求放置弹簧垫圈。

⑥ 各种螺栓连接，从螺母一侧伸出螺栓的长度应保持不小于两个完整螺纹的长度。

⑦ 使用螺栓等级和材质应符合施工图纸的要求。

(2) 长度选择

连接螺栓的长度可按下述公式计算：

$$L=\delta+H+nh+C \tag{6-2}$$

式中 δ——连接板约束厚度(mm)；

H——螺母的高度(mm)；

n——垫圈的个数(个)；

h——垫圈的厚度(mm)；

C——螺杆的余长(5～10mm)。

(3) 紧固轴力

考虑到螺杆受力均匀，尽量减少连接件变形对紧固轴力的影响，保证各节点连接螺栓的质量，螺栓紧固必须从中心开始，对称施拧。其施拧时的紧固轴力应不超过相应的规定。永久螺栓拧紧质量检验采用锤敲或用力矩扳手检验，要求螺栓不颤头和偏移，拧紧的真实性用塞尺检查，对接表面高差(不平整)不应超过0.5mm。

6.3.2.3　高强螺栓

1. 高强度螺栓的种类和用途

高强度螺栓是用优质碳素钢或低合金钢材制成的一种特殊螺栓，具有强度高的特点。它是继铆接连接之后发展起来的新型钢结构连接形式，已经成为当今钢结构连接的主要手段。

高强度螺栓按照连接形式可分为张拉连接、摩擦连接和承压连接三种。

高强度螺栓连接具有安装简便、迅速、能装能拆和承压高、受力性能好、安全可靠等优点。因此，高强度螺栓普遍应用于大跨度结构、工业厂房、桥梁结构、高层钢框架等重要结构。

(1) 高强度六角头螺栓

钢结构用高强度大六角头螺栓为粗牙普通螺纹，分为8.8S和10.9S两种等级，一个连接副为一个螺栓、一个螺母和两个垫圈。高强度螺栓连接副应同批制造，保证扭矩系数稳定，同批连接副扭矩系数平均值为0.110～0.150，其扭矩系数标准偏差应不大于0.010。

扭矩系数按下列公式计算：

$$K=\frac{M}{Pd} \tag{6-3}$$

式中　K——扭矩系数；

M——施加扭矩(N·m)；

P——高强度螺栓预拉力(kN)；

d——高强度螺栓公称直径(mm)。

10.9S级结构用高强度大六角头螺栓紧固时轴力(P值)应控制在表6-8规定的范围内；

表6-8　　10.9S级高强度螺栓轴力控制

螺栓公称直径/mm		12	16	20	(22)	24	(27)	30
10H	最大值/kN	59	113	117	216	250	324	397
9H	最小值/kN	19	93	142	177	206	265	329

注：10H，9H为螺母的性能等级。

(2) 扭剪型高强度螺栓

钢结构用扭剪型高强度螺栓，一个螺栓连接副为一个螺栓、一个螺母和一个垫圈，它适用于摩擦型连接的钢结构。连接副紧固轴力见表6-9。

表6-9　　扭剪型高强度螺栓连接副紧固轴力

d		16	20	22	24
每批紧固轴力的平均值/kN	公　称	109	170	211	245
	最　大	120	186	231	270
	最　小	99	154	191	222
紧固轴力变异系数λ		λ=标准偏差/平均值≤10%			

2. 高强度螺栓的施工

1) 高强度螺栓施工的机器具

(1) 手动扭矩扳手

各种高强度螺栓在施工中以手动紧固时,都要使用有示明扭矩值的扳手施拧,使达到高强度螺栓连接副规定的扭矩和剪力值。一般常用的手动扭矩扳手有指针式、音响式和扭剪型三种(图 6-14)。

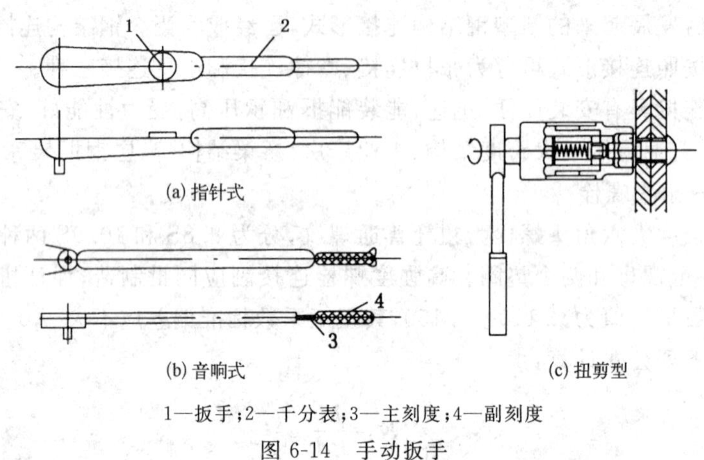

1—扳手;2—千分表;3—主刻度;4—副刻度

图 6-14 手动扳手

① 指针式扭矩扳手:在头部设一个指示盘配合套筒头紧固六角螺栓,当给扭矩扳手预加扭矩施拧时,指针盘即示出扭矩值。

② 音响式扭矩扳手:这是一种附加棘轮机构预调式的手动扭矩扳手,配合套筒可紧固各种直径的螺栓。音响扭矩扳手在手柄的根部带有力矩调整的主、副两个刻度,施拧前,可按需要调整预定的扭矩值。当施拧到预调的扭矩值时,便有明显的音响和手上的感触。这种扳手操作简单、效率高,适用于大规模的组装作业和检测螺栓紧固的扭矩值。

③ 扭剪型手动扳手:这是一种紧固扭剪型高强度螺栓使用的手动力矩扳手,配合扳手紧固螺栓的套筒,设有内套筒弹簧、内套筒和外套筒。内套筒可根据所紧固的扭剪型高强度螺栓直径而更换相适应的规格。紧固完毕后,扭剪型高强度螺栓卡头在颈部被剪断,所施加的扭矩可以视为合格。

(2) 电动扳手

钢结构用高强度大六角头螺栓紧固时用的电动扳手有:NR-9000A,NR-12 和双重绝缘定扭矩、定转角电动扳手等,它们是拆卸和安装六角高强度螺栓的机械化工具,可以自动控制扭矩和转角,适用于钢结构桥梁、厂房建设、化工、发电设备安装大六角头高强度螺栓施工的初拧、终拧和扭剪型高强度螺栓的初拧,以及对螺栓紧固件的扭矩或轴力有严格要求的场合。扭剪型电动扳手是用于扭剪型高强度螺栓终拧紧固的电动扳手,常用的扭剪型电动扳手有 6922 型和 6924 型两种。6922 型电动扳手适用于紧固 M16,M20,M22 和 M24 四种规格扭剪型高强度螺栓。

2) 高强度螺栓的施工

(1) 施工顺序

钢结构高强度螺栓施工顺序流程如图 6-15 所示。

(2) 高强度螺栓施工的质量保证

① 螺栓的保管。高强度螺栓加强储运和保管的目的,主要是防止螺栓、螺母、垫圈组成的

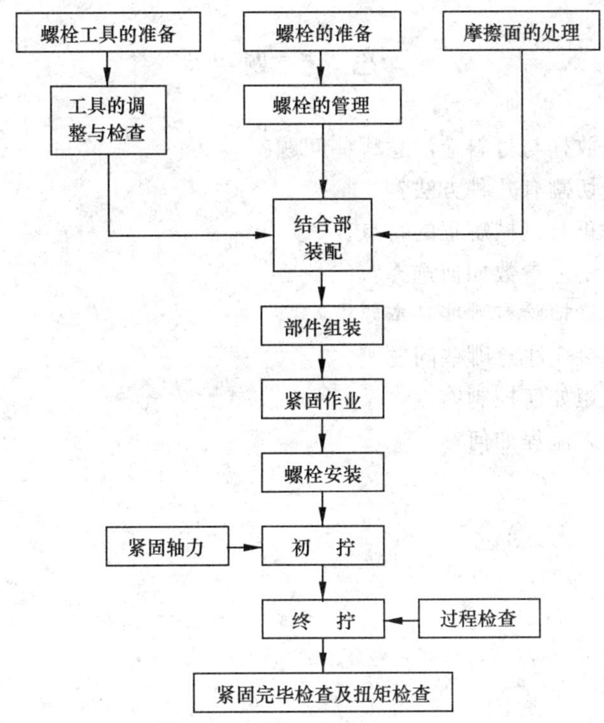

图 6-15　高强度螺栓施工工艺流程图

连接副的扭矩系数(*K*)发生变化,这是高强度螺栓连接的一项重要标志。所以,对螺栓的包装、运输、现场保管等过程都要保持它的出厂状态,直到安装使用前才能开箱检查使用。

② 施工质量检验。高强度螺栓检验的依据是相关的国家标准和技术条件。

(a) 检验取样。钢结构用扭剪型高强度螺栓和高强度大六角头螺栓抽样检验采用随机取样。扭剪型高强度螺栓和高强度大六角头螺栓在施工前,应分别复检扭剪型高强度螺栓的轴力和高强度大六角头螺栓的扭矩系数的平均值和标准偏差,其值应符合国家标准的有关规定。

(b) 紧固前检查。高强度螺栓紧固前,应对螺孔进行检查,避免螺纹碰伤,检查被连接件的移位,不平整、不垂直度,磨光顶紧的贴合情况,以及板叠摩擦面的处理,连接间隙,孔眼的同心度,临时螺栓的布放,等等。同时要保证摩擦面不被沾污。

(c) 紧固过程中的检查。在高强度螺栓紧固过程中,应检查高强度螺栓的种类、等级、规格、长度、外观质量、紧固顺序等。紧固时,要分初拧和终拧两次紧固,对于大型节点,可分为初拧、复拧和终拧;当天安装的螺栓,要在当天终拧完毕,防止螺纹被沾污和生锈,引起扭矩系数值发生变化。

(d) 紧固完毕检查。

扭剪型高强度螺栓是一种特殊的自标量的高强度螺栓,由本身环形切口的扭断力扭矩控制高强度螺栓的紧固轴力。所以,复检时,只要观察其尾部被拧掉,即可判断螺栓终拧合格。对于某一个局部难以使用电动扳手处,则可参照高强度大六角螺栓的检查方法。

高强度大六角头螺栓终拧检查项目包括是否有漏拧及扭矩系数。

高强度大六角头螺栓复检的抽查量,应为每个作业班组和每天终拧完毕数量的 5%,其允许不合格的数量小于被抽查数量的 10%,且少于 2 个。否则,应按此法加倍抽检。如仍不合格,应对当天终拧完毕的螺栓全部进行复检。

思 考 题

【6-1】 钢结构构件的放样与号料应注意哪些问题？

【6-2】 钢结构材料的切割有几种方法？

【6-3】 试比较火焰矫正与机械矫正的特点。

【6-4】 钢结构焊接的工艺参数如何选择？

【6-5】 钢结构焊接质量检验有哪些基本要求？

【6-6】 普通螺栓的连接应注意哪些问题？

【6-7】 高强螺栓的扭矩如何控制？

【6-8】 高强螺栓的施工流程如何？

7 脚手架工程

摘要:本章主要介绍了各类常用脚手架的特点、基本构造、搭设和拆除工艺、使用要求以及防电、防雷措施。

专业词汇:钢管脚手架;防滑扣件;直角扣件;旋转扣件;对接扣件;纵向水平杆;横向水平杆;扫地杆;连墙件;剪刀撑;抛撑;步距;满堂脚手架;悬挑式脚手架;落地脚手架;碗扣式脚手架;碗扣接头;限位销;门架;水平架;锁臂;加固杆;封口杆;脚手板;升降式脚手架;里脚手架;桥梁脚手架;浮式吊架;贝雷架

7 Scaffold Project

Abstract: This chapter mainly introduces the characteristics, structure, assembly and disassembly processes of various scaffolds. It also reviews cautions for scaffold usage, insulation and lightning proof methods.

Specialized vocabulary: steel pipe scaffold; antiskid fastening; right-angle fastening; rotatable fastening; butted fastening; longitudinal horizontal pole; transverse horizontal pole; bottom horizontal pole; connecting rod to the wall; diagonal bridging; inclined bracing; step pitch; full scaffold; overhanging type scaffold; floor scaffold; scaffold with Bowl—shaped Coupler; joint with Bowl—shaped Coupler; stop pin; portal frame; horizontal frame; locking arm; reinforced pole; sealing stem; scaffold board; lift scaffold; interior scaffold; bridge scaffold; floating—type cradle; Bailey frame

我国脚手架工程的发展大致经历了三个阶段。第一阶段的脚手架主要利用竹、木材料。这一阶段经历了漫长的过程,从我国的传统砖木结构施工到近代开始的现浇钢筋混凝土结构施工,一直到 20 世纪 60 年代初都主要采用竹木搭设脚手架结构。60 年代末到 70 年代初,出现了钢管扣件式脚手架、各种工具式里脚手架与竹木脚手架并存的第二阶段。从 80 年代至现在,随着土木工程的发展,国内一些研究、设计、施工单位在从国外引入的新型脚手架基础上,经多年研究、应用,开发出一系列新型脚手架,并制定了各类脚手架的施工规程。竹、木脚手架应用逐渐减少,但在外墙面有输电线路,脚手架结构需要用绝缘材料组成的场合还有使用的需求,施工领域进入了多种脚手架应用和发展的第三阶段。

脚手架的种类很多,按其搭设位置分为外脚手架和里脚手架两大类;按其所用材料分为木脚手架、竹脚手架与金属脚手架;按其构造形式分为多立杆式、框式、桥式、吊式、挂式、升降式以及用于层间操作的工具式脚手架;按搭设高度分为高层脚手架和普通脚手架。目前,脚手架的发展趋势是采用金属制作、装拆方便、结构可靠、具有多种功能的组合式脚手架,可以适用于不同情况的作业要求。

对脚手架的基本要求是:ⅰ. 其宽度和步架高度应满足工人操作、材料堆置和运输的需要;ⅱ. 坚固稳定;ⅲ. 装拆简便;ⅳ. 能多次周转使用。

7.1 扣件式钢管脚手架

扣件式钢管脚手架是属于多立杆式外脚手架中的一种。多立杆式外脚手架由立杆、横杆、斜杆、脚手板等组成，其特点是：杆配件数量少；装卸方便，利于施工操作；搭设灵活，搭设高度大；坚固耐用，使用方便(图 7-1)。

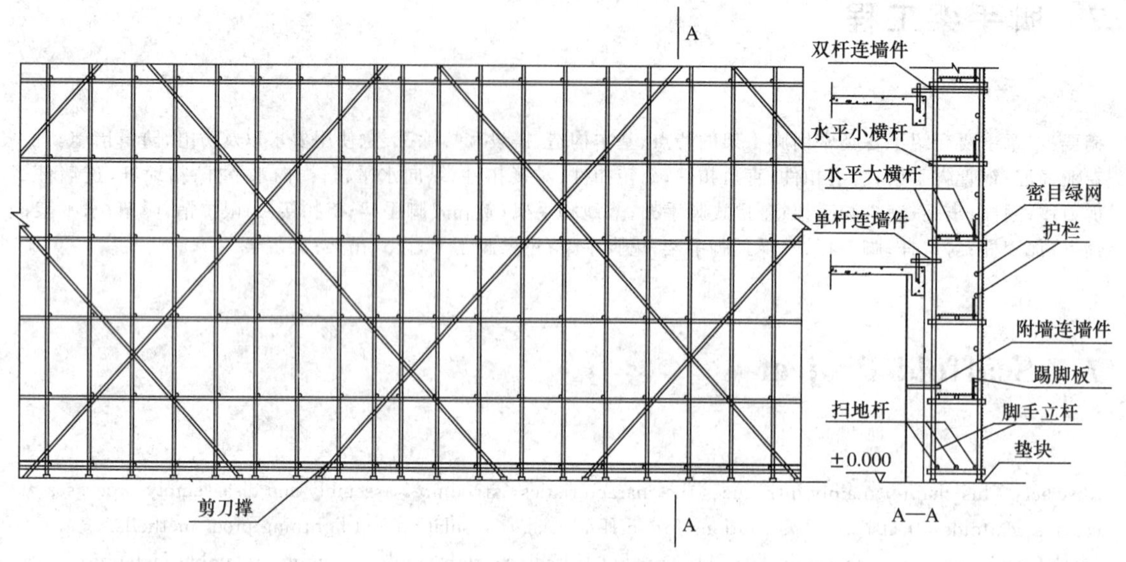

图 7-1　多立杆式脚手架

7.1.1　基本构造

扣件式脚手架是由标准的钢管杆件(立杆、横杆、斜杆)和特制扣件组成的脚手架骨架与脚手板、防护构件、连墙件等组成的，是目前最常用的一种脚手架。

7.1.1.1　钢管杆件

钢管杆件宜采用外径(48.3±0.5)mm、壁厚(3.6±0.36)mm 的焊接钢管或无缝钢管。当所用钢管的壁厚不符合规范时，可以按钢管的实际尺寸进行设计计算。用于立杆、纵向水平杆、斜杆的钢管最大长度不宜超过 6.5m，最大质量不宜超过 25.8kg，以便适合工人搬运。用于横向水平杆的钢管长度宜为 1.5～2.2m，以适应脚手板的宽度。

7.1.1.2　扣件

扣件用可锻铸铁铸造或用钢板压成，其基本形式有三种(图 7-2)：供两根成任意角度相交钢管连接用的回转扣件；供两根成垂直相交钢管连接用的直角扣件和供两根对接钢管连接用的对接扣件。扣件质量应符合有关的规定，当扣件螺栓拧紧力矩达 65N · m 时扣件不得破坏。

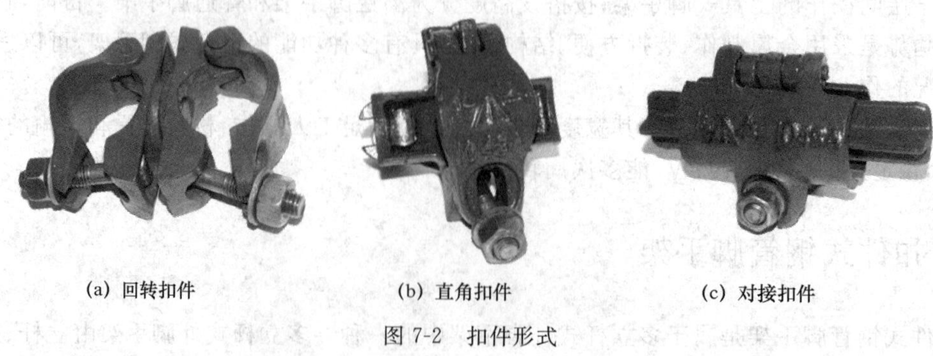

(a) 回转扣件　　(b) 直角扣件　　(c) 对接扣件

图 7-2　扣件形式

7.1.1.3 脚手板

脚手板一般用厚 2mm 的钢板压制而成，长度 2～4m，宽度 250mm，单块脚手板的质量不宜大于 30kg，表面应有防滑措施。也可采用厚度不小于 50mm 的杉木板或松木板，长度 3～6m，宽度 200～250mm；或者采用竹脚手板，有竹芭板和竹串片板两种形式。

7.1.1.4 连墙件

连墙件将立杆与主体结构连接在一起，为保证稳定性须采用刚性连接方式，具体可用钢管、型钢等，其间距如表 7-1 所示。

表 7-1　　连墙件的布置

搭设方法	脚手架高度/m	竖向间距	水平间距	每根连墙件覆盖面积/m^2
双排落地	≤50	$3h$	$3l_a$	≤40
双排悬挑	>50	$2h$	$3l_a$	≤27
单排	≤24	$3h$	$3l_a$	≤40

注：h—步距；l_a—纵距。

连墙件的布置宜靠近主节点设置，偏离主节点的距离不应大于 300mm；连墙件应从底部第一根纵向水平杆处开始设置，附墙件与结构的连接应牢固，通常采用预埋件连接；宜优先采用菱形布置，也可采用方形、矩形布置。

开口型脚手架的两端必须设置连墙件，连墙件的垂直间距不应大于建筑物的层高，并且不应大于 4m。

7.1.1.5 底座

底座一般采用厚 8mm、边长 150～200mm 的钢板作底板，上焊 150mm 高的钢管。底座形式有内插式和外套式两种(图 7-3)，内插式底座的内径 D_1 比立杆外径大 2mm，外套式底座的外径 D_2 比立杆内径小 2mm。

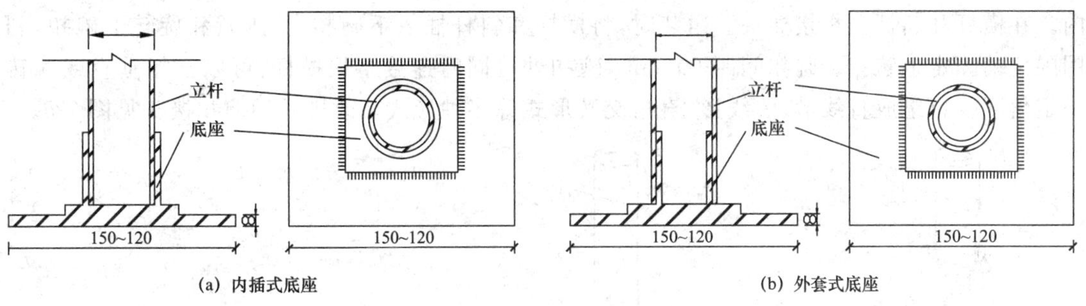

图 7-3　底座示意图

7.1.2 搭设要求

钢管扣件脚手架搭设中应注意地基平整坚实，设置底座和垫板，并有可靠的排水措施，防止积水浸泡地基。

双排脚手架里排立杆离墙 0.4～0.5m，里、外排立杆之间间距为 1.5m 左右。相邻立杆接头要错开，对接时需用对接扣件连接，也可用长度 400mm、外径等于立杆内径、中间焊法兰的钢管套管连接。立杆的垂直偏差不得大于架高的 1/200。

上、下两层相邻纵向水平杆之间的间距为 1.8m 左右。纵向水平杆杆件之间的连接应位置错开，并用对接扣件连接，如采用搭接连接，搭接长度不应小于1m，并用三个回转扣件扣牢。与立杆之间应用直角扣件连接，一根杆的两端纵向水平高差不应大于20mm。

横向水平杆的间距不大于1.5m。双排脚手架，横向水平杆端头离墙距离为50～100mm。横向水平杆与纵向水平杆之间用直角扣件连接。每隔三步的横向水平杆应加长，并注意与墙的拉结。

剪刀撑与地面的夹角宜在45°～60°范围内。剪刀撑的搭设是利用回转扣件将一根斜杆扣在立杆上，另一根斜杆扣在横向水平杆的伸出部分上，这样可以避免两根斜杆相交时把钢管折弯。剪刀撑用扣件与脚手架扣紧的连接接头距脚手架节点(即立杆与横杆的交点)不大于150mm。除两端扣紧外，中间尚需增加2～4个扣节点。为保证脚手架的稳定，剪刀撑的最下面一个连接点距地面不宜大于500mm。剪刀撑斜杆的接长宜采用回转扣件的搭接连接。

7.2 碗扣式钢管脚手架

碗扣式钢管脚手架是我国施工领域经过多年工程实践研制的一种多功能脚手架，其杆件节点处采用碗扣连接，由于碗扣是固定在钢管上的，构件全部轴向连接，力学性能好，连接可靠，组成的脚手架整体性好，不存在扣件丢失问题，在我国近年来发展较快，现已广泛用于房屋、桥梁、涵洞、隧道、烟囱、水塔、大坝、大跨度棚架等多种工程施工中，取得了显著的经济效益。

7.2.1 基本构造

碗扣式钢管脚手架由钢管立杆、横杆、碗扣接头等组成。其基本构造和搭设要求与扣件式钢管脚手架类似，不同之处主要在于碗扣接头。碗扣接头(图7-4)是由上碗扣、下碗扣、横杆接头和上碗扣的限位销等组成。在立杆上焊接下碗扣和上碗扣的限位销，将上碗扣套入立杆内。在横杆和斜杆上焊接插头。组装时，将横杆和斜杆插入下碗扣内，压紧和旋转上碗扣，利用限位销固定上碗扣。碗扣间距600mm，碗扣处可同时连接4根横杆，可以互相垂直或偏转一定角度。可组成直线形、曲线形、直角交叉形式等多种形式。改进后的碗扣接头见图7-5。

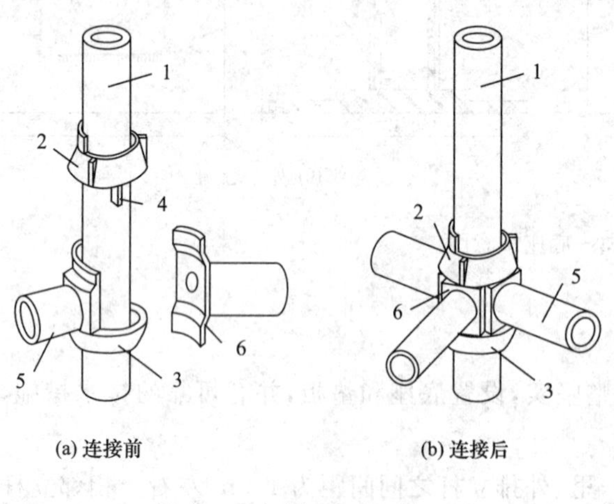

(a) 连接前　(b) 连接后

1—立杆；2—上碗扣；3—下碗扣；
4—限位销；5—横杆；6—横杆接头

图7-4　碗扣接头

图7-5　改进后的碗扣接头

碗扣接头具有很好的强度和刚度，下碗扣轴向抗剪的极限强度为 166.7kN，横杆接头的抗弯能力好，在跨中集中荷载作用下达 6～9kN·m。

7.2.2　搭设要求

碗扣式钢管脚手架立柱横距为 1.2m，纵距根据脚手架荷载可分为 1.2m，1.5m，1.8m，2.4m，步距为 1.8m，2.4m。搭设时立杆的接长缝应错开，第一层立杆应用长 1.8m 和 3.0m 的立杆错开布置，往上均用 3.0m 长杆，至顶层再用 1.8m 和 3.0m 两种长度找平。高 30m 以下的脚手架垂直度应在 1/200 以内，高 30m 以上的脚手架垂直度应控制在 1/400～1/600，总高度垂直度偏差应不大于 100mm。

7.3　门式钢管脚手架

门式钢管脚手架是一种工厂生产、现场搭设的脚手架，是应用较为普遍的脚手架之一。它不仅可作为外脚手架，也可作为内脚手架或满堂脚手架。门式钢管脚手架因其几何尺寸标准化、结构合理、受力性能好、施工中拆装容易、安全可靠、经济实用等特点，广泛应用于建筑、桥梁、隧道、地铁等工程施工，若在门架下部安放轮子，也可作为机电安装、油漆粉刷、设备维修、广告制作的活动工作平台。

门式钢管脚手架的搭设一般只要根据产品目录所列的使用荷载和搭设规定进行施工，不必再进行验算。如果实际使用情况与规定有不同，则应采用相应的加固措施或进行验算。通常门式钢管脚手架搭设高度限制在 45m 以内，采取一定措施后可达到 80m 左右。施工荷载取值一般为：当脚手架用途为结构施工时，均布荷载为 3.0kN；当脚手架用途为装修工程施工时，均布荷载为 2.0kN。

7.3.1　基本构造

门式钢管脚手架使用普通钢管材料制成工具式标准件，在施工现场组合而成。其基本单元由一副门架、两副剪刀撑、一副水平梁架和 4 个连接器组合而成(图 7-6)。若干基本单元通过连接器在竖向叠加，扣上臂扣，组成一个多层框架。在水平方向，用加固杆和水平梁架使相邻单元连成整体，加上斜梯、栏杆柱和横杆组成上下步相通的外脚手架。

7.3.2　搭设要求

门式钢管脚手架(图 7-7)的搭设高度一般不超过 45m，每五层至少应架设水平架一道，垂直和水平方向每隔 4～6m 应设连墙杆(水平连接器)与外墙连接，整幅脚手架的转角应用钢管通过扣件扣紧在相邻两个门架上。

脚手架搭设后，应用水平加固杆加强，加固杆采用直径 42mm 或 48mm 的钢管，通过相应规格的扣件扣紧在每个门式框架上，形成一个水平闭合圈。一般在 10 层门式框架以下，每三层设一道，在 10 层门式框架以上，每二层设一道，最高层顶部和最低层底部应各加设一道，同时还应在两道水平加固杆之间加设直径 43mm 或 48mm 交叉加固杆，其与水平加固杆之夹角应不大于 45°。

门式脚手架架设超过 10 层，应加设辅助支撑，一般在高 8～11 层门式框架之间，宽在 5 个门式框架之间，加设一组，使部分荷载由墙体承受。

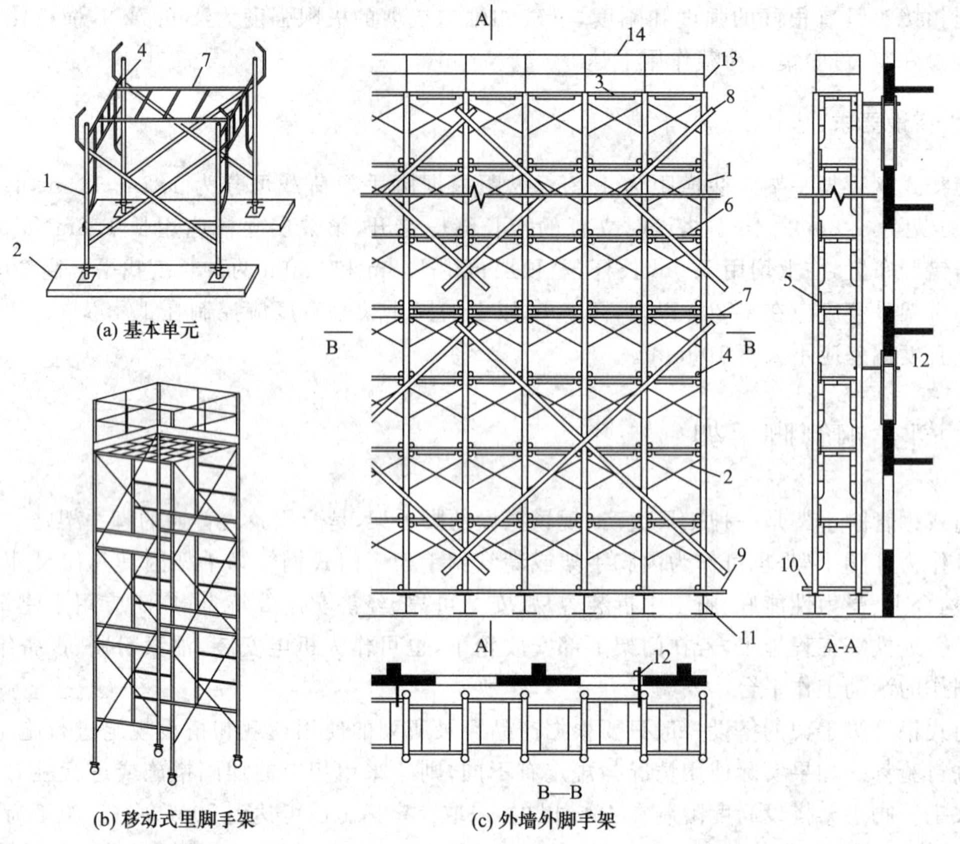

(a) 基本单元

(b) 移动式里脚手架

(c) 外墙外脚手架

1—门架；2—交叉支撑；3—挂扣式脚手板；4—连接棒；5—锁臂；6—水平架；7—水平加固杆；8—剪刀撑；9—扫地杆；10—封口杆；11—可调底座；12—连墙杆；13—栏杆柱；14—栏杆扶手

图 7-6　门式钢管脚手架组成

7.4　悬挑脚手架

在高层建筑施工中，扣件式钢管脚手架搭设的落地脚手架的高度一般不宜超过 13 层(40m)，对 13 层(40m)以上的高层建筑应考虑分段搭设，一般采用悬挑式外脚手架(简称悬挑脚手架)，既可以第一段搭设落地式脚手架，第二段搭设悬挑脚手架；也可以从建筑物的第二层开始分段搭设悬挑脚手架，每段高度不宜超过 20m。

悬挑脚手架是将脚手架设置在建筑结构上的悬挑支承结构上，将脚手架的荷载全部或部分传递给建筑的结构部分。悬挑脚手架根据悬挑结构支承结构的不同，分为支撑杆式脚手架和挑梁式脚手架两类。

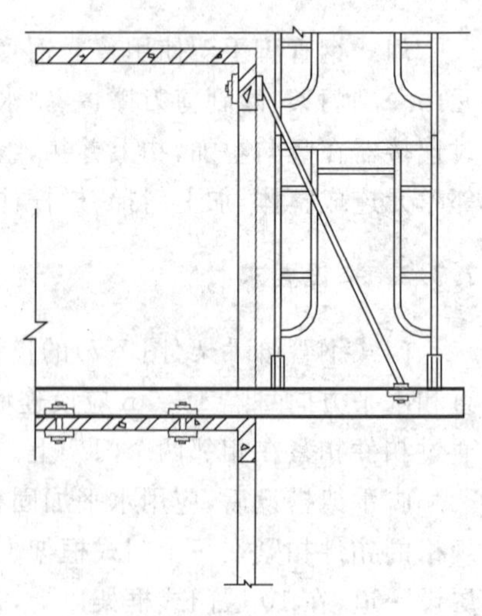

图 7-7　门式钢管脚手架示意图

支撑杆式脚手架的支承结构不采用悬挑梁(架)，直接用脚手架杆件搭设。如图 7-8 所示的悬挑脚手架，支承结构采用内、外两排立杆上加设双钢管的斜撑杆，水平横杆加长后一端与预埋在建筑物结构中的铁环焊牢，即荷载通过斜杆和水平横杆传递到建筑物上。

挑梁式脚手架采用固定在建筑物结构上的悬挑梁(架)为支座搭设脚手架,此类脚手架最多可搭设 20m 高,可同时进行 2～3 层作业,是目前较常用的脚手架形式。下撑挑梁式脚手架的支承结构,可以在主体结构上预埋型钢挑梁,并在挑梁的外端加焊斜撑压杆组成挑架。各根挑梁之间的间距不大于 6m,并用两根型钢纵梁相连,然后在纵梁上搭设扣件式钢管脚手架(图 7-8)。当挑梁的间距超过 6m,可用型钢制作的桁架来代替挑梁(图 7-8)。墙外悬挑脚手架的搭设要求与一般落地式钢管脚手架的搭设要求基本相同。

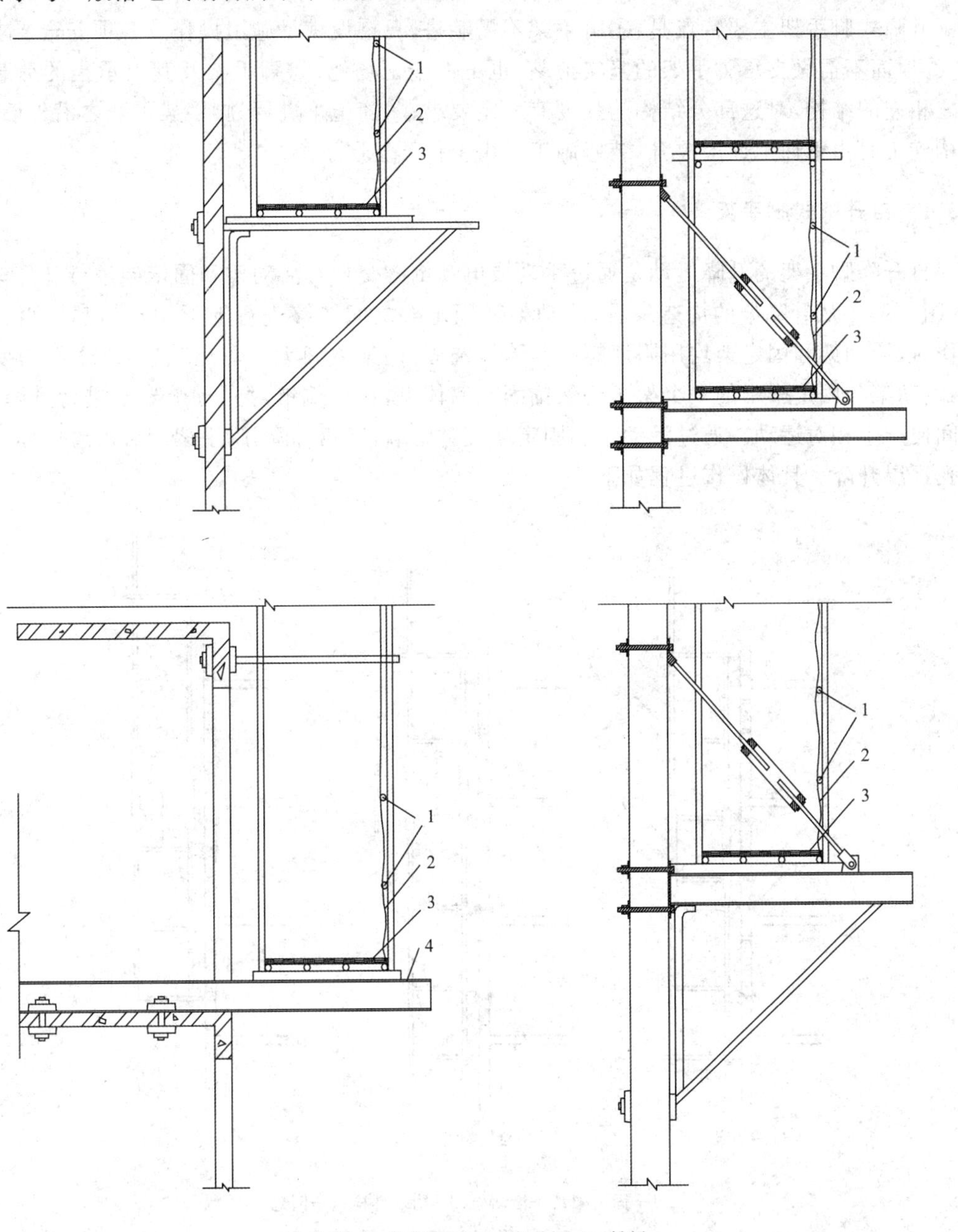

1—护栏;2—密目滤网;3—脚手板;4—挑梁

图 7-8 悬挑脚手架示意图

7.5 升降式脚手架

落地式脚手架是沿结构外表面满搭的脚手架，在结构和装修工程施工中应用较为方便，但费料耗工，一次性投资大，工期亦长。因此，近年来在高层建筑及筒仓、竖井、桥墩等施工中发展了多种形式的外挂脚手架，其中应用较为广泛的是升降式脚手架，包括自升降式、互升降式、整体升降式三种类型。

升降式脚手架主要特点是：①脚手架不需满搭，只搭设满足施工操作及各项安全要求的高度；②地面不需做支承脚手架的坚实地基，也不占施工场地；③脚手架及其上承担的荷载传给与之相连的结构，对这部分结构的强度有一定要求；④随施工进程，脚手架可随之沿外墙升降，结构施工时由下往上逐层提升，装修施工时由上往下逐层下降。

7.5.1 自升降式脚手架

自升降脚手架的升降运动是通过手动或电动倒链交替对活动架和固定架进行升降来实现的(图 7-9)。从升降架的构造来看，活动架和固定架之间能够进行上下相对运动。当脚手架工作时，活动架和固定架均用附墙螺栓与墙体锚固，两架之间无相对运动；当脚手架需要升降时，活动架与固定架中的一个架子仍然锚固在墙体上，使用倒链对另一个架子进行升降，两架之间便产生相对运动。通过活动架和固定架交替附墙，互相升降，脚手架即可沿着墙体上的预留孔逐层升降。具体操作过程如下：

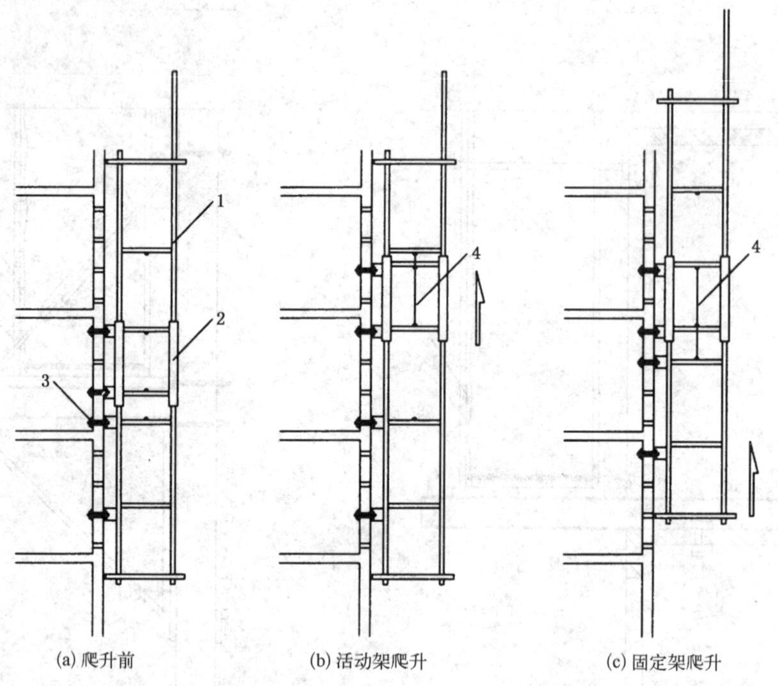

1—固定架；2—活动架；3—附墙螺栓；4—倒链

图 7-9 自升降式脚手架示意图

1. 施工前准备

按照脚手架的平面布置图和升降架附墙支座的位置，在混凝土墙体上或结构梁板上设置预留孔。预留孔尽可能与固定模板的螺栓孔结合布置，孔径一般为 40～50mm。为使升降顺利进行，预留孔中心必须在直线上。脚手架爬升前，应检查墙上预留孔位置是否正确，如有偏差，应预先修正，墙面突出严重时，也应预先修平。

2. 安装

该脚手架的安装在起重机配合下按脚手架平面图进行。先把上、下固定架用临时螺栓连接起来，附墙安装，组成一片。一般每 2 片为一组，每步架上用 4 根 48×3.5 钢管作为大横杆，把 2 片升降架连接成一跨，组装成一个与邻跨没有牵连的独立升降单元体。附墙支座的附墙螺栓从墙外穿入，待架子校正后，在墙内紧固。对壁厚的筒仓或桥墩等，也可预埋螺母，然后用附墙螺栓将架子固定在螺母上。脚手架工作时，每个单元体共有 8 个附墙螺栓与墙体锚固。为了满足结构工程施工，脚手架应满足超过结构一层的安全作业需要。在升降脚手架上墙组装完毕后，用 48×3.5 钢管和对接扣件在上固定架上面再接高一步。最后在各升降单元体的顶部扶手栏杆处设临时连接杆，使之成为整体，内侧立杆用钢管扣件与模板支撑系统拉结，以增强脚手架整体稳定。

3. 爬升

爬升可分段进行，视设备、劳动力和施工进度而定，每个爬升过程提升 1.5～2m，每个爬升过程分两步进行。

(1) 爬升活动架

解除脚手架上部的连接杆，在一个升降单元体两端升降架的吊钩处，各配置 1 只倒链，倒链的上、下吊钩分别挂入固定架和活动架的相应吊钩内。操作人员位于活动架上，倒链受力后卸去活动架附墙支座的螺栓，活动架即被倒链挂在固定架上，然后在两端同步提升，活动架即呈水平状态徐徐上升。爬升到达预定位置后，将活动架用附墙螺栓与墙体锚固，卸下倒链，活动架爬升完毕。

(2) 爬升固定架

同爬升活动架相似，在吊钩处用倒链的上、下吊钩分别挂入活动架和固定架的相应吊钩内，倒链受力后卸去固定架附墙支座的附墙螺栓，固定架即被倒链挂吊在活动架上。然后在两端同步抽动倒链，固定架即徐徐上升，同样，爬升至预定位置后，将固定架用附墙螺栓与墙体锚固，卸下倒链，固定架爬升完毕。

至此，脚手架完成了一个爬升过程。待爬升一个施工高度后，重新设置上部连接杆，脚手架进入工作状态，以后按此循环操作，脚手架即可不断爬升，直至结构到顶。

4. 下降

与爬升操作顺序相反，顺着爬升时用过的墙体预留孔倒行，脚手架即可逐层下降，同时把留在墙面上的预留孔修补完毕，最后脚手架返回地面。

5. 拆除

拆除时设置警戒区，有专人监护，统一指挥。先清理脚手架上的垃圾杂物，然后自上而下逐步拆除。拆除升降架可用起重机、卷扬机或倒链。升降机拆下后要及时清理整修和保养，以便于重复使用，运输和堆放均应设置地楞，防止变形。

7.5.2 互升降式脚手架

互升降式脚手架将脚手架分为甲、乙两种单元，通过倒链交替对甲、乙两单元进行升降(图 7-10)。当脚手架需要工作时，甲单元与乙单元均用附墙螺栓与墙体锚固，两架之间无相对运动；当脚手架需要升降时，一个单元仍然锚固在墙体上，使用倒链对相邻一个架子进行升降，两架之间便产生相对运动。通过甲、乙两单元交替附墙，相互升降，脚手架即可沿着墙体上的预留孔逐层升降。互升降式脚手架的性能特点是：①结构简单，易于操作控制；②架子搭设高度低，用料省；③操作人员不在被升降的架体上，增加了操作人员的安全性；④脚手架结构刚度较大，附墙的跨度大。它适用于框架剪力墙结构的高层建筑、水坝、筒体等施工。具体操作过程如下：

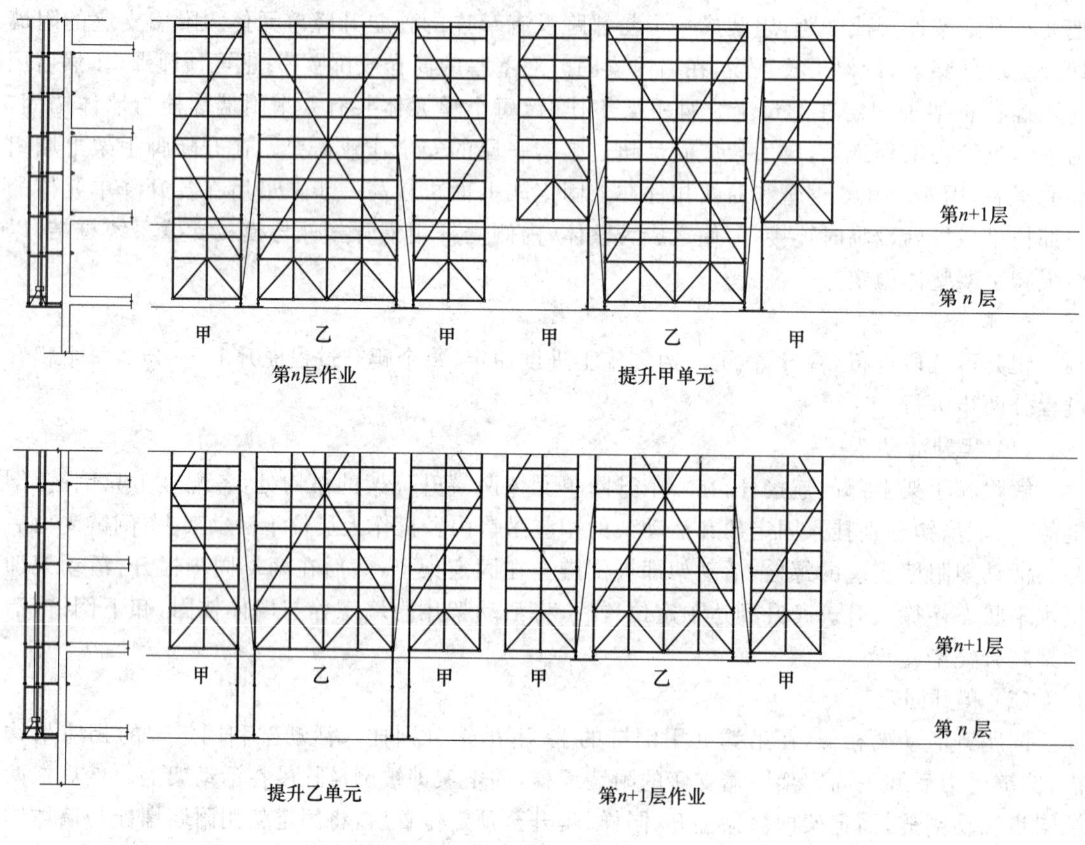

图 7-10　互升降式脚手架示意图

1. 施工前的准备

施工前应根据工程设计和施工需要进行布架设计，绘制设计图，编制施工组织设计，制订施工安全操作规定。在施工前，还应将互升降式脚手架所需要的辅助材料和施工机具准备好，并按照设计位置预留附墙螺栓孔或设置好预埋件。

2. 安装

互升降式脚手架的组装可有两种方式：在地面组装好单元脚手架，再用塔吊吊装就位；或是在设计爬升位置搭设操作平台，在平台上逐层安装。爬架组装固定后的允许偏差应满足：沿架子纵向垂直偏差不超过 30mm；沿架子横向垂直偏差不超过 20mm；沿架子水平偏差不超过 30mm。

3. 爬升

脚手架爬升前应进行全面检查，检查的主要内容有：预留附墙连接点的位置是否符合要求，预埋件是否牢靠；架体上的横梁设置是否牢固；升降单元的导向装置是否可靠；升降单元与周围的约束是否解除，升降有无障碍；架子上是否有杂物；所使用的提升设备是否符合要求等。

当确认以上各项都符合要求后方可进行爬升，提升到位后，应及时将架子同结构固定；然后，用同样的方法对与之相邻的单元脚手架进行爬升操作，待相邻的单元脚手架升至预定位置后，将两单元脚手架连接起来，并在两单元操作层之间铺设脚手板。

4．下降

与爬升操作顺序相反，利用固定在墙体上的架子对相邻的单元脚手架进行下降操作，同时把留在墙面上的预留孔修补完毕，最后脚手架返回地面。

5．拆除

爬架拆除前应清理脚手架上的杂物。拆除爬架有两种方式，一种是同常规脚手架拆除方式，采用自上而下的顺序，逐步拆除；另一种用起重设备将脚手架整体吊至地面拆除。

7.5.3 整体升降式脚手架

在超高层建筑的主体施工中，整体升降式脚手架有明显的优越性，它结构整体性好、升降快捷方便、机械化程度高、经济效益显著，是一种很有推广使用价值的超高建（构）筑物外脚手架，被建设部列入重点推广的10项新技术之一。如图7-11所示。

整体升降式外脚手架若是以电动倒链为提升机，使整个外脚手架沿建筑物外墙或柱整体向上爬升，则具体操作要求如下：搭设高度依建筑物施工层的层高而定，一般取建筑物标准层4个层高加1步安全栏的高度为架体的总高度。脚手架为双排，宽以0.8～1.0m为宜，里排杆离建筑物净距为0.4～0.6m。脚手架的横杆和立杆间距都不宜超过1.8m，可将1个标准层高分为2步架，以此步距为基数确定架体横、立杆的间距。

架体设计时，可将架子沿建筑物外围分成若干单元，每个单元的宽度参考建筑物的开间而定，一般在5～9m之间。具体操作如下：

1．施工前的准备

按平面图先确定承力架及电动倒链挑梁安装的位置和个数，在相应位置上的混凝土墙或梁内预埋螺栓或预留螺栓孔。各层的预留螺栓或预留孔位置要求上下相一致，误差不超过10mm。

加工制作型钢承力架、挑梁、斜拉杆。准备电动倒链、钢丝绳、脚手管、扣件、安全网、木板等材料。

因整体升降式脚手架的高度一般为4个施工层层高，在建筑物施工时，由于建筑物的最下几层层高往往与标准层不一致，且平面形状也往往与标准层不同，所以，一般在建筑物主体施工到3～5层时开始安装整体脚手架。下面几层施工时，往往要先搭设落地外脚手架。

2．安装

先安装承力架，承力架内侧用M25—M30的螺栓与混凝土边梁固定，承力架外侧用斜拉杆与上层边梁拉结固定，用斜拉杆中部的花篮螺栓将承力架调平；再在承力架上面搭设架子，安装承力架上的立杆；然后搭设下面的承力桁架。再逐步搭设整个架体，随搭随设置拉结点，并设斜撑。在比承力架高2层的位置安装工字钢挑梁，挑梁与混凝土边梁的连接方法与承力架相同。电动倒链挂在挑梁下，并将电动倒链的吊钩挂在承力架的花篮挑梁上。在架体上每个层高满铺厚木板，架体外面挂安全网。

3．爬升

短暂开动电动倒链，将电动倒链与承力架之间的吊链拉紧，使其处在初始受力状态。松开架体与建筑物的固定拉结点，松开承力架与建筑物相连的螺栓和斜拉杆，开动电动倒链开始爬

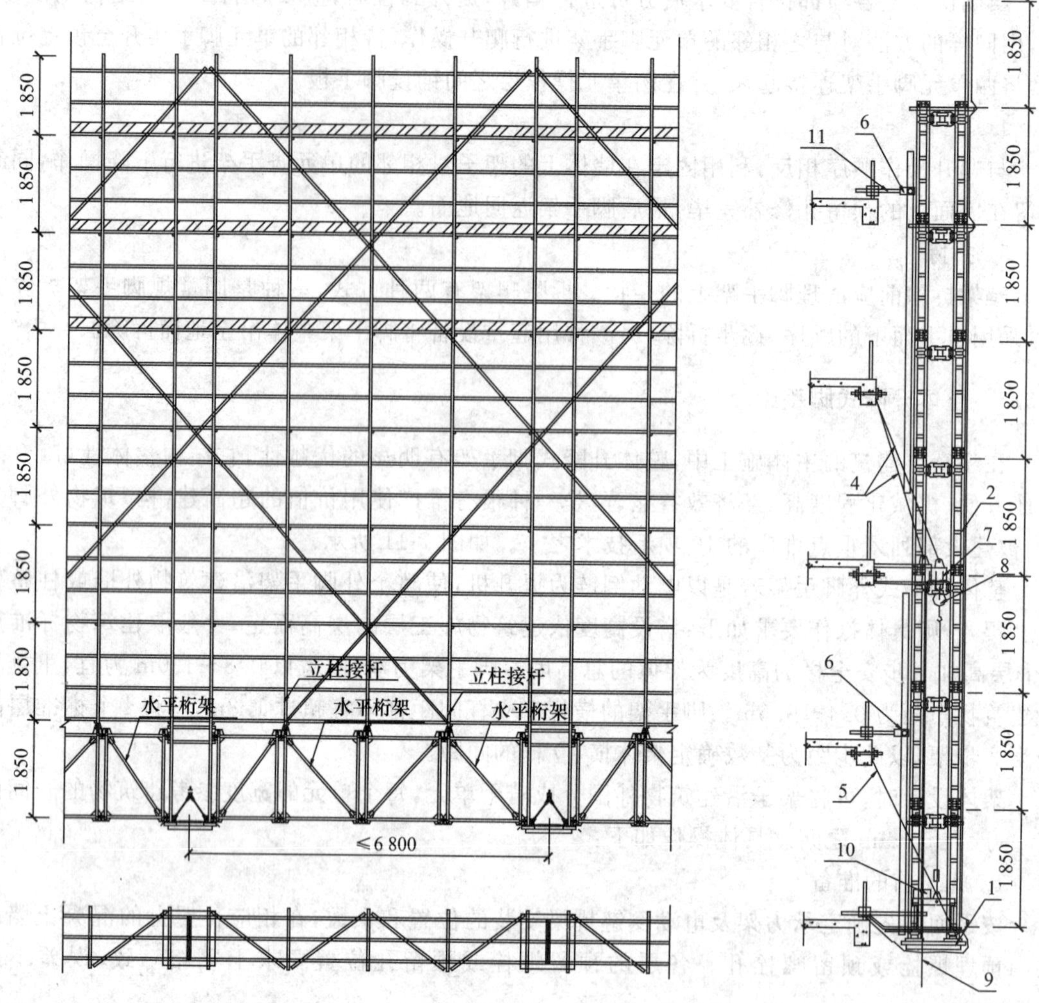

1—托架盘；2—竖向主框架；3—水平桁架；4—上部斜拉杆；5—下部斜拉杆；6—防倾导向装置；
7—吊臂钢梁；8—电动葫芦；9—防坠杆；10—防坠器；11—水平拉杆；12—剔脚板

图 7-11　整体升降式外脚手架

升，爬升过程中，应随时观察架子的同步情况，如发现不同步应及时停机进行调整。爬升到位后，先安装承力架与混凝土边梁的紧固螺栓，并将承力架的斜拉杆与上层边梁固定，然后安装架体上部与建筑物的各拉结点。待检查符合安全要求后，脚手架可开始使用，进行上一层的主体施工。在新一层主体施工期间，将电动倒链及其挑梁摘下，用滑轮或手动倒链转至上一层重新安装，为下一层爬升做准备。

4. 下降

与爬升操作顺序相反，利用电动倒链顺着爬升用的墙体预留孔倒行，脚手架可逐层下降，同时把留在墙面上的预留孔修补完毕，最后脚手架返回地面。

5. 拆除

爬架拆除前应清理脚手架上的杂物。拆除方式与互升式脚手架类似。

另有一种液压提升整体式的脚手架-模板组合体系，它通过设在建(构)筑内部的支承立柱及立柱顶部的平台桁架，利用液压设备进行脚手架的升降，同时也可升降建筑的模板。搭设过

程如图 7-12 所示,分为以下几个步骤:

(a) 先搭设核心筒,施工至桁架层下面一个混凝土分段的整体提升平台,然后将钢桁架安装到位并设置临时稳定措施;

(b) 安装钢桁架层用的格构柱,然后安装升板机托架及升板机接长丝杆,让丝杆吊挂住钢平台;

(c) 拆除与桁架相碰的平台梁等物件;

(d) 提升钢平台,钢平台提升到位后将可恢复的平台梁复位;

(e) 绑扎钢筋,提升模板,浇筑混凝土;

(f) 待混凝土初凝后将格构柱转换至下一个标准层格构柱位置;升板机转换至标准层施工状态;进入下个标准层施工流程。

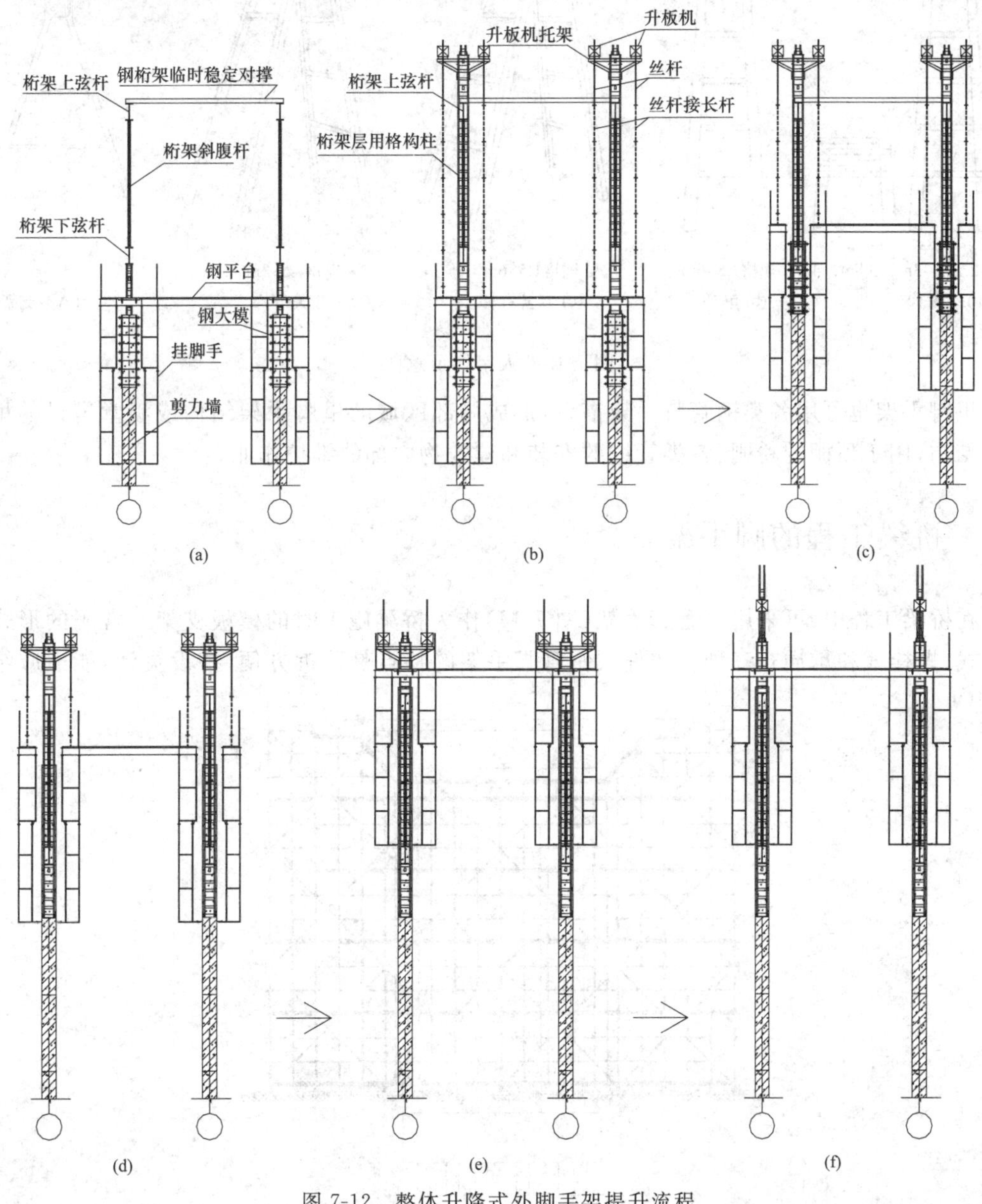

图 7-12　整体升降式外脚手架提升流程

7.6 里脚手架

里脚手架搭设于建筑物内部，每砌完一层墙后，即将其转移到上一层楼面，进行新的一层墙体砌筑。里脚手架也用于室内装饰施工。

里脚手架装拆较频繁，要求轻便灵活，装拆方便。通常将其做成工具式的，结构形式有折叠式、支柱式和门架式，而其中最常用的是人字梯(图 7-13)。

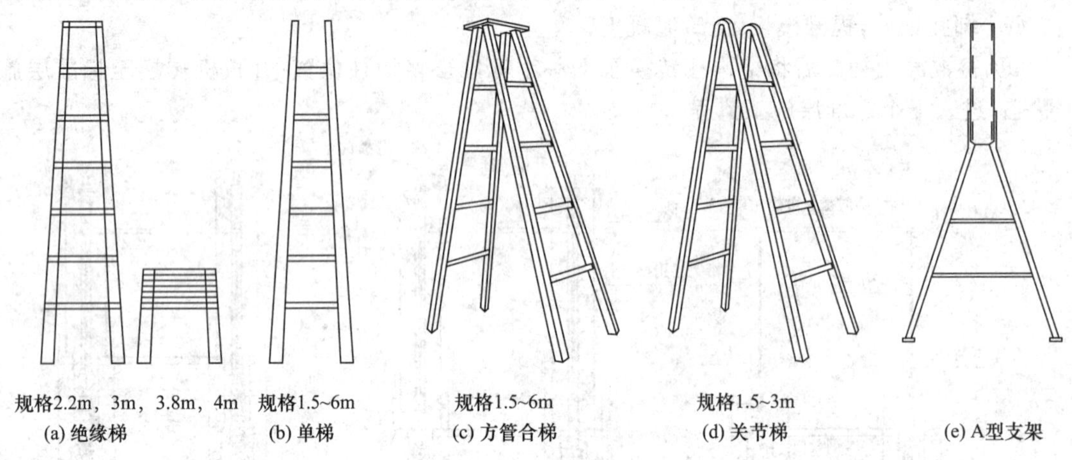

图 7-13 人字梯示意图

里脚手架也可用各类钢管脚手架搭设，形成局部区域的里脚手架结构或满堂搭设的里脚手架结构，用于顶棚的粉刷、各类管线的安装和建筑物内部的维护作业。

7.7 桥梁工程的脚手架

在桥梁工程中，可采用钢管脚手架(图 7-14)作为桥梁施工时的模板支架。常用的形式有扣件式、螺栓式和承插式三种。扣件式钢管脚手架的特点是装拆方便、搭设灵活，能适应结构

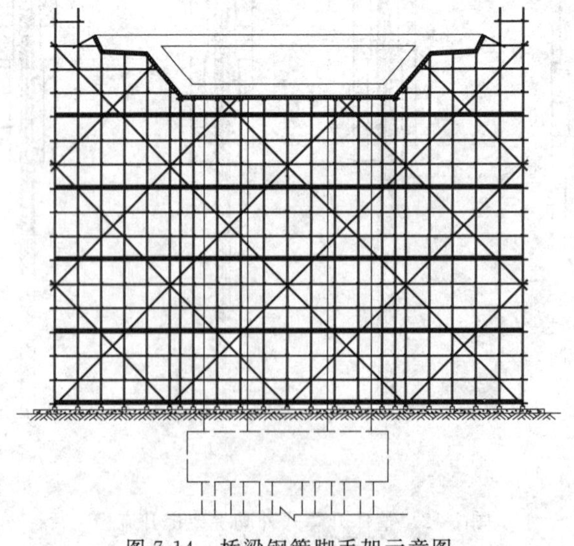

图 7-14 桥梁钢管脚手架示意图

物平立面的变化。螺栓式钢管脚手架的基本构造形式与扣件式钢管脚手架大致相同，所不同的是用螺栓连接代替扣件连接。承插式钢管脚手架是在立杆上焊以承插短管，在横杆上焊以插栓，用承插方式组装而成。图 7-14 为陆地上搭设满堂脚手架施工上部结构（桥跨结构）的示意图。

在桥梁工程施工中，还经常利用钢制万能杆件（贝雷片）组拼成浮式吊架（图 7-15）、桁架、墩架、塔架（图 7-16）和龙门架等形式，作为桥梁墩台、索塔的施工脚手架，或作为吊车主梁形式安装各种预制构件。必要时，还可以作为临时的桥梁墩台和桁架。万能杆件装拆容易、运输方便，利用效率高，可以节省大量辅助结构所需的木料、劳动力和工期，适用范围较广。如图 7-17 和图 7-18 所示。

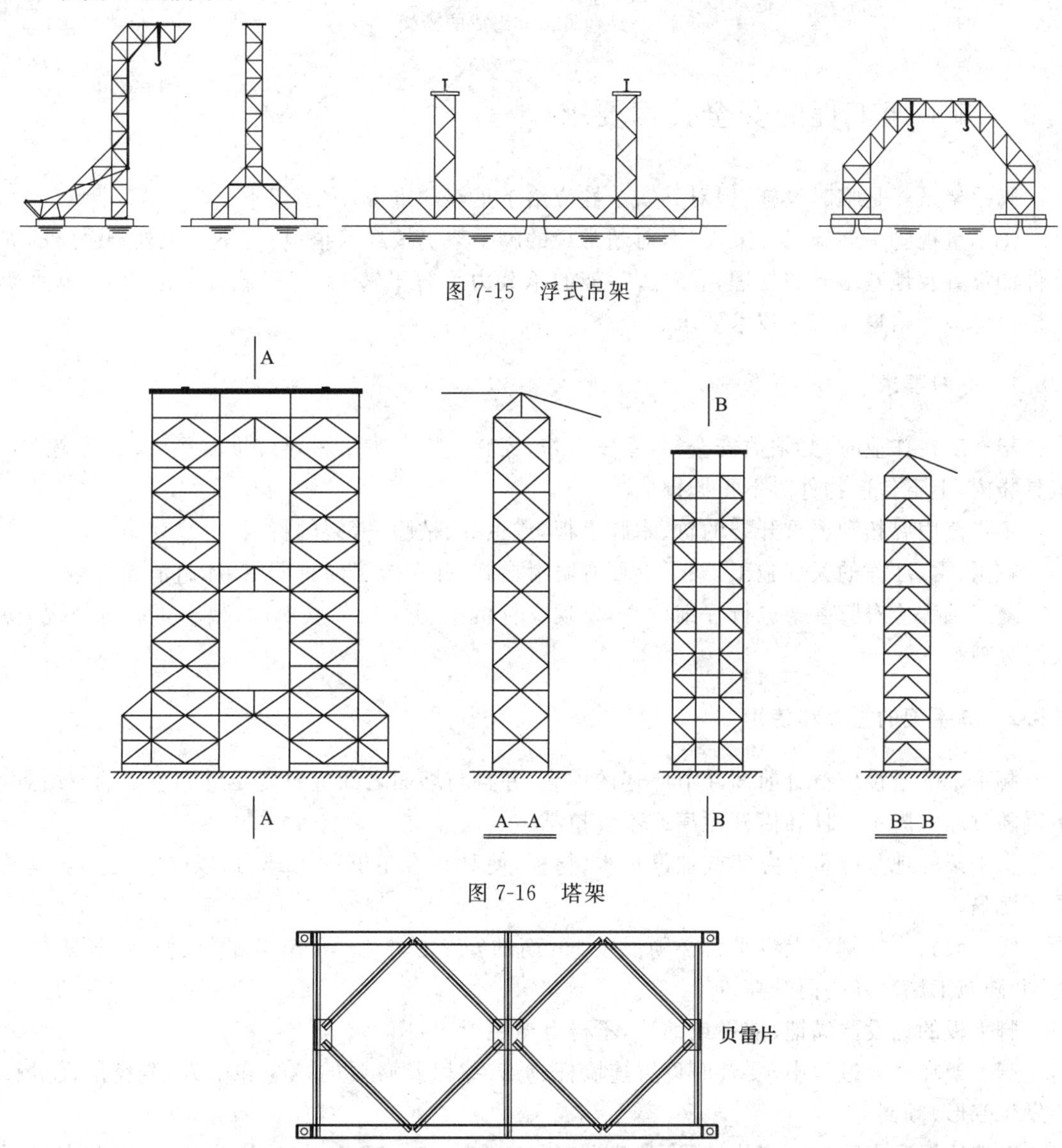

图 7-15　浮式吊架

图 7-16　塔架

图 7-17　贝雷片

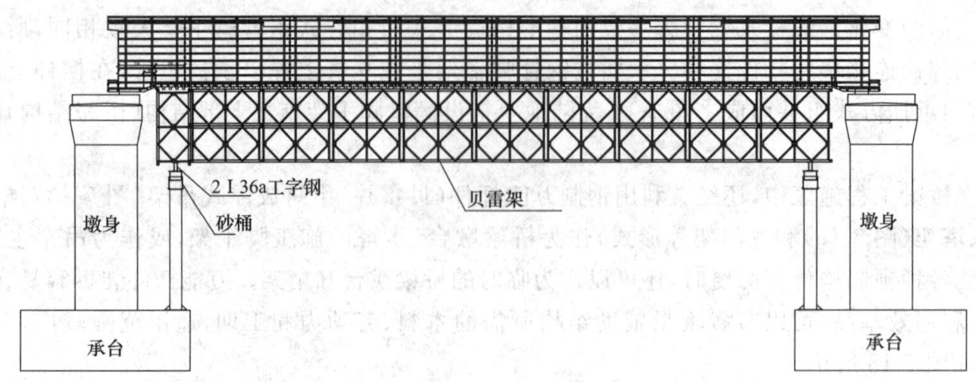

图 7-18　贝雷架组成的桁架

7.8　脚手架工程的安全技术要求

脚手架虽然是临时设施，但对其安全性应给予足够的重视，脚手架不安全因素一般有：

①不重视脚手架施工方案设计，对超常规的脚手架仍按经验搭设；②不重视外脚手架的连墙件的设置及地基基础的处理；③对脚手架的承载力了解不够，施工荷载过大。所以，脚手架的搭设应该严格遵守安全技术要求。

7.8.1　一般要求

架子工在作业时，必须戴安全帽，系安全带，穿软底鞋。脚手材料应堆放平稳，工具应放入工具袋内，上下传递物件时不得抛掷。

不得使用腐朽和严重开裂的竹、木脚手板，或虫蛀、枯脆、劈裂的材料。

在雨、雪、冰冻的天气施工，架子上要有防滑措施，并在施工前将积雪、冰碴清除干净。

复工工程应对脚手架进行仔细检查，发现立杆沉陷、悬空、节点松动、架子歪斜等情况，应及时处理。

7.8.2　脚手架的搭设和使用

脚手架的搭设应符合前面几节所述的内容，并且与墙面之间应设置足够和牢固的拉结点，不得随意加大脚手立杆和横杆距离或不设拉结。

脚手架的地基应整平夯实或加设垫木、垫板，使其具有足够的承载力，以防止发生整体或局部沉陷。

脚手架斜道外侧和上料平台必须设置 1m 高的安全栏杆和 18cm 高的挡脚板或挂防护立网，并随施工层次升高而升高。

脚手板的铺设要满铺、铺平或铺稳，不得有悬挑板。

脚手架在搭设过程中，要及时设置连墙杆、剪刀撑以及必要的拉绳和吊索，避免搭设过程中发生变形、倾倒。

对整体提升脚手架还应执行我国《建设工程安全生产管理条例》的相关规定，主要有以下方面：

1. 安装与拆卸

① 安装与拆卸整体提升脚手架、模板等自升式架设设施，必须由具有相应资质的单位承

担,应当编制拆装方案、制定安全施工措施,并由专业技术人员现场监督。

② 安装完毕后,安装单位应当自检,出具自检合格证明,并向施工单位进行安全使用说明,办理验收手续并签字。

③ 有关设施的使用达到国家规定的检验检测期限的,必须经具有专业资质的检验检测机构检测。经检测不合格的,不得继续使用。检验检测结构对检测合格的自升式架设设施,应当出具安全合格证明文件,并对检测结果负责。

2. 使用

① 在使用前应组织有关单位进行验收,也可以委托具有相应资质的检验检测机构进行验收。

② 使用承租的机械设备和施工机具及配件的,由施工总承包单位、分包单位、出租单位和安装单位共同进行验收。验收合格的方可使用。

③ 验收合格之日起 30 日内,向建设行政主管部门或者其他有关部门登记。登记标志应当置于或者附着于该设备的显著位置。

7.8.3 防电、避雷

脚手架与电压为 1～10kV 以下架空输电线路的距离应不小于 6m,同时应有隔离防护措施。

脚手架应有良好的防电避雷装置。钢管脚手架、钢塔架应有可靠的接地装置,每 50m 长应设一处,经过钢脚手架的电线要严格检查,谨防破皮漏电。

施工照明通过钢脚手架时,应使用 12V 以下的低压电源。电动机具必须与钢脚手架接触时,要有良好的绝缘。

思 考 题

【7-1】 扣件式脚手架有哪些搭设要求?

【7-2】 门式脚手架的结构如何?

【7-3】 升降式脚手架有哪几种类型?

【7-4】 试述自升式脚手架与互升式脚手架的提升原理。

【7-5】 如何控制脚手架的安全?

8 结构吊装工程

摘要:本章主要介绍了各种常用起重机具的性能和特点,构件制作、运输、堆放、绑扎、吊升、就位、矫正及固定的工艺要求,以及大型结构的安装方法、特点和适用范围。另外,还介绍了超重构件的特殊吊装工艺,以及质量、形状均不规则的异型构件的吊装施工方法及质量控制要求。

专业词汇:结构吊装;装配式结构;钢丝绳;锚碇;桅杆式起重机;自行式起重机;塔式起重机;浮吊;缆索起重机;起重量;起重高度;起重半径;斜吊法;直吊法;旋转法;滑行法;临时固定;校正;分块(段)吊装;整体吊装;滑移安装;整体提升;整体顶升;叠浇法;高空散装法

8 Structural Lifting Project

Abstract: This chapter mainly introduces the functionalities and characteristics of various weight lifting machines, process requirements for construction member fabrication, transportation, stacking, fastening, lifting, placement, adjusting and fixation, and processes, features and application of large size structure installation. It also introduces the unique lifting processes and quality control requirements for overweight structures, as well as irregular weight distributed or shaped structures.

Specialized vocabulary: structural lifting; assembly structure; steel wire rope; anchorage; mast crane; self-propelled crane; tower crane; floating crane; cable crane; lifting capacity; lifting height; lifting radius; inclined lifting method; vertical lifting method; rotation method; glide method; temporary fixation; revision; block (section) lifting; integral lifting; slip erection; integral hoisting; integral jacking; overlap pouring method; bulk assembly technology at high altitude

在现场或工厂预制的结构构件或构件组合,用起重机械在施工现场把它们吊起并安装在结构位置上,这样形成的结构叫装配式结构。结构吊装工程就是有效地完成装配式结构构件的吊装任务。

结构吊装工程是装配式结构工程施工的主导工种工程,其施工特点如下:

① 受预制构件的类型和质量影响大。预制构件的外形尺寸、埋件位置是否正确、强度是否达到要求以及构件类型的多少,都直接影响吊装进度和工程质量。

② 正确选用起重机具是完成吊装任务的主导因素。构件的吊装方法,取决于所采用的起重机械。

③ 构件的应力状态变化多。构件在运输和吊装时,因吊点或支承点不同,其应力状态也会不一致,甚至完全相反。必要时,应对构件进行吊装验算,并采取相应措施。

④ 高空作业多,容易发生事故,必须加强安全教育,并采取可靠措施。

8.1 起重机具

8.1.1 索具设备

8.1.1.1 卷扬机

卷扬机又称绞车。按驱动方式可分为手动卷扬机和电动卷扬机。卷扬机是结构吊装最常用的工具。

用于结构吊装的卷扬机多为电动卷扬机。电动卷扬机主要由电动机、卷筒、电磁制动器和减速机构等构成,如图 8-1 所示。卷扬机分快速和慢速两种。快速卷扬机主要用于垂直运输和打桩作业;慢速卷扬机主要用于结构吊装、钢筋冷拉、预应力筋张拉等作业。

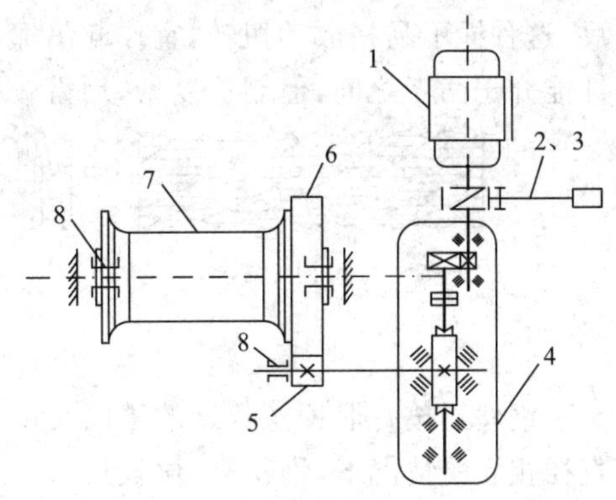

1—电动机;2—联轴器;3—电磁制动器;4—减速器;5、6—开式齿轮;7—卷筒;8—滑动轴承

图 8-1 JM10 型电动卷扬机

卷扬机的主要技术参数是卷筒牵引力、钢丝绳的速度和卷筒容绳量。

使用卷扬机时应当注意:

① 为使钢丝绳能自动在卷筒上往复缠绕,卷扬机的安装位置应使距第一个导向滑轮的距离 l 为卷筒长度 a 的 15 倍,即当钢丝绳在卷筒边时,与卷筒中垂线的夹角不大于 2°。

② 钢丝绳引入卷筒时应接近水平,并应从卷筒的下方引入,以减少卷扬机的倾覆力矩。

③ 卷扬机在使用时必须做可靠的固定,如做基础固定、压重物固定、设锚碇固定或利用树木、建筑物等做固定。

卷扬机的工作原理如图 8-2 所示。

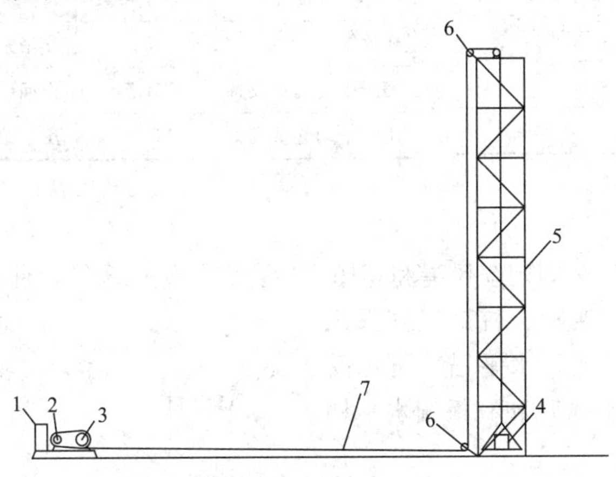

1—控制台;2—电动机;3—卷扬机;4—货物;5—井架;6—导向装置;7—主索

图 8-2 卷扬机工作原理

8.1.1.2 钢丝绳

钢丝绳是起重机械中用于悬吊、牵引或捆绑重物的挠性件。它是由许多根直径为0.4～2mm、抗拉强度为1 200～2 200MPa的钢丝按一定规则捻制而成。按照捻制方法的不同，分为单绕、双绕和三绕。土木工程施工中常用的是双绕钢丝绳，它是由钢丝捻成股，再由多股围绕绳芯绕成绳。双绕钢丝绳按照捻制方向不同分为同向绕、交叉绕和混合绕三种，如图8-3所示。同向绕是钢丝绳捻成股的方向与股捻成绳的方向相同，这种绳的挠性好、表面光滑、磨损小，但易松散和扭转，不宜用来悬吊重物。交叉绕是指钢丝捻成股的方向与股捻成绳的方向相反，这种绳不易松散和扭转，宜作起吊绳，但挠性差。混合绕是指相邻的两股钢丝绳绕向相反，性能介于两者之间，但制造复杂，用得较少。

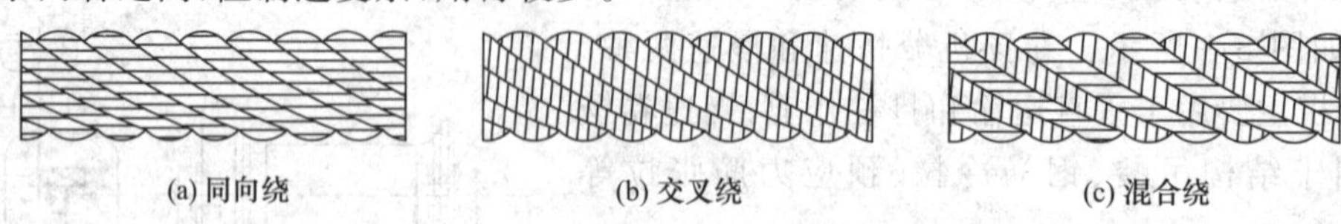

图8-3 双向钢丝绳的绕向

钢丝绳按每股钢丝数量的不同又可分为6×19、6×37和6×61三种。6×19钢丝绳在绳直径相同的情况下，钢丝粗，比较耐磨，但较硬，不易弯曲，一般用作缆风绳；6×37钢丝绳比较柔软，可用作吊索和穿滑轮组；6×61钢丝绳质地软，主要用于重型起重机械。

钢丝绳在选用时应考虑多根钢丝的受力不均匀及其用途，钢丝绳的允许应力$[F_g]$按下式计算：

$$[F_g]=\frac{\alpha F_g}{K} \tag{8-1}$$

式中 F_g——钢丝绳的钢丝破断拉力总和(kN)；

α——换算系数(考虑钢丝受力不均匀性)，见表8-1；

K——安全系数，见表8-2。

表8-1 钢丝绳破段拉力换算

钢丝绳结构	换算系数
6×19	0.85
6×37	0.82
6×61	0.80

表8-2 钢丝绳的安全系数

用途	安全系数	用途	安全系数
作风缆	3.5	作吊索、无弯曲时	6～7
用于手动起重设备	4.5	作捆绑吊索	8～10
用于电动起重设备	5～6	用于载人的升降机	14

8.1.1.3 锚碇

锚碇又叫地锚，是用来固定缆风绳和卷扬机的。它是保证系缆构件稳定的重要部件，一般有桩式锚碇和水平锚碇两种。桩式锚碇系用木桩或型钢打入土中而成。水平锚碇可承受较大荷载，分无板栅水平锚碇和有板栅水平锚碇两种，如图8-4所示。

水平锚碇的计算内容包括：①在垂直分力作用下锚碇的稳定性；②在水平分力作用下侧向土壤的强度；③锚碇横梁计算。

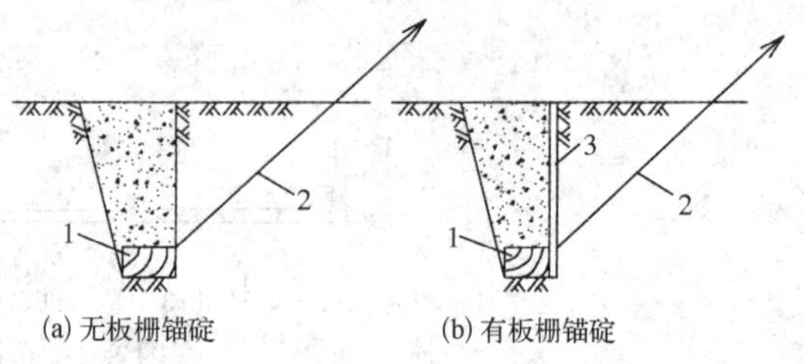

1—横梁；2—钢丝绳(或拉杆)；3—板栅

图8-4 水平锚碇

1. 锚碇的稳定性计算

锚碇的稳定性(图 8-5)按下列公式计算:

$$\frac{G+T}{N}\geqslant K \tag{8-2}$$

式中 K——安全系数,一般取 2;

N——锚碇所受荷载的垂直分力,$N=S\sin\alpha$;

S——锚碇荷重;

G——土的重量,

$$G=\frac{b+b'}{2}Hl\gamma \tag{8-3}$$

l——横梁长度;

γ——土的重度;

b——横梁宽度;

b'——有效压力区宽度,与土壤的内摩擦角有关,即

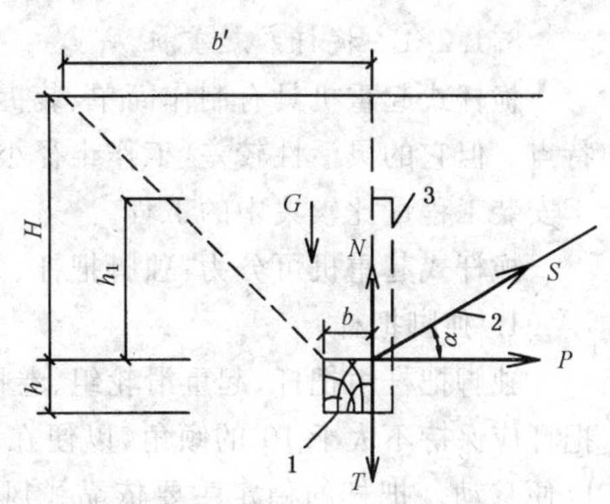

1—横木;2—钢丝绳;3—板栅

图 8-5 锚碇稳定性计算图式

$$b'=b+H\tan\varphi_0 \tag{8-4}$$

式中 φ_0——土壤的内摩擦角,松土取 15°~20°,一般土取 20°~30°,坚硬土取 30°~40°;

H——锚碇埋置深度;

T——摩擦力,

$$T=fP$$

式中 f——摩擦系数,对无板栅锚碇取 0.5,对有板栅锚碇取 0.4;

P——S 的水平分力,$P=S\cos\alpha$。

2. 侧向土壤强度

对于无板栅锚碇

$$[\sigma]\eta\geqslant\frac{P}{hl} \tag{8-5}$$

对于有板栅锚碇

$$[\sigma]\eta\geqslant\frac{P}{(h+h_1)l} \tag{8-6}$$

式中 $[\sigma]$——深度 H 处的土的容许应力;

η——降低系数,可取 0.5~0.7。

3. 锚碇横梁计算

当使用一根吊索(图 8-6(a)),横梁为圆形截面时,可按单向弯曲的构件计算;横梁为矩形截面时,按双向弯曲构件计算。

使用两根吊索的横梁,按双向偏心受压构件计算(图 8-6(b))。

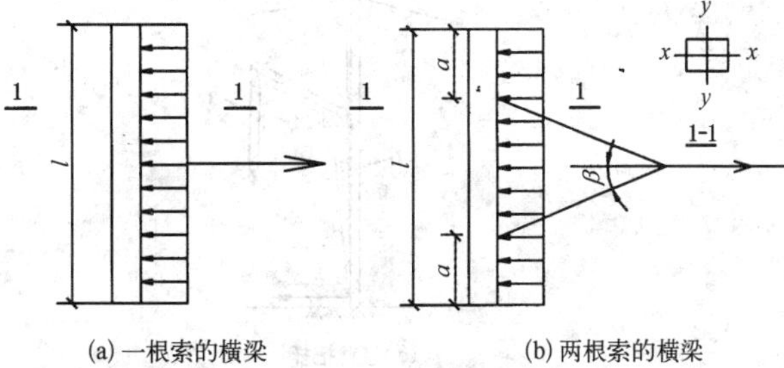

(a) 一根索的横梁 (b) 两根索的横梁

图 8-6 锚碇横梁计算

8.1.2 起重机械

结构吊装工程常用的起重机械主要有桅杆式起重机、自行式起重机、塔式起重机及浮吊、缆索起重机等。后两种主要用于桥梁工程施工。

8.1.2.1　桅杆式起重机

桅杆式起重机具有制作简单、装拆方便、起重量大(可达1 000kN以上)、受地形限制小等特点。但它的灵活性较差,工作半径小,移动较困难,并需要拉设较多的缆风绳,故一般只适用于安装工程量比较集中的工程。

桅杆式起重机可分为:独脚把杆、人字把杆、悬臂把杆和牵线式桅杆起重机。

1. 独脚把杆

独脚把杆由把杆、起重滑轮组、卷扬机、缆风绳和锚碇等组成,如图8-7(a)所示。使用时,把杆应保持不大于10°的倾角,以便在吊装构件时构件不致撞击把杆。把杆底部要设置拖子以便移动。把杆的稳定主要依靠缆风绳维持,绳的一端固定在桅杆顶端,另一端固定在锚碇上,缆风绳一般设4~8根。根据制作材料的不同,把杆类型有:

① 木独脚把杆:常用独根圆木做成,圆木梢径20~32cm,起重高度一般为8~15m,起重量为30~100kN。

② 钢管独脚把杆:常用钢管直径为200~400mm,壁厚8~12mm,起重高度可达30m,起重重量可达450kN。

③ 金属格构式独脚把杆:起重高度可达75m,起重量可达1 000kN以上。格构式独脚把杆一般用4个角钢作主肢,并由横向和斜向缀条联系而成,截面多呈正方形,常用截面为450mm×450mm~1 200mm×1 200mm不等,整个把杆由多段拼成。

2. 人字把杆

人字把杆是由两根圆木或两根钢管以钢丝绳绑扎或铁件铰接而成,如图8-7(b)所示。两杆

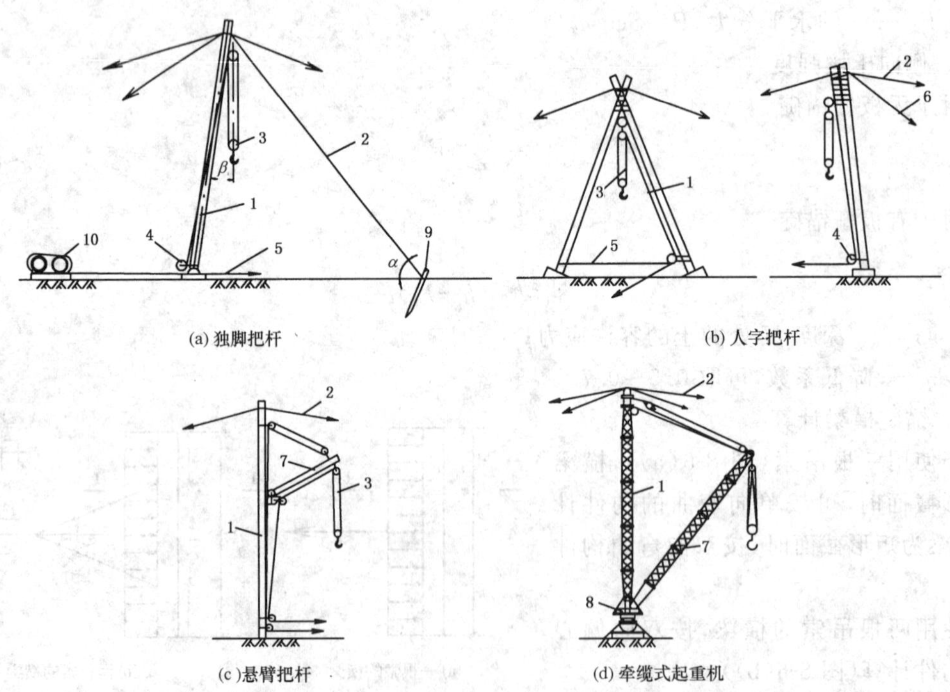

1—把杆;2—缆风绳;3—起重滑轮组;4—导向装置;5—拉索;
6—主缆风绳;7—起重臂;8—回转盘;9—锚碇;10—卷扬机

图8-7　桅杆式起重机

在顶部相交成20°～30°角，底部设有拉杆或拉绳，以平衡把杆本身的水平推力。其中一根把杆的底部有一导向滑轮组，起重索通过它连到卷扬机，另用一钢丝绳连接到锚碇，以保证在起重时底部稳固。人字把杆是前倾的，但倾斜度不宜超过1/10，并在前、后面各用两根缆风绳拉结。

人字把杆的优点是侧向稳定性较好，缆风绳较少；缺点是起吊构件的活动范围小，故一般仅用于安装重型柱或其他重型构件。

3. 悬臂把杆

在独脚把杆的中部或2/3高度处装上一根起重臂，即成悬臂把杆。起重杆可以回转和起伏变幅，如图8-7(c)所示。

悬臂把杆的特点是能够获得较大的起重高度，起重杆能左右摆动120°～270°，宜用于吊装高度较大的构件。

4. 牵缆式桅杆起重机

在独脚把杆的下端装上一根可以360°回转和起伏的起重杆而成，如图8-7(d)所示。它具有较大的起重半径，能把构件吊送到有效起重半径内的任何位置。格构式截面的桅杆起重机，起重量可达600kN，起重高度可达80m，其缺点是缆风绳较多。

8.1.2.2 自行式起重机

自行式起重机分为履带式起重机和轮胎式起重机两种，轮胎式起重机又分为汽车起重机和轮胎起重机两种。

自行式起重机的优点是灵活性大，移动方便；缺点是稳定性较差。

1. 履带式起重机

履带式起重机是一种具有履带行走装置的转臂起重机。其起重量和起重高度较大，常用的起重量为100～500kN，目前最大起重量达3000kN，最大起重高度达135m。由于履带接地面积大，起重机能在较差的地面上行驶和工作，可负载移动，并可原地回转，故多用于重型工业厂房及旱地桥梁等结构吊装。但其自重大，行走速度慢，远距离转移时需要其他车辆运载。

履带式起重机主要由底盘、机身和起重臂三部分组成，如图8-8所示为QUY100履带式起重机。

土木工程中常用的履带式起重机有W_1-50型、W_1-100型、W_1-200型等，其技术性能见表8-3。

表8-3 **履带起重机的技术性能表**

<table>
<tr><td colspan="2">型号</td><td colspan="2">W_1-50</td><td colspan="2">W_1-100</td><td colspan="3">W_1-200</td></tr>
<tr><td colspan="2">最大起重量/kN</td><td colspan="2">100</td><td colspan="2">150</td><td colspan="3">500</td></tr>
<tr><td colspan="2">整机工作质量/t</td><td colspan="2">23.11</td><td colspan="2">39.79</td><td colspan="3">75.79</td></tr>
<tr><td colspan="2">接地平均压力/MPa</td><td colspan="2">0.071</td><td colspan="2">0.087</td><td colspan="3">0.122</td></tr>
<tr><td colspan="2">吊臂长度/m</td><td>10</td><td>18</td><td>13</td><td>23</td><td>15</td><td>30</td><td>40</td></tr>
<tr><td colspan="2">最大起升高度/m</td><td>9</td><td>17</td><td>11</td><td>19</td><td>12</td><td>26.5</td><td>36</td></tr>
<tr><td colspan="2">最小幅度/m</td><td>3.7</td><td>4.5</td><td>4.5</td><td>6.5</td><td>4.5</td><td>8</td><td>10</td></tr>
<tr><td rowspan="5">主要外形尺寸/mm</td><td>A</td><td colspan="2">2900</td><td colspan="2">3300</td><td colspan="3">4500</td></tr>
<tr><td>B</td><td colspan="2">2700</td><td colspan="2">3120</td><td colspan="3">3200</td></tr>
<tr><td>D</td><td colspan="2">1000</td><td colspan="2">1095</td><td colspan="3">1190</td></tr>
<tr><td>E</td><td colspan="2">1555</td><td colspan="2">1700</td><td colspan="3">2100</td></tr>
<tr><td>F</td><td colspan="2">1000</td><td colspan="2">1300</td><td colspan="3">1600</td></tr>
</table>

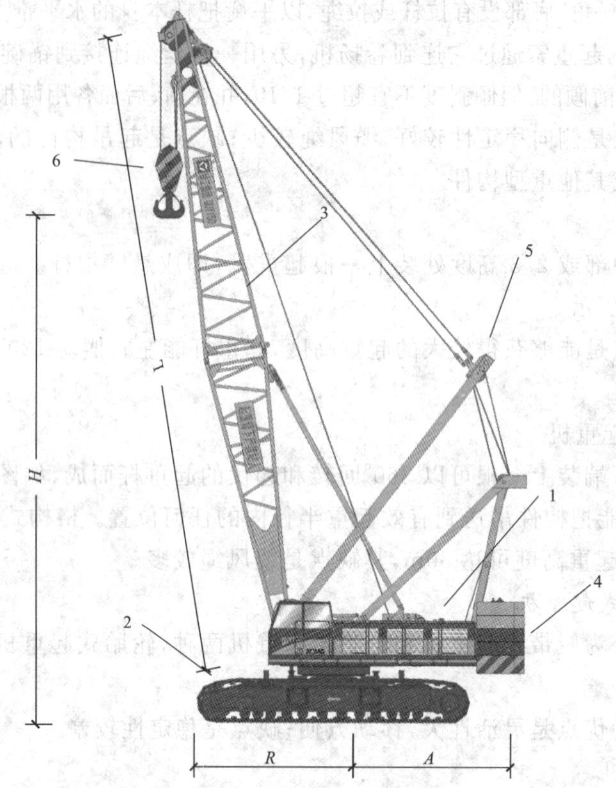

1—机身；2—行走装置(履带)；3—起重杆；4—平衡重；5—变幅滑轮组；
6—起重滑轮组；H—起重高度；R—起重半径；L—起重杆长度

图 8-8　QUY100 履带式起重机

履带式起重机的主要技术参数有三个：起重量 Q、起重高度 H 和起重半径 R。图 8-9 为 W_1-100 型起重机的工作性能曲线，由图可见起重量、起重高度和回转半径的大小与起重臂长度均相关。当起重臂长度一定时，随着仰角的增大，起重量和起重高度的增加而回转半径减小；当起重臂长度增加时，起重半径和起重高度增加而起重量减小。

2. 汽车起重机

汽车起重机是一种将起重设备安装在汽车通用或专用底盘上、具有载重汽车行驶性能的轮式起重机。根据吊臂结构可分为定长臂、接长臂和伸缩臂三种。前两种多采用桁架结构臂，后一种采用箱形结构臂。根据动力传动，又可分为机械传动和液压传动两种。因其机动灵活性好，能够迅速转移场地，广泛用于土木工程。

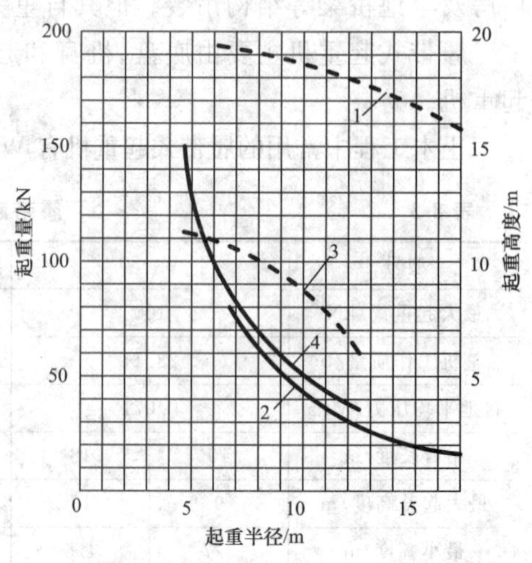

1—起重臂长 23m 时 H-R 曲线；
2—起重臂长 23m 时 Q-R 曲线；
3—起重臂长 13m 时 H-R 曲线；
4—起重臂长 13m 时 Q-R 曲线

图 8-9　W_1-100 型履带式起重机工作曲线

现在普遍使用的汽车起重机多为液压伸缩臂汽车起重机，液压伸缩臂一般有 2～4 节，最下(最外)

一节为基本臂，吊臂内装有液压伸缩机构控制其伸缩。

图 8-10 所示为 QY-100 型汽车起重机外形。该机由起升、变幅、回转、吊臂伸缩和支腿机构等组成，全为液压传动。

汽车起重机作业时必须先安放支腿，以增大机械的支承面积，保证必要的稳定性。因此，它是定点作业，不能负荷行驶。

汽车起重机的主要技术性能有最大起重量、整机质量、吊臂全伸长度、吊臂全缩长度、最大起升高度、最小工作半径、起升速度、最大行驶速度等。

图 8-10 QY-100 型汽车起重机

3. 轮胎起重机

轮胎起重机不采用汽车底盘，而另行设计轴距较小的专门底盘。其构造与履带式起重机基本相同，只是底盘上装有可伸缩的支腿，起重时可使用支腿增加机身的稳定性，并保护轮胎。

轮胎起重机的优点是行驶速度快，能迅速地转移工作地点或工地，对路面破坏小。但这种起重机不适合在松软或泥泞的地面上工作。

国产轮胎式起重机分机械传动和液压传动两种。图 8-11 为 RT550 型液压式轮胎起重机的外貌。轮胎起重机的主要技术性能有额定起重量、整机质量、最大起重高度、最小回转半径、起升速度等。

图 8-11 RT550 型液压式轮胎起重机

8.1.2.3　塔式起重机

塔式起重机有竖立的塔身，吊臂安装在塔身顶部形成 T 形工作空间，因而具有较大的工作范围和起重高度，其幅度比其他起重机高，一般可达全幅度的 80%。塔式起重机在土木施工中，尤其在高层建筑施工中得到广泛应用，用于物料的垂直与水平运输和构件的安装。

塔式起重机按照行走机构，分为固定式、轨道式、轮胎式、履带式、爬升式和附着式等多种。固定式起重机的底座固定在轨道或地面上，或塔身直接装在特制的固定基础上。轨道式起重机装有轨轮，在铺设的钢轨上移动，是应用最广泛的品种。轮胎式起重机靠充气轮胎行走，履带式起重机以履带底盘为行走支承，应用都不多。爬升式起重机置于结构内部，随着结构的升高，以结构为支承而升高。附着式是固定式的一种，也随着结构的升高而不断加长塔身，为了减小塔身的弯矩，在塔身上每隔一定高度用附着杆与结构相连。此外，还有一种用于工业建筑的塔桅式起重机，是一种固定式塔式起重机与桅杆式起重机相结合的起重机。近年来，国内建筑施工中也开始采用平头式塔式起重机。图 8-12 为各种塔式起重机示意图。

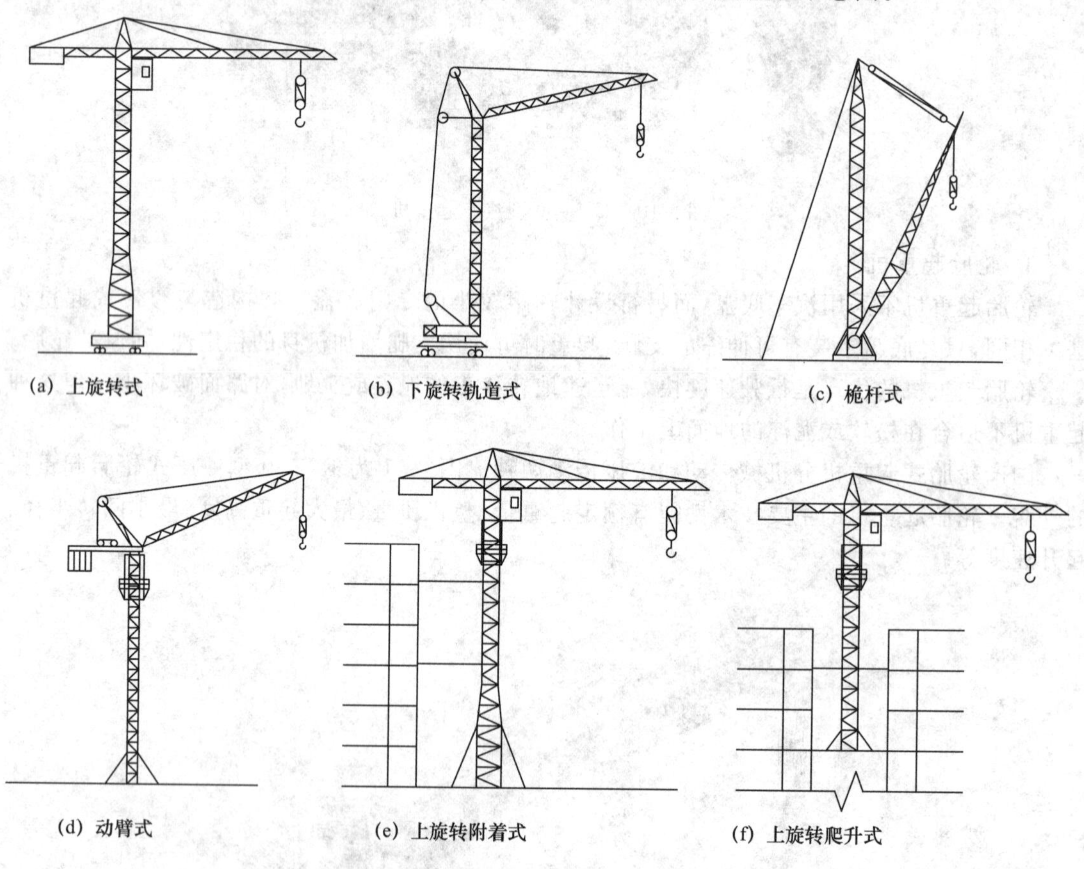

图 8-12　塔式起重机的类别

塔式起重机按照变幅方法，分吊臂变幅和小车变幅两种，以小车变幅为优，其工作平稳，最小工作半径小，并可同时进行起升、旋转及小车行走三个动作，作业效率高。

下面就常用的轨道式、爬升式、附着式、平头式塔式起重机作一介绍。

1. 轨道式塔式起重机

轨道式塔式起重机是土木工程中使用最广泛的一种起重机，它可带重物行走，作业范围大，非生产时间少，生产效率高。

常用的轨道式塔式起重机有 QT_1-2 型、QT_1-6 型、QT-60/80 型、QT_1-15 型、QT-25 型等多种。轨道式塔式起重机主要技术性能有：吊臂长度、起重幅度、起重量、起升速度及行走速度等。根据塔身的旋转形式，又分为上旋式塔式起重机（塔身顶部以上可旋转）和下旋式塔式起重机（轨道行走装置以上的所有塔身等一同旋转）。

图 8-13 为 QT-80 型超重机，它是一种上旋式塔式起重机，起重量为 30～80kN、幅度为 7.5～20m。它由塔身、底架、塔顶、塔帽、吊臂、平衡臂和起升、变幅、回旋、行走机构及电气系统等组成。其特点是塔身可以按需要增减互换节而改变长度，并且可以转弯行驶。

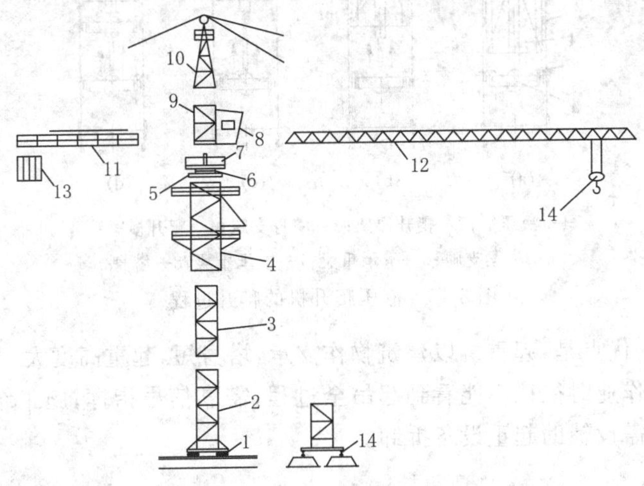

1—从动台车；2—固定基节；3—标准基节；4—爬升架；5—下支座；6—回转装置；7—上支座；8—操纵室；9—回转塔身；10—塔帽；11—平衡臂；12—起重臂；13—平衡重；14—驱动台车

图 8-13　QT-80 型塔式起重机

下旋式塔式起重机现在工程中已较少使用。

2. 爬升式塔式起重机

爬升式塔式起重机又称内爬式塔式起重机，通常安装在建筑物的电梯井或特设的开间内，也可安装在筒形结构内，依靠爬升机构随着结构的升高而升高，一般是每建造 3～8m，起重机就爬升一次，塔身自身高度只有 20m 左右，起重高度随施工高度而定。

1）爬升原理

爬升机构有液压式和机械式两种，图 8-14 所示是液压爬升机构，由爬升梯架、液压缸、爬升横梁和支腿等组成。爬升梯架由上、下承重梁构成，两者相隔两层楼，工作时，用螺栓固定在筒形结构的墙或边梁上，梯架两侧有踏步。其承重梁对应于起重机塔身的四根主肢，装有 8 个导向滚子，在爬升时起导向作用。塔身套装在爬升梯架内，顶升液压缸的缸体铰接于塔身横梁上。而下端（活塞杆端）铰接于活动的下横梁中部。塔身两侧装支腿，活动横梁两侧也装支腿，依靠这两对支腿轮流支撑在爬梯踏步上，使塔身上升。

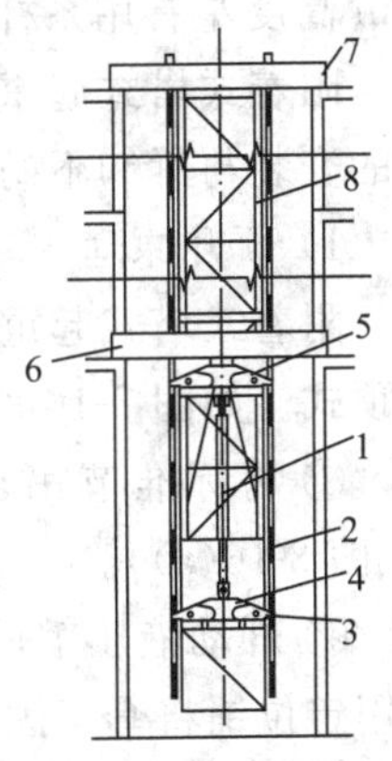

1—液压缸；2—爬升梯架；3—塔身支腿；4—爬升横梁；5—横梁支腿；6—下承重梁；7—上承重梁；8—塔身

图 8-14　爬升式塔式起重机的液压爬升机构

图 8-15 表示爬升过程。爬升横梁 4 的支腿支承在爬升梯架 2 下面的踏步上（图 8-15(a)）顶升液压缸 1 进油，将塔身 8 向上顶升（图 8-15(b)），顶到一定高度以后，塔身两侧的支腿 3 支承在爬梯的上面踏步上

(图 8-15(c)),液压缸回缩,将爬升横梁提升到上一级踏步,并张开支腿 3 支承于上一级踏步上(图 8-15(d))。如此重复,使起重机上升。

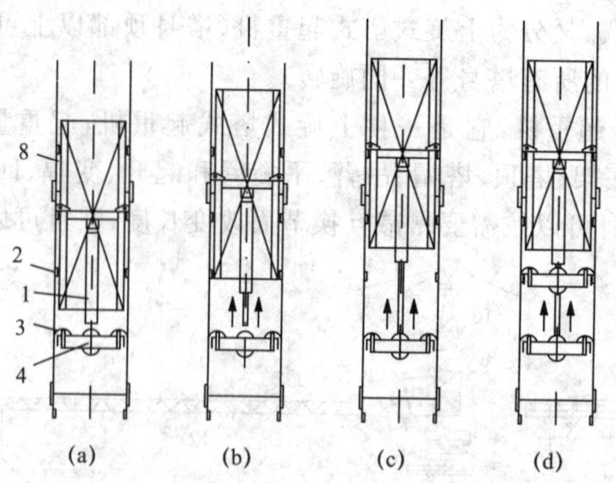

1—液压缸;2—爬升梯架;3—塔身支腿;4—爬升横梁;
5—横梁支腿;6—下承重梁;7—上承重梁;8—塔身

图 8-15 液压爬升机的爬升过程

爬升式起重机的优点是:起重机以建筑物作支承,塔身短,起重高度大,而且不占建筑物外围空间;缺点是司机作业时往往不能看到起吊全过程,需靠信号指挥;施工结束后在高空拆卸工作难度较大.一般需设辅助起重设备拆卸。

2) 技术性能

常用的内爬式起重机为上旋内爬式塔式起重机,也可用作为附着式、固定式或轨道式塔式起重机。主要技术性能包括工作幅度、起重量、起升速度、爬升速度等。

3. 附着式塔式起重机

附着式塔式起重机又称自升塔式起重机,直接固定在建筑物或构筑物近旁的混凝土基础上,随着结构的升高,不断自行接高塔身,使起重高度不断增大。为了保持塔身稳定,塔身每隔 20m 高度左右用系杆与结构锚固。

附着式塔式起重机多为小车变幅,因起重机装在结构近旁,司机能看到吊装的全过程,自身的安装与拆卸不妨碍施工过程。

1) 顶升原理

附着式塔式起重机的自升接高目前主要是利用液压缸顶升,采用较多的是外套架液压缸侧顶式。如图 8-16 所示为其顶升过程,可分为以下 5 个步骤:

① 将标准节吊到摆渡小车上,并将过渡节与塔身标准节相连的螺栓松开,准备顶升(图 8-16(a))。

② 开动液压千斤顶,将塔吊上部结构包括顶升套架向上顶升超过一个标准节的高度,然后用定位销将套架固定,塔吊上部结构的重量便通过定位销传递到塔身(图 8-16(b))。

③ 液压千斤顶回缩,形成引进空间,此时将装有标准节的摆渡小车开到引进空间内(图 8-16(c))。

④ 利用液压千斤顶稍微提起标准节,退出摆渡小车,然后将标准节平衡地落在下面的塔身上,并用螺栓加以连接(图 8-16(d))。

⑤ 拔出定位销,下降过渡节,使之与已接高的塔身连成整体(图 8-16(e))。如一次要接高若干节塔身标准节,则可重复以上工序。

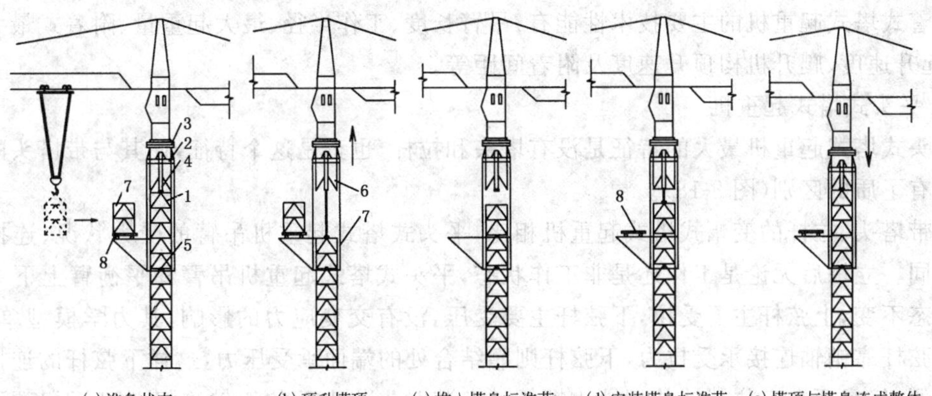

1—顶升套架；2—液压千斤顶；3—承座；4—顶升横梁；

5—定位销；6—过渡节；7—标准节；8—摆渡小车

图 8-16 QT_4-10 型起重机的顶升过程

2）技术性能

图 8-17 为 QT_4-10 型附着式塔式起重机，其最大起重量为 100kN，最大起重力矩为 1 600kN·m，最大幅度 30m，装有轨轮，也可固定在混凝土基础上。

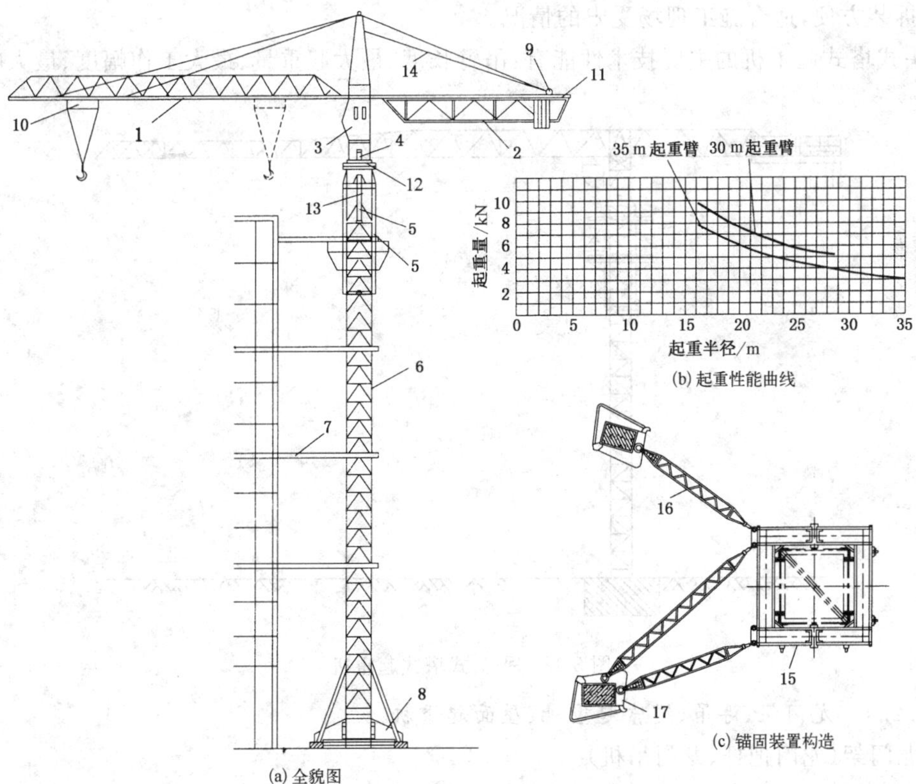

1—起重臂；2—平衡臂；3—操纵室；4—转台；5—顶升套架；6—塔身标准节；

7—锚固装置；8—底架及支腿；9—起重小车；10—平衡重；11—支承回转装置；

12—液压千斤顶；13—塔身套箍；14—撑杆；15—附着套箍；16—附墙杆；17—附墙连接件

图 8-17 QT_4-10 型塔式起重机

附着式塔式起重机的主要技术性能有：吊臂长度、工作半径、最大起重量、附着式最大起升高度、起升速度、爬升机构顶升速度及附着间距等。

4. 平头式塔式起重机

平头式塔式起重机最大的特征是没有塔头和拉杆，也正是这个特征，使其与带塔头的塔式起重机有了质的区别(图 8-18)。

与带塔头、拉杆的变幅式塔式起重机相比，平头式塔式起重机吊臂的受力状况、连接方式明显不同。立塔后无论是工作还是非工作状态，平头式塔式起重机吊臂和平衡臂上下主弦杆受力状态不变，上弦杆主要受拉，下弦杆主要受压，没有交变应力的影响，其力学模型单一、简明。上弦杆靠销轴连接承受拉力，下弦杆则靠结合处的端面承受压力，这样下弦杆的连接方式非常简便，仅靠两个定位锁销并配锁止螺栓。安装时先将上面的销轴连好，然后下落臂节，两锁销自动就位，穿上螺栓即可，臂节间主要靠上弦杆的一个大销轴连接。

与带塔头的塔式起重机相比，平头式塔式起重机具有以下优点：

① 单元重量小，安装高度低，大大降低拆装作业对起重设备起重能力的要求；

② 可降低群塔交叉作业时对每两台塔机高度差的要求，适合群塔交叉作业；

③ 适合对高度、幅度变化有特殊要求的施工场合；

④ 吊臂钢结构寿命长，安全性高，适用性好；

⑤ 拆装方便，适合施工现场受限的情况。

平头式塔式起重机的主要技术性能有：吊臂长度、最大起重量、最大工作幅度、最大幅度起重量等。

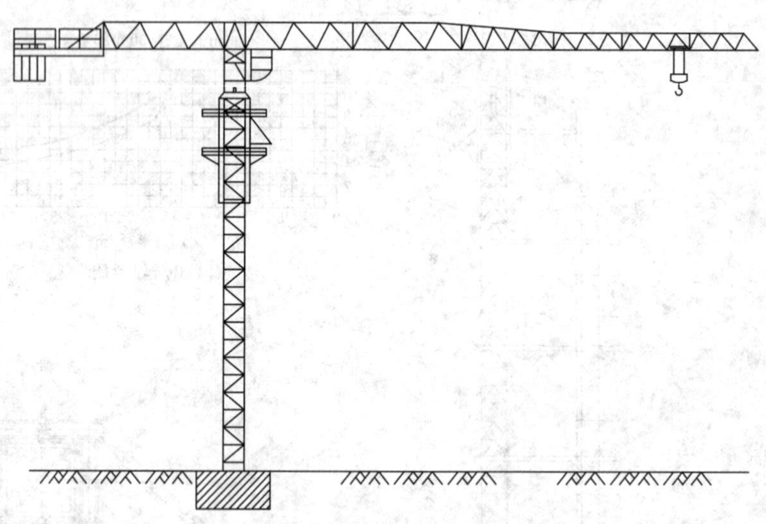

图 8-18　平头式塔式起重机

8.1.2.4　龙门架、浮吊、缆索起重机、屋面起重机

1. 龙门架(龙门把杆、龙门吊机)

龙门架是一种最常用的垂直起吊设备。在龙门架顶横梁上设置行车时，可横向运输构件；在龙门架两腿下缘设置滚轮并置于铁轨上时，可在轨道上纵向运输；如在两腿下设能转向的滚轮时，可进行任何方向的水平运输。龙门架通常设于构件预制厂吊移构件；或设在桥墩顶、墩旁安装大梁构件。常用的龙门架种类有钢木混合构造龙门架、拐脚龙门架和装配式钢桥桁节(贝雷)拼制的龙门架。图 8-19 是利用公路装配式钢桥桁节(贝雷)拼制的龙门架示例。

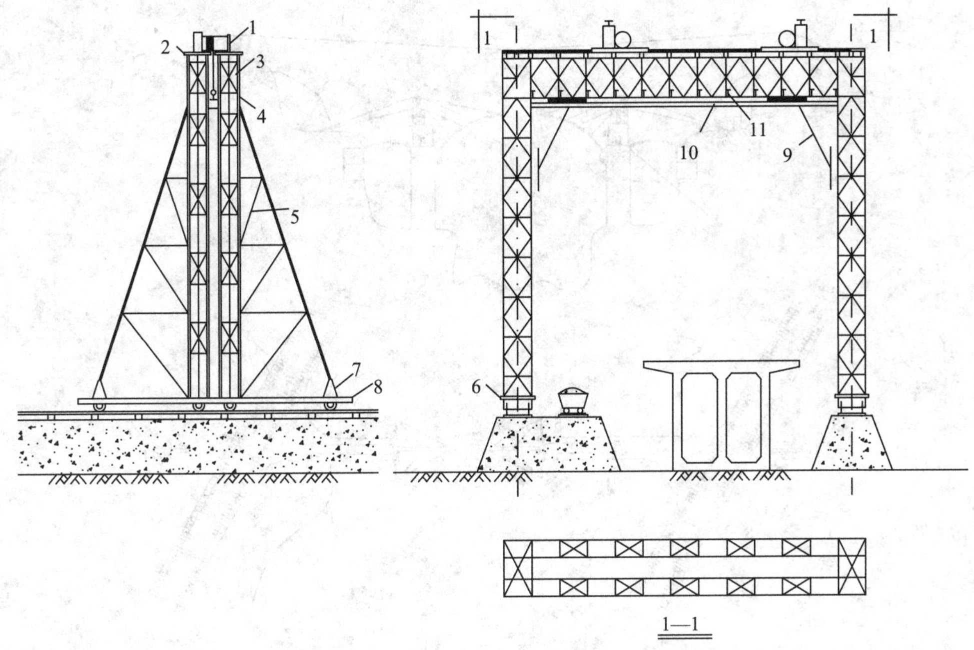

1—单筒慢速卷扬机；2—行道板；3—枕木；4—贝雷桁片；5—斜撑；
6—端桩；7—底梁；8—轨道平车；9—角撑；10—加强吊杆；11—单轨

图 8-19 利用公路装配式钢梁桁架节拼制的龙门架

2. 浮吊

在通航河流上建桥，浮吊船是重要的工作船。常用的浮吊有铁驳轮船浮吊和用木船、型钢及人字把杆等拼成的简易浮吊。我国目前使用的最大浮吊船的起重量已达 7 500kN。

通常，简单浮吊可以利用两只船组拼成门船，用木料加固底舱，舱面上安装型钢组成的底板构架，上铺木板，其上安装人字把杆。起重动力可使用一台双筒电动卷扬机，其安装在门船后部中线上。制作人字把杆可用钢管或圆木，并用两根钢丝绳分别固定在门船尾端两舷旁钢构件上。吊物平面位置的变动由门船移动来调节，另外还需配备电动卷扬机绞车、钢丝绳、锚链、铁锚作为移动及固定船位用。

3. 缆索起重机

缆索起重机适用于高差较大的垂直吊装和架空纵向运输，吊运量从数十吨至数百吨，纵向运距从几十米至几百米。

缆索起重机是由主索、天线滑车、起重索、牵引索、起重及牵引绞车、主索地锚、塔架、风缆、主索平衡滑轮、电动卷扬机、手摇绞车、链滑车及各种滑轮等部件组成。在吊装拱桥时，缆索吊装系统除了上述各部件外，还有扣索、扣索排架、扣索地锚、扣索绞车等部件。其布置方式参见图 8-20。

4. 屋面起重机

在建筑施工中，屋面起重机主要用于高空拆除大型屋面内爬式塔式起重机。作为桅杆式起重机的替代，屋面起重机具有更方便的全回转功能，安全性更好。屋面起重机一般直接通过底座固定在屋面结构上，其起重量一般在 2～10t；构造简单，部件重量轻，一般控制在 1t 以内，便于人工拆除和通过施工电梯垂直运输。图 8-21 为 WQ10 型屋面起重机。

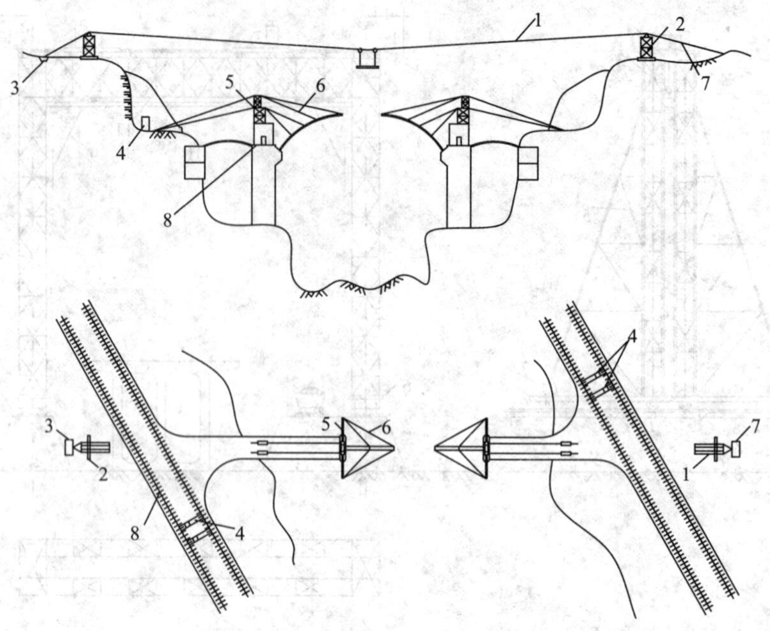

1—主索；2—主索塔架；3—主索地锚；4—构件运输龙门架；
5—万能杆件揽风架；6—扣索；7—主索收紧装置；8—龙门架轨道

图 8-20　缆索吊装布置示例

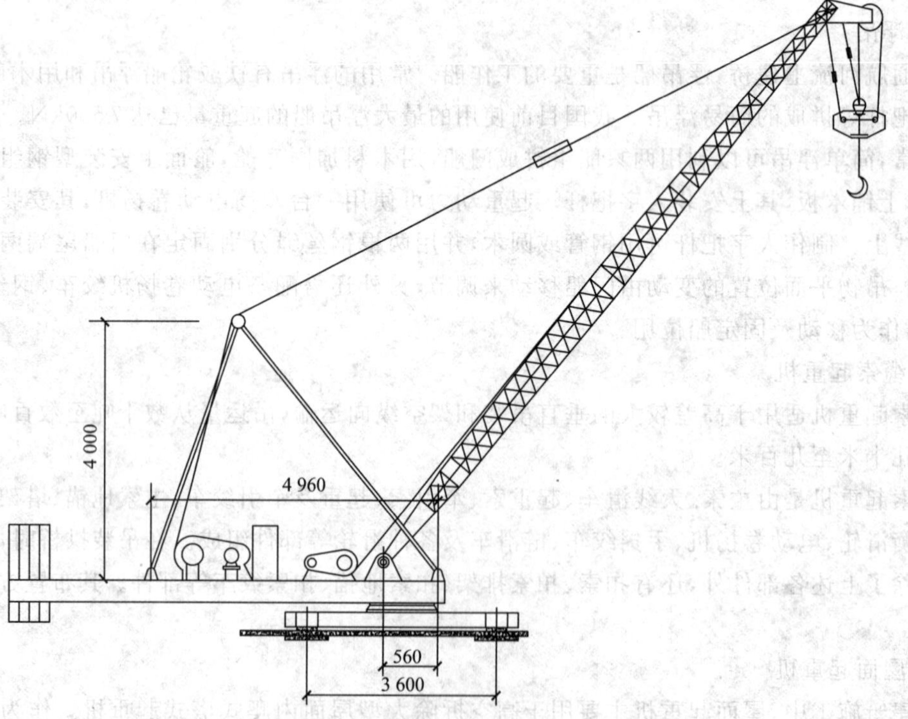

图 8-21　WQ10 型屋面起重机

8.2 构件吊装工艺

8.2.1 预制构件的制作、运输和堆放

8.2.1.1 构件的制作和运输

预制构件如柱、屋架、梁、桥面板等可在现场预制或工厂预制。在条件许可时，预制时尽可能采用叠浇法，重叠层数由地基承载能力和施工条件确定，一般不超过 4 层，上下层间应做好隔离层，上层构件的浇筑应等到下层构件混凝土达到设计强度的 30%以后才可进行，整个预制场地应平整夯实，不可因受荷、浸水而产生地基的不均匀沉陷。

工厂预制的构件需在吊装前运至工地，构件运输宜选用载重量较大的载重汽车和半拖式或全挂式的平板拖车，将构件直接运到工地构件堆放处。

对构件运输时的混凝土强度要求是：如设计无规定时，不应低于设计的混凝土强度标准值的 75%。在运输过程中构件的支承位置和方法，应根据设计的吊(垫)点设置，避免因超应力使构件损伤。叠放运输构件时，构件之间必须用隔板或垫木隔开。上、下垫木应保持在同一垂直线上，支垫数量要符合设计要求以免构件受折；运输道路要有足够的宽度和转弯半径。图 8-22 为构件运输示意图。

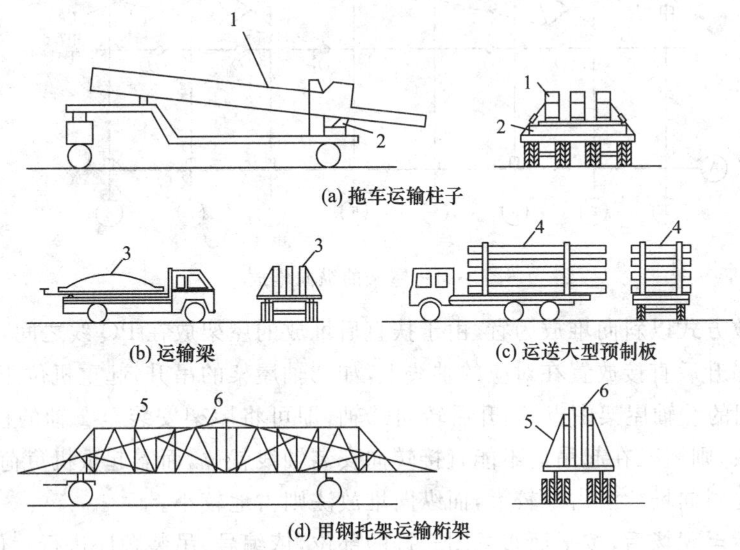

1—柱子；2—垫木；3—大型梁；4—预制板；5—钢拖架；6—大型桁架

图 8-22 构件的运输

8.2.1.2 吊装前的构件堆放

预制构件的堆放应考虑便于吊升及吊升后的就位，特别是大型构件，如房屋建筑中的柱、屋架，桥梁工程中的箱梁、桥面板等，应做好构件堆放的布置图，以便一次吊升就位，减少起重设备负荷开行。对于小型构件，则可考虑布置在大型构件之间，也应以便于吊装、减少二次搬运为原则。但小型构件常采用随吊随运的方法，以减少对施工场地的占用。下面以混凝土单层厂房屋架为例说明预制构件的临时堆放原则。

预制屋架布置在跨内，以 3～4 榀为一叠，为了适应在吊装阶段吊装屋架的工艺要求，首先需要用起重机将屋架由平卧转为直立，这一工作称为屋架的扶直(或称翻身、起板)。

屋架扶直后，随即用起重机将屋架吊起并转移到吊装前的堆放位置。屋架的堆放方式一般有两种，即屋架的斜向堆放(图 8-23)和纵向堆放(图 8-24)。各榀屋架之间保持不小于20cm的间距，各榀屋架都必须支撑牢靠，防止倾倒。对于纵向堆放的屋架，要避免在已吊装好的屋架下方进行绑扎和吊装。

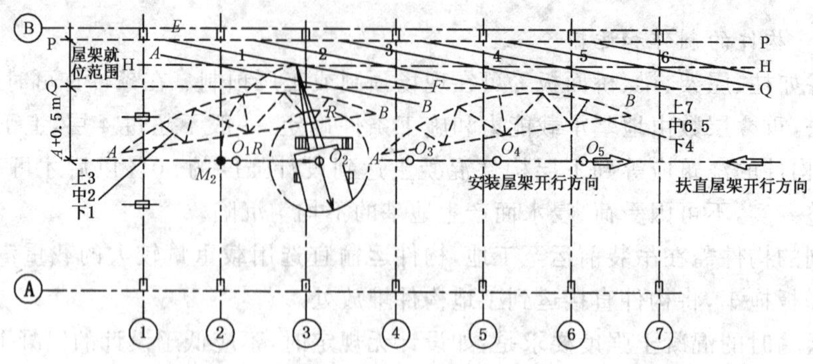

图 8-23　屋架的斜向堆放

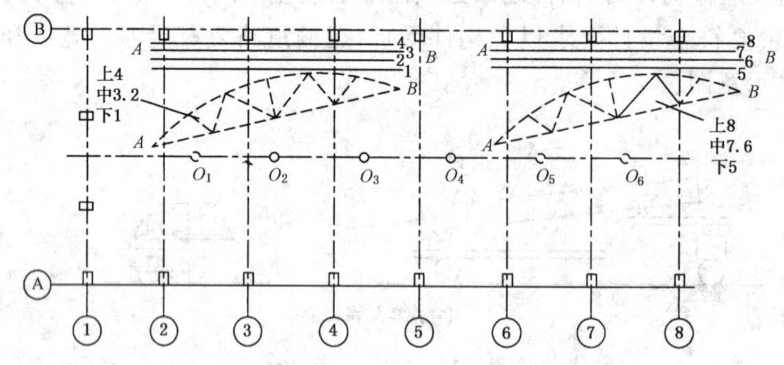

图 8-24　屋架的纵向堆放

这两种堆放方式以斜向堆放为宜，由于扶直后堆放的屋架放在PQ线之间，屋架扶直后的位置可保证其吊升后直接放置在对应的轴线上，如②轴屋架的吊升，起重机位于 O_2 点处. 吊钩位于 PQ 线之间的②轴屋架中点、起升后转向②轴，即可将屋架安装至②轴的柱顶(图 8-23)。如采用纵向堆放，则屋架在起吊后不能直接转向安装轴线就位，而需起重机负荷开行一段后再安装就位。但是斜向堆放法占地较大，而纵向堆放法则占地较小。

小型构件运至现场后，按平面布置图安排的部位，依编号、吊装顺序进行就位和集中堆放。小型构件就位位置，一般在其安装位置附近，有时也可从运输车上直接起吊。采用叠放的构件，如屋面板、箱梁等，可以多块为一叠，以减少堆场用地。

8.2.2　构件的绑扎和吊升

预制构件的绑扎和吊升对于不同构件各有特点和要求，现就单层工业厂房预制柱和钢筋混凝土屋架的绑扎和吊升进行阐明，其他构件的施工方法与此类似。

8.2.2.1　柱的绑扎和起吊

1. 柱的绑扎

柱身绑扎点和绑扎位置，要保证柱身在吊装过程中受力合理，不发生变形和裂断。一般，中、小型柱绑扎一点；重型柱或配筋少而细的长柱绑扎两点甚至两点以上以减少柱的吊装弯矩。必要时,需经吊装应力和裂缝控制计算后确定。一点绑扎时,绑扎位置一般由设计确定。

按柱吊起后柱身是否能保持垂直状态,分为斜吊法和直吊法,相应的绑扎方法有:①斜吊绑扎法(图 8-25),它对起重杆长度要求较小,用于柱的宽面抗弯能力满足吊装要求时。此法无需将预制柱翻身,但因起吊后柱身与杯底不垂直,对线就位较难;②直吊绑扎法(图 8-26),它适用于柱宽而抗弯能力不足的情况,必须将预制柱翻身后窄面向上,以增大刚度,再绑扎起吊,此法因吊索需跨过柱顶,需要较长的起重杆。

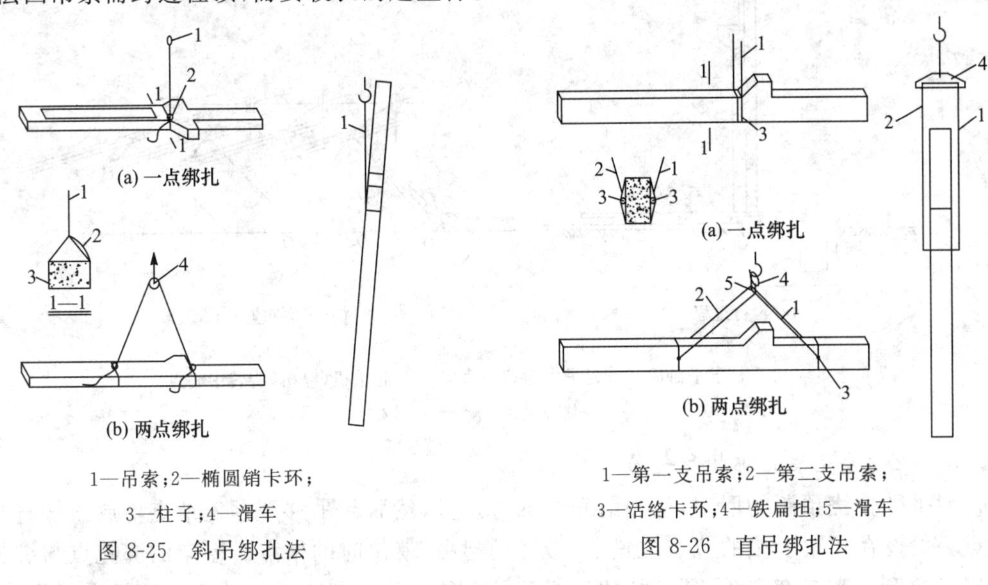

1—吊索;2—椭圆销卡环;
3—柱子;4—滑车

图 8-25 斜吊绑扎法

1—第一支吊索;2—第二支吊索;
3—活络卡环;4—铁扁担;5—滑车

图 8-26 直吊绑扎法

2. 柱的起吊

柱的起吊方法,按柱在吊升过程中柱身运动的特点分旋转法和滑行法两种;按采用起重机的数量,有单机起吊和双机起吊之分。单机起吊的工艺如下:

1) 旋转法

起重机边起钩、边旋转,使柱身绕柱脚旋转而逐渐吊起的方法称为旋转法。其要点是保持柱脚位置不动,并使柱的吊点,柱脚中心和杯口中心三点共圆。其特点是柱吊升中所受振动较小,但构件布置要求高,占地较大,对起重机的机动性要求高,要求能同时进行起升与回转两个动作。一般常采用自行式起重机(图 8-27)。

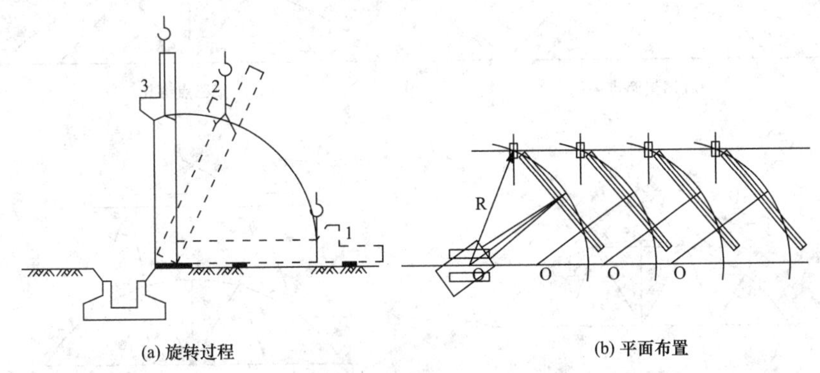

1—柱子平卧时;2—起吊中途;3—直立;O—起重机(停机)旋转中心点

图 8-27 旋转法吊柱

2) 滑行法

起吊时起重机不旋转,只起升吊钩,使柱脚在吊钩上升过程中沿着地面逐渐向吊钩位置滑行，直到柱身直立的方法称为滑行法。其要点是柱的吊点要布置在杯口旁，并与杯口中心两点共圆弧。其特点是起重机只需起升吊钩即可将柱吊直，然后稍微转动吊杆，即可将柱子吊装就位，构件布置方便、占地小，对起重机性能要求较低，但滑行过程中柱子受振动，故通常在起重机及场地受限时才采用此法(图 8-28)。

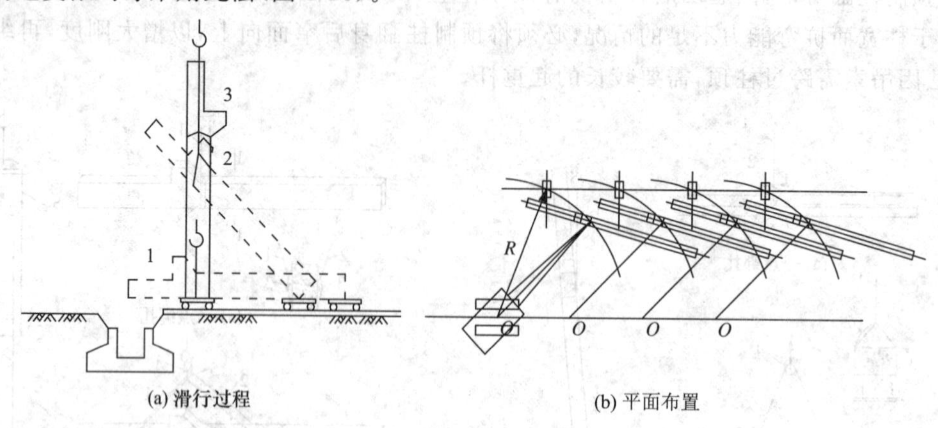

1—柱子平卧时；2—起吊中途；3—直立；O—起重机(停机)旋转中心点

图 8-28 滑行法吊柱

8.2.2.2 屋架的绑扎和起吊

对平卧叠浇预制的屋架，吊装前先要翻身扶直，然后起吊移至预定地点堆放。扶直时的绑扎点一般设在屋架上弦的节点位置上，最好是起吊、就位时的吊点。屋架的绑扎点与绑扎方式与屋架的形式和跨度有关，其绑扎的位置及吊点的数目一般由设计确定。如吊点与设计不符，应进行吊装验算。屋架绑扎时吊索与水平面的夹角 α 不宜小于 45°，以免屋架上弦杆承受过大的压力使构件受损。通常跨度小于 18m 的屋架可采用两点绑扎法，大于 18m 的屋架可采用三点或四点绑扎法，如屋架跨度很大或因加大 α 角，使吊索过长，起重机的起重高度不够时，可采用横吊梁。图 8-29 为屋架绑扎方式示意图。

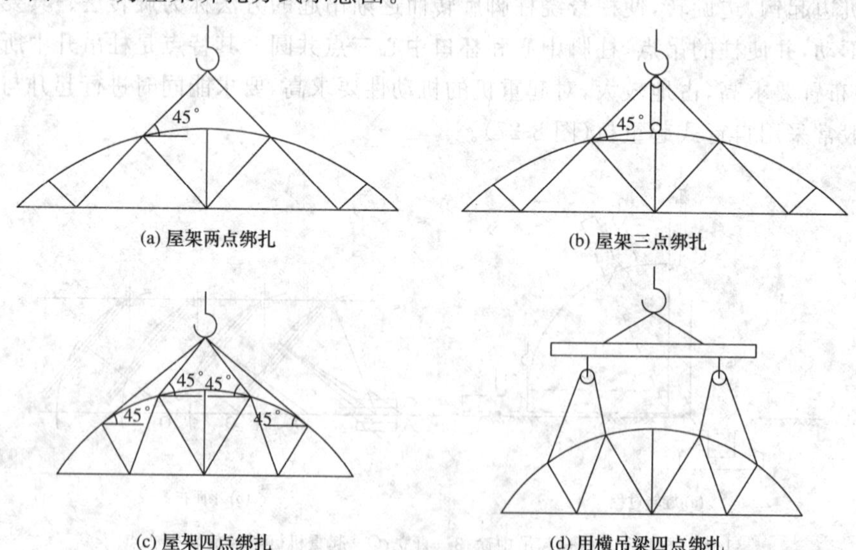

图 8-29 屋架绑扎方式示意图

在屋架吊升至柱顶后，使屋架端部的两个方向的轴线与柱顶轴线重合，屋架临时固定后起重机才能脱钩。

其他形式的桁架结构在吊装中都应考虑绑扎点及吊索与水平面的夹角，以防桁架弦杆在受力平面外的破坏。必要时，还应在桁架两侧用型钢、圆木作临时加固。

8.2.3 构件的就位和临时加固

8.2.3.1 柱的对位和临时固定

混凝土柱脚插入杯口后，使柱的安装中心线对准杯口的安装中心线，然后将柱四周的八只楔子打入以临时固定。吊装重型、细长柱时，除采用以上措施进行临时固定外，必要时，还应增设缆风绳拉锚。

钢柱吊装时，首先进行试吊，吊起离地 100～200mm 高度，检查索具和吊车情况后，再进行正式吊装。调整柱底板位于安装基础时，吊车应缓慢下降，当柱底距离基础位置 40～100mm 时，调整柱底与基础两个方向轴线，对准位置后再下降就位，并拧紧全部基础螺栓螺母，钢柱就位如图 8-30 所示。

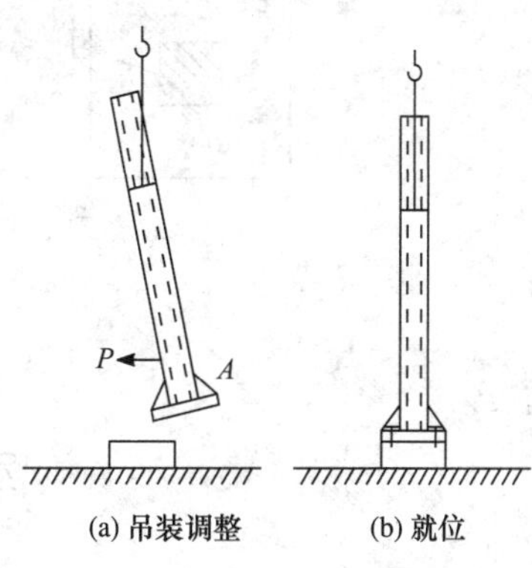

图 8-30 钢柱吊装就位

8.2.3.2 桁架的就位和临时固定

桁架类构件一般高度大、宽度小，受力平面外刚度很小，就位后易倾倒。因此，桁架就位关键是使桁架的端头两个方向的轴线与柱顶轴线重合后，及时进行临时固定。

第一榀桁架的临时固定必须可靠，因为它是单片结构，侧向稳定性差；同时，它是第二榀桁架的支撑，所以必须做好临时固定。一般采用四根缆风绳从两边把桁架拉牢。其他各榀桁架可用屋架校正器(工具式支撑)临时固定在前面一榀桁架上。图 8-31 是以屋架为例说明桁架就位的示意图。

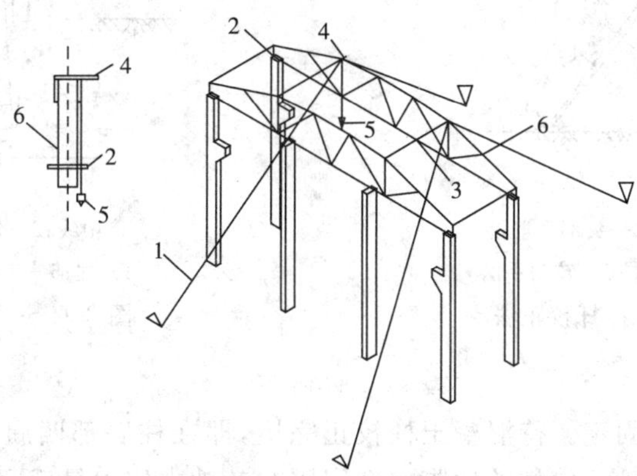

1—缆风绳；2，4—挂线木尺；3—屋架校正器；5—线锤；6—屋架

图 8-31 屋架的临时固定

8.2.4 构件的校正和最后固定

8.2.4.1 柱的校正和最后固定

1. 柱的校正

柱的校正包括平面定位轴线、标高和垂直度的校正。柱平面定位轴线在临时固定前进行

对位时已校正好。混凝土柱标高则在柱吊装前调整基础杯底的标高予以控制，在施工验收规范允许的范围以内进行校正。钢柱则通过在柱子基础表面浇筑标高块（图 8-32）的方法进行校正。标高块用无收缩砂浆立模浇筑，强度不低于 30 N/mm^2，其上埋设厚 16～20mm 的钢面板。而垂直度的校正可用经纬仪观测和钢管校正器或螺旋千斤顶（柱较重时）进行校正，如图 8-33 和图 8-34 所示。

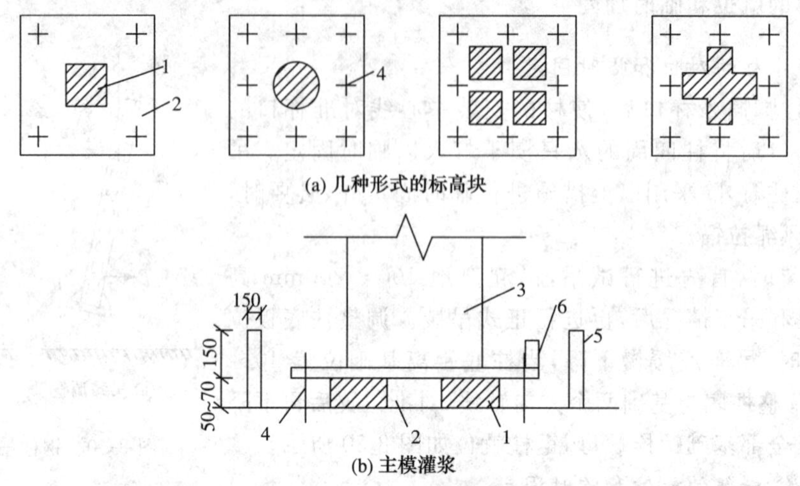

(a) 几种形式的标高块

(b) 主模灌浆

1—标高块；2—基础表面；3—钢柱；4—地脚螺栓；5—模板；6—灌浆口

图 8-32　钢柱标高块的设置

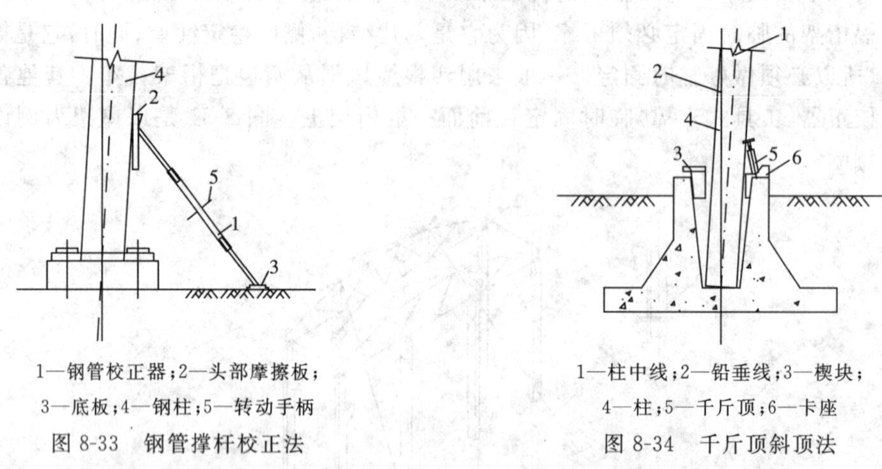

1—钢管校正器；2—头部摩擦板；3—底板；4—钢柱；5—转动手柄

图 8-33　钢管撑杆校正法

1—柱中线；2—铅垂线；3—楔块；4—柱；5—千斤顶；6—卡座

图 8-34　千斤顶斜顶法

2. 柱的最后固定

校正完成后应及时固定。待混凝土柱校正完毕，即在柱底部四周与基础杯口的空隙之间浇筑细石混凝土，捣固密实，使柱的地脚完全嵌固在基础内作为最后固定。浇筑工作分两次进行，第一次浇至楔块底面，待混凝土强度达到 25%设计强度后，拔去楔块再二次灌注混凝土至杯口顶面。

钢柱校正后即将锚固螺栓固定，并进行钢柱柱底灌浆。灌浆前，应在钢柱底板四周立模板，用水清洗基础表面，排除积水。灌筑砂浆应能自由流动，灌浆从一边进行连续灌注，灌注后用湿草包等覆盖养护。

8.2.4.2　桁架的校正和最后固定

桁架主要校正垂直偏差。如建筑工程的有关规范规定：屋架上弦（在跨中）通过两个支座中心的垂直面偏差不得大于 $h/250$(h 为屋架高度)。检查时,可用线锤或经纬仪。下面以屋架为例说明桁架的校正方法(图 8-31)。用经纬仪检查时,将仪器安置在被检查屋架的跨外,距柱横轴线为 a,然后,观测屋架上弦所挑出的三个接线木卡尺上的标志(一个安装在屋架上弦中央,两个安装在屋架上弦两端,标志距屋架上弦轴线均为 a)是否在同一垂直面上,如偏差超出规定数值,则转动屋架校正器上的螺栓进行校正,并在屋架端部支承面垫入薄钢片。校正无误后,立即用电焊焊牢作为最后固定,电焊时,应在屋架两端的不同侧同时施焊,以防因焊缝收缩导致屋架倾斜,其他形式的桁架校正方法也与此类似。

8.2.5 小型构件的吊装

8.2.5.1 梁的吊装

梁的吊装应在下部结构达到设计强度后进行,装配式结构的梁安装须在柱子最后固定好、杯口灌注的混凝土达到 70%设计强度后进行。梁的绑扎应对称,吊钩对准重心,起吊后使构件保持水平。梁在就位时应缓慢落下,争取使梁的中心线与支承面的中心线能一次对准,并使两端搁置位置正确。梁的校正内容有:①安装中心线对定位;②纵、横向轴线的位移;③标高;④垂直度。

8.2.5.2 其他构件的吊装

单层厂房中常设计有天窗架,天窗架可与屋架拼装组合成整体一起吊装,或进行单独吊装。吊装时,采取两点或四点绑扎(图 8-35)。单独吊装时,应待天窗架两侧的屋面板吊装后进行。吊装方法与屋架基本相同。

屋面板、桥面板等的吊装,如起重机的起重能力许可,为加快施工进度,可采取叠吊的方法(图 8-36)。板的吊装,应由屋架或两边左右对称地逐块吊向中央,避免支承结构承受半边荷载,以利于下部结构的稳定。板就位、校正后,应立即与支承构件电焊固定。

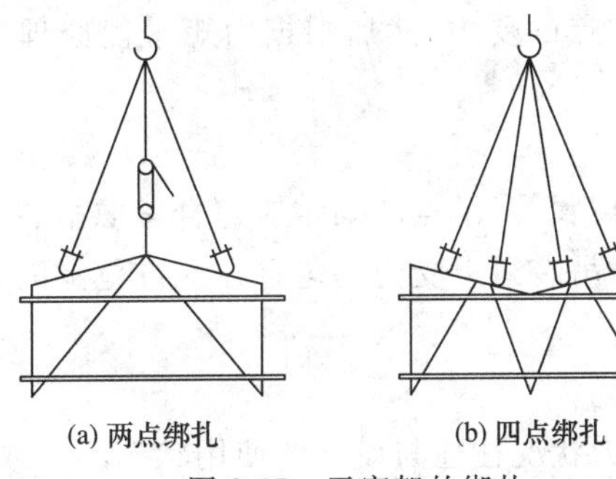

图 8-35 天窗架的绑扎

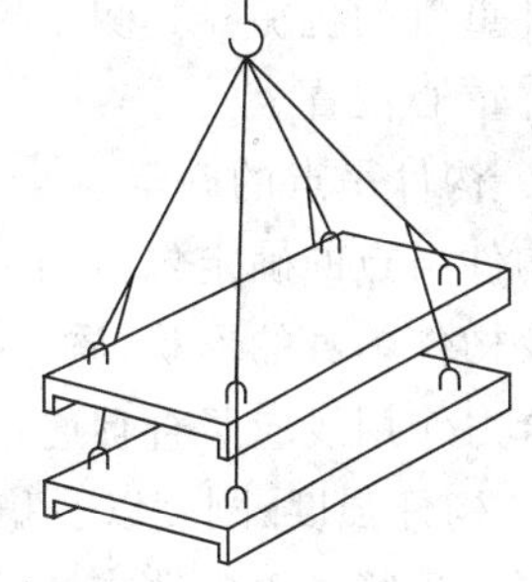
图 8-36 板的叠吊

8.2.6 特殊构件的吊装

8.2.6.1 超重构件的吊装

工程现场常有一些构件重量超出吊装机械的吊重范围,而由于现场场地的限制或者出于工程造价的考虑,无法使用可直接吊起超重构件的吊装机械。此种情况下,只有通过制定合理的吊装方案,采取灵活的吊装策略来完成吊装任务。常用的有双机抬吊技术。

双机抬吊技术指利用两台吊装机械同时起吊重物,共同完成吊装工作。对于大跨度水平构件(如大型钢梁),可在构件两端头分别设置吊点(图 8-37(a))。对于竖向构件(如超重钢柱),可利用吊梁来完成吊装(图 8-37(b))。

双机抬吊要注意以下问题

① 合理分配两台吊机的吊重。对于两台吊装性能不同的吊机，可按分配的吊重占各自额定吊重比例相同的原则分配吊重，并由此确定吊点位置。

② 吊装过程中两台吊装机械的协调十分关键。要注意控制双机提升的同步性，以及在旋转、平移等动作时保证吊绳的垂直度。

③ 起吊过程中不间断地根据构件平衡判断双机起吊速度是否一致，吊车司机要密切关注计重器读数的变化，不能超过计算重量。如出现不同步现象，及时调整。

④ 做好吊耳、吊梁的安全验算，并注意绑扎形式，防止钢丝绳滑脱，防止钢丝绳被构件棱角破坏，做好必要的防护。

⑤ 构件起吊离开地面 200～500mm 时，应停下检查起重机的稳定性、制动器的可靠性、重物的平稳性、绑扎的牢固性，确认无误后方可继续起吊。

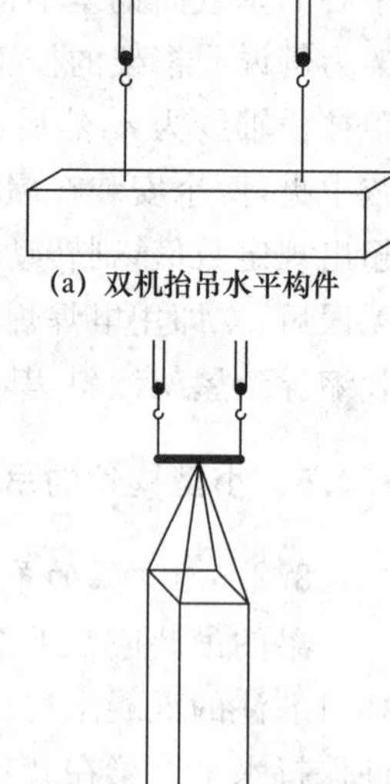

图 8-37 双机抬吊示意图

8.2.6.2 异型构件的吊装

异型构件主要指构件尺寸、质量分布不均匀的构件。异型构件吊装主要要做好以下工作：

1. 构件重心位置的确定

形状简单规则的构件的重心位置一般在其几何中心，对于形状不规则的异型构件，其重心位置比较难以确定，通常可以采用计算法或称重法确定其重心位置。所谓计算法就是将异型构件一一分解(或近似简化)为简单的规则构件，确立空间坐标系后，求出各规则构件的重心坐标，然后用静力学力矩平衡的方法求出整个异型构件的重心位置。称重法是利用某些可以称量构件重量的机械器具测定构件某一或多个支撑点的受力，然后根据力矩平衡原理来计算确定物件重心位置。

2. 构件吊点的确定

构件吊点的确定包括确定吊点的数量、具体位置等，吊点的确定应综合考虑吊装绳索的长度以及构件本身的形状、质量分布情况，以保证各吊装绳索受力均匀且在允许范围内。同时各吊索合力作用线应竖直且通过构件的重心。

3. 构件强度、刚度以及稳定性验算

对于某些薄柔构件或杆系构件，吊装状态受力状况往往与设计的使用状态不一致，这就需要验算构件在吊装状态受力下的强度、刚度以及稳定性问题。

8.3 大型结构安装方法

8.3.1 高空散装法

高空散装法是将构件直接在设计位置进行总拼的一种安装方法，又称为原位拼装法，适用于网架、网壳等空间结构。采用该法安装，需要设置满堂支撑，以提供构件高空搁置的平台。由于构件在高空拼装，因此，可有效降低钢构件的起重要求，但需要搭设大规模的拼装支撑体系，需要大量的支撑材料，支撑的搭设时间长，高空作业多，工期较长，并需要占用建筑物的内场地。

采用高空散装法需要注意以下问题：

① 确定合理的高空拼装顺序。当采用构件直接在高空拼装时，其安装顺序应能保证拼装的精度，以减少累积误差。

② 临时支撑体系的可靠性。临时支撑体系需要进行必要的计算，以确保整体稳定、承载力满足要求。

③ 临时支撑的拆除。临时支撑的拆除涉及到结构体系的转化，对结构变形等有很大影响，必须确定合理的拆除方法。

8.3.2 分块(段)吊装法

分块(段)吊装法是将结构按其组成特点及起重设备的能力进行合理分块(段)，分别由起重设备吊至设计位置就位，然后拼接成整体的安装方法，如图 8-38 所示。分块(段)大部分的焊接和拼接工件在工厂或现场地面进行，有利于提高工程质量，减少高空作业量，加快施工进度，并且所需临时支撑相对较少。但其起重设备的起重量较大，安装运输成本高，对安装块地面拼装的质量要求高。

采用分块(段)吊装法需要注意以下问题：

① 单元划分。构件单元的划分要考虑起重设备的起重能力和所安装结构的特点，如对于大跨度桁架结构，分段位置不宜在桁架跨中。

② 单元刚度。构件单元必须自成体系，并保证有足够的刚度，以确保在吊装过程中的单元稳定及不产生危害性的变形，否则应临时加固。

③ 可能的结构体系转化。分块(段)吊装法根据吊装的需要，可能需要设置少数临时支撑。在拆除时，涉及到结构体系的转化，必须予以考虑。

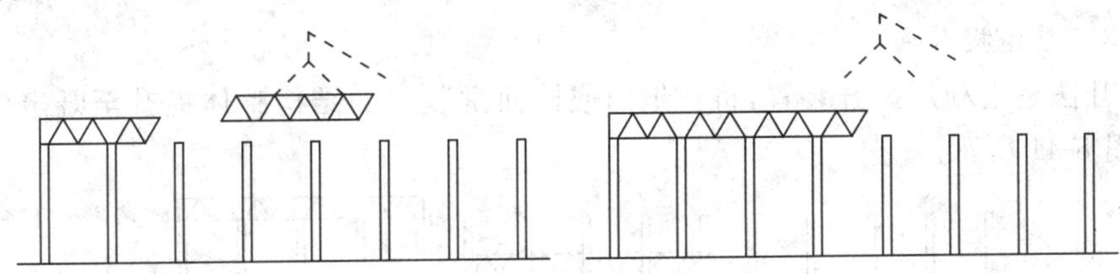

图 8-38 分块(段)安装法示意图

8.3.3 整体安装法

8.3.3.1 概述

整体安装法是将结构在地面或胎架上拼装完成后，再运送并安装到设计位置的施工方法。整体安装施工方法可分为：整体吊装法、整体提升法、整体顶升法、滑移安装法等。与传统的施工方法相比，整体安装法主要有以下优点：①与其他工种交叉施工，节约工期；②结构在地面整体拼装，高空作业少，工程质量易保证；③减少临时支撑的使用。

8.3.3.2 整体吊装法

整体吊装法是将结构在地面拼装成整体后，采用起重设备将其吊装到设计位置就位的施工方法，吊装时可在高空平移和旋转就位，如图 8-39 所示。

由于整个结构的就位全靠起重设备来实现，所以起重设备的能力和起重移动尤为重要。对于大跨度桁架结构，可采用单机吊装或多机抬吊。对于网架等结构，整体吊装法的施工重点

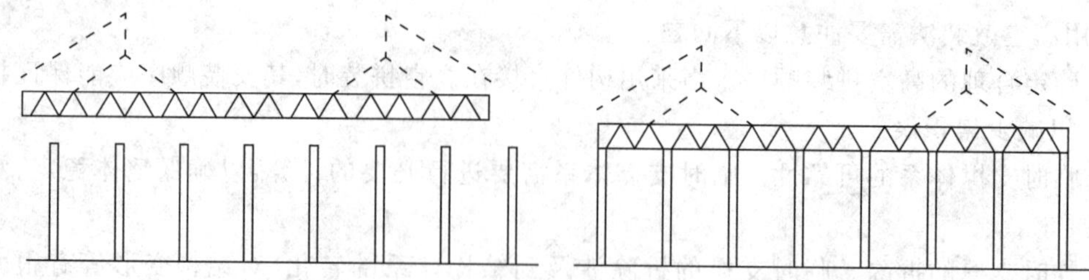

图 8-39　整体吊装法示意图

是网架同步上升的控制，以及网架在空中移位的控制。在一些中、小型网架工程中，一般采用多机吊车抬吊或把杆起吊，也可以采用一台起重机起吊就位。大型网架由于重力较大、面积较大、起吊高度较高，可采用多根把杆吊装，在高空作移动或转动就位安装(图 8-40)。

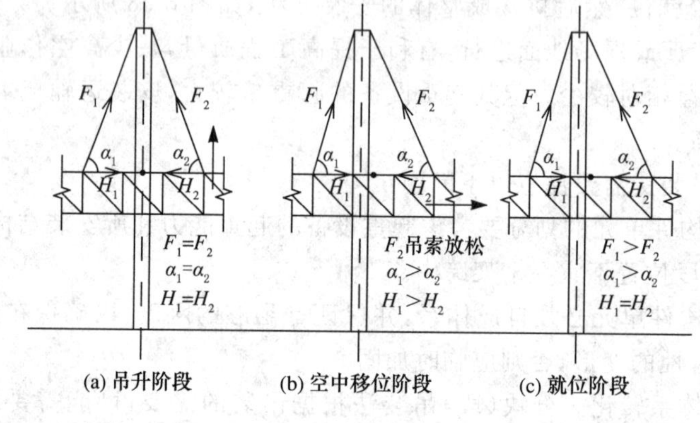

图 8-40　把杆起吊

8.3.3.3　整体提升法

整体提升法是指利用提升装置，将在地面或楼面拼装好的结构整体提升至既定位置的施工方法，如图 8-41 所示。

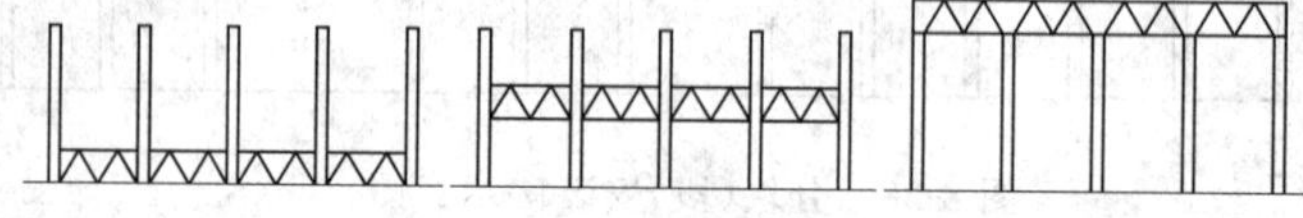

图 8-41　整体提升法示意图

结构提升时，结构自身重量与风荷载、地震荷载所引起的水平力必须由提升装置克服。根据场地条件、提升装置的类型、提升结构的类型，提升机构主要有以下三类：①利用主体结构的方式；②设置临时支架的方式；③主体结构、临时支架组合的方式。提升体系主要分两类，一类是固定液压千斤顶的方式，即液压千斤顶布置在结构柱或临时支架上提升结构，该方式较为常用；另一类是移动液压千斤顶的方式，即液压千斤顶布置在结构上随结构的提升和结构一起向上移动。

8.3.3.4　整体顶升法

整体顶升法指利用顶升装置，将地面或楼面拼装的结构逐步顶升至设计位置的施工方法。顶升法的基本原理和提升法相同，不同的主要是顶升法采用的是顶升机构，顶升机构布置在地面或楼面上。

采用整体吊装法、整体提升法、整体顶升法需要注意以下几个问题：

① 提升吊点的确定。根据起重设备的起重能力确定合适的吊点数量,根据结构的特点,合理布置吊点的位置。

② 提升过程的同步性控制。提升过程的不同步将引起结构内力、起重设备负载变化和结构的安装偏差。

③ 结构体系边界条件的变化。

8.3.3.5　滑移安装法

滑移安装法是指将结构整体(或局部)先在具备拼装条件的位置组装成型,然后利用滑移系统整体滑移至设计位置的一种安装方法,如图 8-42 所示。由于拼装场地和组装用起重机可集中于一个固定的场地,采用该方法可减少临时支撑、操作平台等设施,提高了作业效率,节约了场地处理和现场管理成本。常用的滑移施工方法有以下两种:

① 单条滑移法:指将条状单元逐条地分别从一段滑移到另一段就位安装,各条之间分别在高空再进行连接,即逐条滑移,逐条连成整体。

② 逐条累积滑移法:指分条的单元在滑轨上滑移一段后,连接好下一条又一起滑移一段距离,如此循环,逐条累积拼接后滑移至设计位置。

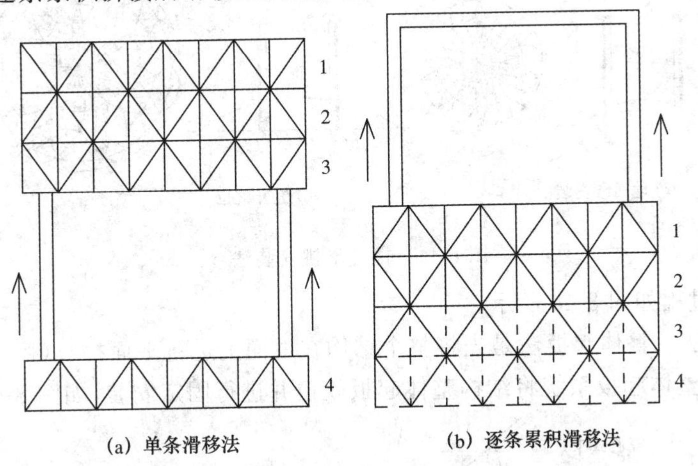

(a) 单条滑移法　　(b) 逐条累积滑移法

图 8-42　滑移安装法

8.3.3.6　其他整体安装技术

随着建筑钢结构的快速发展,推动了整体安装技术的进步。整体安装技术也逐渐从比较单一的整体提升工法的基础上延伸发展。到目前为止,基于计算机控制的液压千斤顶集群作业的整体安装技术得到了长足的发展,技术日趋成熟,应用范围日益拓宽,主要有折叠展开法、提升悬挑安装法、整体起扳法等。

① 折叠展开法。折叠展开法的施工过程是先在施工初期拆除结构中的某些杆件,将结构在地面上折叠,然后将结构提升至设计高度,最后补上未安装的构件。该法适用于单曲面结构。图 8-43 为某网壳施工过程,拼装时抽掉一些杆件,将结构分成五块,块与块之间以及网壳支座采用铰接连接,使之成为一个可变机构,然后将该结构展开提升到设计高度,装上剩余杆件,使之形成一个稳定完整的结构。

② 提升悬挑安装法。提升悬挑安装法是从结构的中央最高部位开始安装施工,当在地面平台上安装完某一设计标高范围内的结构部分后,将已安装部分结构提升至一定高度,可满足与其相邻的下一设计标高范围内的结构部分的安装,重复提升和安装过程,直到完成整体结构

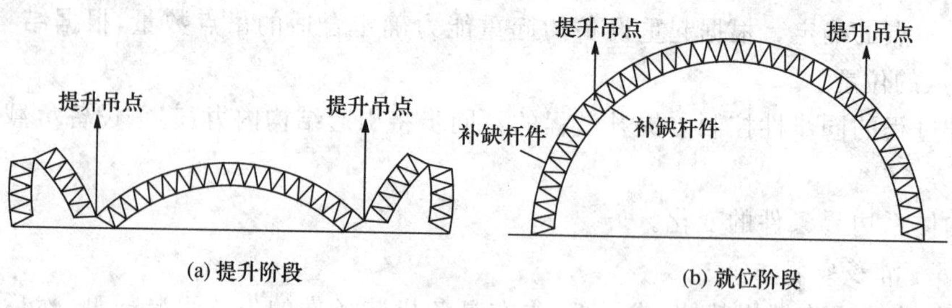

(a) 提升阶段　　(b) 就位阶段

图 8-43　某网壳结构折叠展开法施工过程

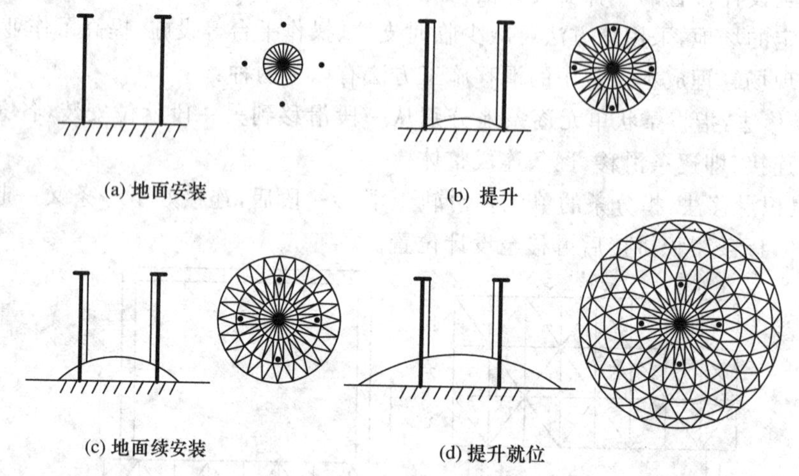

(a) 地面安装　　(b) 提升

(c) 地面续安装　　(d) 提升就位

图 8-44　提升悬挑安装法

安装。该法施工过程如图 8-44 所示。

③ 整体起扳法。整体起扳法是先将整个结构在地面上进行平面拼装(卧拼),待地面上拼装完成后,再利用整体起扳系统将结构整体起扳就位并进行固定安装,如图 8-45 所示。

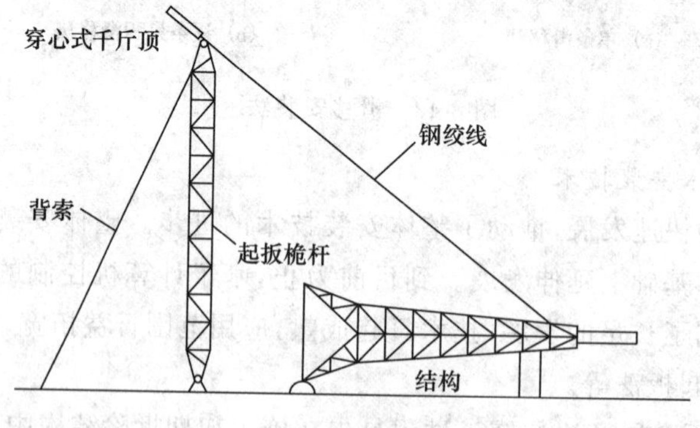

图 8-45　整体起扳法

思考题

【8-1】 叙述钢丝绳构造与种类,它的允许拉力如何计算?

【8-2】 水平锚碇的计算包括哪些内容?怎么计算?

【8-3】 起重机械分哪几类?各有何特点?其适用范围如何?

【8-4】 柱子吊装方法有哪几种？各有何特点？

【8-5】 单机(履带式起重机)吊升柱子时，可采用旋转法或滑行法，各有什么特点？

【8-6】 柱子在临时固定后，柱子垂直度如何校正？

【8-7】 屋架绑扎应注意哪些问题？

【8-8】 桁架的临时固定应注意哪些问题？

习 题

如图 8-46 所示，有一水平地锚。已知土的重度 $\gamma=19\text{kN}\cdot\text{m}^{-3}$，此土为沙土质，内摩擦角 $\varphi=28°$，黏聚力 $c=0$，试验算该地锚是否稳定。(H 深度处的被动土压力强度：$[\delta]=H\gamma\tan^2(45°+\varphi/2)+2c\tan(45°+\varphi/2)$，摩擦系数 $f=0.4$，横梁长度为 2m。由于受力不均匀，土壤承载力降低系数 $\eta=0.5$，安全系数 $K=2$)。

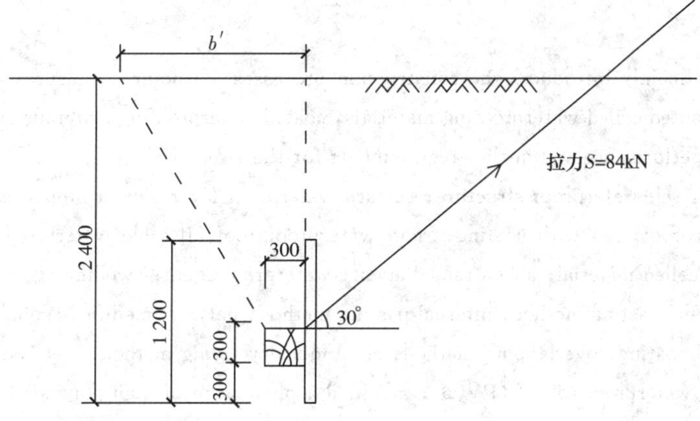

图 8-46 习题 8-1

9 防水工程

摘要:本章主要介绍了常用的卷材防水、涂膜防水、刚性防水层的施工方法、构造措施及施工要点,以及工程中常用防水材料的性能及质量要求。

专业词汇:结构自防水;表面防水层;止水带;止水片;卷材防水屋面;涂膜防水屋面;刚性防水屋面;柔性防水层;防水混凝土;防水卷材;加气剂;防水剂;膨胀剂;沥青胶结料;油毡;外贴法;内贴法;高聚物改性沥青;沥青基涂料;搭接法;着色剂;干铺法;湿铺法;找平层;合成高分子卷材;聚氯乙烯防水卷材;高聚物改性沥青涂料

9 Waterproof Engineering

Abstract: This chapter mainly introduces the construction processes, structural measures and critical control points with widely adopted coiled waterproofing materials, coated waterproofing materials and rigid waterproof layer, as well as the performance and quality requirements for these materials.

Specialized vocabulary: self-waterproof structure; surface waterproof layer; water stop; waterproof roof with coiled material; waterproof roof with coating; rigid waterproof roof; flexible waterproof layer; waterproof concrete; waterproof coiled material; air entrained agent; waterproof agent; swelling agent; bituminous binder; asphalt felt; external pasting method; internal pasting method; polymer modified asphalt waterproof coiled material; pitch- based coating; overlapping method; colorant; dry laying method; wet laying method; screed coat; coiled material; waterproof roll of (PVC) ; modified asphalt paint of high polymer

在土木工程中防水一般分为地下防水、屋面防水、外墙防水和厨卫防水,本章主要介绍地下防水和屋面防水两部分。防水工程质量的优劣,不仅关系到建筑物或构筑物的使用寿命,而且直接关系到它们的使用功能。影响防水工程质量的因素有设计的合理性、防水材料的选择、施工工艺及施工质量、保养与维修管理等。其中,防水工程的施工质量是关键因素。

9.1 地下防水工程

地下建筑埋置在土中,皆不同程度地受到地下水或土体中水分的作用。一方面,地下水对地下建筑有着渗透作用,而且地下建筑埋置越深,渗透水压就越大;另一方面,地下水中的化学成分复杂,有时会对地下建筑造成一定的腐蚀和破坏作用。因此地下建筑应选择合理有效的防水措施,以确保地下建筑的安全耐久和正常使用。

地下建筑防水工程中采用的防水方案有结构自防水、表面防水层和止水带防水。

9.1.1 结构自防水

结构自防水是以调整结构混凝土的配合比或掺外加剂的方法来提高混凝土的密实度、抗渗性、抗蚀性,满足设计对地下建筑的抗渗要求,达到防水的目的。结构自防水具有施工简便、工期短、造价低、耐久性好等优点,是目前地下建筑防水工程的一种主要方法。

9.1.1.1　普通结构自防水混凝土

防水混凝土是通过控制材料选择、混凝土拌制、浇筑、振捣的施工质量，以减少混凝土内部的空隙和消除空隙间的连通，最后达到防水要求。

1. 原材料

水泥的强度等级不宜低于42.5，要求抗水性好、泌水小、水化热低，并具有一定的抗腐蚀性。水泥品种宜采用硅酸盐水泥、普通硅酸盐水泥，采用其他品种水泥时应经试验确定；在受侵蚀性介质作用时，应按介质的性质选用相应的水泥品种；不得使用过期或受潮结块的水泥，并不得将不同品种或强度等级的水泥混合使用。

细骨料要求颗粒均匀、圆滑，质地坚实、坚硬，抗风化性强、洁净，含泥量不应大于3%，泥块含量不宜大于1.0%的中粗砂。砂的粗细颗粒级配适宜，平均粒径0.4mm左右。

粗骨料要求为组织密实、形状整齐、坚固耐久、粒形良好的洁净碎石或卵石，含泥量不应大于1%，泥块含量不应大于0.5%。颗粒的自然级配适宜，粒径5～40mm，最大不超过40mm，且吸水率不大于1.5%。

2. 制备

在保证振捣的密实前提下水灰比尽可能小，一般不大于0.6。坍落度不宜大于50mm。水泥用量在一定水灰比范围内，每立方米混凝土水泥用量一般不小于260kg，但亦不宜超过400kg/m^3。粗骨料选用卵石时砂率宜为35%，粗骨料为碎石时砂率宜为35%～40%，泵送时可增至45%。水泥与砂的比例应控制在1∶1.5～1∶2.5。

9.1.1.2　外加剂结构自防水混凝土

外加剂防水混凝土是在混凝土中掺入一定的有机或无机的外加剂，改善混凝土的性能和结构组成，提高混凝土的密实性和抗渗性，从而达到防水目的。由于外加剂种类较多，各自的性能、效果及适用条件不尽相同，故应根据地下建筑防水结构的要求和施工条件，选择合理、有效的防水外加剂。常用的外加剂防水混凝土有：三乙醇胺防水混凝土、加气剂防水混凝土、减水剂防水混凝土、氯化铁防水混凝土等。

9.1.1.3　结构自防水混凝土的施工

1. 施工

防水混凝土在施工中应注意：

① 保持施工环境干燥，避免带水施工；

② 模板支撑牢固、接缝严密；

③ 防水混凝土浇筑前无泌水、离析现象；

④ 防水混凝土浇筑时的自落高度不得大于1.5m；

⑤ 防水混凝土应采用机械振捣，并保证振捣密实；

⑥ 防水混凝土应自然养护，养护时间不少于14d；

⑦ 防水混凝土应分层连续浇筑，分层厚度不得大于500mm；

⑧ 防水混凝土采用预拌混凝土时，入泵坍落度宜控制在120～160mm，坍落度每小时损失值不应大于20mm，坍落度总损失值不应大于40mm。

2. 防水构造处理

1）施工缝处理

地下建筑施工时应尽可能不留或少留施工缝，尤其是不得留垂直施工缝。在墙体中一般留设水平施工缝，其常用的防水构造处理方法如图9-1所示。

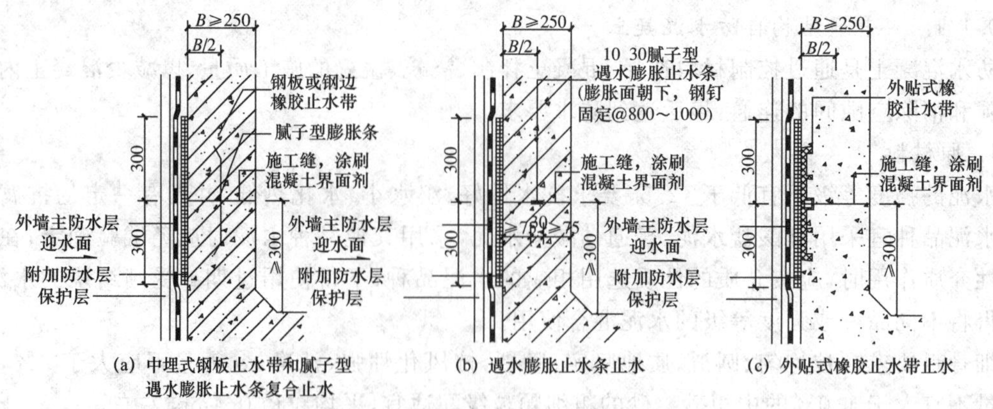

(a) 中埋式钢板止水带和腻子型遇水膨胀止水条复合止水　(b) 遇水膨胀止水条止水　(c) 外贴式橡胶止水带止水

图 9-1　防水混凝土的施工缝

2）贯穿铁件处理

地下建筑施工中墙体模板的穿墙螺栓，穿过底板的基坑围护结构等，均是贯穿防水混凝土的铁件。由于材质差异，地下水分较易沿铁件与混凝土的界面向地下建筑内渗透。为保证地下建筑的防水要求，可在铁件上加焊一道或数道止水铁片，延长渗水路径、减小渗水压力，达到防水目的。拆模后应将留下的凹槽用密封材料封堵密实，并应用聚合物水泥沙浆抹平。如图 9-2、图 9-3 所示。

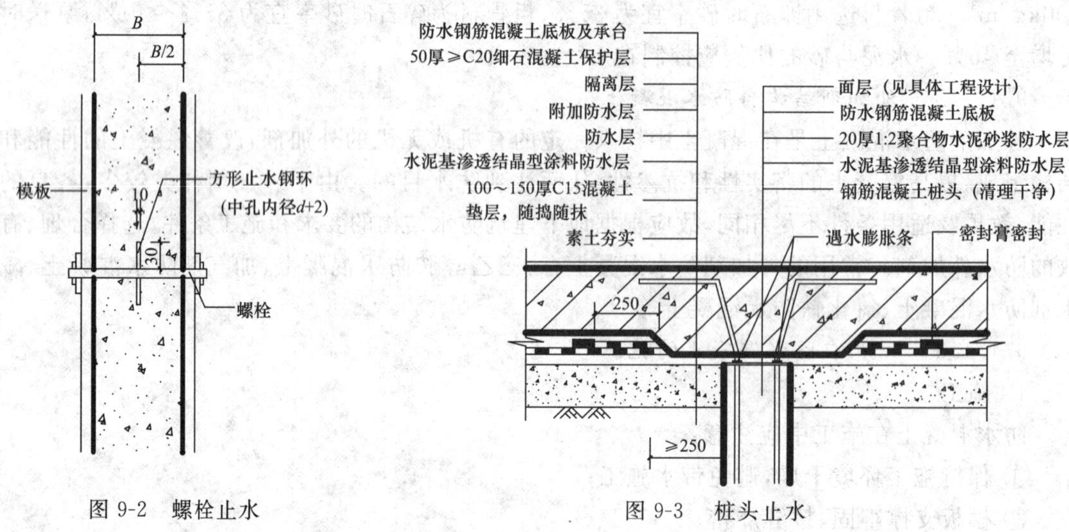

图 9-2　螺栓止水　　　图 9-3　桩头止水

9.1.2　表面防水层防水

表面防水层防水有刚性、柔性两种。

9.1.2.1　刚性防水层

刚性防水层采用水泥沙浆防水层，它是依靠提高砂浆层的密实性来达到防水要求。这种防水层取材容易，施工方便，成本较低，适用于地下砖石结构的防水层或防水混凝土结构的加强层。但水泥沙浆防水层抵抗变形的能力较差，当结构产生不均匀下沉或受较强烈振动荷载时，易产生裂缝或剥落。对于受腐蚀、高温及反复冻融的砖砌体工程不宜采用。刚性防水层又可分为多层刚性防水层和刚性外加剂防水层等。

1. 多层刚性防水层

利用素灰（即较稠的纯水泥浆）和水泥沙浆分层交叉抹面而构成的防水层，具有较高的抗渗能力，如图 9-4 所示。

2. 刚性外加剂防水层

在普通水泥沙浆中掺入防水剂或采用聚合物水泥防水砂浆、掺外加剂或掺合料的防水砂浆，使水泥沙浆内的毛细孔填充、胀实、堵塞，获得较高的密实度，提高抗渗能力，如图 9-5 所示。常用的外加剂有氯化铁防水剂、铝粉膨胀剂、减水剂等。

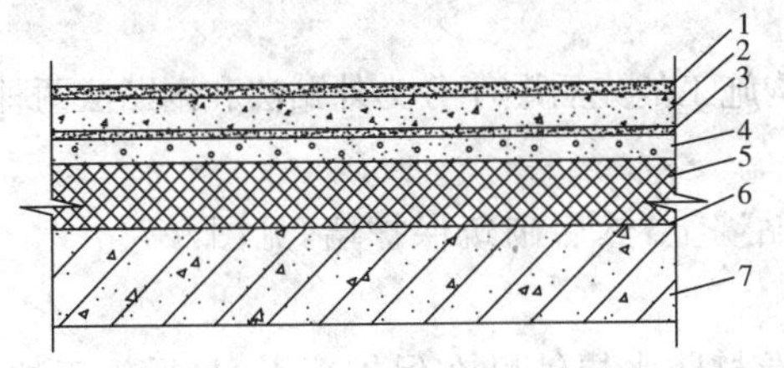

1—1∶2 水泥沙浆保护层 15mm；2—混凝土防水层 40mm；
3—白灰砂浆隔离层 ≤10mm；
4—1∶8 水泥陶粒找坡层最薄处 30mm；
5—保温隔热层 δ；6—结构基层

图 9-4 刚性防水层

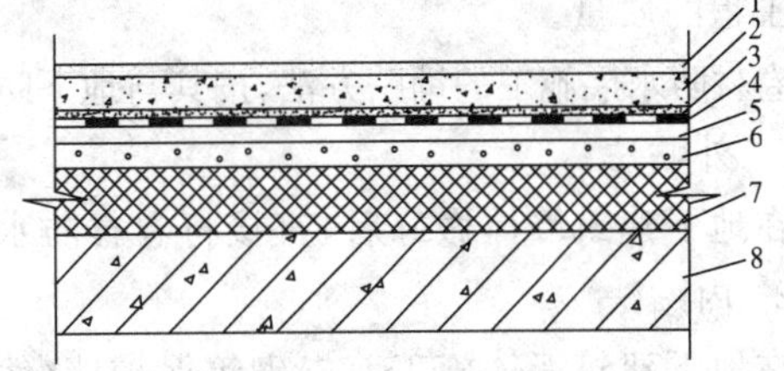

1—1∶2 水泥沙浆保护层 15mm；2—混凝土防水层 40mm；
3—白灰砂浆隔离层 ≤10mm；4—卷材或涂膜防水层；
5—1∶3 水泥沙浆找平层 20mm；
6—1∶8 水泥陶粒找坡层最薄处 30mm；
7—保温隔热层 δ；8—结构基层

图 9-5 复合刚性防水层

9.1.2.2 柔性防水层

柔性防水层采用卷材防水层，是用胶结材料粘贴防水卷材而成的一种防水层，如图 9-6 所

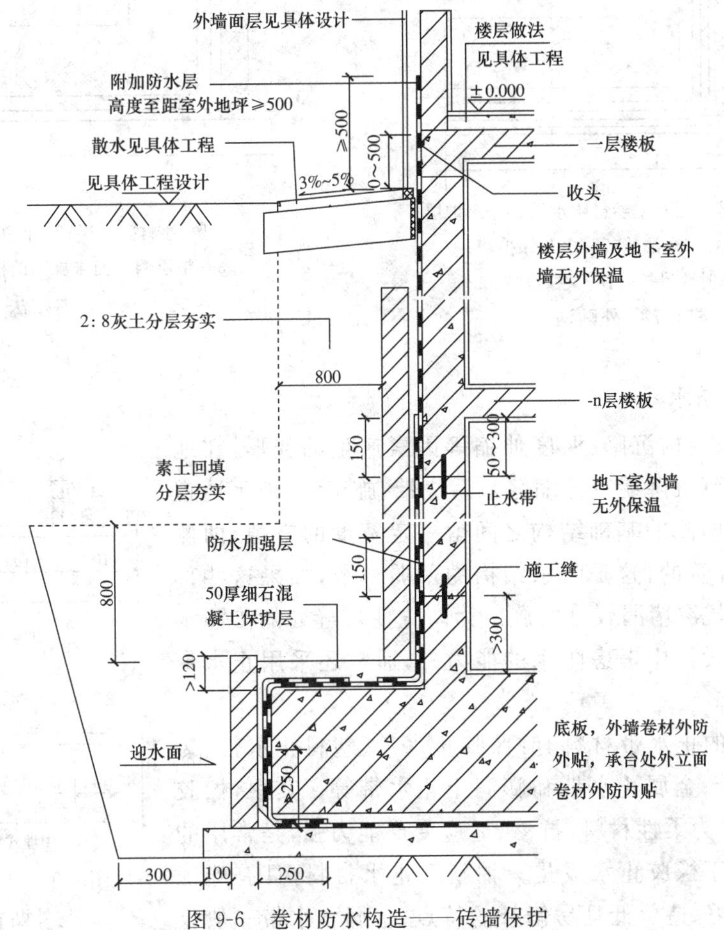

图 9-6 卷材防水构造——砖墙保护

示。这种防水层具有良好的韧性和延伸性,可以适应一定的结构振动和微小变形,防水效果较好,目前仍作为地下工程的一种防水方案而被较广泛采用。其缺点是:机械强度低,直接影响防水层质量,而且材料成本高,施工工序多,操作条件差,工期较长,发生渗漏后修补困难。目前一般采用高聚物改性沥青类防水卷材或合成高分子类防水卷材和与之相匹配的胶黏剂粘贴,改善了油毡卷材防水层低温脆裂、高温流淌、抗老化性能差、耐久性差的缺点,从而提高了防水工程的质量。

卷材防水层施工的铺贴方法,按其与地下防水结构施工的先后顺序分为外贴法和内贴法两种。

1. 外贴法

在地下建筑墙体做好后,直接将卷材防水层铺贴墙上,然后砌筑保护墙,见图 9-7。

2. 内贴法

在地下建筑墙体施工前先砌筑保护墙,然后将卷材防水层铺贴在保护墙上,最后施工地下建筑墙体(图 9-8)。在地下室墙外侧操作空间很小时,多用内贴法。

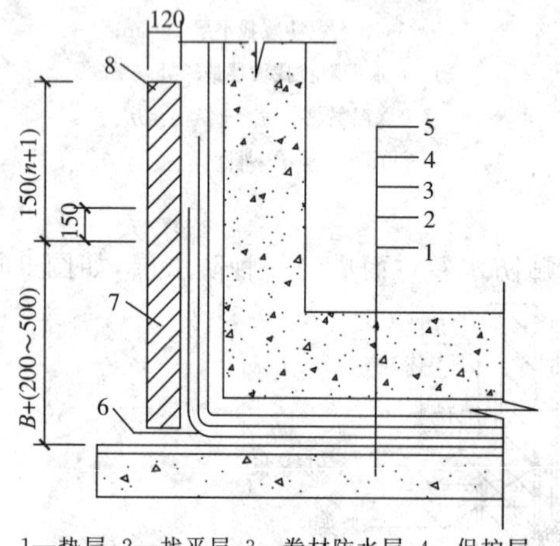

1—垫层;2—找平层;3—卷材防水层;4—保护层;5—构筑物;6—油毡;7—永久保护墙;8—临时性保护墙;n—卷材层数

图 9-7 外贴法

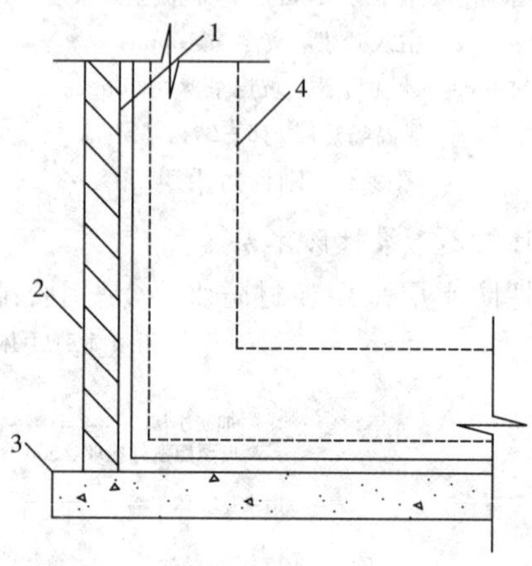

1—卷材防水层;2—保护墙;3—垫层;4—尚未施工的构筑物

图 9-8 内贴法

9.1.3 止水带防水

为适应建筑结构沉降、温度伸缩等因素产生的变形,在地下建筑的变形缝(沉降缝或伸缩缝)、后浇带、施工缝、地下通道的连接口等处,两侧的基础结构之间留一定宽度的空隙,两侧的基础是分别浇筑的,这是防水结构的薄弱环节,如果这些部位产生渗漏时,抗渗堵漏较难实施。为防止变形缝处的渗漏水现象,除在构造设计中考虑防水的能力外,通常还采用止水带防水。

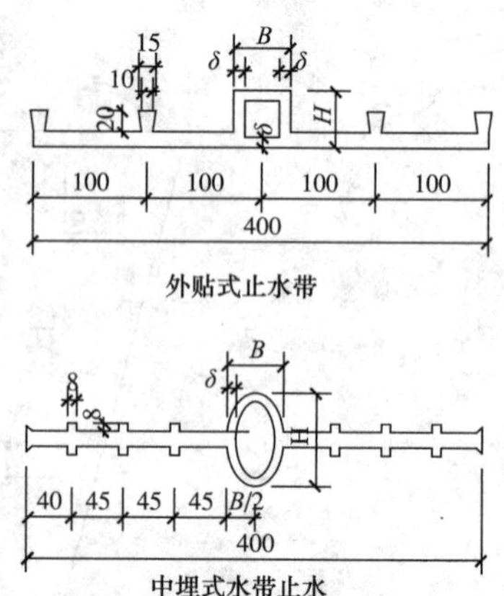

图 9-9 中埋式止水带与外贴式止水带

目前,常见的止水带材料有:橡胶止水带、塑料止水带、氯丁橡胶板止水带、金属止水带和膨润土止水带等。其中,橡胶及塑料止水带均为柔性材料,抗渗、适应变形能力强,是常用的止水带材料;氯丁橡胶止水板是一种新型止水材料,具有施工简便、防水效果好、造价低且易修补的特点;金属止水带一般仅用于高温环境条件下，且无法采用橡胶止水带或塑料止水带时；膨润土止水带具有优异的防水防渗性能，不会发生老化，耐久性好，环保，施工简便，且不受施工环境温度的限制，但不适合用于强碱，强酸溶液的防渗。

止水带构造形式有：外贴式、可卸式、中埋式等。目前较多采用的是中埋式。根据防水设计的要求，有时在同一变形缝处，可采用数层、数种止水带的构造形式。图 9-9 是埋入式橡胶(或塑料)止水带和外贴式止水带的构造图，图 9-10 是采用外贴式和中埋式复合止水的底板变形缝防水构造，图 9-11 是可卸式止水带构造图，图 9-12 是采用丁基钢板和外贴式止水带复合止水的底板后浇带防水构造。

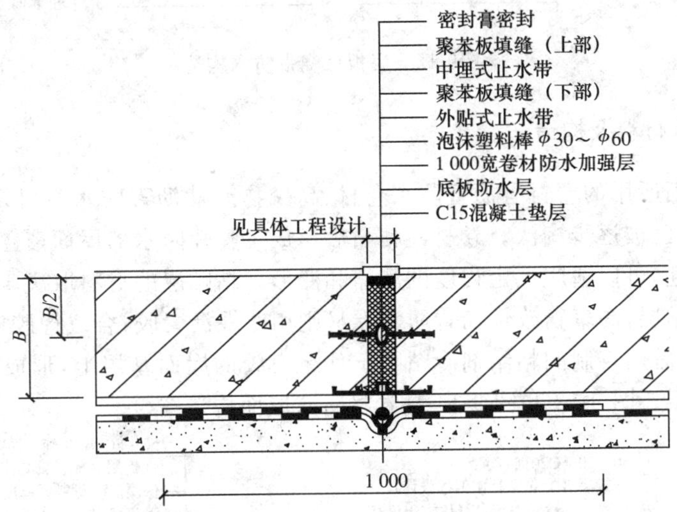

图 9-10 中埋式止水带与外贴式止水带复合使用

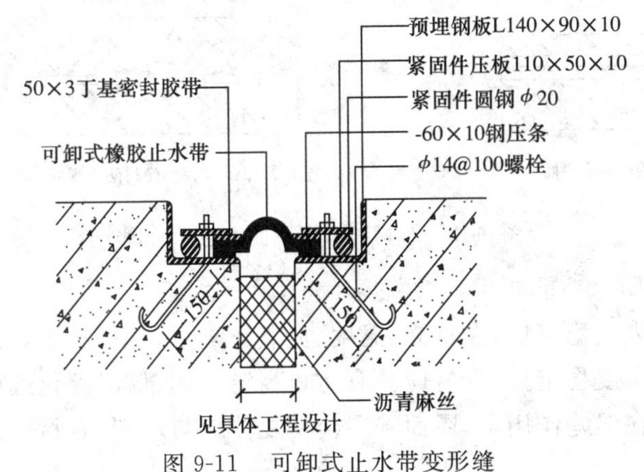

图 9-11 可卸式止水带变形缝

9.2 屋面防水工程

屋面防水工程是房屋建筑的一项重要工程，屋面根据排水坡度分为平屋面和坡屋面两类；根据屋面防水材料的不同又可分为卷材防水层屋面(柔性防水层屋面)、瓦屋面、构件自防水屋面、现浇钢筋混凝土防水屋面(刚性防水屋面)等。本节主要介绍卷材防水屋面和涂膜防水屋面的构造和施工。

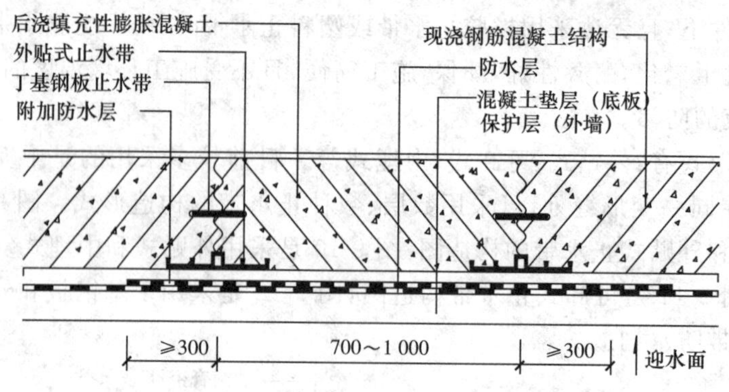

图 9-12　底板后浇带防水构造

9.2.1　卷材防水材料及构造

卷材防水屋面所用的卷材有沥青防水卷材、高聚物改性沥青防水卷材及合成高分子卷材等，目前沥青卷材已被逐步淘汰。卷材经粘贴后形成一整片防水的屋面覆盖层起到防水作用。卷材有一定的韧性，可以适应一定程度的涨缩和变形。粘贴层的材料取决于卷材种类：沥青卷材用沥青胶做黏贴层，高聚物改性沥青防水卷材则用改性沥青胶；合成橡胶树脂类卷材合成高分子系列的卷材，需用特制的粘结剂冷粘贴于预涂底胶的屋面基层上，形成一层整体、不透水的屋面防水覆盖层。图 9-13 和图 9-14 是卷材防水屋面构造图。

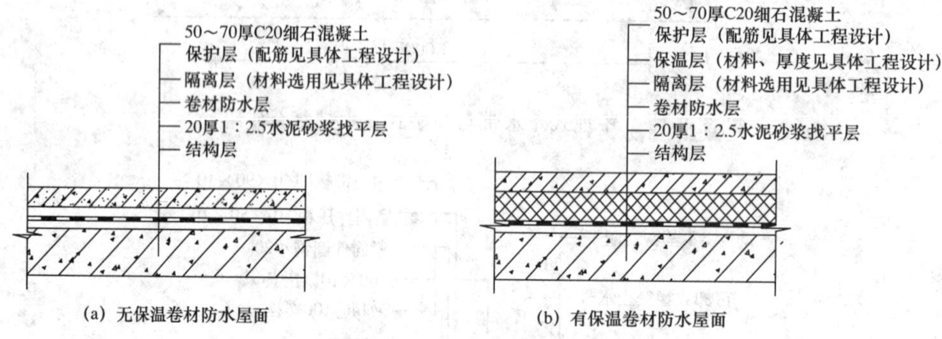

图 9-13　卷材防水平屋面构造示意图

对于卷材屋面的防水功能要求，主要是：

① 耐久性，又叫大气稳定性，在日光、温度、臭氧影响下，卷材有较好的抗老化性能。

② 耐热性，又叫温度稳定性，卷材应具有防止高温软化、低温硬化的稳定性。

③ 耐重复伸缩，在温差作用下，屋面基层会反复伸缩与龟裂，卷材应有足够的抗拉强度和极限延伸率。

④ 保持卷材防水层的整体性，还应注意卷材接缝的粘结，使一层层的卷材粘结成整体防水层。

⑤ 保持卷材与基层的粘结，防止卷材防水层起鼓或剥离。

9.2.2　卷材防水施工的基本要求

9.2.2.1　基层与找平层

基层和找平层应做好嵌缝(预制板)、找平及转角和基层处理等工作。结构层为装配式钢

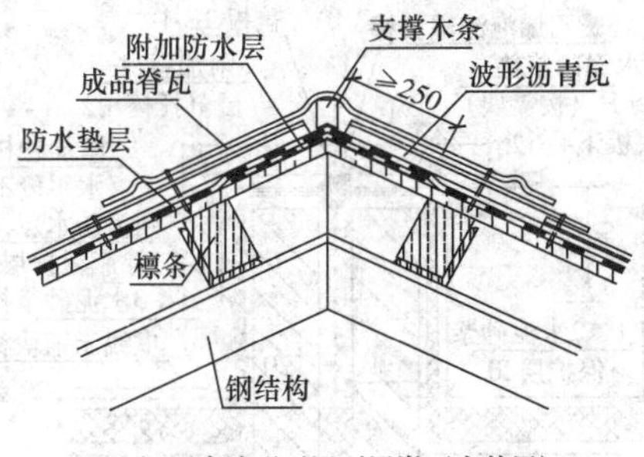

(a) 沥青波形瓦屋面屋脊（木基层）

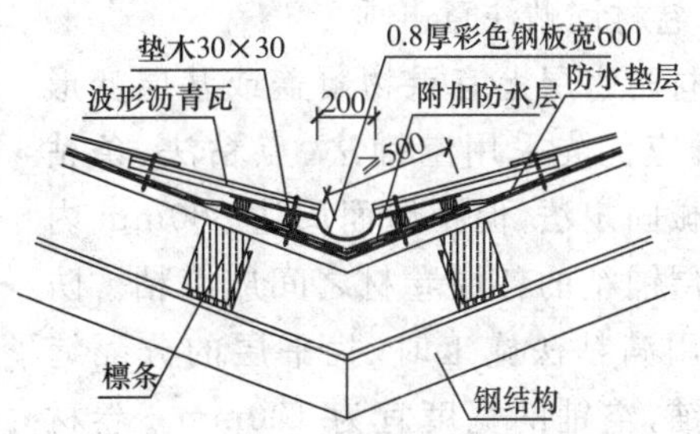

(b) 沥青波形瓦屋面斜天沟（木基层）

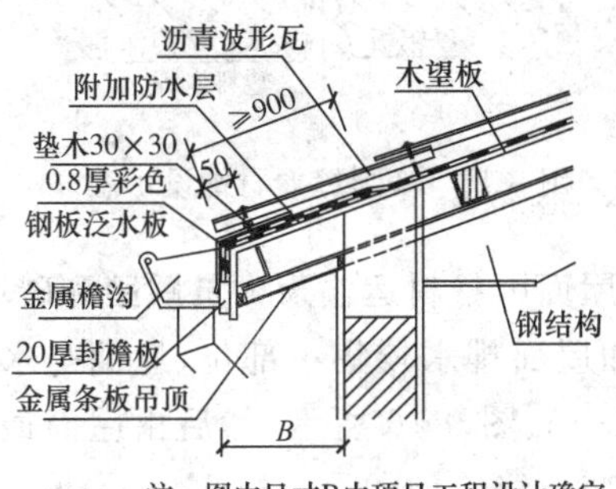

注：图中尺寸B由项目工程设计确定

(c) 沥青波形瓦屋面檐沟（木基层）

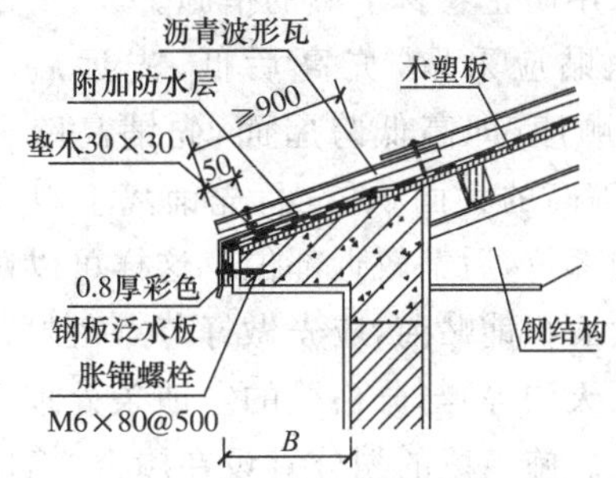

(d) 沥青波形瓦屋面檐口（木基层）

图 9-14　卷材坡屋面防水构造示意图

筋混凝土板时，应用强度等级不小于 C20 的细石混凝土将板缝灌填密实；当板缝宽度大于 40mm 或上窄下宽时，应在缝中放置构造钢筋；板缝应进行密封处理。

找平层表面应压实平整，排水坡度应符合设计要求。采用水泥沙浆找平层时，水泥沙浆抹平收水后应二次压光，充分养护，不得有酥松、起砂、起皮及起壳现象；采用沥青砂浆找平层不得有拌合不匀、蜂窝现象。否则，必须进行修补。

屋面基层与女儿墙、立墙、天窗壁、烟囱、变形缝等突出屋面结构的连接处，以及基层的转角处（各水落口、檐口、天沟、檐沟、屋脊等），均应做成圆弧。圆弧半径参见表 9-1。内部排水的水落口周围，找平层应做成略低的凹坑。

表 9-1　　转角处圆弧半径

卷材种类	圆弧半径/mm
沥青防水卷材	100～150
高聚物改性沥青防水卷材	50
合成高分子防水卷材	20

铺设防水层（或隔汽层）前找平层必须干燥、洁净。基层处理剂的选用应与卷材的材性相容。基层处理剂可采用喷涂、刷涂施工。喷、涂应均匀，待第一遍干燥后再进行第二遍喷、涂，待最后一遍干燥后，应及时铺设卷材。

9.2.2.2　施工顺序及铺设方向

1. 卷材铺设方向

卷材铺贴方向应根据屋面坡度和周围是否有振动来确定。

当屋面坡度小于 3％时，卷材宜平行于屋脊铺贴；屋面坡度在 3％～15％时，卷材可平行或垂直屋脊铺贴；屋面坡度大于 15％或受振动时，沥青防水卷材应垂直屋脊铺贴；高聚物改性沥青防水卷材和合成高分子防水卷材可平行或垂直屋脊铺贴，但上下层卷材不得相互垂直铺贴。

2. 卷材铺贴注意事项

卷材防水层上有重物覆盖或基层变形较大时，应优先采用空铺法、点粘法、条粘法或机械固定法，但距屋面周边800mm内以及叠层铺粘的各层卷材之间应满粘。防水层采用满粘法施工时，找平层的分隔缝处宜空铺，空铺的宽度宜为100mm。卷材屋面的坡度不宜超过25%，当坡度超过25%时应采用防止卷材下滑的措施。

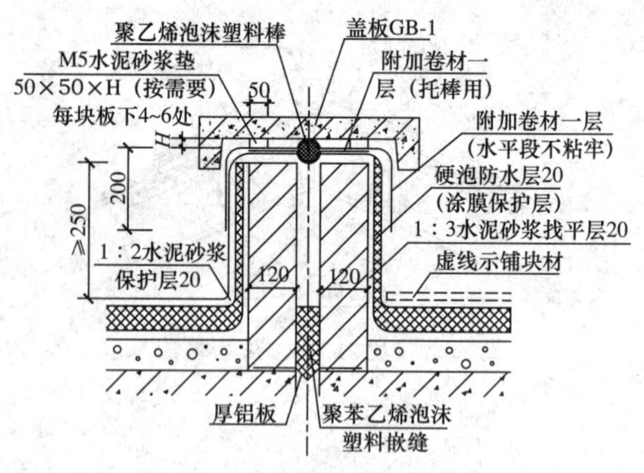

图9-15　变形缝卷材铺设示意

卷材铺贴应采取“先高后低、先远后近”的施工顺序，即高低跨屋面，先铺高跨后铺低跨；等高的大面积屋面，先铺离上料地点较远的部位，后铺较近部位。这样可以避免已铺屋面因材料运输遭人员踩踏和破坏。

卷材大面积铺贴前，应先做好节点密封、附加层和屋面排水较集中部位(屋面与水落口连接处、檐口、天沟等)与分格缝的空铺条处理等，如图9-15、图9-16所示，然后由屋面最低标高处向上施工。施工段的划分宜设在屋脊、檐口、天沟、变形缝等处。

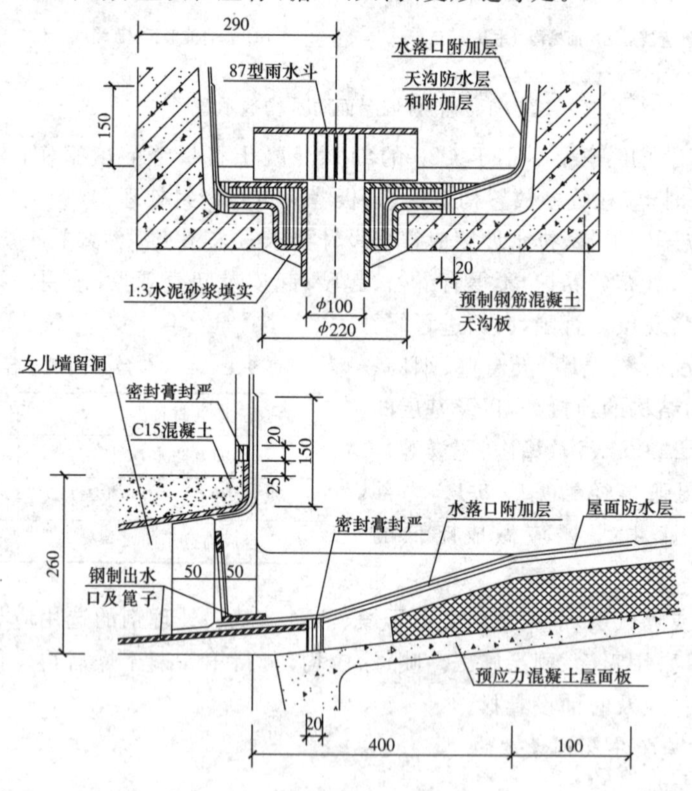

图9-16　落水口卷材铺设示意

9.2.2.3　*搭接方法、宽度和要求*

卷材铺贴应采用搭接法，平行于屋脊的搭接缝，应顺流水方向搭接；垂直于屋脊的搭接缝，应顺年最大频率风向搭接。

叠层铺设的各层卷材，在天沟与屋面的连接处，应采用叉接法搭接，搭接缝应错开；接缝宜留在屋面或天沟侧面，不宜留在沟底。

同时，相邻两幅卷材的接头还应相互错开 300mm 以上，以免接头处多层卷材相重叠而粘结不实。叠层铺贴，上下层两幅卷材的搭接缝也应错开 1/3～1/2 幅宽，且两层卷材不得相互垂直铺贴。当用聚酯胎改性沥青防水卷材点粘或空铺时，两头部分必须全粘 500mm 以上。如图 9-17 所示。

各种卷材的搭接宽度应符合表 9-2 的要求。

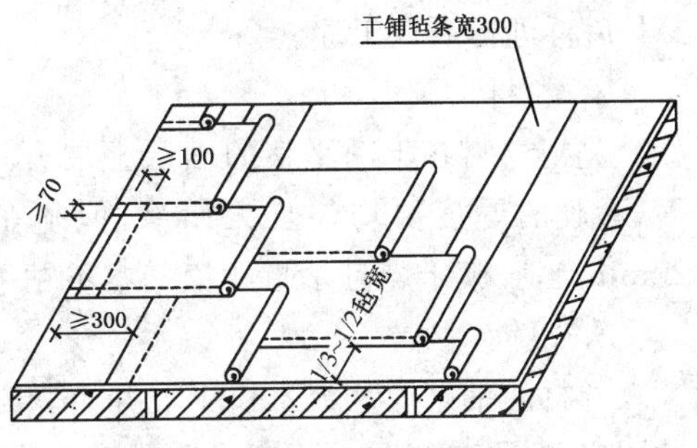

图 9-17　卷材水平铺贴搭接要求

表 9-2　**卷材搭接宽度**　**单位：mm**

<table>
<tr><th colspan="2" rowspan="2">铺贴方法
卷材种类</th><th colspan="2">短 边 搭 接</th><th colspan="2">长 边 搭 接</th></tr>
<tr><th>满粘法</th><th>空铺、点粘、条粘法</th><th>满粘法</th><th>空铺、点粘、条粘法</th></tr>
<tr><td colspan="2">沥青防水卷材</td><td>100</td><td>150</td><td>70</td><td>100</td></tr>
<tr><td colspan="2">高聚物改性沥青防水卷材</td><td>80</td><td>100</td><td>80</td><td>100</td></tr>
<tr><td rowspan="4">合成高分子防水卷材</td><td>胶黏剂</td><td>80</td><td>100</td><td>80</td><td>100</td></tr>
<tr><td>胶黏带</td><td>50</td><td>60</td><td>50</td><td>60</td></tr>
<tr><td>单缝焊</td><td colspan="4">60，有效焊接宽度不小于 25</td></tr>
<tr><td>双缝焊</td><td colspan="4">80，有效焊接宽度 10×2＋空腔宽</td></tr>
</table>

9.2.3　高分子卷材防水屋面的施工

关于高分子卷材防水屋面施工的主体材料，常用的有三元乙丙橡胶卷材、氯化聚乙烯-橡胶共混防水卷材、氯磺化聚乙烯防水卷材、氯化聚乙烯防水卷材以及聚氯乙烯防水卷材等。高分子卷材还配有基层处理剂、基层胶黏剂、接缝胶黏剂、表面着色剂等。其施工分为基层处理和防水卷材的铺贴。图 9-18 为二布六胶高分子卷材防水层构造示意图。

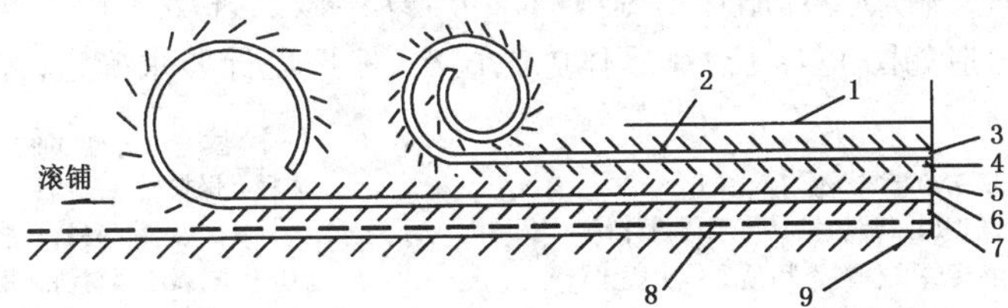

1 一着色剂；2—上层胶贴剂；3 一上层卷材；4，5 一中层胶贴剂；
6—下层卷材；7-下层胶贴剂；8 一底胶；9—层面基层

图 9-18　高分子卷材防水层构造图

9.2.3.1　基层处理

基层表面为水泥浆找平层，找平层要求表面平整。当基层面有凹坑或不平时，可用 107 胶水水泥沙浆嵌平或抹层缓坡。基层在铺贴前做到洁净、干燥。

9.2.3.2　防水卷材的铺贴施工

和沥青油毡屋面施工不同的是高分子防水卷材的铺贴为冷粘贴施工。其施工工序如下：

1. 底胶

将高分子防水材料胶黏剂配制成的基层处理剂，均匀地深刷在基层的表面，在干燥 4～

12h 后再进行后道工序。

2. 卷材上胶

先把卷材在干净平整的面层上展开，用长滚刷蘸满搅拌均匀的胶贴剂，涂刷在卷材的表面，涂胶的厚度要均匀且无漏涂，但须在沿搭接部位留出 100mm 宽的无胶带。静置 10～20min，当胶膜干燥且手指触摸基本不粘手时，用纸筒芯重新卷好带胶的卷材。

3. 滚铺

卷材的铺贴应从流水口下坡开始。先弹出基准线，然后将已涂刷胶贴剂的卷材一端先粘贴固定在预定部位，再逐渐沿基线滚动展开卷材，将卷材粘贴在基层上。

卷材滚铺施工中应注意：铺设同一跨屋面的防水层时，应先铺排水口、天沟、檐口等处排水比较集中的部位，按标高由低向高的顺序铺；在铺多跨或高低跨屋面防水卷材时，应按先高后低、先远后近的顺序进行；应将卷材顺长方向铺，并使卷材长面与流水坡度垂直，卷材的搭接要顺流水方向，不应逆向。

4. 上胶

在铺贴完成的卷材表面再均匀地涂刷一层胶贴剂。

5. 复层卷材

根据设计要求可再重复上述施工方法，再铺贴一层或数层的高分子防水卷材，达到屋面防水的效果。

6. 着色剂

在高分子防水卷材铺贴完成、质量验收合格后，可在卷材表面涂刷着色剂，起到保护卷材和美化环境的作用。

9.2.4 涂膜防水屋面

涂膜防水屋面是在屋面基层上涂刷防水涂料，经固化后形成一层有一定厚度和弹性的整体涂膜从而达到防水目的的一种防水屋面形式。涂料按其稠度有厚质涂料和薄质涂科之分，施工时有加胎体增强材料和不加胎体增强材料之分，具体做法视屋面构造和涂料本身性能要求而定。其典型的构造如图 9-19 所示，具体施工层次，根据设计要求确定。

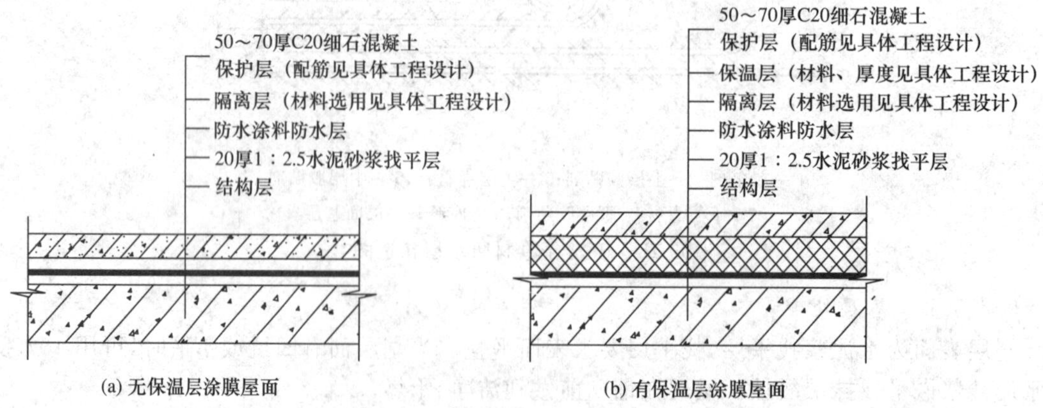

图 9-19 涂膜防水屋面构造示意图

特别需要指出的是，对于涂膜防水层，它是紧密地依附于基层（找平层）形成具有一定厚度和弹性的整体防水膜而起到防水作用的。与卷材防水屋面相比，找平层的平整度对涂膜防水层质量影响更大，平整度要求更严格，如果涂膜防水层的厚度得不到保证，必将造成涂膜防水层的防水可靠性、耐久性降低。涂膜防水层是满粘于找平层的，按剥离区理论，找平层开裂(强度不足)易引起防水层的开裂，因此涂膜防水层的找平层应有足够的强度，尽可能避免裂缝的发生，出现裂缝应作修补，通常涂膜防水层的找平层宜采用掺膨胀剂的细石混凝土，强度等级不低于 C15，厚度不小于 30mm，宜为 40mm。

9.2.4.1　沥青基涂料施工

以沥青为基料配制成的水乳型或溶剂防水涂料称之为沥青基防水涂料。常见的有石灰乳化沥青涂料、膨润土乳化沥青涂料和石棉乳化沥青涂料。其施工过程如下：

1. 涂布前的准备工作

① 涂料使用前应搅拌均匀，因为沥青基涂料大都属厚质涂料，含有较多填充料。如搅拌不匀，不仅涂刮困难，而且未拌匀的杂质颗粒残留在涂层中会成为隐患。

② 涂层厚度控制试验采用预先在刮板上固定铁丝或木条的办法，也可在屋面上作好标志控制。

③ 涂布间隔时间控制以涂层涂布后干燥并能上人操作为准，脚踩不粘脚、不下陷时即可进行后一涂层的施工，一般干燥时间不少于 12h。

2. 涂刷基层处理剂

基层处理剂一般采用冷底子油，涂刷时应做到均匀一致，覆盖完全。夏季可采用石灰乳化沥青稀释后作为冷底子油涂刷一道；春秋季宜采用汽油沥青

冷底子油涂刷一道。膨润土、石棉乳化沥青防水涂料涂布前可不涂刷基层处理剂。

3. 涂布

① 涂布时，一般先将涂料直接分散倒在屋面基层上，用胶皮刮板来回刮涂，使它厚薄均匀一致，不露底、不存在气泡、表面平整，然后待其干燥。

② 自流平性能差的涂料刮平，待表面收水尚未结膜时，用铁抹子进行压实抹光。抹压时间应适当，过早抹压，起不到作用；过晚抹压，会使涂料粘住抹子，出现月牙形抹痕。因此，为了便于抹压，加快施工进度，可以分条间隔施工，待阴影处涂层干燥后，再抹空白处。分条宽度一般为 0.8～1.0m，以便抹压操作，并与胎体增强材料宽度相一致。

③ 涂膜应分层分遍涂布。待前一遍涂层干燥成膜后，并检查表面是否有气泡、皱折不平、凹坑、刮痕等弊病，合格后才能进行后一遍涂层的涂布，否则应进行修补。第二遍的涂刮方向应与前一遍相垂直。

④ 立面部位涂层应在平面涂刮前进行，视涂料自流平性能好坏而确定涂布次数。自流平性好的涂料应薄而多次进行，否则会产生流坠现象，使上部涂层变薄，下部涂层变厚，影响防水性能。

4. 胎体增强材料的铺设

胎体增强材料的铺设可采用湿铺法或干铺法进行，但宜用湿铺法。铺贴胎体增强材料，铺贴应平整。湿铺法时在头遍涂层表面刮平后，不立即起皱，但也不能拉伸过紧。铺贴后用刮板或抹子轻轻压紧。

9.2.4.2　高聚物改性沥青涂料及合成高分子涂料的施工

以沥青为基料，用合成高分子聚合物进行改性，配制成的水乳型或溶剂型防水涂料称之为高聚物改性沥青防水涂料。与沥青基涂料相比，高聚物改性沥青防水涂料在柔韧性、抗裂性、强度、耐高低温性能、使用寿命等方面都有了较大的改进，常用的品种有氯丁橡胶改性沥青涂料、SBS 改性沥青涂料及 APP 改性沥青涂料等。

以合成橡胶或合成树脂为主要成膜物质，配制成的水乳型或溶剂型防水涂料称为合成高分子防水涂料。由于合成高分子材料本身的优异性能，以此为原料制成的合成高分子防水涂料具有高弹性、防水性、耐久性和优良的耐高低温性能。常用的品种有聚氨脂防水涂料、丙烯胶防水涂料、有机硅防水涂料等。

胎体增强材料(亦称加筋材料、加筋布、胎体)是指在涂膜防水层中增强用的化纤无纺布、玻璃纤维网格布等材料。

高聚物改性沥青防水涂料和合成高分子防水涂料在涂膜防水屋面使用时，其设计涂膜总厚度在 3mm 以下，称之为薄质涂料。

1. 涂刷前的准备工作

1) 基层干燥程度要求

基层的检查、清理、修整应符合前述要求。基层的干燥程度应视涂料特性而定，对高聚物改性沥青涂料，为水乳型时，基层干燥程度可适当放宽；为溶剂型时，基层必须干燥。对合成高分子涂料，基层必须干燥。

2) 配料和搅拌

采用双组分涂料时，每份涂料在配料前必须先搅匀。配料应根据材料的配合比现场配制，严禁任意改变配合比。配料时要求计量准确(过秤)，主剂和固化剂的混合偏差不得大于 5%。

涂料混合时，应先将主剂放入搅拌容器或电动搅拌器内，然后放入固化剂，并立即开始搅拌，并搅拌均匀，搅拌时间一般在 3～5min。

搅拌的混合料以颜色均匀一致为标准。如涂料稠度太大涂布困难时，可掺加稀释剂，切忌任意使用稀释剂稀释，否则会影响涂料性能。

双组分涂料每次配制数量应根据每次涂刷面积计算确定，混合后的材料存放时间不得超过规定的可使用时间。不应一次搅拌过多使涂料发生凝聚或固化而无法使用。夏天施工时尤需注意。

单组分涂料一般用铁桶或塑料桶密闭包装，打开桶盖后即可施工，但由于涂料桶装量大(一般为 200kg)，易沉淀而产生不匀质现象，故使用前还应进行搅拌。

3) 涂层厚度控制试验

涂层厚度是影响涂膜防水质量的一个关键问题，但手工要准确控制涂层厚度是比较困难的。因为涂刷时每个涂层要涂刷几遍才能完成，而每遍涂膜不能太厚，如果涂膜过厚，会出现涂膜表面已干燥成膜，而内部涂料的水分或溶剂却不能蒸发或挥发的现象。但涂膜也不宜过薄，否则就要增加涂刷遍数，增加劳动力及拖延施工工期。因此，涂膜防水施工前，必须根据设计要求的每平方米涂料用量、涂膜厚度及涂料材性，事先试验确定每道涂料涂刷的厚度以及每个涂层需要涂刷的遍数。

4) 涂刷间隔时间试验

在涂刷厚度及用量试验的同时，可测定每遍涂层的间隔时间。

各种防水涂料都有不同的干燥时间(表干和实干)，因此涂刷前必须根据气候条件经试验确定每遍涂刷的涂料用量和间隔时间。

薄质涂料施工时，每遍涂刷必须待前遍涂膜实干后才能进行。薄质涂料每遍涂层表干时实际上已基本达到了实干。因此，可用表干时间来控制涂刷间隔时间。涂膜的干燥快慢与气候有较大关系，气温高，干燥就快；空气干燥、湿度小，且有风时，干燥也快。

2. 涂刷基层处理剂

基层处理剂的种类有以下三种：

① 若使用水乳型防水涂料，可用掺 0.2% ～ 0.5%乳化剂的水溶液或软化水将涂料稀释，其用量比例一般为：防水涂料：乳化剂水溶液（或软水）＝1：0.5～1。如无软水可用冷开水代替，切忌加入一般水（天然水或自来水）。

② 若使用溶剂型防水涂料，由于其渗透能力比水乳型防水涂料强，可直接用涂料薄涂作基层处理，如溶剂型氯丁胶沥青防水涂料或溶剂型再生胶沥青防水涂料等。若涂料较稠，可用相应的溶剂稀释后使用。

③ 高聚物改性沥青防水涂料也可用沥青溶液（即冷底子油）作为基层处理剂，或在现场以煤油：30 号石油沥青＝60：40 的比例配制而成的溶液作为基层处理剂。

基层处理剂涂刷时，应用刷子用力薄涂，使涂料尽量刷进基层表面的毛细孔中，并将基层可能留下来的少量灰尘等无机杂质，像填充料一样混入基层处理剂中，使之与基层牢固结合。这样即使屋面上灰尘不能完全清理干净，也不会影响涂层与基层的牢固粘结。特别在较为干燥的屋面上做溶剂型涂料时，使用基层处理剂打底后再进行防水涂料的涂刷，效果相当明显。

3. 涂刷防水涂料

涂料涂刷可采用棕刷、长柄刷、胶皮板、圆滚刷等进行人工涂布，也可采用机械喷涂。

用刷子涂刷一般采用蘸刷法，也可边倒涂料边用刷子刷匀。涂布时应先涂立面，后涂平面，涂布立面最好采用蘸涂法，涂刷应均匀一致。倒料时要注意控制涂料的均匀倒洒，不可在一处倒得过多，否则涂料难以刷开，会造成厚薄不匀现象。涂刷时不能将气泡裹进涂层中，如遇起泡应立即消除。涂刷遍数必须按事先试验确定的遍数进行。同时，前一遍涂层干燥后应将涂层上的灰尘、杂质清理干净后再进行后一遍涂层的涂刷。

涂料涂布应分条或按顺序进行，分条进行时，每条宽度应与胎体增强材料宽度相一致，以避免操作人员踩踏刚涂好的涂层。每次涂布前，应严格检查前遍涂层是否有缺陷，如气泡、露底、漏刷以及胎体增强材料皱折、翘边和杂物混入等现象，如发现上述问题，应先进行修补再涂后遍涂层。

应当注意，涂料涂布时，涂刷致密是保证质量的关键。刷基层处理剂时要用力薄涂，涂刷后续涂料时则应按规定的涂层厚度（控制材料用量）均匀、仔细地涂刷。各道涂层之间的涂刷方向相互垂直，以提高防水层的整体性和均匀性。涂层间的接槎，在每遍涂刷时应退槎 50～100mm，接槎时也应超过 50～100mm，避免在搭接处发生渗漏。

4. 铺设胎体增强材料

在涂刷第二遍涂料时，或第三遍涂刷前，即可加铺胎体增强材料。

由于涂料与基层粘结力较强，涂层又较薄，胎体增强材料不容易滑移，因此，胎体增强材料应尽量顺屋脊方向铺贴，以方便施工、提高劳动效率。

胎体增强材料可采用湿铺法或干铺法铺贴。

湿铺法就是边倒料、边涂刷、边铺贴的操作方法。施工时，先在已干燥的涂层上，用刷子将涂料仔细刷匀，然后将成卷的胎体增强材料平放在屋面上，逐渐推滚铺贴于刚刷上涂料的屋面上，用滚刷液压一遍，务必使全部布眼浸满涂料，使上下两层涂料能良好结合，确保其防水效果。

由于胎体增强材料质地柔软、容易变形，铺贴时不易展开，经常出现皱折、翘边或空鼓情况，影响防水涂层的质量。为了避免这种现象，有的施工单位在无大风情况下，采用干铺法施工取得较好的效果。

干铺法就是在上道涂层干燥后，边干铺胎体增强材料，边在已展平的表面上用橡皮刮板均匀满刮一道涂料。也可将胎体增强材料按要求在已干燥的涂层上展平后，先在边缘部位用涂料点粘固定，然后再在上面满刮一道涂料，使涂料浸入网眼渗透到已固化的涂膜上。当渗透性较差的涂料与比较密实的胎体增强材料配套使用时不宜采用干铺法。

胎体增强材料铺设后，应严格检查表面是否有缺陷或搭接不足等现象。如发现上述情况，应及时修补完整，使它形成一个完整的防水层。然后才能在其上继续涂刷涂料，面层涂料应至少涂刷两遍以上，以增加涂膜的耐久性。如面层做粒料保护层，可在涂刷最后一遍涂料时，随时撒铺覆盖粒料。

5. 收头处理

为防止收头部位出现翘边现象，所有收头均应用密封材料压边，压边宽度不得小于10mm。收头处的胎体增强材料应裁剪整齐，如有凹槽时应压入凹槽内，不得出现翘边、皱折、露白等现象，否则应先进行处理后再涂封密封材料。

9.2.4.3 聚合物水泥防水涂料

聚合物水泥防水涂料，又称JS复合防水涂料，是一种以聚丙烯酸酯乳液、乙烯-醋酸乙烯酯共聚乳液等聚合物乳液与各种添加剂组成的有机液料，和水泥、石英砂、轻重质碳酸钙等无机填料及各种添加剂所组成的无机粉料通过合理配比、复合制成的一种双组分、水性建筑防水涂料。其具有较高的抗拉强度，耐水、耐侯性好，可在潮湿基层上施工并粘结牢固。操作方便，基层含水率不受限制，可缩短工期。

1. 涂布前的准备工作

处理基层表面平整、坚实、无尖锐角、浮尘和明水，并按设计要求做好防水节点油污清除干净，低凹破损处修平。

配合时先将液料和水倒入搅拌桶中，在手提搅拌器不断搅拌下将粉料徐徐加入其中，至少搅拌5min，彻底搅拌均匀，不得混入已固化或结块的涂料。

2. 涂布

要做好细部附加防水层，按设计要求在留设凹槽内填密封材料，在阴阳角、管根等细部应多遍(2～4遍)涂刷JSA-101，宜夹铺一层胎体增强材料。

大面防水层施工，防水涂膜应多遍涂布，宜至少四遍完成，每遍涂布时间一般间隔8h，冬季宜延长。每遍涂膜厚度以0.4～0.5mm为宜，涂料用量约0.8kg/m^2，不宜一遍过厚，立面施工以不加水或少加水为宜，以免涂料流淌，致使立面厚度不易达到设计厚度，同时导致阴阳角堆积料过厚，产生裂纹。加铺胎体增强材料时，胎体应铺平，无皱折，搭接不少于100mm，施工时先涂料，铺好后上面再刷一遍涂料。

3. 注意事项

① 聚合物水泥防水涂料施工时气温须高于5℃，阴雨天气或基层有明水，五级风及其以上时不宜施工。

② 当采用浅色涂料做保护层时，应待涂膜干燥后进行；当采用水泥沙浆、块体材料或细石混凝土做保护层时，应符合相关规定。

③ 防水涂膜应完全干燥后方可进行表层装饰施工，完全干燥时间约为2d，潮湿环境应适当延长。

④ 厕浴间立面阴阳角不做成圆弧形的部位，在气温较低和空气干燥的地区，宜选用Ⅰ型聚合物水泥防水涂料。

9.2.4.4 聚氨酯硬泡体防水

聚氨酯硬泡体是一种集防水、保温隔热于一体的现场喷涂多功能材料。聚氨酯硬泡体防水保温材料尺寸稳定，强度高，断裂延伸率高，具有良好的保温隔热性能、防水性能和很强的黏结性能；可现场喷涂，一次成型，整体性好，具有其他保温材料无法比拟的优点。同时，作为防水层的有利补充，喷涂聚氨酯硬泡体施工简便，施工周期短。其闭孔率≥95%；吸水率≤1%；导热系数≤0.022W/(m·K)；抗压强度≥300kPa；密度≥55kg/m3；尺寸稳定性≤1%，适用于外墙、非透明幕墙和形状复杂屋面的缝隙防水，防水构造见图 9-20 和图 9-21。

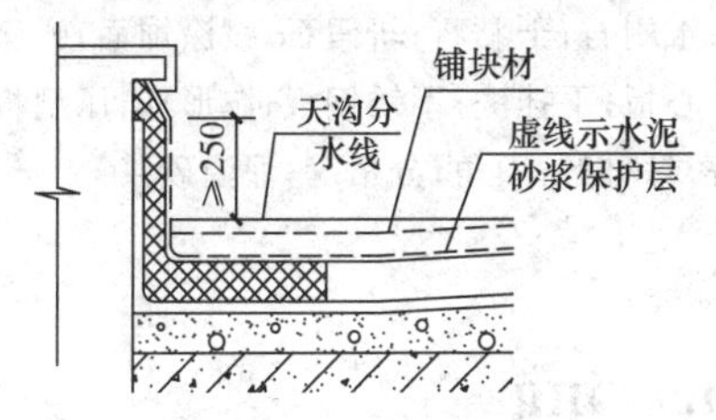

图 9-20 硬泡屋面女儿墙(设隔汽层时)

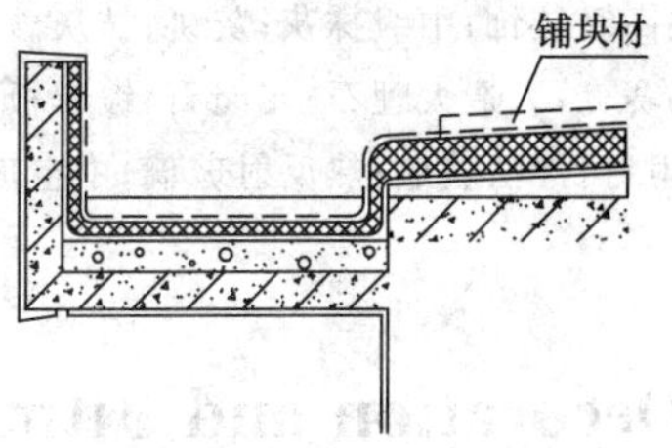

图 9-21 硬泡屋面檐沟(设隔汽层时)

思 考 题

【9-1】 普通防水混凝土对原材料有何要求？

【9-2】 外加剂防水混凝土常用的外加剂有哪些？

【9-3】 结构自防水混凝土的施工缝处理有哪些方法？

【9-4】 结构自防水混凝土的穿墙螺栓应如何处理？

【9-5】 地下防水工程中刚性表面防水层和柔性表面防水层各有何优缺点？

【9-6】 地下防水工程止水带防水一般用在什么场合？

【9-7】 试述卷材防水层面各构造层的作用及其做法？

【9-8】 卷材防水屋面的质量有什么要求？

【9-9】 常用的防水涂料有哪些？

【9-10】 试述涂膜防水层的施工要点。

10 装饰装修工程

摘要:本章主要介绍了几种量大面广的基本装饰工程,即抹灰、饰面板(砖)和幕墙工程的施工方法和技术要求。

专业词汇:高级装饰;中级抹灰;灰饼;抹灰砂浆;预制水磨石;水刷石;干黏石;斩假石;喷涂饰面;弹涂饰面;釉面瓷砖;马赛克;人造大理石;花岗石;镀锌板;烤漆板;金属夹心板;干挂法;不锈钢板;波形板;压型板;玻璃幕墙;铆钉;射钉;浮法玻璃;热反射玻璃;中空玻璃;钢化玻璃;密封材料;阳角;分格缝;保温砂浆

10 Decoration and Fitment Engineering

Abstract: This chapter mainly reviews the construction processes and technical requirements for a number of high volume and widely used decoration engineering, namely plastering, finishing plates (tiles) and curtain wall.

Specialized vocabulary: advanced decoration; intermediate plastering; inner bead; plastering mortar; precast terrazzo; granitic plaster; pebble dash; artificial stone; spray painting finishing; catapult painting finishing; glazed tile; mosaic; artificial marble; granite; galvanized plate; baking finish board; metal sandwich plate; dry hanging method; stainless steel plate; corrugated plate; pressure plate; glass curtain wall; rivet; shoot nail; float glass; heat reflective glass; hollow glass; toughened glass; sealing material; convex corner; division joint; thermal mortar

装饰装修工程的作用是保护结构免受风雨、潮气等侵蚀,改善隔热、隔音、防潮功能,提高居住条件以及增加建筑物美观和美化环境。装饰装修工程包括抹灰工程、门窗工程、吊顶工程、轻质隔墙工程、饰面板(砖)工程、幕墙工程、涂料工程、裱糊与软包工程及细部工程等。其中门窗工程、吊顶工程、轻质隔墙工程、饰面板(砖)工程、幕墙工程、裱糊与软包工程及细部工程主要用于房屋建筑工程,而抹灰工程、涂料工程、饰面板(砖)工程在各类土木工程中均有运用。

10.1 装饰装修工程施工的基本规定

10.1.1 建筑材料

建筑装饰装修是对建筑结构主体的内、外表面用装饰装修材料和饰物进行各种处理的过程。因而,装饰材料本体质量必须符合要求。我国现行的《建筑装饰装修工程质量验收规范》(GB 50210—2001)对建筑装饰装修工程所用的材料做出如下规定:

① 材料质量必须符合国家现行标准,严禁使用国家明令淘汰的材料。

② 各类保温隔热材料的燃烧性必须符合国家有关防火规范的要求。

③ 各类材料应符合国家对相关材料的有害物质限量标准的规定。

④ 各类材料应按设计要求进行防火、防腐和防虫处理。

⑤ 所有材料应有合格证书，进场时应对品种、规格、外观和尺寸进行验收；需要复验的应按规定抽样复验；对材料质量发生争议时，应请有相应资质的检测单位进行见证检测。

10.1.2　施工

建筑装饰施工的过程，是有计划、有目的地达到某种特定效果的工艺过程，是一个再创作的过程。因此，施工人员应熟悉装饰设计的一般知识，理解设计师的意图和达到装饰装修的效果，就显得尤为重要。此外，还应了解设计中所要求的装饰材料的性质、来源等。

实施实物样板是装饰施工中保证装饰效果的重要手段，这一方法在高级装饰工程中被普遍采用。通过做实物样板，可以检验设计效果，也可以根据材料、机具等具体情况确定各部位的节点大样、具体构造和色彩。

我国现行的《建筑装饰装修工程质量验收规范》(GB 50210－2001)对建筑装饰装修工程施工有如下主要规定：

① 建筑装饰装修工程施工中，严禁违反设计文件擅自改动主体建筑、承重结构或主要使用功能。

② 施工单位严禁未经设计单位确认和有关部门批准擅自拆改水、暖、电、燃气、通讯等配套设施。

③ 施工单位应遵守有关环境保护和法律法规，并应采取有效措施控制施工现场的各种粉尘、废气、废弃物、噪声、振动等对周围环境造成的污染和危害。

④ 墙面采用保温材料的建筑装饰装修工程，保温材料必须符合设计及有关工艺要求，施工过程中严禁有明火作业，施工场地内必须设置灭火设施。

我国现行的《建筑装饰装修工程质量验收规范》(GB50210－2001)对抹灰工程、门窗工程、吊顶工程、轻质隔墙工程、饰面板(砖)工程、幕墙工程、涂饰工程、裱糊与软包工程等做了比较详细的施工规定。对材料要求及配比、施工程序、质量标准等作了说明。同时也制定了相应的施工安全技术、劳动保护、防火防毒等要求。装饰装修施工应严格按照规范要求进行。

10.2　抹灰工程

10.2.1　抹灰的分类和组成

抹灰工程按材料和装饰效果分为一般抹灰和装饰抹灰两大类。一般抹灰采用石灰砂浆、水泥混合砂浆、水泥沙浆、聚合物水泥沙浆、膨胀珍珠岩水泥沙浆和麻刀石灰、纸筋石灰、石膏灰等材料。

一般抹灰按质量要求和相应的主要工序分为普通抹灰和高级抹灰。普通抹灰为一层底层、一层中层、一层面层三遍完成。主要工序为分层赶平、修整和表面压光。施工要求阳角找方，设置标筋(又称冲筋)控制厚度和表面平整度。高级抹灰层由一层底层、几遍中层、一层面层组成，多遍完成。高级抹灰要求阴阳角找方，设置标筋，分层赶平、修整和表面压光。

抹灰应分层涂抹，抹灰层与基层及抹灰层与抹灰层之间必须粘结牢固。如一次涂抹太厚，由于内外收水快慢不同会产生裂缝、起鼓或脱落，亦易造成材料浪费。抹灰层底层(又称头度糙或刮糙)的作用是使底层与基体粘结牢固并初步找平；中层(又称二度糙)的作用是找平；面层(又称光面)是使表面光滑细致，起装饰作用。抹灰层的组成如图 10-1 所示。

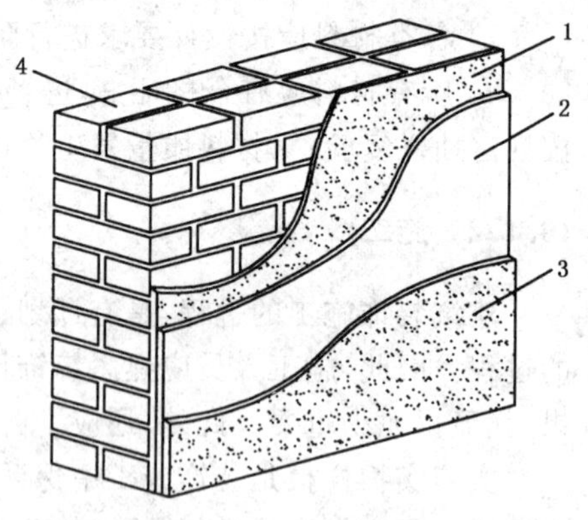

1—底层；2—中层；3—面层；4—基体

图 10-1　抹灰层组成

各抹灰层的厚度根据基体的材料、抹灰砂浆种类、墙体表面的平整度和抹灰质量要求以及各地气候情况而定。抹水泥沙浆每遍厚度宜为 7～10mm；抹石灰砂浆和水泥混合砂浆每遍厚度宜为 5～7mm；抹灰面层用麻刀灰、纸筋灰、石膏灰等罩面时，经赶平压实后，其厚度一般不大于 3mm。因为罩面灰厚度太大，容易收缩产生裂缝与起壳现象，影响质量与美观。抹灰层的总厚度，应视具体部位及基体材料而定。顶棚为板条、空心砖、现浇混凝土时，总厚度不大于 15mm；顶棚为预制混凝土板时，总厚度不大于 18mm。内墙为普通抹灰时总厚度不大于 18mm；中级抹灰和高级抹灰总厚度分别不大于 20mm 和 25mm。当抹灰总厚度大于或等于 35mm 时，应采取加强措施，以防止墙面开裂。外墙抹灰总厚度不大于 20mm；勒脚和突出部位的抹灰总厚度不大于 25mm。

装配式混凝土大板和大模板建筑的内墙面和大楼板底面，如平整度较好，垂直偏差少，其表面可以不做抹灰，用腻子分遍刮平，待各遍腻子粘结牢固后，进行表面刷浆即可，总厚度为2～3mm。

装饰抹灰种类很多，其底层多为 1∶3 水泥沙浆打底，面层可为水刷石、水磨石、斩假石、干粘石、假面砖、拉条灰、喷涂、滚涂、弹涂、仿石、彩色抹灰等。

10.2.2　一般抹灰施工

10.2.2.1　施工准备

1. 确定施工流程

为保护装饰工程质量，一般应遵循的施工流程如下：

① 先室外后室内，即先完成外墙的外粉刷抹灰，再进行室内抹灰，如外墙面上无脚手架眼等空洞也可先做室内抹灰；室内抹灰通常在屋面防水工程完工后进行，特别是顶层的内装饰，以防止漏水造成抹灰层损坏及污染。

② 先上面后下面，即屋面工程完成后宜从上层往下层进行室内外抹灰施工。

③ 先地面后顶墙，室内抹灰一般可采取先完成地面抹灰，再开始顶棚和墙面抹灰。

2. 材料准备

一般抹灰所用材料的品种和性能应符合设计要求。水泥的凝结时间和安定性复验应合格，砂浆配合比应符合设计要求。当要求抹灰层具有防水、防潮功能时，应采用防水砂浆。

3. 基层处理

为了使抹灰砂浆与基体表面粘结牢固，防止抹灰层产生空鼓现象，抹灰前应对基层进行必要的处理。对凹凸不平的基层表面应剔平，或用 1∶3 水泥沙浆补平。对楼板洞、穿墙管道及墙面脚手架洞、门窗框与立墙交接缝隙处，均应采用 1∶3 水泥沙浆或水泥混合砂浆(加少量麻刀)分层嵌塞密实。对表面上的灰尘、污垢和油渍等事先清除干净，并洒水润湿。钢筋混凝土墙面如太光的要凿毛，或薄抹一层界面剂。不同材料相接处，如砖墙与木隔墙等，应铺设金属网(图 10-2)，搭接宽度从缝边起两侧均不小于 100mm，以防抹灰层因基体温度变化胀缩不一而产生裂缝。在内墙面的阳角和门洞口侧壁的阳角、柱角等易于碰撞之处，宜用强度较高的

1∶2水泥沙浆制作护角，其高度应不低于2m，每侧宽度不小于50mm。对砖砌体基体，应待砌体充分沉实后方抹底层灰，以防砌体沉陷拉裂灰层。

10.2.2.2 抹灰施工

为控制抹灰层厚度和墙面平直度，一般先做出灰饼和标筋(图10-3)，标筋的材料稍干后以标筋为平整度的基准进行底层抹灰。如抹灰材料用水泥沙浆或混合砂浆，应待前一抹灰层凝结后再抹后一层。如抹灰材料用石灰砂浆，则应待前一层抹灰达到七八成干后，方可抹后一层抹灰。中层砂浆凝固前，可在其上划痕，以增强与面层的粘结。

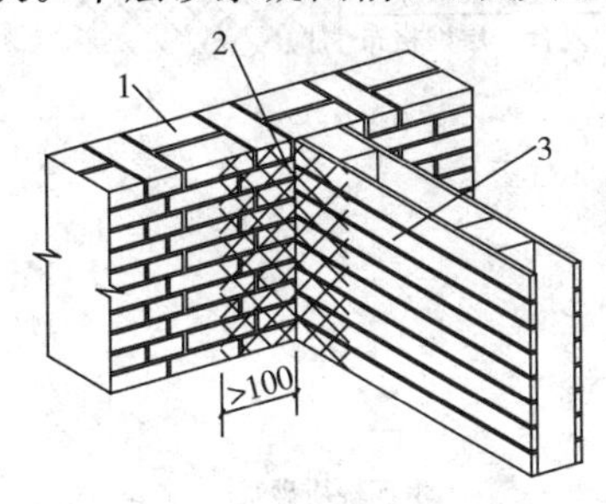

1—砖墙(基体)；2—钢丝网；3—板条

图10-2 砖木交接处基体处理

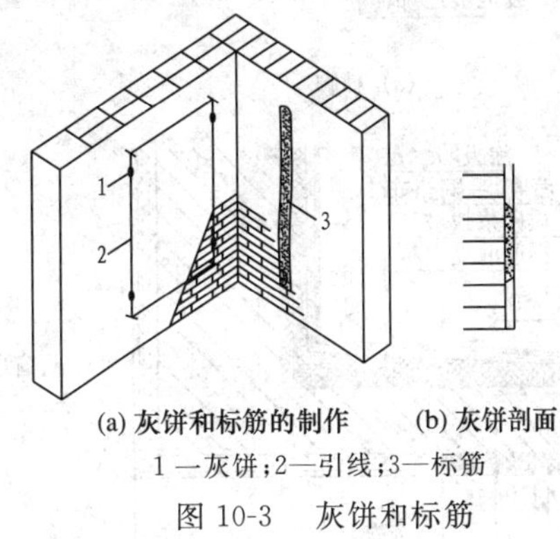

(a) 灰饼和标筋的制作 (b) 灰饼剖面

1—灰饼；2—引线；3—标筋

图10-3 灰饼和标筋

顶棚抹灰应先在墙顶四周弹出水平线，以控制抹灰层厚度，然后沿顶棚四周抹灰并找平。如有线脚，宜先用准线拉出线脚，再抹顶棚大面，罩面应两遍压光，特殊部位的抹灰构造见图10-4。

抹灰以手工作业居多，大面积抹灰亦可用机械喷涂，把砂浆搅拌、运输和喷涂有机地衔接起来进行机械化施工(图10-5)。操作时应正确掌握喷嘴距墙面或顶棚的距离，并应选用适当的压力，否则会使砂浆回弹过多或造成砂浆流淌。机械喷涂亦需设置灰饼和标筋，机械喷涂所用砂浆的稠度比手工抹灰稀，故易收缩干裂，为此应分层喷涂，以免干缩过大。喷涂目前只用于底层和中层，而找平、搓毛和罩面等仍需手工操作。

10.2.2.3 一般抹灰质量要求

普通抹灰工程的表面质量应光滑、洁净、接槎平整、分隔缝清晰。高级抹灰表面应光滑、洁净、颜色均匀、无抹纹、分隔缝和灰缝清晰美观。抹灰质量的允许偏差如表10-1所列。

表10-1 **一般抹灰质量的允许偏差**

项次	项目	允许偏差/mm		检验方法
		普通抹灰	高级抹灰	
1	立面垂直度	4	3	用2m垂直检测尺检查
2	表面平整度	4	3	用2m垂直检测尺检查
3	阴阳角方正	4	3	用直角检测尺检查
4	分格条(缝)直线度	4	3	拉5m线，不足5m拉通线，用钢直尺检查
5	墙裙、勒脚上口直线度	4	3	拉5m线，不足5m拉通线，用钢直尺检查

注：①普通抹灰，本表第3项阴阳角方正可不检查；

② 顶棚抹灰，本表第2项表面平整度可不检查，当应平顺。

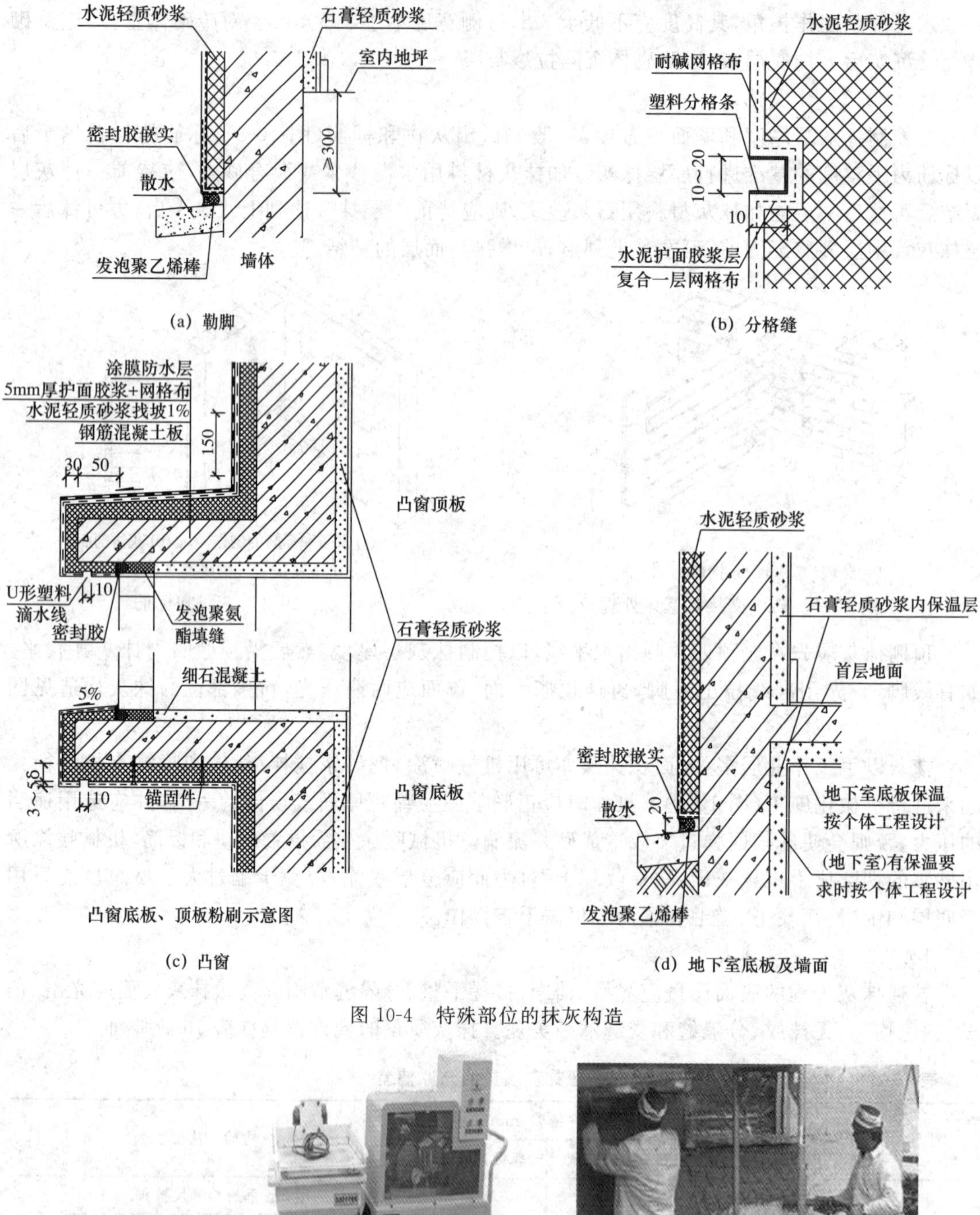

水泥轻质砂浆
石膏轻质砂浆
室内地坪
≥300
密封胶嵌实
散水
发泡聚乙烯棒
墙体

(a) 勒脚

水泥轻质砂浆
耐碱网格布
塑料分格条
10~20
10
水泥护面胶浆层
复合一层网格布

(b) 分格缝

涂膜防水层
5mm厚护面胶浆+网格布
水泥轻质砂浆找坡1%
钢筋混凝土板
150
30 50
凸窗顶板
U形塑料
滴水线
10
密封胶
发泡聚氨
酯填缝
石膏轻质砂浆
细石混凝土
5%
3~5
10
锚固件
凸窗底板

凸窗底板、顶板粉刷示意图

(c) 凸窗

水泥轻质砂浆
石膏轻质砂浆内保温层
首层地面
密封胶嵌实
散水
20
地下室底板保温
按个体工程设计
(地下室)有保温要
求时按个体工程设计
发泡聚乙烯棒

(d) 地下室底板及墙面

图 10-4 特殊部位的抹灰构造

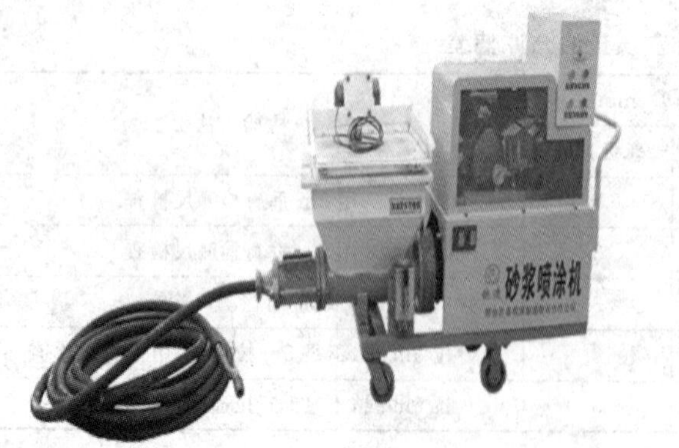

图 10-5 喷涂抹灰机组

10.2.3 装饰抹灰施工

装饰抹灰是采用装饰性强的材料，或用不同的处理方法以及加入各种颜料，使建筑物具备某种特定的色调和光泽。随着建筑工业生产的发展和人民生活水平的提高，这方面有很大发展，也出现了不少新的工艺。

装饰抹灰包括水刷石、斩假石、干粘石、假面砖等内容。

装饰抹灰的底层与一般抹灰要求相同，只是面层根据材料及施工方法的不同而具有不同的形式。下面介绍几种常用的饰面施工。

10.2.3.1 水刷石

水刷石多用于外墙面。它的制作过程是：用12mm厚的1∶3水泥沙浆打底，待底层砂浆终凝后，在其上按设计的分格弹线，根据弹线安装分格木条，用水泥浆在两侧粘结固定，以防大片面层收缩开裂。然后将底层浇水润湿后刮水泥浆（水灰比0.37～0.40）一道，以增加与底层的粘结。随即抹上稠度为5～7cm、厚8～12mm的水泥石子浆（水泥∶石子＝1∶1.25～1∶1.50）面层，拍平压实，使石子密实且分布均匀。待面层凝结前，用棕刷蘸水自上而下刷掉面层水泥浆，使石子表面完全外露为止。为使表面洁净，可用喷雾器自上而下喷水冲洗。水刷石的质量要求是石粒清晰、分布均匀、色泽一致、平整密实，不得有掉粒和接槎的痕迹。

10.2.3.2 干粘石

在水泥沙浆上面直接干粘石子的做法，称干粘石法。其方法同样先在已经硬化的底层水泥沙浆层上按设计要求弹线分格，根据弹线镶嵌分格木条。将底层浇水润湿后，抹上一层6mm厚1∶2～1∶2.5的水泥沙浆层，随即涂抹一层2mm厚的1∶0.5水泥石灰膏粘结层，同时将配有不同颜色或同色的粒径为4～6mm的石子甩至粘结层上并拍平压实。拍时不得把砂浆拍出来，以免影响美观，要使石子嵌入深度不小于石子粒径的1/2，待粘结层有一定强度咬住石子后再洒水养护。上述为手工甩石子，亦可用喷枪将石子均匀有力地喷射于黏结层上，用铁抹子轻轻压一遍，使表面搓平。干粘石装饰抹灰的施工质量要求石粒粘结牢固、分布均匀、不掉石粒、不露浆、不漏粘、颜色一致。

10.2.3.3 斩假石与仿斩假石

斩假石又称剁斧石，属中高档外墙装修，装饰效果近于花岗石，但费工较多。施工时先抹水泥沙浆底层，养护硬化后弹线分格并粘结分格木条。洒水润湿后，涂抹素水泥浆一道，接着涂抹厚约10mm的水泥石渣砂浆罩面层，罩面层的配合比为水泥∶石渣＝1∶1.25，内掺30％石屑。罩面层应采取防晒措施，并养护2～3d，待强度达到设计强度的60％～70％时，用剁斧将面层斩毛。斩假石面层的剁纹应均匀，方向和深度一致，棱角和分格缝周边留15mm不斩。一般情况下斩两遍，即可做出近似用石料砌成的墙面。

10.2.3.4 喷涂、滚涂与弹涂饰面

1. 喷涂饰面

喷涂饰面工艺是用挤压式灰浆泵或喷斗将聚合物水泥沙浆经喷枪均匀喷涂在墙面底层上。根据涂料的稠度和喷射压力的大小，以质感区分，可喷成砂浆饱满、呈波纹状的波面喷涂和表面布满点状颗粒的粒状喷涂。底层为厚10～13mm的1∶3水泥沙浆，喷涂前须喷或刷一道胶水溶液（107胶∶水＝1∶3），使基层吸水率趋近于一致，并确保与喷涂层粘结牢固。喷涂层厚3～4mm，粒状喷涂应连续三遍完成；波面喷涂必须连续操作，喷至全部泛出水泥浆但又不致流淌为好。在大面喷涂后，按分格位置用铁皮刮子沿靠尺刮出分格缝。喷涂层凝固后再

喷罩一层有机硅疏水剂。喷涂饰面的质量要求为表面平整，颜色一致，花纹均匀，不显接槎。

2. 滚涂饰面

在基层上先抹一层厚 3mm 的聚合物砂浆，随后用带花纹的橡胶或塑料滚子滚出花纹。滚子表面花纹不同即可滚出多种图案。最后喷罩有机硅疏水剂。

滚涂砂浆的配合比为水泥∶骨料(砂子、石屑或珍珠岩)＝1∶0.5～1，再掺入占水泥 20％量的 107 胶和 0.3％的木钙减水剂。手工操作，滚涂分干滚和湿滚两种。干滚时滚子不蘸水、滚出的花纹较大，工效较高；湿滚时滚子反复蘸水，滚出花纹较小。滚涂工效比喷涂低，但便于小面积局部应用。滚涂应一次成活，多次滚涂易产生翻砂现象。

3. 弹涂饰面

在基层上喷刷一遍掺有 107 胶的聚合物水泥色浆涂层，然后用弹涂器分几遍将不同色彩的聚合物水泥浆弹在已涂刷的涂层上，形成 1～3mm 大小的扁圆花点。通过不同颜色的组合和浆点所形成的质感，相互交错、互相衬托，有近似于干粘石的装饰效果；也有做成色光面、细麻面、小拉毛拍平等多种花色。

弹涂的做法是：在 1∶3 水泥沙浆打底的底层砂浆面上洒水润湿，待干至 60％～70％时进行弹涂。先喷刷底色浆一道，弹分格线，贴分格条，弹头道色点，待稍干后即弹二道色点，最后进行个别修弹，再进行喷射树脂罩面层。

弹涂器有手动和电动两种，后者工效高，适合大面积施工。

10.2.3.5 保温砂浆

保温砂浆是建筑节能领域的重要功能材料之一，由于其热工性能较好，质量轻、施工方便、工程造价低，关键是可以通过改变保温砂浆容重和涂抹厚度调节墙体热阻值，因此是建筑节能的理想材料。

目前，我国广泛应用的保温砂浆若按主要的组成来分，主要有硅酸盐保温砂浆、有机硅保温砂浆和聚苯颗粒保温砂浆。这些保温砂浆兼具了砂浆本身及保温材料的双重功能，干燥后形成有一定强度的保温层，起到了增加保温效果的作用。与传统砂浆相比，优点在于导热系数低，保温效果显著，特别适用于其他保温材料难以解决的异形设备保温，而且具有生产工艺简单、能耗低等特点，应用前景十分广阔。保温砂浆抹灰在墙体阴、阳角处的构造见图 10-6。

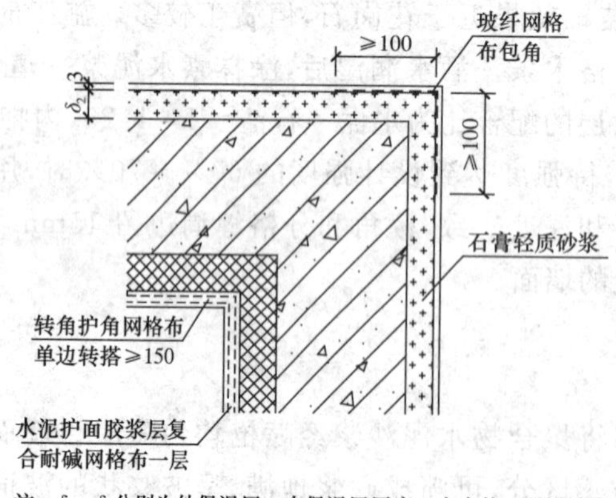

注：δ_1，δ_2分别为外保温层、内保温层厚度，由个体工程设计定

(a) 涂料饰面阴角

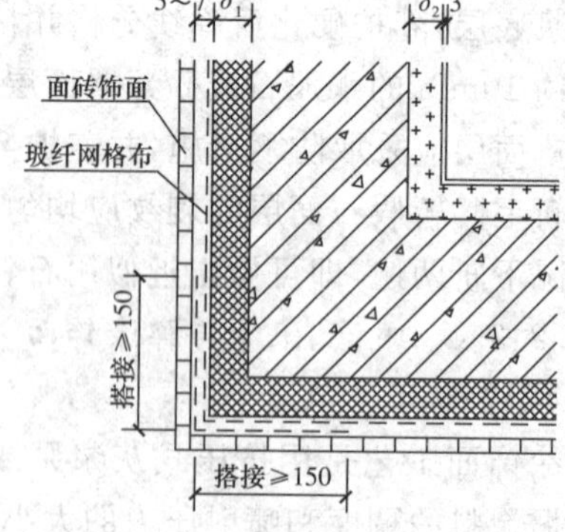

(b) 面砖饰面阳角

图 10-6 保温墙阳角、阴角构造

10.3 饰面板(砖)工程

饰面板一般适用于内墙饰面和高度不大于 24m 的外墙饰面。饰面板工程采用的有石材饰面、瓷板饰面、金属饰面、木材饰面等。饰面砖一般适用于内墙饰面砖和高度不大于 100m 的外墙工程。饰面砖包括陶瓷面砖、玻璃面砖等。

10.3.1 饰面板安装

10.3.1.1 饰面石材安装

石材饰面包括人造石材或天然石材(大理石、花岗岩、青石板),用于建筑物的内外墙面、柱面等高级装饰。

石材饰面板安装可采取湿贴法,即用水泥沙浆、聚酯砂浆或树脂胶等粘结材料粘贴饰面板。湿贴法的石材饰面板的尺寸和厚度相对较小,为防止外墙饰面板掉落,故粘贴高度有一定限制,饰面板与基体之间的粘结材料灌注时应饱满、密实。粘结材料必须做粘结强度试验。采用水泥沙浆湿贴天然石材时,由于水泥沙浆在水化作用时在石材表面产生泛碱现象,应事先在石材背面涂刷防碱剂。

石材饰面板安装也可采取干挂法,即用螺栓或金属卡具将饰面石材挂在墙上(图 10-7),这种方法目前应用较多。具体做法是在需铺设板材部位预留木砖、金属卡具等,石板材安装后用螺栓或金属卡具固定,最后进行勾缝处理。亦可在基层内打入膨胀螺栓,用以固定饰面板。

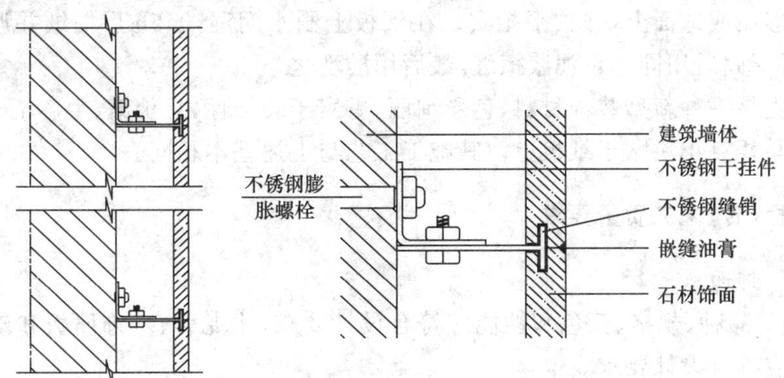

图 10-7 石材饰面板干法施工

10.3.1.2 金属饰面安装

在现代装饰工程中,金属饰面受到广泛的应用,如柱子外包不锈钢板或铜板、楼梯扶手采用不锈钢或铜管等。金属饰面质感好、简洁而挺拔,最为常见的是金属外墙板,它具有典雅庄重、坚固、质轻、耐久、易拆卸等优点。

铝合金板墙面施工质量要求高,技术难度也比较大。在施工前应认真查阅图纸,领会设计意图,并应进行详细的技术交底,使操作者能够主动地做好每一道工序,甚至一些小的节点也要认真执行。铝合金板固定办法较多,建筑物的立面也不尽相同。常用的铝合金板墙面安装施工程序为:放线→固定骨架的连接件→固定骨架→安装铝合金板→收口构造处理。

10.3.2 饰面砖粘贴

陶瓷饰面砖有釉面瓷砖、外墙面砖、陶瓷锦砖、陶瓷壁画、劈裂砖等;玻璃面砖主要有玻璃锦砖、彩色玻璃面砖、釉面玻璃等。

地面饰面砖镶贴的一般流程是:清理基层(找平层)→弹线→镶贴饰面砖→清洁面层→勾缝→清洁面层。

墙面饰面砖镶贴的一般工艺程序如下:清理基层表面→润湿→基层刮糙→底层找平划毛→立皮数杆→弹线→做灰饼→镶贴饰面砖→清洁面层→勾缝→清洁面层。

饰面砖的基层应清洁、湿润,基层刮糙后涂抹 1∶3 水泥沙浆找平层。饰面砖粘贴必须按弹线和标志进行,墙面上弹好水平线并作好粘贴厚度标志,墙面的阴阳角、转角处均须拉垂直线,并进行找方,阳角要双面挂垂直线,划出纵横皮数杆,沿墙面进行预排。粘贴第一层饰面砖时,应以房间内最低的水平线为准,并在砖的下口用直尺托底。饰面砖铺贴顺序为自下而上,从阳角开始,使不成整块的留在阴角或次要部位。地面一般从门口处往房间里铺贴,铺贴的过程中随时用水平尺测饰面砖地面的水平。待整个墙面或地面铺贴完毕,接缝处用石膏浆或水泥浆或填缝剂填抹或勾缝。勾缝材料硬化后,用盐酸溶液刷洗后,再用清水冲洗干净。

陶瓷锦砖(也称马赛克)由小粒的马赛克粘在纸板上,施工时在基层上用 1∶3 水泥沙浆抹平,抹后划毛浇水养护。然后抹厚 5～6mm 粘结层(1∶1 水泥沙浆,另加水泥量 2%～4%的 107 胶),从上往下弹分格线。粘贴时先将马赛克纸板的贴有马赛克的一面朝上放于托板上,用 1∶1 水泥细沙干灰填缝,再刮一层 1～2mm 厚的素水泥浆,随即将托板上的马赛克纸板对准分格线贴于墙面或地面上,并拍平拍实。在纸板上刷水润湿,0.5h 后揭纸并调整缝隙使其整齐,待粘结层凝固后用同色水泥浆擦缝,最后用酸洗之。

玻璃马赛克是一种新型装饰材料,色彩绚丽,更富于装饰性,且价廉、生产工艺简单。其成品亦是将玻璃马赛克小块贴于纸板上。其施工工艺与上述基本相同。

10.3.3 饰面板(砖)施工质量要求

10.3.3.1 饰面板

① 饰面板的品种、规格、颜色和性能应符合设计要求,木龙骨、木饰面板和塑料饰面板的燃烧性能等级应符合设计要求。

② 饰面板安装的预埋件(后置埋件)、连接件规格、位置、连接方法和防腐处理必须符合设计要求,后置埋件的现场拉拔强度必须符合设计要求。

③ 饰面板安装后,其立面垂直度、表面平整度、阴阳角方正度、接缝直线度、接缝高低差及宽度等应符合规范要求。

10.3.3.2 饰面砖

① 饰面砖粘贴的找平、防水、粘结和勾缝材料及施工方法应符合设计要求及国家现行产品标准和工程技术标准的规定。

② 饰面砖粘贴必须牢固。满粘法施工的饰面砖工程应无空鼓、裂缝。

③ 饰面砖粘贴后其立面垂直度、表面平整度、阴阳角方正度、接缝直线度、接缝高低差及宽度等应符合规范要求。

10.4　幕墙工程

幕墙是覆盖于建筑物外立面的建筑围护结构。幕墙由面板和支撑体系组成。面板材料可采用玻璃、金属板材、石材(天然石材、人造石材)及预制混凝土板材等。本节主要介绍玻璃幕墙的构造与施工。

10.4.1　玻璃幕墙的类型

玻璃幕墙分为框支式玻璃幕墙和无框玻璃幕墙两大类,框支式玻璃幕墙根据框架外观形式又分为隐框幕墙、明框幕墙、半隐框幕墙和明隐混合幕墙四种。无框玻璃幕墙分为点支式玻璃幕墙和边支式玻璃幕墙(全玻璃幕墙)。

10.4.1.1　框支式玻璃幕墙

框支式玻璃幕墙的支撑结构通常采用型钢和铝合金型材,型钢多选择角钢、方钢管、槽钢等型材,铝合金型材多选择经特殊挤压成型的幕墙骨架型材。根据玻璃幕墙的施工方式分为单元式幕墙、半单元式幕墙和构件式幕墙。

1. 单元式幕墙

单元式幕墙是在工厂内将幕墙各组件(包括面板、支撑框架)组装成板状单元,一个单元组件的高度要大于或等于一个楼层的高度,将单元组件运至工地进行整体吊装,通过预埋转接系统固定在主体结构上,详见图10-8。其优点有:

① 工厂化程度高,构件采用高精度设备加工,因而单元幕墙精度高,易保证幕墙工程的质量;

② 单元板材整体吊装,安装速度快;

③ 可与主体结构同步施工,可垂直交叉作业,有利于缩短施工工期;

④ 单元板块采用插接方式相互连接,对温度变形、层间变位、地震变形等具有很强的吸收能力。

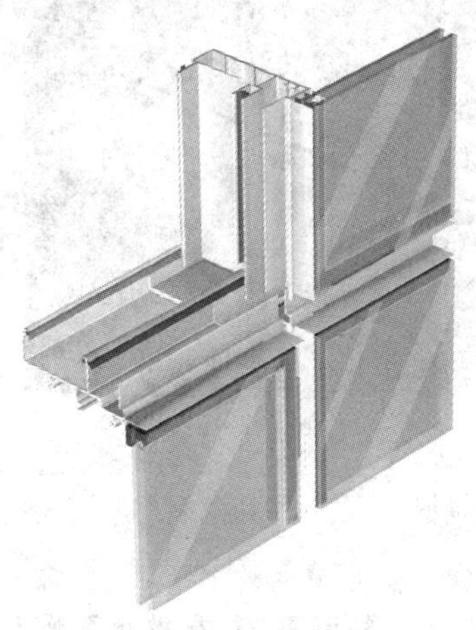

图10-8　单元式幕墙

2. 构件式幕墙

构件式幕墙是指在施工现场依此安装幕墙的预埋转接系统、支撑框架系统和幕墙面板系统中的各组成构件，且各组成构件是以单件形式分别安装的幕墙。

构件式幕墙具有系统配置简单灵活、适用性强、经济性好等特点。尤其适用于异型、复杂的建筑立面。构件式幕墙的饰面材料宜采用玻璃、金属板材、石材及人造板材等。

饰面材料为玻璃的构件式幕墙根据其支撑框架系统是否可见与可见程度（外立面上）分为以下几种：

① 构件式隐框玻璃幕墙：幕墙的横向和竖向的支撑框架隐藏在玻璃面板以内，外观只见玻璃板面，看不见支撑框架，见图 10-9。

② 构件式明框玻璃幕墙：在玻璃幕墙的外侧利用通长压板将玻璃面板固定在支撑框架上，再用装饰盖板条扣接压板外侧，从而，立面上形成水平和垂直的线条，见图 10-10。

③ 构件式半隐框玻璃幕墙：它是隐框玻璃幕墙和明框玻璃幕墙的结合，即在明框玻璃幕墙上隐去水平支撑件或竖向支撑件，形成竖向线条的玻璃幕墙（图 10-11(a)）和横向线条的玻璃幕墙（图 10-11(b)）。

图 10-9 构件式隐框玻璃幕墙

图 10-10 构件式明框玻璃幕墙

(a)

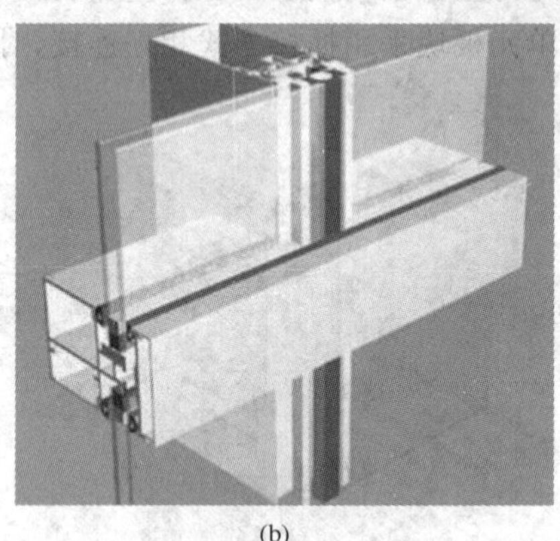

(b)

图 10-11 构件式半隐框玻璃幕墙

3. 半单元式幕墙

半单元式幕墙是介于单元式幕墙和构件式幕墙之间的一种幕墙系统，在整个幕墙系统中，除支撑框架的主龙骨在现场安装外，其余幕墙构件均在工厂加工，组装成板块单元，运至施工现场后安装在主龙骨上。

半单元式幕墙与构件式幕墙相比，具有工厂化程度高、构件加工精度高、质量容易控制、板块单元较小、安装灵活简便、施工效率高且维修更换方便等优点。

10.4.1.2 无框玻璃幕墙

采用预应力索(杆)体系作为幕墙支撑结构的幕墙称为无框玻璃幕墙。无框玻璃幕墙具有通透性、采光性能及装饰效果俱佳的特性,一般用于大空间的公共建筑的立面。无框玻璃幕墙又分为点支式和边支式两种。

点支式无框玻璃幕墙是在玻璃的角部及边部采用金属支撑装置支撑,通过支撑装置将玻璃连接并固定在幕墙支撑结构上,如图 10-12 所示。

边支式无框玻璃幕墙是对玻璃板材的边部采用固定的方式将其与主体结构或玻璃肋相连所形成的玻璃幕墙,如图 10-13 所示。

图 10-12 点支撑式无框玻璃幕墙

图 10-13 边支撑式无框玻璃幕墙

10.4.2 玻璃幕墙用材及附件

10.4.2.1 骨架材料

1. 骨架框材

构成幕墙骨架的框材主要是型钢和铝合金型材。如果采用型钢类材料,多选择角钢、方钢管、槽钢等型材;如果采用铝合金材料,多选择经特殊挤压成型的幕墙骨架型材。幕墙骨架框材的选用规格,需根据幕墙骨架受力大小和有关设计要求而定。当铝合金框材为主要受力构件时.其截面宽度一般为 40～70mm,截面高度为 100～210mm,壁厚为 3～5mm;如果铝合金框材不用作幕墙骨架的主要受力构件时,一般选择截面宽度为 40～60mm,截面高度为 40～50mm,壁厚为 1～3mm 的幕墙骨架型材。国产玻璃幕墙铝合金框架型材,其尺寸系列主要有 100,120,240,150,160,180 和 210 等数种。

2. 紧固件与连接件

玻璃幕墙骨架安装的主要紧固件有胀铆螺栓、铝拉铆钉、射钉及螺栓等。特别是在幕墙骨架与楼板面、楼板底或楼板等连接部位,较普遍使用螺栓作柔性连接,其优点是可以满足变形并便于调节。连接件多采用角钢、槽钢和钢板加工,连接件的形状,可根据不同幕墙结构及骨架安装的不同部位而有所区别。

10.4.2.2 玻璃

目前,用于幕墙的玻璃有以下主要品种:

1. 浮法玻璃

浮法玻璃具有两面平整光洁厚度均匀等特点,比一般平板玻璃的光学性能优良。

2. 吸热玻璃

吸热玻璃是在透明玻璃原料中加入金属氧化物而成。由于金属氧化物的品种和数量不同,可以生产具有古铜、琥珀、粉红、蓝灰、蓝绿等不同色泽和颜色深浅的玻璃。这种玻璃以其不同的色素来过滤太阳光中的不同光谱,起到一定的吸热作用,并能避免眩光和过多的紫外线辐射。

3. 热反射玻璃

热反射玻璃也称涂色玻璃、镜面玻璃、镀膜玻璃,是一种既有较高的热反射能力,又能保持较好透光性的玻璃。这种玻璃最大特点就在于视线的单向穿透性,即视线只能从光线暗的一边看到光线亮的一边。从结构上分:有平板热反射玻璃、中空热反射玻璃和夹层热反射玻璃。其规格有 3.5mm,6mm,8mm,10mm,12mm 和 15mm 等不同厚度。市面上供应较多的有 LOW-E 镀膜玻璃。

4. 中空玻璃

中空玻璃即中间具有空气层的双层或三层玻璃。它可以根据使用要求,选用不同品种和厚度的玻璃原片进行组合,然后用高强、高气密性的复合黏结剂将两片或多片玻璃与铝合金框黏结,框内充满干燥剂。由于中空玻璃的选材和特殊结构,使它不仅具有优良的采光性能,同时也具有隔热、隔音、防结露等待点。特别是在节约能源方面的优点较显著。但在使用时还应注意,中空玻璃是靠干燥剂和密封材料来维持双层中空玻璃的功能的,故应注意其使用条件,施工时要慎重选用密封材料,不要和中空玻璃周边的粘结剂发生化学反应。双层中空玻璃的结构,常用以下方式表达,如 6+Al2+6.3,其中 6 表示内侧玻璃的厚度为 6mm,A12 表示空气层厚度为 12mm,6.3 表示外侧玻璃的厚度为 6.3mm,目前我国自行设计生产的中空玻璃,其分块的最小尺寸为 180mm×250mm,最大尺寸为 2 500mm×3 000mm。

5. 钢化玻璃

钢化玻璃一般分为物理钢化玻璃和化学钢化玻璃两类。目前应用最多的是物理钢化玻璃,其强度比未经处理的玻璃大 3～5 倍,具有良好的抗冲击、抗折、耐急冷、耐急热的性能。钢化玻璃使用安全,玻璃破碎时,裂成圆钝的小碎片,不致伤人。

10.4.2.3 填缝材料

填缝材料用于玻璃幕墙的玻璃装配及玻璃块与块之间的缝隙处理,一般由填充材料、密封材料与防水材料三部分组成。

1. 填充材料

填充材料主要用于幕墙骨架凹槽内的底部,起到填充间隙和玻璃定位的作用。一般是在玻璃安装之前装于框架凹槽内,上部多用橡胶压条和硅酮系列防水密封胶加以覆盖。目前使用较多的填缝材料,主要有聚乙烯泡沫胶系、聚苯乙烯泡沫胶系及氯丁二烯橡胶等,有片状、板状和圆柱条等多种规格。

2. 密封条

密封材料在玻璃装配中不仅起到密封作用,同时也起到缓冲与粘结的作用。它使脆性的玻璃与硬性的金属之间得以缓冲与过渡。橡胶密封条是目前应用较多的密封固定材料。其断面形式多样,其规格主要取决于凹槽的尺寸和形状。选用橡胶密封条时,其规格须与凹槽的实际尺寸相符,过松或过紧都是欠妥的。

3. 防水密封胶

防水密封胶的作用是对缝隙进行防水封闭并增强粘结,主要有硅酮密封胶、丙烯酸酯密封胶、聚氨酯密封胶和聚硫脂密封胶。目前应用较多的有聚硫橡胶封缝料和硅酮系的硅酮橡胶封缝料，但两者相容性较差，不宜配合使用。硅酮密封胶的耐久性好，品种多，容易操作，一般采用管装，使用时用胶枪压入间隙之间即可。在玻璃装配中，硅酮密封胶常与橡胶封条配套使用。下层用橡胶条，上部用硅酮胶密封，如图 10-14 所示。

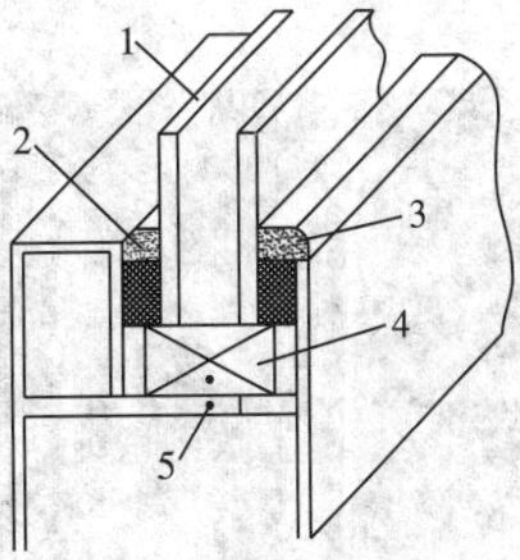

1—玻璃；2—硅酮密封；3—橡胶条；4—定位垫块；5—排水孔

图 10-14　玻璃装配密封构造

10.4.3　玻璃幕墙安装工艺

10.4.3.1　施工准备与幕墙运输

玻璃幕墙一般用于高层建筑的整个立面或楼裙的四周围护墙体，施工前必须根据建筑设计图纸对幕墙进行深化设计。选定幕墙的类型、玻璃的种类、运输与安装方式，编制幕墙施工组织设计。主要有以下内容：

① 熟悉本工程玻璃幕墙的特点，其中包括骨架设计特点、玻璃安装的特点及构造方面的特点，然后根据其特点，研究施工方案。

② 对照玻璃幕墙的骨架设计，复检主体结构质量，因为主体结构质量的好坏，对骨架的影响较大，特别是墙面的垂直度、平整度偏差，将影响整个幕墙的水平位置。因此，施工前必须检查主体结构的施工质量，特别是钢筋混凝土结构。另外，对主体结构的预留洞及表面缺陷应做好检查记录，及时提请有关单位注意。

③ 要准备好存放玻璃幕墙玻璃的库房或场地，且其出入口宽敞畅通，以防进出玻璃碰损，施工人员须准备好所需机具.如手电钻、射钉枪、半自动螺丝钻、手提式玻璃吸盘(使用前检查其吸力功能)、拉铆枪、填嵌密封条嵌刀、线锤、水平尺、钢卷尺等。

如采用单元式、半单元式幕墙，施工前，在工厂内将玻璃幕墙的铝型材加工、幕墙框组合、玻璃镶装及嵌条密封等工序完成后，用运输车运至现场。幕墙与车架接触面要衬垫毛毡等物以减震减磨，上部要用花篮螺丝将幕墙拉紧，外露部分用棉毡罩严，行车要缓要稳，幕墙运至现场后.若不立即施工，应以杉木搭架存放，四周以苫布围严。

10.4.3.2　施工工艺流程

1. 单元式幕墙

单元式幕墙施工工艺流程为：测量、定位、放线→转接件安装→单元组件吊装→防火、避雷装置安装。单元组件的组装如图 10-15—图 10-19 所示。

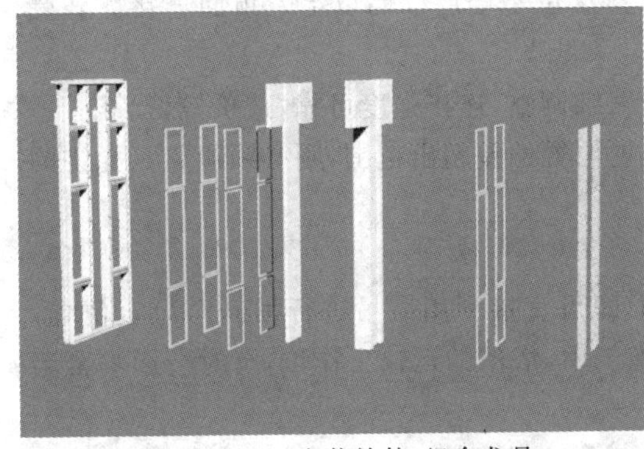

图 10-15　安装挂件、组合龙骨

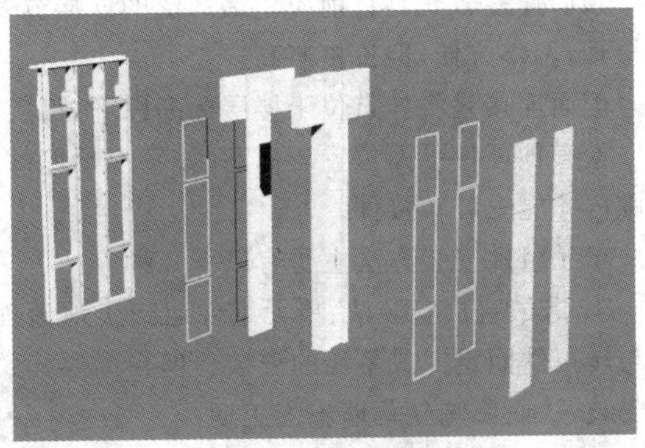

图 10-16　安装胶条

图 10-17 装配其他构件

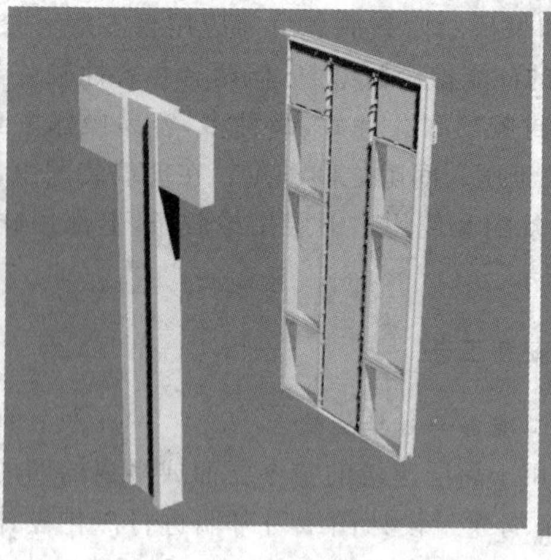
图 10-18 安装玻璃等

图 10-19 组装完毕

土建结构工程完成并验收合格后，需进行测量定位，对土建结构施工误差进行分配。然后，对原幕墙设计按实际存在的误差调整，务必将完成集中在某一个分格内。接着，将定位线划在楼板或墙上，作为安装转接件的依据。

单元式幕墙单元组件与建筑主体结构连接，主要是通过预埋件的形式。目前，幕墙的埋件按埋设位置的不同分两种：顶埋式和侧埋式，相应的两种连接方式为：顶面连接(图 10-20)和侧面连接(图 10-21)方式。

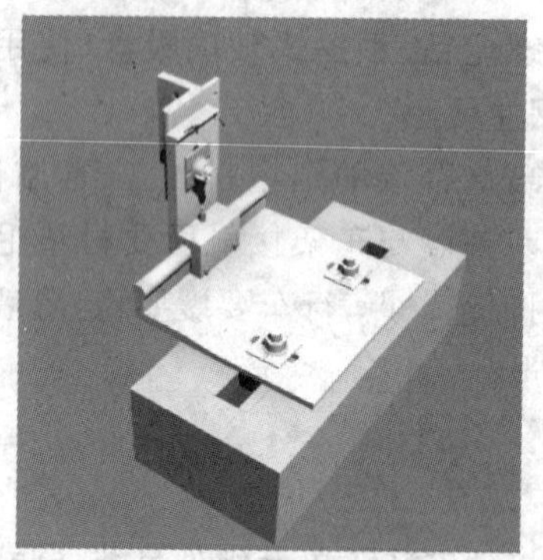
图 10-20 顶面连接方式

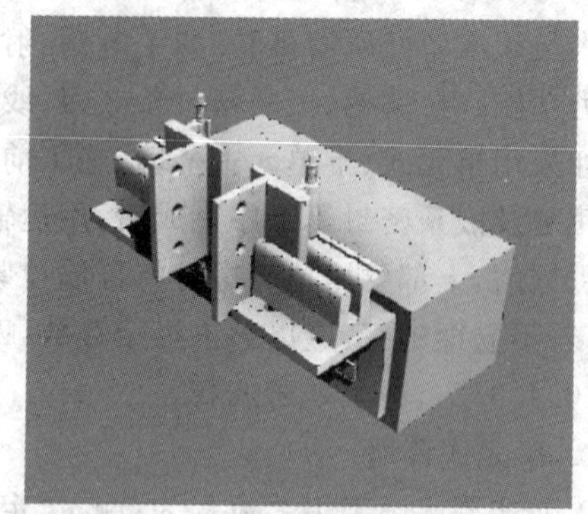
图 10-21 侧面连接方式

顶面连接方式是目前应用最广泛的连接方式，挂点位于楼层标高以上。顶面连接方式受力合理，调整方便，但价格略高。

侧面连接是将挂点位于楼层标高以下，可实现三维调整，连接强度可靠，造价较低。

检查预埋件平面位置与标高，如发现预埋件埋置位置偏差超出范围，则必须调整到允许的范围内才能安装转接件。

单元组件安装方法主要有以下几种：

① 塔吊直接安装法：单元组件运到工地地面上即可直接利用塔吊进行吊升至设定位置，并与转接件固定完成幕墙的安装。但在高层建筑施工中，塔吊的运输工作忙，有时会影响幕墙的安装，从而影响到幕墙施工工期。

② 少先吊安装法：利用塔吊将少先吊机具安放在设定的楼层(每隔 3～5 层)上，将待装的单元组件运至设有少先吊的楼层，用少先吊机具进行幕墙吊装作业。该层应设置操作平台，作

为少先吊机具转场的过渡平台以及吊运单元组件的临时摆放平台。

③ 专用吊具安装法:将轨道固定在转接件上,并使轨道形成环形封闭,电动葫芦在轨道上运行,运行轨道以每隔 12～15 层为一次。吊装时,先将电动葫芦定位到单元组件待装位置,再用平板车将单元组件运到待装部位的楼板外沿,用电动葫芦将单元组件吊起并下放到设定位置,该单元组件的下框插入下层已安装好的相对应的单元组件的上框。测量标高后,将左右两单元组件调整到设定位置后,与转接件固定。

④ 特种吊具安装法:它与专用吊具安装的不同之处就在于特种吊具能在轨道上行走,且其起吊点固定于楼层的某处,并在该处设置翻板机。单元组件运到此处后被安置在翻板机上,并沿轨道滑行,至楼板前沿时单元组件竖起、下放、插入并给与转接件固定,完成幕墙的安置。整个幕墙施工过程中,单元组件不与任何机构发生摩擦,保证单元组件的完好。

2. 构件式幕墙

构件式幕墙施工工艺流程为:测量、定位、放线→安装幕墙骨架框材→安装玻璃(组体)→安放密封条、注入密封胶→安装装饰压条(仅明框幕墙)。

① 测量、定位、放线的要求与单元式幕墙施工相同。

② 安置骨架框材:应先安置立柱,再安置横梁。立柱通过连接件与预埋件相连,连接件与预埋件需预安置,使连接件与立柱的连接螺孔中心线相吻合(允许误差符合规范要求)。立柱安装后(未固定)及时调整连接件的三维方向,使立柱立面、侧面垂直度与标高达到设计要求。待一层立柱安装完成后再安装横梁。骨架安装质量取决于立柱上固定横梁的角码的位置的准确程度。

③ 玻璃安装:立柱与横梁安装成的框格体系,已在框架上形成玻璃镶嵌槽,用于镶嵌玻璃。玻璃槽要保证玻璃和槽壁留有空腔,以便嵌入密封条或注入密封胶固定玻璃。

幕墙施工过程中和施工完毕后应按有关要求做好隐蔽工程验收和质量控制检查,在使用过程中,也应按有关规定进行保养和维护,以保证幕墙的安全使用。

思 考 题

【10-1】 装饰工程施工的范围是什么?

【10-2】 装饰施工有哪些标准?

【10-3】 装饰工程分几个等级? 分别适用何种工程?

【10-4】 装饰工程施工有什么特点?

【10-5】 抹灰工程在施工前应作哪些准备工作? 有什么技术要求?

【10-6】 各抹灰层的作用和施工要求是什么? 试述护墙角的作用及其做法。

【10-7】 试述立标筋的操作程序。

【10-8】 面层抹灰的技术关键是什么?

【10-9】 铺釉面砖的主要施工过程和技术要求是什么?

【10-10】 试述大理石饰面板安装的工艺流程和技术要求。

【10-11】 玻璃幕墙的玻璃有哪几种? 各有何特点?

【10-12】 试述分件式与框块式玻璃幕墙的施工工艺。这两种构造形式在施工上各有何优缺点?

11 流水施工原理

摘要:本章主要阐述流水施工的概念、基本原理和组织方法,重点介绍了流水施工的表达方式、流水施工参数、流水施工组织方式等内容。另外,还介绍了流水施工工期的控制原理,以及非节奏流水施工中关于临界位置和允许时间偏差的概念和计算方法。

专业词汇:流水施工;施工进度;网络图;关键线路;横道图;斜线图;工艺参数;时间参数;空间参数;施工过程;流水强度;流水节拍;流水步距;工艺间歇时间;组织间隙时间;工作面;施工段;固定节拍;成倍节拍;工期;施工组织方式;依次施工;平行施工;异节奏流水施工;等节奏流水施工;非节奏流水施工;加快成倍节拍流水;允许时间偏差 ;工期控制

11 The Principle of Flow Process

Abstract: This chapter deals mainly with the concept, basic mechanism and organization of flow construction, with focuses on its presentation, parameters, and organization of flow construction. It also introduces the control mechanism for flow construction time, and the concept and calculation method for critical location and time deviation allowed during non- rhythmical flow construction.

Specialized vocabulary: flow construction; construction progress; network chart; critical path; Gantt chart; slash figure; time parameter; spatial parameter; construction procedure; flow construction intensity; flow construction beat; flowing pace; technological interval time; organizational interval time; working face; construction section; fixed beat; multiple beat; construction time; construction organization; successive construction; simultaneous construction; flow construction with different rhythm; flow construction with identical rhythm; flow construction without rhythm; flow construction with accelerated and multiple rhythm; allowed time deviation; schedule control

11.1 土木工程施工组织方式

由于土木工程施工产生的结构物形体大,其形成过程在空间位置上固定,所以土木工程施工组织的方式就要考虑土木工程项目的施工特点、工艺流程、资源利用、平面或空间布置等要求,所采取的施工组织活动形式一般有依次施工、平行施工、流水施工等方式。

11.1.1 依次施工

依次施工是将拟建工程项目分成各个建造单元,各个单元的建造过程分解成若干个施工过程,各施工过程按照一定的施工顺序,依次逐一地完成各个建造单元施工的一种组织方法。它是一种最基本的施工组织方式。其特点是:

① 没有充分利用工作面去争取时间,工作面有空置,工期长;

② 各施工过程的工作队施工作业及材料供应无法保持连续和均衡,存在窝工现象,劳动生产率低;

③ 单位时间内投入的资源量比较少,方便资源组织和供应;

④ 施工现场的组织、管理比较简单。

当工程规模比较小,施工临时设施投入较少时,依次施工是可以采用的一种施工组织方法。

11.1.2　平行施工

平行施工是将全部工程项目分成若干个建造单元,各单元组织相同的工作队,在同一时间、不同的空间上平行安排施工,整个工程项目同时开工,同时完成。其特点是:

① 充分利用工作面,争取了时间,可以缩短工期;

② 组织综合工作队施工,不能实现专业化施工,不利于提高工程质量和劳动生产率;

③ 如采用专业工作队施工,则各单元内工作队不能连续作业;

④ 单位时间投入施工的资源量成倍增长,现场临时设施也相应增加。

一般在工期要求紧迫,并且各种资源同时供应有可靠保证的情况下,在大规模建筑群及分期分批组织施工的工程项目中,可以采用平行施工的组织方式。

11.1.3　流水施工

流水施工是将工程项目的全部建造过程,在工艺上分解为若干个施工过程,在平面上划分为若干个施工段,在竖向上划分为若干个施工层;然后按照施工过程组建相应的专业工作队(或组),各专业工作队工作人数、使用材料和机具基本不变,按规定的施工顺序,依次、连续地投入到各施工层(一般从第一层开始)的第一、第二、第三、……施工段上进行施工,并使先后相邻的两个专业工作队尽可能形成无间歇搭接施工,在规定的时间内完成施工项目。其特点是:

① 充分利用工作面,争取了时间,若能形成无间歇搭接施工,可以缩短工期;

② 按专业工种建立劳动组织,能够实现专业化生产,有利于改进操作技术,保证工程质量和提高劳动生产率;

③ 各工作队能够连续作业,不产生窝工;

④ 流水施工的节奏性、均衡性和连续性,使劳动消耗、物资供应、机械设备利用处于相对平稳状态,每天投入的资源量较为均衡,有利于资源的组织供应;

⑤ 施工现场组织、管理易于实施,为文明施工和科学管理,创造了有利条件;

⑥ 减少物资损失和施工管理费,降低工程成本,提高承建单位经济效益。

流水施工是在依次施工和平行施工的基础上产生的,它既克服了两者的缺点,又兼具两者的优点。通过上述对比分析,不难看出流水施工在工艺划分、时间排列和空间布置上都是一种科学、先进和合理的施工组织方式,也是目前普遍适用和采用的施工组织方法,它可以在土木工程施工中产生良好的经济效益。以上三种施工组织方式的特点比较见表 11-1,图示比较见图 11-1。

表 11-1　　三种施工组织方式的特点比较

比较内容	依次施工	平行施工	流水施工
工作面利用情况	不能充分利用工作面	最充分利用工作面	合理、充分地利用工作面
工期	最长	最短	适中
窝工情况	有窝工现象	若不进行协调,则有窝工	主导施工过程班组不会有窝工现象
资源投入情况	日资源用量少,品种单一,但不均匀	日资源用量大,品种单一,且不均匀	日资源用量适中,比较均匀
对劳动生产率和工程质量的影响	不利	不利	有利

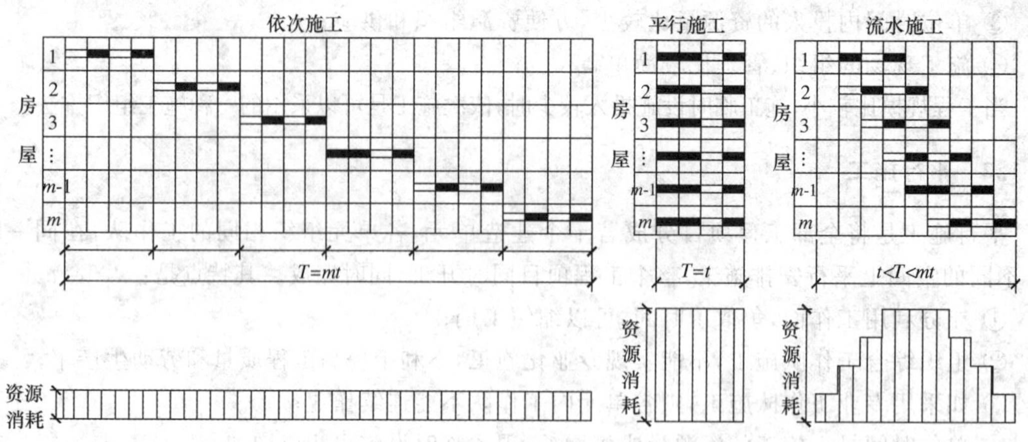

图 11-1 三种施工组织方式的对比

11.2 流水施工参数

为了说明组织流水施工时各施工过程在时间、空间上的开展情况及相互依存关系，必须引入一些描述流水施工进度计划图表特征和各种数量关系的参数，这些参数被称为流水参数，它包括工艺参数、空间参数和时间参数，如图 11-2 所示。

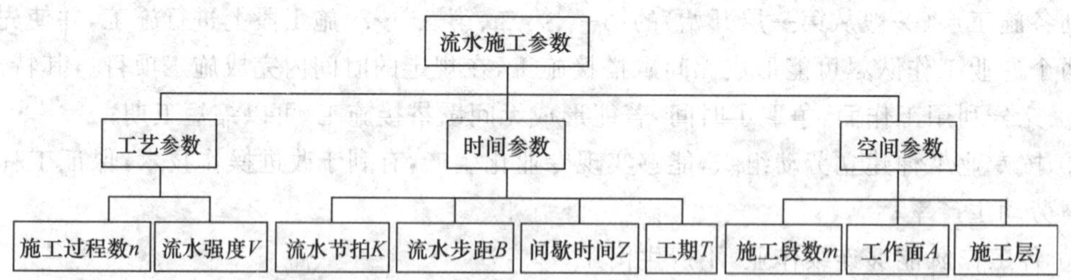

图 11-2 流水施工参数

11.2.1 工艺参数

工艺参数是指在组织流水施工时，用以表达流水施工在施工工艺方面进展状态的参数，通常包括施工过程数 n 和流水强度 V 两个参数。

1. 施工过程数 n

一个工程的施工，通常由许多施工过程（如挖土、支模、扎筋、浇筑混凝土等）组成。施工过程的划分应按照工程对象、施工方法及计划性质等来确定。

当编制控制性施工进度计划时，组织流水施工的施工过程可划分得粗一些，一般只列出分部工程名称，如基础工程、主体工程、装修工程、屋面工程等。当编制实施性施工进度计划时，施工过程可以划分得细一些，将分部工程再分解为若干分项工程。如将基础工程分解为挖土、浇筑混凝土基础、砌筑基础墙、回填土等。但是其中某些分项工程由多个工种来实现，为了便于掌握施工进度，指导施工，可将这些分项工程再进一步分解成若干个由专业工程施工的工序作为施工过程的组成内容。因此，施工过程的性质，有的是简单的，有的是复杂的。如一幢建筑物的施工过程数 n，一般可分为 20～30 个，工业建筑往往划分得更多一些，而一个道路工程

的施工过程数 n,则往往只分为5～6个。一般施工过程可以分为以下三类。

① 制备类施工过程:指为了提高建筑产品的加工能力而形成的施工过程。如砂浆、混凝土、构配件的制备过程。它一般不占用工程项目施工空间,不影响总工期,因此,不必反映在进度表上,不需要列入流水施工的组织中。

② 运输类施工过程:指将建筑材料、构配件、设备和制品等物资,运到建筑工地仓库或现场使用地点而形成的施工过程。它一般不占用工程项目施工空间,也不影响总工期,如随运随吊方案的运输过程,因此它是否需要列入进度计划应根据此类施工过程特点确定。

③ 建造类施工过程:指在工程项目施工空间上,直接进行最终建筑产品加工而形成的施工过程。如砌砖墙、现浇结构支模板、绑扎钢筋等分项工程,或基础工程、主体工程、屋面工程和装饰工程等分部工程。它占用工程项目施工空间并影响总工期,必须列入进度计划表中,是进度安排的主要内容。

2. 流水强度 V

每一施工过程在单位时间内所完成的工程量叫流水强度,又称流水能力或生产能力。

① 机械施工过程的流水强度按式(11-1)计算:

$$V=\sum_{i=1}^{x} R_i S_i \tag{11-1}$$

式中　R_i——某种施工机械台数;

S_i——该种施工机械台班生产率;

x——用于同一施工过程的主导施工机械种数。

② 手工操作过程的流水强度按式(11-2)计算:

$$V=RS \tag{11-2}$$

式中　R——每一施工过程投入的工人人数;

S——每一工人每班产量。

式(11-1)和式(11-2)中 R_i 或 R 应小于工作面上允许容纳的最多机械台数或最多人数。

11.2.2　时间参数

时间参数是组织流水施工时,反映各施工过程持续时间及前后搭接关系的参数,通常包括流水节拍 K、流水步距 B、间歇时间 Z 和工期 T 四个参数。

1. 流水节拍 K

流水节拍是一个施工过程在一个施工段上的持续时间。它的大小关系着投入的劳动力、机械和材料量的多少,决定着施工的速度和施工的节奏性。因此,流水节拍的确定具有很重要的意义。流水节拍的计算方法有:

(1) 定额计算法

定额计算法的计算公式见式(11-3)。

$$K=\frac{Q_m}{SR}=\frac{P_m}{R} \tag{11-3}$$

式中　Q_m——某施工段的工程量;

S——每一工日(或台班)的产量(产量定额);

R——施工人数(或机械台数);

P_m——某施工段所需要的劳动量(或机械台班量)。

根据工期要求确定流水节拍时,可用式(11-3)反算出所需要的人数(或机械台班数)。在这种情况下,必须检查劳动力、材料和机械供应的可能性,工作面是否足够等。

(2) 三时估算法

这种计算方法主要适用于某些采用新技术、新工艺,往往缺乏定额的施工过程。计算公式见式(11-4)。

$$K=\frac{1}{6}(a+4b+c) \tag{11-4}$$

式中 a——某施工过程完成一施工段工程量最乐观时间;

b——某施工过程完成一施工段工程量最可能时间;

c——某施工过程完成一施工段工程量最悲观时间。

(3) 工期倒排法

对某些在规定日期内必须完成的工程项目,通常采用倒排进度法。具体步骤为:

① 根据工期倒排进度,确定某施工过程的工作延续时间;

② 按式(11-5)确定某施工过程在某施工段上的流水节拍

$$K=\frac{T}{m} \tag{11-5}$$

式中 T——某施工过程的工作持续时间;

m——施工过程的施工段数。

有时,流水节拍的确定还可根据工程实际情况确定,即根据工期的要求来确定,再按某施工过程在施工段上的持续时间来安排有关资源,或者根据投入的资源(劳动力、机械台班和材料数量)的能力来确定流水节拍。

2. 流水步距 B

两个相邻的施工过程先后进入流水施工的时间间隔,叫流水步距。如木工工作队第一天进入第一施工段工作,工作 2d 做完(流水节拍),第三天开始钢筋工作队进入第一施工段工作。木工工作队与钢筋工作队先后进入第一施工段的时间间隔为 2d,那么,他们之间的流水步距 $B=2\text{d}$。

流水步距的数目取决于参加流水的施工过程数,如施工过程数为 n 个,则流水步距的总数为$(n-1)$个。

确定流水步距的基本要求如下:

① 始终保持前、后两个施工过程合理的工艺顺序;

② 尽可能保持各施工过程的连续作业;

③ 做到前、后两个施工过程施工时间的最大搭接(即前一施工过程完成后,尽可能早地进入后一施工过程施工)。

3. 间歇时间 Z

流水施工往往由于工艺要求或组织因素要求,在两个相邻的施工过程之间增加一定的流水间歇时间,这种间歇时间是必要的,它们分别称为工艺间歇时间和组织间歇时间。

(1) 工艺间歇时间 Z_1

根据施工过程的工艺性质,在流水施工中除了考虑两个相邻施工过程之间的流水步距外,还需考虑增加一定的工艺间歇时间 Z_1。如混凝土浇筑后，需要一定的养护时间才能进行后道工序的施工；又如屋面找平层完成后，需等待一定时间，使其彻底干燥，才能进行屋面防水层施工等。这些由于工艺原因引起的等待时间，称为工艺间歇时间 Z_1。

(2) 组织间歇时间 Z_2

由于组织因素要求两个相邻的施工过程在规定的流水步距以外增加必要的间歇时间，如质量验收、安全检查等。这种间歇时间称为组织间歇时间 Z_2。

(3) 工艺搭接时间 Z_3

在施工安排中，部分施工过程可以搭接施工，这样安排可以缩短工期。允许相邻两个专业工作队在同一施工段上搭接，共同作业的时间就是工艺搭接时间 Z_3。

4. 流水施工工期 T

流水施工工期是指从第一个专业工作队投入流水施工开始，到最后一个专业工作队完成流水施工为止的整个持续时间，可按式(11-6)计算。

$$T=\sum B+t_n+\sum Z_1+\sum Z_2-\sum Z_3 \tag{11-6}$$

式中　$\sum B$——流水组中流水步距之和；

t_n——流水施工中最后一个施工过程的总持续时间；

Z_1——工艺间歇时间；

Z_2——组织间歇时间；

Z_3——工艺搭接时间。

11.2.3　空间参数

空间参数是组织流水施工时，用以表达各施工过程在空间布置上所处状态的参数，通常包括工作面 A、施工段数 m、施工层 j 三个参数。

1. 工作面 A

工作面是表明施工对象上可能安置一定数量的工人操作或机械布置的空间大小，所以工作面可用来反映施工过程(工人操作、机械布置)在空间上布置的可能性。

工作面的大小可以采用不同的单位来计量，如对于道路工程，可以采用沿道路的长度为单位；对于浇筑混凝土楼板，则可以采用楼板的面积为单位等。

在工作面上，前一施工过程的结束就为后一个(或几个)施工过程提供了工作面。在确定一个施工过程必要的工作面时，不仅要考虑施工过程必需的工作面，还要考虑生产效率，同时应遵守安全技术和施工技术规范的规定。

2. 施工段数 m

在组织流水施工时，通常把施工对象划分为劳动量相等或大致相等的若干施工区段，这些区段称为施工段。每一个施工段在某一段时间内只供给一个施工过程使用。

施工段可以是固定的，也可以是不固定的。在固定施工段的情况下，所有施工过程都采用同样的施工段。在不固定施工段的情况下，对不同的施工过程分别地规定出一种施工段划分方法，施工段的分界对于不同的施工过程是不同的。固定的施工段便于组织流水施工，采用较广，而不固定的施工段则采用较少。

在划分施工段时，应考虑以下几点：

① 施工段的分界同施工对象的结构界限(温度缝、沉降缝和建筑单元等)尽可能一致；

② 各施工段上所消耗的劳动量尽可能相近；

③ 划分的段数不宜过多，以免使工期延长；

④ 对各施工过程均应有足够的工作面；

⑤ 当施工有层间关系，分段又分层时，为使各队能够连续施工，即各施工过程的工作队做完第一段，能立即转入第二段；做完一层的最后一段，能立即转入上面一层的第一段，则每层最少施工段数 m_0 应满足以下关系：

$$m_0 \geqslant n$$

当 $m_0 = n$ 时，工作队连续施工，而且施工段上始终有工作队在工作，即施工段上无停歇，是比较理想的组织方式；

当 $m_0 > n$ 时，工作队仍是连续施工，但施工段有空闲停歇；

当 $m_0 < n$ 时，工作队在一个工程中不能连续施工而窝工。

施工段有空闲停歇，一般会影响工期，但在空闲的工作面上如能安排一些准备或辅助工作(如运输类施工过程)，则会使后继工作顺利进行，也不一定有害。而工作队不连续(窝工)则是不可取的，除非能将窝工的工作队转移到其他工地进行工地间大流水。

3. 施工层 j

为满足专业工种对操作高度和施工工艺的要求，将拟建工程在垂直方向上划分为若干施工段落(或操作层)，称为施工层。

施工层的划分，要根据建筑物的具体情况来确定。如砌筑工程一般一个结构层可分为两个施工层；室内抹灰、油漆、门窗和水电安装等工程，一个结构层即为一个施工层。

11.3 流水施工的组织

11.3.1 流水施工的实施步骤

流水施工的实质是连续作业，组织均衡施工。建筑产品本身的构成和建造特点，为流水施工的实施提供了依据，组织流水施工按以下步骤实施。

1. 划分分部分项工程

根据工程特点及施工要求将拟建工程划分为若干个分部工程，每个分部工程又根据工艺要求，工程量大小，施工队组织情况，划分为若干个施工过程(分项工程)，以便在组织流水施工时实现分项工程的专业化施工。

2. 划分施工段

根据组织流水施工的要求，将拟建工程在平面上、空间上划分为若干个工程量大致相等的区段。把庞大的建筑物(建筑群)划分成"批量"的"假定产品"，从而形成流水施工的前提。

3. 组织工作队组

流水组织中，按照施工过程组织相应独立的工作队组，形式上可以是专业队组也可以是混合队组，其作业顺序即为施工过程的顺序。

4. 确定各专业工作队在各施工段内的工作持续时间

根据施工段的大小、施工过程的工作量，计算各工作持续时间。对工程量较大、施工时间较长的施工过程，必须组织连续均衡的施工。

5. 组织流水施工

各施工工作队组按一定的施工工艺顺序，依次地、连续地由一个施工段转移到另一个施工段，反复地完成同类工作。（由于建筑产品是固定的，“流水”的只能是专业施工队。）

6. 相邻施工过程尽可能组织平行搭接

按照施工先后顺序要求，在有工作面的条件下，除必要的工艺和组织间歇外，尽可能组织平行搭接施工，以缩短工期。

11.3.2 流水施工的表达方式

工程施工进度计划图表反映工程施工时各施工过程工艺上的先后顺序、相互配合的关系和它们在时间、空间上的开展情况。目前应用最广泛的施工进度计划图表有线条图和网络图（详见本书第 12 章）。

当流水施工的工程进度计划图表采用线条图表示时，按其绘制方法的不同，分为水平图表（又称横道图）及垂直图表（又称斜线图）两种形式。

1. 水平图表

水平图表（横道图）的表达方式如图 11-3 所示。图中横坐标表示流水施工的持续时间，即施工进度；纵坐标表示开展流水施工的施工过程、专业工作队名称及编号；呈阶梯形分布的水平线段，表示施工段数及进入流水施工的开展顺序。水平图表的纵坐标也可以表示施工段数，这时呈阶梯形分布的水平线段则表示施工过程进入流水施工在时间和空间上的开展情况。

2. 垂直图表

垂直图表（斜线图）的表达方式如图 11-4 所示。图中横坐标表示流水施工的持续时间，即施工进度；纵坐标表示开展流水施工的施工段数及编号；斜向线段表示一个施工过程或专业工作队分别投入各个施工段工作的时间和顺序。

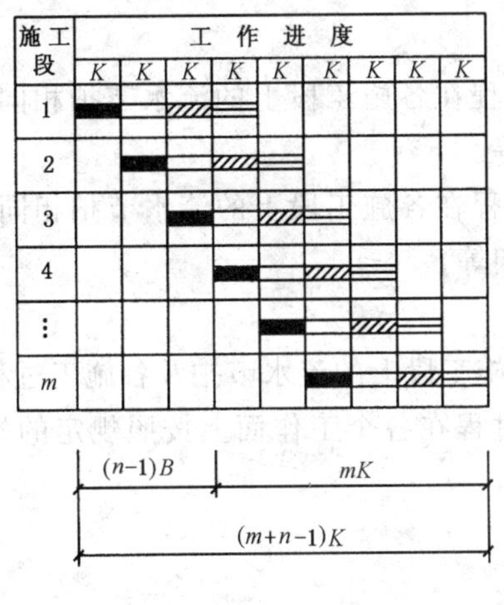

图 11-3 水平图表

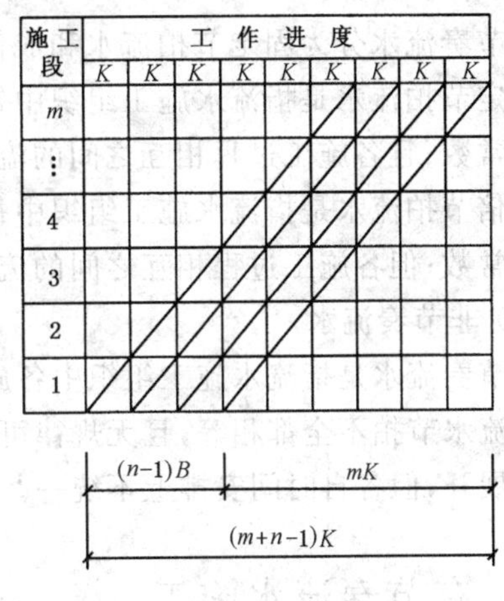

图 11-4 垂直图表

水平图表具有绘制简单、流水施工形象直观的优点；垂直图表能直观地反映出在一个施工段中各施工过程的先后顺序和相互配合关系，而且可由其斜线的斜率形象地反映出各施工过程的流水强度。

11.3.3 流水施工分类

流水施工的分类可以按照流水施工对象的范围和流水施工节奏的特征予以划分。

1. 按流水施工对象的范围分类

按照流水施工对象范围从小到大分为以下几类：

(1) 分项工程流水

分项工程流水又称细部流水，即在一个专业工种内部组织流水施工。例如：砌砖墙、支模板、扎钢筋、外墙贴面砖等，将这些分项工程的工序组织专业工作队进行流水施工。分项工程流水是范围最小的流水。

(2) 分部工程流水

分部工程流水又称专业流水，是在一个分部工程内部、各分项工程之间组织的流水施工。例如：基础工程、钢筋混凝土工程等。

(3) 单位工程流水

单位工程流水又称综合流水，是一个单位工程内部、各分部工程之间组织的流水施工。例如：结构工程、装饰工程、安装工程等。单位工程流水是分部工程流水的扩大和组合，反映在进度计划上，是一个项目的单位工程施工进度计划。

(4) 群体工程流水

群体工程流水又称大流水，它是在若干单位工程之间组织的流水施工，是为完成工业或民用建筑群而组织起来的全场性的综合流水，反映在项目实施进度计划上，是一个项目的施工总进度计划。例如，工厂建设项目中，办公楼、厂房、职工宿舍等的土建工程组织的流水施工。

2. 按流水施工节奏的特征分类

按流水施工节奏的特征，流水施工分为有节奏流水和非节奏流水两类。

(1) 有节奏流水

有节奏流水分为固定节拍流水和成倍节拍流水。

固定节拍流水是指流水施工组织中每一个施工过程在各施工段上的流水节拍相同，为一固定的常数；且各施工过程相互之间的流水节拍也相等。

成倍节拍流水是指流水施工组织中每一个施工过程在各施工段上的流水节拍相同，为一固定的常数；但各施工过程相互之间的流水节拍不全相等。

(2) 非节奏流水

非节奏流水是指流水施工组织中各施工过程在各施工段上的流水节拍及各施工过程相互之间的流水节拍不全都相等，且无规律可循。各施工过程在各个工作面上按照规定的施工顺序依次展开，但各自时间安排上不统一。

11.4 有节奏流水施工

有节奏流水施工各施工过程在各施工段上持续时间相等，用垂直图表示时，施工进度线是一条斜率不变的直线，如图 11-5 所示。与此相反，非节奏流水施工各施工过程在各施工段上的持续时间不等，它的施工进度线，在垂直图表中是一条由斜率不同的几个线段所组成的折线，如图 11-6 所示。

任一施工过程有节奏流水的总持续时间可按式(11-7)计算

$$t=mK \tag{11-7}$$

式中 t——持续时间；

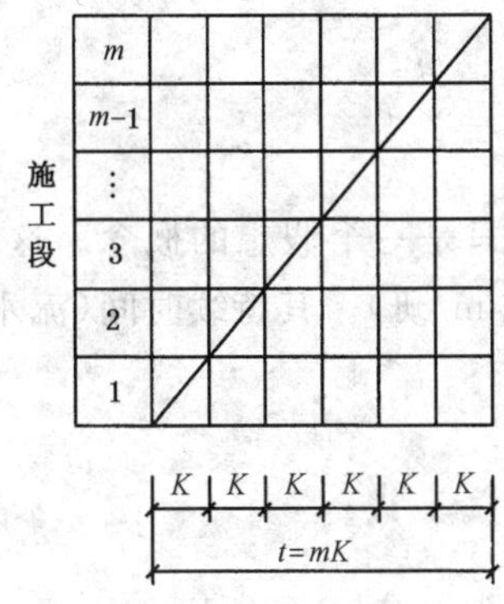

图 11-5 有节奏流水施工过程流水进度图

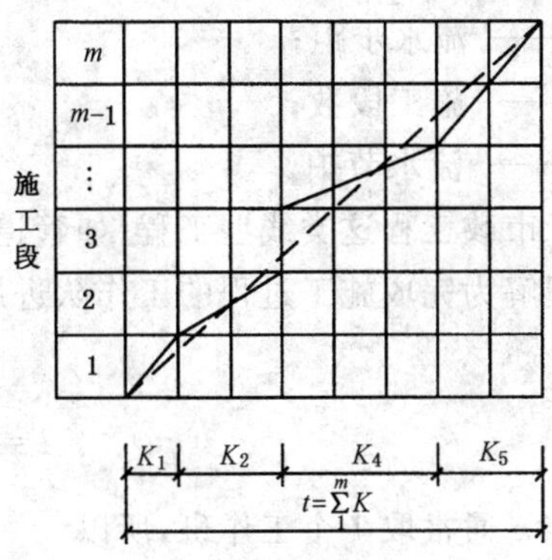

图 11-6 非节奏流水施工过程流水进度图

K——流水节拍；

m——施工段数。

在有节奏流水施工中，根据各施工过程之间流水节拍是否相等或是否成倍数，又可以分为固定节拍流水和成倍节拍流水。

11.4.1 固定节拍流水

在组织流水施工时，如果各个施工过程在各个施工段上的流水节拍都彼此相等，此时流水步距也等于流水节拍。这种流水施工组织方式，称为固定节拍流水。

1. 固定节拍流水施工的特点

固定节拍流水的特点是：

① 所有施工过程在各个施工段上的流水节拍均相等；

② 所有流水步距都相等，并等于流水节拍；

③ 每个专业工作队都能够连续作业，且施工段没有间歇时间；

④ 工作队数目等于施工过程数目，即每一个施工过程成立一个专业工作队，由该队完成相应施工过程所有施工段上的任务。

2. 固定节拍流水施工的组织

组织固定节拍流水施工，首先要使各施工段的工程量基本相等；其次，要确定主导施工过程的流水节拍；第三，通过调节各专业队的人数，使其他施工过程的流水节拍与主导施工过程的流水节拍相等。

3. 固定节拍流水施工工期的计算

图 11-1 中的流水施工就是固定节拍流水的进度图表。从图中可以看出，各施工过程之间的流水节拍是相同的。为了缩短工期，两个相邻的施工过程应当做到施工时间上的最大搭接。但是这种最大搭接还是要受到必要的时间间歇的限制。其施工工期分别按以下方法计算。

(1) 无间歇时间的固定节拍流水

如图 11-3 和图 11-4 所示，由于固定节拍专业流水中各流水步距 B 等于流水节拍 K，故其持续时间(也称流水施工工期)为

$$T=(n-1)B+mK=(m+n-1)K \tag{11-8}$$

式中 T——持续时间(流水施工工期)；

n——施工过程数；

B——流水步距；

m——施工段数；

K——流水节拍。

对于市政工程这类线型工程（如管道、道路等），施工段只是一个假想的概念。这时，施工段通常理解为完成施工过程的工作队进展的速度（km/班或 m/班）。其持续时间（流水施工工期）为

$$T=(n-1)K+\frac{L}{v}K \tag{11-9}$$

由于 k 通常取 1 个工作班，所以

$$T=(n-1)\times 1+\frac{L}{v}\times 1=\sum B+\frac{L}{v} \tag{11-10}$$

式中 $\sum B$——第一个施工过程到最后一个施工过程加入流水的时间间隔（班），即流水步距总和；

L——线型过程总长度（km 或 m）；

v——工作队移动速度（km/班或 m/班）。

(2) 有间歇时间的固定节拍流水

在这种专业流水中（图 11-7），在某些施工过程之间，往往还存在着施工技术规范规定的必要的工艺间歇及组织间歇，所以其持续时间（流水施工工期）为

$$T=(m+n-1)K+\sum Z_1+\sum Z_2 \tag{11-11}$$

式中 $\sum Z_1$——工艺间歇时间总和；

$\sum Z_2$——组织间歇时间总和。

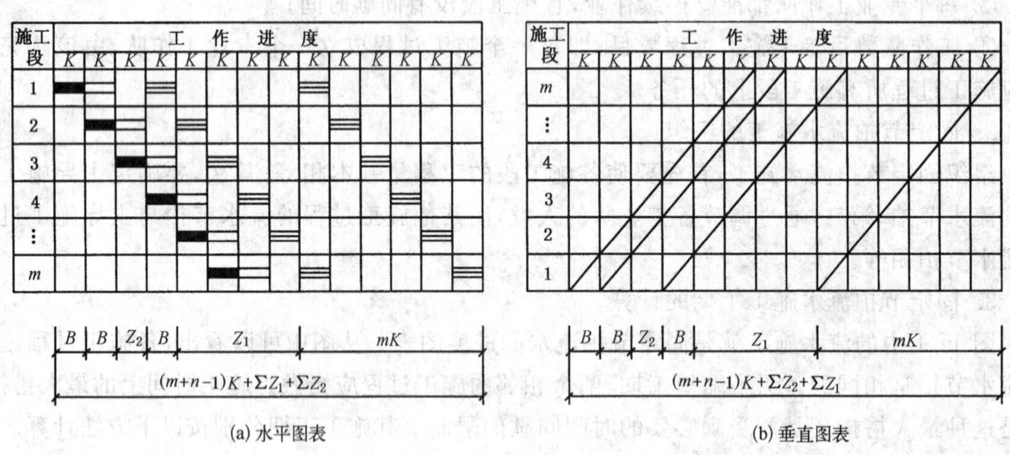

图 11-7 固定节拍流水图表（有工艺间歇）

(3) 有工艺搭接时间的固定节拍流水施工

有工艺搭接时间的固定节拍流水施工的流水施工工期 T 可按式(11-12)计算：

$$\begin{aligned}T&=\sum B+t_n+\sum Z_1+\sum Z_2-\sum Z_3\\&=(m+n-1)K+\sum Z_1+\sum Z_2-\sum Z_3\end{aligned} \tag{11-12}$$

式中 $\sum B$——流水施工中流水步距之和；

t_n——流水施工中最后一个施工过程的持续时间；

Z_1——工艺间歇时间；

Z_2——组织间歇时间；

Z_3——工艺搭接时间。

例如，某工程流水施工计划如图 11-8 所示。

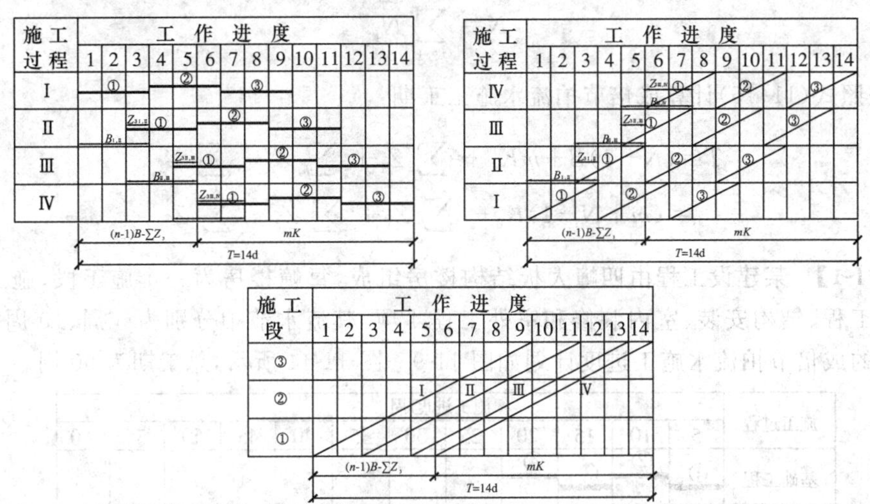

图 11-8　有工艺搭接时间的固定节拍流水施工

施工过程数目 $n=4$；施工段数目 $m=3$；流水节拍 $K=3$；流水步距 $B_{\text{Ⅰ},\text{Ⅱ}}=B_{\text{Ⅱ},\text{Ⅲ}}=B_{\text{Ⅲ},\text{Ⅳ}}=K=3$；组织间歇 $Z_1=0$；工艺间歇 $Z_2=0$，工艺搭接时间 $Z_3=4$，则流水施工工期为：

$$T=(n-1)B+mK+\sum Z_1+\sum Z_2-\sum Z_3$$

$$=(4-1)\times3+3\times3+(0+0-4)=14(\text{天})$$

11.4.2　成倍节拍流水

在组织流水施工时，通常会遇到不同施工过程之间，由于劳动量的不等以及技术或组织上的原因，它们之间的流水节拍互成倍数，以此组织流水施工，即为成倍节拍流水。

成倍节拍流水包括一般成倍节拍流水和加快成倍节拍流水。为了缩短流水施工工期，通常采用加快成倍节拍流水施工的组织方式。

1. 加快成倍节拍流水施工的特点

① 同一施工过程在其各个施工段上的流水节拍均相等；

② 不同施工过程的流水节拍不等，但其值为倍数关系；

③ 相邻专业工作队的流水步距相等，且等于流水节拍的最大公约数；

④ 专业工作队数大于施工过程数，即有的施工过程只成立一个专业工作队，而对于流水节拍大的施工过程，可按其倍数增加相应专业工作队数目；

⑤ 各个专业工作队在施工段上能够连续作业，施工段之间没有空闲时间。

2. 加快成倍节拍流水施工的组织

组织加快成倍节拍流水施工的步骤是：

① 求各施工过程流水节拍的最大公约数 k_0，以此作为流水步距 B；

② 按照式 11-13 计算各施工过程所需工作班组数 N_i：

$$N_i = \frac{K_i}{K_0} \tag{11-13}$$

式中 k_i——第 i 个施工过程的流水节拍。

③ 按照式(11-14)计算工作班组总数 N：

$$N = \sum_{i=1}^{n} N_i \tag{11-14}$$

④ 按照式(11-15)计算成倍节拍流水施工工期：

$$\begin{aligned} T &= (N-1)B + mK_0 + \sum Z_1 + \sum Z_2 - \sum Z_3 \\ &= (m+N-1)K_0 + \sum Z_1 + \sum Z_2 - \sum Z_3 \end{aligned} \tag{11-15}$$

【例 11-1】 某建设工程由四幢大板结构楼房组成，每幢楼房为一个施工段，施工过程划分为基础工程、结构安装、室内装修和室外工程 4 项，其流水节拍分别为 5 周、10 周、10 周、5 周。一般的成倍节拍流水施工进度计划如图 11-9—图 11-11 所示，总工期为 60 周。

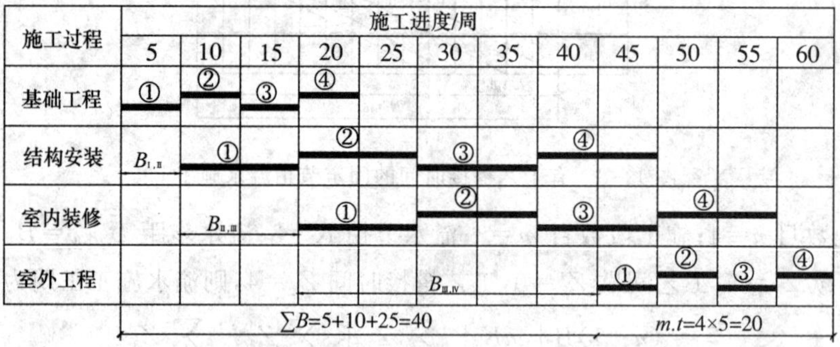

施工过程	施工进度/周											
	5	10	15	20	25	30	35	40	45	50	55	60
基础工程	①	②	③	④								
结构安装	$B_{\text{I,II}}$	①		②		③		④				
室内装修		$B_{\text{II,III}}$		①		②		③		④		
室外工程						$B_{\text{III,IV}}$			①	②	③	④

$\sum B=5+10+25=40$　　$m.t=4\times5=20$

图 11-9　一般成倍节拍流水施工进度计划(水平图表)

施工过程	施工进度/周											
	5	10	15	20	25	30	35	40	45	50	55	60
室外工程						$B_{\text{III,IV}}$			①	②	③	④
室内装修		$B_{\text{II,III}}$		①		②		③		④		
结构安装	$B_{\text{I,II}}$	①		②		③		④				
基础工程	①	②	③	④								

图 11-10　一般成倍节拍流水施工进度计划(垂直图表一)

【要求】 对进度安排组织加快成倍节拍流水，并计算施工工期。

【解】

(1) 计算流水步距

流水步距等于流水节拍的最大公约数：$B=\gcd(5,10,10,5)=5$ 周

(2) 确定专业工作队数目

各施工过程的专业工作队数目分别为：

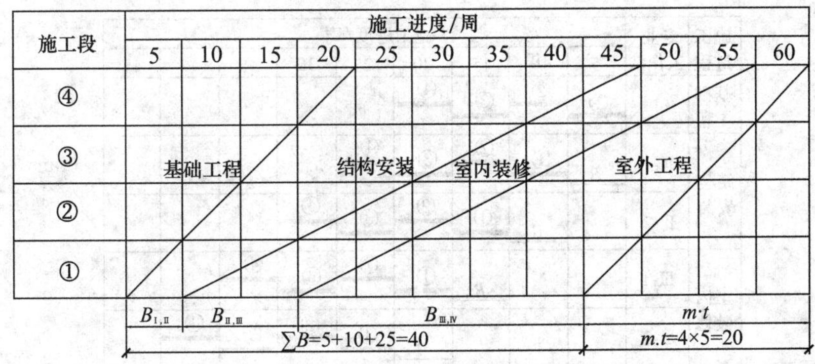

图 11-11 一般成倍流水施工进度计划(垂直图表二)

基础工程：$N_1=\frac{5}{5}=1$

结构安装：$N_2=\frac{10}{5}=2$

室内装修：$N_3=\frac{10}{5}=2$

室外工程：$N_4=\frac{5}{5}=1$

专业工作队总数：$N=(1+2+2+1)=6$

(3) 计算加快成倍节拍流水施工工期

流水施工工期为：$T=(m+N-1)K=(4+6-1)\times 5=45$(周)

与一般成倍节拍流水施工进度计划比较，加快成倍节拍流水施工总工期缩短了 15 周。

(4) 绘制加快成倍节拍流水施工进度计划图

加快的成倍节拍流水施工进度计划如图 11-12 所示。

11.5 非节奏流水

在实际施工中，通常每个施工过程在各个施工段上的工程量彼此不等，或者各个专业工作队的生产效率不一致，造成多数流水节拍彼此不相等。这时只能按照施工顺序要求，使相邻两个专业工作队，在开工时间上最大限度地搭接起来，并组织成每个专业工作队都能够连续作业的非节奏流水施工。

11.5.1 非节奏流水施工的特点

非节奏流水的施工特点是：

① 各个施工过程在各个施工段上的流水节拍通常不相等；

② 流水步距与流水节拍之间存在着某种函数关系，流水步距也多数不相等；

③ 每个专业工作队都能够连续作业，施工段可能有间歇时间；

④ 专业工作队数目等于施工过程数目，但有的工作面可能有闲置的时间。

11.5.2 非节奏流水的组织

组织非节奏流水的关键就是正确计算流水步距。通常采用“累加数列、错位相减、取大差

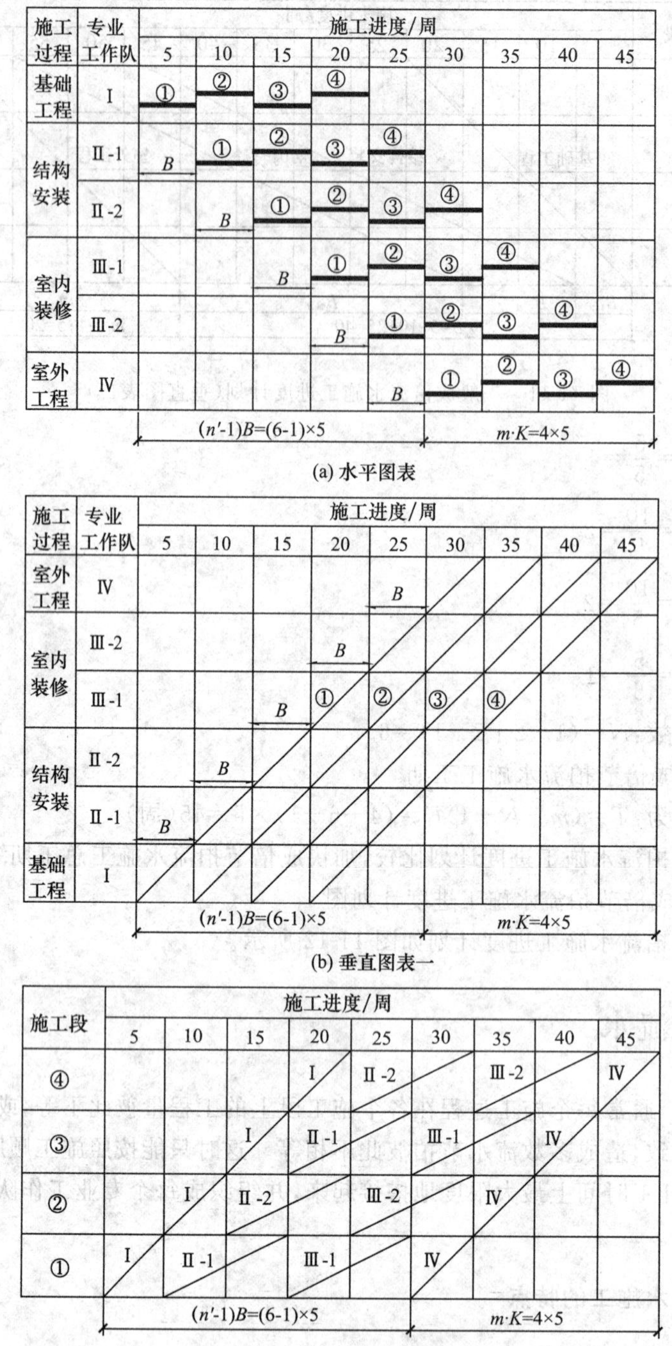

图 11-12　加快成倍节拍流水施工进度计划

法"计算流水步距。该方法的基本步骤如下：

① 将每一个施工过程在各施工段上的流水节拍依次累加，求得各施工过程流水节拍的累加数列；

② 将相邻施工过程流水节拍累加数列中的后者错后一位，相减得一个差数列；

③ 在差数列中取最大值，即为这两个相邻施工过程的流水步距。

11.5.3 非节奏流水施工的工期计算

非节奏流水施工的工期 T，在没有工艺间歇的情况下，仍然是由流水步距总和 $\sum B_i$ 与最后一个施工过程的持续时间 t_n 之和组成：

$$T=\sum B_i+t_n \tag{11-16}$$

如某施工过程具有工艺间歇或组织间歇，则应在式(11-16)中增加 $\sum Z_1$ 或 $\sum Z_2$。

【例 11-2】 某工程有三个施工过程，划分六个施工段(表 11-2)，各个施工过程在各施工段上的流水节拍均不同，要求对此非节奏流水施工过程组织流水施工，并计算非节奏流水施工工期。

表 11-2　　非节奏专业流水步距计算表

		行序	施工过程	施工段编号							第四步
				零	一	二	三	四	五	六	最大时间间隔
第一步	施工过程在各施工段上的持续时间/d	1	一	0	3	3	2	2	2	2	
		2	二	0	4	2	3	2	2	3	
		3	三	0	2	2	3	3	3	2	
第二步	施工过程由加入流水起到完成该段工作为止的总持续时间/d	4	一	0	3	6	8	10	12	14	
		5	二	0	4	6	9	11	13	16	
		6	三	0	2	4	7	10	13	15	
第三步	两相邻施工过程的时间间距/d	7	一和二		3	2	2	1	1	1	3
		8	二和三		4	4	5	4	3	3	5

【解】

(1) 计算流水步距

① 将各施工过程在每个施工段上的持续时间填入表格(表 11-2 第一行至第三行)。为了便于计算，增加一列零施工段。

② 计算各个施工过程由进入流水起到完成某段工作为止的施工时间总和(即累加)，填入表格，例如第一施工过程(第一行)各流水节拍累加得到第四行的结果。

③ 将前一个施工过程进入流水施工起到完成一施工段的累加持续时间减去后一个施工过程进入流水施工起到完成前一施工段的累加持续时间(即相邻斜减)，得到一组差数。例如：第一施工过程到各施工段的累加持续时间(第四行)减去第二施工过程到相应前一施工段的累加持续时间(第五行)得到第七行的一组差数。

④ 找出上一步斜减差数中的最大值，这个值就是这两个相邻施工过程之间的流水步距。

(2) 计算非节奏流水施工工期

由表 11-2 计算结果可知，

$$T=\sum B_i+t_n=(3+5)+15=23\text{d}$$

(3) 绘制非节奏流水施工进度计划图

图 11-13 为根据以上计算结果绘制的非节奏流水施工进度计划的水平图表，图 11-14 为垂直图表。

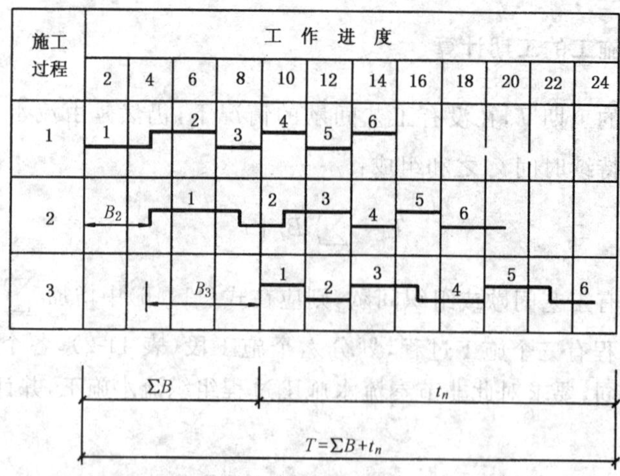

图 11-13 非节奏专业流水施工进度计划(水平图表)

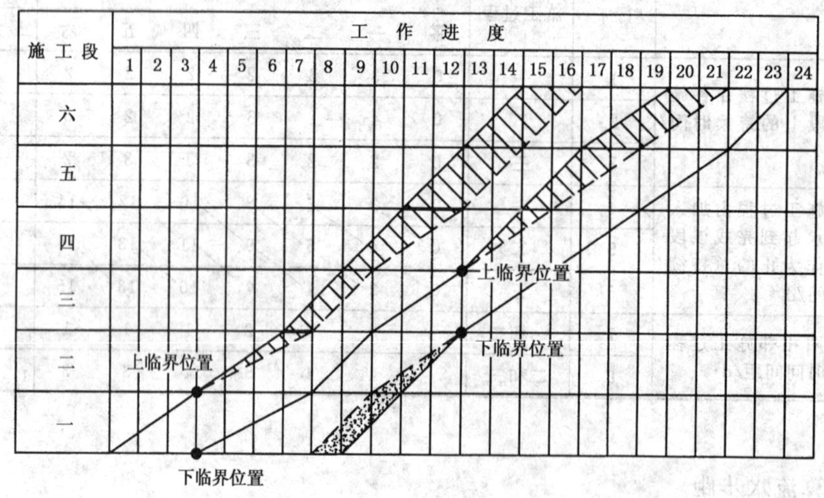

图 11-14 非节奏专业流水施工进度计划(垂直图表)

11.5.4 允许时间偏差

利用非节奏流水施工进度的垂直图表,可以求得施工过程的允许偏差,即各施工过程允许延迟完成时间或允许提前开始时间。某施工过程在允许偏差范围内的延迟完成,不会影响总工期,某施工过程在这一允许偏差范围内的提前开始,也不会造成工序搭接上的混乱。

允许偏差的确定:首先,应找出各施工过程的临界位置。临界位置分为上临界位置和下临界位置,一个施工过程的上临界位置处于该施工过程在某施工段的结束时间等于下一个施工过程在该段的开始时间的位置。如图 11-14 所示,第一施工过程的上临界位置处于第一施工段的结束时间(第三天末)的位置上,第二施工过程的上临界位置处于第三施工段结束时间(第十二天末)的位置上。一个施工过程的下临界位置处于该施工过程在某一施工段的开始时间等于前一个施工过程在该施工段的结束时间的位置。如图 11-14 第二个施工过程的下临界位置处于第一施工段的开始时间(第四天开始)的位置上。又如第三施工过程的下临界位置处于第三施工段的开始时间(第十三天开始)的位置上。在上临界位置以上,该施工过程具有可能延迟完成的允许偏差,在下临界位置以下,该施工过程具有可能提前开始的允许偏差。

上临界位置确定之后,计算该施工过程在临界位置以上各施工段上的结束时间与后继施工过程在相应施工段的开始时间之差。在图上,一般可以以该施工过程在某施工段的结束时间为起点,以后继施工过程在该施工段上的开始时间为终点,绘一水平线段,该短线的长度即表示施工过程在相应施工段上的允许偏差,将所有的终点连接起来,就是该施工过程可以延迟完成的允许偏差范围,如图 11-14 中划斜线的阴影部分。

类似这种情况,由下临界位置向下,计算后继施工过程在各施工段上的开始时间与紧前施工过程在该施工段上的结束时间之差,即为后继施工过程可以提前开始的允许偏差。由后继工作在各施工段的允许偏差,便可得到其可以提前开始的允许偏差范围(如图 11-14 中带小点的阴影部分)。

如某一施工过程出现两个或两个以上的临界位置,则在最后一个上临界位置以上才可能有延迟完成的允许偏差。在该临界位置以下,不可能具有延迟完成的允许偏差。因为在任何临界位置以下如出现该施工过程延迟完成的允许偏差,则必然造成其后的某施工段上流水强度变大,而一个进度计划中的流水强度应是确定的,计划的调整一般不可使流水强度变大。如果流水强度可以任意变大,那计划也就没有意义了。因为一旦超过了计划规定时间,只要将该施工过程在后面的施工段上的流水强度加大或将后继施工过程的流水强度加大就可能弥补,这样便无计划可言了。类似地,如果某施工过程出现两个或两个以上的下临界位置,则在最前一个下临界位置以下才可能有提前开始的允许偏差。

11.6 流水施工工期的控制原理

在项目实施过程中,必须对进展过程实施动态监测,随时监控项目的进展情况,收集实际工期数据,并与工期计划进行对比分析,若出现偏差,找出原因及其对工期的影响程度,并采取相应有效的措施,做必要调整,使项目按预定的工期目标进行,这一不断循环的过程称之为工期控制。

项目工期控制的目标就是确保项目按既定工期目标实现,或在实现项目工期目标的前提下适当缩短工期。

11.6.1 施工工期控制程序

施工工期控制是项目管理的一项重要工作,其任务是实现项目的工期目标。主要分为工期的事前控制、事中控制和事后控制。

(1) 工期事前控制内容

① 编制项目实施总工期计划,确定工期目标。

② 将总目标分解为分目标,制定相应细部计划。

③ 制定完成计划的相应施工方案和保障措施。

(2) 工期事中控制内容

① 检查工程工期,一是审核计划工期与实际工期的差异;二是审核形象工期、实物工程量与工作量指标完成情况的一致性。

② 进行工程工期的动态管理,即分析工期差异的原因,提出调整的措施和方案,相应调整施工工期计划、资源供应计划。

(3) 工期事后控制内容

当实际工期与计划工期发生偏差时,在分析原因的基础上应采取以下措施:

① 制定保证总工期不突破的对策措施。

② 制定总工期突破后的补救措施。

③ 调整相应的施工计划,并组织协调相应的配套设施和保障措施。

11.6.2 工期计划的实施与监测

施工工期控制的总目标应进行层层分解,形成实施工期控制、相互制约的目标体系。目标分解,可按单项工程分解为交工分目标;按承包的专业或施工阶段分解为完工分目标;按年、季、月计划分解为时间分目标。

施工工期计划实施监测的方法有:横道计划比较法、网络计划法、实际工期前锋线法、S 形曲线法、香蕉型曲线比较法等。

施工工期计划监测的内容:

① 随着项目发展,不断观测每一项工作的实际开始时间、实际完成时间、实际持续时间、目前现状等内容,并加以记录。

② 定期观测关键工作的工期和关键线路的变化情况,并采取相应措施进行调整。

③ 观测检查非关键工作的工期,以便更好地发掘潜力,调整或优化资源,以保证关键工作按计划实施。

④ 定期检查工作之间的逻辑关系变化情况,以便适时进行调整。

⑤ 收集有关项目范围、工期目标、保障措施变更的信息等,并加以记录。

项目工期计划监测后,应形成书面工期报告。项目工期报告的内容主要包括:工期执行情况的综合描述;实际施工工期;资源供应工期;工期变更、价格调整、索赔及工程款收支情况;工期偏差状况及导致偏差的原因分析;解决问题的措施;计划调整意见。

11.6.3 工期计划的调整

施工工期计划的调整应依据工期计划检查结果。调整内容包括:施工内容、工程量、起止时间、持续时间、工作关系、资源供应等。调整施工工期计划采用的原理、方法与施工工期计划的优化相同。

调整施工工期计划的步骤如下:分析工期计划检查结果;分析工期偏差的影响并确定调整的对象和目标;选择适当的调整方法;编制调整方案;对调整方案进行评价和决策;调整;确定调整后付诸实施的新施工工期计划。

工期计划的调整,一般有以下几类方法:

① 关键工作的调整。这是工期计划调整的重点,也是最常用的方法之一。

② 改变某些工作间的逻辑关系。此种方法效果明显,但应在允许改变关系的前提之下才能进行。

③ 剩余工作重新编制工期计划。当采用其他方法不能解决时,应根据工期要求,将剩余工作重新编制工期计划。

④ 非关键工作调整。为了更充分地利用资源,降低成本,必要时可对非关键工作的工作时间作适当调整。

⑤ 资源调整。若资源供应发生异常,或某些工作只能由某种特殊资源来完成时,应进行

资源调整，在条件允许的前提下将优势资源用于关键工作的实施，资源调整的方法实际上也就是进行资源优化。

思 考 题

【11-1】 工程项目组织施工的方式有哪些？各有何特点？

【11-2】 流水施工的基本特点有哪些？

【11-3】 流水施工的基本方式有哪些？

【11-4】 流水施工的参数有哪几类？分别包含什么内容？

【11-5】 施工段划分应注意哪些问题？

【11-6】 何谓流水强度、流水节拍、流水步距？

【11-7】 固定节拍流水施工、加快的成倍节拍流水施工、非节奏流水施工各具有哪些特点？

【11-8】 当组织非节奏流水施工时，如何确定其流水步距？

【11-9】 临界位置在计算允许偏差时有何意义？

习 题

【11-1】 某一工程的 $K_1=2d$，$K_2=6d$，$K_3=4d$，现拟组织成倍节拍组织流水施工，试用水平图表和垂直图表画出施工进度计划，并求施工总工期。

【11-2】 某公路工程需要在某一路段修建 4 个结构形式与规模完全相同的涵洞，施工过程包括基础开挖、预制涵管、安装涵管和回填压实。如合同规定，工期不超过 50d，则组织固定节拍流水施工时，流水节拍和流水步距分别是多少？试绘制流水施工进度计划图。

【11-3】 某粮库工程拟建 3 个结构形式与规模完全相同的粮库，施工过程主要包括：挖基槽、浇筑混凝土基础、墙板与屋面吊装和防水工程。根据施工工艺要求，浇筑混凝土基础 1 周后才能进行墙板与屋面板吊装。各施工过程的流水节拍见下表，试绘制组织 4 个专业工作队和增加相应专业工作队的流水施工进度计划图。

施工过程	流水节拍/周	施工过程	流水节拍/周
挖基槽	2	墙板和屋面吊装	6
浇前混凝土基础	4	防水工程	2

【11-4】 已知有 4 个施工段，3 个施工过程，其流水节拍分别为 $K_1=4d$，$K_2=10d$，$K_3=12d$，若采用加快的成倍节拍流水。要求：

(1) 确定实际专业工作班组数；

(2) 计算工期。

【11-5】 根据表中所列各工序在各施工段上持续时间，要求保证工作队连续工作，求：

(1) 各工序之间的流水步距；

(2) 绘制水平和垂直进度计划图表。

施工过程 \ 施工段	一	二	三	四
Ⅰ	4	3	1	2
Ⅱ	2	3	4	2
Ⅲ	3	4	2	1
Ⅳ	2	4	5	2

【11-6】 有一游览区施工，工作内容分为四个过程，按道路划分为4个施工区段，各工作的持续时间如下表。要求：

(1) 道路施工何时进场？

(2) 在不影响总工期的情况下，各工作在第三施工段上开始时的机动时间为多少天？

施工过程 \ 施工段	1	2	3	4
平整场地	1	2	2	1
铺设管道	2	1	1	1
建筑施工	4	3	3	4
道路施工	2	2	3	0

【11-7】 试确定下表所列工程流水施工组织的工期，并指出临界位置及允许偏差范围。

n \ m	A	B	C	D
Ⅰ	3	4	3	2
Ⅱ	5	6	4	5
Ⅲ	5	4	5	5
Ⅳ	7	2	6	1

【11-8】 某二层现浇框架结构，平面尺寸为24m×120m，沿长度方向每40m有一伸缩缝，现采用加快成倍节拍流水施工，组织3个施工过程，分别是支模、扎筋、浇混凝土，3个施工过程完成整个工程的时间分别是：支模48d、扎筋24d、浇混凝土24d(均为一个班组的完成时间)，楼板浇混凝土养护2d后方可在其上支模。按流水施工组织施工，要求：

(1) 确定施工段；

(2) 计算工期。

提示：①先确定每层的施工段数$m_{每层}$，考虑$m_{每层}$时应兼顾结构的自然界限；

② $m_{每层}$应大于等于$n+\sum Z/K$，当采用成倍节拍流水施工时应大于等于$n+\sum Z/K$。

12 网络计划技术

摘要:本章主要介绍了双代号和单代号网络图的表达方法、绘制要求和步骤,并介绍了网络图的基本原理,工程管理中统筹法的基本知识,网络计划的含义和特点,以及双代号时标网络图。另外,还介绍了网络计划的优化,包括工期、资源和费用的优化。

专业词汇:网络计划;双代号网络图;单代号网络图;时标网络计划;关键工作;最优方案;虚工作;工艺顺序;组织顺序;虚箭线;闭合回路;循环线路;双向箭线;母线法;最早开始时间;最早完成时间;最迟开始时间;最迟完成时间;持续时间;自由时差;总时差;紧前工作;波形线;工期优化;资源优化;费用优化;资源均衡;组合费用率;计算工期;计划工期

12 Network Planning Techniques

Abstract: This chapter mainly introduces the expression method, drawing requirement and procedures for activity-on-arrow network chart and activity-on-node network chart. It reviews the principle of network chart, fundamental knowledge of overall planning method in engineering project management, implication and characteristics of network program, and activity-on-arrow time-scale network chart. Optimum network program including optimizing the construction time, resources and costs is also discussed.

Specialized vocabulary: network planning; activity-on-arrow network chart; activity-on-node network chart; time-marking network plan; critical activity; optimal scheme; virtual activity; technology sequence; organization sequence; virtual arrow; closed loop; recycle circuit; two-way arrow; generate method; earliest start time; earliest finish time; latest start time; latest finish time; duration time; free float; total slack; preceding activity; wavy line; construction time optimization; resource optimization; cost optimization; resource balance; combined expense ratio; calculated construction period; plan construction period

网络计划是用网络图表达任务构成、工作顺序并加注工作时间参数的进度计划。网络计划技术是一种有效的系统分析和优化技术。它来源于工程技术和管理实践,又广泛地应用于军事、航天和工程管理、科学研究、技术发展、市场分析和投资决策等各个领域,并在诸如保证和缩短时间、降低成本、提高效率、节约资源等方面取得了显著的成效。

在土木工程施工中,应用网络计划技术编制土木工程施工进度计划具有以下特点:

① 能正确表达一项计划中各项工作开展的先后顺序及相互之间的关系;

② 通过网络图的计算,能确定各项工作的开始时间和结束时间,并能找出关键工作和关键线路;

③ 通过网络计划的优化寻求最优方案;

④ 在计划的实施过程中进行有效的控制和调整,保证以最小的资源消耗取得最大的经济效果和最理想的工期。

为了使网络计划的应用规范化和法制化,建设部于 1999 年颁布了修改后的《工程网络计划技术规程》(JGJ/T 121—99),国家技术监督局颁布了《网络计划技术常用术语》和《网络计划技术在项目计划管理中应用的一般程序》等规范及标准。

随着计算机应用的发展，此方法在土木工程施工中的应用将会提高到一个更高的水平。

12.1 双代号网络图

12.1.1 基本概念

1. 双代号网络图

双代号网络图是应用较为普遍的一种网络计划形式。它是用圆圈和有向箭线表达计划所要完成的各项工作及其先后顺序和相互关系而构成的网状图形，如图 12-1 所示。

在双代号网络图中，用有向箭线表示工作，工作的名称写在箭线的上方，工作所持续的时间写在箭线的下方，箭尾表示该工作的开始，箭头表示该工作的结束。指向某个节点的箭线为内向箭线，从某个节点引出的箭线为外向箭线。箭头和箭尾衔接的地方画上圆圈（或其他形状的封闭图形）并编上号码，用箭头与箭尾的号码 $i—j$ 作为这个工作的代号。

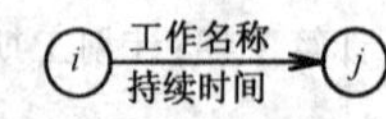

图 12-1 双代号网络图的表示方法

2. 工作

工作也称活动，是指计划任务按需要粗细程度划分而成的、消耗时间也消耗资源的一个子项目或子任务。根据计划编制的粗细不同，工作既可以是一个建设项目、一个单项工程，也可以是一个分项工程乃至一个工序。

一般情况下，工作需要消耗时间和资源（如支模板、浇筑混凝土等），有的则仅是消耗时间而不消耗资源（如混凝土养护、抹灰干燥等技术间歇）。在双代号网络图中，有一种既不消耗时间也不消耗资源的工作——虚工作，它用虚箭线来表示，用以反映一些工作与另外一些工作之间的逻辑制约关系，如图 12-2 所示，其中 2—3 工作即为虚工作。

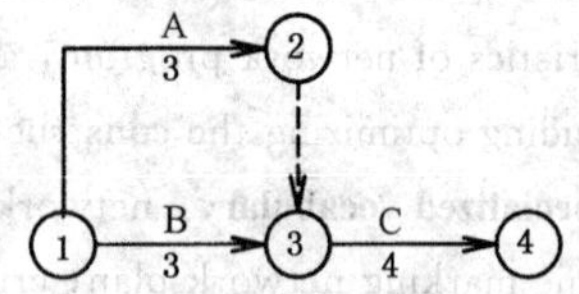

图 12-2 “虚工作”的表示方法

3. 节点

节点也称事件，是指表示工作的开始、结束或连接关系的圆圈（或其他形状的封闭图形）。箭杆的出发节点叫做工作的开始节点，箭头指向的节点叫做工作的结束节点。任何工作都可以用其箭线前、后的两个节点的编码来表示，开始节点编码在前，结束节点编码在后，如图 12-2 中的 B 工作即可用 1—3 来表示。

网络图的第一个节点为整个网络图的起点节点，最后一个节点为网络图的终点节点，其余的节点均称为中间节点。

4. 线路

网络图中从起点节点开始，沿箭头方向顺序通过一系列箭线与节点，最后达到终点节点的通路即称为线路。一条线路上的各项工作所持续时间的累加之和称为该线路的持续时间，它表示完成该线路上的所有工作需花费的时间。图 12-3 的各条线路及其线路的持续时间如下：

由分析可知，第二条线路的持续时间最长，可作为该项工程的计划工期，该线路上的工作拖延或提前，则整个工程的完成时间将发生变化，故称该线路为关键线路，其余 5 条线路为非关键线路。

关键线路上的工作称为关键工作，用较粗的箭线或双箭线来表示，以示与非关键线路上的工作区别。非关键线路上的工作，既有关键工作，也有非关键工作。非关键工作均有一定的机

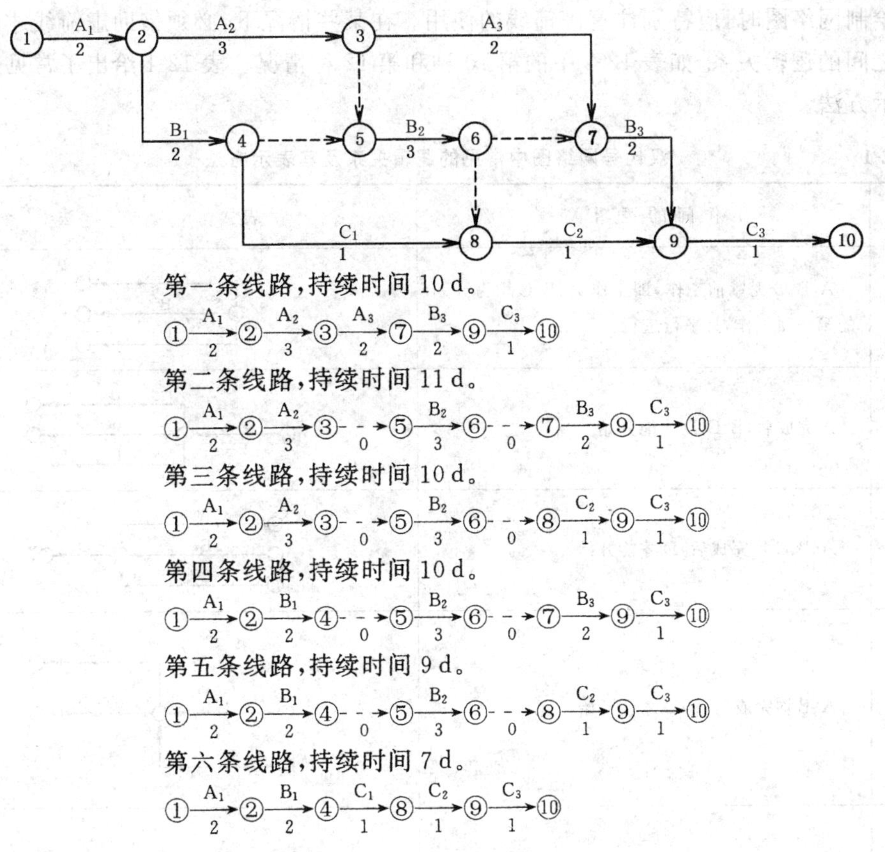
A1
2
A2
3
A3
2
B1
2
B2
3
B3
2
C1
1
C2
1
C3
1
第一条线路，持续时间 10 d。
第二条线路，持续时间 11 d。
第三条线路，持续时间 10 d。
第四条线路，持续时间 10 d。
第五条线路，持续时间 9 d。
第六条线路，持续时间 7 d。

图 12-3　双代号网络图

动时间，该工作在一定幅度内的提前或拖延不会影响整个计划工期。

工作、节点和线路被称为双代号网络图的三要素。

12.1.2　网络图的绘制

12.1.2.1　各种逻辑关系的正确表示方法

各工作间的逻辑关系，既包括客观上的由工艺所决定的工作上的先后顺序关系，也包括施工组织所要求的工作之间相互制约、相互依赖的关系。逻辑关系表达得是否正确，是网络图能否反映工程实际情况的关键，如果逻辑关系出现错误，则图中各项工作参数的计算以及关键线路和工程工期都将随之发生错误。

1. 工艺顺序

所谓工艺顺序，就是工艺之间内在的先后顺序。如某一现浇钢筋混凝土柱的施工，必须在绑扎完柱子钢筋和支完模板以后，才能浇筑混凝土。

2. 组织顺序

所谓组织顺序，是网络计划人员在施工方案的基础上，根据工程对象所处的时间、空间以及资源供应等客观条件所确定的工作展开顺序。如同一施工过程，有 A、B、C 三个施工段，是先施工 A，还是先施工 B 或 C，或是同时施工其中的两个或三个施工段；某些不存在工艺制约关系的施工过程，如屋面防水工程与门窗工程，二者之中先施工其中某项，还是同时进行，都要根据施工的具体条件（如工期要求、人力及材料等资源供应条件）来确定。

在绘制网络图时，应特别注意虚箭线的使用。在某些情况下，必须借助虚箭线才能正确表达工作之间的逻辑关系，如表 12-1 中的第 10 种和第 12 种情况。表 12-1 给出了常见逻辑关系及其表示方法。

表 12-1　　双代号网络图中常见的逻辑关系及其表示方法

序号	工作间的逻辑关系	表示方法
1	A、B、C 无紧前工作，即工作 A、B、C 均为计划的第一项工作，且平行进行	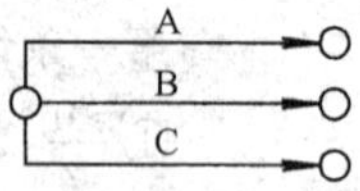
2	A 完成后，B、C、D 才能开始	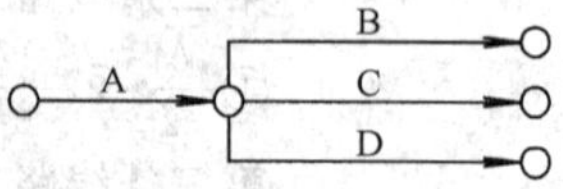
3	A、B、C 均完成后，D 才能开始	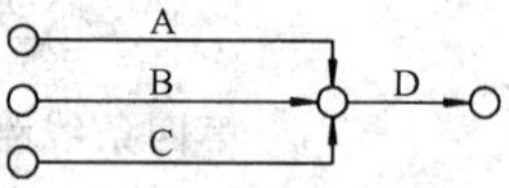
4	A、B 均完成后，C、D 才能开始	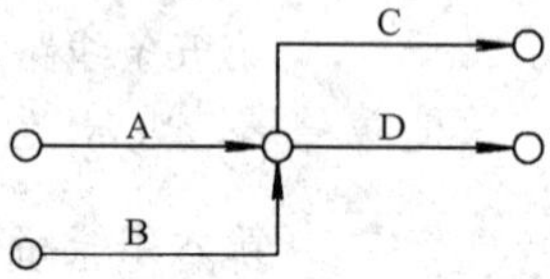
5	A 完成后，D 才能开始；A、B 均完成后，E 才能开始；A、B、C 均完成后，F 才能开始	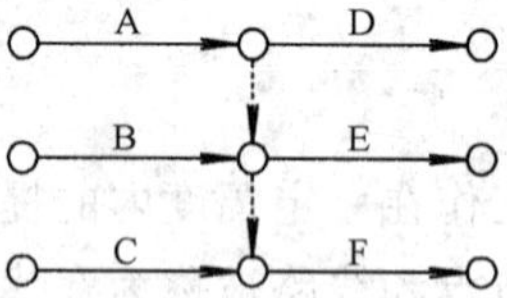
6	A 与 D 同时开始，B 为 A 的紧后工作，C 是 B、D 的紧后工作	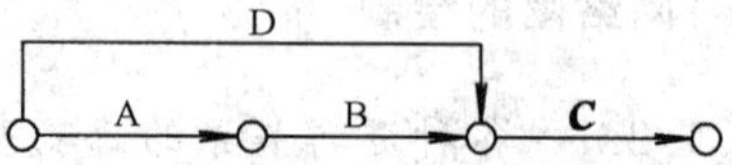
7	A、B 均完成后，D 才开始；A、B、C 均完成后，E 才能开始；D、E 完成后，F 才能开始	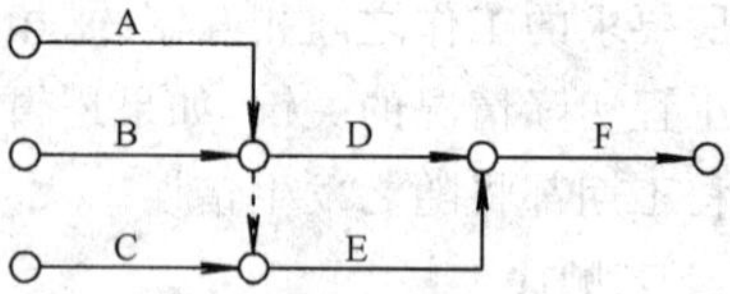
8	A 结束后，B、C、D 才能开始；B、C、D 结束后，E 才能开始	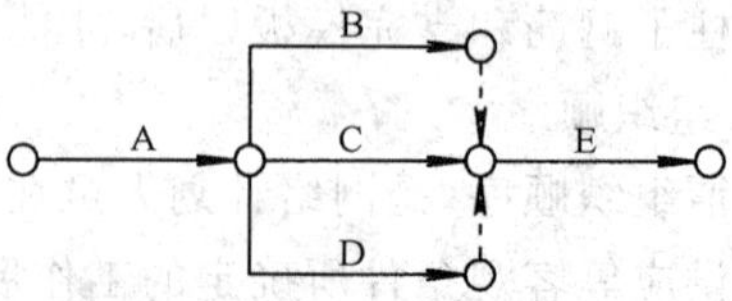

续表

序号	工作间的逻辑关系	表示方法
9	A、B 完成后，D 才能开始；B、C 完成后，E 才能开始	A D B C E
10	工作 A、B 分为三个施工段，分段流水作业，a_1 完成后进行 a_2、b_1；a_2 完成后进行 a_3；b_1 完成后进行 b_2；a_3、b_2 完成后进行 b_3	第一种表示法 a_1 a_2 a_3 b_1 b_2 b_3 第二种表示法 a_1 b_1 a_2 b_2 a_3 b_3
11	A、B 均完成后，C 才能开始；A、B 分为 a_1、a_2、a_3 和 b_1、b_2、b_3 三个施工段，c 分为 c_1、c_2、c_3，A、B、C 分三段作业交叉进行	a_1 a_2 a_3 c_1 c_2 c_3 b_1 b_2 b_3
12	A、B、C 为最后三项工作，即 A、B、C 无紧后作业	有三种可能情况 A B C A B C　A B C

12.1.2.2　双代号网络图的绘制规则

绘制双代号网络图，必须遵守一定的基本规则，才能明确地表达出工作的内容，准确地表达出工作间的逻辑关系，并且使所绘出的图易于识读和操作。

① 不得有两个或两个以上的箭线从同一节点出发且同时指向同一节点。

表达工作之间平行的关系时，可以增加虚工作来表达它们之间的关系。图 12-4 必须改为图 12-5 才是正确的。

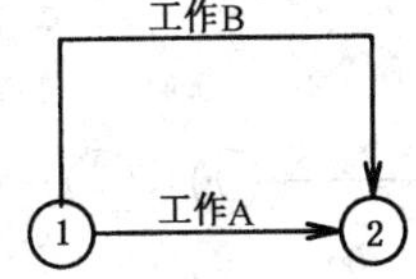

图 12-4　错误示例(1)

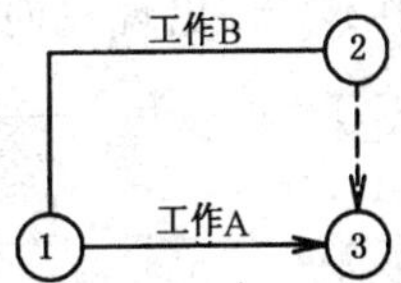

图 12-5　错误示例(1)的正确形式

② 一个网络计划只能有一个起点节点；在不分期完成任务的网络图中，应只有一个终点

节点。

如图 12-6 所示，节点①、②、③都表示计划的开始，⑫、⑬、⑭都表示计划的完成，这是错误的。应引入虚工作，改成图 12-7 所示的形式，这时①为计划的起点节点，⑪为计划的终点节点，其余节点均为中间节点。

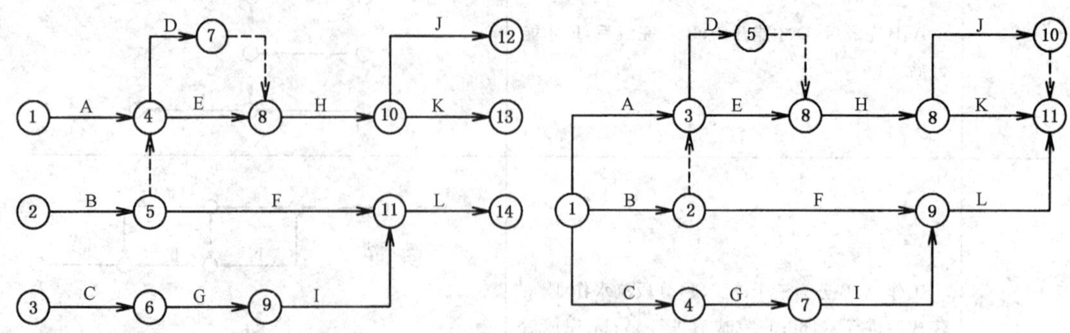

图 12-6 错误示例(2)　　图 12-7 错误示例(2)的正确形式

图 12-8 中也出现两个起点节点和两个终点节点，如何改正，请读者自己考虑。

③ 在网络图中不得存在闭合回路。

如图 12-9 中，工作 C、D、E 形成了闭合回路，说明这个网络图是错误的。

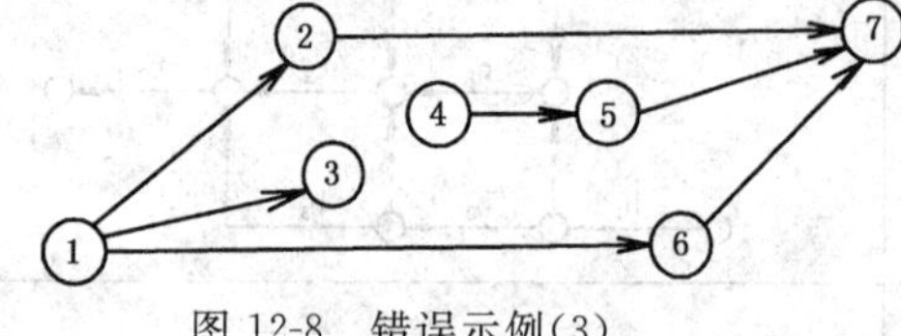

图 12-8 错误示例(3)

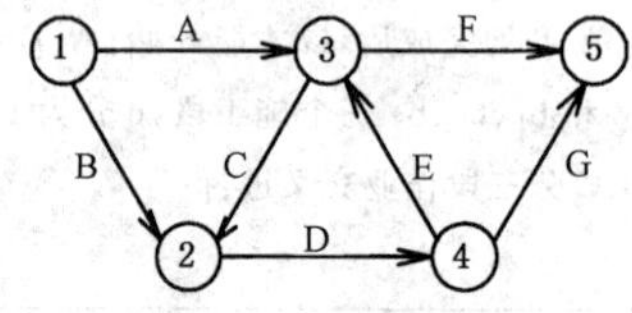

图 12-9 错误示例(4)

④ 同一项工作在一个网络图中不能重复表达。

在图 12-10 中，工作 D 出现了两次，所以应引进虚工作，改为图 12-11 所示的形式。

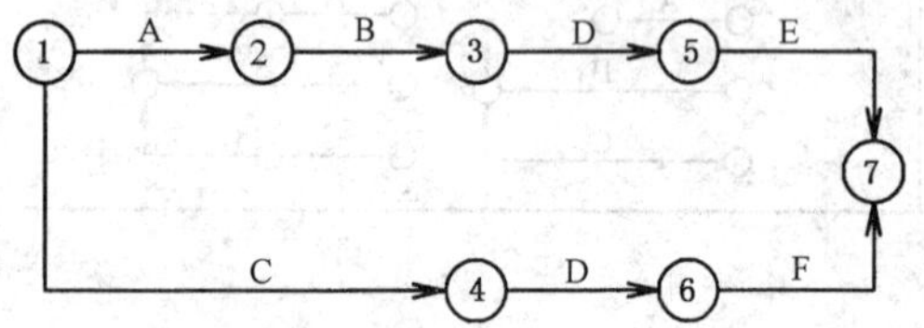

图 12-10 错误示例(5)

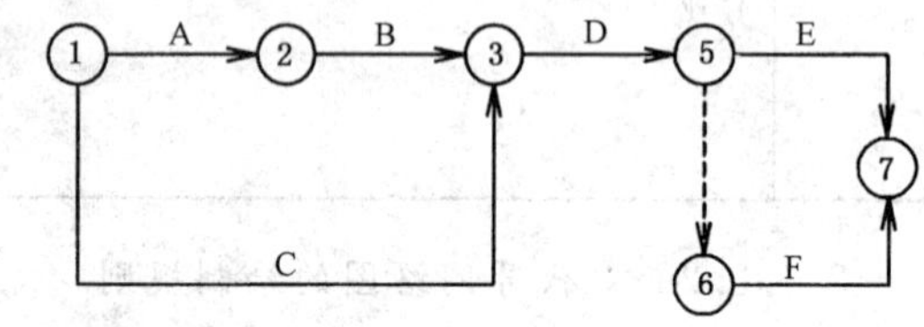

图 12-11 错误示例(5)的正确形式

⑤ 表达工作之间的搭接关系时不允许从箭线中间引出另一条箭线。

如图 12-12 中的(a)图，原本要表达 A、B 两工作的搭接关系，但表达方式是错误的，应改为如(b)图所示的形式。

⑥ 网络图中不允许出现双向箭线和无箭头箭线(图 12-13)。

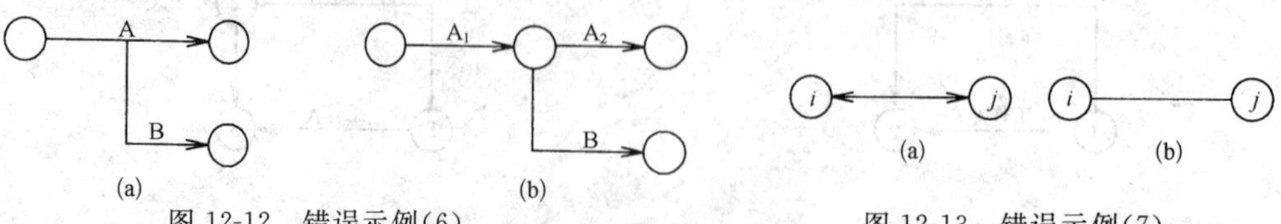

图 12-12 错误示例(6)　　图 12-13 错误示例(7)

⑦ 网络图中节点编号自左向右，由小到大，应确保工作的起点节点的编号小于工作的终

点节点的编号，并且所有的节点的编号不得重复。

编号可采用水平编号法，每行自左向右，然后自上而下逐行进行编号，如图 12-14(a)所示；也可采用垂直编号法，由上而下然后自左向右进行编号，如图 12-14(b)所示。编号可以采用非连续的编号，以便于以后的修改。

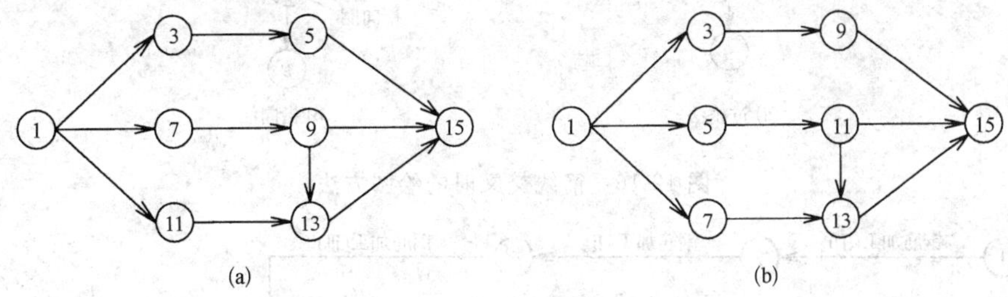

图 12-14　节点编号示例

⑧ 当网络图的某节点有多条引出箭线或有多条箭线同时指向某节点时，为使图形简洁，可采用母线法绘图，如图 12-15 所示。

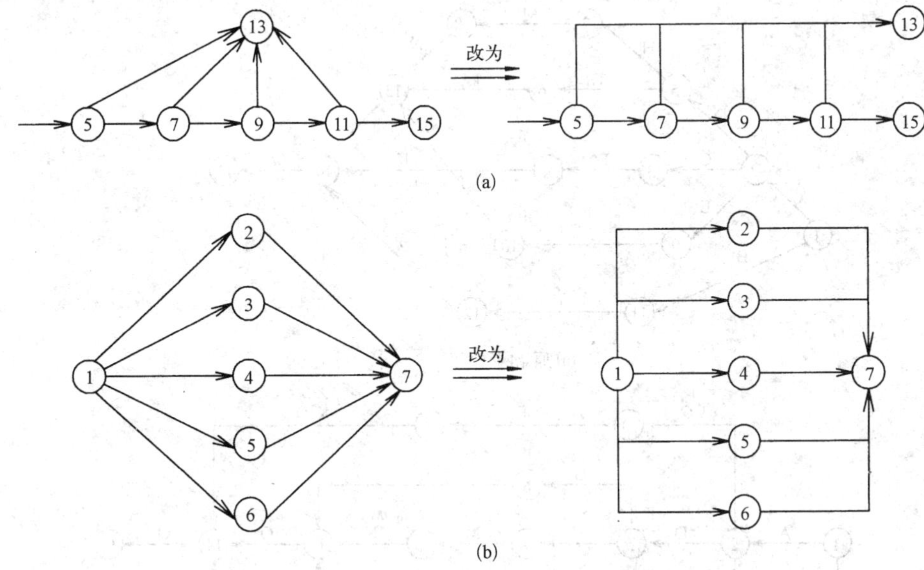

图 12-15　网络图的母线表示方法

⑨ 绘制网络图时，宜避免箭线交叉。

当箭线交叉不可避免且交叉少时，采用过桥法。当箭线交叉过多时使用指向法，如图 12-16所示。

⑩ 对平行搭接进行的工作，在双代号网络图中，应分段表达。

如图 12-17 中所包含的工作为钢筋加工和钢筋绑扎。如果分为三个施工段进行施工，则应表达成如图 12-17 所示的图形。

⑪ 网络图应条理清楚，布局合理。

在正式绘图以前，应先绘出草图，然后再作调整，在调整过程中要做到突出重点工作，即尽量把关键线路安排在中心醒目的位置(如何找出关键线路见后面的有关内容)，把联系紧密的工作尽量安排在一起，使整个网络条理清楚，布局合理。如图 12-18 所示，(b)图由(a)图整理而得，看起来比(a)图整齐且合理。

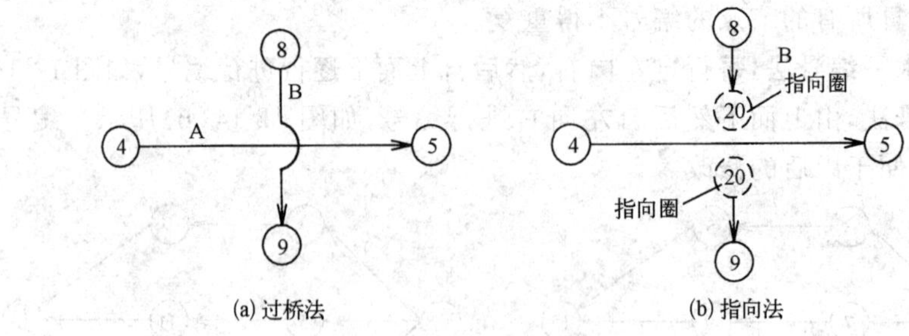

图 12-16　箭线交叉时的绘图方法

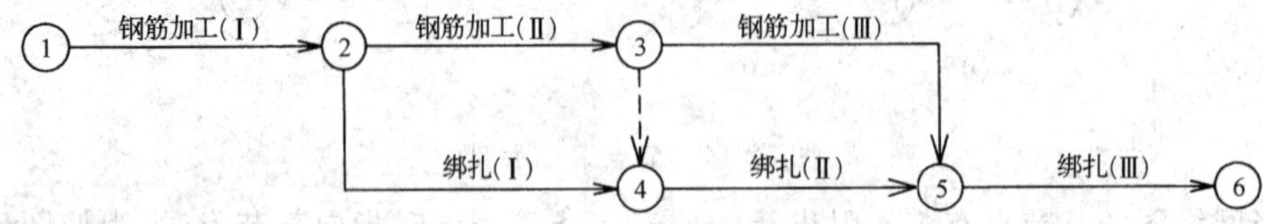

图 12-17　工作平行搭接的表达

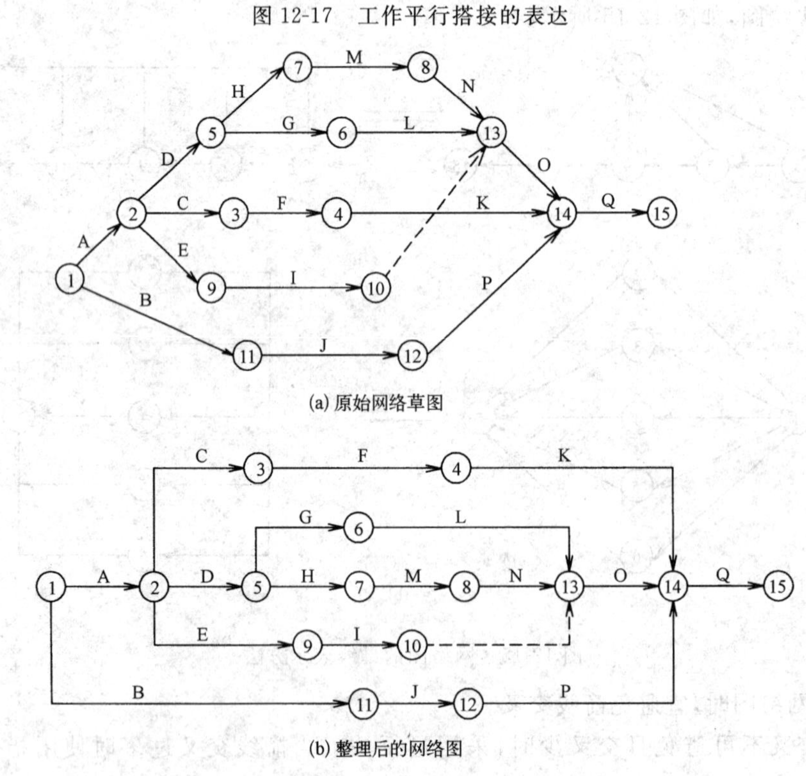

图 12-18　网络图的布局

⑫ 大的建设项目可分段绘制。

对于一些大的建设项目，由于工序多，施工周期长，网络图可能很大，为使绘图方便，可将网络图划分成几个部分分别绘制。图的分段处应选在箭线和节点较少的位置，并且应使分段处节点的编号保持一致，如图 12-19 所示。

12.1.2.3　双代号网络图的绘制方法

双代号网络图的绘制方法，视各人的经验而不同，但从根本上说，都要在既定施工方案的基础上，根据具体的施工客观条件，以统筹安排为原则。一般的绘图步骤如下：

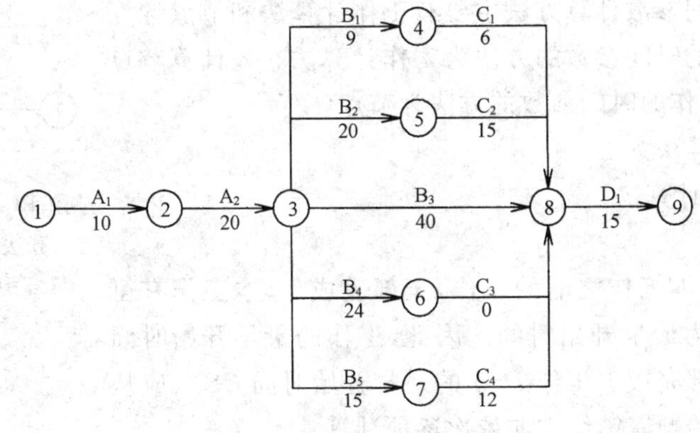

(a) 某网络图的局部(1)

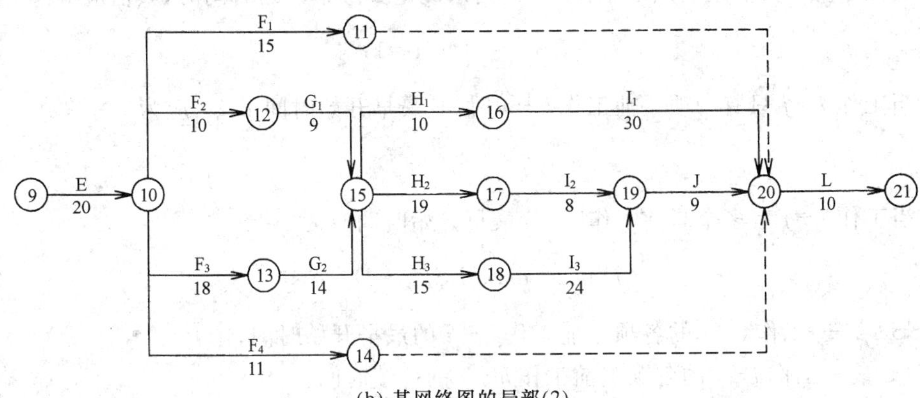

(b) 某网络图的局部(2)

图 12-19 网络图的分段

① 任务分解，划分施工工作。

② 确定完成工作计划的全部工作及其逻辑关系。

③ 确定每一工作的持续时间，制定工程分析表，分析表的格式可如表 12-2 所示。

④ 根据工程分析表，绘制并修改网络图。

表 12-2 工程分析表

序号	工作名称	工作代号	紧前工作	紧后工作	持续时间	资源强度
1		A	—	B,C		
2		B	A	F		
⋮	⋮	⋮	⋮	⋮	⋮	⋮

12.1.3 网络图的时间参数计算

绘制网络计划图时，不但要根据绘图规则，正确表达工作之间的逻辑关系，还要确定图上各个节点和工作的时间参数，为网络计划的执行、调整和优化提供必要的时间参数依据。要计算的主要参数有：节点的最早时间、最迟时间，各项工作的最早开始时间、最早完成时间、最迟开始时间、最迟完成时间，各项工作的时差以及关键线路的确定等。各项工作计算时间参数应在确定各项工作的持续时间之后进行，计算结果应标注在箭线上(图 12-20)。虚工作必须视同工作进行计算，其持续时间为零。

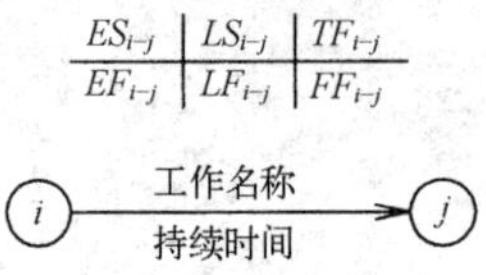

双代号网络图的时间参数计算方法主要有工作计算法和节点计算法。直接计算各项工作的时间参数的方法为工作计算法。先计算节点参数，再据以计算各项工作的时间参数的方法为节点计算法。

ES_{i-j}	LS_{i-j}	TF_{i-j}
EF_{i-j}	LF_{i-j}	FF_{i-j}

图 12-20　按工作计算法的标注内容

（当为虚工作时，图中的箭线为虚箭线）

12.1.3.1　工作计算法

1. 工作最早时间的计算

1）最早开始时间

各紧前工作（紧排在本工作之前的工作）全部完成后，本工作有可能开始的最早开始时刻为最早开始时间。因此，工作的最早开始时间取决于其紧前工作的全部完成。工作 $i-j$ 的最早开始时间 ES_{i-j} 应从网络计划的起点节点开始顺着箭线方向依次逐项计算。

① 起点节点 i 为箭尾节点的工作 $i-j$，当未规定其最早开始时间时，其值应等于 0。即

$$ES_{i-j}=0 \quad (i=1) \tag{12-1}$$

② 当工作 $i-j$ 只有一项紧前工作 $h-i$ 时，其最早开始时间 ES_{i-j} 应为

$$ES_{i-j}=ES_{h-i}+D_{h-i} \tag{12-2}$$

③ 当工作 $i-j$ 有多个紧前工作时，其最早开始时间应为

$$ES_{i-j}=\max\{ES_{h-i}+D_{h-i}\} \tag{12-3}$$

式中　ES_{i-j}——工作 $i-j$ 的各项紧前工作 $h-i$ 的最早开始时间；

D_{h-i}——工作 $i-j$ 的各项紧前工作 $h-i$ 的持续时间。

2）最早完成时间

各紧前工作全部完成后，本工作有可能完成的最早时刻为最早完成时间。应为工作的最早开始时间加上持续时间。

$$EF_{i-j}=ES_{h-i}+D_{i-j} \tag{12-4}$$

可以看出，从同一个节点开始的各项工作的最早开始时间是相同的，由于持续时间不尽相同，各项工作的最早完成时间也不尽相同。

2. 工期计算

1）计算工期

根据时间参数计算所得到的工期为计算工期。

网络计划的计算工期应为

$$T_c=\max\{EF_{i-n}\} \tag{12-5}$$

式中　EF_{i-n}——以终点节点（$j=n$）为箭头节点的工作 $i-n$ 的最早完成时间。

2）计划工期

根据要求工期和计算工期所确定的作为实施目标的工期为计划工期。

网络计划的计划工期 T_p 的计算应按下列情况分别确定：

① 当已确定了要求工期 T_r 时，

$$T_p \leqslant T_r \tag{12-6-1}$$

② 当未规定要求工期时，

$$T_p = T_c \tag{12-6-2}$$

3. 工作最迟时间的计算

工作 $i-j$ 的最迟完成时间 LF_{i-j} 应从网络计划的终点节点开始，逆着箭线方向依次逐项计算。

1）最迟完成时间

在不影响整个任务按期完成的前提下，工作必须完成的最迟时刻为最迟完成时间。以终点节点($j=n$)为箭头节点的工作的最迟完成时间 LF_{i-j} 应按网络计划的计划工期 T_p 确定，即

$$LF_{i-j} = T_p \tag{12-7}$$

其他工作 $i-j$ 的最迟完成时间 LF_{i-j} 应为

$$LF_{i-j} = \min\{LF_{j-k} - D_{j-k}\} \tag{12-8}$$

式中　LF_{j-k}——工作 $i-j$ 的各项紧后工作 $j-k$ 的最迟完成时间；

D_{j-k}——工作 $i-j$ 的各项紧后工作 $j-k$ 的持续时间。

2）最迟开始时间

在不影响整个任务按期完成的前提下，工作必须开始的最迟时刻为最迟开始时间。工作 $i-j$ 的最迟开始时间 LS_{i-j}，应为

$$LS_{i-j} = LF_{i-j} - D_{i-j} \tag{12-9}$$

4. 工作时差的计算

时差反映工作在一定条件下的机动时间范围，包括总时差和自由时差。总时差是指在不影响总工期的前提下，本工作可以利用的机动时间。自由时差是指在不影响其紧后工作最早开始时间的前提下，本工作可以利用的机动时间。

1）总时差

工作 $i-j$ 的总时差 TF_{i-j} 应为

$$TF_{i-j} = LS_{i-j} - ES_{i-j} \tag{12-10-1}$$

或

$$TF_{i-j} = LF_{i-j} - EF_{i-j} \tag{12-10-2}$$

2）自由时差

工作 $i-j$ 的自由时差 FF_{i-j} 的计算应为：

① 当工作 $i-j$ 有紧后工作 $j-k$ 时，其自由时差为

$$FF_{i-j} = ES_{j-k} - ES_{i-j} - D_{i-j} \tag{12-11-1}$$

或

$$FF_{i-j} = ES_{j-k} - EF_{i-j} \tag{12-11-2}$$

式中，ES_{j-k} 为工作 $i-j$ 的紧后工作 $j-k$ 的最早开始时间。

② 以终点节点($j=n$)为箭头节点的工作，其自由时差 FF_{i-j} 应按网络计划的计划工期 T_p 确定，即

$$FF_{i-n} = T_p - ES_{i-n} - D_{i-n} \tag{12-11-3}$$

或

$$FF_{i-n} = T_p - EF_{i-n} \tag{12-11-4}$$

［例 12-1］　一项计划的工作及其逻辑关系、工作持续时间如表 12-3 所示。

表 12-3　　某网络计划工作逻辑关系及持续时间

工作	紧前工作	紧后工作	持续时间/d
A	—	B,C,D	10
B	A	E	10
C	A	F	20
D	A	G	30
E	B	H	20
F	C	H,I	20
G	D	L	30
H	E,F	J	30
I	F,G	J	50
J	H,L	—	10

各工作的最早时间和最迟时间计算过程分别如表 12-4 和表 12-5 所示。

表 12-4　　工作最早开始时间和最早结束时间的计算

工作名称	开始节点最早开始时间	工作最早开始时间	工作持续时间	工作最早完成时间/d
A	①0	0	10	10
B	②10	10	10	20
C	②10	10	20	30
D	②10	10	30	40
E	③20	20	20	40
F	④30	30	20	50
G	⑤40	40	30	70
H	⑦50	50	30	80
I	⑧70	70	50	120
J	⑨120	120	10	130

表 12-5　　工作最迟完成和开始时间的计算

工作名称	终束节点最迟时间	工作最迟完成时间	工作持续时间	工作最迟开始时间/d
A	②10	10	10	0
B	③70	70	10	60
C	④50	50	20	30
D	⑤40	40	30	10
E	⑦90	90	20	70
F	⑥70	70	20	50
G	⑧70	70	30	40
H	⑨120	120	30	90
I	⑨120	120	50	70
J	⑩130	130	10	120

计算结果如图 12-21 所示。

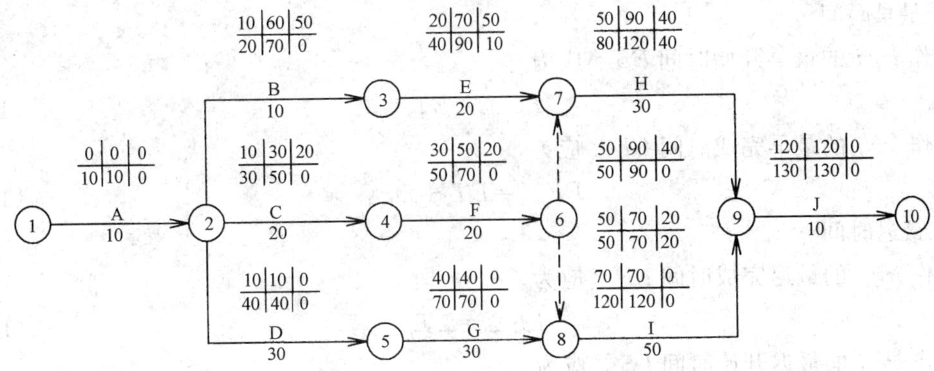

图 12-21 按工作计算法的双代号网络图

12.1.3.2 节点计算法

按节点计算法计算时间参数，其计算结果应标注在节点之上。

1. 节点时间

1）节点最早时间

在双代号网络计划中，以该节点为开始节点的各项工作最早开始时间为节点最早时间。节点 i 的最早时间 ET_i 应从网络计划的起点节点开始，顺着箭线方向依次逐项计算。

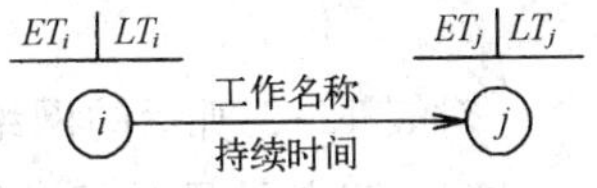

ET_i | LT_i　　ET_j | LT_j

i —— 工作名称 / 持续时间 ——> j

图 12-22 按节点计算法的标注内容

起点节点如未规定最早时间 ET_i 时，其值应等于 0，即

$$ET_i=0 \quad (i=1) \tag{12-12-1}$$

节点 j 只有一条内向箭线时，最早时间 ET_j 应为

$$ET_j=ET_i+D_{i-j} \tag{12-12-2}$$

当节点 j 有多条内向箭线时，其最早时间应为

$$ET_j=\max\{ET_i+D_{i-j}\} \tag{12-12-3}$$

式中，D_{i-j} 为工作 $i-j$ 的持续时间。

2）工期计算

网络的计算工期 T_c 应为

$$T_c=ET_n \tag{12-13}$$

式中　ET_n——终点节点 n 的最早时间。

3）节点最迟时间

在双代号网络计划中，以该节点为完成节点的各项工作的最迟完成时间为节点最迟时间。节点 i 的最迟时间 LT_i 应从网络计划的终点节点开始，逆着箭线的方向依次逐项计算。当部分工作分期完成时，有关节点的最迟时间必须从分期完成节点开始逆向逐项计算。

终点节点 n 的最迟时间 LT_n 应按网络计划的计划工期 T_p 确定，即

$$LT_n=T_p \tag{12-14-1}$$

分期完成节点的最迟时间应等于该节点规定的分期完成的时间。

其他节点的最迟时间 LT_i 应为

$$LT_i=\min\{LT_j-D_{i-j}\} \tag{12-14-2}$$

式中　LT_j——工作 $i-j$ 的箭头节点 j 的最迟时间。

2. 工作时间

1）最早时间

工作 $i-j$ 的最早开始时间 ES_{i-j} 应为

$$ES_{i-j}=ET_i \tag{12-15}$$

工作 $i-j$ 的最早完成时间 EF_{i-j} 应为

$$EF_{i-j}=ET_i+D_{i-j} \tag{12-16}$$

2）最迟时间

工作 $i-j$ 的最迟完成时间 LF_{i-j} 应为

$$LF_{i-j}=LT_j \tag{12-17}$$

工作 $i-j$ 的最迟开始时间 LS_{i-j} 应为

$$LS_{i-j}=LT_j-D_{i-j} \tag{12-18}$$

3. 时差

1）工作 $i-j$ 的总时差 TF_{i-j} 应为

$$TF_{i-j}=LT_j-ET_i-D_{i-j} \tag{12-19}$$

2）工作 $i-j$ 的自由时差 FF_{i-j} 应为

$$FF_{i-j}=ET_j-ET_i-D_{i-j} \tag{12-20}$$

对表 12-3 所示的网络计划按照节点计算法分析，计算过程如下：

(1) 节点最早时间计算

节点	节点最早时间
① 0	0
② (0+10)=10	10
③ (10+10)=20	20
④ (10+20)=30	30
⑤ (10+30)=40	40
⑥ (30+20)=50	50
⑦ (20+20)=40 (50+0)=50 } 取最大值	50
⑧ (40+30)=70 (50+0)=50 } 取最大值	70
⑨ (50+30)=80 (70+50)=120 } 取最大值	120
⑩ (120+10)=130	130

(2) 节点最迟时间计算

节点	节点最迟时间
⑩ 130	130
⑨ (130−10)=120	120
⑧ (120−50)=70	70
⑦ (120−30)=90	90

⑥ (70－0)＝70 } 取最小值　70
(90－0)＝90
⑤ (70－30)＝40　40
④ (70－20)＝50　50
③ (90－20)＝70　70
② (70－10)＝60 } 取最小值　10
(50－20)＝30
(40－30)＝10
① (10－10)＝0　0

计算结果如图 12-23 所示。

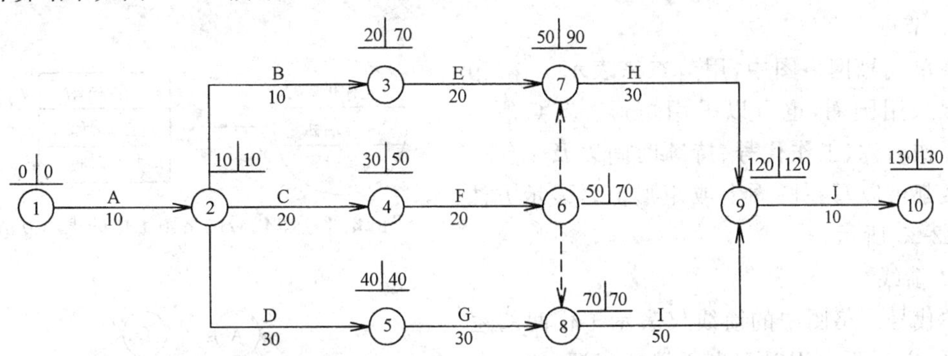

图 12-23　按节点计算法的双代号网络图

12.1.3.3　关键工作和关键线路的确定

总时差为最小的工作应为关键工作。自始至终全部由关键工作组成的线路或线路上总的工作持续时间最长的线路应为关键线路。

在一般情况下，关键线路的总时差为零，但也有例外，当规定工期小于网络计划的结束节点最早(迟)时间时，某些工作的总时差会出现负值，在这种情况下，负时差绝对值最大的工作为关键工作。关键线路在网络图上应用粗线、双线或彩色线标注。

12.2　单代号网络图

单代号网络图也是由节点和箭线组成的，但构成单代号网络图的基本符号的含义与双代号网络图不尽相同。与双代号网络图比较，单代号网络图绘图简便，逻辑关系明确，没有虚箭线，便于检查修改。特别是随着计算机在网络计划中的应用不断扩大，近年来国内外对单代号网络图逐渐重视起来。

12.2.1　单代号网络图的绘制

12.2.1.1　网络图的表示

单代号网络图的表达形式很多，所用的符号也不尽相同，但基本形式是用节点(圆圈或矩形)表示工作，用箭线表示工作之间的逻辑关系，所以也被称为工作节点网络图。图 12-24 即为一个单代号网络图的示例。

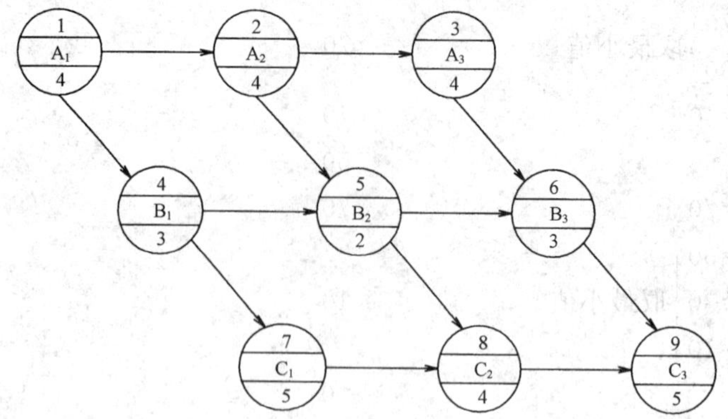

图 12-24　按节点计算法的单代号网络图

1. 节点

在单代号网络图中，用节点来表示工作，节点可以采用圆圈，也可以采用矩形。节点所表示的工作名称、工作代号、持续时间以及工作时间参数都可以写在圆圈上或矩形上。表示方法如图 12-25 所示。

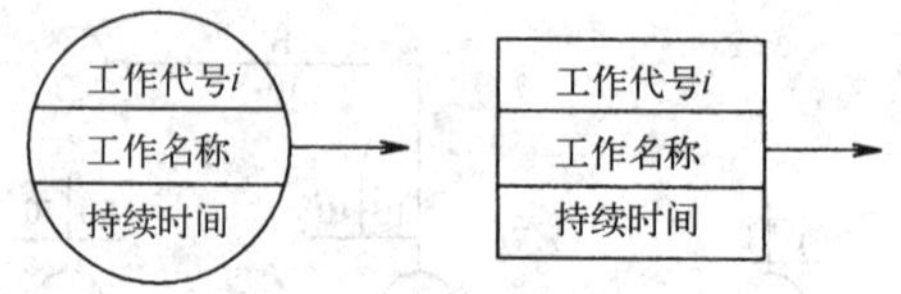

图 12-25　单代号网络图工作的表示方法

2. 箭线

单代号网络图中的箭线仅表示工作间的逻辑关系，它既不占用时间也不消耗资源，这一点与双代号网络图中的箭线完全不同。箭线的箭头表示工作的前进方向，箭尾节点工作为箭头节点工作的紧前工作。另外，在单代号网络图中表达逻辑关系时并不需使用虚箭线，但可能会引进虚工作。这是由于单代号网络图也必须只有一个起点节点和一个终点节点，当网络图中有多项起点节点或多项终点节点时，应在网络图的两端分别设置一项虚工作，作为该网络图的起点节点(S_t)和终点节点(F_{in})，如图 12-26 所示(图中 A、B、C 及 G、H、I 为工作名称)。

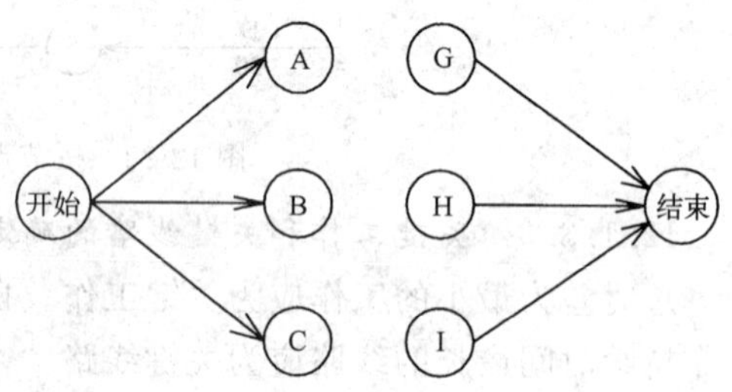

图 12-26　多起点和多终点的表示方法

3. 单、双代号网络图表达关系的对比

在表 12-6 中，列出了常用的单代号网络图和双代号网络图的逻辑关系模型。通过对比，可以发现：当多个工序在多个施工段分段作业时(如表中第 11 种逻辑关系)，用单代号网络图表达比较简单明了，这时若用双代号表示就需增加许多虚箭线；而当多个工序相互交叉衔接时(如表中第 10 种逻辑关系)，用双代号网络图来表达则比较简单，因为若用单代号表示，会有许多箭线交叉。另外，当采用计算机辅助编制网络计划时，使用单代号网络图比较方便，故采用单代号还是双代号，要根据具体情况选择。

12.2.1.2　单代号网络图的特点

通过前面对单代号网络图的介绍可以看出，单代号网络图具有以下特点：

① 单代号网络图用节点及其编号表示工作，而箭线仅表示工作间的的逻辑关系。

② 单代号网络图作图简便，图面简洁，由于没有虚箭线，产生逻辑错误的可能较小。

③ 单代号网络图用节点表示工作，没有长度概念，不够形象，不便于绘制时标网络图。

④ 单代号网络图更适合用计算机进行绘制、计算、优化和调整。

表 12-6　　单代号与双代号网络图逻辑关系表达方法的比较

序号	工序逻辑 紧前	工序逻辑 紧后	双代号网络图	单代号网络图
1	A B	B C	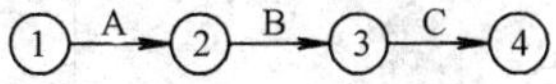	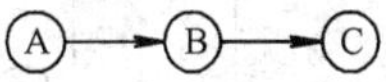
2	A	B C	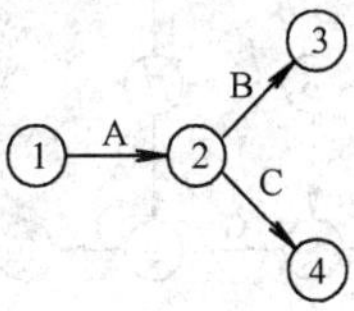	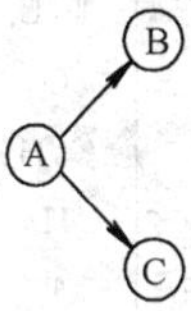
3	A B	C	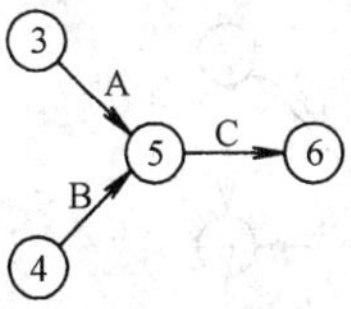	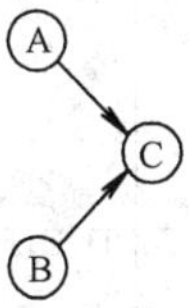
4	— A B	A,B C D	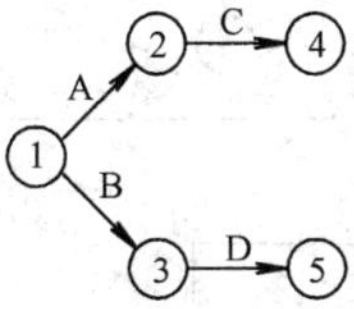	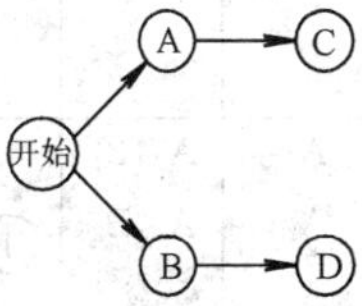
5	A B	C,D D	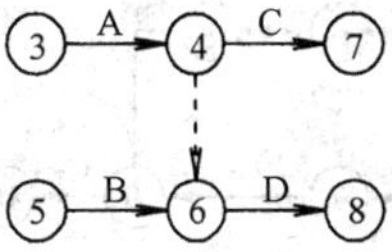	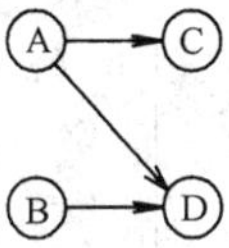
6	A B,C	B,C D	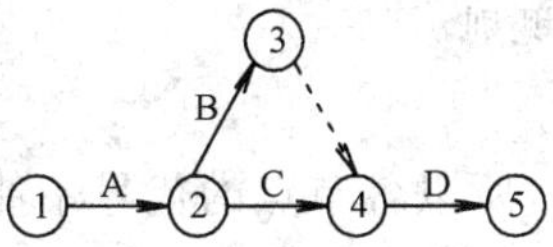	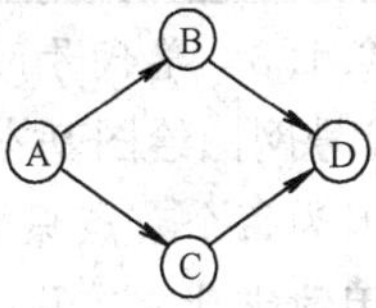
7	A,B	C,D	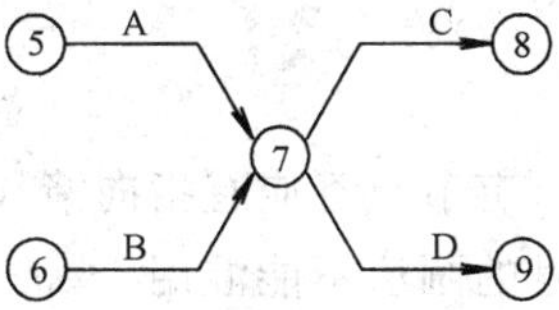	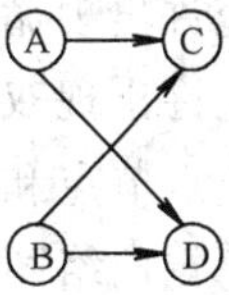
8	A B C D,E	B,C D,E E F	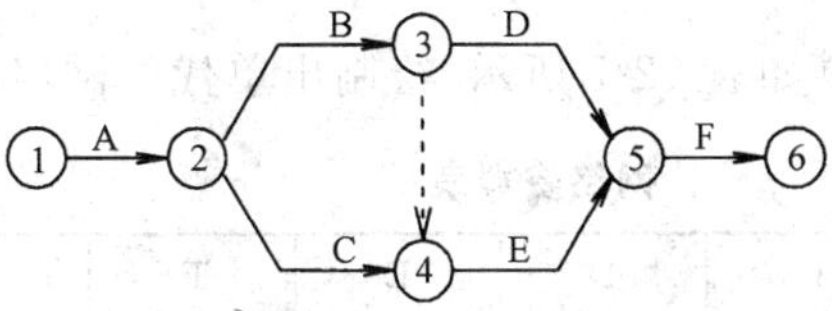	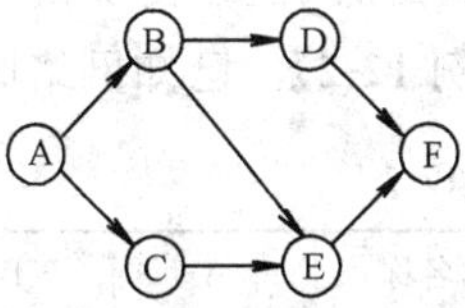

续表

序号	工序逻辑		双代号网络图	单代号网络图
	紧前	紧后		
9	A B C D E F G,H	B,C E,F D,E G G,H H I		
10	A,B,C	D,E,F		
11	A_1 A_2 A_3 B_1 B_2 B_3 C_1 C_2	A_2,B_1 A_3,B_2 B_3 B_2,C_1 B_3,C_2 C_3 C_2 C_3		

12.2.1.3　单代号网络图绘图基本规则

单代号网图绘图基本规则如下：

① 因为每个节点只能表示一项工作，所以各节点的代号不能重复。

② 用数字代表工作的名称时，宜由小到大按活动先后顺序编号。

③ 不允许出现循环的线路。

④ 不允许出现双向的箭线。

⑤ 除起点节点和终点节点外，其他所有节点都应有指向箭线和背向箭线。

⑥ 在一幅网络图中，单代号和双代号的画法不能混用。

12.2.1.4　绘图实例

【例 12-2】 已知网络图的资料如表 12-7 所示，绘制出单代号网络图。

表 12-7　　**网络资料表**

工作名称	A	B	C	D	E	F	G	H	I
紧前工作	—	—	—	B	B,C	C	A,D	E	F
紧后工作	G	D,E	E,F	G	H	I	—	—	—

【解】根据资料，首先设置一个开始的虚节点，然后按工作的紧前关系或紧后关系，从左向右进行绘制，最后设置一个终点的虚节点。本例经整理后的单代号网络图如图 12-27 所示。

读者可将其改成双代号网络图，以作对比。

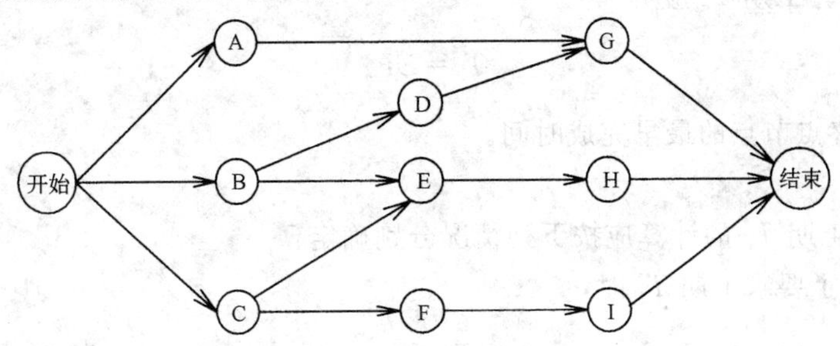

图 12-27　根据表 12-7 所绘制的单代号网络图

12.2.2　网络图的时间参数计算

用节点表示工作室单代号网络图的特点，节点编号就是工作的代号，箭线只表示工作的顺序，因此，并不像双代号网络图那样，要区分节点的时间和工作时间。单代号网络计划的时间参数计算应在确定各项工作持续时间之后进行，基本内容和形式按图 12-28(a)或(b)所示的方式标注。

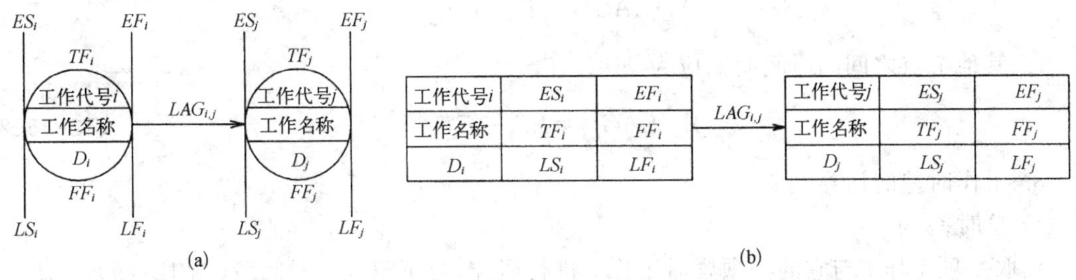

图 12-28

1. 最早时间的计算

1) 最早开始时间

工作的最早开始时间取决于该工作所有紧前工作的完成。工作 i 的最早开始时间 ES_i 应从网络图的起点节点开始，顺着箭线的方向依次逐项计算。

当起点节点 i 的最早开始时间无规定时，其值应等于 0，即

$$ES_i=0 \quad (i=1) \tag{12-21-1}$$

其他工作的最早开始时间 ES_i 应为

$$ES_i=\max\{EF_h\} \tag{12-21-2}$$

或

$$ES_i=\max\{ES_h+D_h\} \tag{12-21-3}$$

式中　ES_h——工作 i 的各项紧前工作 h 的最早开始时间；

D_h——工作的各项紧前工作 h 的持续时间。

2) 最早完成时间

工作 i 的最早完成时间 EF_i 应为

$$EF_i = ES_i + D_i \tag{12-22}$$

2. 工期计算

1）网络的计算工期 T_c 应为

$$T_c = EF_n \tag{12-23}$$

式中 EF_n——终点节点的最早完成时间。

2）计划工期

网络的计划工期 T_p 的计算应按下列情况分别确定：

① 当已确定了要求工期 T_r 时，

$$T_p \leqslant T_r \tag{12-24-1}$$

② 未规定要求工期时，

$$T_p = T_c \tag{12-24-2}$$

为了便于计算工作时差，我们引进时间间隔参数 $LAG_{i,j}$，表示某项工作的最早完成时间至其某一项紧后工作的最早开始时间的时间间隔。相邻两项工作 i 和 j 之间的时间间隔的计算如下：

① 当终点节点为虚拟节点时，其时间间隔应为

$$LAG_{i,j} = T_p - EF_i \tag{12-25-1}$$

② 其他节点之间的时间间隔应为

$$LAG_{i,j} = ES_j - EF_i \tag{12-25-2}$$

3. 工作时差的计算

1）总时差

任取一项工作 i 与它的一项紧后工作 j 进行研究，分析至这一时间段(图 12-29)。EF_i 至 ES_j 这一时间段为工作 i 和工作 j 之间的时间间隔 $LAG_{i,j}$，而 ES_j 至 LS_j 这一时间段为工作 i 的总时差。由于工作 i 的总时差是工作 i 在不影响其所有紧后工作 j 的最迟开始时间的前提下所具有的机动时间，所以当工作的完成时间处于 EF_i 至 LS_j 这一时间段时，不会影响总工期，即

$$TF_i = \min\{TF_j + LAG_{i,j}\} \tag{12-26-1}$$

终点节点所代表工作的总时差值为

$$TF_n = T_p - EF_n \tag{12-26-2}$$

工作 i 的总时间差 TF_i 应从网络计划的终点节点开始，逆着箭线方向依次逐项计算。当

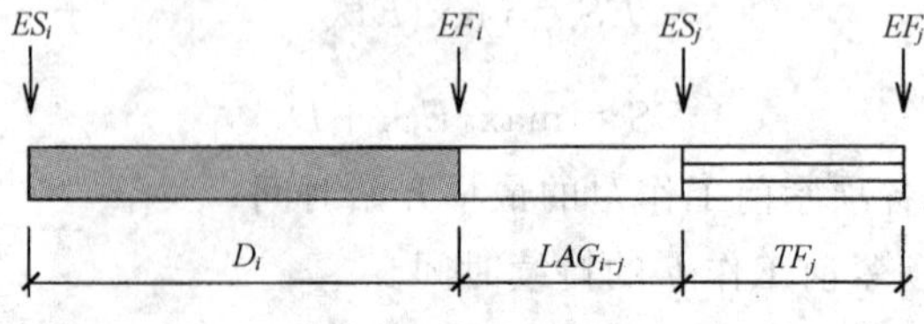

图 12-29　时差分析图

部分工作分期完成时，有关工作的总时差必须从分期完成的节点开始逆向逐项计算。

2）自由时差

终点节点所代表工作的自由时差应为

$$FF_n = T_p - EF_n \tag{12-27-1}$$

其他工作的自由时差应为

$$FF_i = \min\{LAG_{i,j}\} \tag{12-27-2}$$

4．最迟时间的计算

1）最迟完成时间

工作 i 的最迟完成时间 LF_i 应从网络计算的终点节点开始，逆着箭线方向依次逐项计算。当部分工作分期完成时，有关工作的最迟完成时间应从分期完成的节点开始逆向逐项计算。

终点节点所代表的工作 n 的最迟完成时间 LF_n，应按网络计划的计划工期 T_p 确定，即

$$LF_n = T_p \tag{12-28-1}$$

其他工作 i 的最迟完成时间为

$$LF_i = \min\{LS_j\} \tag{12-28-2}$$

或

$$LF_i = EF_i + TF_i \tag{12-28-3}$$

式中 LS_j 为工作 i 的各项紧后工作 j 的最迟开始时间。

2）最迟开始时间

工作 i 的最迟开始时间为

$$LS_i = LF_i - D_i \tag{12-29-1}$$

或

$$LS_i = ES_i + TF_i \tag{12-29-2}$$

5．关键线路

从起点节点开始到终点节点均为关键工作，且所有工作的时间间隔均为零的线路应为关键线路。关键线路在网络图上应用粗线、双线或彩色线标注。

【例 12-3】 对表 12-3 所示的网络计划用单代号网络图绘制，并进行时间参数计算。

【解】 计算过程如下：

（1）首先计算工作的最早时间，计算有网络图的起点节点向终点节点方向进行。

节点	工作	工作最早开始时间 ES_i	工作最早结束时间 EF_i
①	A	0	0＋10＝10
②	B	10	10＋10＝20
③	C	10	10＋20＝30
④	D	10	10＋30＝40
⑤	E	20	20＋20＝40
⑥	F	30	30＋20＝50
⑦	G	40	30＋40＝70
⑧	H	max[40，50]＝50	50＋30＝80
⑨	I	max[50，70]＝70	70＋50＝120
⑩	J	max[80，120]＝120	120＋10＝130

（2）各工作总时差的计算自网络的终点节点向起点节点逆向进行，过程如下。

节点	工作	总时差 TF_i
⑩	J	0
⑨	I	0＋0＝0
⑧	H	0＋40＝40
⑦	G	0＋0＝0
⑥	F	min[40＋0，0＋20]＝20
⑤	E	40＋10＝50
④	D	0＋0＝0
③	C	20＋0＝20
②	B	50＋0＝50
①	A	min[50＋0，20＋0，0＋0]＝0

(3) 各工作的最迟开始和最迟完成时间计算过程如下。

节点	工作	最迟开始时间 LS_i	最迟完成时间 LF_i
①	A	0＋0＝0	0＋10＝10
②	B	10＋50＝60	60＋10＝70
③	C	10＋20＝30	30＋20＝50
④	D	10＋0＝10	10＋30＝40
⑤	E	20＋50＝70	70＋20＝90
⑥	F	30＋20＝50	50＋20＝70
⑦	G	40＋0＝40	40＋30＝70
⑧	H	50＋40＝90	90＋30＝120
⑨	I	70＋0＝70	70＋50＝120
⑩	J	120＋0＝120	120＋10＝130

前后工作时间间隔、各工作局部时差的计算过程从略。时间参数的计算结果标注于图 12-30 中(时间间隔为零的路线标为双线)。

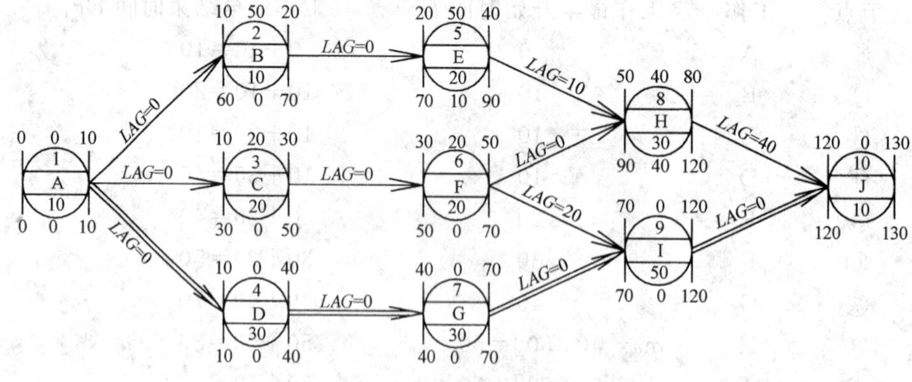

图 12-30　单代号网络图示例

12.3 双代号时标网络计划

双代号时标网络计划是网络计划的另一种表现形式。在前述网络计划中，箭线长短并不代表时间长短，而在时标网络计划中，节点位置及箭线的长短即表示工作的时间进程，这是时标网络计划与一般网络计划的主要区别。

时标网络计划是网络图与横道图的结合，在编制过程中既能看出前后工作的逻辑关系又能使表达形式比较直观，能一目了然地看出各项工作的开始时间和结束时间，便于在图上计算劳动力、材料用量等资源用量，并能在图上调整时差，进行网络计划的时间和资源的优化，因而得以广泛应用。但调整时标网络计划的工作比较繁琐，这是由于它用箭线或线段的长短来表示每一活动的持续时间，若改变时间，就需改变箭线的长度和节点的位置，这样往往会引起整个网络图的变动，因此，时间坐标是用于编制工艺过程比较简单的施工计划。对于工作项目较多的计划，仍以常用的网络计划为宜。

下面介绍如何绘制双代号时标网络图。

双代号时标网络计划以水平时间坐标为尺度表示工作时间，时标的时间单位应根据需要在编制网络计划之前确定，可定为时、天、周、月或季。箭线一般沿水平方向画，以实箭线表示工作，以虚箭线表示虚工作，以波形线表示工作的自由时差。网络图中所有符号在时间坐标上的水平投影位置都必须与其时间参数相对应。节点的中心必须对准相应的时标位置。虚工作必须以垂直的虚箭线来表示，有自由时差时加波形线表示。

双代号网络时标计划宜按最早时间编制。编制时应先绘制无时标网络计划草图，然后按以下两种方法之一进行：

① 先计算网络计划的时间参数，再根据时间参数按草图在时标计划表上进行绘制。用先算后绘制的方法时，现将所有节点按最早时间定位在时标计划表上，再用规定线型绘出工作及其自由时差，形成时标网络计划图。

② 不计算网络计划的时间参数，直接按草图在时间坐标表上进行绘制，步骤如下：

(a) 将起点节点定位在时标计划表的起始刻度线上；

(b) 按工作持续时间在时间计划表上绘制起点节点的外向箭线；

(c) 除起点节点以外的其他节点必须在其所有内向箭线绘出以后，定位在这些内向箭线中最早完成时间最迟的箭线末端。其他内向箭线长度不足以到达该起点时，用波形线补足；

(d) 用上述方法自左向右依次确定其他节点位置，直至终点节点定位绘完。

时标网络计划关键线路的确定，应自终点节点逆箭线方向朝起点节点观察，自始至终不出现波形线的线路为关键线路。时标网络计划的计算工期，应是其终点节点与起点节点所在位置的时标值之差。自由时差值应为表示该工作的箭线中波形线部分在坐标轴上的水平投影长度。

时标网络计划中工作的总时差的计算应自右向左进行，且符合下列规定：

① 以终点节点($j=n$)为箭头结点的工作的总时差 TF_{i-j} 应按网络计划的计划工期 T_p 计算确定如下：

$$TF_{i-n}=T_p-EF_{i-n} \tag{12-30-1}$$

② 其他工作的总时差计算

应按下式计算

$$TF_{i-j}=\min\{TF_{j-k}+FF_{i-j}\} \quad (i<j<k) \tag{12-30-2}$$

时标网络计划中工作的最迟开始时间和最迟完成时间应按下式计算：

$$LS_{i-j}=ES_{i-j}+TF_{i-j} \tag{12-31-1}$$

$$LF_{i-j}=EF_{i-j}+TF_{i-j} \tag{12-31-2}$$

【例 12-4】 图 12-21 所示的网络计划的时标网络计划图如图 12-31 所示。

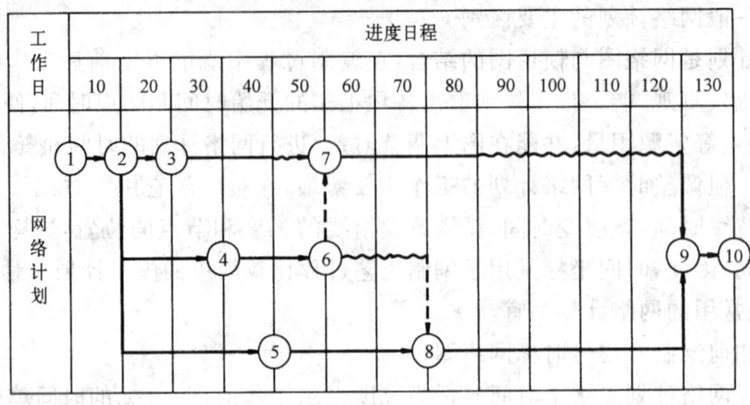

图 12-31　时标网络计划示例

12.4　网络计划的优化

网络计划的优化，就是在满足既定约束条件下，按选定目标，通过不断进行网络计划寻求满意方案的过程。网络计划的优化目标，包括工期目标、费用目标、资源目标，需根据计划任务的需要和条件选定。

12.4.1　工期优化

工期优化也称时间优化，就是当初始网络计划的计算工期大于要求工期时，通过压缩关键线路上工作的持续时间或调整工作关系，以满足工期要求的过程。

压缩关键工作的持续时间，也就是通过网络计划的某些关键工作采取一定的施工技术和施工组织措施，增加向这些工作的资源（人力、材料、机械等）供应，使其工作持续时间缩短，从而压缩关键线路长度，达到缩短计划工期的目的。采用这种方法时应注意：关键工作持续时间的缩短，往往会引起关键线路的转移。因此，每压缩一次均应求出新的关键线路，再次压缩时，压缩对象应是新的关键线路上的关键工作。

进行工期优化计算时，首先计算并找出初始网络计划的计算工期、关键线路及关键工作；按要求工期计算应缩短的时间；确定各关键工作能缩短的持续时间；选择关键工作，压缩其持续时间，并重新计算网络计划的计算工期。计算工期仍超过要求工期时，则重复以上步骤，直到满足工期要求或工期不能再缩短为止。当所有的关键工作的持续时间都达到其能缩短的极限而工期仍不能满足要求时，需对计划的原技术方案、组织方案进行调整或对要求工期重新审定。

选择应缩短持续时间的关键工作宜考虑下列因素：

① 缩短持续时间对质量和安全影响不大的工作；

② 有充足备用资源的工作；

③ 缩短持续时间所需增加的费用最少的工作。

如果有可能调整某些工作间的逻辑关系，把原网络计划中某些串连的工作调整为平行进行，则也可以达到压缩计划工期的目的。

12.4.2　资源优化

资源(人力、材料、机具设备、资金等)的优化，就是要解决网络计划实施中的资源供求矛盾或实现资源的均衡利用，以保证工程的顺利完成，并取得良好的技术经济效果。通常，资源优化有两种不同的目标："资源有限-工期最短"和"工期固定-资源均衡"。

12.4.2.1　"资源有限-工期最短"的优化

"资源有限-工期最短"的优化，宜逐个"时间单位"作资源检查，当出现第 t 个"时间单位"资源需用量 R_t 大于资源限量时，应进行计划调整。

调整计划时，应对资源冲突的诸工作做新的顺序安排，顺序安排的选择标准是工期延长时间最短，其值应按如下计算。

1. 双代号网络计划

$$\Delta D_{m'-n',i'-j'}=\min\{\Delta D_{m-n,i-j}\} \tag{12-32-1}$$

$$\Delta D_{m-n,i-j}=EF_{m-n}-LS_{i-j} \tag{12-32-2}$$

式中　$\Delta D_{m'-n',i'-j'}$——在各种顺序安排中，最佳顺序安排所对应的工期延长时间的最小值；

$\Delta D_{m-n,i-j}$——在资源冲突的诸工作中，工作 $i-j$ 安排在工作 $m-n$ 之后进行，工期所延长的时间。

2. 单代号网络计划

$$\Delta D_{m',i'}=\min\{\Delta D_{m,i}\} \tag{12-32-3}$$

$$\Delta D_{m,i}=EF_m-LS_i \tag{12-32-4}$$

式中　$\Delta D_{m',i'}$——在各种顺序安排中，最佳顺序安排所对应的工期延长时间的最小值；

$\Delta D_{m,i}$——在资源冲突的诸工作中，工作 i 安排在工作 m 之后进行，工期所延长的时间。

"资源有限-工期最短"优化的计划调整，应按以下步骤调整工作的最早开始时间：

① 计算网络计划每"单位时间"的资源需用量；

② 从计划开始日期起，逐个检查每个"时间单位"资源需用量是否超过资源限量，如果在整个工期内每个"时间单位"均能满足资源限量的要求，可行优化方案就编制完成。否则需进行计划调整；

③ 分析超过资源限量的时段(每"时间单位"资源需用量相同的时间区段)，按式(12-32-1)计算 $\Delta D_{m'-n',i'-j'}$ 或按式(12-32-3)计算 $\Delta D_{m',i'}$，依据他所确定的新的安排顺序；

④ 当最早完成时间 $EF_{m'-n'}$ 或 $EF_{m'}$ 最小值与最迟开始时间 $LS_{i'-j'}$ 或 $LS_{i'}$ 最大值同属一个工作时，应找出最早完成时间 $EF_{m'-n'}$ 或 $EF_{m'}$ 值为次小，最迟开始时间 $LS_{i'-j'}$ 或 $LS_{i'}$ 为次大的工作，分别组成两个顺序方案，再从中选取较小值进行调整。

⑤ 绘制调整后的网络计划，重复以上步骤，直到满足要求。

12.4.2.2　"工期固定—资源均衡"的优化

"工期固定—资源均衡"的优化，可利用削高峰法(利用时差降低资源高峰值)，获得资源消耗尽可能均衡的优化方案，具体步骤如下：

① 计算网络计划每“时间单位”资源需用量；

② 确定削峰目标，其值等于每“时间单位”资源需用量的最大值减一个单位量；找出高峰时段的最后时间 T_h 及有关工作的最早开始时间 ES_{i-j}（或 ES_i）和总时差 TF_{i-j}（或 TF_i）；

③ 按以下公式计算有关工作的时间差值：

对双代号网络计划

$$\Delta T_{i-j}=TF_{i-j}-(T_h-ES_{i-j}) \tag{12-33-1}$$

对单代号网络计划

$$\Delta T_i=TF_i-(T_h-ES_i) \tag{12-33-2}$$

优先以时间差最大的工作或工作为调整对象，令

$$ES_{i'-j'}=T_h \tag{12-33-3}$$

或

$$ES_i=T_h \tag{12-33-4}$$

④ 当峰值不能再减少时，即得到优化方案。否则重复以上步骤直到满足要求。

12.4.3 费用优化

建筑工程的成本和工期是相互联系和制约的。在生产效率一定的条件下，要缩短工期（和正常工期相比），提高施工速度，工程就必须投入更多的人力、财力和物力，使工程某些方面的费用增加，却又能使诸如管理费用等一些费用减少。所以网络计划的费用优化过程，须对这些因素进行全面考虑。进行费用优化，应首先求出不同工期下最低直接费用，然后考虑对相应的间接费用的影响和工期变化带来的其他损益，包括效益增量和资金的时间价值等，最后再通过迭代求出最低工程成本。具体步骤如下。

① 按工作正常持续时间找出关键工作及关键线路。

② 按以下公式计算各项工作的费用率。

(a) 对双代号网络计划

$$\Delta C_{i-j}=\frac{CC_{i-j}-CN_{i-j}}{DN_{i-j}-DC_{i-j}} \tag{12-34-1}$$

式中 ΔC_{i-j}——工作 $i-j$ 的费用率；

CC_{i-j}——将工作 $i-j$ 持续时间缩短为最短时间后，完成该工作所需的直接费用；

CN_{i-j}——在正常条件下完成工作 $i-j$ 所需的直接费用；

DN_{i-j}——工作 $i-j$ 的正常持续时间；

DC_{i-j}——工作 $i-j$ 的最短持续时间。

(b) 对单代号网络计划

$$\Delta C_i=\frac{CC_i-CN_i}{DN_i-DC_i} \tag{12-34-2}$$

式中 ΔC_i——工作 i 的费用率；

CC_i——将工作 i 持续时间按缩短为最短时间后，完成该工作所需的直接费用；

CN_i——在正常条件下完成工作 i 所需的直接费用；

DN_i——工作 i 的正常持续时间；

DC_i——工作 i 的最短持续时间。

(c) 在网络计划中找出费用率（或组合费用率）最低的一项关键工作或一组关键工作，作

为缩短持续时间的对象；

(d) 缩短找出的关键工作或一组关键工作的持续时间，其缩短值必须符合不能压缩成非关键工作和缩短后其持续时间不小于最短持续时间的原则；

(e) 计算相应增加的总费用 C_i；

(f) 考虑工期变化带来的间接费及其他损益，在此基础上计算总费用；

(g) 重复以上③—⑥步骤，直到计算出总费用最低为止。

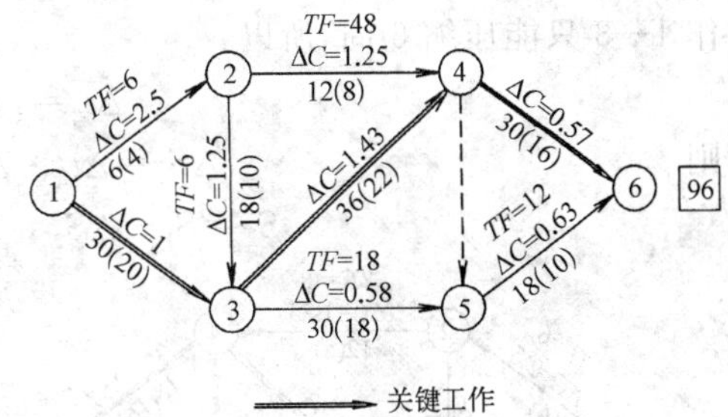

图 12-32-1 某网络计划图

【例 12-5】 已知网络计划如图 12-32-1 所示，各工作的工期-成本数据列于表 12-8，表中给出了各工作的正常持续时间，最短持续时间及与其相应的正常费用和最短时间的费用。试进行工期-成本优化。

表 12-8 各工作的工期-成本数据

工作	DN_{i-j}/周	DC_{i-j}/周	CN_{i-j}/周	CC_{i-j}/周	ΔC_{i-j}/(万元/周)
1—2	6	4	15	20	2.50
1—3	30	20	90	100	1.00
2—3	18	10	50	60	1.25
2—4	12	8	40	45	1.25
3—4	36	22	120	140	1.43
3—5	30	18	85	92	0.58
4—6	30	16	95	103	0.57
5—6	18	10	45	50	0.63

【解】 计算各工作以正常持续时间施工时的计划工期，与此相应的直接费用总和。

关键线路各工作总时差及工期标注在图 12-32-1 上。

$$S_0 = \sum CN_{i-j} = 540(\text{万元})$$

(1) 第一次压缩

在图 12-32-1 中，费用率最小的关键工作为 4—6，可知

$$\Delta C_{4-6} = 0.57(\text{万元/周})$$

工作 4—6 的持续时间可压缩 30－16＝14 周，但由于工作 5—6 的总时差只有 12 周，所以

$$\Delta t_1 = \min\{14, 12\} = 12(\text{周})$$

则

$$\Delta S_1 = \Delta C_{4-6} \cdot \Delta t_1 = 0.57 \times 12 = 6.84(\text{万元})$$

$$S_1 = S_0 + \Delta S_1 = 540 + 6.84 = 546.84(\text{万元})$$

(2) 第二次压缩

第一次压缩后，图 12-32-1 变为图 12-32-2。在图 12-32-2 中，有两条关键线路，分别为 1—3—4—6 和 1—3—4—5—6。第一条线路上 ΔC 最小值为 $\Delta C_{4-6}=0.57$ 万元/周，第二条线路上 ΔC 最小值为 $\Delta C_{5-6}=0.63$ 万元/周，则 $\sum \Delta C=(0.57+0.63)=1.20$ 万元/周，而两条线路的公共工作 1—3 的 ΔC 值为 1 万元/周，小于 $\sum \Delta C=1.20$ 万元/周，所以宜压缩工作 1—3。工作 1—3 的持续时间可压缩为 30－20＝10 周，但工作 2—3 的总时差为 6 周。因此工

作 1—3 只能压缩 6 周，所以：

$$\Delta t_2 = \min\{10, 6\} = 6(\text{周})$$

则

$$\Delta S_1 = \Delta t_2 \cdot \Delta C_{1-3} = 6 \times 1 = 6(\text{万元})$$

$$S_2 = S_1 + \Delta S_2 = 546.84 + 6 = 552.84(\text{万元})$$

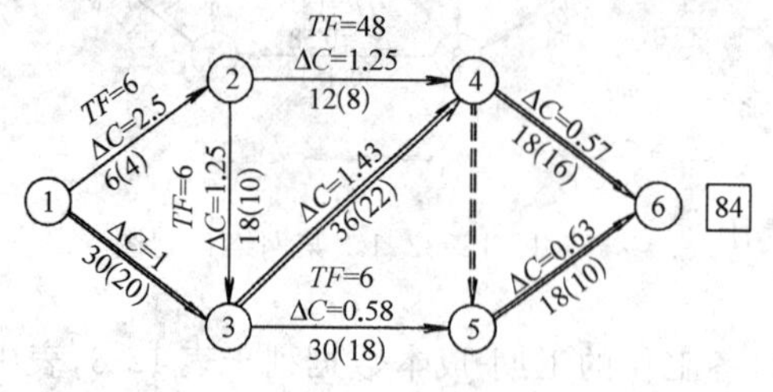

图 12-32-2　第一次压缩

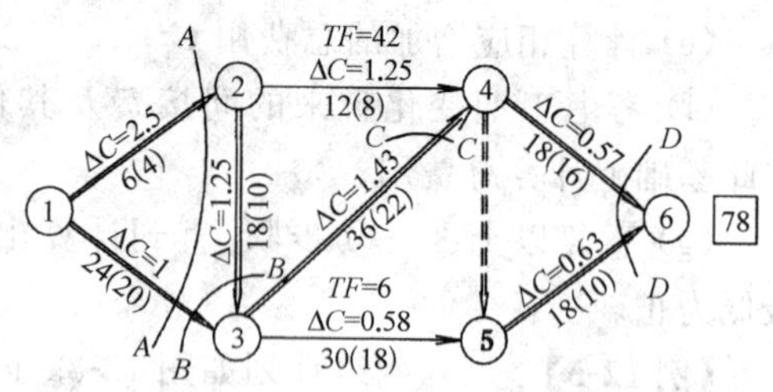

图 12-32-3　第二次压缩

(3) 第三次调整

第二次压缩以后，网络图更新为图 12-32-3，在该图中关键线路有四条，能缩短工期的切割方案有四种，即

AA 切割　　工作 1—2 和 1—3，$\sum \Delta C = 2.5 + 1 = 3.5$(万元/周)

BB 切割　　工作 2—3 和 1—3，$\sum \Delta C = 1.25 + 1 = 2.25$(万元/周)

CC 切割　　工作 3—4，$\sum \Delta C_{3-4} = 1.43$(万元/周)

DD 切割　　工作 4—6 和 5—6，$\sum \Delta C = 0.57 + 0.63 = 1.20$(万元/周)

因此，应选择 ΔC 值最小的方案，即 DD 方案。工作 4—6 可缩短 2 周，工作 5—6 可缩短 8 周，所以

$$\Delta t_3 = \min\{2, 8\} = 2(\text{周})$$

则

$$\Delta S_3 = \Delta t_3 \cdot \sum \Delta C = 2 \times 1.2 = 2.40(\text{万元})$$

$$S_3 = S_2 + \Delta S_3 = 552.84 + 2.40 = 555.24(\text{万元})$$

(4) 第四次压缩

第三次压缩后，网络图更新为 12-32-4。在该图中，关键线路有四条，能缩短工期的切割方案有三种，即

AA 切割　　工作 1—2 和 1—3，$\sum \Delta C = 2.50 + 1 = 3.50$(万元/周)

BB 切割　　工作 2—3 和 1—3，$\sum \Delta C = 1.25 + 1 = 2.25$(万元/周)

CC 切割　　工作 3—4，　　$\Delta C_{3-4} = 1.43$(万元/周)

应选择值最小的方案即 CC 方案。工作 3—4 可压缩 36—22＝14 周，但工作 3—5 的总时差只有 6 周，所以取

$$\Delta t_4 = \min\{14, 6\} = 6(\text{周})$$

则

$$\Delta S_4 = \Delta t_4 \cdot \Delta C_{3-4} = 6 \times 1.43 = 8.58(\text{万元})$$

$$S_4 = S_3 + \Delta S_4 = 555.24 + 8.58 = 563.82(\text{万元})$$

(5) 第五次压缩

网络图更新为图 12-32-5，在该图中，关键线路有六条，能缩短工期的切割方案有三种，即

AA 切割　　工作 1—2 和 1—3，$\sum \Delta C = 2.50 + 1 = 3.50$(万元/周)

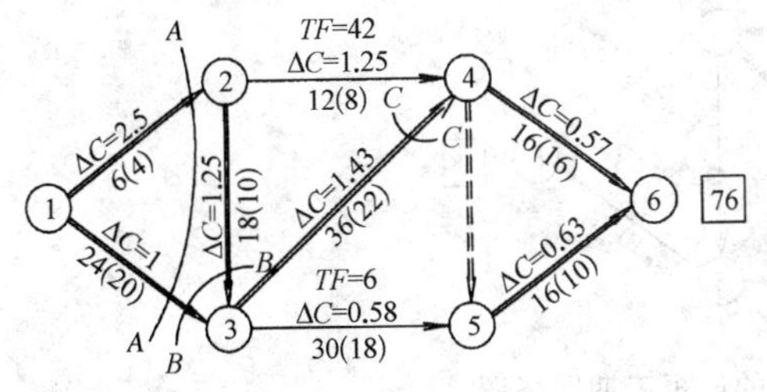

图 12-32-4 第三次压缩

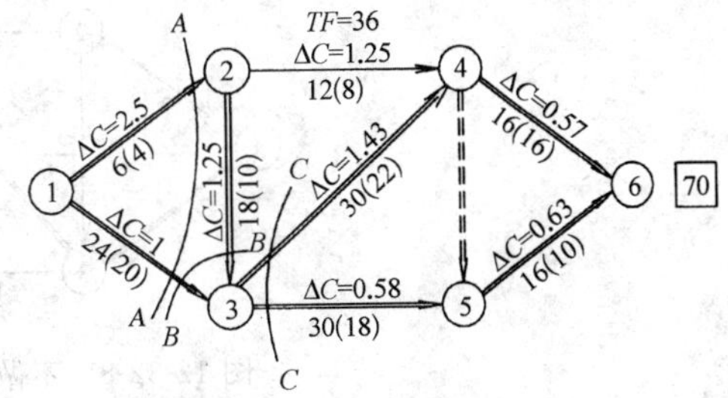

图 12-32-5 第四次压缩

BB 切割　　工作 1—3 和 2—3，$\sum \Delta C=1.25+1=2.25$(万元/周)

CC 切割　　工作 3—4 和 3—5，$\sum \Delta C=1.43+0.58=2.01$(万元/周)

应选择值最小的方案即 CC 方案。工作 3—4 可压缩 30—22＝8 周，工作 3—5 可压缩 30—18＝12 周，所以取

$$\Delta t_5=\min\{8,12\}=8(\text{周})$$

则

$$\Delta S_5=\Delta t_5 \cdot \sum \Delta C=8\times 2.01=16.08(\text{万元})$$

$$S_5=S_4+\Delta S_5=563.82+16.08=579.90(\text{万元})$$

(6) 第六次压缩

网络图更新后为 12-32-6，该图共有六条关键线路，能缩短工期的切割方案有两种，即

AA 切割　工作 1—2 和 1—3，$\sum \Delta C=2.50+1=3.50$(万元/周)

BB 切割　工作 2—3 和 1—3，$\sum \Delta C=1.25+1=2.25$(万元/周)

应选择值较小的方案即 BB 方案。工作 2—3 可压缩 18－10＝8 周，工作 1—3 可缩短 24－20＝4 周，所以

$$\Delta t_6=\min\{8,4\}=4(\text{周})$$

则

$$\Delta S_6=\Delta t_6 \cdot \sum \Delta C=4\times 2.25=9(\text{万元})$$

$$S_6=S_5+\Delta S_6=579.9+9=588.9(\text{万元})$$

经过六次压缩，原网络图最终变为如图 12-32-7 所示的形势，工期为 58 周。该图上所有的工作均不宜压缩，因为即使压缩其中的一些工作的持续时间，也只能使工程直接费用增长，而不能缩短工期。

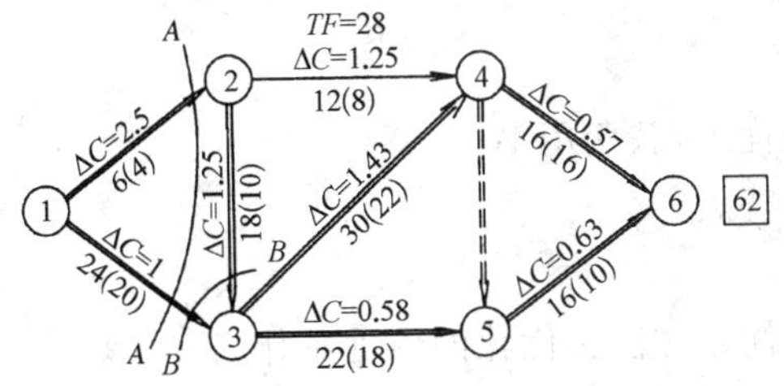

图 12-32-6 第五次压缩

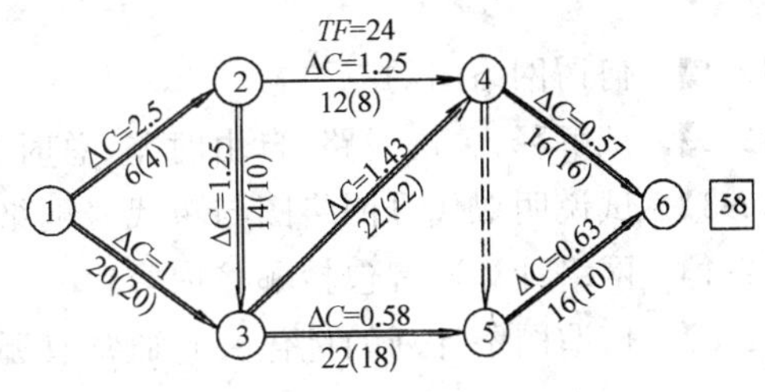

图 12-32-7 第六次压缩

下面做一比较：

不经过工期-成本优化，各工作均采用加快的持续时间时，网络计划及相应的计划总工期，如图 12-32-8 所示。

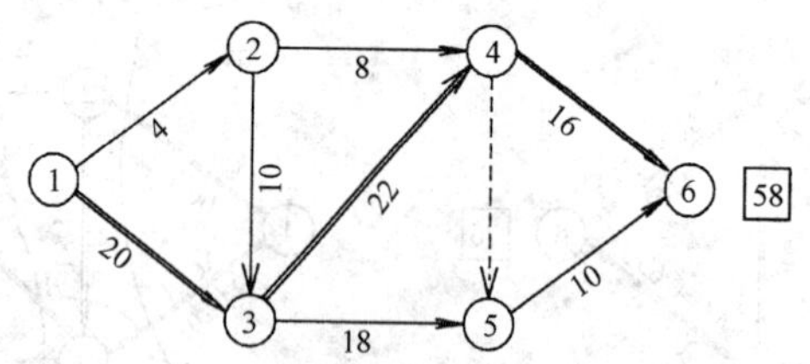

图 12-32-8　不做优化的最短工期网络图

图 12-32-8 中只有一条关键线路，总工期也是 58 周，但直接费用和为

$$S=\sum CC_{i-j}=610(\text{万元})$$

所以，费用比不加快以前增加

$$\Delta S=S-\sum CN_{i-j}=610-540=70(\text{万元})$$

而在优化以后，在工期与盲目加快相同的前提下，费用仅增加

$$S_6-\sum CN_{i-j}=588.90-540=48.90(\text{万元})$$

将上述优化过程中的各结果及相应的间接费用汇总于表 12-9 中。

由表 12-9 可知，最优工期为 70 周，工程成本为 668.82 万元。根据表 12-9，也可以拟绘出该工程的工期-成本曲线。

表 12-9　**工期-费用表**

工期/周	直接费/万元	间接费/万元	成本/万元
96	540	144	684
84	546.84	126	672.84
78	552.84	117	669.84
76	555.24	114	669.24
70	563.82	105	668.82
62	579.90	93	672.90
58	588.90	87	675.90

思　考　题

【12-1】　何谓网络图的三要素？

【12-2】　试解释：关键线路、自由时差、总时差、最优工期、费用率。

【12-3】　试说明双代号网络图与单代号网络图的特点。

【12-4】　网络计算通常包括哪些内容？

【12-5】　何谓网络计划的优化？它通常有哪三种优化方法？优化的依据是什么？

习　题

【12-1】　试绘制符合下列顺序的双代号网络图。

序号	工作	紧后工作	说明
1	A	B,C	开始工作
2	B	E,F	
3	C	F,D	
4	D	J	
5	E	G,H	
6	F	H	
7	G	I	
8	H	I,J	
9	I	—	结束工作
10	J	—	结束工作

【12-2】 已知一木结构房屋的施工过程及顺序如下表,试绘制双代号网络图。

工作	工作内容	紧前工作
A	基础	—
B	构件准备	—
C	木制屋顶骨架	A,B
D	砌砖	A,B
E	下水道工程	A,B
F	运输地面混凝土	E
G	卫生工程	C,F
H	布线工程	C,F
I	煤气、自来水工程	C,F
J	抹墙壁	G,H,I
K	地面加工	J
L	洗脸间、厨房瓷砖工程	J
M	屋顶与内棚	D,C,F
N	雨水落水管工程	M
O	墙壁涂漆	K,L
P	电气工程	O
Q	装饰工程	N

【12-3】 某地下铁路工程采用明挖法施工,其土建的施工网络图如习题 12-3 图所示。试求各时间参数。

【12-4】 计算下列网络计划,最早开始时间和最迟开始时间,并确定关键线路及总工期(d);并将该双代号网络图转化为单代号网络。

工作	A	B	C	D	E	F	G	H	I
紧前工作	—	—	A	A	B,C	B,C	D,E	D,E	F,G
时间	1	5	3	2	6	5	0	5	3

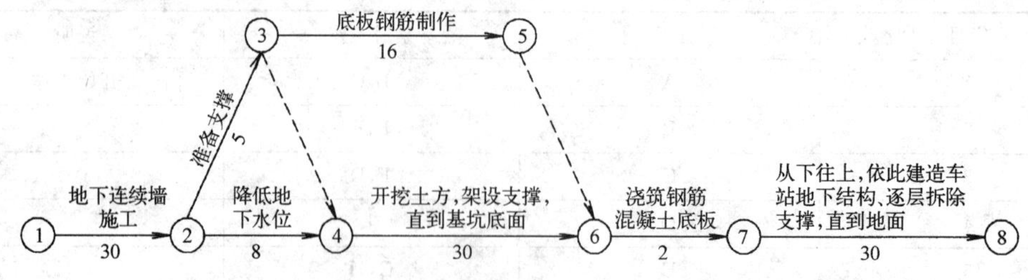

习题 12-3 图

【12-5】 根据下列逻辑关系绘制单代号网络图。

工作	A	B	C	D	E	F	G	H	I	J
紧后工作	B,C	E,F	E,D	G	H	H	I	I	J	—

【12-6】 已知资源如下表,试求:

(1) 绘制表内各工作的双代号网络图;

(2) 绘制表内各工作的单代号网络图;

(3) 在双代号网络图上计算出节点时间参数并标出关键线路;

(4) 试列出缩短计划工期 4d 的所有可能方案,并计算其中最优方案以及缩短后的费用增加额。

工　作	紧前工作	延续时间/d	费用/(千元/d)
A	—	8(4)	9
B	—	6(5)	5
C	—	4(2)	8
D	A	4(3)	4
E	A	1(1)	0
F	C	3(2)	3
G	B,F	8(3)	10
H	A,F	3(2)	10

【12-7】 某工程的网络有关资料如下表所示,该工程的间接费当工期小于等于 25d 时为 60 万元,工期大于 25d 后,每延长 1d 增加 5 万元,试求网络图的最优工期。

工　序	正 常 时 间		极限时间	
	时间/d	成本/万元	时间/d	成本/万元
1—2	20	60	17	72
1—3	25	20	25	20
2—3	10	30	8	44
2—4	12	40	6	70
3—4	5	30	2	42
4—5	10	30	3	60

13 施工组织总设计

摘要:本章主要介绍了施工组织设计的编制方法和编制内容,重点介绍了施工方案、施工进度计划以及施工平面图的编制原则、编制方法和技术经济评价指标等。另外,还介绍了工程建设项目的基本概念、特点、构成主体以及建设程序等。

专业词汇:基本建设程序;招投标;商务标;技术标;承包合同;质量控制;进度控制;投资控制;竣工验收;建设项目;单项工程;单位工程;分部工程;分项工程;施工组织条件设计;施工组织总设计;工程概况;平面布置图;临时设施;消防用水;环式管网;枝式管网;混合式管网;照明用电;综合用电系数;冬期施工准备;雨期施工准备;安全文明施工;消防通道;污水沉淀池;用地面积;施工方案;资源需求量

13 Total Construction Organization Design

Abstract: This chapter mainly introduces the methods and contents for development of construction organization design, with focuses on principle, method and technical economy assessment criteria for construction floor plan, construction progress plan and construction scheme. It introduces the basic concepts, characteristics, main parts constituted and construction procedure for engineering construction projects.

Specialized vocabulary: capital construction procedure; bid; commercial bid; technical bid; work contract; quality control; progress control; investment control; completion acceptance; construction project; single project; unit project; partitioned project; subdivisional work; conditional design of construction organization; overall design of construction organization; project profile; floor plan; temporary facility; fire protection water; ring-type pipe network; branch-type pipe network; hybrid-type pipe network; lighting electricity; comprehensive electricity utilization coefficient; winter construction preparation; pluvial construction preparation; safe and civilized construction; fire fighting access; sewage sedimentation tank; occupied area; construction scheme; resource demand quantity

13.1 概述

13.1.1 基本建设程序

基本建设是国民经济有关部门、单位购置和建造新的固定资产的过程。该过程需要投入大量的人力、物力、财力,且建设周期长,涉及范围广,协作环节多,是一项综合的、复杂的经济生产活动过程。基本建设过程一般可分成以下几个阶段:建设项目的投资决策、建设项目的设计、建设项目的招投标、建设项目的施工阶段和竣工决算等。

1. 建设项目的投资决策

在建设项目的投资决策阶段,项目的各项技术经济决策对项目建成后的经济效益有着决定性的影响。这个阶段的主要工作是进行项目的可行性研究,提出项目的估算,申请项目列入建设计划,进行项目的财务评价和经济技术以及建设地点的选择。

2. 建设项目的设计

在建设项目立项得到批准以后，建设单位编制设计任务书，办妥规划用地手续，做好前期的动迁、用电、用水等准备工作，组织设计招投标，委托设计，对设计方案进行技术经济分析，完成设计并进行建设准备。

3. 建设项目施工招投标

建设项目在完成施工图设计或完成初步设计后，即可进行项目的施工招投标。在此阶段，建设单位要进行招标文件的编制，施工单位则需编写投标文件。招投标文件一般包括商务标和技术标两大部分。在施工单位递交投标文件后，建设单位在有关招投标管理部门指导下，组织评标小组进行评标、决标，选定工程承包单位并签订施工合同。

4. 建设项目的施工阶段

一旦施工承包合同签订，工程就进入了全面施工阶段。工程质量、进度、投资控制是施工阶段重要的工作目标，该阶段要抓好施工阶段的全面管理和完工后的生产准备。

5. 建设项目的竣工决算

所有建设项目，按设计文件所规定的内容完成后，都要及时组织验收。大型工程应分期分批组织验收。

竣工项目验收前建设单位要组织设计、施工等单位进行初验，向主管部门提出竣工验收报告，进行竣工验收。同时由施工单位编好竣工决算，报有关部门审查。

在基本建设中，土建安装工程占有重要的地位。从投资方面来看，土建安装工程的资金投入量大，施工周期长，它的进展情况直接影响到基本建设项目的投产或使用。所以，就需多快好省地完成土建安装工程的施工任务，尽快发挥投资效益。

13.1.2 建设项目的划分

根据工程项目的范围及功能，基本建设项目可划分为以下几种：

1. 建设项目

建设项目是指在一个总体设计范围内，由一个或若干个单项工程所组成，经济上实行统一核算，行政上具有独立组织形式的建设单位。工业建筑中的一个工厂、一座矿山或民用建筑中的一所学校、一家医院等皆可作为一个建设项目。

2. 单项工程

单项工程是指具有独立的设计文件、竣工后能独立发挥生产能力或体现投资效益的工程。如大型工矿企业的一个分厂、矿山建设中的井巷工程或市政工程中的一座桥梁等；民用建筑中医院的门诊医技楼、学校的教学楼等。

3. 单位工程

单位工程是指具有单独设计条件和文件、可以单独组织施工、但完工后不能体现投资效益发挥生产能力的工程，它是单项工程的组成部分。例如，工厂的一个车间是由建筑工程与建筑设备安装工程共同组成一个单位工程；新建的居住小区中的一幢住宅楼是一个单位工程，厂区室外给排水、供热、煤气等可以组成一个单位工程；道路、围墙、绿化等工程也可以组成一个单位工程。

4. 分部工程

分部工程是单位工程的组成部分，是按工程结构部位或专业而划分的。如在建筑工程中，按建筑主要部位划分为地基与基础工程、主体工程、地面楼面工程、门窗工程、装饰工程、屋面工程等；建筑设备安装工程则按工程的专业划分成电气安装工程、通风与空调工程、采暖卫生与煤气工程等。

5. 分项工程

分项工程是分部工程的组成部分，是按不同的施工工种或方法来划分的，它是施工组织的基本单位。例如，砌砖工程、钢筋工程、玻璃工程、室内给排水管道安装工程、电气配管及管内穿线工程等。同时它也是土木工程中工程量计量分类的基本单位。

13.1.3 施工组织设计的类型

施工组织设计是指导土木工程施工的技术经济文件。施工组织设计应分阶段根据工程设计文件进行编制。

在绝大多数情况下，土木工程按照两个阶段进行设计，即：扩大初步设计和施工图设计。当设计复杂、或新的工艺过程尚未熟练掌握、或对工程有特殊要求时，可按三阶段进行设计，即初步设计、技术设计和施工图设计。

当按三阶段设计时，施工组织设计的三个相应的阶段就是：①施工组织条件设计（或称施工组织基本概况），它包括在初步设计中；②施工组织总设计，它一般包括在技术设计中；③单位工程施工组织设计，用以具体指导工程的施工活动。

1. 施工组织条件设计

施工组织条件设计的作用在于对拟建工程，从施工角度分析工程设计的技术可行性与经济合理性。同时做出轮廓性的施工规划，并提出在施工准备阶段应进行的工作，以便尽早着手准备。这一组织设计主要由设计单位负责编制，并作为初步设计的一个组成部分。

2. 施工组织总设计

施工组织总设计是以整个建设项目为对象编制的，目的是要对整个工程的施工进行通盘考虑、全面规划，用以指导全场性的施工准备和有计划地运用施工力量，开展施工活动。其作用是确定拟建工程的施工期限、施工顺序、主要施工方法、各种临时设施的需要量及现场总的布置方案等，并提出各种技术物资资源的需要量，为施工准备创造条件。施工组织总设计应在扩大初步设计批准后，依据扩大初步设计文件和现场施工条件，由建设总承包单位组织编制。在施工阶段一般还应做好施工组织总设计的深化与调整，便于实施。

3. 单位工程施工组织设计

单位工程施工组织设计是以单项工程或单位工程为对象编制的，是用以直接指导工程施工的。它在施工组织总设计和施工单位总的施工部署的指导下，具体地确定施工方案，安排人力、物力、财力，它是施工单位编制作业计划和进行现场布置的重要依据，也是指导现场施工实施的技术文件。单位工程施工组织设计是在施工图设计完成后，由施工承包单位负责编制。

4. 施工方案

施工方案是以分部（分项）工程或专项工程为主要对象编制的施工技术和组织方案，用以具体指导其施工过程。是一种更为具体的施工设计文件。

13.1.4 施工组织设计的内容

在不同设计阶段编制的施工组织设计文件，在内容和深度方面不尽相同，其作用也不一样。一般说施工组织条件设计是概略的施工条件分析，提出实施设计思想的可行性，并作为施工条件和建筑生产能力配备的总体规划；施工组织总设计是对建设项目进行总体部署的战略性施工纲领；单位工程施工组织设计则是详尽的实施性的施工计划，用以具体指导现场施工活动。中华人民共和国住房和城乡建设部于 2009 年 5 月发布了国家标准《建筑施工组织设计规范》(GB/T 50502—2009),以规范施工组织设计文件的编制。

施工组织设计应包括编制依据、工程概况、施工部署、施工进度计划、施工准备与资源配置计划、主要的施工方法、施工现场平面布置及主要施工管理计划等基本内容。其中,编制依据是技术文件制定的指导意见,施工部署、施工进度计划、施工方法和施工现场平面布置是技术文件的核心内容,主要施工管理计划包括质量保证体系、文明施工、安全施工、绿色施工、环境保护、技术经济分析等相关内容。

13.2 施工组织总设计

13.2.1 施工组织总设计编制程序和依据

施工组织总设计是以整个建设项目或群体工程(一个住宅建筑小区,配套的公共设施工程、一个配套的工业生产系统等)为对象编制的,是整个建设项目或群体工程的全局性的指导文件。

13.2.1.1 编制程序

施工组织总设计的编制程序如图 13-1 所示。由编制程序可知,在编制施工组织总设计

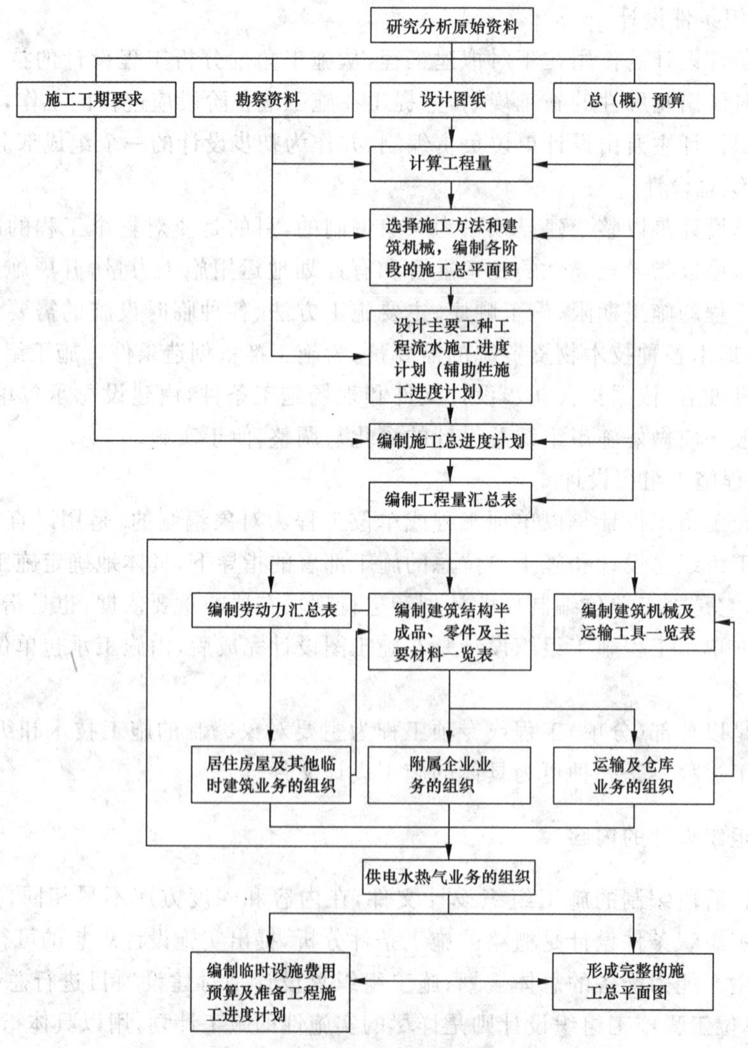

图 13-1 施工组织总设计的编制程序

时，首先要从全局出发，对建设地区的自然条件、技术经济状况以及工程特点、工期要求等进行全面系统的研究，找出主要矛盾，重点加以解决。在此基础上，根据施工内容和施工队伍的现状，合理进行组织分工，并对重要单位工程和主要工种工程的施工方案进行技术经济比较，合理地加以确定。然后根据生产工艺和工程特点，合理编制施工总进度计划，以确保工程能按照工期要求均衡连续地进行施工。大型工程的施工应做到分期分批地展开，以便分期投入生产或交付使用，充分发挥投资效益。根据编制的施工总进度计划就可编制材料、成品、半成品、劳动量、机械、运输工具等的需要量计划。由此进行运输及仓库业务、附属企业业务和临时建筑业务的组织。上述设计也为计算临时供水、供电、供热、供气的需要量及现场布置提供了条件。最后，可着手编制施工准备工作计划和设计完整的施工总平面图。

13.2.1.2 编制施工组织总设计的依据

编制施工组织总设计的依据主要有：

① 建设地区的工程勘察和技术经济资料，如地质、地形、气象、地下水位、地区条件等；

② 国家现行规范和规程，各种部门的制度要求、合同协议等；

③ 计划文件，如国家批准的基本建设计划、单位工程项目一览表、分期分批投资的期限、投资指标、管理部门的批件及施工任务书等；

④ 建设文件，如批准的初步设计或技术设计、已批准的总概算计划文件等。

13.2.2 施工部署

施工部署重点要依据项目的工程特点解决下述问题：

① 确定各主要单位工程的施工开展程序和开、竣工日期。它一方面要满足生产或投入使用的要求，同时也要遵循一般的施工程序。如整个工程施工遵循先地下、后地上的原则；基础工程遵循先深后浅的原则；在主体结构与围护结构施工中，应遵循先主体、后围护的原则；在处理结构与设备的施工顺序上，应遵循先结构、后设备的原则。但有些情况，也可破例另行安排。

② 建立工程的指挥系统，划分各施工单位的工程任务和施工区段，明确主攻项目和辅助项目的相互关系，明确土建施工、结构安装、设备安装等各项工作的相互配合等。

③ 明确施工准备工作的规划，如土地征用、居民迁移、障碍物清除、“三通一平”的分期施工任务及期限、测量控制网的建立、新材料和新技术的试制和试验、重要机械和机具的申请、定货、生产等。

④ 拟定各单位工程的关键分部工程施工技术方案。通过技术经济分析，在安全可行的基础上选定工程的关键技术方案。如深基坑工程的降水、支护、土方开挖和地下结构施工的技术方案，主体结构的模板、脚手架技术方案、空间结构的安装、组装和提升施工方案、钢或钢筋混凝土构件的吊装技术方案、垂直和水平运输的组织方案等。

⑤ 形成完整的施工部署技术文件，使之成为整个施工组织设计文件的核心。

13.2.3 施工总进度计划

施工总进度计划是根据施工部署的要求，合理确定工程项目总工期及各单位工程施工的先后顺序、开工和竣工日期和它们之间的搭接关系。据此，可确定劳动力、材料、成品、半成品、机具等的需要量及其供应计划；确定各附属企业的生产能力、临时房屋和仓库的面积；临时供水、供电、供热、供气的要求等。

根据工程规模、编制条件及适合场合，施工总进度计划的粗细有较大的不同。规模庞大、技术复杂、施工条件尚不十分明确的工程,或作为控制性的计划,一般可编制得较粗略。对设计无特殊要求、工程项目较小而且施工条件比较明确的工程,或作为实施性的计划则应编制得详细一些。

施工总进度计划可用横线图表达,亦可用网络图表达。当用横线图表达时,施工总进度计划中项目的排列可按施工部署确定的工程展开顺序排列。

用网络图表达施工总进度计划时,一般以整个建设项目为总目标,各个单位工程为子目标,每个子目标再划分为几个施工阶段目标,这些目标反映在网络计划的各个节点上,关键节点是工程总工期的控制点。

施工总进度计划的编制顺序如下:

计算工程项目的工程量→确定各单位工程的施工工期→确定各单位工程的开、竣工时间和相互搭接关系→编制施工总进度计划。

在工程施工后期,要确保在规定的时间内配套工程及相应的设备安装同步进入施工,要使土建施工、设备安装和试车运转相互配合。要合理安排人力、物力,尽早使工程项目投产或使用,发挥投资效益。

13.2.4 施工准备

土木工程施工是一个复杂的组织和实施过程,开工之前,必须认真做好施工准备工作,以提高施工的计划性、预见性和科学性,从而保证工程质量,加快施工进度,降低工程成本,保证施工能够顺利进行。

13.2.4.1 开工应具备的主要条件

建设项目经批准开工建设,项目即进入建设实施阶段。项目的开工时间,是指建设项目实际文件中规定的任何一项永久性工程第一次破土、正式打桩的时间。项目的开工,应具备下列主要条件:

1. 环境条件

施工现场必须做到“三通一平”,即路通、水通、电通及场地平整,并应力求做到通讯到位,为正常施工创造基本条件。

2. 技术条件

技术条件包括技术力量的配备、测量控制点布设、图纸学习与审查以及施工技术文件编制。

3. 社会条件

施工前应调查了解施工现场周围的情况,了解工程所在地区地方材料的供应能力及工程配套构件的生产能力和交通运输条件,调查当地劳动力资源情况。

4. 资源条件

资源条件包括劳动力、资金、材料、机具设备及其他资源的组织计划与进场准备工作等。

13.2.4.2 工地临时设施

施工现场搭设的临时性建筑,是为施工队伍生产和生活服务的,要本着有利施工、方便生活、勤俭节约和安全使用的原则,统筹规划,合理布局,为顺利完成施工任务提供基础条件。

工地的临时设施包括工地临时房屋、临时道路、临时供水和供电设施等。

1. 工地临时房屋

1) 搭设原则

临时房屋的布点既要考虑施工的需要,又要靠近交通线路方便运输、方便职工的生活。应将施工(生产)区和生活区分开。要考虑安全,注意防洪水、泥石流、滑坡等自然灾害;尽量少占或不占农田,充分利用山地、荒地、空地或劣地;尽量利用施工现场或附近已有的建筑物;对必须搭设的临时建筑应因地制宜,利用当地材料和旧料,尽量降低费用。另外,尽可能使用装拆方便、可以重复利用的新型建筑材料来搭设临时设施,如活动房屋、彩钢板、铝合金板、集装箱等。近几年的实践证明,这些材料尽管一次性投资较大,但因其重复利用率高,周转次数多,搭拆方便,保温防潮,维修费用低,施工现场文明程度高等特点,其总的使用价值及社会效益高于传统的临时建筑。同时临时设施的搭设还必须符合安全防火和卫生防疫等方面的要求。

2) 临时房屋搭设

(1) 生产性临时设施

生产性临时设施是指直接为生产服务的临时设施,如混凝土制备系统、钢筋现场加工、现场作业棚、检修间等。表 13-1 和表 13-2 列出了部分生产性设施搭设数量的参考指标。

关于混凝土的制备,城市中的工地一般要求混凝土生产预拌化,故现场不设置混凝土制备系统;对位于野外的大型工程,混凝土制备场地通常根据所购买的混凝土搅拌站的占地面积来确定,而堆场大小则按照野外的实际条件确定。随着预制构件生产的逐步工业化,为保证构件质量,一般在永久搭建的专业厂房中生产,很少在现场制作预制构件。

表 13-1　　混凝土搅拌站(楼)需面积参考指标

型号	最大生产率/($m^3 \cdot h^{-1}$)	占地面积/m^2
HZS25	25	204
HZS35	35	217
HZS50	50	240
HZS60	60	496
HZS90	90	438
HZS120	120	1034
HZS180	180	1102
HZS200	200	1496

关于钢筋加工,从建筑业发展的趋势来看,越来越多的工程选择在工厂加工钢筋,再运至现场绑扎成型,仅有少批量钢筋在现场加工。在城市里的工地上,场地面积紧张,钢筋的堆放应因地制宜,灵活安排。对于在野外的工地,应根据场地的地基承载力确定钢筋的堆放高度。

表 13-2　　现场作业棚所需面积参考指标

序　号	名　称	单　位	面积/m^2
1	木工作业棚	m^2/人	2
2	钢筋作业棚	m^2/人	3
3	搅拌棚	m^2/台	10～18
4	卷扬机棚	m^2/台	6～12
5	电工房	m^2	15
6	白铁工房	m^2	20
7	油漆工房	m^2	20
8	机、钳工修理房	m^2	20

(2) 物资储存临时设施

在有条件的情况下，可在现场搭建临时库房，为在建工程服务。一方面，要做到能保证施工的正常需要，另一方面，又不宜贮存过多，以免加大仓库面积、积压资金或过期变质。其参考指标见表 13-3。在城市内，临时库房可利用已建成结构物的内部空间。临时库房应严格遵循消防安全条例的要求。

表 13-3　　仓库面积计算数据参考指标

序号	材料名称	储备天数/d	每 m^2 储存量	单位	堆置限制高度/m	仓库类型
1	钢材	40～50	1.5	t	1.0	露天
	工字钢、槽钢		0.8～0.9		0.5	
	角钢		1.2～1.8		1.2	
	钢筋(直筋)		1.8～2.4		1.2	
序号	材料名称	储备天数/d	每 m^2 储存量	单位	堆置限制高度/m	仓库类型
1	钢筋(箍筋)	40～50	0.8～1.2	t	1.0	棚或库约 20%
	钢板		2.4～2.7		1.0	露天
2	五金	20～30	1.0		2.2	库
3	水泥	30～40	1.4		1.5	库
4	生石灰(块)	20～30	1～1.5		1.5	棚
	生石灰(袋装)	10～20	1～1.3		1.5	棚
	石膏	10～20	1.2～1.7		2.0	棚
5	砂、石子(机器堆置)	10～30	2.4	m^3	3.0	露天
6	木材	40～50	0.8		2.0	露天
7	红砖	10～30	0.5	千块	1.5	露天
8	玻璃	20～30	6～10	箱	0.8	棚或库
9	卷材	20～30	15～24	卷	2.0	库
10	沥青	20～30	0.8	t	1.2	露天
11	钢筋骨架	3～7	0.12～0.18		—	露天
12	金属结构	3～7	0.16～0.24		—	露天
13	铁件	10～20	0.9～1.5		1.5	露天或棚
14	钢门窗	10～20	0.65		2	棚
15	水、电及卫生设备	20～30	0.35		1	棚或库各一半
16	模板	3～7	0.7	m^3	—	露天
17	轻质混凝土制品	3～7	1.1		2	露天

(3) 行政生活福利临时设施

行政生活福利临时设施包括办公室、宿舍、食堂、医务室、活动室等，其搭设面积可参考表 13-4。

2. 工地临时道路

工地临时道路可按简易公路进行修筑，有关技术指标可参见表 13-5。

表 13-4　　行政生活福利临时设施建筑面积参考指标

临时房屋名称		参考指标/(m²/人)	说明
办公室		5	按管理人员人数
宿舍	双职工	15m²	按高峰年(季)平均职工人数（扣除不在工地住宿人数）
		4	
食　堂		0.6～0.9	按高峰年平均职工人数
浴　室		0.07～0.1	
活动室		0.05～0.1	
现场小型设施	开水房	10～40m²	
	厕所	0.05～0.07	

表 13-5　　简易公路技术要求表

指标名称	单位	技术标准
设计车速	km/h	≤20
路基宽度	m	双车道 6～6.5；单车道 4.4～5；困难地段 3.5
路面宽度	m	双车道 5～5.5；单车道 3～3.5
平面曲线最小半径	m	平原、丘陵地区 20；山区 15；回头弯道 12
最大纵坡	%	平原地区 6；丘陵地区 8；山区 9
纵坡最短长度	m	平原地区 100；山区 50
桥面宽度	m	4～4.5
桥涵载重等级	t	以工地上拟通行的挖掘、起重、运输机械的载重等级确定，通常为 20～60t，当存在大型工程机械负重通过的可能时，应按实际情况确定

3. 工地临时供水

工地临时供水的设计，一般包括以下几个内容：①决定需水量；②选择水源；③设计配水管网(必要时尚应设计取水、净水和储水构筑物)。

1) 工地临时蓄水量的计算

工地的用水包括生产、生活和消防用水三方面。

(1) 生产用水

生产用水(Q_1)指现场施工用水，施工机械、运输机械和动力设备用水以及附属生产企业用水等。

生产用水的需要量可按式(13-1)来确定：

$$Q_1=\frac{K}{3\,500}\left[\frac{K_1\sum Q_{施}}{8}+\frac{K_2\sum Q_{附}}{8}+K_3\sum Q_{机}+K_4\sum Q_{动}\right](\mathrm{m^3\cdot s^{-1}}) \tag{13-1}$$

式中　K——未考虑到生产用水系统，取 1.1；

$Q_{施}$——现场施工的需水量(m^3/班)，它是根据施工进度计划中最大需水时期的有关工程量乘以相应工程的施工用水定额获得；

$Q_{附}$——附属生产企业的需水量(m^3/班)；

$Q_{机}$——施工机械和运输机械需水量(m^3/h)；

$Q_{动}$——动力设备需水量(m^3/h)。

施工机械与运输机械和动力设备的需水量，是根据施工进度计划中最大需水时期的有关数量乘以每台机械或动力设备的每班或每小时的耗水量求得：K_1，K_2，K_3，K_4为用水不均匀系数，分别取1.6，1.4，1.8和1.2。目前，城市建筑施工现场一般不附带生产企业。当施工现场没有附属生产企业时，不计入附属生产企业的需水量。

(2) 生活用水

生活用水(Q_2)是指施工现场生活用水(Q_2')和生活区的用水(Q_2'')，其需水量应分别计算：

$$Q_2' = \frac{K'}{3\,600} \times \frac{Nq'}{8} (m^3/s) \tag{13-2}$$

式中 K'——施工现场生活用水不均匀系数，取2.2；

N'——施工现场最高峰的职工人数；

q'——每个职工每班的耗水量，通常采用$0.02m^3$/(每人·每班)。

生活区的需水量(Q_2'')按下式计算：

$$Q_2'' = \frac{K''}{3\,600} \times \frac{N''q''}{24} (m^3/s) \tag{13-3}$$

式中 K''——生活区用水不均匀系数，取2.5；

N''——生活区居民人数；

q''——每个居民昼夜的耗水量，通常采用$0.04m^3$/(每人·昼夜)。

生活用水总量为

$$Q_2 = Q_2' + Q_2'' \tag{13-4}$$

(3) 消防用水

工地消防需水量(Q_3)取决于工地的大小和各种房屋、构筑物的结构性质、层数和防火等级等。

工地面积在$25hm^2$(公顷)以下者，一般采用$0.01 \sim 0.015m^3/s$计算。当面积在$25hm^2$以上时，按每增加$20hm^2$需水量增加$0.005m^3/s$计算。

生活区消防用水量则根据居民人数确定。当人数在5 000人以下时，消防用水量取$0.01m^3/s$；当人数在5 000～10 000人时，取$0.01 \sim 0.015m^3/s$。

(4) 工地总需水量计算

工地总需水量的计算：

当$Q_1 + Q_2 \leqslant Q_3$时，
$$Q = \frac{1}{2}(Q_1 + Q_2) + Q_3 \tag{13-5}$$

当$Q_1 + Q_2 > Q_3$时，
$$Q = (Q_1 + Q_2) \tag{13-6}$$

当工地面积小于$50\,000m^2$且$Q_1 + Q_2 < Q_3$时，取
$$Q = Q_3 \tag{13-7}$$

最后计算出总需水量，还应增加10%，以补偿管网漏水损失。

2) 临时供水水源的选择、管网布置及管径的计算

临时供水的水源，可用现成的集水管、地下水(如井水)及地面水(如河水、湖水等)等。在选择水源时，应该注意：①水量能满足最大需水量的需求；②生活用水的水质应符合规范规定的卫生要求；③搅拌混凝土及灰浆用水的水质应符合搅拌用水的要求。

临时供水方式有三种情况：

① 利用现有的城市给水或工业给水系统。

② 在新开辟地区没有现成的给水系统时，在可能条件下，应尽量先修建永久性给水系统。

③ 当没有现成的给水系统而永久性给水系统又不能提前完成时，应设立临时性给水系统。给水系统可由取水设施、净水设施、贮水构筑物（水塔及蓄水池）、输水管和配水管综合而成。

配水管网布置的原则是在保证连续供水的情况下，管道铺设越短越好。分期分区施工时，应按施工区域布置，同时还应考虑到，在工程进展中各段管网应便于移置。

临时给水管网的布置有下列三种方案：①环式管网（图 13-2(a)）；②枝式管网（图 13-2(b)）；③混合式管网（图 13-2(c)）。

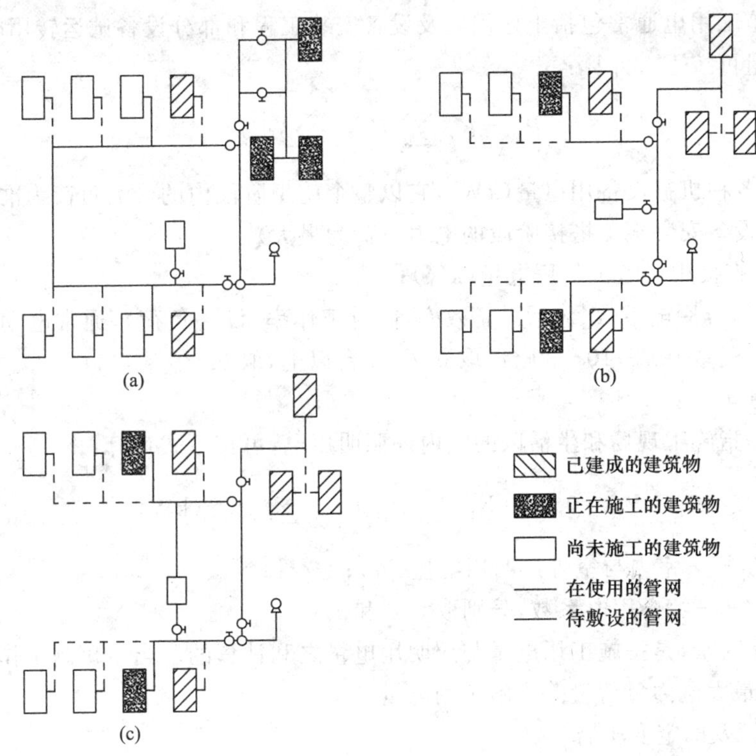

图 13-2　临时配水管网布置

临时给水管网的布置常采用枝式管网。因为这种布置的总长度最小，但此种管网如在其中某一点发生局部故障时，有断水的危险。从保证连续供水的要求看，环式管网最为可靠，但采用这种方案所铺设的管网总长度较大。混合式管网布置的总管采用环式，支管采用枝式，可以兼有以上两种方案的优点。

临时水管的铺设，可用明管或暗管。以暗管最为合适，它既不妨碍施工，又不影响运输工作。

水管管径，根据计算用水量（流量），可按下式确定：

$$D=\sqrt{\frac{4Q}{\pi V}} \tag{13-8}$$

式中　D——给水管网的内径（mm）；

Q——计算用水量（m^3/s），环式管网各段采用同一计算流量，枝式管网各段管线按各段的最大流量计算；

V——管网中的水流速度(一般采用 1.2～1.5m/s,个别情况可采用 2m/s)。

4. 临时供电

由于施工机械化程度的提高,工地上的用电量越来越多,临时供电业务显得更为重要。临时供电业务的组成包括以下内容:①计算用电量;②选择电源;③确定变压器;④布置配电线路和确定电线断面。

1) 用电需要量的确定

工地上临时供电,包括施工用电和照明用电。

(1) 施工用电

土木工程施工用电通常包括土建用电及设备安装工程和部分设备试运转用电。

施工用电量可按下式计算：

$$P_{施}=K_1\sum P'_{机}+\sum P_{直} \tag{13-9}$$

式中 $P_{机}$——各种机械设备用电量(kW),它以整个施工阶段内的最大负荷为准(一般土建和设备安装施工搭接阶段的电力负荷为最大)；

$P_{直}$——直接用于施工的用电量(kW)；

K_1——综合用电系数(包括设备效率,同时工作率、设备负荷),通常电动机在 10 台以下,取 0.75;10～30 台,取 0.7;30 台以上,取 0.6。

(2) 照明用电

照明用电是指施工现场和生活区的室内外照明用电,可按下式计算：

$$P_{照}=0.001(K_2\sum P_{内}+K_3\sum P_{外})(\text{kW}) \tag{13-10}$$

式中 $P_{内}$ 与 $P_{外}$——室内与室外照明用电量(W)；

K_2 与 K_3——综合用电系数,分别取 0.8 和 1.0。

最大电力负荷量,是按施工用电量与照明用电量之和计算的。当单班制工作时,则不考虑照明用电,此时最大电力负荷量等于施工用电量。

2) 选择电源及确定变压器

建筑施工的电力来源,可以利用施工现场附近已有的电网。如附近无电网,或供电不足时,则需自备发电设备。

临时变压器的设置地点,取决于负荷中心的位置和工地的大小与形状。当分区设置时,应按区计算用电量。

变压器的功率可按下式计算：

$$P=\frac{1.10}{\cos\varphi}\left(\sum P_{max}\right)(\text{kVA}) \tag{13-11}$$

式中 1.10——线路上的电力损失系数；

$\cos\varphi$——用电设备的平均功率因素,一般用 0.75；

P_{max}——各施工区的最大计算负荷(kW)。

根据计算所得容量,可以从变压器产品目录中选用相近的变压器。

3）布置配电线路和确定导线截面

配电线路的布置与给水管网相似，亦可分为枝式、环式及混合式。其优缺点与给水管网相似。工地电力网一般情况下，电压为3～10kV的高压线路采用环式线路，380/220V的低压线采用枝式线路。配电线路的计算及导线截面的选择，应满足机械强度及安全电流强度的要求。安全电流是指导线本身温度不超过规定值的最大电流。

5. 临时设施的安全要求

临时设施的搭设除满足上述各项指标及要求外，还要注意确保安全，加强“六防”：

1）防火防爆

炸药仓库、油料仓库、木加工车间及木梁堆场等易燃易爆的临时设备，必须远离锅炉房、食堂等有火源的临时设施，应尽量不设置在其下风口，并应设置足够的消防设备及消防通道。

2）防雨

水泥棚（库）、木结构仓库、五金仓库等临时设施，防水层不宜过简，避免造成材料、构件的浸泡损坏。同时，这类设施还应注意防潮。尤其在低洼地区和地下水较高地区，散装水泥池的底层、仓库地面等应加设隔潮层。

3）防风

搭设在山坡、高地、堤坝上的轻质临时建筑、帐篷等应做好与地面的锚固，防止被大风卷走。

4）防震

地震区搭设的临时建筑应考虑抗震措施，尤其是工期较长、人员集中的临时建筑更不能忽视，如泥土砌筑的砖砌体不得过高，不宜用混凝土大型预制板制作临时屋盖等。

5）防冻

寒冷地区搭设的构件预制厂，搅拌站等临时设施应考虑防寒措施，防止预制构件受冻损坏。防止水管及容器冻裂影响施工。

6）防触电

临时建筑中的动力用电、照明用电线路，都必须做好与建筑物的绝缘，室内不得采用裸线。应注意防止漏电造成大面积带电而发生触电事故。雷击多发地区搭设的临时建筑还应安装避雷设施以防止雷击。

13.2.4.3 冬期、雨期施工的准备

工程施工多为露天作业，季节对施工的影响很大。我国黄河以北每年冰冻期大约有4～5个月，长江以南每年雨天大约在3个月以上，给施工增加了很多困难。因此，做好周密的施工计划和充分的施工准备，是克服季节影响、保持均衡施工的有效措施。

1. 进度安排

施工进度安排应考虑综合效益，除工期有特殊的要求必须在冬期、雨期施工的项目外，应尽量权衡进度与效益、质量的关系，将不宜在冬期、雨期施工的分部工程避开这个季节。如土方工程、室外粉刷、防水工程、道路工程等不宜冬期施工；土方工程、基础工程、地下工程等一般不宜雨期施工。对冬期施工费用增加不大的工程，如一般的砌砖工程、吊装工程、打桩工程等，冬期施工的技术要求不复杂，但工期在整个工程中占的比重较大，对总进度起着决定作用，可以列在冬期施工范围内。对冬期施工成本增加较大的分部工程，例如室内装修，当工期紧张时，若在技术上采取一定的措施后，也是可以在冬期进行的，但此时应权衡利弊以确定是否一定要安排在冬季施工。

2. 冬期施工准备

冬期施工要做好临时给水、排水管的防冻准备、材料准备及消防工作准备。并提前做好冬期施工培训准备以及落实有关规定，建立冬期施工制度，做好冬期施工的组织准备、思想准备和防火、防冻教育等。

3. 雨期施工准备要点

雨期到来之前，创造出适宜雨季施工的室外或室内的工作面。如做完地下工程，做完屋面防水等；做好排水设施，准备好排水机具；临时道路做好向两侧的排水坡，铺筑防止路面泥泞的材料，保障雨期进料运输。为防止雨期供料不及时，现场应适当增加材料储备，以保证雨期正常施工。

13.2.5 施工方案

施工方案的设计要解决施工组织设计中的重点技术问题。

1. 各单位工程中的关键分部工程施工技术方案

要通过技术的可行性、安全性和经济性分析比较确定单位工程中关键分部工程的施工技术方案，如基坑工程的支护结构、防水和排水方案，顺作还是逆作地下结构、土方开挖方式、主体结构的模板、脚手架体系选型、垂直运输的组织、大型构件吊装等施工过程的技术方案。图 13-3 和图 13-4 是一个大型深基坑工程施工方案设计图纸实例的一部分。

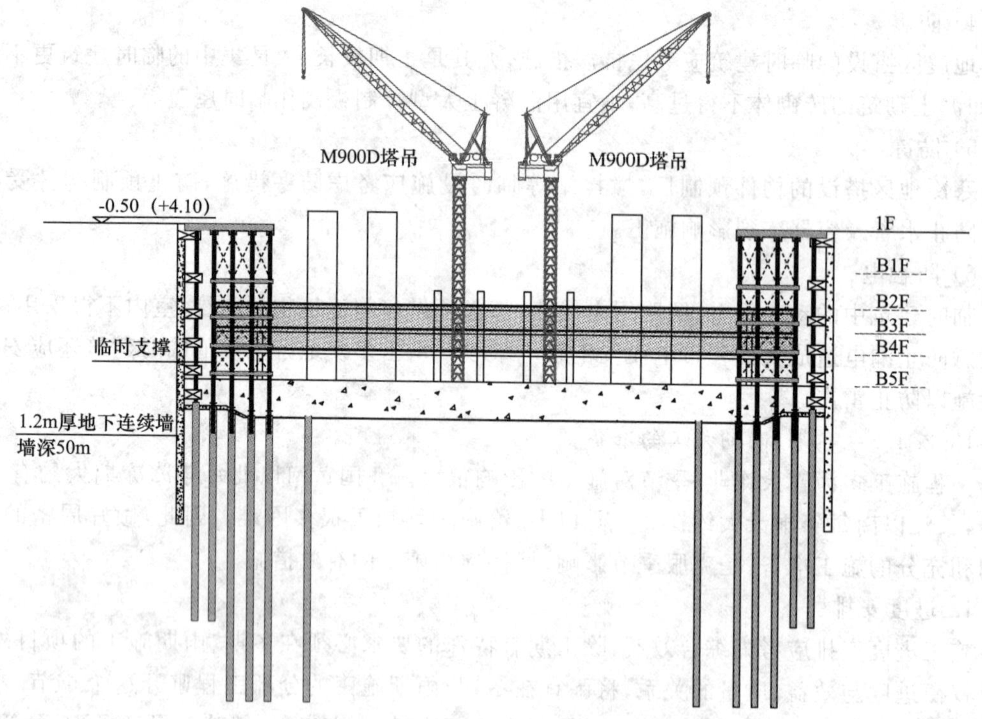

图 13-3 某主楼施工工况(一)

2. 主要分项工程的施工方法

将涉及的各主要分项工程(如桩基础、土体加固、土方开挖、混凝土、预应力混凝土、砌体、

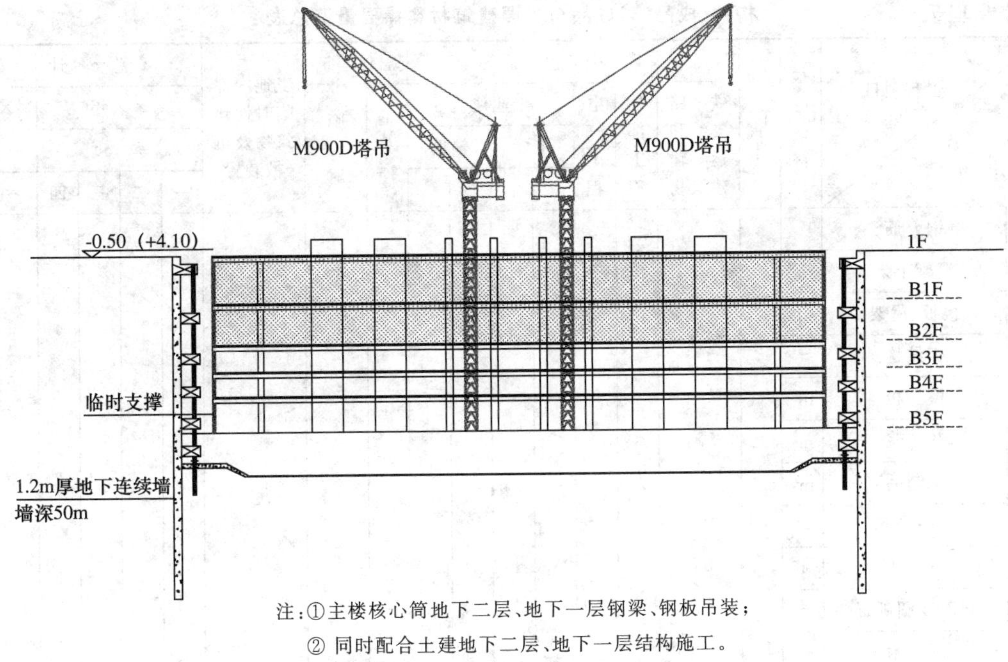

注:①主楼核心筒地下二层、地下一层钢梁、钢板吊装;

② 同时配合土建地下二层、地下一层结构施工。

图 13-4 某主楼施工工况(二)

结构安装、模板和脚手架等)的施工方法进行设计细化,设计的分项工程施工方法要依据当时当地的相应施工技术规范规程,明确针对本工程的技术措施和质量保证措施,做到用制定的施工方法实施,能够保证工程质量和施工安全,同时也能提高生产效率,有效降低成本。

3. 有科学研究和技术创新的计划安排

要结合分部分项工程的技术方案设计,有鼓励技术创新的科研计划和明确目标,要使每个项目的施工有新的技术进步,并成为施工中优质低耗的技术保障,每个项目的实施成为新技术孕育的土壤。

13.2.6 施工资源总需要量计划

根据建设项目施工总进度计划,将主要实物工程量进行汇总,编制工程量进度计划。然后根据工程量汇总表计算主要劳动力及施工技术物资需要量。表 13-6—表 13-8 是工程部分资源需求计划表的样例。

表 13-6 劳动力汇总表

工程项目 / 工种	总计/工日	其中包括							居住建筑		工地内部临时性建筑物及机械化装置	总计					
		铁路支线和运输建筑物	外部工程	电气工程	工业建筑				永久性	临时		××年				××年	××年
					主要		辅助					季度				……	……
												一	二	三	四	……	……
钢筋工																	
混凝土工																	
砖石工																	
起重工																	
……																	

表 13-7 构件、成品、半成品与主要建筑材料需要量汇总表

工程项目 / 工种		量度单位	总计	其中包括：铁路支线和运输建筑物	其中包括：外部工程	其中包括：电气工程	其中包括：工业建筑 主要	其中包括：工业建筑 辅助	居住建筑 永久性	居住建筑 临时	工地内部临时性建筑物及机械装置	总计 ××年 季度 一	二	三	四	××年 ……
构件及半成品	钢 筋	t														
	混凝土梁	m^3														
	楼板、屋架	m^3														
	钢结构	t														
	模 板	m^2														
	灰 浆	m^3														
	木制品	m^2														
	……															
主要材料	石 灰	t														
	块石及圆砾石	t														
	圆 木	m^3														
	锯 木	m^3														
	……															

表 13-8 主要施工及运输机械需要量汇总表

主要施工及运输机械名称	型 号	生产率	数 量	电动机功率	需求量 ××年 季度 一	二	三	四	××年 ……
……									
……									
……									

13.2.7 施工总平面图

施工总平面图是施工组织总设计的一个重要组成部分，它具体指导现场施工的平面布置，对于有组织、有计划地进行文明和安全施工有重大意义。它是在制订了施工部署、施工方案、施工总进度计划和确定了施工准备工作之后设计的。对于大型建设项目，当施工工期较长或受场地所限，施工场地需几次周转使用时，可分阶段分别设计施工总平面图，如基础施工阶段、结构施工阶段和设备安装阶段等。

13.2.7.1 施工总平面图的内容

施工总平面图应表现下述内容：

① 施工用地范围及规划红线。

② 地上和地下的已有和拟建的建筑物、构筑物以及其他设施的平面位置和尺寸。

③ 一切为施工服务的临时设施的位置，其中包括：工地上各种运输业务用的建筑物和运输道路；各种加工厂、半成品制备站和机械化装备等；各种材料、半成品及制品的仓库和堆场；

行政管理及文化、生活、福利用的临时建筑物；临时给排水管线。供电及动力路线等；保安、消防设施。

④ 工程取土及弃土位置。

⑤ 永久性与半永久性坐标或标高的标桩位置，必要时标出等高线。

13.2.7.2 *施工总平面图的设计要求*

施工总平面图设计应做到：

① 在保证施工顺利进行的前提下，尽量少占土地。

② 一切临时性建筑业务设施一般不应占用拟建土地地上的或地下的永久性建(构)筑物和设施的位置。

③ 在满足施工要求的条件下，最大限度地降低工地的运输费。在工地上需要设置材料仓库和混凝土搅拌站等设施，仓库等的设置应使工程总运量或运输费用达到最小。这类问题可用线性规划求解。

④ 在满足施工需要的条件下，临时工程的费用应尽量减少。

⑤ 工地上各项设施的布置应该体现以人为本的原则，如考虑使工人在工地上应往返时间最少，合理地规划行政管理及生活用房的相对位置，考虑卫生、消防安全等方面的要求。

⑥ 遵循劳动保护和防火面的法规与技术要求。

施工总平面图的设计应根据上述原则并结合具体工程情况编制，宜设计若干个可能的方案并进行比较优化，最后选择合理的方案。

13.2.7.3 *施工总平面图的设计方法*

设计全工地性施工总平面图一般可按下述步骤进行：

1. 确定大宗材料、半成品和零件的供应及运输方式

工程中大宗材料、半成品和零件的运输量大面广，施工中必须合理确定运输方式及附属设施的布置，以减少重复搬运，降低工程费用。当大批材料由铁路运入工地时，一般应先解决铁路引入及卸货方案；由水路运入工地，则可考虑在码头附近布置生产企业或转运仓库；如由公路运入，因其运输灵活，可根据仓库及生产企业的位置布置汽车路线。

2. 决定仓库位置

当有铁路线时，仓库的位置可以沿着铁路线布置，必要时考虑设备转运站(或转运仓库)，以便临时卸下材料，然后再转运到工程对象的仓库中去。沿铁路线仓库的位置最好设在靠近工地的一侧，以免将来在使用材料时，内部运输越过铁路线。需要经常进行装卸作业的材料仓库，应该布置在支线尽头或专用线上，以免妨碍其他工作。

当大批材料由公路运输时，材料仓库的布置比较灵活。中心仓库最好布置在工地中央或靠近使用的地方，在没有条件时，可将仓库布置在外围，靠近与外部交通线的连接处。对于直接为施工对象所用的材料和构件(如砖、瓦和预制构件等)，可以直接放在施工对象附近，以免二次运输。

3. 决定工地附属生产企业的布置

决定工地附属生产企业位置的主要要求有：零件及半成品有生产企业运至需要地点的运输费用最小，并使生产企业有最好的工作条件，使其生产与工程的施工不致互相干扰，并要考虑其将来的扩建、发展或转移、拆除等。

在布置附属生产企业时，大多是把附属生产企业集中设置在工地边缘，并将相关的加工厂集中在一个地区，这样既便于管理和简化供应工作，又能降低铺设道路、动力管网及给排水管

道等费用。例如混凝土搅拌厂、预制构件工厂、钢筋加工厂等可以布置在一个地区,机械修理厂、电气工厂、锻工工厂、电焊工厂以及金属结构加工厂等可以布置在同一地区。锯木车间、粗木车间、细木车间可以同材料仓库布置在一个地区。在生产企业区域内布置各加工厂位置时,要注意各加工厂之间的生产流程,并预留一定的空地。

4. 布置内部运输道路

根据各附属生产企业、仓库以及各施工对象的相对位置,研究货流情况,以明确各段道路上的运输负担,区别主要道路与次要道路。规划道路时要特别注意满足运输车辆的安全行驶,区别主要道路与次要道路。规划道路时要特别注意满足运输车辆的安全行驶,保证在任何情况下,不致交通断绝或阻塞,以免影响材料机具的及时供应。

此外,在规划道路时,还应尽量考虑免穿越池塘河浜,以减少土方工程量。

5. 确定行政管理房屋及生活房屋的位置

全工地行政管理用的总办公室宜设在工地入口处,以便于接待外来人员,而施工人员办公室则应尽可能靠近施工对象。工人用的生活设施,如商店、小卖部、活动室等应设在工人聚集较多的地方或工人出入必经之处。

食堂可以布置在工地内部,也可以布置在宿舍区内,可视具体情况而定。

6. 布置临时水电管网以及其他动力路线

工程中如可利用现有水源、电源,这时管线应从外面接入工地,沿主要干道布置干管、主线,然后与各用户接通。

当无法利用现有供电网时,可以在工地合适的位置处设置固定的或移动的临时发电设备,由此引出电线,沿干道布置主线。类似地,如无法利用现有的供水网,则可以利用地上水或地下水。如果用深井水,则可在靠近使用中心之处凿井,设置抽水设备及简易水塔;若用地面水,则需在水源旁边设置抽水设备及简易水塔,以便储水和提高水压,然后把水管接出,布置工程管网。

7. 消防、保安及文明施工

根据防火规定,工地应设立消防站,其位置应在易燃建(构)筑物附近,如木材仓库等,并须有畅通的出口和消防通道(应在布置运输道路时同时考虑),其宽度不得小于6m,与拟建房屋的距离不得大于25m,也不得小于5m。沿着道路应设置消火栓,其间距不得大于100m,消火栓与邻近道路边的距离不得大于2m。

为了保安,在出入口处设立门岗,必要时可在工地四周设置若干瞭望台。

施工场地应有畅通的排水系统,并结合竖向布置设立道路边沟涵洞、排水管(沟)等,场地排水坡度应不小于0.3%。在城市的市区工程中,还应设置污水沉淀池,保证排水达到城市污水排放标准。

必须指出,以上各部分的设计并不是截然分割各自孤立进行的,而应该互相结合、统一考虑、反复修正。例如,当决定铁路线旁的仓库布置时,就应同时考虑到使用该材料的加工厂的布置,这时也可能对已引入的铁路线需要进行适当的修改,因为它们之间是密切联系、相互制约的。只有这样全面地考虑问题,最后才能得出合理可行的方案。

13.2.7.4　施工总平面图的评价标准

评价施工总平面图设计的质量,通常用一些技术经济指标说明。这些技术经济指标可以分为两类:主要指标和辅助指标。主要指标有:施工用地面积、施工场地利用率和场内主要运输工作量,它们可以直接反映出施工总平面图布置的合理性和经济性。施工用临时房屋构筑物面积、施工用铁路线长度、公路长度、各种施工用的管线长度可以作为辅助指标，补充说明施工总平面图设计方案的优缺点。

施工用地面积指标，是评价施工总平面图的重要指标之一。施工用地面积应包括施工期间全部占用的面积，即不仅应计算工程征用土地的面积，还应包括占用其他土地面积。为切实反映出实际用地情况和评价总平面图的设计质量，应将划分在施工区域内的空地，以及施工区域外与施工区有关的铁路、公路所占用的面积，均计入施工用地总面积指标以内。

场内主要运输工作量，是反映场地布置是否合理的一个重要指标。布置得不合理，必然会增加各种材料和制品的运输距离。因此应以运输量(t·km)作为评价的依据。为了简化计算，零星物资和 20m 以内的小搬运运输量可不予以计算。图 13-5 为某工程施工总平面图。

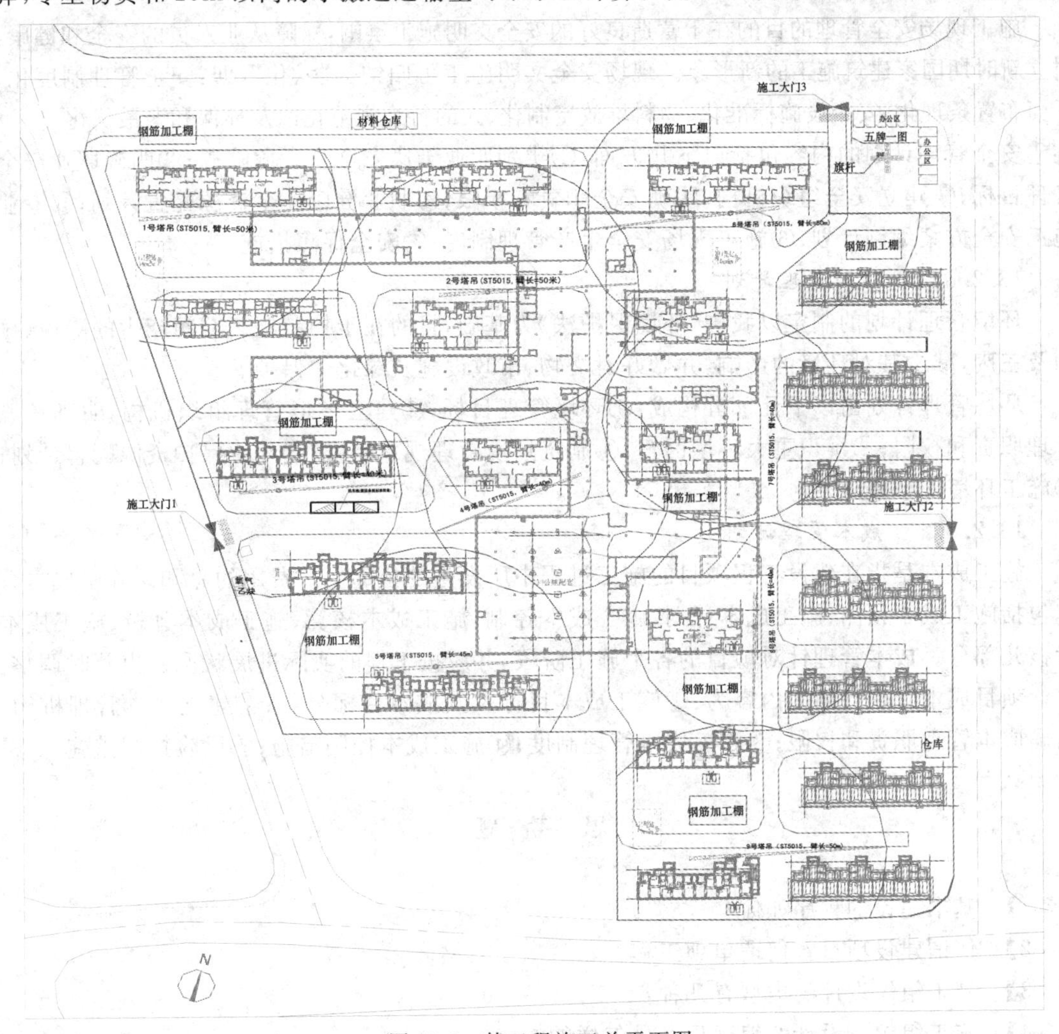

图 13-5 某工程施工总平面图

13.2.8 施工管理计划

施工管理计划通常包括进度管理计划、质量管理计划、安全管理计划、环境管理计划等。通过编制施工管理计划，以完善施工管理，以较低的成本，在保证工期(合同期)并贯彻落实政府对安全文明施工以及环保的要求的条件下，向用户、使用单位交付符合设计要求及技术标准的、适用的、使其满意的工程。

13.2.8.1　质量管理计划

质量管理计划是根据工程合同、设计文件、概预算资料、国家现行施工验收规范以及施工的实际情况编制。质量管理的目的在于确保项目按照设计者规定的要求满意地完成，建设符合规范、标准的建筑产品，满足业主的使用要求。

施工的质量管理通常包含以下几部分内容：①明确工程施工质量目标及分部分项工程质量控制子目标；②建立项目质量管理的组织机构并明确职责；③确定质量控制点；④分析质量管理重点和难点；⑤确定关键过程和特殊过程；⑥制定现场质量管理制度；⑦明确质量保证措施，包括组织保证措施、技术保证措施、经济保证措施。

13.2.8.2　安全管理计划

施工现场安全管理的目的在于营造良好的安全文明施工氛围，保障从业人员的安全和健康，树立新时期国家建筑施工的新形象。现场安全文明施工可归纳为"六化"，即：安全管理制度化、平面布置条理化、安全设施标准化、物料堆放定制化、人的行为规范化以及环保和谐最优化。

安全管理计划的内容包括以下几方面：①辨别职业健康安全重大危险源；②明确职业安全管理目标；③建立安全组织机构，明确安全职责和权限；④职业健康安全资源配置计划；⑤专业施工安全方案编制计划；⑥施工现场安全生产管理制度；⑦安全保障措施。

13.2.8.3　环境管理计划

环境管理计划的制定以我国《环境保护法》为基础，目的在于控制施工期间产生的噪声、振动及三废，减少其对环境的影响，并做好对文物、市政设施及绿化的保护。

环境管理计划由以下几部分构成：①环境管理目标；②建立环境管理组织机构，明确环境管理职责和权限；③辨识重大环境因素；④制定环境管理规章制度；⑤环境保护资源配置计划；⑥施工环境保证措施。

13.2.8.4　成本管理计划

施工成本是指在建设工程项目的施工过程中所发生的全部生产费用的总和。施工成本管理包括施工成本预测、施工成本计划、施工成本控制、施工成本核算、施工成本分析、施工成本考核几部分。成本管理针对项目的各个施工阶段，并应按工程的实际进展状况做出及时调整。

项目成本管理计划的内容为：①施工成本目标及其成本目标分解；②建立成本管理机构，明确成本管理职责和权限；③施工成本管理制度；④施工成本控制措施；⑤风险控制措施。

思　考　题

【13-1】 基本建设的程序如何？

【13-2】 何谓建设项目？何谓单项工程？

【13-3】 施工组织设计的类型有几种？

【13-4】 施工组织总设计的编制程序是怎样的？

【13-5】 施工准备包括哪些内容？

【13-6】 施工组织总设计的施工部署与施工方案要解决哪些问题？

【13-7】 施工总平面图包括哪些内容？

【13-8】 施工用水如何确定？

【13-9】 确定施工用电量宜考虑哪些内容？

14 单位工程施工组织设计

摘要:本章主要介绍了单位工程施工组织设计的编制依据、方法和步骤。重点介绍了施工方案中单位工程施工机械的选择、施工段的划分、工程开展的顺序和流水施工的安排等。另外,还介绍了施工进度计划、资源配置计划和施工平面图的编制方法。

专业词汇:劳动力需求;生产设施;生活设施;运输计划;技术经济指标;图纸会审;设计变更;垂直运输量;成本率;劳动消耗量;投资效益;主导施工过程;堆场面积;资源不均衡系数;机械利用率;蓄水池;高压水泵;技术组织措施;成本降低率;质量通病;评价指标

14 Construction Planning and Secheduling of Single Project

Abstract: This chapter deals mainly with the foundations, methods and procedures for developing the unit project construction organization design, with focuses on machine selection, construction section division, sequence of construction execution and flow construction arrangement. Additionally, it introduces the development methods for construction progress planning, resources allocation and construction layouts.

Specialized vocabulary: labour demand; production facility; living facility; transportation programme; technical and economic indicator; joint checkup of drawing; design alteration; vertical freight volume; cost rate; labour consumption; investment benefit; dominant construction process; storage yard area; imbalance coefficient of resource; machine utilization; cistern; high-pressure water pump; technology &organization measure; reduction rate of cost; common fault of quality

14.1 概述

土木工程施工是一项复杂的生产活动,有大量各种专业的工人和多种施工机械参与,消耗大量土木材料,按照一定的生产顺序,进行土木工程类产品(房屋、桥梁、道路、地下工程等)的生产。除了上述直接的生产活动之外,还有构件、半成品的生产,材料的加工、运输和储存,机具的供应和维修,铺设施工用的临时供水、供电管线,建造临时的生产、办公和生活用房等辅助性设施的生产活动。

建设项目的单项工程或单位工程的各个施工过程,可以采用不同的施工方案、施工方法、机械设备和不同的施工顺序。构件和半成品的生产,可以采用不同的方式和方法;运输工作可以采用不同的工具和方式;施工工地上的机械设备、仓库、搅拌站、运输道路、办公和生活用房、水电线路等可以采用不同的布置方式;开工前的施工准备工作,可以用各种不同的方法加以完成。对于这一系列问题,应根据国家和各地区的方针、政策、法规,结合各土木工程的性质、规模和各种客观条件,从经济和技术统一的全局出发,对各种问题加以全面考虑,作出科学的、合理的部署。编制指导施工准备工作和施工全过程的技术经济文件是施工组织设计需要研究和完成的任务。因此,单位工程施工组织设计是施工企业依据国家的政策和技术法规及工程设计图纸的要求，从工程实施的目标出发，结合客观的施工条件，拟定工程施工方案，确定施工顺序，制订各分部分项工程的施工工艺技术和施工方法，提出保证质量的措施和安全生产的措施，安排施工进度，组织劳动力、机具、材料、构件和半成品的供应，对现场道路、运输、水电供应、仓库和生产、生活和办公用房作出规划和布置，为使施工活动能有计划地、有条不紊地进行，从而实现优质、低耗、快速的施工目标而编制的技术经济文件。

单位工程施工组织设计，是指导单位工程现场施工活动的技术经济文件。目前，我国的单位工程施工组织设计制度正在不断完善。在工程招标阶段，承包商就精心编制施工组织设计大纲，根据工程的具体特点、建设要求、施工条件和本单位的管理水平，制定初步施工方案，考虑施工进度计划，规划施工平面图，确定施工技术物资的供应，并拟定了各类技术组织措施和安全质量措施。在工程中标、签订施工合同以后，承包商还需对施工组织设计大纲进行深入研究和详细分析，形成具体指导施工活动的单位工程实施性施工组织设计文件。

14.2 单位工程施工组织设计的内容和编制程序

单位工程施工组织设计程序，是指单位工程施工组织设计中各个组成部分之间的先后顺序和相互制约关系。根据工程实践经验，较合理的编制程序如图 14-1 所示。

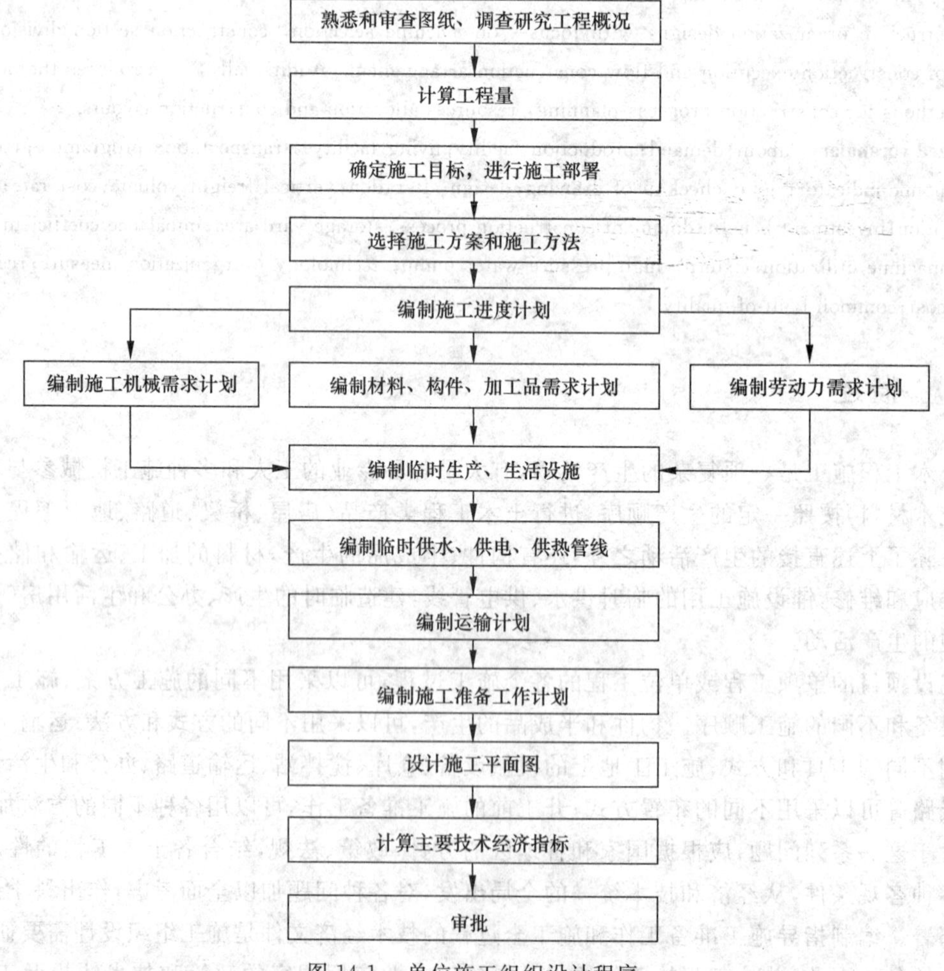

图 14-1 单位施工组织设计程序

单位工程施工组织设计主要由编制依据、工程概况、施工部署、施工进度计划、施工准备与资源配置计划、主要施工方案以及施工现场平面布置几部分组成。

14.3　单位工程施工组织设计的编制依据

要达到单位工程施工组织设计能切实指导施工生产、便于施工人员贯彻执行的目的，关键是要使编制方法科学化，内容要结合工程实际，管理上要服从于施工组织设计的要求。

单位工程施工组织设计的编制依据主要有以下几方面：

① 建设主管部门和建设单位对该施工项目的要求。如工期要求、质量标准和工程投资。

② 施工组织总设计。当单位工程作为建筑群体的一个组成部分时，该建筑物的施工组织设计必须按照总设计的有关规定和要求编制。

③ 工程施工图、工程地质勘探报告以及地形图、测量控制网等。

④ 工程预算。应有详细的分部、分项工程量及相应的分层、分段工程量。

⑤ 国家及建设地区现行的有关规范、规程、规定及定额。

⑥ 有关新技术成果和类似工程的经济资料，当地资源供应情况等。

⑦ 经调查研究取得的自然条件资料和技术经济资料、项目施工条件等。

14.4　工程概况

工程概况指工程项目的基本情况，包括工程主要情况、各专业设计简介和工程施工条件等内容，是单位工程施工组织设计的开头部分。为达到简明扼要，工程概况应尽量用图表进行说明。

工程主要情况应包括下列内容：

① 工程名称、性质和地理位置；

② 工程的建设、勘察、设计、监理和总承包等相关单位的情况；

③ 工程承包范围和分包工程范围；

④ 施工合同、招标文件或总承包单位对工程施工的重点要求；

⑤ 其他应说明的情况。

各专业设计的简介应满足以下要求：

① 建筑设计简介应依据建设单位提供的建筑设计文件进行描述，包括建筑规模、建筑功能、建筑特点、建筑耐火、防水及节能要求等，并应简单描述工程的主要装修做法。

② 结构设计简介应依据建设单位提供的结构设计文件进行描述，包括结构形式、地基基础形式、结构安全等级、抗震设防类别、主要结构构件类型及要求等。

③ 机电及设备安装专业设计简介应依据建设单位提供的各相关专业设计文件进行描述，包括给水、排水及采暖系统、通风与空调系统、电气系统、智能化系统、电梯等各个专业系统的做法要求。

工程施工条件应包括以下几部分内容：

① 项目建设地点气象状况；

② 项目施工区域地形和工程水文地质状况；

③ 项目施工区域地上、地下管线及相邻的地上、地下建(构)筑物情况；

④ 项目施工有关的道路、河流等状况；

⑤ 当地建筑材料、设备供应和交通运输等服务能力状况；

⑥ 当地供电、供水、供热和通信能力状况；

⑦ 其他与施工有关的主要因素。

14.5 施工部署

施工部署是对整个建设项目全局作出的统筹规划和全面安排，主要解决影响建设项目全局的重大战略问题。施工部署由于建设项目的性质、规模和客观条件不同，其内容和侧重点会有所不同。一般应包括以下内容：确定工程的施工目标、拟定各工程项目的施工任务划分与组织安排，编制施工准备工作计划等。

工程施工目标应根据施工合同、招标文件以及本单位对工程管理目标的要求确定，包括进度、质量、安全、环境和成本等目标。各项目标应满足施工组织总设计中确定的总体目标。

施工部署中的进度安排和空间组织应符合下列规定：

① 工程主要施工内容及其进度安排应明确，对本单位工程的主要分部（分项）工程和专项工程的施工做出统筹安排，对施工过程的里程碑节点进行说明。施工顺序应符合工序逻辑关系。

② 施工流水段应结合工程具体情况分阶段进行划分；单位工程施工阶段的划分一般包括地基基础、主体结构、装修装饰和机电设备安装几个阶段。施工段的划分应根据工程特点及工程量合理进行，并应说明划分依据及流水方向，确保均衡流水施工。

在进行施工部署时，还应对工程施工的重点和难点进行分析，包括施工技术和组织管理两个方面。

工程的重点和难点对于不同工程和不同企业具有一定的相对性，某些重点、难点工程的施工方法可能已通过有关专家论证成为企业工法或企业施工工艺标准，此时企业可直接引用。重点、难点工程的施工方法选择应着重考虑影响整个单位工程的分部（分项）工程，如工程量大、施工技术复杂或对工程质量起关键作用的分部（分项）工程。对于工程施工中开发和使用的新技术、新工艺应做出部署，对新材料和新设备的使用应提出技术及管理要求，对主要分包工程施工单位的选择要求及管理方式应进行简要说明。

工程管理的组织机构形式应根据施工项目的规模、复杂程度、专业特点、人员素质和地域范围确定。大中型项目宜设置矩阵式项目管理组织，远离企业管理层的大中型项目宜设置事业部式项目管理组织，小型项目宜设置直线职能式项目管理组织，并确定项目经理部的工作岗位设置及其职责划分。总承包单位应明确项目管理组织机构形式，并宜采用框图的形式表示。较为常见的房屋建筑工程的项目管理组织机构框图如图 14-2 所示。

14.6 主要施工方法

合理选择施工方案是单位工程施工组织设计的核心。它包括施工方法和施工机械的选择、施工段的划分、工程开展的顺序和流水施工的安排等，这些都必须在认真熟悉施工图纸、明确工程特点和施工任务、充分研究施工条件、正确进行技术经济比较的基础上作出决定。施工方案的合理与否直接关系到工程的成本、工期和施工质量，所以必须予以充分重视。

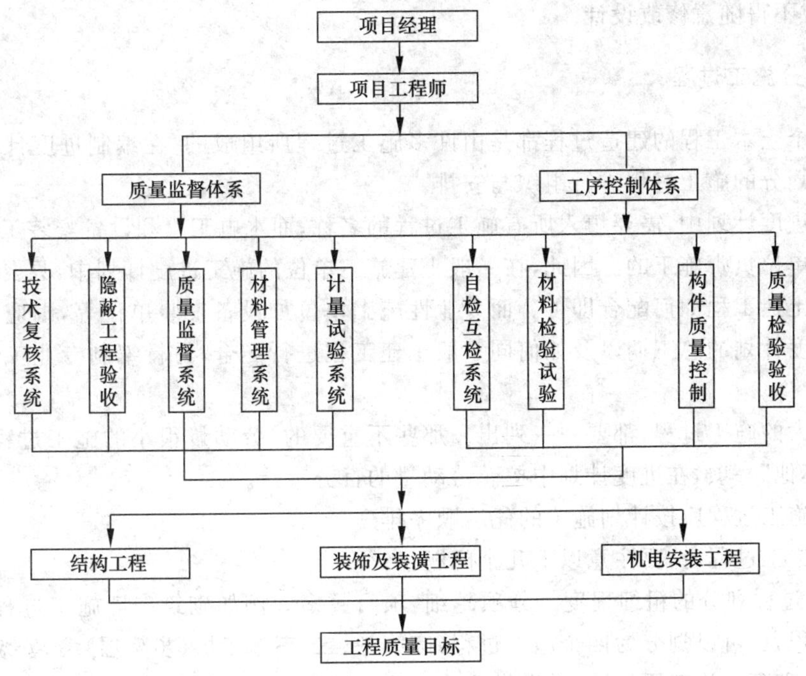

图 14-2 施工管理组织机构框图

14.6.1 熟悉、审查施工图纸，研究施工条件

熟悉、审查施工图纸是领会设计意图、明确工程内容、分析工程特点的重要环节，一般应注意以下几方面：

① 核对图纸的目录清单。

② 核对设计计算的假定和采用的处理方法是否符合实际情况；施工时是否有足够的稳定性，对保证安全施工有无影响。

③ 核对设计是否符合施工条件。如需要采取特殊施工方法和特定技术措施时，则应考虑在技术上以及设备条件上有无困难。

④ 核对生产工艺和使用上对建筑安装施工有哪些技术要求，施工是否能满足设计规定的质量标准。

⑤ 核对有无特殊材料要求，其品种、规格、数量能否解决。

⑥ 核对图纸与说明有无矛盾，是否齐全，规定是否明确。

⑦ 核对主要尺寸、位置、标高有无错误。

⑧ 核对土建和设备安装图纸有无矛盾，施工时如何交叉衔接。

⑨ 通过熟悉图纸，明确场外制备工程项目。

⑩ 通过熟悉图纸，确定与单位工程施工有关的准备工作项目。

在有关施工人员认真学习图纸、充分准备的基础上，由建设单位技术负责人召集设计、建设、施工（包括协作施工）和科研（必要时）单位参加“图纸会审”会议。设计人员向施工单位作设计交底，讲清设计意图和施工的主要要求。有关施工人员应对施工图纸以及与工程有关的问题提出质询，通过各方认真讨论后，逐一作出决定并详细记录。对于图纸会审中所提出的问题和合理建议，如需变更设计或作补充设计时，应办理设计变更签证手续。未经设计单位同意，施工单位不得随意修改设计。

14.6.2 划分施工过程

任何一个土木工程的建造过程都是由许多施工过程所组成的，在编制进度计划及实施施工时都要按划分的施工过程进行组织与安排。

在施工进度计划中，需要填入所有施工过程的名称，而水电工程和设备安装工程通常是由专业性施工单位负责施工的。因此，在一般土建施工单位的施工进度计划中，只要反映出这些工程和一般土建工程如何配合即可。而专业性施工单位如设备安装单位等，则应当根据单位工程施工进度计划的总工期以及如何同一般土建工程进行配合，另行编制专业工程的施工进度计划。

劳动量大的施工过程，都要一一列出。那些不重要的、劳动量很小的施工过程，可以合并起来列为“其他”一项，在进度计划中按总劳动量的百分率计。

所有的施工过程应按计划施工的先后顺序排列。

在划分施工过程时，要注意以下几个问题：

① 施工过程划分的粗细程度。分项越细，项目越多。例如砌筑砖墙施工过程，可以作为一个施工过程，也可以划分为四个施工过程（砌第一、二、三施工层（步架层）墙，安装楼板）或六个施工过程（砌第一施工层的墙、搭设供第二个施工层用的脚手架、砌第二施工层的墙、搭设供第三施工层用的脚手架、砌第三施工层的墙、安装楼板）。

② 施工过程的划分要结合具体的施工方法。例如装配式钢筋混凝土结构的安装，如果是采用分件安装法，则施工过程应当按照构件（柱、基础梁、联系梁、屋面梁和屋面板等）来划分。如果是采用综合安装法，则施工过程应当按照单元（节间）来划分。

③ 凡是在同一时间内由同一工作队进行的施工过程可以合并在一起，否则就应当分列。例如，建筑工程中的隔音楼板的铺设，可以划分为钢筋混凝土楼板的浇筑、敷设隔音层和铺地板三个施工过程，因为这些工程是在不同的时期内由不同的工作队来进行的，所以这三个施工过程应分别列出。

14.6.3 计算工程量

在编制单位工程施工进度计划时，应当根据施工图和工程预算、工程量计算规则来计算工程量。当没有施工图时，可以根据技术设计图纸计算。设计和预算文件中有时列有主要工种的工程量，这就给编制施工组织设计带来了很大的方便。如果工程量没有列出，必须另行计算时，可以利用技术设计图纸和各种结构、构件的标准设计图集以及各种手册资料进行计算。

在计算工程量时，应当注意结合施工方法和安全技术的要求。例如工业厂房柱基的挖土工作，由于土壤的类别和基础面积以及埋置深度的不同，通常可以采用三种方法施工，即：

① 在每个柱基下挖一单独基坑；

② 当基础面积较大时，如果挖成单独基坑，则基础间的间隔很小，会造成施工上的困难，不如挖一条基槽施工较为方便和经济；

③ 当车间的跨度和柱距较小或跨中有设备基础时，有时就采用大开挖的施工方法，它比挖两条基槽施工更为方便和经济。

根据上述三种施工方法，它们计算出来的土方工程量是不相同的，因此在施工组织设计中，应当根据选定的施工方案计算工程量。

工程量的计算应和预算定额的计算单位相符合，以免换算。为了便于计算和复核，工程量的计算应当按照一定的顺序和格式进行。

14.6.4 确定施工顺序

在单位工程施工组织设计中，应根据先地下、后地上，先主体、后围护，先结构，后装饰的一般原则，结合具体工程的结构特征、施工条件和建设要求，合理确定该工程的施工开展程序，如是建筑物，要确定建筑物各楼层、各单元(跨)的施工顺序、施工段的划分，各主要施工过程的流水方向等。对于大面积单层装配式工业厂房的施工，如何确定各单元(跨)施工的顺序显得尤为重要。

冲击车间	金工车间	电镀车间
Ⅰ	Ⅱ	Ⅲ
	Ⅳ 装配车间	
	Ⅴ 成品仓库	

图 14-3 单层工业厂房施工顺序图

图 14-3 所表示的是一个多跨单层装配式工业厂房，其生产工艺的顺序如图上罗马数字所表示。从施工角度来看，从厂房的任何一端开始施工都是一样的。但是按照生产工艺的顺序来进行施工，可以保证设备安装工程分期进行，从而缩短工期，提前发挥投资的效果。所以，在确定各个单元(跨)的施工顺序时，除了应该考虑工期、建筑物结构特征等以外，还应该很好地了解工厂的生产工艺过程。

又如装配式多层房屋，通常采用的施工顺序是水平向上(图 14-4(b))。但在结构稳定和构造允许的前提下，也可以采用垂直向上或按对角线向上(图 14-4(c)，(d))的施工顺序。不同施工顺序对工期劳动消耗和成本的影响也不一样。因此，在确定各楼层、各单元(跨)的施工顺序时应进行多方面对比分析。

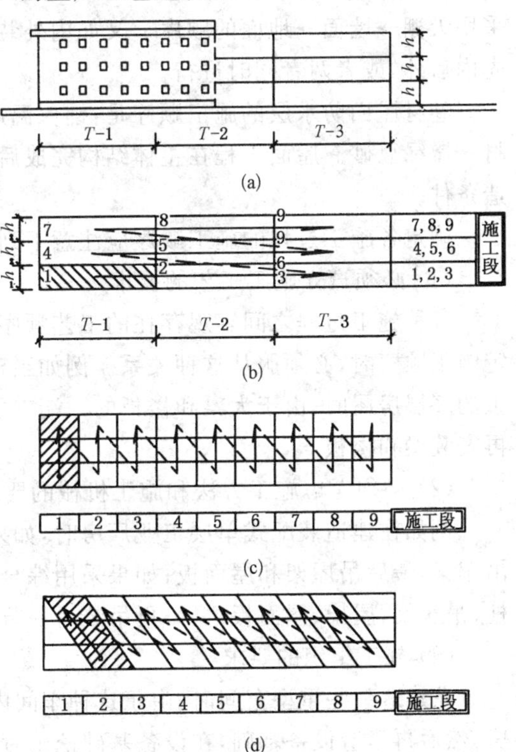

图 14-4 装配式多层房屋施工顺序

房屋按照各分部工程的施工特点一般分为地下工程、主体结构工程、装饰与屋面工程三个阶段。一些分项工程通常采用的施工顺序如下：

地下工程是指室内地坪(±0.000)以下所有的工程。

浅基础的施工顺序为：清除地下障碍物→软弱地基处理(需要时)→挖土→垫层→砌筑(或浇筑)基础→回填土。其中基础常用砖基础和钢筋混凝土基础(条形基础或片筏基础)。砖基础的砌筑中有时要穿插进行地梁的浇筑，砖基础的顶面还有浇筑防潮层。钢筋混凝土基础则包括支撑模板→绑扎钢筋→浇筑混凝土→养护→拆模。如果基础开挖深度较大、地下水位较高，则在挖土前尚应进行土壁支护及降水工作。

深基坑的施工顺序为：清除地下障碍物→软弱地基处理(需要时)→降水→止水帷幕/排桩→内支撑→挖土。

桩基础的施工顺序为：打桩(或灌注桩)→挖土→垫层→承台→回填土。承台的施工顺序与钢筋混凝土浅基础类似。

主体结构常用的结构形式有混合结构、装配式钢筋混凝土结构(单层厂房居多)、现浇钢筋混凝土结构(框架、剪力墙、筒体)等。

混合结构的主导工程是砌墙和安装楼板。混合结构标准层的施工顺序为:弹线→砌筑墙体→浇过梁及圈梁→底板找平→安装楼板(浇筑楼板)。

装配式结构的主导工程是结构安装。单层厂房的柱和屋架一般在现场预制,预制构件达到设计要求的强度后可进行吊装。单层厂房结构安装可以采用分件吊装法或综合吊装法,但基本安装顺序都是相同的,即:吊装柱→吊装基础梁、联系梁、吊车梁等,扶直屋架→吊装屋架、天窗架、屋面板。支撑系统穿插在其中进行。

现浇框架、剪力墙、筒体等结构的主导工程均是现浇钢筋混凝土。标准层的施工顺序为:弹线→绑扎墙体钢筋→支墙体模板→浇筑墙体混凝土→拆除墙模→搭设楼面模板→绑扎楼面钢筋→浇筑楼面混凝土。其中柱、墙的钢筋绑扎在支模之前完成,而楼面的钢筋绑扎则在支模之后进行。此外,施工中应考虑技术间歇。

一般的装饰及屋面工程包括抹灰、勾缝、饰面、喷浆、门窗扇安装、玻璃安装、油漆、屋面找平、屋面防水层等。其中抹灰和屋面防水层是主导工程。

装饰工程没有严格的顺序。同一楼层内的施工顺序一般为:地面→天棚→墙面,有时也可采用天棚→墙面→地面的顺序。又如内外装饰施工,两者相互干扰很小,可以先外后内,也可先内后外,或者两者同时进行。

卷材屋面防水层的施工顺序是:铺保温层(如需要)→铺找平层→刷冷底子油→铺防水卷材→撒绿豆砂。屋面工程在主体结构完成后开始,并应尽快完成,为顺利进行室内装饰工程创造条件。

确定各施工过程的施工顺序应注意下列要求:

(1) 必须遵守施工工艺的要求

各种施工过程之间客观存在的工艺顺序关系,随房屋的结构和构造的相异而不同。在确定施工顺序时,必须服从这种关系。例如当建筑物为采用装配式钢筋混凝土内柱和砖外墙承重的多层房屋时,由于大梁和楼板的一端支承在外墙上,所以应先把墙砌到一层楼高度之后,再安装梁和楼板。

(2) 必须考虑施工方法和施工机械的要求

例如在建造装配式单层工业厂房时,如果采用分件吊装法,施工顺序应该是先吊柱,后吊吊车梁,最后吊屋架和屋面板;如果采用综合吊装方法,则施工顺序应该是吊装完一个节间的柱、吊车梁、屋架、屋面板之后,再吊装另一节间的构件。

(3) 施工组织的要求

在建造某些重型车间时,由于这种车间内通常都有较大、较深的设备基础,如果先建造厂房,然后再建造设备基础,在设备基础挖土时可能破坏厂房的柱基础,在这种情况下,必须先进行设备基础的施工,然后再进行厂房柱基础的施工,或者两者同时进行。

(4) 必须考虑施工质量的要求

例如基坑的回填土,特别是从一侧进行的回填土,必须在砌体达到必要的强度以后才能开始,否则砌体的质量会受到影响,又如卷材屋面,必须在找平层充分干燥后铺设。

(5) 必须考虑当地的气候条件

例如在华东、中南地区施工时,应当考虑雨期施工的特点;在华北、东北、西北地区施工时,应当考虑冬季施工的特点。土方、砌墙、屋面等工程应当尽量安排在雨期或冬季到来之前施工，而室内工程则可以适当推后。

(6) 必须考虑安全技术的要求

合理的施工顺序，必须使各施工过程的搭接不至于引起安全事故。例如，不能在同一施工段上一边铺屋面板，一边又进行其他作业。多层房屋施工，只有在已经用层间楼板或坚固的临时铺板把一个一个楼层分隔开的条件下，才允许同时在各个楼层展开工作。

14.6.5　选择施工方案和施工机械

各个工程的分部、分项工程，根据结构设计以及施工环境的不同，会采用不同的施工方案。例如，土方工程通常要拟定开挖方式、放坡或土壁支撑，降低地下水位和土方调配等方法。又如，钢筋混凝土工程应对预应力钢筋张拉、结构留缝、混凝土浇筑等问题给予详细考虑。

拟定施工方案时，应着重考虑影响整个单位工程施工的分部分项工程的施工方案，对于常规做法的分项工程则不必详细拟定。但是，对脚手架工程、模板工程、起重吊装工程、临时用水用电工程、季节性施工等专项工程所采用的施工方案应进行必要的验算和说明。

以脚手架工程为例，脚手架分为内脚手架和外脚手架，根据各自结构、功能的不同，又分为满堂脚手架、落地式脚手架、爬升式脚手架等。

图 14-5 为一个悬挑式脚手架的结构图，设计脚手架施工方案时，首先根据结构形状确定采用何种类型的脚手架。对于层数较低的多层建筑，落地式脚手架就能满足要求，而高层建筑则会采用悬挑式脚手架或爬升式脚手架。现浇整体式结构需要在楼板下方搭设满堂脚手架，而预制结构就不需要这种内脚手架。

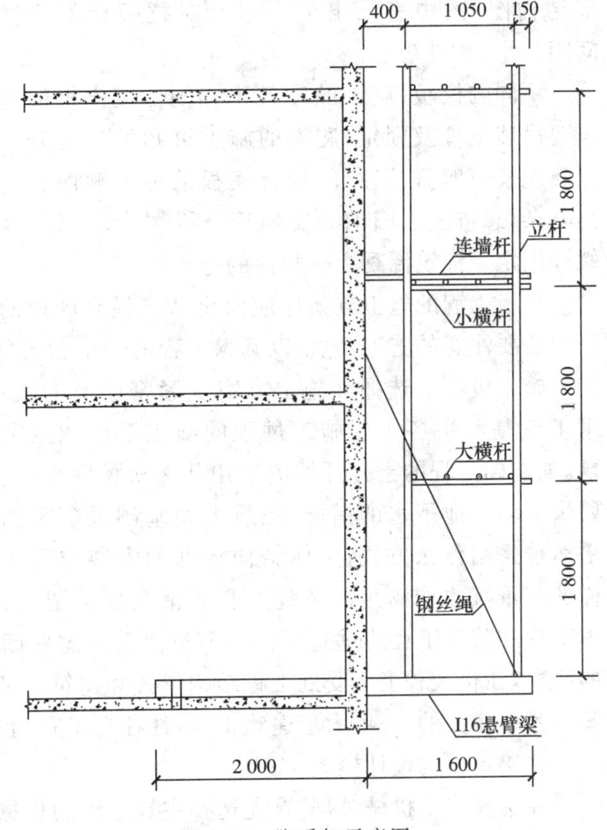

图 14-5　脚手架示意图

确定脚手架的类型后，需要根据实际使用要求设计脚手架的步长、步距等。在此基础上，选用合理的横杆、立杆、斜撑、脚手板等，并进行必要的验算，包括连墙杆锚固验算、大小横杆的强度、挠度验算等。

最后要确定脚手架的施工顺序。对图 14-4 所示的钢管脚手架，常用的施工顺序为：立杆→大横杆、小横杆、搁栅→剪刀撑→脚手笆→防护栏杆。

完成脚手架具体施工方案的设计编排后，还应进行相应的构造设计，如钢管搭接长度、节点之间的距离等。

模板工程与脚手架工程一样，是混凝土结构施工中不可或缺的专项工程。模板按材料可分为木模板、钢模板及竹胶板模板等；按结构形式，可分为组合模板、大模板、爬升式模板等。

设计模板工程的施工方案时,首先根据工程实际情况确定不同构件采用的模板种类。对于结构的内墙及梁板,组合模板能很好地满足使用要求;而结构的外墙则应视层高及尺寸采用爬模或大模板。

之后,应根据工程环境、经济条件及使用要求确定模板的材料。钢模板造价较高,但结实耐用,因此公路铁路桥等在野外施工的工程常采用钢模板;对于一般的工业、民用建筑,价格便宜、方便加工的木模板更加经济实惠。某些工程,如清水混凝土结构,对混凝土的表面效果有特殊要求,此时不能使用竹胶板等可能在混凝土表面留下花纹的模板。

对于组合模板,需要设计模板的支撑构件,包括大小楞、支撑钢管的尺寸、间距等;并对模板及支撑构件在内部新浇灌的混凝土作用下的强度和变形进行验算,通过图纸表示出来。图 14-6 为一个内墙的组合模板结构图,图中表示出了小楞及对拉螺栓的位置及间距。

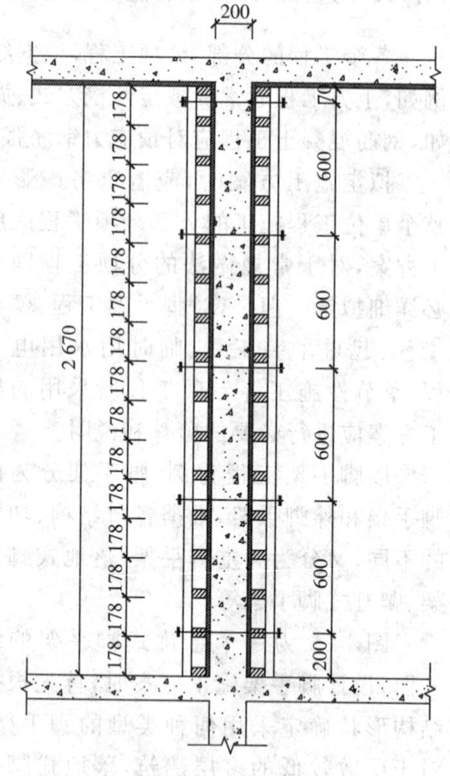

图 14-6　组合模板示意图

不同的模板,施工顺序各不相同。大模板的施工需要吊装就位及固定,爬模的施工可归纳为爬升→固定→脱模→爬升的循环,组合模板的施工顺序相对较为复杂,总体上可归纳为支模板→设置大小楞→对拉螺栓固定→浇筑混凝土→脱模的过程。

模板工程的施工方案还应给出从支模到脱模的过程中需要注意的施工要点,以确保工程的安全和质量。

施工机械的选择和施工方案是紧密联系的,在技术上它是解决各主要施工过程的施工手段和工艺问题,如基础工程的土方开挖应采用什么机械完成,要不要采取降低地下水的措施,浇筑大型基础混凝土的水平运输采用什么方式;主体结构构件的安装应采用怎样的起重机才能满足吊装范围和起重高度的要求;墙体工程和装修工程的垂直运输如何解决等。这些问题的解决,在很大程度上受到工程结构形式和建筑特征的制约。通常所说的结构选型和施工方案是紧密相关的,一些大型建筑工程,往往在工程初步设计阶段就要考虑施工方法,并根据施工方法决定结构设计模式。

在选择施工机械时,应首先选择主导工程的机械,然后根据建筑特点及材料、构件种类配备辅助机械。最后确定与施工机械相配套的专用工具设备。

垂直运输机械的选择是一项重要内容,它直接影响工程的施工进度。一般首先根据标准层垂直运输量(如砖、砂浆、模板、钢筋、混凝土、预制件、门窗、水电材料、装饰材料、脚手架等)来编制垂直运输表(表 14-1),然后据此选择垂直运输方式和机械数量,再确定水平运输方式和机械数量,最后布置垂直运输设施的位置及水平运输路线。

完成垂直运输机械的选择和布置之后,需要进行具体的设计和相应的验算。例如,对于位置固定的井架和塔吊,需要设计基础,并进行基础的抗压、抗倾覆验算。对于移动式塔吊,需要对轨道和轨道的地基进行设计。当垂直运输机械高度较高时,需要设置连墙杆,并进行锚固验算,当采用自升式塔吊、布料机时,需要对底部的托架进行设计验算。

表 14-1　　垂直运输量表

序号	项目	单位	数　量		需要吊次
			工程量	每吊工程量	

图 14-7 为一个塔吊的设计图。左侧的基础剖面图上表明了塔吊塔身与基础连接的布置，右侧则是塔吊基础承台的设计图。当塔吊高度较高，需要使用连墙杆时，还需要在图上表示出连墙杆的布置。对于塔吊这类垂直运输机械，安装时如有必要，应单独编制施工组织设计，以确保安装工程安全有序进行。

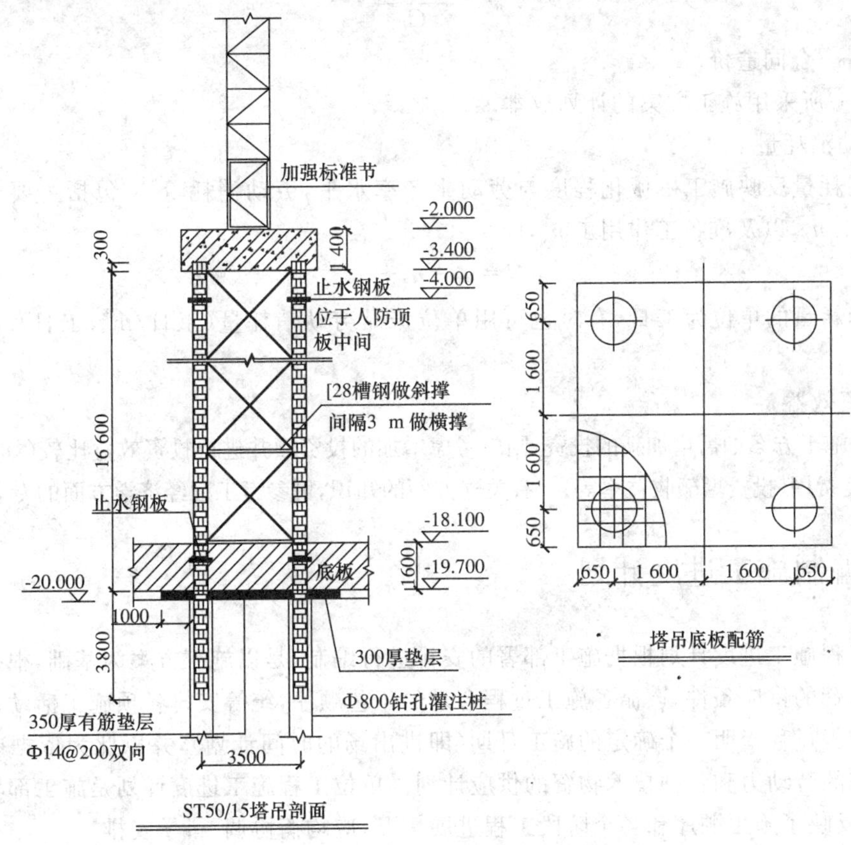

图 14-7　塔架及基础设计图

14.6.6　施工方案的比较

每一施工过程都可以采用多种不同的施工方法和施工机械来完成。确定施工方案时，应当根据现有的或可能获得的机械的实际情况，首先拟定几个技术上可能的方案，然后从技术及经济上互相比较，从中选出最合理的方案，使技术上的可行性同经济上的合理性统一起来。

1. 施工工期

施工工期 T 按下式计算：

$$T=\frac{Q}{v} \tag{14-1}$$

式中　Q——工程量；

v——单位时间内计划完成的工程量(如采用流水施工,v 即流水强度)。

反映施工项目相对速度的指标可用单位建筑面积施工工期,其计算公式为

$$t=\frac{T}{A} \tag{14-2}$$

式中 t——单位建筑面积施工工期;

A——施工项目建筑面积。

2. 降低成本率

降低成本指标可以综合反映采用不同施工方案时的经济效果,一般可用降低成本率来表示:

$$r_C=\frac{C_0-C}{C_0} \tag{14-3}$$

式中 C_0——合同造价;

C——所采用施工方案的计划成本。

3. 劳动消耗量

劳动消耗量反映施工机械化程度与劳动生产率水平,劳动消耗量 N 包括主要工种用工 n_1,辅助用工 n_2,以及准备工作用工 n_3,即

$$N=n_1+n_2+n_3$$

劳动消耗量的单位为工日,有时也可用单位产品劳动消耗量(工日/m^3,工日/t,……)来计算。

4. 投资效益

选择的施工方案如需增加新的投资,则应考虑增加的投资额并进行投资效益比较(如相对投资回收期、年度费用、投资增额收益率等)。有关这方面的知识,可参考工程经济学方面的专著。

14.7 编制施工进度计划

单位工程施工进度计划根据施工部署的安排进行编制,是以施工方案为基础,根据规定工期和技术物资的供应条件,遵循各施工过程合理的工艺顺序,统筹安排各项施工活动。它的任务是为各施工过程指明一个确定的施工日期(即进出场的时间计划),并以此为依据确定施工作业所必需的劳动力和各种技术物资的供应计划。单位工程施工进度计划是施工部署在时间上的体现,反映了施工顺序和各个阶段工程进展情况,应均衡协调、科学安排。

施工进度计划编制的一般步骤为:确定施工过程,计算工程量,确定劳动量和机械台班数,确定各施工过程的作业天数,编制施工进度计划,编制资源计划。

14.7.1 确定施工过程

根据结构特点、施工方案及劳动组织确定的拟建工程的施工过程,在进度计划中列出,进度计划中各施工过程划分的详细程度主要取决于客观需要。编制控制性施工进度计划,施工过程可划分得粗一些,可只列出分部工程。如单层厂房的施工进度计划,可只列土方工程、基础工程、预制工程、吊装工程……编制实施性施工进度计划时,应划分得细一些,特别是其中的主导工程和主要分部工程,应尽量详细而且不漏项,这样便于指导施工。如上述的单层厂房的实施性施工进度计划中,对每一分部工程还要列出若干细项,如预制工程可分为柱子预制、屋

架预制，而各种构件预制又分为支撑模板、绑扎钢筋、浇筑混凝土等。但对劳动量很少、不重要的小项目不必一一列出，通常将其归入相关的施工过程或合并为“其他”一项。

确定施工过程时，要密切结合确定的施工方案。由于施工方案不同，施工过程名称、数量和内容亦会有所不同。如某深基坑施工，当采用放坡开挖时，其施工过程有井点降水和挖土两项；当采用板桩支护时，其施工过程就包括井点降水、打板桩和挖土三项。

14.7.2 确定各施工过程的工程量

在实际工程中，一般依据工程预算书以及拟定的施工方案确定各施工过程的工程量。如果施工进度计划所用定额和施工过程的划分与工程预算书一致时，则可直接利用预算的工程量，不必重新进行计算。若某些项目有出入、或分段分层有所不同时，可结合施工进度计划的要求进行变更、调整和补充。

14.7.3 确定劳动量和机械台班数

根据施工过程的工程量、施工方法和地方颁发的施工定额，并参照施工单位的实际情况，确定计划采用的定额(时间定额和产量定额)，以此计算劳动量和机械台班数：

$$p=\frac{Q}{S} \tag{14-4}$$

或

$$p=QH \tag{14-5}$$

式中 p——某施工过程所需劳动量(或机械台班数)；

Q——该施工过程的工程量；

S——计划采用的产量定额(或机械产量定额)；

H——计划采用的时间定额(或机械时间定额)。

使用定额，有时会遇到施工进度计划中所列施工过程的工作内容与定额中所列项目不一致的情况，这时应予以补充。通常有下列两种情况。

① 施工进度计划中的施工过程所含内容为若干分项工程的综合，此时，可将定额作适当扩大，求出平均产量定额，使其适应施工进度计划中所列的施工过程。平均产量定额可按下式计算：

$$\overline{S}=\frac{\sum_{1}^{n}Q_i}{\frac{Q_1}{S_1}+\frac{Q_2}{S_2}+\cdots+\frac{Q_n}{S_n}} \tag{14-6}$$

式中 $Q_1,Q_2,\cdots,Q_n$——同一施工过程中的各分项工程的工程量；

$S_1,S_2,\cdots,S_n$——同一施工过程中的各分项工程的产量定额(或机械产量定额)；

$\overline{S}$——施工过程的平均产量定额(或平均机械产量定额)。

② 有些新技术或特殊的施工方法，其定额尚未列入定额手册中，此时，可将类似项目的定额进行换算，或根据试验资料确定，或采用三时估计法。

14.7.4 确定各施工过程的作业天数

计算各施工过程的持续时间的方法一般有两种。

① 根据配备在某施工过程上的施工工人数量及机械数量来确定作业时间。可按下式计

算该施工过程的持续时间：

$$T=\frac{p}{nb} \tag{14-7}$$

式中 T——完成某施工过程的持续时间(工日)；

p——该施工过程所需的劳动量(工日)或机械台班数(台班)；

n——每工作班安排在该施工过程上的机械台数或劳动的人数；

b——每天工作班数。

② 根据工期要求倒排进度，即由 T, p, b，按式(14-8)计算得到 n 值：

$$n=\frac{p}{Tb} \tag{14-8}$$

确定施工持续时间，应考虑施工人员和机械所需的工作面。人员和机械的增加可以缩短工期，但它有一个限度，超过了这个限度，工作面不充分，生产效率必然会下降。

14.7.5 编制施工进度计划

编排施工进度计划的一般方法，是首先找出并安排控制工期的主导施工过程，并使其他施工过程尽可能地与其平行施工或作最大限度的搭接施工。

在主导施工过程中，先安排其中主导的分项工程，而其余的分项工程则与它配合、穿插、搭接或平行施工。

在编排时，主导施工过程中的各分项工程，各主导施工过程之间的组织，可以应用流水施工方法和网络计划技术进行设计，最后形成初步的施工进度计划。

无论采用流水作业法还是采用网络计划技术，对初步安排的施工进度计划均应进行检查、调整和优化。检查的主要内容有：是否满足工期要求；资源(劳动力、材料及机械)的均衡性；工作队的连续性，以及施工顺序、平行搭接和技术或组织间歇时间等是否合理。根据检查结果，如有不足之处应予以调整，必要时，应采取技术措施和组织措施，使有矛盾或不合理、不完善处的工序持续时间延长或缩短，以满足施工工期和施工的连续性(一般，主要施工过程应是连续的)和均衡性。

此处，在施工进度计划执行过程中，往往会因人力、物力及客观条件的变化而打破原定计划，或超前、或推迟。因此，在施工过程中，也应经常检查和调整施工进度计划。近年来，计算机已广泛用于施工进度计划的编制、优化和调整，它具有很多优越性，尤其是在优化和快速调整方面更能发挥其计算迅速的优点。

对于一般的工程，施工进度计划可采用横道图表示，并附必要说明；对于工程规模较大或较复杂的工程，宜采用网络图表示，并通过对各类参数的计算，找出关键线路，选择最优方案。

14.8 施工准备与资源配置计划

14.8.1 施工准备

施工准备工作要贯穿在整个施工过程的始终，根据施工顺序的先后，有计划、有步骤、分阶段进行。根据准备工作的性质，可以分为技术准备、现场准备和资金准备等。

技术准备包括施工所需技术资料的准备、施工方案编制计划、试验检验及设备调试工作计划、样板制作计划等，主要分部(分项)工程和专项工程在施工前应单独编制施工方案，施工方案可根据工程进展情况，分阶段编制完成；对需要编制的主要施工方案应制定编制计划；试验检验及设备调试工作计划应根据现行规范、标准中的有关要求及工程规模、进度等实际情况制定；样板制作计划应根据施工合同或招标文件的要求并结合工程特点制定。

现场准备是根据现场施工条件和实际需要，准备现场生产、生活等临时设施。

资金准备是根据施工进度计划编制资金使用计划。

14.8.2 编制资源配置计划

单位工程施工进度计划确定之后，可据此编制各主要工种劳动力需要量计划及施工机械、模具、主要建筑材料、构件、加工品等的需要计划，以利于及时组织劳动力和技术物资的供应，保证施工进度计划的顺利执行。资源配置计划应包括劳动力计划和物资配置计划等。

1. 主要劳动力需要量计划

劳动力配置计划应包括下列内容：

① 确定各施工阶段用工量；

② 根据施工进度计划确定各施工阶段劳动力配置计划。

将各施工阶段所需要的主要工种劳动力，根据施工进度的安排进行叠加，就可编制出主要工种劳动力需要量计划，如表 14-2 所示。它的作用是为施工现场的劳动力调配提供依据。

表 14-2　　劳动力需要量计划表

序　号	工作名称	总劳动量/（工日）	每月需要量/（工日）					
			1	2	3	4	…	12

2. 施工机械需要量计划

根据施工方案和施工进度确定施工机具的类型、数量、进场时间。一般是把单位工程施工进度表中每一个施工过程、每天所需的机具类型、数量和施工日期进行汇总，得出施工机械模具需要量计划，如表 14-3 所示。

表 14-3　　施工机械、模具需要量计划表

序号	机具名称	机具类型（规格）	需要量		使用起讫时间	来源	备注
			单位	数量			

3. 主要材料及构、配件需要量计划

材料需要量计划主要为组织备料、确定仓库、堆场面积、组织运输之用，对象包括工程材料、周转材料和机具的构配件。其编制方法是将施工预算中或进度表中各施工过程的工程量，按材料名称、规格、使用时间并考虑到各种材料消耗进行计算汇总即为每天(或旬、月)所需的材料数量。材料需要量计划格式如表14-4所示。

表14-4　主要材料需要量计划表

序号	材料名称	规格	需要量		供应时间	备注
			单位	数量		

若某分部分项工程是由多种材料组成，例如混凝土工程，在计算其材料需要量时，应按混凝土配合比，将混凝土工程量换算成水泥、砂、石、外加剂等材料的数量。

建筑结构构件、配件和其他加工品的需要量计划，同样可按编制主要材料需要量计划的方法进行编制。它是同加工单位签订供应协议或合同、确定堆场面积、组织运输工作的依据，如表14-5所示。

表14-5　构件需要量计划表

序号	品名	规格	图号	需要量		使用部位	加工单位	供应时期	备注
				单位	数量				

单位工程施工前，通常根据施工要求，编制一份施工准备工作计划，主要内容可填入表14-6。

表14-6　准备工作施工进度计划

序号	准备工作项目	工程量		进度																		备注
				×月									×月									
		单位	数量	1	2	3	4	5	6	7	8	…	1	2	3	4	5	6	7	8	…	…

14.8.3 进度计划的评价指标

评价单位工程施工进度计划的质量，通常采用下列指标：

① 工期。

② 资源消耗的均衡性，对于单位工程或各个施工过程来说，每日资源（劳动力、材料、机具等）消耗力求不发生过大的变化，即资源消耗力求均衡。

为了反映资源消耗的均衡情况，可根据进度计划及资源需求画出资源消耗动态图。

在资源消耗动态图上，一般应避免出现短时期的高峰或长时期的低谷情况。

图 14-8(a)和图 14-8(b)是劳动资源消耗的动态图，分别出现了短时期的高峰人数及长时间的低谷人数。在第一种情况下，短时期工人人数增加，这就相应地增加了为工人服务的各处临时设施，在第二种情况下，如果工人不调出，则将发生窝工现象，如果工人调出，则临时设施不能充分利用。至于在劳动量消耗动态图上出现短时期的，甚至是很大的低谷（图 14-8(c)），则是可以允许的，因为这种情况不会发生什么显著的影响，而且只要把少数工人的工作重新安排，窝工情况就可以消除。

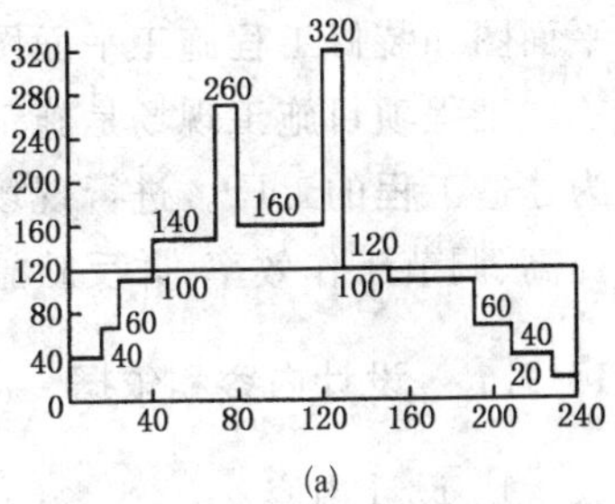

(a)

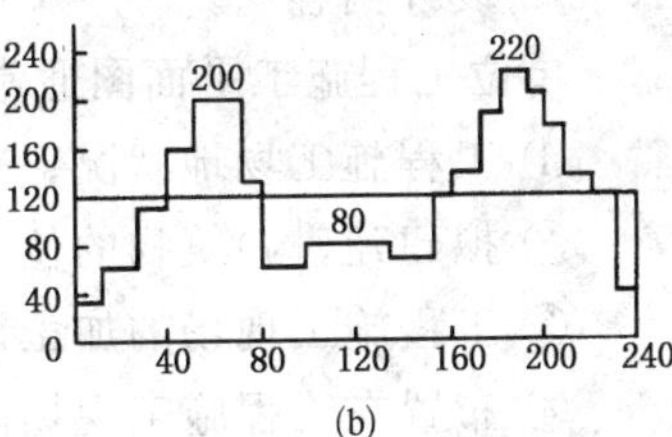

(b)

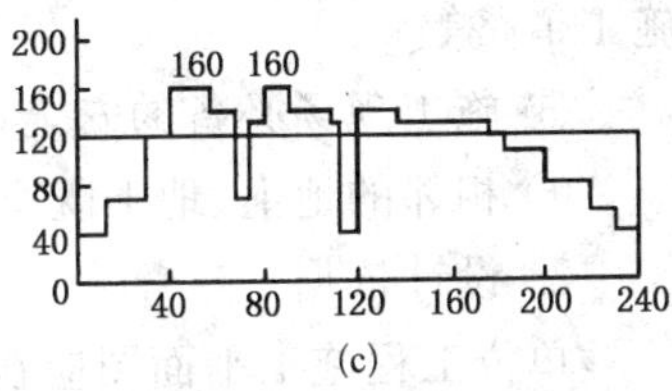

(c)

图 14-8 劳动量动态图

某资源消耗的均衡性指标可以采用资源不均衡系数（K）加以评价：

$$K=\frac{N_{\max}}{N} \tag{14-9}$$

式中 $N_{\max}$——某资源日最大消耗量；

N——某资源日平均最大消耗量。

最理想的情况是资源不均衡系数 K 接近于 1。在组织流水施工（特别是许多单项工程的流水施工）的情况下，不均衡系数可以大大降低并趋近于 1。

③ 主要施工机械的利用程度，所谓主要施工机械通常是指混凝土搅拌机、砂浆机、起重机、挖土机等。

机械设备的利用程度用机械利用率以表示，它由下式确定：

$$\gamma_{m}=\frac{m_1}{m_2}\times 100\% \tag{14-10}$$

式中 m_1——机械设备的作业台日（或台时）；

m_2——机械设备的制度台日（或台时），由 $m_2=nd$ 求得，其中 n 为机械设备台数，d 为制度时间，即日历天数减去节假天数。

14.9 施工平面图设计

单位工程施工平面图是施工组织设计的主要组成部分。合理的施工平面布置对于顺利执行施工进度计划是非常重要的。反之，如果施工平面图设计不周或管理不当，都将导致施工现场的混乱，直接影响施工进度、劳动生产率和工程成本。因此，在施工组织设计中，对施工平面图的设计应予重视。施工平面图一般需分施工阶段来编制，如基础施工平面图、主体结构施工平面图和装修工程施工平面图等，用以指导各个阶段的施工活动。

工程项目施工现场是施工单位拥有的主要的资源堆放场所之一。事实上，施工现场已成为建造工程的工厂。进行现场规划及设施布置的目的是形成一个工作环境，以便最大程度地提高、调节工作效率，并反映施工单位对这个工程项目的姿态和负责精神。

14.9.1 设计内容和依据

1. 设计内容

单位工程施工平面图通常用1∶200～1∶500的比例绘制，一般应在图上标明下列内容：

① 工程施工场地状况；

② 拟建建(构)筑物的位置、轮廓尺寸、层数等；

③ 工程施工现场的加工设施、存贮设施、办公和生活用房等的位置和面积；

④ 布置在工程施工现场的垂直运输设施、供电设施、供水供热设施、排水排污设施和临时施工道路等；

⑤ 施工现场必备的安全、消防、保卫和环境保护等设施；

⑥ 相邻的地上、地下既有建(构)筑物及相关环境。

2. 设计依据

单位工程施工平面图应在施工设计人员踏勘现场、取得施工环境第一手资料的基础上，根据施工方案和施工进度计划的要求进行设计。设计时依据的资料有：

① 施工组织设计文件及原始资料；

② 工程总平面图，其上标明一切地上、地下拟建和已建的房屋与构筑物的位置；

③ 一切已有的和拟建的地上、地下管道布置资料；

④ 工程区域的竖向设计资料和土方平衡图；

⑤ 各种材料、半成品、构件等的需要量计划；

⑥ 工程施工机械、模具、运输工具的数量；

⑦ 建设单位可为施工提供原有房屋及其他生活设施的情况。

3. 设计原则

施工图平面设计的原则如下：

① 平面布置科学合理，施工场地占用面积少；

② 合理组织运输，减少二次搬运；

③ 施工区域的划分和场地的临时占用应符合总体施工部署和施工流程的要求，减少相互干扰；

④ 充分利用既有建(构)筑物和既有设施为项目施工服务降低临时设施的建造费用；

⑤ 临时设施应方便生产和生活，办公区、生活区和生产区宜分离设置；

⑥ 符合节能、环保、安全和消防等要求；

⑦ 遵守当地主管部门和建设单位关于施工现场安全文明施工的相关规定。

4. 现场设施

施工平面布置是一件复杂、费力的事，需要经验和知识，需要具有长期的工程实践。施工场地设施规划工作的方法一般没有明文规定，大多保留在有经验的工程师的头脑里。在施工现场，每一台设施将会影响所有的主要资源作用的发挥。在规划施工设施时，可把与劳动力有关的设施和与材料有关的设施区分开来(表 14-7)。

表 14-8 表示影响与劳动力有关设施的位置和大小的一些主要因素;表 14-9 所示为对一些关键性的与材料有关设施的位置和大小有影响的主要因素,可供布置施工平面图时参考。

表 14-7　　施工现场的设施与劳动力、机械及材料之间的关系

现场规划及设施		基本的资源		
主要方面	有关项目	劳力	机械	材料
安全	标志	○		
	急救	○		
	道路	○	○	
	清洁卫生	○		○
	照明	○		
	生活服务	○	○	
	防火	○		○
福利	餐厅	○		
	更衣室	○		
	洗漱室	○		
	停车场	○		
	工人住宿	○		
办公室	总包商	○		
	分包商	○		
	业主设计组	○		
道路	运货路	○	○	○
	工地路	○	○	○
	人行道	○		
仓库等	卸货场	○	○	○
	总库	○	○	○
	现场库	○	○	○
	工具库	○		
	安全库	○		○
	危险品库	○		○
	预制件场	○	○	○
	拌合机	○	○	○
运输	起重机	○	○	○
	吊车	○	○	○
	地面运输	○	○	○
清除垃圾	场地整洁	○	○	○
临时性服务	气、水、电	○	○	
	地面排水	○		
	生活服务	○	○	
试验	工地实验室	○		○
保卫	围墙	○		○
	工地路	○	○	○
	安全库	○		○
	通行证	○		○
外观	标志	○		
	围墙	○		
	场地整洁	○		○
	公共关系	○		

注:"○"表示有相关性。

表 14-8　　与劳动力有关设施的位置及规模的关键因素

设施	影响设施规模的因素							影响设施位置的因素						
	法令要求	公司的政策	过去的经验	劳动力的多少	分包商的数目	工地位置及环境	工程施工阶段	公司的政策	过去的经验	工地的大小	现场的拥挤程度	有关设施的位置	最短运送时间	工程施工阶段
餐厅	○	○	○	○		○	○	○	○	○	○	○	○	○
更衣室	○	○	○	○			○	○	○	○	○	○	○	○
洗漱室	○	○	○	○			○	○	○	○	○	○	○	○
住宿	○	○	○	○		○		○	○	○	○	○		○
停车场		○	○			○	○	○	○	○	○	○	○	○
上下班登记办公室		○	○	○				○	○	○	○	○		○
工地办公室		○	○		○			○	○	○	○	○		○
急救室	○	○	○	○				○	○	○	○	○		○
人货电梯		○	○	○			○	○			○	○		○

注:“○”表示有相关性。

表 14-9　　与材料有关设施的位置与规模的关键因素

设施	影响设施规模的因素						影响设施位置的因素							
	公司的政策	过去的经验	材料数量	预制件量	材料的尺寸及重量	材料发运法	公司的政策	过去的经验	工地的大小	现场的拥挤程度	其他设施的位置	起重机位置	最短运送时间	工程施工阶段
材料进场道		○				○		○		○	○			○
仓库面积	○	○	○	○	○			○	○	○	○	○	○	○
材料起重量	○	○	○	○	○		○	○		○	○		○	○
起重机	○	○	○	○	○		○	○	○	○	○	○		○

注:“○”表示有相关性

14.9.2　设计步骤和要求

施工总平面布置应按照项目分期(分批)施工计划进行布置,并绘制总平面布置图。一些特殊的内容,如现场临时用总电、临时用水布置等,当总平面布置图不能清晰表示时,也可单独绘制平面布置图。平面布置图绘制应有比例关系,各种临时设置应标注外围尺寸,并应有文字说明。

单位工程施工平面图设计的一般步骤如下:

1. 决定起重机械的位置

起重机械的位置直接影响仓库、料堆、砂浆和混凝土制备站的位置及道路和水、电线路的布置等,因此要首先予以考虑。

影响设施布置的因素:主要的施工机械,结构框架,装修部件及预制件大小等,起重机用于其他的辅助性作业,如装卸材料、清理垃圾等。

计算施工期间永久建(构)筑物的起重要求:应该根据图纸和现场条件,判断需要吊运哪些材料及部件,并同施工进度联系考虑。

确定工地上仓储时间:确定在安装以前哪些材料应发运到工地。这当然因材料或部件的型号而不同,也与工地仓库容量有关。这就要综合考虑工地的最大存储量,防止材料损坏,保证需要时有足够的材料,等等。

确定施工期各阶段的实际需要量:有些材料和部件,在运到后应立即安装,有的则在运到后储存待用。要首先考虑用到起重机安装的部件,然后考虑第二批材料和部件,当起重机有空时即吊装,或用其他方式运送。

确定起重设备的型号及尺寸:这取决于起重的物件、现场的空间、可能的位置等。

确定接近施工现场的程度:对于起重机,考虑的决定性因素是起重的位置和重量,最后拆卸或放下的位置和重量。

考虑其他的有关设施:在这一阶段,应该把起重机与其他设施联系起来考虑,如卸货场、堆放场及仓库的面积等。此外,靠近处的建筑物、公路等对起重机的型号和位置也有影响。

固定式垂直运输设备的布置,主要根据机械性能、建(构)筑物的平面形状和大小、施工段划分的情况、材料来向和已有运输道路情况而定。其目的是充分发挥起重机械的能力并使地面与高空上的水平运距最小。但有时为了运输方便,运距稍大些也是可取的。一般来说,当建筑各部位的高度相同时,布置在施工段的分界线附近;当建(构)筑物各部位的高度不同时,布置在高低分界线处。这样布置的优点是:高空各施工层上各段水平运输互不干扰。

有轨式起重机轨道的布置方式,主要取决于建筑物的平面形状、尺寸和四周的施工现场的条件。要使起重机的起重幅度能够将材料和构件直接运至任何施工地点,尽量避免出现"死角",争取轨道距离最短。轨道布置方式通常是沿建筑物的一侧或内、外两侧布置,必要时,还需增加转运设备。同时做好轨道路基四周的排水工作。

无轨自行起重机的开行路线,主要取决于建(构)筑物的平面布置、构件的重量、安装高度和吊装方法等。

2. 确定搅拌站、仓库和材料、构件堆场的位置

搅拌站、仓库和材料、构件堆场的位置应尽量靠近使用地点或在起重能力范围内,并考虑到运输和装卸料的方便。图 14-9 为搅拌站、仓库和材料、构件堆场位置的决策过程。

根据施工阶段、施工部位和使用先后的不同,材料、构件等堆场位置一般有以下几种布置方式:

① 建(构)筑物基础和第一批施工所用的材料,应该布置在建(构)筑物的四周。材料堆放位置,应根据基槽(坑)的深度、宽度及其坡度确定,并与基槽边缘保持一定距离,以免造成基槽(坑)土壁的塌方事故。

② 第二批及以后使用的施工材料,布置在起重机附近。

③ 砂、砾石等大宗材料尽量布置在搅拌站附近。

④ 多种材料同时布置时,对大宗的、重量大的和先期使用的材料,尽可能靠近使用地点或起重机附近布置;而少量的、轻的和后期使用的材料,则可布置得稍远一些。

⑤ 按不同施工阶段使用不同材料的特点,在同一位置上可先后布置几种不同的材料,例如砖混结构民用房屋中的基础施工阶段,可在其四周布置毛石,而在主体结构第一层施工阶段

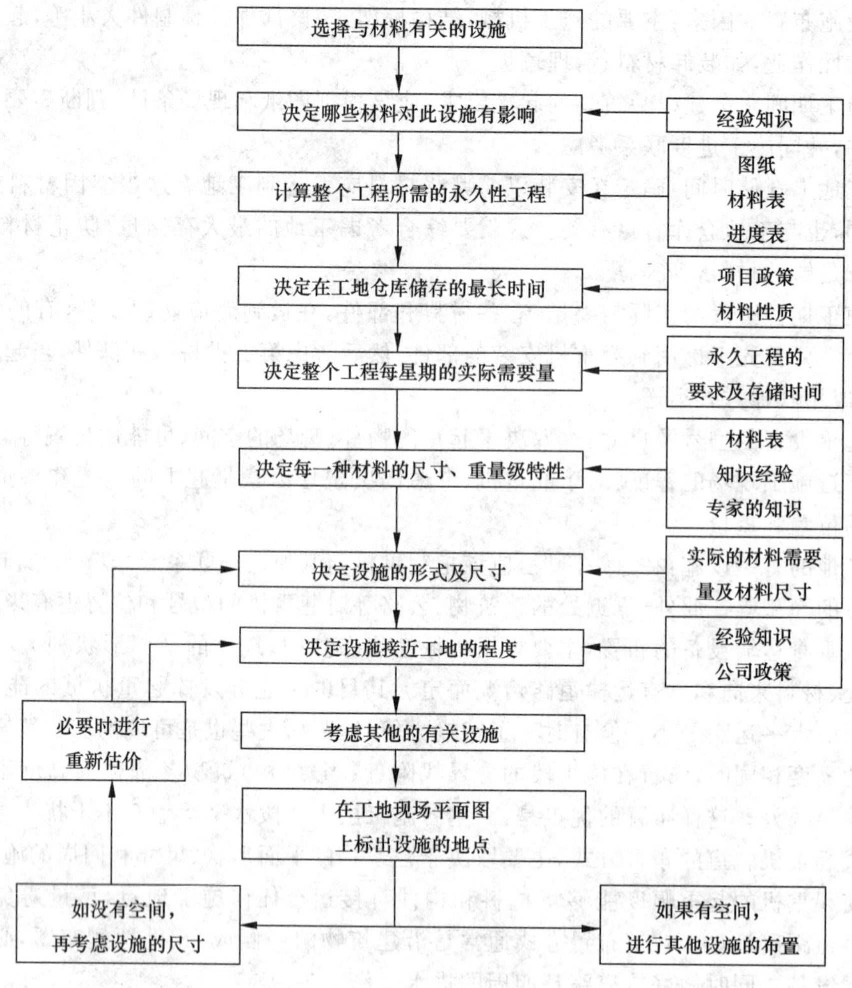

图 14-9　搅拌站、仓库和材料、构件堆场的决策过程

可沿四周布置砖等。

(2) 根据起重机的类型，搅拌站、仓库和材料、构件堆场位置又有以下几种布置方式：

① 当采用固定式垂直运输设备时，尽可能靠近起重机布置，以减少远距离或二次搬运。

② 当采用塔式起重机进行垂直运输时，应布置在塔式起重机有效起重幅度范围内。

③ 当采用无轨自行式起重机进行水平或垂直运输时，应沿起重机运行路线布置。且其位置应在起重臂的最大外伸长度范围内。

当混凝土基础的体积较大时，则混凝土搅拌站可以直接布置在基坑边缘附近，待混凝土浇筑完后再转移，以减少混凝土的运输距离。

此外，木工棚和钢筋加工棚的位置可考虑布置在建筑物四周以外的地方，但应有一定的场地堆放木材、钢筋和成品。

石灰仓库和淋灰池的位置要接近砂浆搅拌站并在下风向；沥青堆场及熬制锅的位置要离开易燃仓库或堆场，也应布置在下风向。

3. 布置运输道路

现场主要道路应尽可能利用永久性道路，或先建好永久性道路的路基，在土建工程结束之前再铺路面。现场道路布置时要注意保证行驶畅通，使运输工具有回转的可能性。因此，运输路线最好围绕建筑物布置成一条环形道路。道路宽度一般不小于 3.5m。

4. 布置行政管理及文化生活福利利用临时设施

为单位工程服务的生活用临时设施是很少的，一般有工地办公室、工人休息室、餐厅、工具库等临时建筑物。确定它们的位置时，应考虑使用方便，不妨碍施工，并符合防火保安要求。图 14-10 为行政管理及文化生活福利设施的决策过程。

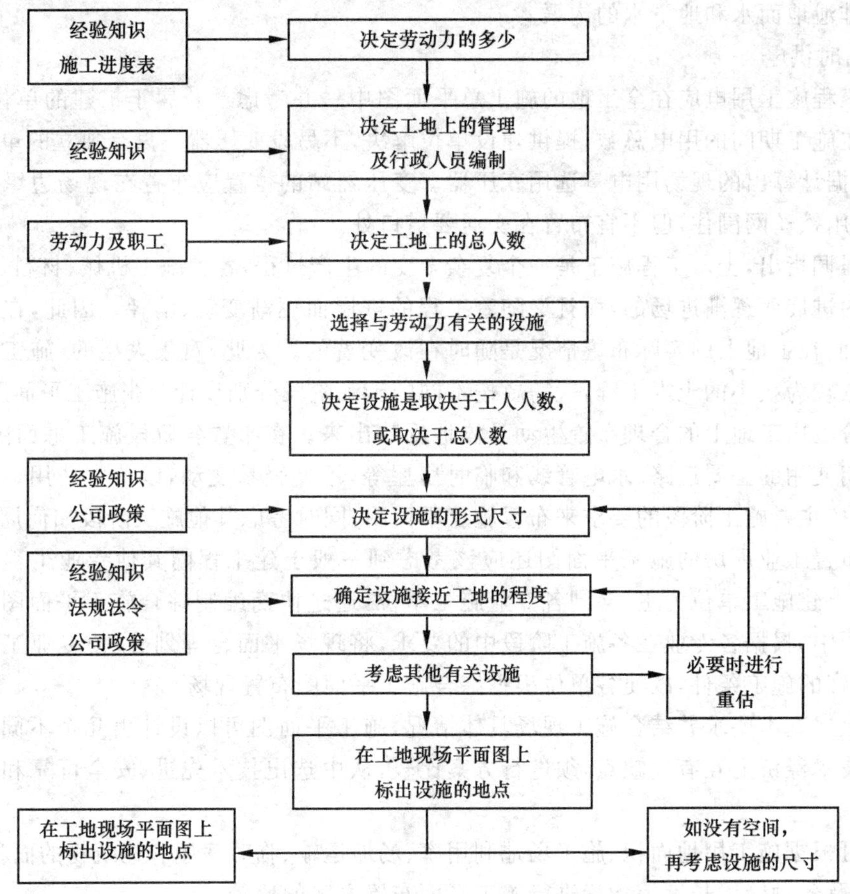

图 14-10　行政管理及文化生活福利设施的决策过程

例如，工地餐厅的位置及大小的决定过程如下：

先计算施工期间工人最多人数及平均人数，确定行政管理人员人数；然后根据工地总人数选择餐厅设备，一般可按最多人数配置设备，或按平均人数配置，并考虑超过此数时的临时措施；再确定餐厅面积及位置，此时应注意各地习惯、工地施工用地大小及工人宿舍位置等；最后还应考虑与其他生活设施（如厕所、浴室）的配套布置。在布置时，应尽量避免在工程施工期内移动餐厅的位置。

5. 布置水电管网

(1) 施工用的临时给水管

一般由建设单位的干管或自行布置的干管接到用水地点。布置时应力求管网总长最短，管径的大小和龙头数目的设置需视工程规模大小通过计算确定。管道可埋于地下，也可铺设在地面上，由当时的气温条件和使用期限的长短而定。工地内要设置消火栓，消火栓距离建筑物不应小于 5m，也不应大于 25m，距离路边不大于 2m。条件允许时，可利用城市或建设单位的永久消防设施。

有时，为了防止水的意外中断，可在建(构)筑物附近设置简单的蓄水池，储有一定数量的生产和消防用水。如果水压不足时，尚可设置高压水泵。

(2) 下水道和排水沟渠

为了便于排除地面水和地下水，要及时修通永久性下水道，并结合现场地势在建(构)筑物四周设置排泄地面水和地下水的沟渠。

(3) 临时供电

单位工程施工用电应在全工地的施工总平面图中一并考虑。若属于扩建的单位工程，一般计算出在施工期间的用电总数，提供建设单位解决，不另设变压器。只有独立的单位工程施工时，才根据计算出的现场用电量选用变压器。变压器站的位置应布置在现场边缘高压线接入处，四周用铁丝网围住，但不宜布置在交通要道口处。

必须强调指出，土木工程施工是一个复杂多变的生产过程，各种施工机械、材料、构件等是随着工程的进展而逐渐进场的，而且又随着工程的进展而逐渐变动、消耗。因此，在整个施工过程中，它们在工地上的实际布置情况是随时在改变着的。为此，对于大型的、施工期限较长或建设地点较为狭小的土木工程，就需要按不同的施工阶段分别设计几张施工平面图，以便把不同施工阶段内工地上的合理布置生动具体地反映出来。在布置各阶段施工平面图时，对整个施工时期使用的主要道路、水电管线和临时房屋等，不要轻易变动，以节省费用。对较小的工程，一般按主要施工阶段的要求来布置施工平面图，同时考虑其他施工阶段如何周转使用施工场地。布置工业厂房的施工平面图还应该考虑到一般土建工程同其他专业工程的配合问题，以一般土建施工单位为主，会同各专业施工单位，通过协商编制综合施工平面图。在综合施工平面图中，根据各专业在各施工阶段中的要求，将现场平面合理划分，使专业工程各得其所，具备良好的施工条件，以便各单位根据综合施工平面图布置现场。

根据上述基本要求并结合施工现场具体情况，施工平面图可以设计出几个不同方案。这些方案在技术经济上互有优缺点，须进行方案比较，从中选出技术先进、安全可靠和经济合理的方案。

一般可根据施工用地面积、施工场地利用率、场地运输、临时房屋和构筑物的面积、临时铁路、公路以及各种管线长度等指标进行施工平面布置方案的比较。

14.10 制定施工措施

14.10.1 技术组织措施

技术组织措施是单位工程施工组织设计的重要组成部分，他的目的在于确定施工项目所要采取的技术方面和组织方面的具体措施，以完成施工项目的目标。

技术组织措施计划的内容通常包括以下几个方面。

① 项目和内容。例如怎样提高施工的机械化程度、改善机械的利用情况，采用新机械和新工具，采用新工艺，采用新材料和保证工程质量条件下廉价材料的代用，采用先进的施工组织方法，改善劳动组织以提高劳动生产率，减少材料运输损耗和运输距离等。

② 各项施工所涉及的工作范围。

③ 各项措施预期取得的经济效益。

技术组织措施的最终成果反映在工程成本的降低和施工费用支付的减少。有时在采用某种措施后，某些项目的费用可以得到节约，但另一些项目的费用将增加，这时，在计算经济效果时，增加和减少的费用都要计算进去。

单位工程施工组织设计中的技术组织措施计划如表 14-10 所示。

表 14-10　　技术组织措施计划

<table>
<tr><th rowspan="3">措施项目和内容</th><th colspan="2">措施涉及的工程量</th><th colspan="6">经　济　效　果</th><th rowspan="3">执行单位及负责人</th></tr>
<tr><th rowspan="2">单　位</th><th rowspan="2">数　量</th><th rowspan="2">劳动量节约额/工日</th><th colspan="5">降低成本额/元</th></tr>
<tr><th>材料费</th><th>工资</th><th>机械台班费</th><th>间接费</th><th>节约总额</th></tr>
<tr><td></td><td></td><td></td><td></td><td></td><td></td><td></td><td></td><td></td><td></td></tr>
<tr><td>合　计</td><td></td><td></td><td></td><td></td><td></td><td></td><td></td><td></td><td></td></tr>
</table>

降低成本指标，通常以成本降低率表示：

$$成本降低率(\%)=\frac{成本降低额}{预算成本}\times 100\% \qquad (14\text{-}11)$$

式中，预算成本为工程设计预算的直接费用和施工管理费用之和；成本降低额通过技术组织措施计划来计算。

14.10.2 保证工程质量与施工安全的措施

在单位工程施工组织设计中，从具体工程的建筑结构特征、施工条件、技术要求和安全生产的需要出发，拟定保证工程质量和施工安全的技术措施。它是进行施工作业交底的一个重要内容，是明确施工技术要求和质量标准、防范可能发生的工程质量事故和生产安全事故的重要措施，一般应考虑：

① 有关建筑材料的质量标准、检验制度、保管方法和使用要求。

② 主要工种工程技术要求、质量标准和检验评定方法。

③ 可能出现的技术问题或质量通病的改进办法和防范措施。

④ 高空作业、立体交叉作业的安全措施，施工机械、设备、脚手架、上人电梯的稳定和安全措施；防水、防冻、防爆、防火、防电、防坠、防坍的措施等。

拟定的各项措施，应内容明确，切实可行，并确定专人负责。

思　考　题

【14-1】 何谓单位工程？

【14-2】 单位工程施工组织设计一般包括哪些内容？

【14-3】 单位工程施工组织设计的依据有哪些？

【14-4】 单位工程施工方案应侧重哪些方面？如何评价其设计的优劣？

【14-5】 单位工程施工进度计划如何编制？如何评价其编制质量？

【14-6】 单位工程施工平面图包括哪些内容？其设计步骤如何？

【14-7】 施工平面图设计中应注意哪些问题？

15　工程项目管理和技术经济分析

摘要:本章主要阐述了建设工程项目管理的基本概念和建设项目实施过程中的技术经济、造价管理的基本内容。重点介绍了施工项目管理的组织形式、建设项目技术经济评价的指标、工程量清单计价。另外,还介绍了建筑安装工程费用的组成及技术方案比较与选择的方法。

专业词汇:项目管理;规划大纲;实施规划;项目经理;固定资产;净现值;内部收益率;静态投资回收期;工程量清单;项目编码;综合单价;措施项目;消耗量定额;企业定额;规费;投资估算;设计概算;施工图预算;竣工结算;决算

15　Project Management & Technical and Economic Analysis

Abstract: This chapter deals mainly with the basic concepts about project management, and general attention to technical economy and cost control in the course of project execution. It highlights the organization methods for construction project management, criteria for project technical and economic assessment, and bill of quantity valuation. It discusses the cost compositions for construction and installation project, comparison and selection methods for technical options.

Specialized vocabulary: project management; planning outline; implementary plan; project manager; fixed asset; net present value, NPV ; internal rate of return, IRR; static payback period; bill of quantity; item code; comprehensive unit price; measure item; consumption quota; enterprise quota; stipulated cost; investment estimate; design budget estimate; working drawing budget; completion settlement; final account

15.1　工程项目管理

15.1.1　项目管理的概念

项目是指为达到符合规定要求的目标,按限定时间、限定资源和限定质量标准等约束条件完成的,由一系列相互协调的受控活动组成的特定过程。

项目管理是指项目管理者为达到项目的目标,运用系统理论和方法对项目所进行的计划、组织、控制和协调等活动过程的总称。

建设项目管理是项目管理的一类。建设项目管理是指建设单位为实现项目的目标,运用系统的观点、理论和方法对建设项目进行的决策、计划、组织、控制和协调等管理活动。建设项目管理的对象是建设项目,建设项目管理主体是建设单位或其委托的咨询(监理)单位,建设项目管理的职能是决策、计划、组织、控制和协调。建设项目管理的主要任务就是进行投资、质量、进度、信息、安全与风险等的管理。

施工项目管理是指建筑企业运用系统的观点、理论和方法对施工项目进行决策、计划、组织、控制和协调等全过程的全面管理。

15.1.2 建设工程项目管理内容

建设工程项目包括项目的决策阶段、实施阶段和使用阶段(或称运营阶段)。建设项目各阶段的组成如图 15-1 所示。

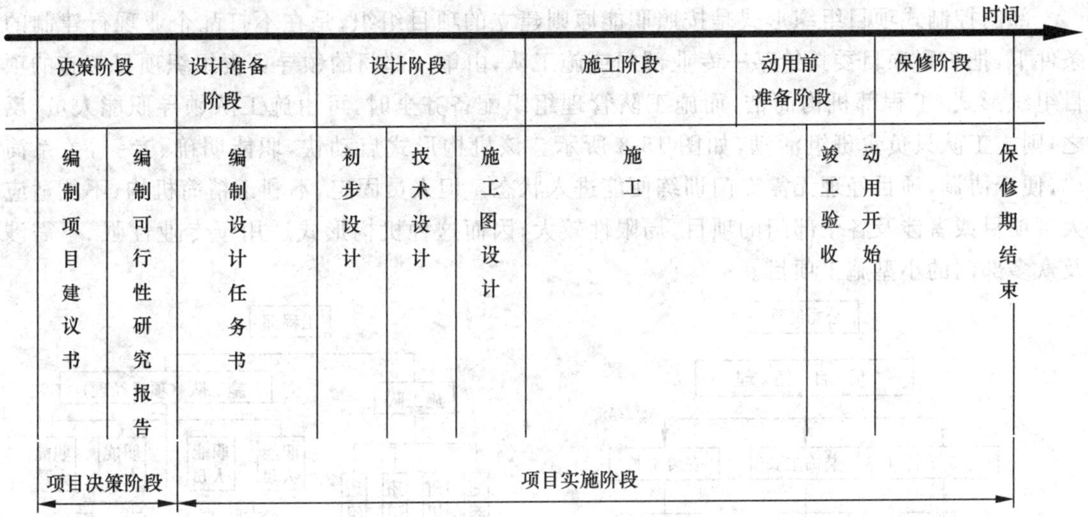

时间

决策阶段		设计准备阶段	设计阶段			施工阶段	动用前准备阶段	保修阶段	
编制项目建议书	编制可行性研究报告	编制设计任务书	初步设计	技术设计	施工图设计	施工	竣工验收	动用开始	保修期结束
项目决策阶段		项目实施阶段							

图 15-1　建设工程项目各阶段组成

自项目开始至项目完成,通过项目策划和项目控制,以使项目的费用目标、进度目标和质量目标得以实现,这是建设工程项目管理最主要的内容。一个建设工程往往由许多参与单位承担不同的建设任务和管理任务,如勘察、土建设计、工艺设计、工程施工、设备安装、工程监理、建设物资供应、业主方管理、政府主管部门的管理和监督等。其中,业主方也是建设工程项目生产过程的总组织者,因此对于一个建设工程项目而言,业主方的项目管理往往是项目管理的核心。

业主方的项目管理工作涉及项目及项目实施阶段的全过程,即在设计前的准备阶段、设计阶段、施工阶段、动用前准备阶段和保修期分别进行如下工作:安全管理;投资控制;进度控制;质量控制;合同管理;信息管理;组织和协调。以上工作构成业主方 35 块项目管理的任务,其中安全管理是项目管理中的最重要的任务,因为安全管理关系到人身的健康与安全,而投资控制、进度控制、质量控制和合同管理等则主要涉及物质的利益。

15.1.3 施工项目管理组织

施工项目管理组织是指为实施施工项目管理建立的组织机构,以及该机构为实现施工项目目标所进行的各项组织工作的简称。施工项目管理组织的内容包括组织设计、组织运行和组织调整 3 个环节。

施工项目管理组织机构的形式是指在施工项目管理组织中处理管理层次、管理跨度、部门设置和上下级关系的组织结构的类型,常用组织机构的形式包括直线式、部门控制式、工程队式、矩阵式和事业部式等。

1. 直线式项目组织机构

直线式项目组织机构中的各种职位均按直线排列,项目经理直接进行单线垂直领导,如图 15-2 所示。直线式项目组织机构每一个工作部门的指令源是惟一性的,避免了由于矛盾的指令而影响组织系统的运行，其人员相对稳定，接受任务快，信息传递迅捷，人事关系容易协调，有利于项目的顺利进行。但在大型组织系统中，由于专业分工差，横向联系少，各部门之间的协调十分困难，资源不能得到合理的使用。因此这种组织机构形式仅适用于中、小型项目。

2. 部门控制式项目组织机构

部门控制式项目组织形式是按照职能原则建立的项目组织，是在不打乱企业现行建制的条件下，把工程项目委托给某一专业部门或施工队，由单一部门的领导负责组织项目实施的项目组织形式，工程部机构简洁，而施工队管理组织配备齐全时，可由施工队领导职能人员，反之，则施工队只负责班组活动，如图 15-3 所示。该机构形式启动快，职能明确、专一，关系简单，便于协调，项目经理无需专门训练便能进入状态。但人员固定，不利于精简机构，不能适应大型项目或者涉及各个部门的项目，局限性较大，因而这种机构形式适用于专业性强、不需涉及众多部门的小型施工项目。

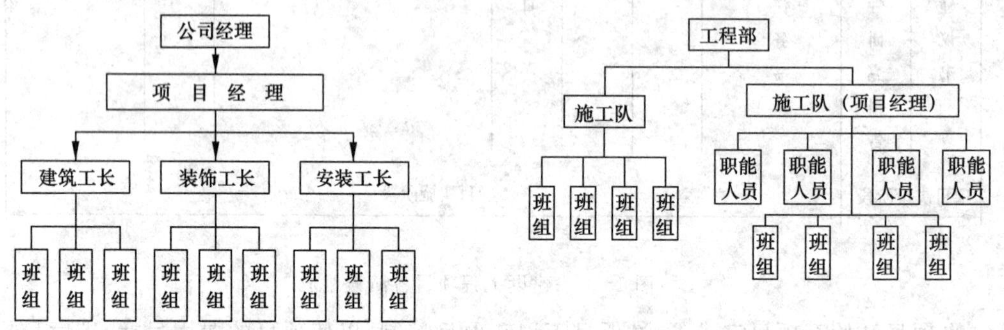

图 15-2 直线式项目组织机构形式

图 15-3 部门控制式项目组织机构形式

3. 工程队式项目组织机构

工程队式项目组织机构是完全按照对象原则的项目管理机构，企业职能部门处于服务地位，如图 15-4 所示。

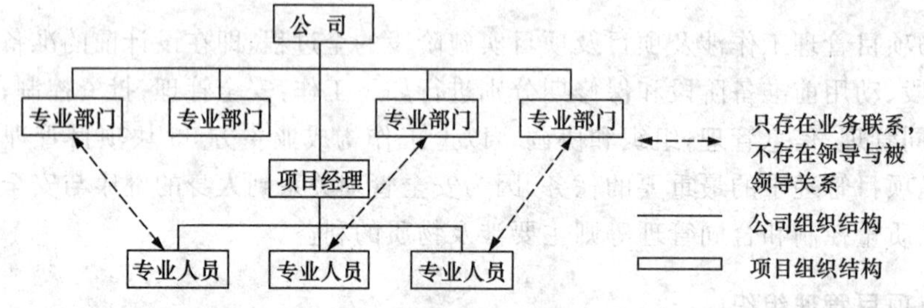

图 15-4 工程队式组织机构形式

工程队式组织机构形式具有以下优点：

① 项目组织成员来自企业各职能部门和单位，各有专长，可互补长短，协同工作；

② 各专业人员集中现场办公，减少了扯皮和等待时间，工作效率高，解决问题快；

③ 项目经理权力集中，行政干预少，决策及时，指挥得力；

④ 弱化了项目与企业职能部门的结合，便于项目经理协调关系而开展工作。

工程队式组织机构形式具有以下缺点：

① 组建之初来自不同部门的人员彼此之间不够熟悉，可能配合不力；

② 由于项目施工一次性特点，有些人员可能存在临时观点；

③ 当人员配置不当时，人员不能在更大范围内调剂余缺，造成忙闲不均，人才浪费；

④ 对于企业来讲，专业人员分散在不同的项目上，相互交流困难，职能部门的优势难以发挥。

综上所述，这种组织机构形式适用于大型施工项目、工期要求紧迫的施工项目，以及要求多工种多部门密切配合的施工项目。

4. 矩阵式项目组织机构

矩阵式项目组织机构是现代大型项目管理中应用最广泛的组织形式，它吸收了部门控制式的优点，发挥职能部门的纵向优势和项目组织的横向优势，把职能原则和对象原则结合起来，如图 15-5 所示。

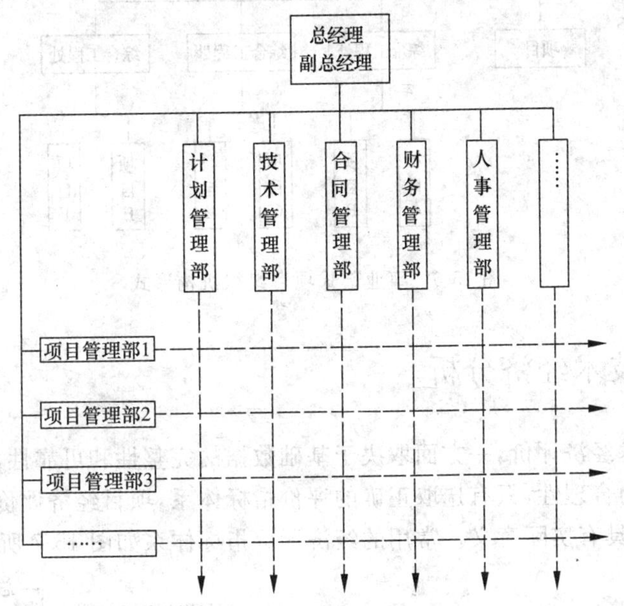

图 15-5　矩阵式项目组织机构形式

矩阵式组织机构形式具有以下优点：

① 兼有部门控制式和工作队式两种项目组织机构形式的优点，将职能管理和项目管理相结合，可实现企业长期例行性管理和项目一次性管理的一致性。

② 能通过对人员的及时调配，以尽可能少的人力实现多个项目管理的高效率。

③ 项目组织具有弹性和应变能力。

矩阵式组织机构形式具有以下缺点：

① 矩阵制式项目组织机构的结合部多，组织内部的人际关系、业务关系、沟通渠道等都较复杂，容易造成信息量膨胀，引起信息流通不畅或失真，需要依靠有力的组织措施和规章制度规范管理。若项目经理和职能部门负责人双方产生重大分歧难以统一时，还需企业领导出面协调。

② 项目组织成员接受职能部门和项目经理的双重领导，当领导之间意见不一致时，当事人将无所适从，影响工作。

③ 在项目施工高峰期，一些服务于多个项目的人员，可能应接不暇而顾此失彼。

这种组织机构形式适用于同时承担多个项目管理工作的企业以及大型、复杂的施工项目。

5. 事业部式项目组织机构

事业部式项目组织机构，在企业内作为建设项目的管理班子，对企业外具有独立法人资格，如图 15-6 所示。这种组织机构能充分发挥事业部的积极性和独立经营作用，便于延伸企业的经营职能，有利于开拓企业的经营业务领域。并且能迅速适应环境变化，提高公司的应变能力。但事业部的独立性强，使得企业对项目经理部的约束力减弱，协调指导机会减少，以致有时会造成企业结构松散。因此事业部式项目组织机构适用于大型经营型企业承包的施工项目，特别是远离企业本部的施工项目，海外工程项目，以及在一个地区有长期市场或有多种专业化施工力量的企业。

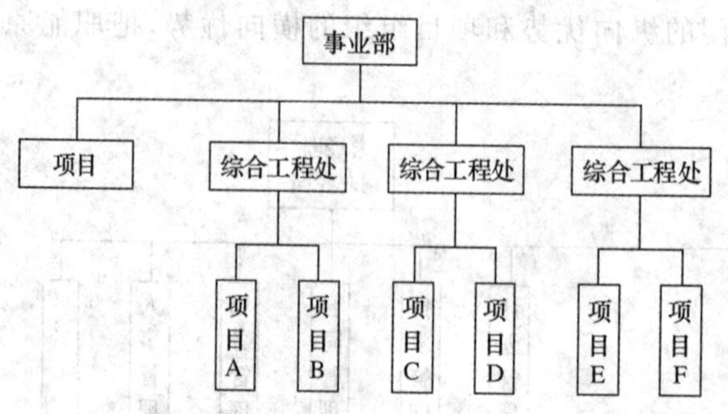

图 15-6　事业部式项目组织机构形式

15.2　项目的技术经济分析

建设项目的技术经济评价，一方面取决于基础数据的完整性和可靠性，另一方面取决于选取的评价指标体系的合理性，只有选取正确的评价指标体系，项目经济评价的结果才能与客观实际情况相吻合，才具有实际意义。常用的经济评价指标体系如图 15-7 所示。

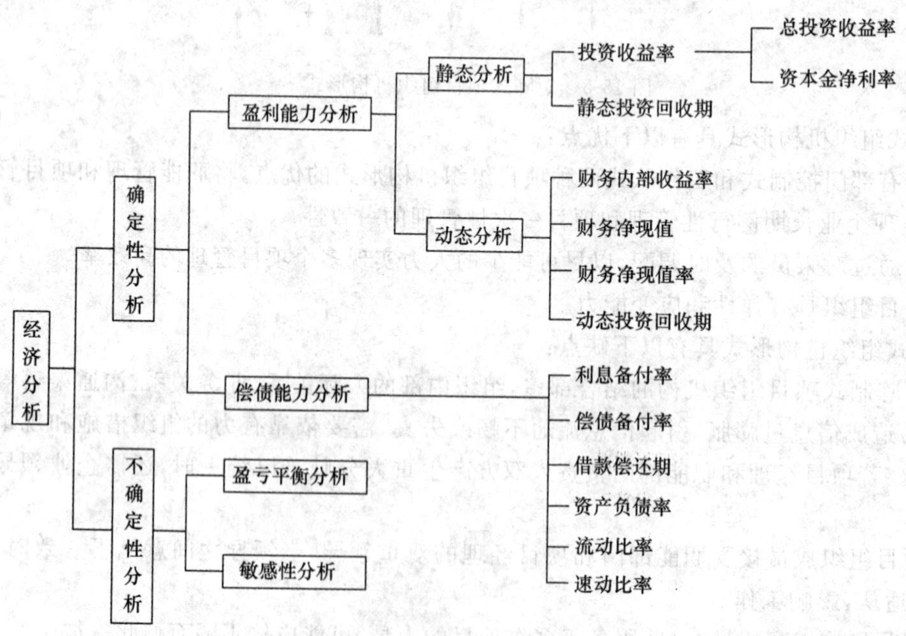

图 15-7　经济评价指标体系

15.2.1 项目主要经济评价指标

为了评价建设工程项目的经济效果,可以根据同类或类似项目寿命周期内的现金流量计算有关指标,以确定项目经济效果的好坏,这些常用指标有净现值、内部收益率和投资回收期等。

1. 净现值

净现值(NPV)是指把不同时间点上发生的净现金流量,通过某个确定的利率 i_c,统一折算为现值(0 年的值),然后求其代数和。这样就可以用一个单一的数字来反映项目的经济性。

净现值是评价项目盈利能力的绝对指标,只有项目的 $NPV \geqslant 0$,项目在经济上才是可以接受的,若项目的 $NPV < 0$,则可认为项目在经济上是不可行的。

2. 内部收益率

内部收益率(IRR)是另一个被广泛采用的技术方案的经济评价指标。它是指方案计算期内可以使净现金流量的净现值等于零的折现率,内部收益率可以理解为工程项目对占用资金的一种恢复能力,一般说来,其值越高,技术方案的盈利能力越高。

对独立常规投资方案,内部收益率的判别准则:$IRR \geqslant i_c$,则 $NPV \geqslant 0$,方案可行;$IRR < i_c$,则 $NPV < 0$,方案不可行。

3. 投资回收期

所谓回收期是指技术方案所产生的净现金流量补偿原始投资所需要的时间长度。分为静态回收期和动态回收期,通常只进行技术方案静态投资回收期的计算分析。

静态投资回收期指标主要用来衡量一个技术方案的流动性,反映一项投资的回收速度,通常情况下,投资回收期越短越好。当计算所得的回收期小于或等于同行业相同规模的平均回收期时,说明方案较好;反之,方案较差。

15.2.2 技术方案的比较与选择

在工程建设中,不同的技术、工艺和材料方案只能选择一个方案实施,即方案之间具有互斥性。按照互斥方案比选的原则,常用的静态分析方法有增量投资分析法、年折算费用法和综合总费用法等;常用的动态分析方法有净现值(费用现值)法和净年值(年成本)法等。

1. 增量投资收益率法

在评价方案时,常常会有新技术方案的一次性投资额较大,年经营成本(或生产成本)较低;而对比的"旧"方案则一次性投资额虽较低,但其年经营成本(或生产成本)较高。所谓增量投资收益率就是增量投资所带来的经营成本(或生产成本)上的节约与增量投资之比。

现设 I_1 和 I_2 分别为旧、新方案的投资额,C_1 和 C_2 为旧、新方案的经营成本(或生产成本)。如 $I_2 > I_1$,$C_2 < C_1$,则增量投资收益率 $R_{(2-1)}$ 为

$$R_{(2-1)} = \frac{C_1 - C_2}{I_2 - I_1} \times 100\% \tag{15-1}$$

当 $R_{(2-1)}$ 大于或等于基准投资收益率时,表明新方案是可行的;当 $R_{(2-1)}$ 小于基准投资收益率时,则表明新方案是不可行的。

2. 折算费用法

① 当方案的有用成果相同时,一般可通过比较费用的大小,来决定优劣和取舍。

(a) 在采用方案要增加投资时，可通过式(15-2)比较各方案折算费用的大小选择方案，即：

$$Z_j=C_j+P_j\cdot R_c \tag{15-2}$$

式中 Z_j——第 j 方案的折算费用；

C_j——第 j 方案的生产成本；

P_j——用于 j 方案的投资额(包括建设投资和流动资金)；

R_c——基准投资收益率。

在多方案比较时，可以选择折算费用最小的方案，即 $\min\{Z_j\}$为最优方案。这与增量投资收益率法的评价结论是一致的。

(b) 在采用方案不增加投资时，可通过式(15-3)比较各方案生产成本的大小选择方案，即：

$$Z_j=C_j=C_{F_j}+C_{u_j}Q \tag{15-3}$$

式中 C_{F_j}——第 j 方案固定费用(固定成本)总额；

C_{u_j}——第 j 方案单位产量的可变费用(可变成本)；

Q——生产的数量。

② 当方案的有用成果不相同时，一般可通过方案费用的比较来决定方案的使用范围，进而取舍方案。通常可用数学分析的方法和图解的方法进行。

首先运用式(15-3)列出对比方案的生产成本，即：

$$C_1=C_{F_1}+C_{u_1}Q$$

$$C_2=C_{F_2}+C_{u_2}Q$$

据此可绘出对比方案的生产成本与产量的关系曲线，如图 15-8 所示。当 $Q=Q_0$(临界产量)时，$C_1=C_2$，则：

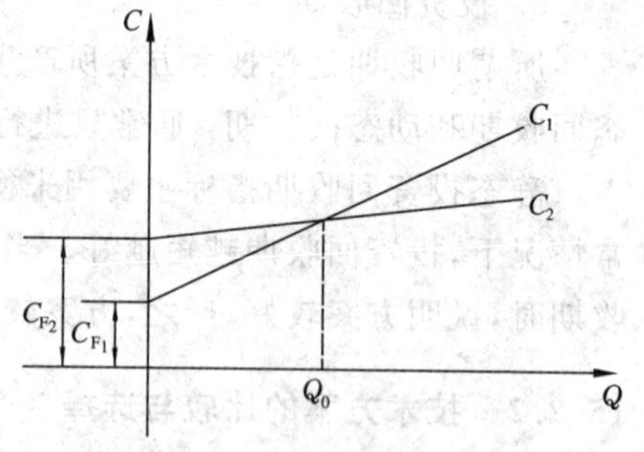

图 15-8　生产成本与产量关系

$$Q_0=\frac{C_{F_2}-C_{F_1}}{C_{u_1}-C_{u_2}} \tag{15-4}$$

当产量 $Q>Q_0$ 时，方案 2 优；当产量 $Q<Q_0$ 时，方案 1 优。

15.3　工程造价管理

15.3.1　建筑安装工程费用的组成

按建标[2013]44 号文印发《建筑安装工程费用项目组成》的通知规定，建筑安装工程费由人工费、材料(包含工程设备，下同)费、施工机具使用费、企业管理费、利润、规费和税金组成。

1. 人工费的组成

人工费是指按工资总额构成规定，支付给从事建筑安装工程施工的生产工人和附属生产单位工人的各项费用。包括计时工资或计件工资、奖金、津贴补贴、加班加点工资以及特殊情况下支付的工资。

2. 材料费的组成

材料费是指施工过程中耗费的原材料、辅助材料、构配件、零件、半成品或成品、工程设备的费用。

材料费主要包括材料原价、运杂费、运输损耗费、采购及保管费。

3. 施工机具使用费的组成

施工机具使用费是指施工作业所发生的施工机械、仪器仪表使用费或其租赁费。

$$施工机械使用费=施工机械台班耗用量\times施工机械台班单价 \tag{15-5}$$

其中,施工机械台班单价由折旧费、大修理费、经常修理费、安拆费及场外运费、人工费、燃料动力费和税费组成。

仪器仪表使用费是指工程施工所需使用的仪器仪表的摊销及维修费用。

4. 企业管理费的组成

企业管理费是指建筑安装企业组织施工生产和经营管理所需的费用。企业管理费主要由管理人员工资、办公费、差旅交通费、固定资产使用费、工具用具使用费、劳动保险和职工福利费、劳动保护费、检验试验费、工会经费、职工教育经费、财产保险费、财务费、税金及其他组成。

5. 利润的组成

利润是指施工企业完成所承包工程获得的盈利。按照不同的计价程序,利润的计算方法有所不同。具体的计算公式为:

$$利润=计算基数\times利润率 \tag{15-6}$$

6. 规费的组成

规费是指按国家法律、法规规定,由省级政府和省级有关权力部门规定必须缴纳或计取的费用。规费包括社会保险费(包括养老保险费、失业保险费、医疗保险费、生育保险费、工伤保险费)、住房公积金、工程排污费,其他应列而未列入的规费,按实际发生计取。

7. 税金的组成

税金是指国家税法规定的应计入建筑安装工程造价的营业税、城市维的记建设税、教育费附加以及地方教育附加。

一般情况下,将四路税合并为一个综合税率。纳税地点在市区的施工企业为 3.48%;在县城、镇的施工企业为 3.41%;在农村的施工企业为 3.28%,按下式计算应纳税额:

$$应纳税额=(人工费+材料费+施工机具使用费+企业管理费+利润+规费)\times综合税率 \tag{15-7}$$

建筑安装工程费在工程量清单计价模式下,按照工程造价形成由分部分项工程费、措施项目费、其他项目费、规费和税金组成,分部分项工程费、措施项目费、其他项目费包含人工费、材料费、施工机具使用费、企业管理费和利润。

15.3.2 工程量清单与计价

1. 工程量清单

工程量清单是建设工程实行工程量清单计价的专用名词,是表示拟建工程的分部分项工程项目、措施项目、其他项目、规费项目和税金项目的名称和相应数量等的明细清单。

工程量清单应由具有编制能力的招标人或受其委托、具有相应资质的工程造价咨询人编制。采用工程量清单方式招标,工程量清单必须作为招标文件的组成部分,其准确性和完整性由招标人负责。工程量清单是工程量清单计价的基础,应作为编制招标控制价、投标报价、计算工程量、支付工程款、调整合同价款、办理竣工结算以及工程索赔等的依据之一。

(1) 分部分项工程量清单

分部分项工程量清单应包括项目编码、项目名称、项目特征、计量单位和工程数量;分部分项工程量清单应根据《建设工程工程量清单计价规范》(GB 50500—2013)附录规定的项目编码、项目名称、项目特征、计量单位和工程量计算规则进行编制。

(2) 措施项目清单

措施项目是指为完成工程项目施工,发生于该工程施工准备和施工过程中的技术、生活、安全、环境保护等方面的非工程实体的费用项目。措施项目清单一般按《建设工程工程量清单计价规范》(GB 50500—2013)中规定的通用措施项目进行编制,对规范中未列进的措施项目,发包人可根据工程实际情况进行补充。对发包人所列的措施项目,承包人可根据工程实际与施工组织设计进行增补,但不应更改发包人已列措施项目的序号。

(3) 其他项目清单

其他项目清单包括暂列金额、暂估价、计日工和总包服务费。暂估价包括材料暂估价、设备暂估价和专业工程暂估价。其中,暂列金额为估算、预测数量,虽在投标时计入投标人的报价中,但不应视为投标人所有。竣工结算时,应按承包人实际完成的工程内容结算,剩余部分仍归招标人所有。

(4) 规费项目清单

规费项目清单的内容包括:工程排污费、社会保障费、住房公积金。出现以上未列的项目,应根据省级政府或省级有关权力部门的规定列项。

(5) 税金项目清单

税金项目清单的内容包括:营业税、城市维护建设税、教育附加费和地方教育费附加。出现以上未列的项目,应根据税务部门的规定列项。

2. 工程量清单计价

工程量清单计价方法是一种区别于定额计价模式的新计价模式,是一种由市场定价的计价模式,是由建筑产品的买方和卖方在建设市场上根据供求状况、信息状况进行自由竞价,最终签订工程合同价格的方法。因此,工程量清单计价方法是建筑市场建立、发展和完善过程中的必然产物。

工程量清单计价活动涵盖施工招标、合同管理以及竣工交付全过程,主要包括:工程量清单的编制,招标控制价、投标报价的编制,工程合同价款的约定,竣工结算的办理以及施工过程中的工程计量、工程价款支付、索赔与现场签证、工程价款调整和工程计价争议处理等活动。

工程量清单计价过程可以分为两个阶段,即工程量清单编制和工程量清单应用。工程量清单编制程序如图 15-9 所示,工程量清单应用过程如图 15-10 所示。

15.3.3 施工图预算与投标报价

1. 施工图预算

施工图预算是在施工图设计完成后,工程开工前,根据已批准的施工图纸、现行的预算定额、费用定额和地区人工、材料、设备与机械台班等资源价格,在施工方案或施工组织设计已确定的前提下,按照规定的计算程序计算人工费、材料费、施工机具费、措施费,并计取企业管理费、规费、利润、税金等费用,确定单位工程造价的技术经济文件。

施工图预算的编制可以采用单价法和实物法两种编制方法,单价法根据单价计算方法又分为

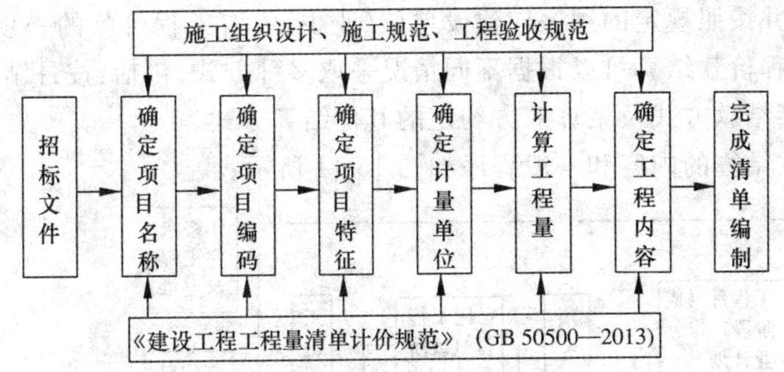

图 15-9　工程量清单编制程序

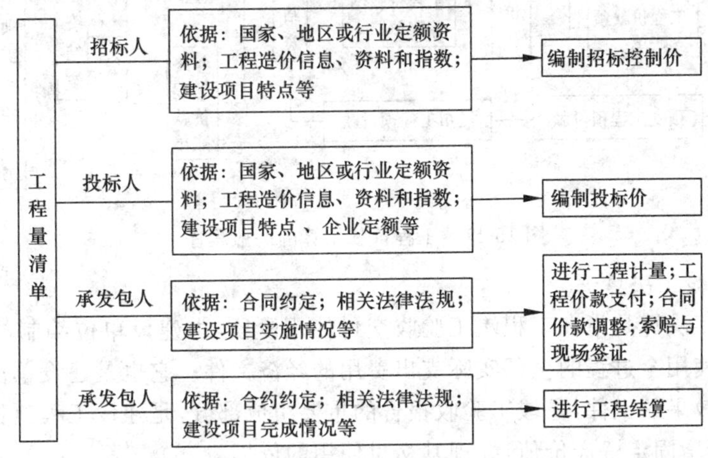

图 15-10　工程量清单计价的基本过程

工料单价法和综合单价法两种计价方法，工料单价法是传统的定额计价模式下的施工图预算编制方法，而综合单价法则是适应市场经济条件的工程量清单计价模式的施工图预算编制方法。

《建筑工程施工发包与承包计价管理办法》(建设部令第 16 号)规定，国家推广工程造价咨询制度，对建筑工程项目实行全过程造价管理。全部使用国有资金投资或者以国有资金投资为主的建筑工程(以下简称国有资金投资的建筑工程)，应当采用工程量清单计价；非国有资金投资的建筑工程，鼓励采用工程量清单计价。国有资金投资的建筑工程招标的，应当设有最高投标限价；非国有资金投资的建筑工程招标的，可以设有最高投标限价或者招标标底。

2. 投标报价

投标报价是承包商采取投标方式承揽工程项目时，计算和确定承包该项工程的投标总价格。业主把承包商的报价作为主要标准来选择中标者，同时也以此作为和承包商就工程造价进行承包合同谈判的基础。投标报价直接关系到承包商投标的成败，如何做出合适的投标报价，是投标者能否中标的最关键的问题。

投标报价的编制，应首先根据招标人提供的工程量清单编制分部分项工程量清单计价表、措施项目清单计价表、其他清单计价表、规费、税金项目清单计价表，计算完毕后汇总而得到单位工程投标报价汇总表，再层层汇总，得出单项工程投标报价汇总表和工程项目投标总价汇总表。

15.3.4　建设工程价款结算与竣工决算

1. 建设工程价款结算

工程价款计算是指承包商在工程实施过程中，依据承包合同中关于付款条款的规定和已经完成的工程量,并按照规定的程序向建设单位(业主)收取工程价款的一项经济活动。按现行规定和做法,工程价款结算可以根据不同情况采取多种方式,包括:按月结算、竣工后一次结算、分段结算、目标结款方式及结算双方约定的其他结算方式。

建设工程价款结算的内容和一般程序如图 15-11 所示。

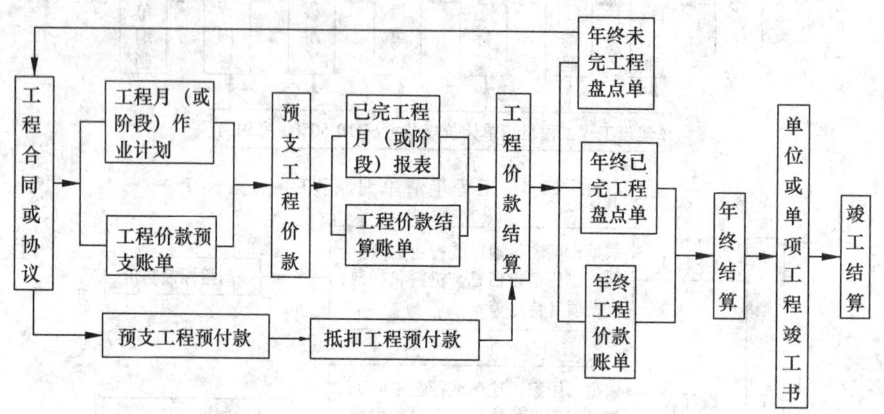

图 15-11　工程价款结算的一般程序

2. 建设工程竣工决算

建设工程竣工决算是指在工程竣工验收交付使用阶段,由建设单位编制的工程项目从筹建到竣工投产或使用全过程的全部实际支出费用的经济文件。它也是建设单位反映工程项目实际造价和投资效果的文件,是竣工验收报告的重要组成部分,是建设工程项目经济效益的全面反映,是核定新增固定资产价值,办理其交付使用的依据。

建设工程竣工决算的内容包括竣工财务决算说明书、竣工财务决算报表、工程竣工图和工程造价对比分析四个部分,前两个部分又可称为建设工程竣工财务决算,是竣工决算的核心内容。

思 考 题

【15-1】 简述建设工程项目管理的各阶段任务。

【15-2】 施工项目管理组织的内容有哪些?

【15-3】 施工项目管理组织的主要形式有哪几种? 每种形式的特点是什么? 在施工项目管理中应如何选用及设置?

【15-4】 简述建安工程费用的组成内容。

【15-5】 常用的经济评价指标有哪些?

【15-6】 简述净现值指标、内部收益率指标及静态投资回收期指标的经济含义。

【15-7】 简述工程量清单的内容。

【15-8】 工程量清单的编制程序是什么?

【15-9】 简述工程量清单计价过程。

【15-10】 施工图预算的编制方法有哪些?

【15-11】 工程价款的结算方法有哪些?

【15-12】 竣工决算的核心内容是什么?

参考文献

[1] 中华人民共和国住房和城乡建设部. GB/T 50502—2009 建筑施工组织设计规范[S]. 北京:中国建筑工业出版社,2009.

[2] 中华人民共和国建设部,中华人民共和国国家质量技术监督检验检疫总局. GB 50010—2010 钢筋混凝土设计规范[S]. 北京:中国建筑工业出版社,2010.

[3] 中华人民共和国建设部,中华人民共和国国家质量技术监督检验检疫总局. GB 50113—2005 滑动模板工程技术规范[S]. 北京:中国计划出版社,2005.

[4] 中华人民共和国国家质量技术监督检验检疫总局,中华人民共和国建设部. GB 50214—2001 组合钢模板技术规范[S]. 北京:中国计划出版社,2001.

[5] 中华人民共和国住房和城乡建设部. GB 50666—2011 混凝土结构工程施工规范[S]. 北京:中国建筑工业出版社,2012.

[6] 中华人民共和国住房和城乡建设部. JGJ 162—2008 建筑施工模板安全技术规范[S]. 北京:中国建筑工业出版社,2008.

[7] 中华人民共和国建设部. JGJ 74—2003 建筑工程大模板技术规程[S]. 北京:中国建筑工业出版社,2003.

[8] 中华人民共和国住房和城乡建设部. JGJ 195—2010 液压爬升模板工程技术规程[S]. 北京:中国建筑工业出版社,2010.

[9] 中华人民共和国住房和城乡建设部. JGJ 107—2010 钢筋机械连接技术规程[S]. 北京:中国建筑工业出版社,2010.

[10] 中华人民共和国建设部. JG 161—2004 无粘结预应力钢绞线[S]. 北京:中国标准出版社,2004.

[11] 赵志缙等. 建筑施工[M]. 上海:同济大学出版社,2005.

[12] 应惠清. 土木工程施工(上册)[M]. 上海:同济大学出版社,2007.

[13] 周观根,姚谏. 建筑钢结构制作工艺学[M]. 北京:中国建筑工业出版社,2011.

[14] 本书编委会. 钢结构工程制作安装便捷手册[M]. 北京:中国建筑工业出版社,2008.

[15] 吴欣之. 现代钢结构安装技术[M]. 北京:中国电力出版社,2009.

[16] 罗永峰,王春江,陈晓明. 建筑钢结构施工力学原理[M]. 北京:中国建筑工业出版社,2009.